Der Weg zur modernen Physik

Das mechanische Universum
Eine Einführung in die Physik
Band 1

Der Weg zur modernen Physik
Eine Einführung in die Physik
Band 2

Materie in Raum und Zeit
Eine Einführung in die Physik
Band 3

Der Weg zur modernen Physik

Eine Einführung in die Physik

Band 2

von
Roman Sexl
Ivo Raab
Ernst Streeruwitz
unter Mitwirkung von
Klaus Bethge

2. Auflage. Durchgesehen und bearbeitet von
Ernst Hügli und Hans Roth

Verlag Moritz Diesterweg
Frankfurt am Main

Verlag Sauerländer
Aarau · Frankfurt am Main · Salzburg

Verfasser:

Prof. Dr. Roman Sexl (†)

Prof. Dr. Ivo Raab (†)

Dr. Ernst Streeruwitz
Institut für theoretische Physik der Universität Wien

Prof. Dr. Klaus Bethge
Institut für Kernphysik der Johann Wolfgang Goethe Universität Frankfurt

Das Umschlagbild zeigt das 100-m-Radioteleskop in Effelsberg des Max-Planck-Instituts für Radioastronomie
(Aufnahme: MPG-Pressebild (Hamburger Aero Lloyd GmbH)
Freigabe durch Reg.-Präs. Düsseldorf Nr. 73-3602)

Die Originalausgabe in 6 Teilen ist erschienen bei
Verlag Carl Ueberreuter, Wien

Ausgabe für die Bundesrepublik Deutschland und die Schweiz:

Bestell-Nr. 5062

ISBN 3-425-05062-1 (Diesterweg)
ISBN 3-7941-2007-8 (Sauerländer)

2. Auflage 1989

Gesamtherstellung: Ueberreuter Buchbinderei & Buchproduktion Ges. m. b. H., Korneuburg
Umschlag: Atelier Stephan Bundi, Bern
Graphik: Günther Marks, München

Inhalt

Schwingungen und Wellen

Optik

Elektrizitätslehre

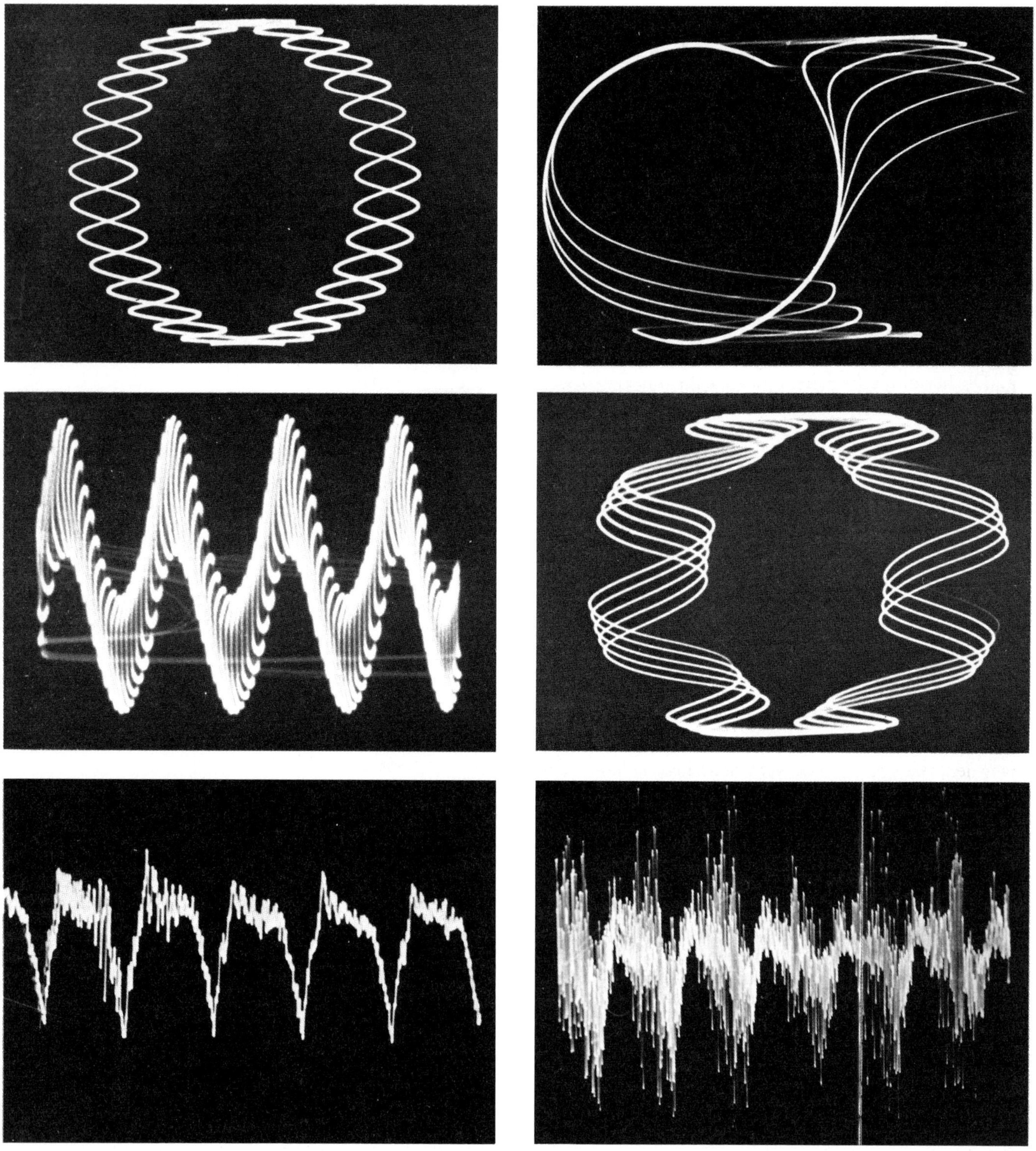

Schwingungen und Wellen
gehören zu den häufigsten Bewegungsformen und treten in vielen Teilgebieten der Physik auf. Die obere Bildreihe zeigt Beispiele für die Vielfalt der Formen, die durch Überlagerung von Schwingungen zustande kommt. In der untersten Bildreihe wird die korrekte (links) und die falsche Aussprache des englischen „th" auf einem Bildschirm sichtbar gemacht.

Schwingungen und Wellen

In der Mechanik haben wir verschiedene Bewegungsformen studiert, die für die Naturbeschreibung eine wichtige Rolle spielen. So betrachteten wir beispielsweise die *unbeschleunigte Bewegung*, die in der Trägheitsbewegung realisiert ist, oder die *gleichmäßig beschleunigte Bewegung*, die die Fall- und Wurfbewegungen beschreibt, oder die *Kreisbewegung*, die in der Natur an vielen Stellen wenigstens näherungsweise auftritt.

Die Physik des 19. und 20. Jahrhunderts hat nun eine weitere wichtige Bewegungsform in den Mittelpunkt des Interesses gerückt, nämlich die *harmonische Schwingung*. Diese Bewegungsform spielt vor allem deshalb eine so wichtige Rolle, weil sie – wie der französische Mathematiker Jean-Baptiste de Fourier zu Beginn des 19. Jahrhunderts beweisen konnte – ein wichtiger Baustein ist, aus dem sich alle periodischen Bewegungen, auch wenn sie noch so kompliziert sind, zusammensetzen lassen. Kennt man daher die harmonische Schwingung, so bereitet das Studium komplizierter Schwingungsvorgänge in der Regel keine großen Schwierigkeiten mehr.

Die harmonische Schwingung trat zunächst auf dem Gebiet der Mechanik in Erscheinung und wurde hier von den Physikern und Ingenieuren aufs gründlichste studiert. Dabei wurden auch die mathematischen Gesetze gewonnen, die eine harmonische Schwingung beschreiben. Später stellte sich heraus, daß diese Bewegungsform auch in anderen Gebieten der Physik, wie etwa in der Optik, in der Elektrizitätslehre oder in der Atomphysik von fundamentaler Bedeutung ist. Es war dann nicht mehr schwer, die in der Mechanik gewonnenen Gesetze auf diese Gebiete sinngemäß zu übertragen.

Auch wir wollen im folgenden mit der Mechanik beginnen und die harmonischen Schwingungen an einem möglichst einfachen Modell studieren. Ein Teilchen unter der Einwirkung einer Federkraft, die dem Hookeschen Gesetz genügt, führt bereits eine harmonische Schwingung aus. Eine derartige Anordnung heißt daher »Federpendel« oder »harmonischer Oszillator«. Diese einfache Anordnung stellt in der Physik ein wichtiges Modell dar und wird bei der Naturbeschreibung immer wieder verwendet. Es soll auch für uns der Ausgangspunkt sein.

Wir können auch die Bewegung vieler Teilchen betrachten, die durch Federkräfte aneinandergekoppelt sind. Auf diese Weise werden wir auf die *harmonische Welle* geführt. Ähnlich wie eine komplizierte Schwingung in harmonische Schwingungen zerlegt werden kann, so läßt sich auch eine komplizierte Welle als Summe harmonischer Wellen darstellen. Die harmonische Welle spielt daher in fast allen Gebieten der Physik eine fundamentale Rolle. Sie tritt in der Mechanik, in der Optik, in der Elektrizitätslehre und in der Atomphysik an vielen Stellen auf und stellt ein einfaches Modell dar, mit dessen Hilfe sich zahlreiche Vorgänge verhältnismäßig einfach beschreiben und erklären lassen.

Diese Erörterungen sollen also klarmachen, daß sich Schwingungen und Wellen aus harmonischen Schwingungen und Wellen zusammensetzen lassen. Die harmonische Schwingung und die harmonische Welle sind also – und darin liegt ihre eigentliche Bedeutung – wichtige Bausteine für kompliziertere Bewegungsformen.

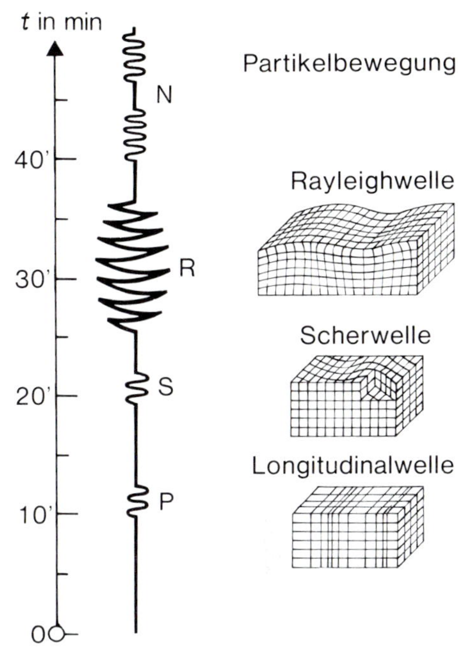

Vereinfachtes Seismogramm
Ein Seismograph zeichnet die Schwingungen der Erde bei Erdbeben auf. Zuerst treffen die Longitudinalwellen (P), dann die Transversalwellen (Scherwellen S) und die Oberflächenwellen (Rayleighwellen R) ein. Durch Reflexion, Brechung und Umlauf um die Erde entsteht das Nachbeben (N).

Mächtige Brandungswoge
Aus »100 Ansichten des Berges Fuji« von Katsushika Hokusai (1760–1849).

I. Die harmonische Schwingung

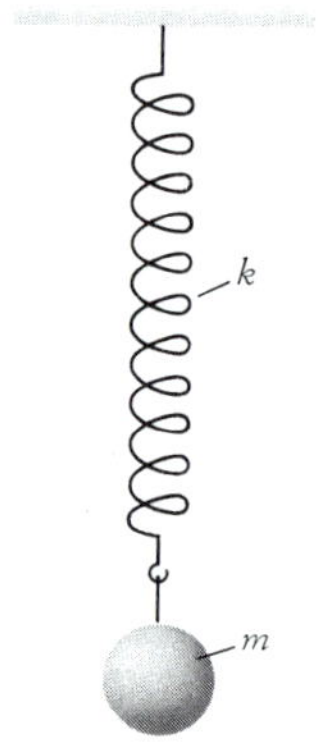

Das Federpendel

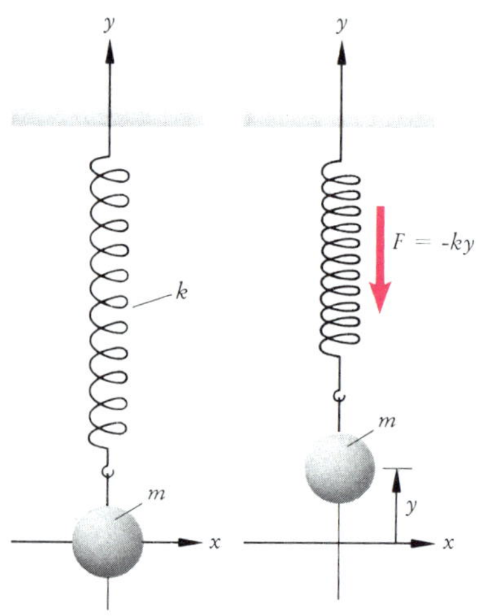

Auf den Pendelkörper des schwingenden Federpendels wirkt die Federkraft. Sie gehorcht dem Hookeschen Gesetz.

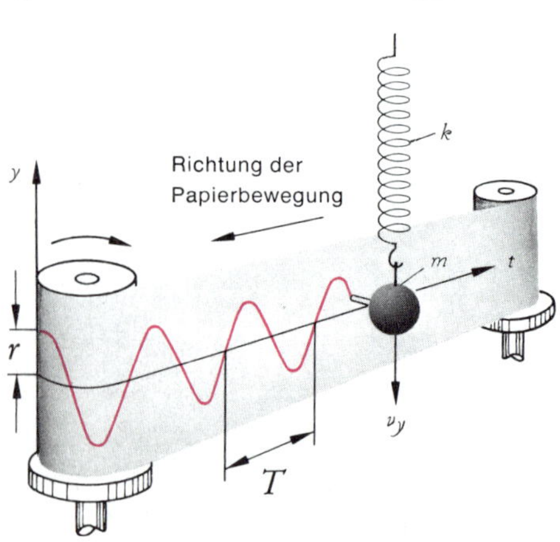

Das schwingende Federpendel zeichnet auf dem vorbeilaufenden Papierstreifen sein Weg-Zeit-Diagramm (d. h. seinen graphischen Fahrplan) auf.

Die einfachste Anordnung, welche in guter Näherung harmonisch schwingt, ist das Federpendel. Damit wollen wir uns zuerst befassen.

1. Das Federpendel

Ein Federpendel besteht aus einer Schraubenfeder, an der ein Körper hängt. Bleibt der Körper in Ruhe, so wird das Gewicht des Körpers durch die Kraft der Feder aufgehoben. Erteilen wir dem Körper von unten einen Stoß, so wird er durch die Feder bis zum Stillstand gebremst, nach unten beschleunigt, schießt wegen der Trägheit über die Gleichgewichtslage hinaus, wird von der Feder gebremst und wieder nach oben gezogen. Er schießt wegen der Trägheit wiederum über die Gleichgewichtslage hinaus, wird von der Feder abgebremst und neuerlich abwärts getrieben. Der Körper schaukelt so auf und nieder. Das Federpendel schwingt.

a) Begriffe und Bezeichnungen

Um die Schwingung leichter beschreiben zu können, hat man folgende Begriffe geprägt:

> Die Elongation y ist die momentane Auslenkung,
> die Amplitude r ist die maximale Auslenkung
> aus der Gleichgewichtslage.
> Die Schwingungsdauer T ist die Zeit, die der Körper
> für eine Hin- und Herbewegung (volle Schwingung) benötigt.

Die Zahl der Schwingungen pro Sekunde bezeichnet man als *Frequenz*. Zwischen der Schwingungsdauer T und der Frequenz f besteht ein wichtiger Zusammenhang. Dauert eine Schwingung nämlich $^1/_{10}$ Sekunde, so finden in einer Sekunde gerade 10 Schwingungen statt. Dauert eine Schwingung $^1/_{100}$ Sekunde, so finden in einer Sekunde 100 Schwingungen statt. Die Frequenz ist also der Kehrwert der Schwingungsdauer. Ihre Maßeinheit – eine Schwingung pro Sekunde – nennt man ein Hertz*) und kürzt diese Einheit mit Hz ab. Wir merken uns:

> Die Frequenz f ist die Zahl der Schwingungen pro Sekunde.
> Sie ist der Kehrwert der Schwingungsdauer T
> und wird in Hertz (Hz) gemessen.
>
> $$f = \frac{1}{T}$$

*) Heinrich Hertz (1857–1894) war ein berühmter deutscher Physiker, der die elektromagnetischen Schwingungen und Wellen entdeckte.

b) Die Bewegung des Federpendels

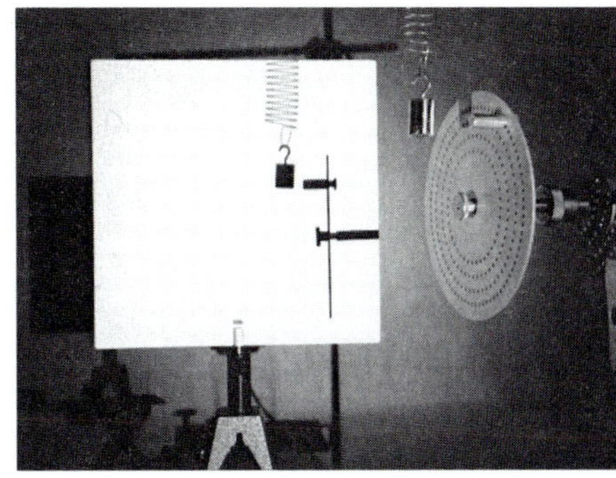

Wir wollen nun die Bewegung des Federpendels genauer untersuchen und müssen zu dem Zweck die Bewegungsgleichung aufstellen. Wir bezeichnen mit m die Masse des Körpers und mit k die Federkonstante der Schraubenfeder. Nach dem Hookeschen Gesetz wirkt auf den schwingenden Körper die Kraft

$$F_y = -k \cdot y.$$

Durch das Minuszeichen wird zum Ausdruck gebracht, daß die Federkraft der Elongation y entgegen gerichtet ist. Die Bewegungsgleichung lautet daher:

$$m \cdot a_y = -k \cdot y \qquad \text{oder} \qquad a_y = -\frac{k}{m} \cdot y$$

Wie man sieht, hängt die Beschleunigung von der momentanen Auslenkung ab, ändert also im Laufe der Zeit Betrag und Richtung. Es liegt eine *ungleichmäßig beschleunigte Bewegung* vor.

Wir sind freilich nicht so sehr daran interessiert, zu erfahren, wie die Beschleunigung von der Elongation abhängt, sondern wollen vor allem wissen, wie sich die Beschleunigung, die Geschwindigkeit und die Elongation *im Laufe der Zeit* verändern. Die notwendigen Rechnungen lassen sich mit einem Trick umgehen.

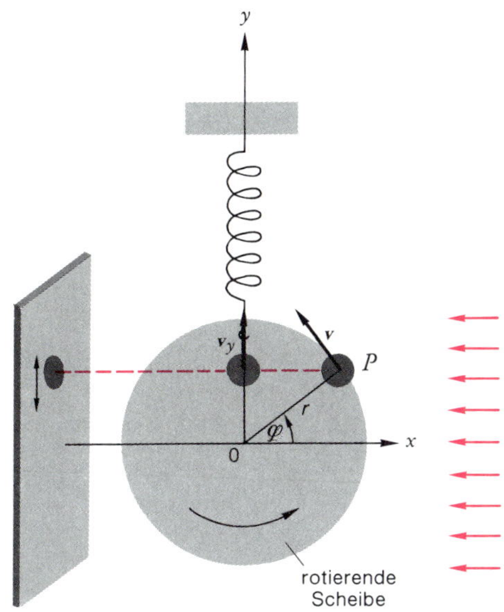

Zwischen der Pendelschwingung und einer passend gewählten Kreisbewegung besteht ein Zusammenhang: Die Projektion des umlaufenden Punktes P bewegt sich in der gleichen Weise wie der Pendelkörper des schwingenden Federpendels. Dies wird auch durch die folgende Abbildung deutlich gemacht.

Wir stellen neben das Federpendel eine Scheibe, die sich um eine waagrechte Achse drehen kann, und justieren sie so, daß die Achse in ihrer Verlängerung durch die Gleichgewichtslage des Federpendels geht. Wir bringen ferner an der Scheibe in passender Entfernung r von der Drehachse ein Korkstück P an und lassen die Scheibe gleichförmig rotieren. Die Umdrehungszeit wählen wir so, daß sie mit der Schwingungsdauer des Federpendels übereinstimmt. Man kann dann die Anordnung stets so einrichten, *daß die Projektion des umlaufenden Korkstückes auf das Federpendel dauernd mit dem schwingenden Pendelkörper zusammenfällt.* Zwischen der Pendelschwingung und einer passend gewählten Kreisbewegung besteht also ein bemerkenswerter Zusammenhang. Mit seiner Hilfe lassen sich die Gesetze der Pendelschwingung leicht gewinnen.

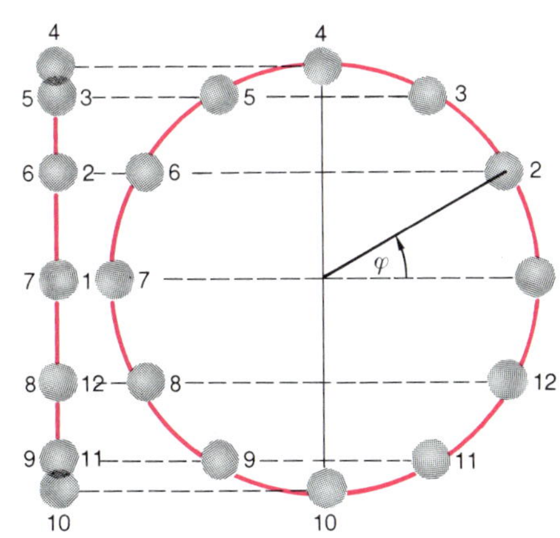

Der Winkel φ zwischen dem Radiusvektor $\boldsymbol{r}$ und der x-Achse wächst im Laufe der Zeit immer mehr an. Wir wollen diesen Winkel im Bogenmaß messen. Weil die Scheibe gleichförmig rotiert, gilt:

$$\varphi : 2\pi = t : T \qquad \text{oder} \qquad \pi = \frac{2\pi}{T}\, t.$$

Der Faktor $\frac{2\pi}{T}$ wird Kreisfrequenz genannt und mit ω abgekürzt*).

Damit läßt sich der Betrag der Bahngeschwindigkeit und der Betrag der Bahnbeschleunigung von P ausdrücken. Man erhält:

Betrag der Bahngeschwindigkeit von P: $\quad v = \frac{2\pi r}{T} = \omega \cdot r,$

Betrag der Bahnbeschleunigung von P: $\quad a = \frac{v^2}{r} = \omega^2 \cdot r.$

Weil die Federschwingung mit der Projektion der Kreisbewegung auf die y-Achse übereinstimmt, lassen sich die Elongation y, die Geschwindigkeit v_y und die Beschleunigung a_y des schwingenden Körpers berechnen.

---

*) Die Kreisfrequenz ist nämlich identisch mit der Winkelgeschwindigkeit der umlaufenden Scheibe.

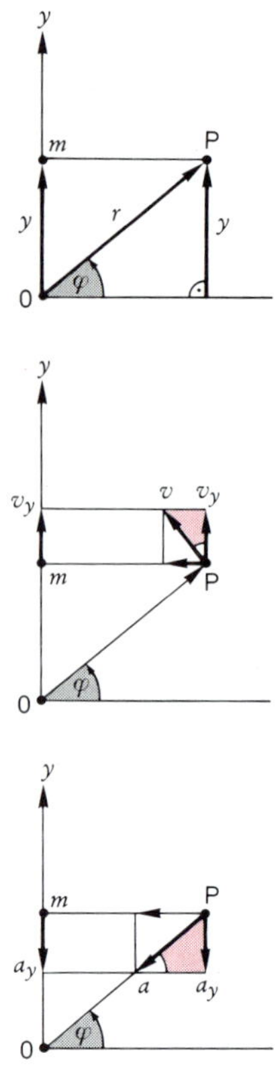

Zusammenhang zwischen **r** *und y,* **v** *und v_y,* **a** *und a_y*

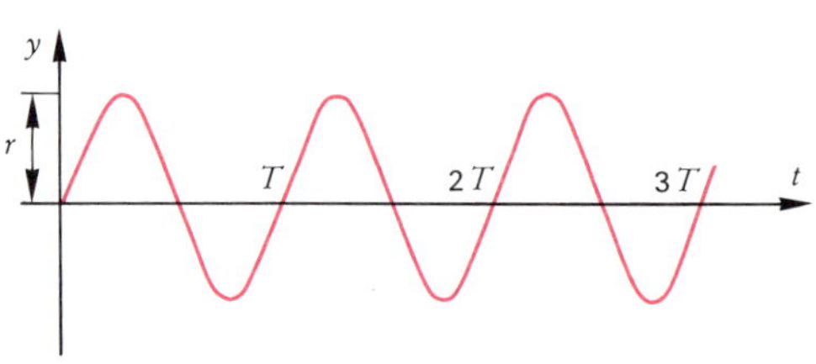

Der graphische Fahrplan
Das Weg-Zeit-Gesetz einer harmonischen Schwingung wird durch eine Sinus- oder Kosinusfunktion beschrieben. Darin kommt die Gültigkeit des Hookeschen Kraftgesetzes zum Ausdruck.

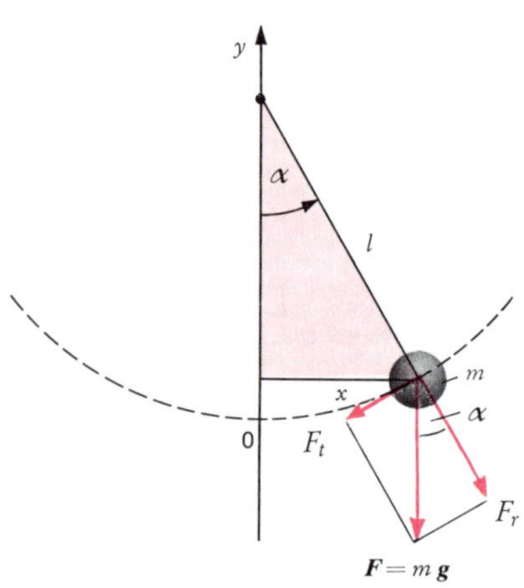

Das Fadenpendel
Für kleine Elongationen ist die rücktreibende Kraft proportional zur Auslenkung. Das Fadenpendel schwingt daher in guter Näherung harmonisch.

An den Zeichnungen liest man ab:

$y = + r \cdot \sin \varphi$ $\qquad v_y = + v \cdot \cos \varphi$ $\qquad a_y = - a \cdot \sin \varphi$

oder $\qquad$ oder $\qquad$ oder

$$y = + r \cdot \sin \omega t \qquad v_y = + \omega \cdot r \cdot \cos \omega t \qquad a_y = - \omega^2 \cdot r \cdot \sin \omega t.$$

Wir wollen die Probe machen und diese Resultate in die Bewegungsgleichung einsetzen. Wir erhalten:

$$- \omega^2 \cdot r \cdot \sin \omega t = - \frac{k}{m} \cdot r \cdot \sin \omega t \qquad \text{oder} \qquad \omega = \frac{2\pi}{T} = \sqrt{k/m}.$$

Unsere Resultate genügen also tatsächlich der Bewegungsgleichung. Die letzte Formel gestattet die Berechnung der Kreisfrequenz ω bzw. der Umlaufsdauer τ der Scheibe. Weil nun das Federpendel im gleichen Takt schwingt, ergibt sich für die Schwingungsdauer des Federpendels die Formel

$$t = 2\pi \sqrt{m/k}.$$

Wir sehen:

> Die Schwingungsdauer eines Federpendels ist um so größer,
> je größer die Masse des Körpers und
> je kleiner die Federkonstante der Feder ist.
> Die Schwingungsdauer ist von der Amplitude unabhängig.

Im folgenden *s-t*-Diagramm ist die Bewegung des schwingenden Körpers graphisch dargestellt.

Das Weg-Zeit-Gesetz wird durch eine Sinusfunktion beschrieben. Eine derartige Bewegung nennt man eine *harmonische Schwingung.*

Wir können daher zusammenfassend sagen:

> Das Federpendel führt eine harmonische Schwingung aus.

2. Das Fadenpendel

Eine harmonische Schwingung kommt zustande, wenn auf den schwingenden Körper eine rücktreibende Kraft wirkt, welche der Elongation proportional ist und sich daher mit dem Hookeschen Gesetz beschreiben läßt.

Wie wir in der Mechanik der materiellen Punkte gesehen haben, gilt das Hookesche Gesetz nicht nur für Schraubenfedern, sondern für alle rücktreibenden Kräfte, sofern die Elongation aus der Gleichgewichtslage nicht zu groß wird. Infolgedessen müssen auch die kleinen Schwingungen eines Fadenpendels harmonisch sein und nach denselben Gesetzen erfolgen, die wir eben hergeleitet haben. Wir wollen uns davon überzeugen.

Ein Fadenpendel besteht aus einem Körper der Masse m, welcher an einem Faden der Länge l angehängt ist. Am Pendelkörper greift das Gewicht $\boldsymbol{F} = m \cdot \boldsymbol{g}$ an. Wir zerlegen diese Kraft in zwei Komponenten radial und tangential zur Bewegungsrichtung. Die radiale Komponente $\boldsymbol{F}_r$ ruft die Fadenspannung hervor, die tangentiale Komponente $\boldsymbol{F}_t$ wirkt als rücktreibende Kraft und zieht das Pendel in seine Gleichgewichtslage zurück. Der Betrag dieser Kraftkomponente läßt sich leicht aus der Zeichnung entnehmen.

Man erhält:

$$F_t = m\,g \cdot \sin\alpha = m\,g \cdot \frac{x}{l} = k \cdot x.$$

(Das farbige Dreieck in der Abbildung liefert nämlich $\sin\alpha = x/l$.)

Für kleine Elongationen ist der Unterschied zwischen der Strecke x und dem Bogenstück s vernachlässigbar klein. Die rücktreibende Kraft genügt also in dieser Näherung tatsächlich dem Hookeschen Gesetz. Die Pendelschwingung ist harmonisch.

Setzt man die »Federkonstante« des Pendels

$$k = m\,g/l$$

in die allgemeine Formel für die Schwingungsdauer ein, so ergibt sich die »Pendelgleichung«

$$T = 2\pi\sqrt{l/g},$$

die man auch auf experimentellem Wege leicht überprüfen kann.

Wir sehen:

> Die Schwingungsdauer eines Fadenpendels ist um so größer, je länger das Pendel ist. Sie ist aber unabhängig von der Masse des Pendelkörpers und für kleine Ausschläge auch unabhängig von der Amplitude der Schwingung.

Mit dem Fadenpendel kann man verhältnismäßig leicht die örtliche Fallbeschleunigung ermitteln. Man hat die Pendellänge und die Schwingungsdauer des Pendels zu messen und kann dann mit der Pendelgleichung die örtliche Fallbeschleunigung errechnen. Das Pendel schwingt um so rascher, je größer die Fallbeschleunigung ist.

Harmonische Schwingungen treten nicht nur beim Federpendel und beim Fadenpendel auf. Auch elastische Körper, wie Blattfedern, Stimmgabeln, Saiten, Pfeifenzungen und viele andere Anordnungen schwingen, sofern die Amplituden und die Reibungswiderstände nicht zu groß sind, in guter Näherung harmonisch. Weil nun bei Schallquellen die Tonhöhe von der Schwingungsdauer und die Lautstärke von der Amplitude abhängt, und weil bei harmonischen Schwingungen zwischen Amplitude und Schwingungsdauer *kein* Zusammenhang besteht, kann man Musikstücke laut und leise wiedergeben. Dies wäre unmöglich, wenn die Schwingungsdauer von der Amplitude abhängen würde.

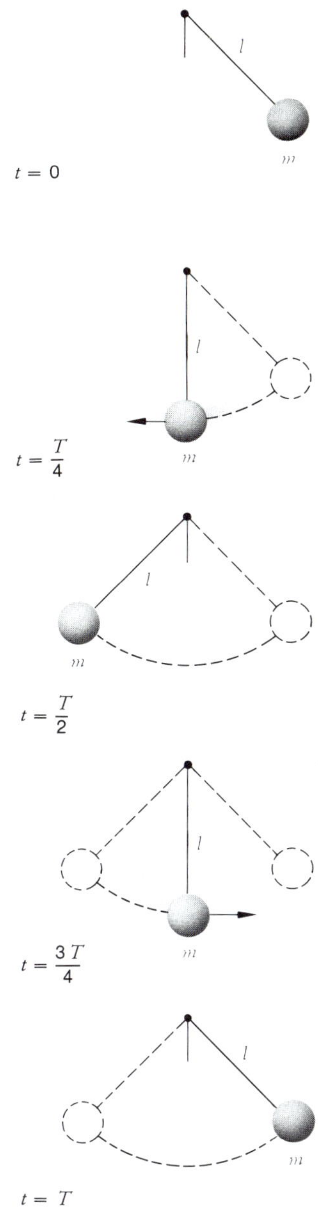

Die Schwingung eines Fadenpendels
Man sieht, wie sich potentielle Energie und kinetische Energie wechselseitig ineinander umwandeln.

3. Freie harmonische Schwingungen und Rückkopplung

Eine harmonische Schwingung sollte, wenn sie einmal angestoßen ist, unaufhörlich andauern. Wie die Beobachtung lehrt, kommen jedoch alle »schwingungsfähigen Systeme«, wenn man keine besonderen Vorkehrungen trifft, alsbald zur Ruhe. Sie führen »gedämpfte Schwingungen« aus. Der Grund liegt in der bisher außer acht gelassenen Reibungskraft.

Genaugenommen wirken nämlich auf angestoßene schwingungsfähige Systeme nicht nur rücktreibende Kräfte, die bei kleinen Amplituden in guter Näherung mit dem Hookeschen Gesetz beschreibbar sind, sondern auch Reibungskräfte, welche die Bewegung abbremsen. So kommt beispielsweise das Fadenpendel allmählich zur Ruhe, weil seine Bewegung durch die Lagerreibung und durch die Luftreibung abgebremst wird. Die Energie des Pendels wandelt sich dabei in andere Energieformen um und ist nach erfolgter Abbremsung hauptsächlich als innere Energie im Lager und in der umgebenden Luft wiederzufinden.

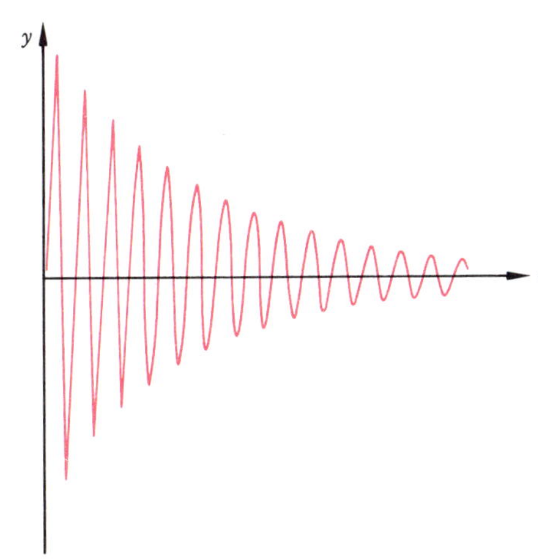

Gedämpfte Schwingung
Die mechanische Energie wird allmählich in andere Energieformen umgewandelt.

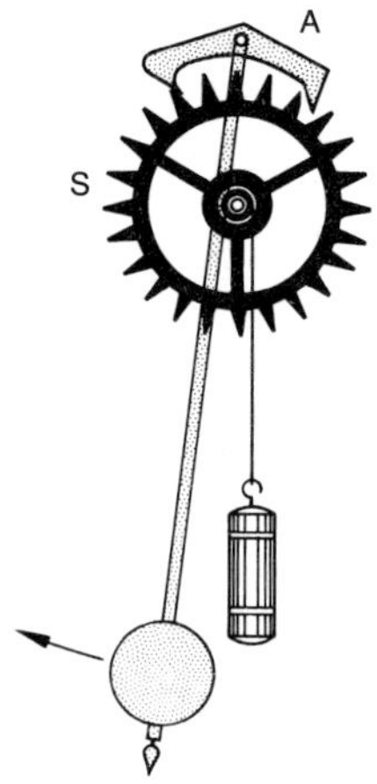

Rückkopplungsmechanismus einer Pendeluhr (Ankerhemmung!)

Will man die Amplitude des schwingenden Pendels konstant halten, so muß man die Energie, welche dem Pendel durch die Reibungskräfte laufend entzogen wird, ständig ersetzen. Das kann geschehen, indem man das Pendel mit einer Energiequelle verbindet und durch eine geeignete Vorrichtung dafür sorgt, daß die nötige Energie stets im richtigen Moment zufließt. Unter der Einwirkung dieser *Selbststeuerung* oder *Rückkopplung* führt dann das Pendel »ungedämpfte Schwingungen« aus, welche man in guter Näherung als harmonisch ansehen darf.

Rückkopplungsmechanismen spielen auf den verschiedensten Gebieten eine wichtige Rolle. Wir betrachten einige einfache Beispiele.

1. Beispiel: Der Rückkopplungsmechanismus einer Pendeluhr

Die Abbildung zeigt den Rückkopplungsmechanismus einer Pendeluhr, welcher der Idee nach um 1657 von Christian Huygens erfunden wurde. Das schwingende Pendel trägt einen Anker A, der mit seinen beiden Zähnen abwechselnd in die Lücken des Steigrades S eingreift. Das Steigrad wird durch ein Gewicht oder durch eine gespannte Feder in Umdrehung versetzt und erteilt mit seinen Zähnen dem rechten Ankerteil bei jeder Pendelschwingung einen kurzzeitigen Stoß. Auf diese Weise wird der Energieverlust des Pendels ausgeglichen. Das Pendel schwingt ungedämpft und sorgt mit seiner konstanten Frequenz für einen gleichmäßigen Gang der Uhr.

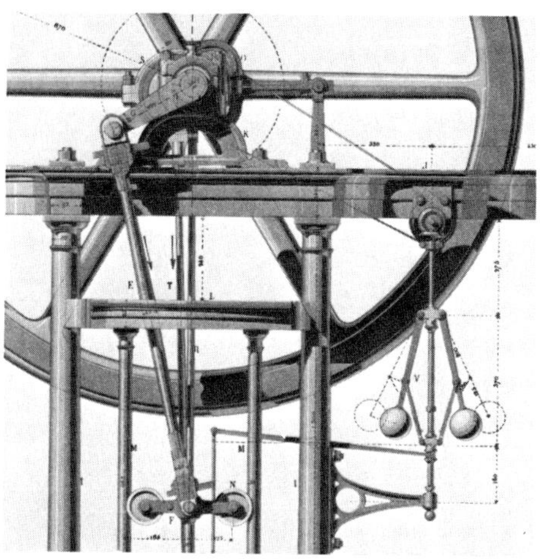

Schwungkugel-Regulator
Steigt die sekundliche Umdrehungszahl der Maschine, so heben sich die Schwungkugeln und drosseln über ein Hebelsystem die Dampfzufuhr.

2. Beispiel: Die Selbststeuerung der Wattschen Dampfmaschine

Die Wattsche Kolbendampfmaschine hat um 1800 eine der größten gesellschaftlichen, wirtschaftlichen und technischen Wandlungen, die sogenannte erste industrielle Revolution, eingeleitet. Diese Maschine steuerte nicht nur die Hähne, durch welche der Dampf in die Maschine einströmte und aus der Maschine abfloß – eine Tätigkeit, die früher von Kindern ausgeführt werden mußte –, sie besaß auch einen automatischen Rückkopplungsmechanismus, den »Schwungkugel-Regulator«, der selbsttätig die Dampfzufuhr steigerte, wenn sich der Lauf der Maschine zu verlangsamen drohte, und die Dampfzufuhr drosselte, wenn die Maschine ihr Tempo erhöhte.

3. Beispiel: Die Atmung und der Kohlenstoffdioxidgehalt des Blutes

In der Wand der Halsschlagader sitzen CO_2-Rezeptoren, welche den CO_2-Gehalt des Blutes messen und über Nervenleitungen an das Atemzentrum im verlängerten Mark weiterleiten. Dort wird die eingehende Meldung mit dem Soll-Wert verglichen und danach die Atembewegung gesteuert. Bei hohem CO_2-Gehalt wird die Atembewegung verstärkt. Die erhöhte Sauerstoffzufuhr erniedrigt den CO_2-Gehalt, was wiederum eine Dämpfung der Atembewegung zur Folge hat.

Heute beschäftigt sich die Kybernetik (Regelungstechnik) mit dem Studium und mit der Entwicklung von Rückkopplungsmechanismen. Diese Wissenschaft wurde um 1948 von dem berühmten amerikanischen Mathematiker Norbert Wiener begründet. In der kurzen Zeit ihres Bestehens vermochte sie Rückkopplungsmechanismen von so hoher Vollkommenheit zu entwickeln, daß in vielen Fällen sogar der Produktionsablauf in Industriebetrieben automatisch gesteuert werden kann. Der Mensch greift in den vollautomatisierten und sich selbst kontrollierenden Arbeitsgang nur noch ein, wenn dies schwerwiegende und unvorhergesehene Ereignisse erfordern. Der Prozeß dieser fortschreitenden Automation wird heute als zweite industrielle Revolution bezeichnet.

4. Erzwungene harmonische Schwingungen und Resonanz

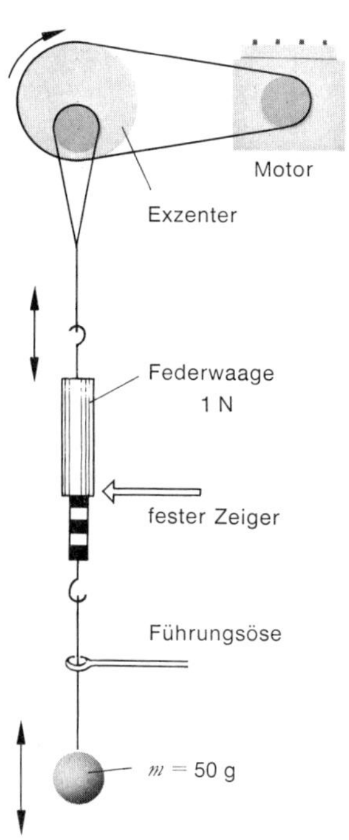

Einfache Anordnung zur Erzeugung erzwungener harmonischer Schwingungen

Bei der Erzeugung ungedämpfter Schwingungen wird auf den Schwinger mittels eines Rückkopplungsmechanismus eine periodisch wirkende Kraft ausgeübt, deren Frequenz mit der des Schwingers übereinstimmt. Was geschieht nun aber, wenn auf den Schwinger eine periodische Kraft mit *beliebiger* Frequenz einwirkt?

Wir wollen diese Frage auf experimentellem Wege klären und hängen zu dem Zweck ein Federpendel mit einer Schnur an eine drehbare Exzenterscheibe. Wir setzen zunächst das Federpendel bei stillstehendem Exzenter in Schwingung. Es schwingt unter dem Einfluß der Federkraft in gewohnter Weise mit einer bestimmten Frequenz, der *»Eigenfrequenz«*.

Nun halten wir den am Federpendel hängenden Körper fest und setzen den Exzenter mit einem Elektromotor in Gang. Auf den Körper wirkt nun eine periodische Kraft, deren Frequenz durch die sekundliche Umdrehungszahl der Exzenterscheibe festgelegt wird. Da sich die Rotationsgeschwindigkeit der Exzenterscheibe beliebig einstellen läßt, kann man dieser Frequenz jeden beliebigen Wert erteilen. Man bezeichnet sie als *»Erregerfrequenz«*.

Wir stellen zunächst eine sehr kleine Erregerfrequenz ein und lassen den Körper los. Nach einer durch die Reibungsdämpfung sehr rasch abklingenden Einschwingzeit bewegt sich das Federpendel als Ganzes im Rhythmus der umlaufenden Exzenterscheibe auf und nieder. Die Amplitude des schwingenden Körpers stimmt mit der Amplitude des Erregers überein. Beide bewegen sich im Gleichtakt.

Wir steigern nun die Erregerfrequenz. Wieder bewegt sich der schwingende Körper mit der gleichen Frequenz wie der Erreger, doch hat die Amplitude zugenommen. Auch erfolgen die Bewegungen nicht mehr im Gleichtakt, sondern die Bewegung des schwingenden Körpers läuft hinter der Bewegung des Erregers her. Dies ist offensichtlich eine Folge der Trägheit.

Stimmt die Erregerfrequenz mit der Eigenfrequenz überein, so erreicht die Amplitude des schwingenden Körpers ihren Höchstwert, und seine Bewegung läuft um eine viertel Periode hinter der Bewegung des Erregers her. Es liegt der *Resonanzfall* vor.

Steigert man die Erregerfrequenz weiter, so bewegt sich auch der schwingende Körper mit dieser Frequenz. Allerdings ist die Amplitude kleiner geworden, und die Bewegung des schwingenden Körpers bleibt noch weiter hinter der Bewegung des Erregers zurück.

Auch wenn man die Erregerfrequenz sehr hoch wählt, schwingt der Körper mit dieser Frequenz. Seine Amplitude ist dann freilich sehr klein, und die Bewegung erfolgt im Gegentakt. Der Körper führt also in jedem Fall harmonische Schwingungen mit der *Erregerfrequenz* und nicht mit der Eigenfrequenz durch. Man spricht von »erzwungenen Schwingungen«.

Wir fassen zusammen:

> Der Schwinger führt harmonische Schwingungen
> mit der gleichen Frequenz wie der Erreger aus.
> Die Amplitude des Schwingers ist um so größer, je weniger sich
> die Erregerfrequenz von der Eigenfrequenz unterscheidet.
> Die Bewegung des Schwingers läuft stets
> hinter der Bewegung des Erregers her.

Am übersichtlichsten läßt sich dieser Sachverhalt in den beiden nebenstehenden Diagrammen zum Ausdruck bringen.

Die *Resonanz* ist das wichtigste Phänomen, welches bei erzwungenen Schwingungen auftritt. Sie liegt vor, wenn die Erregerfrequenz mit der Eigenfrequenz übereinstimmt, und ist – auch wenn die Amplitude des Erregers sehr klein ist – an der heftigen Bewegung, welche der Schwinger ausführt, erkenntlich. Die Schwingungsamplitude ist nämlich um so größer, je geringer die Dämpfung ist, und kann unter Umständen Werte erreichen, die die Zerstörung des Systems zur Folge haben. (Resonanzkatastrophe!)

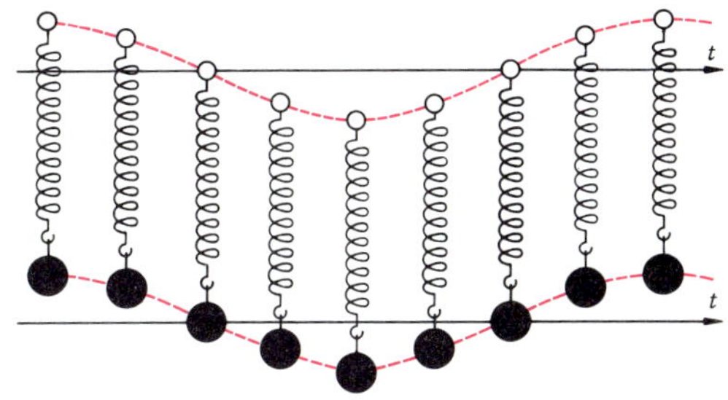

Erregerfrequenz $\ll$ Eigenfrequenz

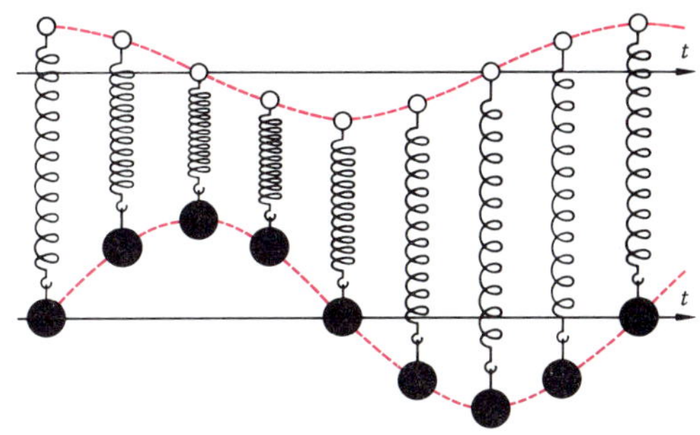

Erregerfrequenz = Eigenfrequenz
(Resonanz!)

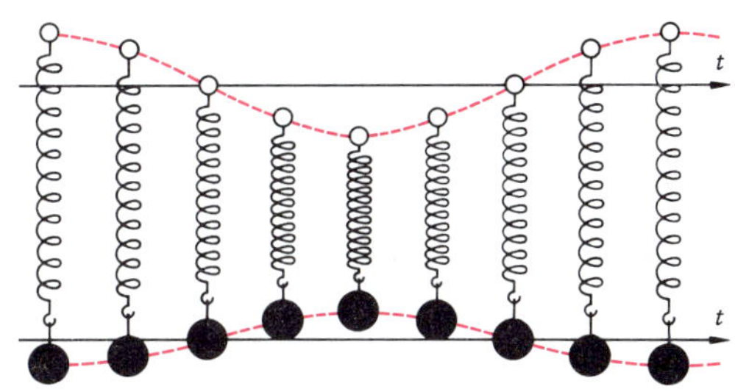

Erregerfrequenz $\gg$ Eigenfrequenz

Erzwungene Schwingungen

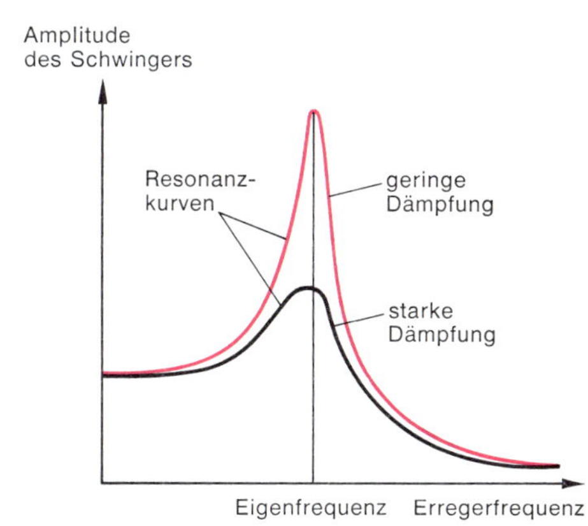

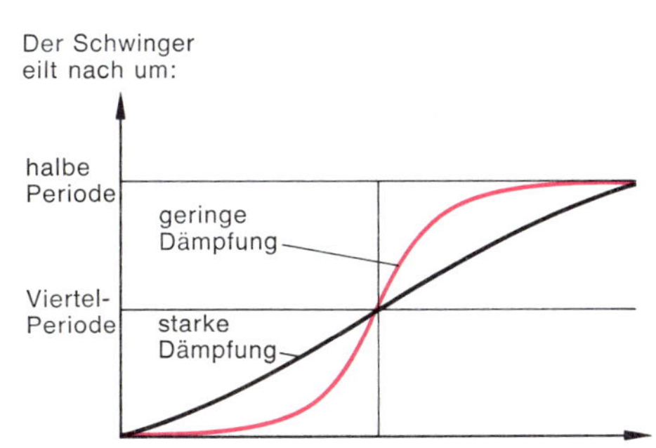

Die »Resonanzkurven«

Das schaukelnde Kind bewegt sich im Rhythmus der schwingenden Schaukel. Die Erregerfrequenz stimmt mit der Eigenfrequenz überein. (Resonanz!)

Das Resonanzphänomen war bereits Galilei bekannt. Er schreibt: »Einem ruhenden noch so schweren Pendel können wir durch bloßes Anblasen eine Bewegung erteilen, und zwar eine beträchtliche, wenn wir das Blasen einstellen, sobald das Pendel zurückkehrt, und immer wieder blasen, wenn sich das Pendel von uns fortbewegt. Wenn auch beim ersten Blasen das Pendel nur um einen halben Zoll aus der Ruhelage fortrückt, werden wir die Bewegung verstärken, wenn wir das Pendel nach seiner Rückkehr nochmals anblasen usw. Schließlich wird eine so starke Schwingung hervorgerufen sein, daß eine sehr viel größere Kraft als die eines einmaligen Anblasens erforderlich wäre, um die Ruhe wiederherzustellen. Schon als Kind habe ich gesehen, wie ein einziger Mann durch rechtzeitiges Ziehen eine immense Kirchenglocke zum Läuten brachte. Um sie anzuhalten, hingen sich dann vier oder sechs schwere Männer an, wurden aber stets mehrere Male in die Höhe gehoben und konnten die Glocke, die ein einziger durch regelmäßiges Ziehen in Bewegung gesetzt hatte, nicht sogleich zur Ruhe bringen.«

In der Technik spielt die Resonanz eine wichtige Rolle. Sie wird, wie wir noch sehen werden, z. B. beim Radio- und Fernsehempfang ausgenützt. Aber auch in der Natur werden wir Resonanzerscheinungen immer wieder begegnen.

Zungenfrequenzmesser
Er besteht aus einseitig eingespannten Zungen verschiedener Länge, die im Fall der Resonanz in starke Schwingungen versetzt werden.

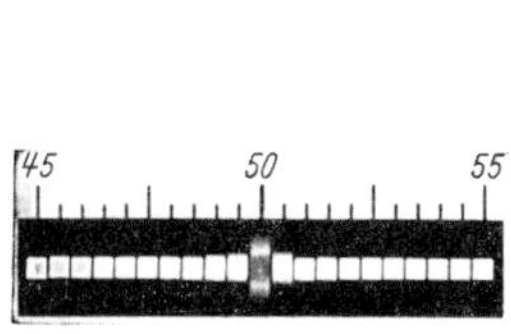

Zungenfrequenzmesser von oben
Die Zungen wurden von einem mit Wechselstrom durchflossenen Elektromagneten angeregt. Wie man sieht, schwingt die 50-Hz-Zunge am stärksten.

Testfragen:

1. Was bedeuten die folgenden Begriffe?
   a) Elongation, b) Amplitude, c) Schwingungsdauer, d) Frequenz
2. Welcher Zusammenhang besteht zwischen Frequenz und Schwingungsdauer?
3. In welcher Einheit wird die Frequenz gemessen?
4. Wie lautet die Bewegungsgleichung des Federpendels?
5. Ist die Bewegung des Federpendels
   a) gleichmäßig beschleunigt, b) ungleichmäßig beschleunigt?
6. Wie ist die folgende Tabelle zu vervollständigen?

	$\boldsymbol{a}$	$\boldsymbol{v}$	$\boldsymbol{s}$
Unbeschleunigte Bewegung	$\boldsymbol{a}$ = ...	$\boldsymbol{v}$ = const.	$\boldsymbol{s}$ = ...
Gleichm. beschl. Bewegung	$\boldsymbol{a}$ = const.	$\boldsymbol{v}$ = ...	$\boldsymbol{s}$ = ...
Gleichförmige Kreisbewegung	a = ...	v = ...	$\widehat{\varphi} = \omega \cdot t$
Harmonische Schwingung	a_y = ...	v_y = ...	$y = r \cdot \sin \omega t$

Die Formeln für die gleichmäßig beschleunigte Bewegung gelten nur, wenn der Körper zur Zeit $t = 0$ . . . .

7. Welcher Zusammenhang besteht zwischen Schwingungsdauer und Kreisfrequenz?
8. Wann kommt eine harmonische Schwingung zustande?
9. Schwingt ein Federpendel im schwerelosen Raum?
10. Schwingt ein Fadenpendel im schwerelosen Raum?
11. Wie berechnet man die Schwingungsdauer
    a) eines Federpendels, b) eines Fadenpendels?
12. Hängt die Schwingungsdauer eines Federpendels
    a) von der Amplitude, b) von der Masse ab?
13. Hängt die Schwingungsdauer eines Fadenpendels
    a) von der Amplitude, b) von der Masse ab?
14. Wo schwingt ein Fadenpendel rascher:
    a) auf der Mondoberfläche, b) auf der Jupiteroberfläche?
15. Wo geht eine Pendeluhr rascher:
    a) am Äquator, b) am Nordpol?
16. Was ist eine ungedämpfte, was eine gedämpfte Schwingung?
17. Wodurch kommt die Dämpfung zustande?
18. Wie arbeitet der Rückkopplungsmechanismus einer Pendeluhr?
19. Wann liegt bei einer erzwungenen Schwingung der Resonanzfall vor?
20. Wann kommt es zur »Resonanzkatastrophe«?

II. Die harmonische Welle

Gebilde, die harmonische Schwingungen ausführen können, nennt man »harmonische Oszillatoren«. Sowohl das Federpendel als auch das Fadenpendel sind Beispiele dafür. Wir wollen jetzt viele gleichartige harmonische Oszillatoren betrachten, die durch »Kopplungskräfte« miteinander verbunden sind, und sehen, was geschieht, wenn einer dieser Oszillatoren in harmonische Schwingung versetzt wird.

1. Transversalwellen und Longitudinalwellen

An einer waagrechten Stange sind viele gleich lange Fadenpendel in gleichen Abständen befestigt und durch gleichartige Schraubenfedern miteinander verbunden.

a) Die Entstehung einer harmonischen Welle

Wir bewegen nun das erste Pendel längs der y-Achse »harmonisch« hin und her. Wegen der Kopplung geraten auch alle übrigen Pendel in Schwingung. Weil aber die Pendel eine gewisse Trägheit besitzen, tritt jedes Pendel etwas später in die Schwingung ein als das vorhergehende, so daß das folgende Pendel in seiner Bewegung relativ zum vorhergehenden Pendel etwas nacheilt. Es kommt so zur Ausbildung einer Wellenbewegung. Weil die »Wellenberge« und die »Wellentäler« längs der x-Achse entlanglaufen, bezeichnet man die x-Achse als Fortpflanzungsrichtung, und weil sich die Pendel *quer* zur Fortpflanzungsrichtung bewegen, spricht man von einer *Transversalwelle.*

Wir bewegen nun das erste Pendel längs der x-Achse »harmonisch« hin und her. Wegen der Kopplung geraten auch alle übrigen Pendel in Schwingung. Weil aber die Pendel eine gewisse Trägheit besitzen, tritt jedes Pendel etwas später in die Schwingung ein als das vorhergehende, so daß das folgende Pendel in seiner Bewegung relativ zum vorhergehenden Pendel etwas nacheilt. Es kommt so zur Ausbildung einer Wellenbewegung. Weil die »Verdichtungen« und die »Verdünnungen« längs der x-Achse entlanglaufen, bezeichnet man die x-Achse als Fortpflanzungsrichtung, und weil sich die Pendel *längs* der Fortpflanzungsrichtung bewegen, spricht man von einer *Longitudinalwelle.*

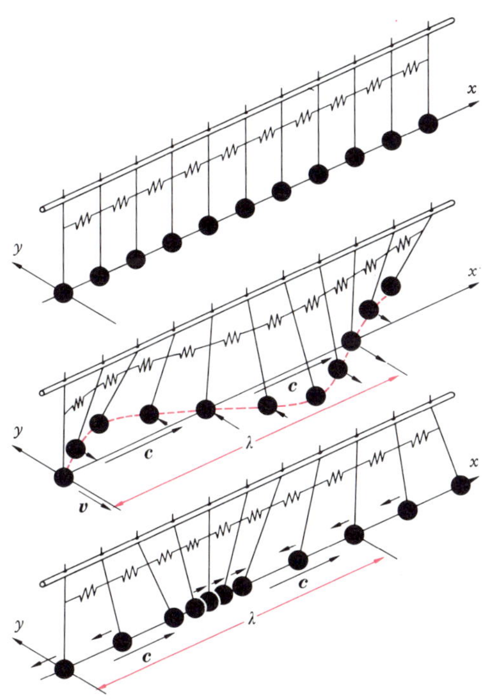

Bei Transversalwellen liegt die Schwingungsrichtung senkrecht zur Fortpflanzungsrichtung.
Bei Longitudinalwellen liegt die Schwingungsrichtung parallel zur Fortpflanzungsrichtung.

Macht man von der Transversalwelle eine Momentaufnahme, so liegen die Pendelkörper auf einer Sinus- bzw. Kosinuskurve. Dreht man die momentanen Elongationen der Pendelkörper gleichsinnig um 90° in die Fortpflanzungsrichtung, so erhält man das Bild der Longitudinalwelle. Derartige Wellen nennt man *harmonische Wellen.*

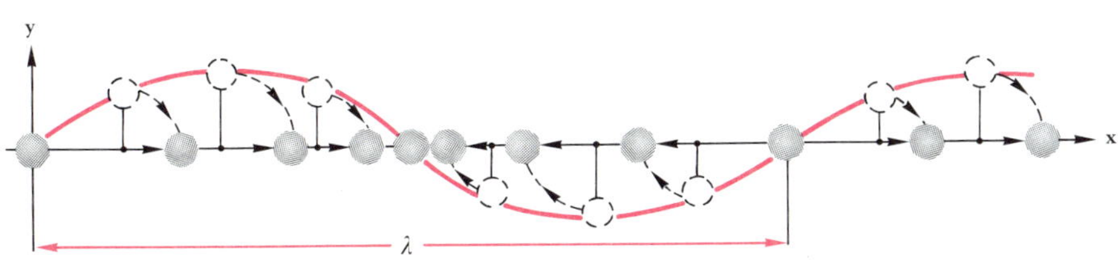

Dreht man bei einer Transversalwelle die Elongationen gleichsinnig um 90 Grad in die Ausbreitungsrichtung der Welle, so entsteht eine Longitudinalwelle.

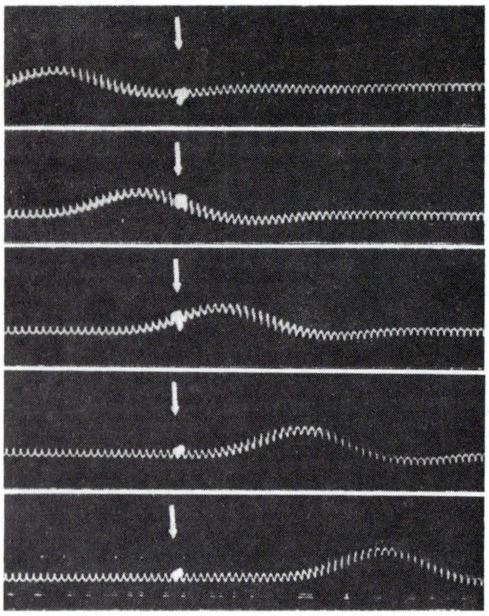

Die Bewegung eines Wellenberges längs einer Schraubenfeder
Die markierte Stelle der Feder bewegt sich lediglich auf und nieder, während der Wellenberg vorbeiläuft. Sie wird also nicht von der Welle mitgerissen.

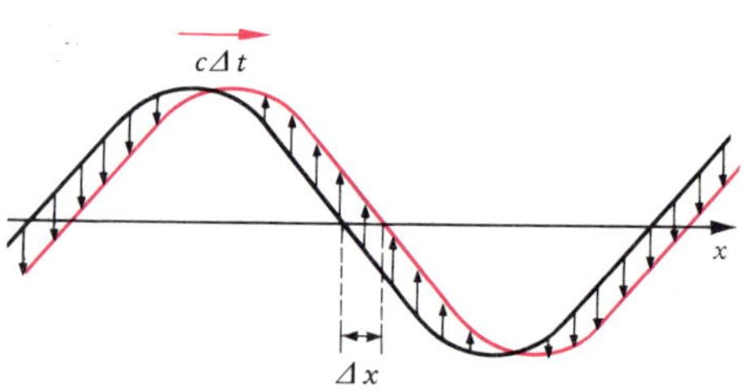

Während sich die Teilchen längs der schwarzen Pfeile verschieben, schreitet die Welle um das Wegstück Δx nach rechts fort.

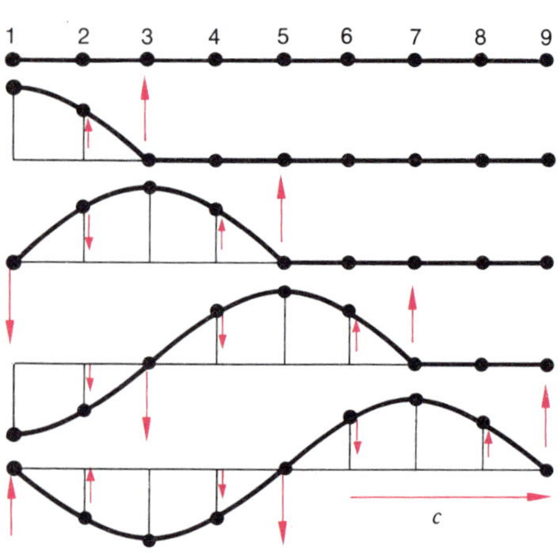

Während einer Schwingung pflanzt sich die Welle um eine Wellenlänge fort. Die rot eingezeichneten, vertikalen Pfeile stellen die Momentangeschwindigkeit der schwingenden Teilchen dar.

Die Wellenbewegung kommt übrigens nicht nur zustande, wenn das erste Pendel mit seiner Eigenfrequenz in Schwingung versetzt wird. Ganz im Gegenteil! Die Welle bildet sich bei jeder Frequenz aus, denn es liegen ja im Grunde erzwungene Schwingungen vor!

b) Die Wellenlänge und die Fortpflanzungsgeschwindigkeit

Für harmonische Wellen lassen sich einige zweckmäßige Begriffe definieren. Weil in einer harmonischen Welle alle Oszillatoren mit der gleichen Amplitude, mit der gleichen Schwingungsdauer und daher auch mit der gleichen Frequenz schwingen, ist die folgende Begriffsbildung naheliegend:

> Amplitude der Welle = Amplitude der Oszillatoren,
> Schwingungsdauer der Welle = Schwingungsdauer der Oszillatoren,
> Frequenz der Welle = Frequenz der Oszillatoren.

Diese Begriffe konnten wir von den Oszillatoren übernehmen und auf Wellen übertragen. Die Welle hat aber auch Eigenschaften, die ein einzelner Oszillator nicht besitzt, nämlich z. B. die Wellenlänge und die Fortpflanzungsgeschwindigkeit.

> Die Wellenlänge λ ist der Abstand zweier benachbarter Wellenberge oder Verdichtungen, oder allgemein der Abstand zwischen zwei benachbarten Oszillatoren, die sich im gleichen Schwingungszustand befinden.
> Die Fortpflanzungsgeschwindigkeit $\boldsymbol{c}$ ist die Geschwindigkeit, mit der sich ein Wellenberg oder eine Verdichtung in der Fortpflanzungsrichtung verschiebt.

Ähnlich wie durch die Schwingungsdauer an einem festen Ort die zeitliche Periode der Welle erfaßt wird, beschreibt die Wellenlänge zu einem festen Zeitpunkt die räumliche Periode der Welle.

Die Fortpflanzungsgeschwindigkeit $\boldsymbol{c}$ einer Welle darf nicht mit der Geschwindigkeit $\boldsymbol{v}$ der einzelnen Oszillatoren verwechselt werden. Während $\boldsymbol{c}$ im allgemeinen konstant ist, verändert sich $\boldsymbol{v}$ im Laufe der Zeit. Die Abbildung zeigt, wie $\boldsymbol{c}$ und $\boldsymbol{v}$ zusammenhängen. Die kleinen schwarzen Pfeile geben die Strecken an, um die sich die einzelnen Oszillatoren während des kleinen Zeitabschnittes Δt bewegen. Dadurch verschiebt sich der Wellenberg längs des roten Pfeiles um die Strecke $\boldsymbol{c} \cdot \Delta t$. Die schwarzen Pfeile sind ein Maß für die Geschwindigkeit, mit der sich die Oszillatoren zur Zeit der ersten Momentaufnahme bewegen. Der rote Pfeil dagegen ist ein Maß für die Fortpflanzungsgeschwindigkeit der Welle.

Weil sich der Wellenzug während einer Schwingungsdauer gerade um eine Wellenlänge vorwärtsschiebt, besteht zwischen der Wellenlänge, der Fortpflanzungsgeschwindigkeit und der Schwingungsdauer die Beziehung:

$$\textit{Fortpflanzungsgeschwindigkeit} = \frac{\textit{Wellenlänge}}{\textit{Schwingungsdauer}} \text{ bzw. } c = \frac{\lambda}{T}.$$

Wir kommen daher zu folgendem Resultat:

$$\lambda = c\,T \qquad \text{oder} \qquad \lambda = \frac{c}{f}.$$

Kennt man also zwei der drei miteinander verknüpften Größen, so läßt sich die dritte berechnen.

Besonders einfache Verhältnisse ergeben sich, wenn die Fortpflanzungsgeschwindigkeit von der Frequenz *unabhängig* ist. Diesen wichtigen Spezialfall werden wir bei Wasserwellen (im seichten Wasser) und bei Schallwellen antreffen, weshalb wir diese Wellen zuerst betrachten.

2. Wasserwellen

Manche Leute glauben, eine Wasserwelle sei eine dahinwandernde Wassermasse. Diese Ansicht kann man leicht widerlegen. Man braucht nur ein Stück Treibholz zu beobachten. Wenn ein Wellenberg kommt, bewegt sich das Holz erst ein wenig rückwärts, dann aufwärts und vorwärts und endlich wieder abwärts. Ist der Wellenberg vorbei, so schwimmt das Holz an derselben Stelle wie vorher. Das Wasser hat sich mit der Welle also nicht fortbewegt. Es findet *kein* Massentransport statt. Die Wasserteilchen schwingen in guter Näherung auf und nieder, bewegen sich also ähnlich wie die Pendelkörper in der Abbildung auf S. 15. Wasserwellen sind also *Transversalwellen.* Es ist *die Energie,* nicht die Materie, die sich in der Wellenbewegung fortpflanzt!

Windstärke 1
Auf der Wasserfläche sind leichte Kräuselwellen erkennbar.

Auf den Seen und auf dem Meer werden die Wellen im allgemeinen vom Wind erzeugt, wobei – wie schon im Kapitel »Grundlagen der Strömungslehre« auseinandergesetzt – der hydrodynamische Auftrieb die treibende Kraft liefert und zur Ausbildung der Wellen führt. Der Wind kräuselt zunächst die Wasseroberfläche, macht die kleinen Wellen höher und verleiht ihnen auf diese Weise immer mehr Energie. Die Höhe der Wellen hängt von der Windgeschwindigkeit ab, von der Dauer der Windeinwirkung und von der Länge der Wasserstrecke, über die der Wind ungehindert wehen kann. Die folgende Tabelle gibt eine ungefähre Vorstellung von den Auswirkungen des Windes.

Windstärke nach Beaufort	Windgeschwindigkeit	Auswirkungen des Windes auf dem Land	Auswirkungen des Windes auf dem Meer
1 (leichter Zug)	0,3– 1,5 m/s	Windrichtung nur durch Rauch erkennbar	Kleine Kräuselwellen
3 (schwache Brise)	3,4– 5,4 m/s	Blätter und dünne Zweige bewegen sich	Wellenhöhe unter 0,5 m
5 (frische Brise)	8,0–10,7 m/s	Kleine Bäume schwanken und biegen sich	Wellenhöhe unter 2,5 m
7 (starker Wind)	13,9–17,1 m/s	Fühlbare Hemmung beim Gehen	Wellenhöhe unter 7 m

Windstärke 12
Die Windgeschwindigkeiten in diesem Orkan liegen über 32 m/s ≈ 115 km/h.

Auch wenn der Wind zu wehen aufgehört hat, bewegen sich die Wellen weiter und können als Dünung große Entfernungen im Meer zurücklegen und so die Sturmenergie um die halbe Erde transportieren. Man konnte z. B. beobachten, daß Wellen, die sich an der Küste von Cornwall im Südwesten Englands brachen, vier Tage zuvor von einem Hurrikan in der Gegend von Florida an der nordamerikanischen Ostküste erzeugt worden waren.

Nähert sich eine Welle der Küste, so wird sie zunächst langsamer – ein Zeichen dafür, daß sie Grundberührung hat und am Meeresboden »schleift«. Der Wellenberg, vom ansteigenden Grund emporgedrückt, läuft aber noch mit der alten Geschwindigkeit. Die Welle bäumt sich daher auf und überschlägt sich landwärts, bis sie als Brandungswelle auf den Strand aufdonnert. Die Kraft, die in einer Brandungswelle steckt, ist erstaunlich groß und kann an Steilküsten 500 000 N pro Quadratmeter betragen. So ist es kein Wunder, daß die Brandung auch an felsigen Küsten heftige Zerstörungen anrichtet, Klippen zernagt und Höhlen herausmodelliert. An manchen Stellen weicht die Felsküste Jahr für Jahr um fünf Meter zurück!

Wasserwellen sind ein einfaches Mittel, um Wellenvorgänge im Laboratorium sichtbar zu machen. Man verwendet hierzu die Wellenwanne, mit deren Hilfe sich auch leicht nachweisen läßt, daß die Fortpflanzungsgeschwindigkeit der Wasserwellen *von der Frequenz unabhängig ist und um so kleiner ausfällt, je geringer die Wassertiefe ist.*

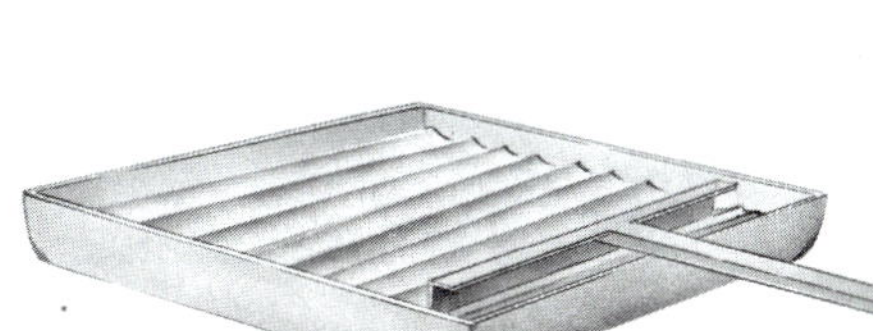

Mit der Wellenwanne studiert der Physiker Wellenvorgänge.

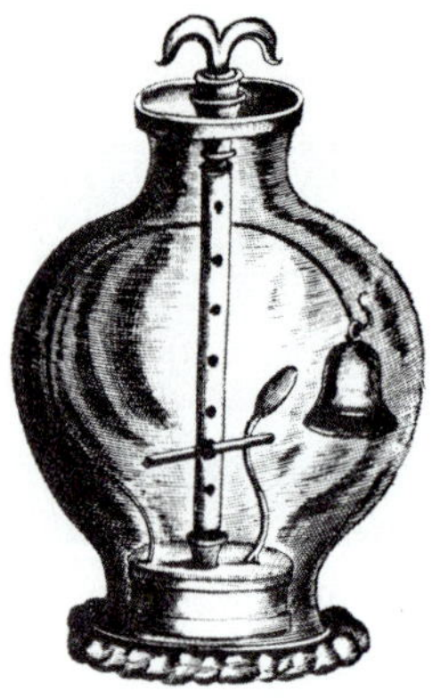

Eine Glocke, in einem luftleeren Gefäß angeschlagen, bleibt unhörbar. Mit dieser Versuchsanordnung zeigte Robert Boyle vor 300 Jahren, daß sich der Schall im Vakuum nicht ausbreiten kann.

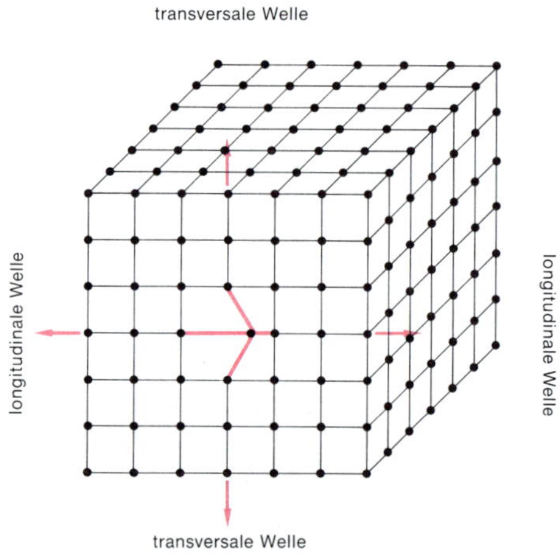

In einem Gas und in einer Flüssigkeit gibt es nur longitudinale Schallwellen. In einem festen Körper treten auch transversale Schallwellen auf.

Messung der Schallgeschwindigkeit durch Alexander v. Humboldt, Gay-Lussac und Arago in der Nacht zum 22. Juni 1822 bei Paris

3. Schallwellen

a) Die Entstehung der Schallwelle

Spannt man eine Blattfeder in einen Schraubstock ein und versetzt sie in Schwingung, so ist ein Ton zu hören, der um so höher ist, je rascher die Blattfeder schwingt, je größer also ihre Frequenz ist. Wir wollen den Vorgang der Schallausbreitung etwas näher betrachten.

Bewegt man die Blattfeder langsam hin und her, so fließt die Luft einfach um die Blattfeder herum. Bewegt sich dagegen die Blattfeder hinreichend schnell, so steht der Luft für den Umströmungsvorgang nicht mehr genügend Zeit zur Verfügung. Die ausschlagende Feder preßt vielmehr die angrenzende Luftschicht zusammen. Dadurch steigt der Druck, was zu einer Kompression der benachbarten Luftschicht führt und dort eine Druckzunahme zur Folge hat, usw. Es breitet sich eine Druckwelle aus. Die Luftteilchen bewegen sich dabei ähnlich wie die Pendelkörper in der Abbildung. Die Schallwelle ist daher in einem Gas eine *Longitudinalwelle.* Wiederum ist es *die Energie* und nicht die Materie, welche sich in der Wellenbewegung fortpflanzt.

Wenn der Schall durch schwingende Bewegungen in einem Gas zustande kommt, so darf es im Vakuum keinen Schall geben. Dies ist auch tatsächlich der Fall, wie Experimente beweisen, welche von Robert Boyle vor 300 Jahren ausgeführt wurden. Boyle hängte einen Wecker mit einem kräftigen Läutewerk an einem dünnen Faden in ein Glasgefäß und pumpte die Luft aus. Er schreibt: »Wir waren ganz still und warteten auf den Moment, in dem das Läutewerk zu klingeln anfangen sollte, und waren zufrieden, als wir den Wecker überhaupt nicht hörten. Erst als wir voller Spannung anordneten, etwas Luft in das Gefäß zu lassen, hörten wir das Läutewerk.«

Schallwellen breiten sich auch in festen Körpern und in Flüssigkeiten aus. Versetzt man ein Teilchen in Schwingung, wie es in der Mitte der Abbildung angedeutet ist, so breiten sich wegen der Kopplungskräfte eine Longitudinalwelle und eine Transversalwelle aus. Die Deformation und damit auch die Kopplungskräfte sind in Richtung der Longitudinalwelle größer als in Richtung der Transversalwelle. Daher pflanzt sich die Störung wegen der größeren Beschleunigung der Teilchen längs der Longitudinalwelle rascher fort als längs der Transversalwelle. Die Fortpflanzungsgeschwindigkeit der Longitudinalwelle ist also größer als die Fortpflanzungsgeschwindigkeit der Transversalwelle.

In (idealen) Flüssigkeiten gibt es wegen der fehlenden Kopplungskräfte keine transversalen Schallwellen. Dort ist die Schallwelle also eine reine Longitudinalwelle. (Die im letzten Abschnitt beschriebenen transversalen Wasserwellen breiten sich nur längs der *Oberfläche* aus und haben mit den longitudinalen Schallwellen *im Wasser* nichts zu tun.)

b) Die Schallgeschwindigkeit

Die Fortpflanzungsgeschwindigkeit der Schallwellen in Luft wurde erstmals um 1640 von dem französischen Mathematiker Marian Mersenne ermittelt. Er bediente sich dazu einer in bekannter Entfernung stehenden Kanone und maß die Zeit zwischen dem Lichtblitz beim Abschuß der Kanone und dem Eintreffen des Knalles. Als Schallgeschwindigkeit ergab sich mehr als 300 m/s.

Die gleiche Methode verwendete etwas später der Franzose Pierre Gassendi. Er stellte fest, daß der Knall einer Kanone und der einer Flinte dieselbe Geschwindigkeit haben, und schloß daraus, daß die Fortpflanzungsgeschwindigkeit des Schalles von der Tonhöhe (Frequenz) unabhängig ist. Er widerlegte damit eine damals verbreitete, auf Aristoteles zurückgehende Ansicht, daß sich tiefe Töne langsamer fortpflanzen als hohe.

Hundert Jahre später wurde das Experiment von dem italienischen Arzt Giovanni Bianconi wiederholt. Er maß die Zeit zwischen Blitz und Knall mit einem schwingenden Pendel und bemerkte, daß sich der Schall im Sommer rascher ausbreitet als im Winter. Die Schallgeschwindigkeit wächst also mit steigender Temperatur. Dies ist plausibel, da sich die Moleküle in warmer Luft rascher bewegen als in kalter. So pflanzt sich der Schall in Luft bei 0 °C mit 331 m/s fort, bei 100 °C aber bereits mit 386 m/s.
Wir halten fest:

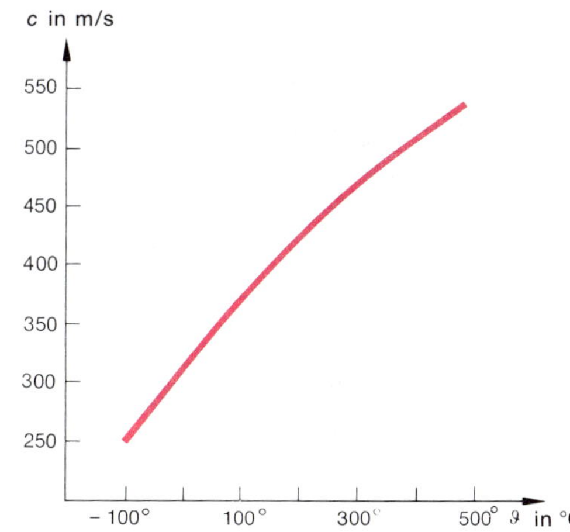

Die Temperaturabhängigkeit der Schallgeschwindigkeit in Luft

Die Schallgeschwindigkeit in Luft bei 20 °C beträgt 340 m/s.
Sie ist unabhängig von der Frequenz der Schallwelle
und wächst mit steigender Temperatur.

Um 1827 bestimmten Colladon und Sturm am Genfer See die Fortpflanzungsgeschwindigkeit des Schalles im Wasser, indem sie eine Glocke unter Wasser anschlugen und mit einem hörrohrähnlichen Instrument in 13 365 m Entfernung den Ton auffingen. Der Schall benötigte für diese Strecke ca. 9 Sekunden. Die Schallgeschwindigkeit im Wasser beträgt daher $c = 1\,485$ m/s, ist also mehr als viermal so hoch wie in der Luft, was offenbar auf die dichtere Packung der Wassermoleküle zurückzuführen ist.

c) Die Tonhöhe

Schon seit langem wurde vermutet, daß die Tonhöhe *allein von der Frequenz* der Schallwelle abhängt. Der deutsche Physiker Seebeck bewies diese Vermutung und bestimmte um 1840 die Frequenz der einzelnen Töne. Er bediente sich hierzu einer Kreisscheibe, in der in konzentrischen Kreisen 24, 27, 30, 32, 36, 40, 45 und 48 Löcher in gleichen Abständen eingeschlagen waren.

Dreht man die Kreisscheibe mit konstanter Winkelgeschwindigkeit und bläst die Lochreihen der Reihe nach mit einem Luftstrom an, so hört man eine Tonfolge, die uns als Dur-Tonleiter bekannt ist. Steigert man die Winkelgeschwindigkeit der Scheibe, so erhöhen sich wegen der größeren Frequenz auch alle Töne, der Charakter der Tonfolge bleibt jedoch der gleiche. Offensichtlich werden die Intervalle durch die konstant gebliebenen *Frequenzverhältnisse* festgelegt. Wir merken uns:

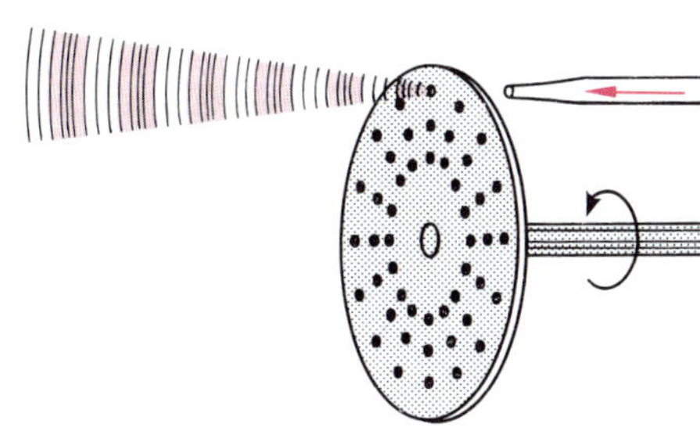
Je rascher die Lochsirene rotiert, desto höher ist der Ton.

Die *Tonhöhe* wird durch die *Frequenz* der Schallwelle festgelegt.
Das *Intervall* zweier Töne wird durch das *Frequenzverhältnis*
der entsprechenden Schallwellen bestimmt.

Der Kammerton $\bar{a}$ konnte nun einheitlich festgelegt werden. 1885 wurde ihm in Wien durch die internationale Stimmtonkonferenz die Frequenz 435 Hz zugeordnet, eine Festsetzung, die 1939 auf 440 Hz abgeändert wurde. Vor dieser Verordnung waren an den einzelnen Opernhäusern bezüglich des Kammertones beträchtliche Unterschiede vorhanden, was sich natürlich auf die Tonlage der Musikstücke auswirkte. Nach Beseitigung dieses Mangels konnten den einzelnen Tönen in eindeutiger Weise Frequenzen zugeordnet werden. Die Tabelle gibt am Beispiel der reinen C-Dur-Tonleiter einen kurzen Überblick.

Ton	$\bar{c}$	$\bar{d}$	$\bar{e}$	$\bar{f}$	$\bar{g}$	$\bar{a}$	$\bar{h}$	$\bar{\bar{c}}$
Frequenz in Hertz	264	297	330	352	396	440	495	528
Relatives Frequenzverhältnis	1	$\frac{9}{8}$	$\frac{5}{4}$	$\frac{4}{3}$	$\frac{3}{2}$	$\frac{5}{3}$	$\frac{15}{8}$	2
Intervall bezüglich des Grundtones $\bar{c}$	Prim	Sekund	Terz	Quart	Quint	Sext	Septim	Oktav

Die rote Note bezeichnet den Kammerton $\bar{a}$. 440 Hz sind ihm zugeordnet.

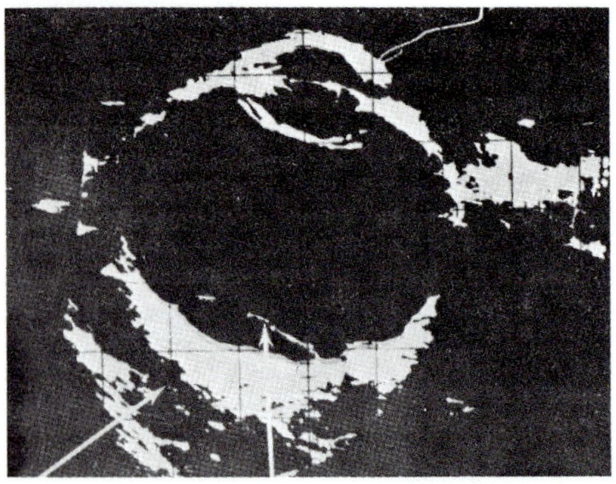

Die Reflexion von Ultraschallwellen an verschiedenen Teilen des Auges wird in der Medizin zur Diagnose verwendet. Hier wurde eine Hornhautablösung festgestellt.

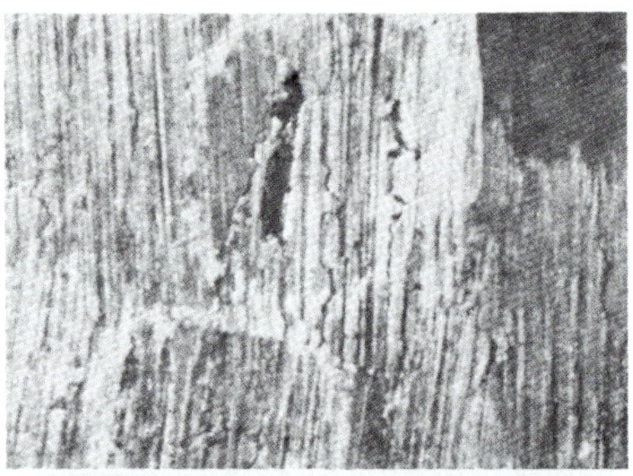

Bestrahlt man Metall mit Ultraschall, so lösen sich zunächst die am wenigsten gefestigten Metallteilchen ab. Dadurch wird die herausgefeilte Motornummer eines gestohlenen Autos sichtbar.

Die Reflexion von Ultraschallwellen ermöglicht es, Rohre und Hohlräume in einer Wand aufzufinden.

An der Tonhöhe kann man also die Frequenz, die Zahl der Schwingungen pro Sekunde, erkennen. Eine Fliege beispielsweise erzeugt beim Fliegen den Ton $\bar{f}$. Sie führt daher 352 Flügelschläge pro Sekunde aus. Eine Biene dagegen erzeugt beim Fliegen den Ton $\bar{a}$ oder – wenn sie mit Honig beladen ist – den Ton $\bar{e}$. Sie macht somit 440 bzw. 330 Flügelschläge pro Sekunde.

Der Frequenzbereich, den das menschliche Ohr wahrzunehmen vermag, erstreckt sich von 20 Hz (untere Hörgrenze) bis zu ca. 20 000 Hz (obere Hörgrenze). Der Schall, dessen Frequenz unter 20 Hz liegt, heißt *Infraschall,* und der Schall, dessen Frequenz über 20 000 Hz liegt, wird *Ultraschall* genannt. Die Energie, welche eine Ultraschallwelle mit sich führt, ist im Vergleich zu der, welche eine gewöhnliche Schallwelle transportiert, außerordentlich groß. Um dies einzusehen, berechnen wir die Energie eines harmonischen Oszillators. Wir erhalten:

$$E = \frac{1}{2} m v_y^2 + \frac{1}{2} k y^2 = \frac{1}{2} m \left(v_y^2 + \frac{k}{m} \cdot y^2\right) = \frac{1}{2} m (v_y^2 + \omega^2 y^2) =$$

$$= \frac{1}{2} m (\omega^2 r^2 \cdot \cos^2 \omega t + \omega^2 r^2 \cdot \sin^2 \omega t) = \frac{1}{2} m r^2 \omega^2.$$

$$(\omega = 2\pi/T = 2\pi f).$$

> Die Energie wächst mit dem *Quadrat* der Amplitude und mit dem *Quadrat* der Frequenz.

Ultraschallwellen transportieren daher wegen ihrer hohen Frequenzen (20 kHz–10^9 kHz) selbst bei geringer Amplitude große Energiemengen. Mit derartigen Wellen kann man in kurzer Zeit Wasser zum Kochen bringen und Holz anzünden. Man kann aber auch besonders feinkörnige Emulsionen für Photoplatten herstellen oder Nahrungsmittel und Medikamente sterilisieren. Denn kleine Teilchen und winzige Lebewesen werden im Ultraschall zerrissen.

Die folgende Tabelle gibt die Frequenzbereiche an, die einige Tiere wahrnehmen (grau) bzw. erzeugen (rot) können. Zum Vergleich sind auch die entsprechenden Frequenzbereiche des Menschen angeführt.

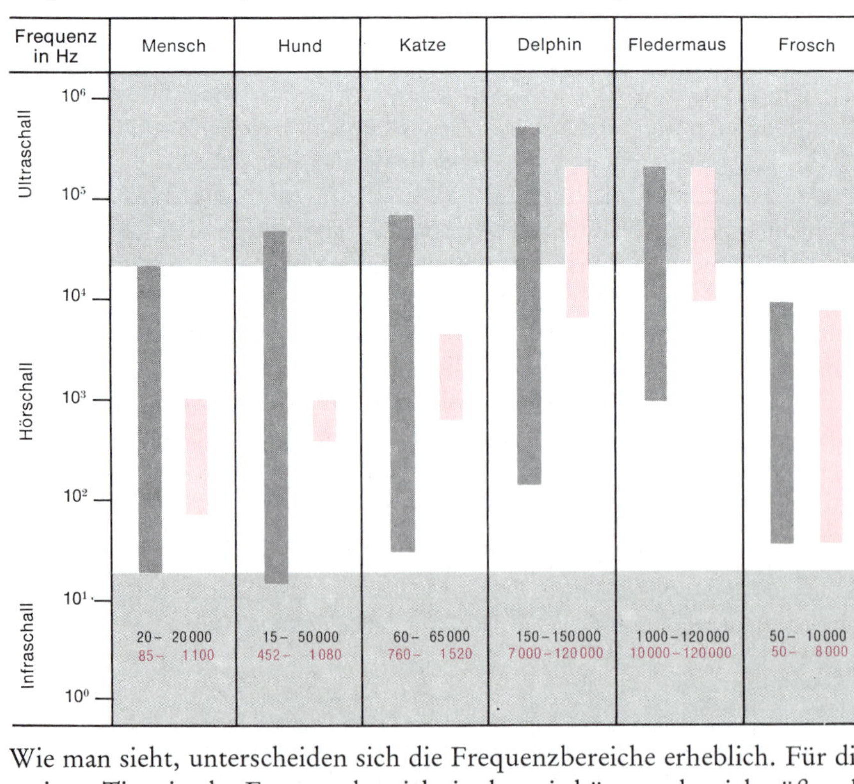

Wie man sieht, unterscheiden sich die Frequenzbereiche erheblich. Für die meisten Tiere ist der Frequenzbereich, in dem sie hören, sehr viel größer als der Frequenzbereich, in dem sie Laute hervorbringen.

d) Die Lautstärke

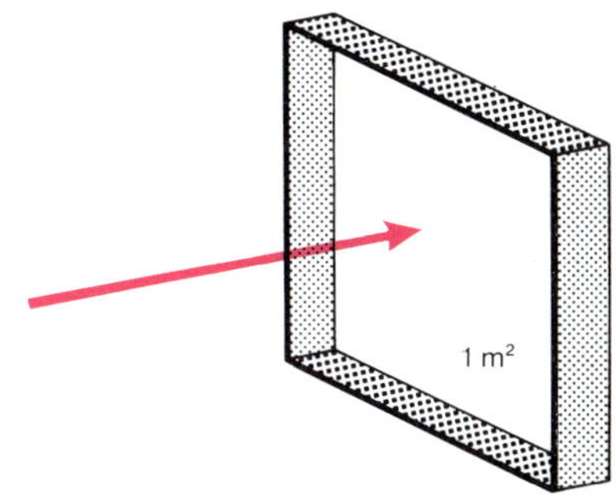

Zur Definition der Schallstärke
Der rote Pfeil versinnbildlicht jene Schallenergie, die pro Sekunde in senkrechter Richtung durch einen Quadratmeter tritt.

Die Lautstärke, mit der ein Ton von uns empfunden wird, ist abhängig von der Energie, welche die Schallwelle pro Sekunde an unser Ohr transportiert. Ein geeignetes Maß, mit dem sich dieser Energietransport beschreiben läßt, ist die Schallstärke (Schallintensität).

> Unter der Schallstärke I versteht man jene Schallenergie, die pro Sekunde in senkrechter Richtung durch einen Quadratmeter tritt.

Die Einheit der Schallstärke ist daher 1 W/m^2.

Das menschliche Ohr ist bei 1 000 Hz am aufnahmefähigsten. Die kleinste Schallstärke, welche das Ohr eben noch wahrzunehmen vermag, liegt dort bei 10^{-12} W/m^2 (Hörschwelle). Aber erst eine Schallstärke von 10 W/m^2 löst im Ohr Schmerzempfindungen aus (Schmerzschwelle).

Die Lautstärke E ist nur ein subjektives Maß für die objektive Schallstärke. Glücklicherweise wächst die Lautstärke viel langsamer an als die Schallstärke. Der mathematische Zusammenhang zwischen diesen beiden Größen wird in grober Näherung durch das *Fechnersche Gesetz* beschrieben.
Es besagt:

$$\text{Lautstärke } E = 10 \cdot \lg \frac{I}{10^{-12}\ \text{W/m}^2}.$$

Die Einheit der Lautstärke ist das Dezibel (dB). Sie ist so gewählt, daß das menschliche Ohr bei 1 000 Hz einen Unterschied in der Lautstärke von einem Dezibel gerade noch hören kann.

Der Schalldämpfer
Die Schallenergie wird beim Durchlaufen der Kammern größtenteils in thermische Energie umgewandelt. Der Lärm wird dadurch stark vermindert.

Die Dezibel-Skala hat für physiologische Zwecke einen schwerwiegenden Nachteil. Töne verschiedener Frequenz, denen die gleiche Dezibel-Zahl zugeordnet ist, erscheinen dem Menschen verschieden laut!

Um diesem Übelstand abzuhelfen, hat man die Phonskala eingeführt. Diese stimmt bei 1 000 Hz mit der Dezibelskala überein. Für andere Frequenzen hingegen wird die Phonzahl durch Hörvergleich mit einem 1 000 Hz-Ton bekannter Lautstärke bestimmt. Töne mit gleicher Phonzahl empfindet der Mensch daher stets gleich laut.

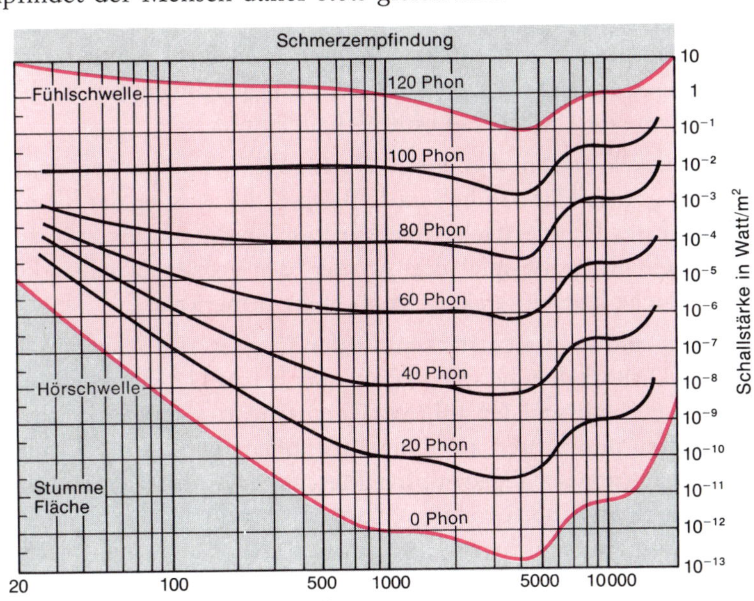

Die Hörfläche des Menschen
Sie wird begrenzt durch die Hörschwelle und durch die Fühl- oder Schmerzschwelle. Bei 1 000 Hz ist das menschliche Ohr am aufnahmefähigsten.

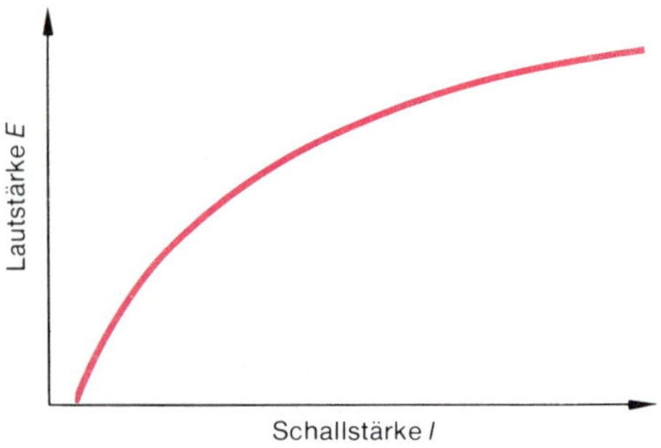

Das Fechnersche Gesetz
Die Lautstärke ist dem Logarithmus der Schallstärke proportional.

Louis Armstrong (1900–1971), einer der berühmtesten Jazztrompeter der Welt.

Informationen, Hinweise

Walter Berry singt in vier Aufführungen von Alban Bergs „Wozzeck" an den Bühnen der Stadt Köln die Titelpartie. Nachher gastiert er in Chikago als Pizarro in „Fidelio".

Eine Gruppe nonkonformistischer Künstler in Leningrad hat von den Behörden die Erlaubnis erhalten, Mitte September eine zehntägige Ausstellung ihrer Werke zu veranstalten. Es wäre dies die erste derartige Schau in der Sowjetunion seit Februar.

Seit dem Popkonzert der britischen Gruppe „Deep Purple" ist ein sechzehnjähriger Zuhörer auf einem Ohr taub geworden. Er hatte es unterlassen, so wie einige seiner Freunde vor Beginn des Konzerts sich die Ohren mit Wattepropfen zu verstopfen.

Die Tänzerin und Ballettmeisterin Dia Luca ist, wie erst jetzt bekannt wurde, in Wien unerwartet verstorben. Die Beerdigung fand im allerengsten Familienkreis statt.

Hohe Lautstärken sind schädlich!

Der Inhalt des Fechnerschen Gesetzes wird am leichtesten an Hand der folgenden Tabelle klar.

I in 10^{-12} W/m²	E in Phon	Beispiel
1	0	Hörschwelle
100	20	Flüstersprache
10 000	40	Unterhaltungssprache
1 000 000	60	Schreibmaschinengeklapper
100 000 000	80	Motorrad mit Schalldämpfer
10 000 000 000	100	Motorrad ohne Schalldämpfer
1 000 000 000 000	120	Flugzeugmotor in 4 m Abstand
10 000 000 000 000	130	Schmerzschwelle

Wir betrachten zwei Beispiele:

1. Beispiel:

Um wieviel steigt die Lautstärke, wenn in einem Raum statt einer Person 100 Personen flüstern?

	Schallstärke	Lautstärke
1 Person	$I = 10^{-10}$ W/m²	E = 20 Phon
100 Personen	$I = 10^{-8}$ W/m²	E = 40 Phon

Die Lautstärke hat sich keineswegs verhundertfacht, sondern lediglich verdoppelt. Sie ist von 20 Phon auf 40 Phon gestiegen.

2. Beispiel:

Um wieviel steigt die Lautstärke, wenn auf der Straße statt eines Motorrades 100 Motorräder fahren?

	Schallstärke	Lautstärke
1 Motorrad	$I = 10^{-4}$ W/m²	E = 80 Phon
100 Motorräder	$I = 10^{-2}$ W/m²	E = 100 Phon

Die Lautstärke hat sich keineswegs verhundertfacht, sondern ist nur um 20 Phon gestiegen. Die 100 Motorräder mit Schalldämpfer machen genausoviel Lärm wie 1 Motorrad ohne Schalldämpfer!

Diese Beispiele zeigen, daß unser Ohr für kleine Lautstärken empfindlicher ist als für große. Hat nämlich im 1. Beispiel der Anstieg der kleinen Schallstärke auf das Hundertfache eine Verdopplung der Lautstärke zufolge, so macht sich im 2. Beispiel der Anstieg der großen Schallstärke auf das Hundertfache lautstärkemäßig kaum mehr bemerkbar.

Trotzdem sind hohe Lautstärken für den Organismus schädlich. Die Lautstärke in Diskotheken beispielsweise kann bis zu 110 Phon betragen und zu bleibenden Gehörschäden führen. Geräusche von 150 Phon zerfetzen das Trommelfell und führen zu völliger Taubheit. Die Lärmbekämpfung und die Konstruktion schallgedämpfter Maschinen ist daher eine wichtige Aufgabe, die gesetzliche Regelung erfordert. Bereits Julius Cäsar erließ eine Verordnung, welche die Streitwagen von den nächtlichen Straßen Roms verbannte!

4. Der Doppler-Effekt

Im Jahre 1842 wies der österreichische Physiker Christian Doppler darauf hin, daß die Tonhöhe nicht durch die Frequenz der Schallquelle festgelegt wird, sondern durch die Frequenz, mit der die Schallwellen ans Ohr des Beobachters treffen.

Doppler untersucht zwei Spezialfälle, nämlich den, wo die Schallquelle ruht und sich der Beobachter bewegt, und den, wo der Beobachter ruht und sich die Schallquelle bewegt. Er zeigt, daß die Frequenz, welche der Beobachter wahrnimmt, durchaus nicht mit der Frequenz, welche die Schallquelle besitzt, übereinstimmt. Wir wollen seine Überlegungen nachvollziehen und führen folgende Bezeichnungen ein:

λ ..... Wellenlänge der Schallwelle in Luft,
c ..... Geschwindigkeit des Schalles relativ zur Luft,
f_Q ..... Frequenz, mit welcher die Schallquelle schwingt,
f_B ..... Frequenz, welche der Beobachter wahrnimmt.

Christian Doppler (1803–1853) wurde in Salzburg geboren. Er war zunächst Mathematikprofessor an der technischen Lehranstalt in Prag, später Professor der Physik an der Universität Wien. Von seinen zahlreichen Abhandlungen haben sich die Untersuchungen über bewegte Schall- und Lichtquellen als besonders wertvoll erwiesen.

1. Fall: Die Schallquelle ruht relativ zur Luft.
Der Beobachter bewegt sich mit der Geschwindigkeit v_B zur Quelle.

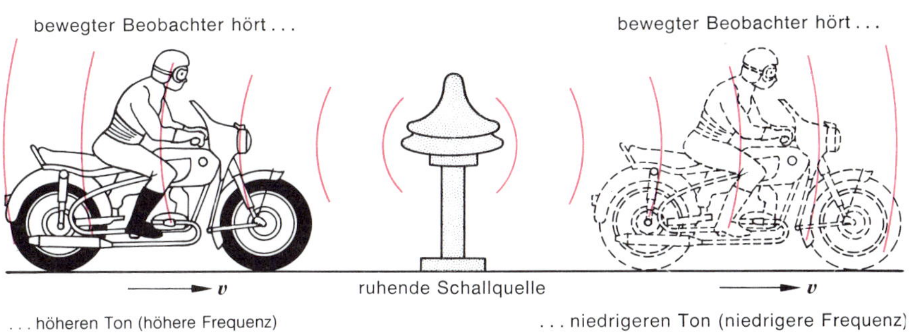

Da sich der Beobachter mit der Geschwindigkeit v_B zur Schallquelle hinbewegt, läuft der Schall mit der Geschwindigkeit $c + v_B$ an ihm vorbei. Die Zahl der Wellenberge (Verdichtungen), die der Beobachter pro Sekunde aufnimmt, die Frequenz f_B also, ist daher größer, als wenn der Beobachter ruhen würde, denn der Schall bewegt sich für ihn ja jetzt mit der Geschwindigkeit $c + v_B$. Zwischen der Wellenlänge λ und der Frequenz f_B besteht daher die Beziehung

$$\lambda = (c + v_B)/f_B.$$

Die Wellenlänge hängt andererseits mit der Frequenz f_Q der Schallquelle durch die übliche Beziehung zusammen:

$$\lambda = c/f_Q.$$

Zwischen f_B und f_Q besteht daher folgender Zusammenhang:

$$c/f_Q = (c + v_B)/f_B \qquad \text{oder} \qquad \boxed{f_B = f_Q\,(1 + v_B/c).}$$

Bewegt sich der Beobachter von der Schallquelle weg, so muß man v_B durch $(-v_B)$ ersetzen. Die Formel gilt dann ebenfalls. Wir sehen:

> Bewegt sich der Beobachter auf die Schallquelle zu, so stellt er eine höhere Frequenz fest als im Zustand der Ruhe. Bewegt sich der Beobachter von der Schallquelle weg, so ist das Gegenteil der Fall.

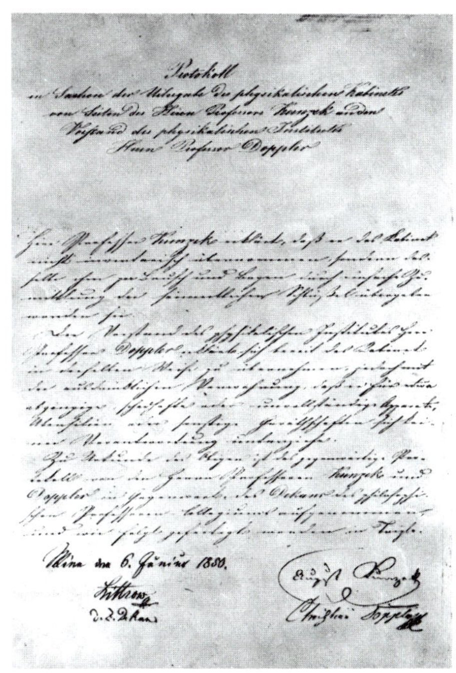

Im Jahre 1850 wurde das physikalische Institut der Universität Wien gegründet. Der erste Vorstand dieses Institutes war Christian Doppler, der hier die Übernahme der Apparate bestätigt.

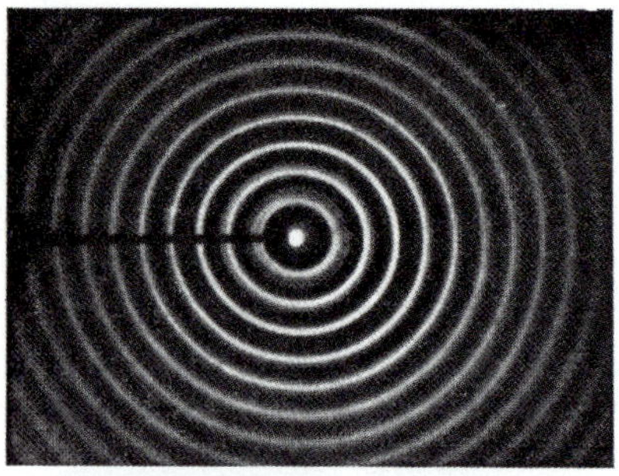

Ruhende Quelle ($v = 0$)
Es entstehen konzentrische Kreiswellen.

2. Fall: Der Beobachter ruht relativ zur Luft.
Die Quelle bewegt sich mit der Geschwindigkeit v_Q zum Beobachter.

Da sich die Schallquelle mit der Geschwindigkeit v_Q relativ zur Luft bewegt, pflanzt sich der Schall in der Bewegungsrichtung relativ zur Quelle mit der Geschwindigkeit $c - v_Q$ fort. Die Wellenlänge beträgt daher

$$\lambda = (c - v_Q)\,/f_Q.$$

Weil die bewegte Schallquelle jeden Wellenberg (Verdichtung) hinter dem vorhergehenden Wellenberg »nachträgt«, wird die Wellenlänge kürzer. Die Wellenberge folgen daher in kürzerem Abstand aufeinander. Der Ton wird höher. Am Ort des Beobachters hängt die Wellenlänge mit der Frequenz f_B durch die übliche Beziehung zusammen:

$$\lambda = c/f_B.$$

Zwischen f_B und f_Q besteht daher folgender Zusammenhang:

$$(c - v_Q)/f_Q = c/f_B \quad \text{oder} \quad \boxed{f_B = f_Q \cdot \frac{1}{1 - v_Q/c}}.$$

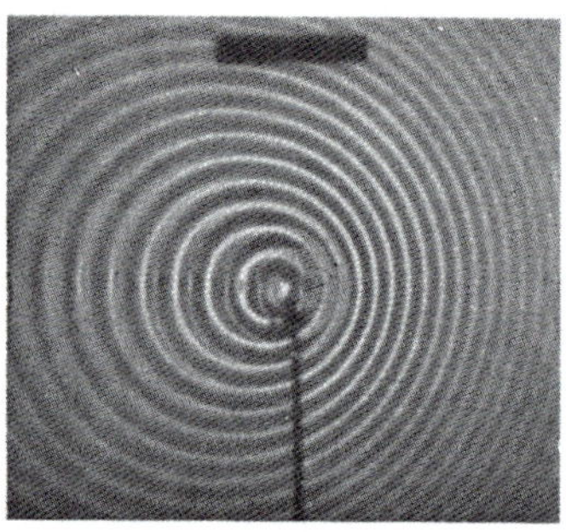

Bewegte Quelle ($v < c$)
Die Mittelpunkte der Kreiswellen fallen nicht mehr zusammen. Daher ist die Wellenlänge in der Bewegungsrichtung kleiner, in der entgegengesetzten Richtung aber größer als bei ruhender Quelle.

Bewegt sich die Schallquelle vom Beobachter weg, so muß man v_Q durch $(-v_Q)$ ersetzen. Die Formel gilt dann ebenfalls. Wir sehen:

> Bewegt sich die Schallquelle auf den Beobachter zu, so stellt er eine höhere Frequenz fest als bei ruhender Quelle. Bewegt sich die Schallquelle von dem Beobachter weg, so ist das Gegenteil der Fall.*)

Dieser von Doppler vorhergesagte Effekt wurde 1845 von Buys-Ballot in Utrecht experimentell überprüft. Er ließ von Musikern die Tonhöhe einer pfeifenden Lokomotive beurteilen, welche mit großer Geschwindigkeit vorbeifuhr. Nach Doppler muß ja der Pfeifton während der Annäherung höher sein als der Pfeifton, den man vernimmt, wenn die Lokomotive vorbeigefahren ist und sich wieder entfernt. Dies ist auch der Fall, und die Tonhöhen stehen mit Dopplers Formeln in bestem Einklang.

Sehr auffallend macht sich der Doppler-Effekt bei Autorennen bemerkbar. Jedesmal, wenn ein Rennwagen direkt bei uns oder beim Aufnahmemikrophon des Rundfunks vorbeifährt, ist ein plötzliches Tieferwerden des Motorengeräusches zu hören. Dieser Tonsprung ist um so größer, je höher die Geschwindigkeit des Autos ist. Wer Tonsprünge gut zu erkennen vermag, kann die Geschwindigkeit abschätzen. Die folgende Tabelle gibt (in runden Zahlen) einige Anhaltspunkte.

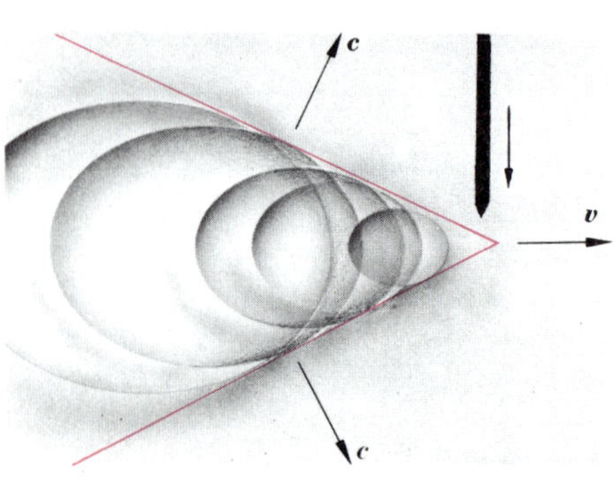

Bewegte Quelle ($v > c$)
Es entsteht eine Bugwelle, deren Wellenfronten sich schräg zur Bewegungsrichtung der Quelle ausbreiten.

Tonsprung	Halbton	Ganzton	kl. Terz	gr. Terz	Quart	Quint	Oktav
v_Q in km/h	40	70	110	135	175	245	400

*) Beachten Sie aber, daß die beiden Doppler-Formeln verschieden gebaut sind! Es ist daher nicht gleichgültig, ob sich der Beobachter zur Schallquelle hin bewegt oder ob die Schallquelle mit der gleichen Geschwindigkeit auf den Beobachter zuläuft.

Bisher haben wir stillschweigend vorausgesetzt, daß die Geschwindigkeit der Schallquelle kleiner ist als die Fortpflanzungsgeschwindigkeit des Schalles. Ist dies nicht der Fall, dann überschneiden sich die Schallwellen und bilden eine »Stoßwelle«.

Solche Wellen bilden sich am Bug und am Heck von Überschallflugzeugen aus und werden vom Flugzeug mitgeführt. Weil sich auf diesen kegelförmigen Wellen die Druckerhöhungen addieren, hört ein Beobachter, über den eine Stoßwelle hinwegstreicht, einen kurzen explosionsartigen Knall. Dieser kann Fensterscheiben zerbrechen und andere Schäden anrichten. Deshalb dürfen Überschallflüge nur über dem Meer oder über dünnbesiedelten Gebieten durchgeführt werden.

Das Schiff fährt schneller, als sich die Wasserwellen ausbreiten. Die Bugwelle ist deutlich zu sehen.

Testfragen:

1. Was versteht man unter einem harmonischen Oszillator?
2. Wie kommt eine Transversalwelle zustande?
3. Wie kommt eine Longitudinalwelle zustande?
4. Wann liegt eine harmonische Welle vor?
5. Was versteht man unter der Wellenlänge?
6. Was versteht man unter der Fortpflanzungsgeschwindigkeit?
7. Welcher Zusammenhang besteht bei einer harmonischen Welle zwischen der Wellenlänge, der Fortpflanzungsgeschwindigkeit und der Frequenz?
8. Pflanzt sich in einer Welle Materie oder Energie fort?
9. Welche Abhängigkeit zeigt im seichten Wasser die Fortpflanzungsgeschwindigkeit einer Wasserwelle
   a) von der Frequenz, b) von der Wassertiefe?
10. Wo tritt der Schall als Longitudinalwelle auf, wo gibt es auch transversale Schallwellen?
11. Ist die Fortpflanzungsgeschwindigkeit einer Schallwelle in Luft abhängig
    a) von der Frequenz, b) von der Amplitude, c) von der Temperatur?
12. Wie groß ist die Schallgeschwindigkeit in Luft bei 20 °C?
13. Wie groß ist die Schallgeschwindigkeit in Wasser?
14. Wodurch wird die Tonhöhe festgelegt?
15. Wieviel Hertz sind dem Kammerton $\bar{a}$ zugeordnet?
16. Wodurch wird das Intervall zweier Töne festgelegt:
    a) durch den Frequenzunterschied, b) durch das Frequenzverhältnis?
17. Welchen Frequenzbereich kann das menschliche Ohr wahrnehmen?
18. Was versteht man unter Infraschall, was unter Ultraschall?
19. Was versteht man unter Schallstärke, was unter Lautstärke?
20. In welcher Einheit wird die Schallstärke gemessen?
21. In welcher Einheit wird die Lautstärke gemessen?
22. Bei welcher Frequenz ist das menschliche Ohr am empfindlichsten?
23. Was bringt das Fechnersche Gesetz zum Ausdruck?
24. Was versteht man unter
    a) der unteren Hörgrenze, c) der Hörschwelle,
    b) der oberen Hörgrenze, d) der Schmerzschwelle?
25. Welcher Zusammenhang besteht zwischen der Frequenz, mit der die Schallquelle schwingt, und der Frequenz, welche der Beobachter wahrnimmt,
    a) wenn die Schallquelle ruht und sich der Beobachter hinbewegt,
    b) wenn der Beobachter ruht und sich die Schallquelle hinbewegt?

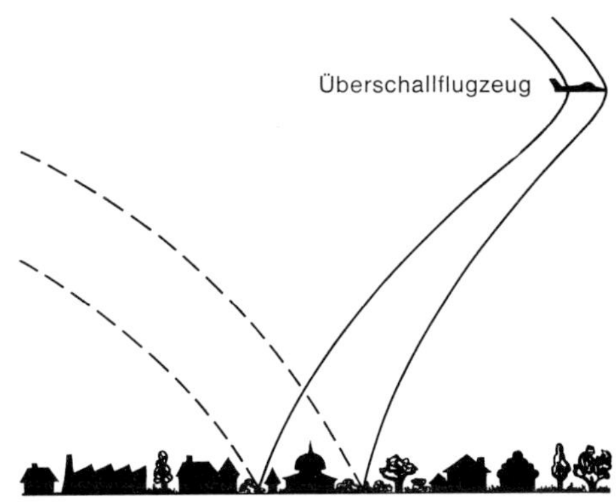

Bei Überschallflugzeugen fegt die Bugwelle des Flugzeuges über Land und macht sich durch einen kurzen explosionsartigen Knall in störender Weise bemerkbar.

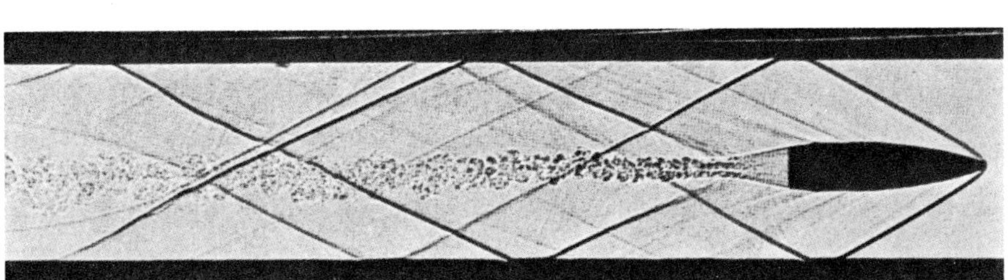

Die Stoßwelle eines Geschoßes wird an der Rohrwand reflektiert und bildet hinter dem Geschoß ein kompliziertes Muster von Verdichtungen.

III. Die Überlagerung von harmonischen Wellen

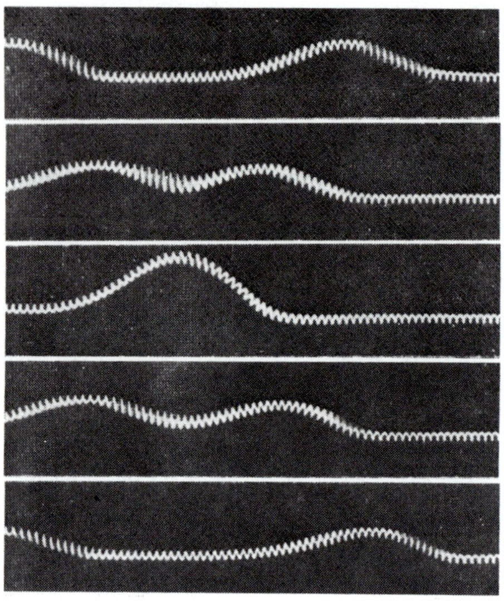

Zwei Wellenberge laufen auf einer Schraubenfeder übereinander hinweg.

Bisher haben wir nur einen einzigen harmonischen Wellenzug betrachtet. Im allgemeinen – denken wir nur an den Lärm der Umwelt – werden viele Wellenzüge vorhanden sein, sich gegenseitig durchdringen und in komplizierter Weise durch den Raum laufen. Wir müssen daher noch untersuchen, wie sich die Wellenzüge gegenseitig beeinflussen.

1. Das Gesetz der ungestörten Überlagerung

Wir beginnen mit einem Experiment. Eine lange Schraubenfeder liegt auf dem Tisch und wird an den Enden mit leichter Spannung gehalten.

Wir erzeugen zunächst durch eine kurze Hin- und Herbewegung der Federenden zwei Querstörungen mit etwa gleich großer und gleich gerichteter Auslenkung. Diese beiden »Wellenberge« laufen gegeneinander. Wo sich die Störungen treffen, baucht sich die Feder stark aus. Nach der Begegnung nehmen beide Wellenberge wieder ihre ursprüngliche Form an und laufen auf der Feder weiter.

Nun sollen zwei gleich große Querstörungen erzeugt werden, welche entgegengesetzt gerichtet sind. Diesmal laufen »Wellenberg« und »Wellental« gegeneinander. Wo sich die Störungen treffen, ist die Auslenkung der Feder praktisch Null. Nach der Begegnung nehmen die Querstörungen ihre ursprüngliche Form wieder an und laufen als »Wellenberg« und als »Wellental« auf der Feder weiter.

Schließlich wollen wir noch auf einer waagrecht ausgespannten Schraubenfeder an einem Ende eine lotrechte Querstörung und am anderen Ende eine waagrechte Querstörung erzeugen. Wiederum laufen die beiden Störungen gegeneinander. Wo sie sich treffen, baucht sich die Feder in schräger Richtung aus. Nach der Begegnung laufen die Störungen auf der Feder weiter.

Aus diesen Sachverhalten liest man folgendes Resultat ab:

> *Gesetz der ungestörten Überlagerung oder Superpositionsprinzip*
> Zwei Wellen laufen übereinander hinweg, ohne sich gegenseitig zu beeinflussen. An der Überlagerungsstelle erhält man die Elongation der resultierenden Welle, indem man die Elongationen der Einzelwellen *vektoriell* addiert.

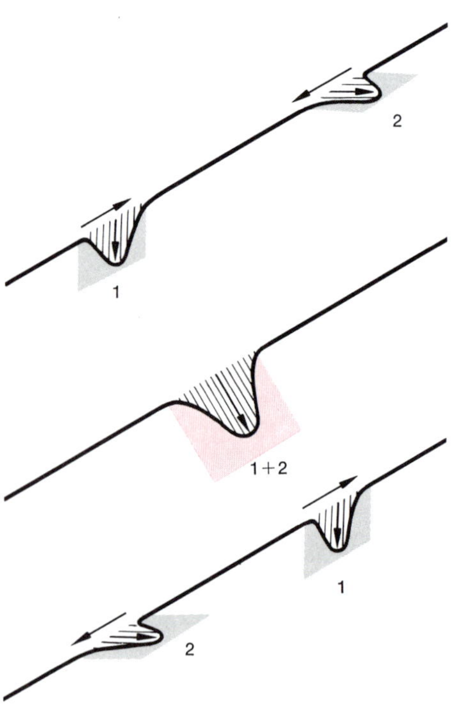

Eine lotrechte und eine waagrechte Querstörung laufen auf einem gespannten Seil übereinander hinweg.

Das Gesetz der ungestörten Überlagerung gilt nicht nur für Federwellen, sondern behält für alle Wellenformen seine Gültigkeit. Daß es für Schallwellen gilt, erkennt man daran, daß einzelne Töne eine Lärmzone ungestört durchlaufen können. Sie werden durch das Schallgemisch nicht beeinflußt. Jede Schallwelle läuft genauso weiter, wie wenn die anderen nicht vorhanden wären.

Ähnliche Verhältnisse treten auch im Ozean auf, denn die Oberfläche des Meeres wird im allgemeinen wegen der vielen Stürme von zahlreichen Wellenzügen durchkreuzt. Wenn diese Wellenzüge aus verschiedenen Richtungen zusammentreffen, so überlagern sie sich ungestört. Manchmal löschen sich die Wellenberge und die Wellentäler gegenseitig aus, so daß inmitten der aufgewühlten See plötzlich für einen Moment eine weite Fläche ruhigen Wassers entsteht.

Es kann aber auch passieren, daß zwei oder mehr Wellenzüge an einer Stelle zusammenkommen und sich für ein paar Sekunden zu einer ungeheuren Welle übereinandertürmen. Derartiges hat der Kapitän des Passagierdampfers »Michelangelo« im Jahre 1966 erlebt. Das Schiff befuhr den Atlantik und kämpfte sich durch einen schweren Sturm mit 9 Meter hohen Wellen, als sich plötzlich aus dem nächtlichen Dunkel eine gewaltige Woge heranwälzte, die nach der Schätzung des Kapitäns eine Höhe von 18 m hatte. Diese riesige Welle traf das Schiff mit unerhörter Wucht, drückte die 8 cm starken Bugplatten ein, schlug ein 9 mal 18 m großes Loch in den Brückenaufbau, verbog stählerne Kabinenwände und tötete drei Menschen!

Auch Wasserwellen laufen übereinander hinweg. Das Gesetz der ungestörten Überlagerung gilt auch hier.

Das Gesetz der ungestörten Überlagerung soll nun auf zwei harmonische Wellen angewendet werden, die sich in derselben Richtung mit der gleichen Geschwindigkeit fortpflanzen. Dazu definieren wir zunächst zwei Begriffe: den *Gangunterschied* und die *Schwingungsebene.*

> Der Gangunterschied d zweier harmonischer Wellen der gleichen Wellenlänge gibt den Abstand an, um den die erste Welle vor der zweiten herläuft.

Zwei harmonische Wellen haben nur dann einen festen, wohldefinierten Gangunterschied, wenn sie die gleiche Wellenlänge besitzen und sich in derselben Richtung mit der gleichen Geschwindigkeit fortpflanzen. Die Schwingungsrichtung der Wellen ist dabei bedeutungslos. Während es also unter den gegebenen Voraussetzungen sowohl bei Transversalwellen wie auch bei Longitudinalwellen sinnvoll ist, von einem Gangunterschied zu sprechen, ist der Begriff der Schwingungsebene auf Transversalwellen zugeschnitten.

> Die Schwingungsebene einer Transversalwelle wird durch Fortpflanzungsrichtung und Schwingungsrichtung festgelegt.

Bisher haben wir nur Transversalwellen mit fester Schwingungsrichtung betrachtet. Derartige Wellen nennt man »linear polarisierte Wellen«. Auf sie wollen wir das Gesetz der ungestörten Überlagerung anwenden.

1. Beispiel: Konstruktive und destruktive Interferenz

Zwei gleichartige, linear polarisierte, harmonische Wellen breiten sich in derselben Richtung aus. *Ihre Schwingungsebenen fallen zusammen.*

Wie sieht die resultierende Welle aus,

a) wenn der Gangunterschied $d = 0$ ist,
b) wenn der Gangunterschied $d = \lambda/2$ ist?

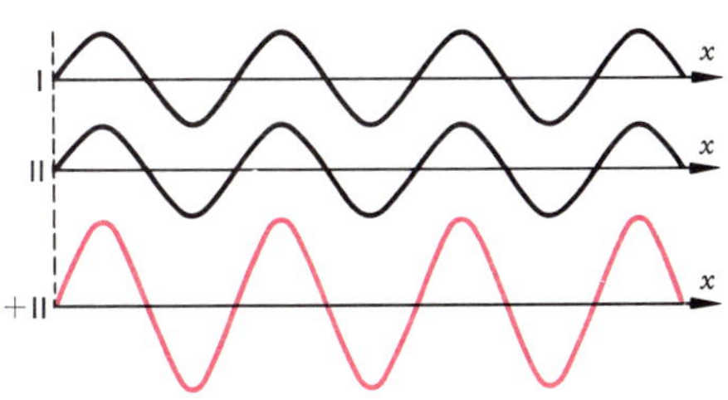

Gangunterschied $d = 0$
Die beiden Wellen verstärken einander. (Konstruktive Interferenz)

Die Zeichnungen liefern folgendes Ergebnis: als Resultat der Überlagerung entsteht in

a) eine in der gleichen Richtung laufende, linear polarisierte, harmonische Welle mit doppelter Amplitude der Ausgangswellen;
b) eine gegenseitige Auslöschung.

> Für $d = 0$ verstärken die beiden Wellen einander.
> Es herrscht *»konstruktive Interferenz«.*
> Für $d = \lambda/2$ löschen die beiden Wellen einander aus.
> Es herrscht *»destruktive Interferenz«.*

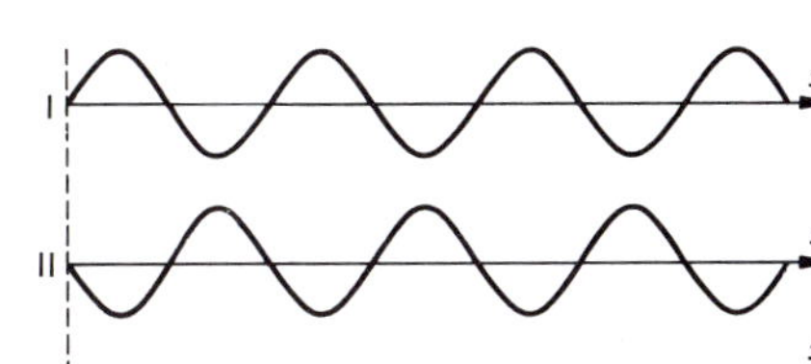

Gangunterschied $d = \frac{\lambda}{2}$
Die beiden Wellen löschen einander aus. (Destruktive Interferenz)

Konstruktive und destruktive Interferenzerscheinungen treten bei Transversalwellen nur auf, wenn die Schwingungsebenen zusammenfallen. Das Phänomen läßt sich aber auch an Longitudinalwellen beobachten. So kann man z. B. zwei gleichartige, harmonische Schallwellen zur konstruktiven oder destruktiven Interferenz bringen.

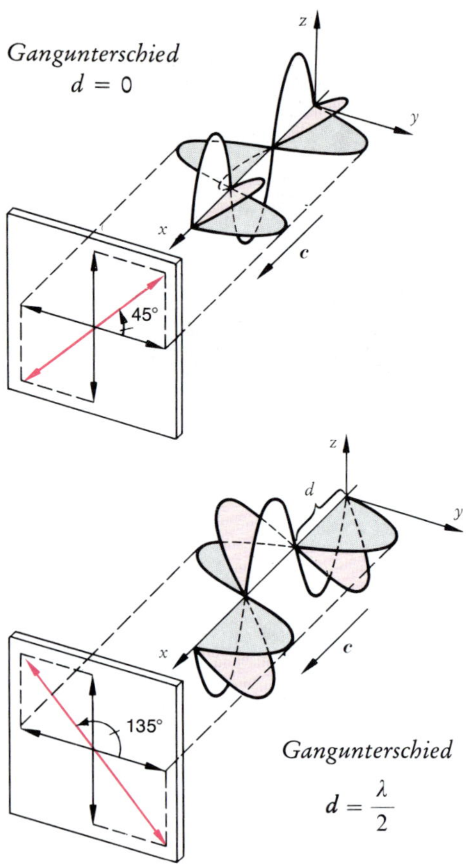

Linear polarisierte Wellen

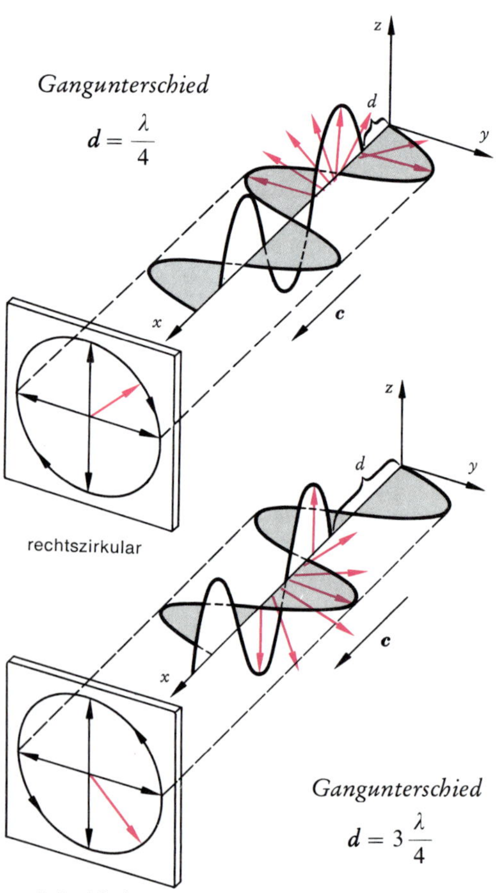

Zirkular polarisierte Wellen

2. Beispiel: Zirkular polarisierte Wellen

Zwei gleichartige, linear polarisierte, harmonische Wellen breiten sich in derselben Richtung aus. *Ihre Schwingungsebenen stehen aufeinander senkrecht.*

Wie sieht die resultierende Welle aus,

a) wenn der Gangunterschied $d = 0$ oder $d = \lambda/2$ ist,

b) wenn der Gangunterschied $d = \lambda/4$ oder $d = 3\ \lambda/4$ ist?

Die Zeichnungen liefern folgendes Ergebnis:

> Im ersten Fall entsteht wieder eine *linear polarisierte* Welle, deren Schwingungsebene geneigt ist, und zwar:
> für $d = 0$ um 45° und für $d = \lambda/2$ um 135°.
> Im zweiten Fall entsteht eine *zirkular polarisierte* Welle, welche folgendermaßen bezeichnet wird:
> rechtszirkular für $d = \lambda/4$, linkszirkular für $d = 3\ \lambda/4$.

Die Bilder geben die Wellen in Momentphotographien wieder. Man muß sich vorstellen, daß sich die Wellen in der Fortpflanzungsrichtung verschieben. Bei den linear polarisierten Wellen hat die Elongation an einer festen Stelle ständig die gleiche Richtung. Bei den zirkular polarisierten Wellen dagegen verändert die Elongation an einer festen Stelle ihre Richtung und läuft bei der *rechtszirkularen* Welle im *Uhrzeigersinn* und bei der *linkszirkularen* Welle im *Gegenuhrzeigersinn* um, sofern man der Welle entgegenblickt.

Polarisationserscheinungen kommen nur bei Transversalwellen vor. Longitudinalwellen besitzen keine »Seitlichkeit« und können daher auch keine Polarisationserscheinungen zeigen.

3. Beispiel: Die Schwebung

Zwei linear polarisierte, harmonische Wellen, deren Wellenlängen sich nur wenig unterscheiden, pflanzen sich in derselben Richtung mit der gleichen Geschwindigkeit fort. Die Schwingungsebenen fallen zusammen. Welcher Wellenzug entsteht, wenn man die beiden Wellen überlagert?

Wie die Zeichnung zeigt, entsteht ein periodischer Wellenzug, der sich in der Fortpflanzungsrichtung verschiebt. Mit Longitudinalwellen läßt sich offensichtlich eine analoge Erscheinung erzielen. Sendet man z. B. mit Lautsprechern zwei Töne mit etwas verschiedener Tonhöhe in die gleiche Richtung ab, so hört man nur einen Ton, dessen Lautstärke mit der Amplitude der resultierenden Welle periodisch schwankt. Diese Erscheinung wird »Schwebung« genannt.

Eine Schwebung kommt nur zustande, wenn sich die beiden Wellen hinsichtlich ihrer Wellenlängen nur wenig unterscheiden. Läßt man den Unterschied wachsen, so wird die Periode der Schwebung immer kürzer. Schließlich hört man zwei Töne. Umgekehrt gestatten Schwebungen eine sehr genaue Abstimmung zweier Tongeber auf gleiche Tonhöhe.

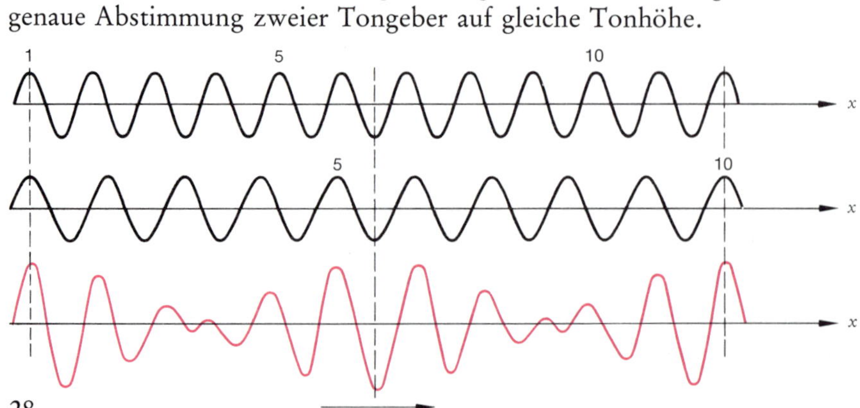

Wie eine Schwebung zustande kommt.

2. Der Satz von Fourier

Im Jahre 1801 entdeckte der französische Mathematiker Jean-Baptiste Baron de Fourier einen fundamentalen Sachverhalt:

> Jede Welle läßt sich in *eindeutiger* Weise aus harmonischen Wellen zusammensetzen.

Jean-Baptiste de Fourier (1768–1830) zählt zu den berühmtesten französischen Mathematikern. Er war Professor an der Ecole Polytechnique in Paris und begleitete 1798/99 Napoleon auf seiner Expedition nach Ägypten.

In diesem wichtigen Satz liegt die große Bedeutung der harmonischen Wellen verankert. Die harmonischen Wellen sind nämlich gewissermaßen die Bausteine, aus welchen sich durch Überlagerung alle Wellen – mögen sie auch noch so kompliziert sein – in eindeutiger Weise zusammensetzen lassen. Will man daher die physikalischen Eigenschaften einer beliebigen Welle kennenlernen, so braucht man nur die Bausteine zu untersuchen, kann sich also auf das Studium der harmonischen Wellen beschränken.

Wir können hier den Satz von Fourier nicht beweisen, können auch nicht zeigen, wie man die harmonischen Bausteine einer gegebenen Welle findet, sondern wollen uns damit begnügen, den Inhalt des Satzes an einem einfachen Beispiel klarzulegen.

Beispiel: Die Rechteckwelle

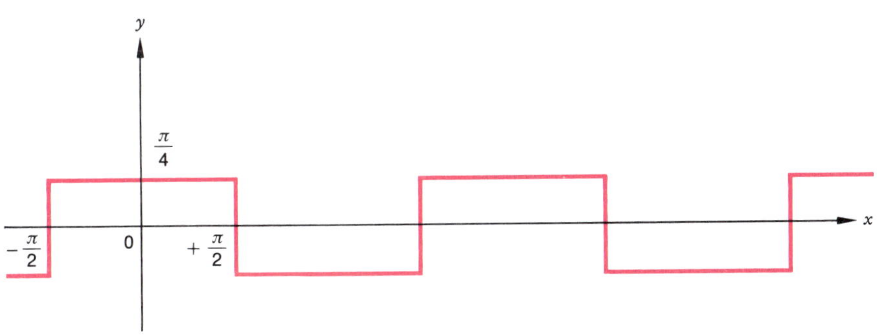

Wie die Abbildung zeigt, kann eine Rechteckwelle auf folgende Weise aus harmonischen Wellen zusammengesetzt bzw. in harmonische Bestandteile zerlegt werden:

$$y = \cos x - \frac{1}{3} \cdot \cos 3x + \frac{1}{5} \cdot \cos 5x - \ldots$$

Auch unperiodische Wellenzüge können auf ähnliche Weise aus harmonischen Wellen aufgebaut werden.

Trägt man auf der Abszisse statt der Ortsvariablen x die Zeitvariable t auf, so beschreibt die Kurve nicht mehr eine Welle zu einem bestimmten Zeitpunkt (Momentphotographie), sondern eine Schwingung an einem bestimmten Ort (graphischer Fahrplan). Da sich an den mathematischen Gegebenheiten nichts geändert hat, gilt der Satz von Fourier weiterhin. Er besagt jetzt:

> Jede Schwingung läßt sich in *eindeutiger* Weise aus harmonischen Schwingungen zusammensetzen.

Damit wird der fundamentale Charakter der harmonischen Schwingung zum Ausdruck gebracht, auf den wir im ersten Kapitel hingewiesen haben.

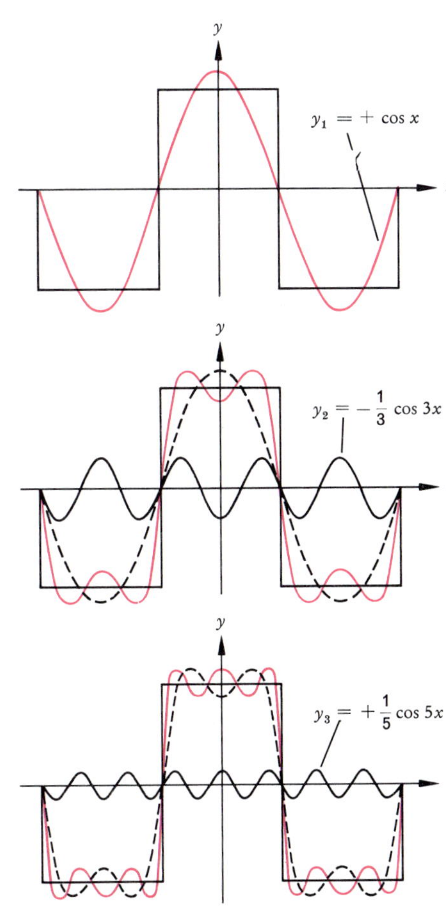

Wie sich eine Rechteckwelle schrittweise aus harmonischen Wellen aufbauen läßt.

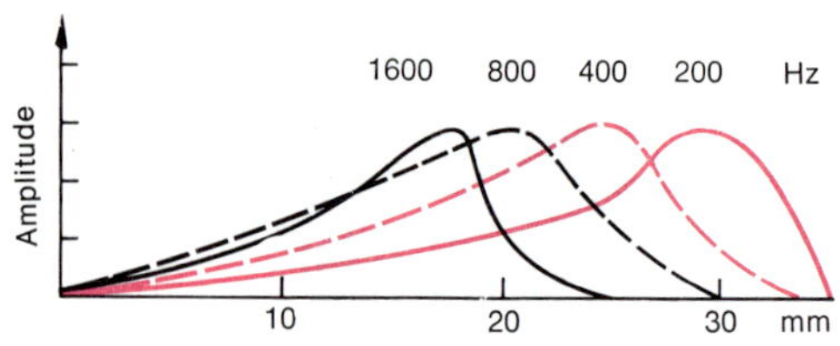

Töne verschiedener Frequenz erregen verschiedene Abschnitte der Basilarmembran. Je tiefer der Ton ist, desto weiter verlagert sich die mechanische Erregung zur Schneckenspitze.

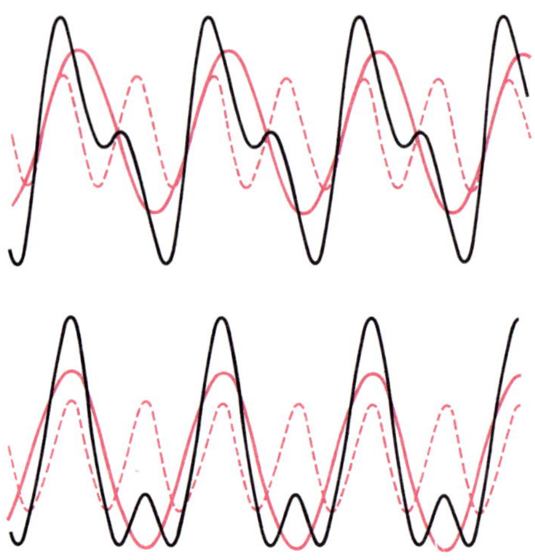

Schallwellen, die sich nur durch die relative Lage der harmonischen Bausteine unterscheiden, sind trotz der verschiedenen Wellenformen in akustischer Hinsicht völlig gleichwertig.

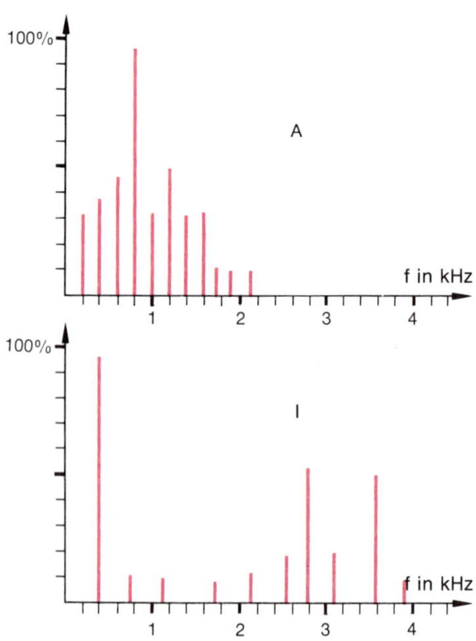

Frequenzspektren der Vokale A und I
Wie man sieht, sind die Vokale ein Gemisch aus mehreren Tönen. Das Frequenzspektrum gibt die Frequenzen und die Lautstärken der einzelnen Töne an. (Die Lautstärken sind in Prozent des lautesten Anteils aufgetragen.)

3. Das Ohr als harmonischer Analysator

Die harmonischen Bausteine einer Welle lassen sich mit harmonischen Oszillatoren nachweisen. Läßt man beispielsweise eine periodische Schallwelle über die Saiten eines Klaviers streichen, dessen Dämpfung durch Pedaldruck ausgeschaltet wurde, so regt jeder harmonische Baustein genau diejenige Saite zum Mitschwingen an, mit der er in Resonanz steht. Werden also die c̄- und die c̿-Saiten angeregt, so läßt sich sagen, daß die Schallwelle aus jenen beiden harmonischen Wellen zusammengesetzt ist, welche die Töne c̄ und c̿ hervorrufen.

Auf analoge Weise arbeitet das menschliche Ohr. Die harmonischen Oszillatoren sind dort in der sogenannten Basilarmembran untergebracht. Diese Membran liegt in der Gehörschnecke im Innenohr und besteht aus über 20 000 stark gespannten Querfasern, die den Saiten des Klaviers entsprechen. Ihre Aufgabe ist es, den Schall in seine harmonischen Bestandteile zu zerlegen. Das Ergebnis dieser Zerlegung wird durch Nervenfasern zum Gehirn geleitet und dort bewußt gemacht. Man sagt, das Ohr ist ein harmonischer Analysator.

Die harmonischen Oszillatoren zeigen freilich nur die Amplituden und die Frequenzen an, nicht aber die Gangunterschiede der einzelnen Bestandteile relativ zueinander. Schallwellen, die sich nur durch die Gangunterschiede der harmonischen Bausteine unterscheiden, liefern somit die gleiche Empfindung und sind in akustischer Hinsicht völlig äquivalent. Schallwellen können daher durch ein *»Frequenzspektrum«* beschrieben werden. Man trägt in einem rechtwinkligen Achsenkreuz auf der Abszisse die Frequenz und auf der Ordinate die Amplitude oder die Lautstärke auf. Die einzelnen harmonischen Bausteine einer Schallwelle werden darin durch senkrechte Strecken dargestellt, wie es hier für Vokale der menschlichen Sprache ausgeführt ist. Die Lage einer Strecke charakterisiert die Frequenz, die Länge der Strecke die Lautstärke des betreffenden harmonischen Bausteins.

4. Das stereophonische Hören

Im Jahre 1920 führten die deutschen Physiker Moritz v. Hornbostel und Max Wertheim ein interessantes Experiment durch. Sie setzten einer Versuchsperson ein Kopfhörerpaar auf und führten über getrennte Leitungen den beiden Kopfhörern gleichzeitig je einen von zwei identischen Summtönen zu. In eine der beiden Leitungen schalteten sie eine Vorrichtung, die den Ton einige hunderttausendstel Sekunden später zum Kopfhörer gelangen ließ. Die Zeit der Verzögerung konnten sie mit einem Drehknopf verändern.

Treffen die Summtöne gleichzeitig an beiden Kopfhörern ein, so hat die Versuchsperson den Eindruck, daß der Ton von einem genau vor ihr liegenden Punkt herkommt. Wird dagegen einer der beiden Summtöne verzögert, so hört die Versuchsperson nicht etwa zwei Töne, sondern berichtet, daß sich die Schallquelle in seitlicher Richtung bewegt habe, und zwar nach links, wenn ein Ton zuerst das linke Ohr erreicht, oder nach rechts, wenn der entgegengesetzte Fall vorliegt. Je größer der Zeitunterschied ist, desto weiter scheint sich die Schallquelle nach links oder rechts bewegt zu haben.

Mit diesem Experiment war klargelegt, worauf das stereophonische Hören (Richtungshören) beruht. Das Experiment beweist, daß unser Gehirn den Gangunterschied, mit dem ein Ton von unseren beiden Ohren aufgenommen wird, zu registrieren vermag und daraus eine Richtungsvorstellung entwickelt. Bei hohen Tönen kann es vorkommen, daß der Gangunterschied bei schrägem Einfall eine ganze Wellenlänge ausmacht. Da Gangunterschiede, welche ein ganzzahliges Vielfaches einer Wellenlänge betragen, zu gleichwertigen Resultaten führen, wird bei höheren Tönen die Beurteilung der Richtung unsicher. Das ist der Grund, warum man z. B. zirpende Grillen so schwer lokalisieren kann.

Interessanterweise wird die Richtungsempfindung bei noch höheren Tönen wieder besser. Ist nämlich die Wellenlänge der Schallwelle merklich kleiner als die Abmessung des Kopfes, so wirft der Kopf einen deutlichen »Schallschatten«. Das Ohr, welches der Schallquelle zugekehrt ist, hört daher einen etwas lauteren Ton als das abgewendete Ohr, und dieser *Unterschied in der Lautstärke* ist es jetzt, der für die Richtungsempfindung maßgeblich ist.

Auf diesen Erscheinungen beruht übrigens auch die stereophonische Schallübertragung. Man nimmt den Schall mit zwei Mikrophonen auf, welche im Abstand der menschlichen Ohren aufgestellt sind. Das linke Mikrophon nimmt vorwiegend die von links vorn kommenden Schallwellen auf, das rechte Mikrophon dagegen empfängt hauptsächlich die von rechts vorn kommenden Wellen. Die beiden Schallwellenzüge werden auf einer Schallplatte oder auf einem Tonband getrennt aufgezeichnet und später bei der Wiedergabe zwei Lautsprechern zugeleitet. Der linke Lautsprecher gibt dann die Aufzeichnungen des linken Mikrophons wieder, während der rechte Lautsprecher die Aufzeichnungen des rechten Mikrophons reproduziert.

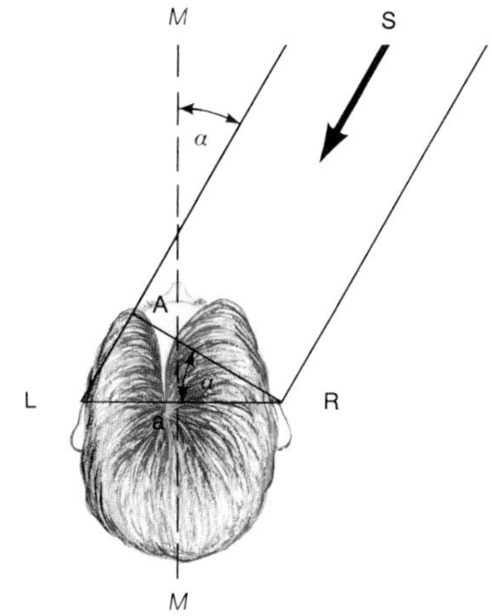

Zum stereophonischen Hören
Das Gehirn registriert den Zeitunterschied, mit dem ein Ton von unseren beiden Ohren aufgenommen wird, und entwickelt so eine Richtungsvorstellung.

Testfragen:

1. Welches Gesetz beschreibt die Überlagerung zweier Wellenbewegungen?
2. Wie lautet das Gesetz der ungestörten Überlagerung?
3. An welchen Beispielen haben wir dieses Gesetz abgelesen?
4. Was versteht man unter dem Gangunterschied zweier harmonischer Wellen gleicher Wellenlänge und gleicher Fortpflanzungsrichtung?
5. Was versteht man unter einer linear polarisierten Welle?
6. Wie bewegt sich ein Teilchen in einer linear polarisierten Welle?
7. Wie bewegt sich ein Teilchen in einer zirkular polarisierten Welle?
8. Wann liegt eine rechtszirkulare Welle vor, wann eine linkszirkulare?
9. Bei welchen Wellen gibt es keine Polarisationserscheinungen?
10. Die Fortpflanzungsrichtungen zweier gleichartiger, linear polarisierter Wellen stimmen überein, und die Schwingungsebenen fallen zusammen.
    Welchen Gangunterschied müssen die Wellen aufweisen,
    a) damit eine konstruktive Interferenz auftritt,
    b) damit destruktive Interferenz auftritt?
11. Die Fortpflanzungsrichtungen zweier gleichartiger, linear polarisierter Wellen stimmen überein, und die Schwingungsebenen stehen aufeinander senkrecht.
    Welchen Gangunterschied müssen die Wellen aufweisen,
    a) damit wieder eine linear polarisierte Welle entsteht,
    b) damit eine zirkular polarisierte Welle zustande kommt?
12. Wann kommt es zu Schwebungen?
13. Was sagt der Satz von Fourier aus?
14. Worin liegt die große Bedeutung der harmonischen Wellen?
15. Wie kann man die harmonischen Bausteine einer Welle nachweisen?
16. Worüber macht ein harmonischer Analysator keine Angaben?
17. Was ist ein Frequenzspektrum?
18. Wie kommt das stereophonische Hören bei tiefen Tönen zustande?
19. Wie kommt das stereophonische Hören bei hohen Tönen zustande?
20. Wie hat man vorzugehen, wenn man Schall stereophonisch übertragen will?

Das Topophon, ein Schallrichtungssucher, erhöht die Fähigkeit zur akustischen Schall-Lokalisation. Das 1880 patentierte Gerät sollte Kapitänen helfen, im Nebel die Richtung zu bestimmen, aus der ein Tuten vernommen wird.

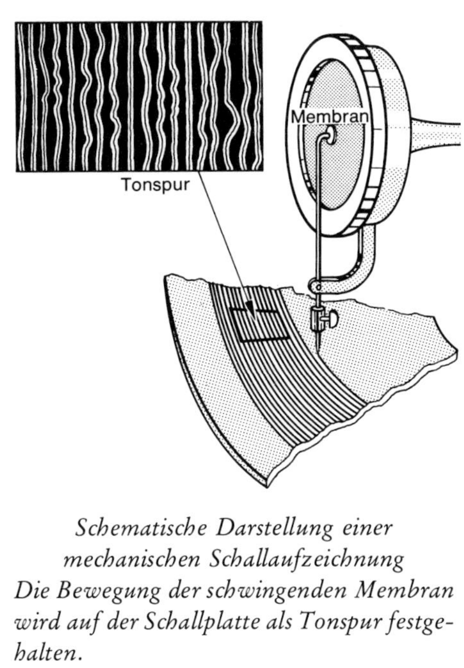

Schematische Darstellung einer mechanischen Schallaufzeichnung
Die Bewegung der schwingenden Membran wird auf der Schallplatte als Tonspur festgehalten.

IV. Stehende Wellen und Eigenschwingungen

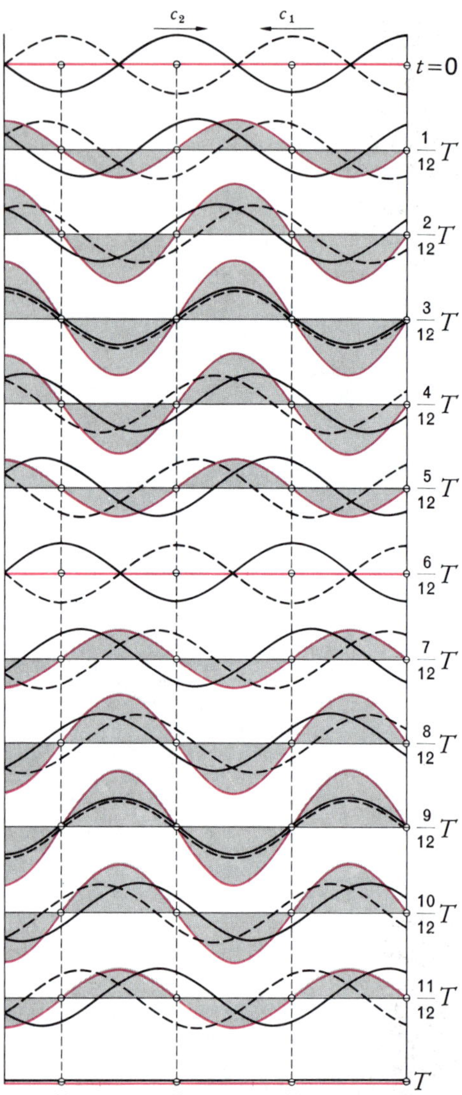

Laufen zwei gleichartige harmonische Wellen gegeneinander, so entsteht eine stehende harmonische Welle. Sie hat ruhende Schwingungsknoten.

Neben den laufenden Wellen, welche wir bisher betrachtet haben, gibt es auch noch stehende Wellen. Sie spielen bei allen Musikinstrumenten eine große Rolle, treten aber auch in der Radio- und Fernsehtechnik auf. Ganz besonders wichtig sind sie jedoch in den letzten Jahrzehnten in der Atomphysik geworden.

1. Die stehende harmonische Welle

Eine stehende harmonische Welle ergibt sich, wenn man zwei gleichartige harmonische Wellen *gegeneinander* laufen läßt. Da wir bisher nur die Überlagerung von harmonischen Wellen studiert haben, welche die gleiche Fortpflanzungsrichtung besaßen, sind uns die stehenden Wellen entgangen. Wir wollen also jetzt zwei gleichartige harmonische Wellen *gegeneinander* laufen lassen und sehen, was geschieht.

Die Momentphotographien zeigen zwei gleichartige harmonische Wellen, die mit der gleichen Fortpflanzungsgeschwindigkeit gegeneinander laufen und sich überlagern. Ein Vergleich dieser Bilder führt zu einem bemerkenswerten Ergebnis. Im Gegensatz zu den fortschreitenden Wellen wandert das räumliche Bild der resultierenden Welle im Laufe der Zeit *nicht* weiter. Es gibt Orte, an welchen die Amplitude *dauernd* verschwindet. Diese Stellen nennt man »Knoten«. Dazwischen liegen Orte, an welchen die Amplitude am größten ist. Diese Stellen heißen »Bäuche«. Der Abstand zweier benachbarter Knoten beträgt gerade eine halbe Wellenlänge. Alle Punkte zwischen zwei benachbarten Knoten schwingen »gleichphasig«, gehen also *gleichzeitig* durch die Gleichgewichtslage und erreichen *gleichzeitig* ihre maximale Auslenkung, doch sind die Amplituden verschieden groß. Die Punkte links und rechts eines Knotens schwingen »gegenphasig«. Im Gegensatz zur laufenden Welle findet in einer stehenden Welle kein Energietransport, sondern nur eine Energieumwandlung statt.

> Zwei gegeneinander laufende, gleichartige harmonische Wellen erzeugen eine stehende harmonische Welle.
> Zwischen zwei benachbarten Knoten oder Bäuchen liegt stets eine halbe Wellenlänge.

Wir sind hier von Transversalwellen ausgegangen und haben eine stehende Transversalwelle erhalten. Hätten wir unseren Untersuchungen Longitudinalwellen zugrunde gelegt, so wäre eine stehende Longitudinalwelle entstanden. Diese besitzt analoge Eigenschaften und braucht daher nicht eigens betrachtet zu werden.

Stehende Longitudinalwelle auf einer gespannten Schraubenfeder
An den Schwingungsbäuchen erscheint die Feder wegen der Bewegung verbreitert. An den Schwingungsknoten befindet sich die Feder dauernd in Ruhe.

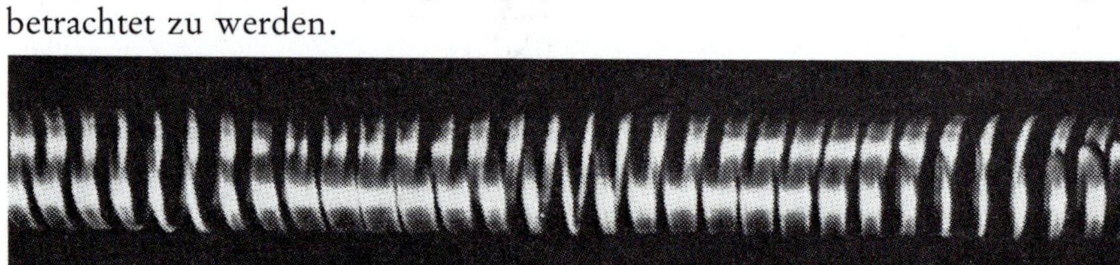

2. Die Reflexion von Wellen

Stehende Wellen kann man am leichtesten erzeugen, wenn man eine fortschreitende Welle durch Reflexion in sich selbst zurücklaufen läßt. Wir wollen daher zunächst experimentell den Vorgang der Reflexion untersuchen.

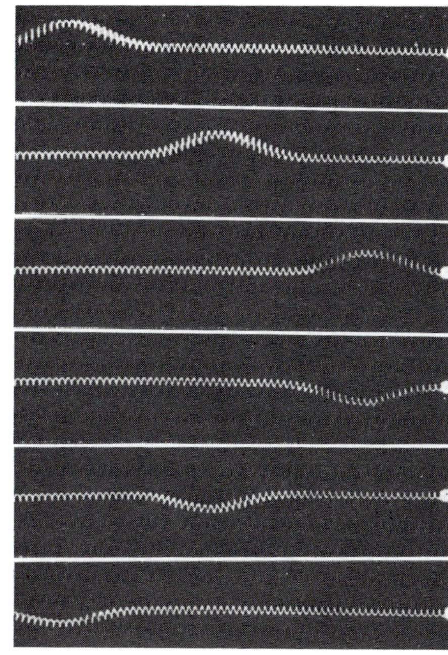

Bei der Reflexion am festen Ende kehrt ein Wellenberg als Wellental zurück.

Auf dem Tisch liegt eine lange Schraubenfeder. Das eine Ende ist festgeklemmt, das andere Ende wird mit leichter Spannung gehalten. Wir erzeugen durch eine kurze Hin- und Herbewegung einen Wellenberg. Dieser läuft längs der Schraubenfeder entlang und wird am festen Ende als *Wellental* zurückgeworfen. Klemmen wir dagegen das Federende nicht fest, sondern binden es mit einem langen, dünnen Faden an der Wand an, so daß es sich frei bewegen kann, so kehrt der Wellenberg bei einer Wiederholung des Versuches als *Wellenberg* zurück.

Eine anschauliche Erklärung für diesen Sachverhalt gibt die folgende Überlegung: Ist das Federende eingeklemmt, so kann das letzte Stückchen der Feder keine Schwingung senkrecht zur Federrichtung ausführen. Kommt also ein Wellenberg an, so führen auch die vorletzten Federstückchen die ihnen nach oben erteilte Bewegung nicht voll aus, denn das festgeklemmte Federende zieht sie nach unten. Dadurch entsteht ein nach unten gerichteter Bewegungsantrieb. Es kommt zur Ausbildung eines Wellentales, das längs der Feder zurückläuft. Ist dagegen das Federende frei beweglich, so kann das letzte Federstückchen frei ausschwingen. Es ist gewissermaßen so, als ob man diesem Ende eine ruckartige Bewegung nach oben erteilt hätte, die jetzt als Wellenberg längs der Feder zurückläuft.

Zusammenfassend können wir sagen:

> Am festen Ende wird ein Wellenberg als Wellental reflektiert.
> Am freien Ende wird ein Wellenberg als Wellenberg reflektiert.

Wendet man die eben hergeleiteten Resultate auf eine fortschreitende Welle an, welche durch Reflexion in sich zurückläuft und so eine stehende Welle bildet, so ergeben sich folgende fast unmittelbar einleuchtende Sätze:

> Eine stehende Welle besitzt am festen Ende stets einen Knoten.
> Eine stehende Welle besitzt am freien Ende stets einen Bauch.

Man kann dies übrigens auch anschaulich an der Abbildung auf S. 32 ablesen. Dort wird am rechten Ende Wellenberg als Wellental »reflektiert«. Die stehende Welle hat einen Knoten. Am linken Ende aber wird Wellenberg als Wellenberg »reflektiert«. Die stehende Welle hat einen Bauch.

Tritt eine Welle von einem Medium durch eine Grenzfläche in ein anderes Medium über, so wird die Welle im allgemeinen *teilweise* reflektiert. Bei manchen technischen Anwendungen ist man bestrebt, die reflektierten Wellen zu unterdrücken. Ein Beispiel dafür ist die *Schalldämmung* von Räumen, die im folgenden besprochen werden soll. Auch Unterseeboote sollen möglichst keine Schallwellen reflektieren, um die Ortung der Boote zu verhindern. Für Ortungszwecke verwendet man nämlich *Echolote,* die auf der Reflexion von Schallwellen durch das gesuchte Objekt beruhen.
Wir betrachten zwei Beispiele aus der Akustik.

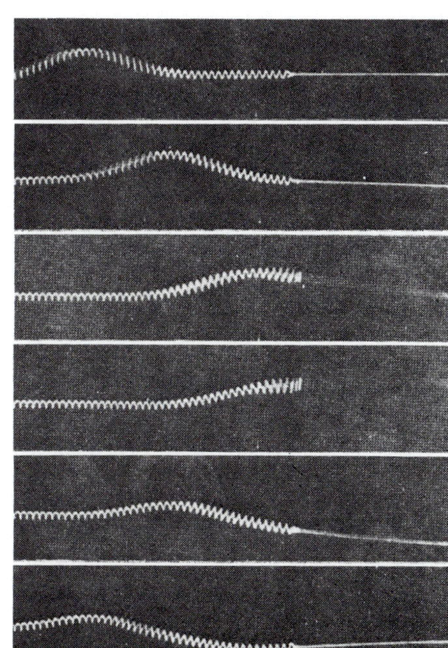

Bei der Reflexion am freien Ende kehrt ein Wellenberg als Wellenberg zurück.

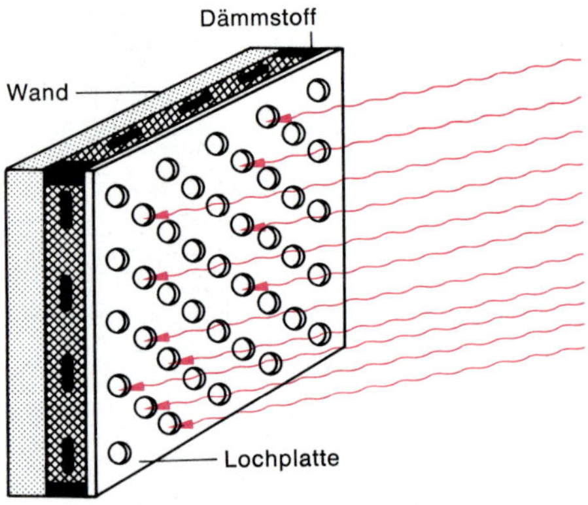

Schallschluckende Wand
Der Schall wird hinter der Lochplatte im Dämmstoff durch Reibungswiderstände aufgezehrt.

1. Beispiel: Die Schalldämmung

Von den Wänden eines Raumes wird der Schall zum größten Teil zurückgeworfen. Die Schallwellen laufen mehrmals hin und her und verebben nur langsam. Das führt zur *Nachhallzeit,* die in größeren Räumen oft mehrere Sekunden betragen kann und außerordentlich störend wirkt.

Will man den Nachhall verringern, so muß man dafür sorgen, daß die Schallwellen möglichst gut in die Wand eindringen können und dort »verschluckt« werden. Dies kann man durch Teppiche, Vorhänge und Stoffbespannungen erreichen. Die Schallwellen dringen ein, werden in den Poren dieser Materialien gefangen, laufen darin hin und her und wandeln ihre Energie in innere Energie um.

In Büroräumen wird häufig die Decke mit schallschluckenden Konstruktionen versehen, damit sich das Schreibmaschinengeklapper nicht zu einem unerträglichen Lärm steigern kann. Zwischen der eigentlichen Decke und einer in bestimmtem Abstand gehaltenen Lochplattenfläche befindet sich Glaswolle. Der Schall, welcher durch die Lochplatte eindringt, wird von diesem »Dämmstoff« absorbiert, was zu einer starken Lärmminderung führt. Weil die Luft bei höheren Frequenzen schneller schwingt und dadurch in den absorbierenden Fasern einen größeren Reibungswiderstand erfährt, ist die Schallabsorption für hohe Frequenzen größer als für niedere.

Durch besondere Wandverkleidungen kann man die Reflexion und den Nachhall fast völlig beseitigen. Man erhält so einen »schalltoten« Raum. In ihm klingen die Stimmen wie auf freiem Feld, wo ebenfalls ein Nachhall kaum vorhanden ist. Am günstigsten ist eine kurze Nachhalldauer, die sich aber in den meisten Fällen nur mit viel Glück realisieren läßt.

Eine interessante Methode verwendet die Natur, um die Schallwellen ins Ohr zu leiten. Die Basilarmembran, deren Fasern von den Schallwellen in Schwingung versetzt werden sollen, liegt nämlich in der Gehörschnecke, welche vollständig mit Flüssigkeit gefüllt ist. Würde das Trommelfell direkt an die Flüssigkeit angrenzen, so könnten die Schallwellen nicht ins Innenohr eindringen, sondern würden am Trommelfell reflektiert werden. Dies umgeht die Natur auf raffinierte Weise. Sie setzt hinter das Trommelfell ein Hebelsystem, die Gehörknöchelchen, welche mit großer Kraft, aber kleiner Amplitude auf das »ovale« Fenster« drücken, hinter dem die Gehörflüssigkeit liegt. Auf diese Weise vermögen die Schallwellen die träge Flüssigkeit in Schwingung zu setzen, dringen also mit anderen Worten ins Innenohr ein. Die Reflexion wird vermieden.

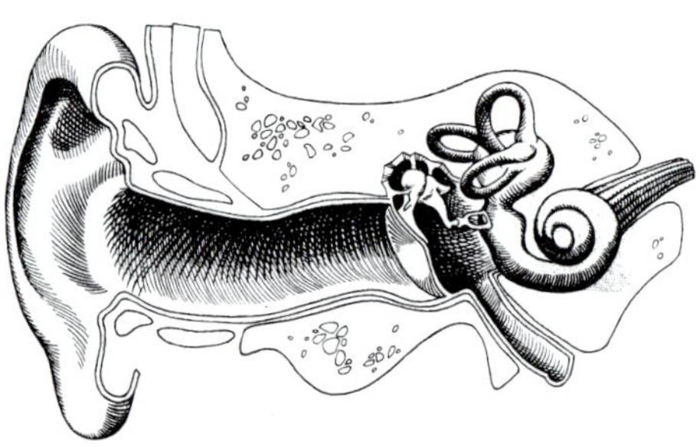

Querschnitt durch das menschliche Ohr. Rechts ist das Trommelfell, die Brücke der Gehörknöchelchen und die Schnecke zu sehen, in der sich die Basilarmembran befindet. (Die drei großen Bogengänge gehören zum Gleichgewichtsapparat.)

Im eben behandelten Beispiel beschäftigten wir uns mit der Unterdrückung der reflektierten Schallwelle. Wie das nächste Beispiel zeigt, ist man in vielen Fällen aber gerade an der reflektierten Schallwelle interessiert.

2. Beispiel: Die Schallortung

Nach der »Titanic«-Katastrophe im Jahre 1912 suchte Alexander Behm nach einer Methode, mit der man Schiffe vor Unterwasserhindernissen schützen konnte, und erfand das *Echolot.* Dieses Gerät sendet kurze Ultraschallimpulse aus und mißt die Zeit, die das Schallsignal benötigt, um ein Hindernis zu erreichen und von dort als Echo zum Ausgangspunkt zurückzukehren. Auf diese Weise kann man Meerestiefen messen, U-Boote und Fischschwärme orten und Wrackteile auffinden.

Das Ausloten der Ozeane hat übrigens zu interessanten Ergebnissen geführt. So hat man in den letzten Jahrzehnten den riesigen mittelozeanischen Atlantikrücken, das größte Gebirge der Erde, entdeckt. Diese gewaltige Gebirgskette, die an manchen Stellen mehr als 9 000 m aus dem umliegenden Meeresboden aufsteigt, beginnt nördlich von Island, reicht bis zur Südspitze Afrikas, verzweigt sich nach Osten und Westen und bildet ein weltumspannendes, 60 000 km langes, unterseeisches Gebirgssystem, dessen höchste Berge als kleine Inseln aus dem Ozean ragen. Man hat ferner merkwürdige Tafelberge, die sogenannten Guyots, gefunden, die isoliert stehen, steil aus dem Boden aufragen und Höhen bis zu mehreren tausend Metern erreichen. Ihre Kuppen liegen heute einige hundert Meter unter Wasser. Wahrscheinlich handelt es sich um erloschene Vulkane, die einst aus dem Meer herausragten, so daß ihre Spitzen vom Wind und von den Wellen abgetragen werden konnten.

Die Technik verwendet das Echolotverfahren zur Materialprüfung. Bei fehlerfreiem Material werden die Schallwellen nur an den Grenzflächen reflektiert. Sind dagegen Inhomogenitäten, wie Lufteinschlüsse usw., vorhanden, so kommt es zu weiteren Reflexionen, die an einem entsprechend eingerichteten Oszillographen sichtbar gemacht werden können.

Auch bei chirurgischen Geräten wird die Schallortung vielfach verwendet. Man kann Nerven und Muskeln aufspüren, Anomalien des Gehirns ausfindig machen und beispielsweise bei Augenoperationen Fremdkörper lokalisieren, lauter Dinge, die mit Röntgenaufnahmen nicht erreicht werden können.

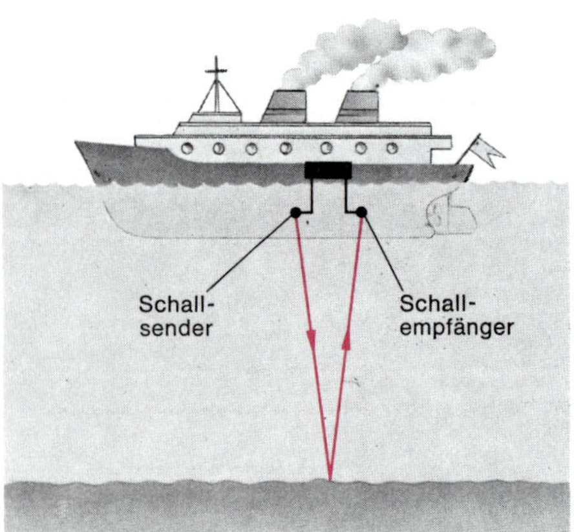

Das Echolot als Tiefenmeßgerät

Im Tierreich schließlich wird die Schallortung seit Millionen Jahren verwendet. Wir geben ein Beispiel. 1794 schrieb der italienische Biologe Lazzaro Spallanzani: »Eine blinde Fledermaus kann man tags oder nachts in einem geschlossenen Raum herumfliegen lassen. Sie zeigt sich beim Flug genauso gewandt und geschickt wie eine Fledermaus, die ihr Augenlicht noch besitzt. Das Tier stößt nur dann gegen ein Hindernis, wenn man ihm die Ohren verdeckt hat. Es gibt daher keinen Zweifel, daß der Flug einer geblendeten Fledermaus durch die Ohren gesteuert wird.« Aber erst 1938, als man Ultraschallsignale in einen hörbaren Frequenzbereich transponieren konnte, löste sich das Rätsel. Fledermäuse stoßen während des Fliegens in rascher Folge kurze, überaus laute Ultraschallsignale aus, fangen das Echo mit den Ohren auf und orientieren sich so. Die Frequenz der Signale liegt zwischen 100 kHz und 50 kHz. Das entspricht einer Wellenlänge von 3 bis 6 mm. So kurze Wellen lassen sich scharf bündeln und werden von kleinen Gegenständen, von Zweigen, Fliegen und Mücken gut reflektiert. Die Häufigkeit, mit der die Impulse aufeinanderfolgen, liegt bei wenigen Impulsen pro Sekunde, kann aber auch, wenn das Ziel klein ist oder sich schnell bewegt, auf 200 und mehr Impulse pro Sekunde steigen. Auf diese Weise gelingt es der Fledermaus, im vollen Flug millimeterdicken Drähten auszuweichen. Sie kann aber auch einen kaum 11 cm breiten Spalt durchfliegen, obgleich ihre Flügelspannweite fast 20 cm beträgt. Elegant geht sie in die Schräglage und segelt in einer steilen Kurve hindurch.

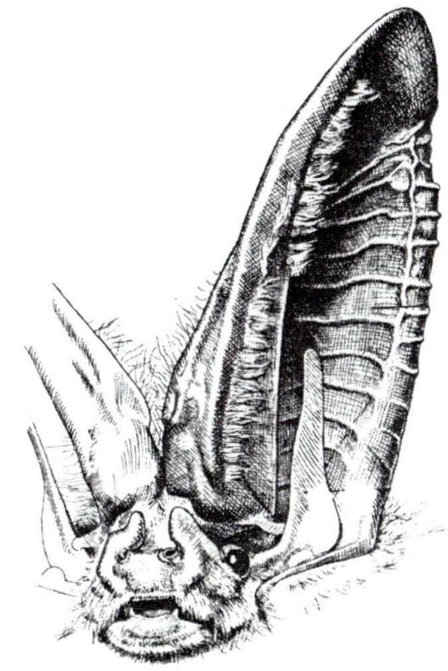

Die Ohrenfledermaus hört sogar das Echo, welches von Insekten auf der Oberfläche eines Blattes herrührt.

3. Harmonische Eigenschwingungen

Wir wollen nun eine stehende harmonische Schallwelle erzeugen. Wir senden mit einem Lautsprecher einen Ton gegen die Wand, und zwar so, daß der Ton durch Reflexion in sich selbst zurückgeworfen wird. Im Luftraum vor der Wand bildet sich dann eine stehende harmonische Welle aus.

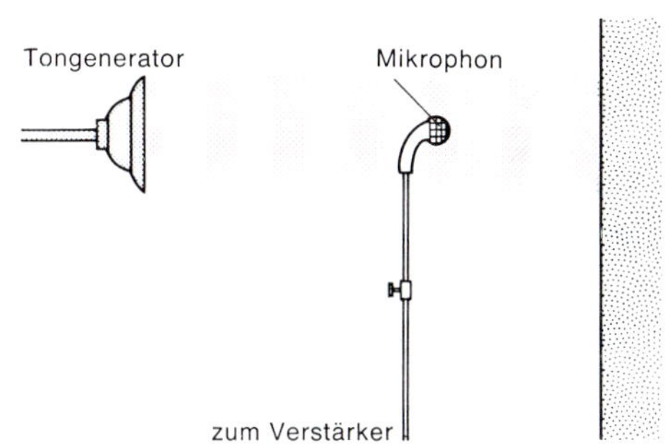

Die Erzeugung einer stehenden harmonischen Schallwelle mit Hilfe eines Lautsprechers durch Reflexion

Die Luftteilchen an der festen Wand bleiben stets in Ruhe. An der Wand liegt demnach ein Schwingungsknoten. Auch vor der Wand haben sich an gewissen Stellen Schwingungsknoten ausgebildet. Weil die Luftteilchen von beiden Seiten auf die Schwingungsknoten zulaufen und sich wieder entfernen, schwankt dort der Druck am stärksten. Der Schall ist am lautesten. Schwingungsknoten kann man daher mit dem Ohr, mit einem kleinen Mikrophon, aber auch mit einer empfindlichen Gasflamme nachweisen. An den Schwingungsknoten strömt das Gas nämlich gleichmäßig aus dem Brenner. Wir erhalten eine lange Flamme. An einem Schwingungsbauch dagegen wird die Gasströmung gestört. Die Flamme ist kurz.

Wir verändern nun die Tonhöhe. Es bilden sich wiederum stehende harmonische Wellen aus. Sie besitzen lediglich andere Knotenabstände, d. h. andere Wellenlängen. Da stets die Formel $\lambda = c/f$ gilt, muß mit steigender Frequenz die Wellenlänge abnehmen, was auch tatsächlich der Fall ist.

Im eben behandelten Experiment wurde die laufende Schallwelle nur *ein einziges Mal* in sich reflektiert*). Es bildete sich in diesem Falle bei *jeder* Frequenz eine stehende harmonische Welle aus. In vielen Fällen kommt es jedoch zu *mehrfachen* Reflexionen. Dann ändern sich die Verhältnisse vollkommen. Um hier eine bessere Einsicht zu gewinnen, wollen wir annehmen, daß die Schallwellen im eben behandelten Experiment auch noch an der gegenüberliegenden Wand reflektiert werden. Was geschieht dann?

Zunächst läuft eine fortschreitende Welle in der einen Richtung und wird in sich reflektiert. Die Welle läuft zurück, überlagert sich mit der hinlaufenden Welle und wird erneut reflektiert. Es entsteht eine weitere hinlaufende Welle, welche wieder reflektiert wird, usw. Nur dann, wenn alle hinlaufenden Wellen einander verstärken, kommt eine kräftige stehende Welle zustande. In allen anderen Fällen werden die Wellen einander nahezu auslö-

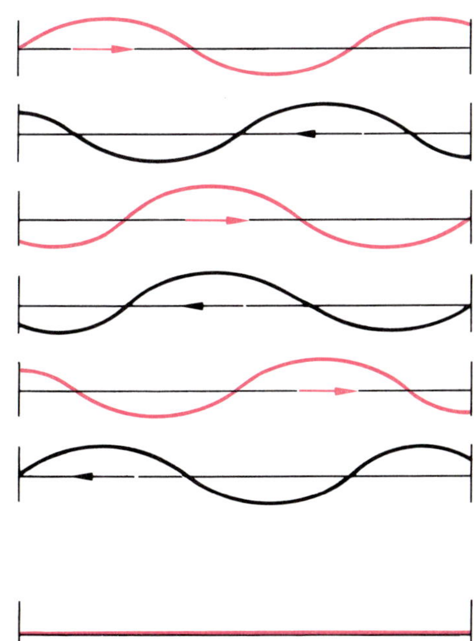

Mehrfachreflexion
Die hinlaufenden Wellen (rot) löschen einander aus. Ebenso ist es bei den herlaufenden Wellen (schwarz).

*) Die Reflexion der zurücklaufenden Welle am Lautsprecher kann vernachlässigt werden, weil der Lautsprecher im Vergleich zur Wand sehr klein ist und einen sehr großen Abstand hat.

schen, so daß keine stehende Welle auftreten kann. Es werden also stehende harmonische Wellen nur bei ganz bestimmten Wellenlängen zu beobachten sein. Es sind, mit anderen Worten, ganz bestimmte Frequenzen nötig. Man nennt diese besonderen Frequenzen *»Eigenfrequenzen«* und bezeichnet die stehenden harmonischen Wellen als *»harmonische Eigenschwingungen«*. Selbstverständlich gelten diese Überlegungen nicht nur für Schallwellen, sondern für alle Wellenbewegungen überhaupt.
Wir betrachten einige Beispiele.

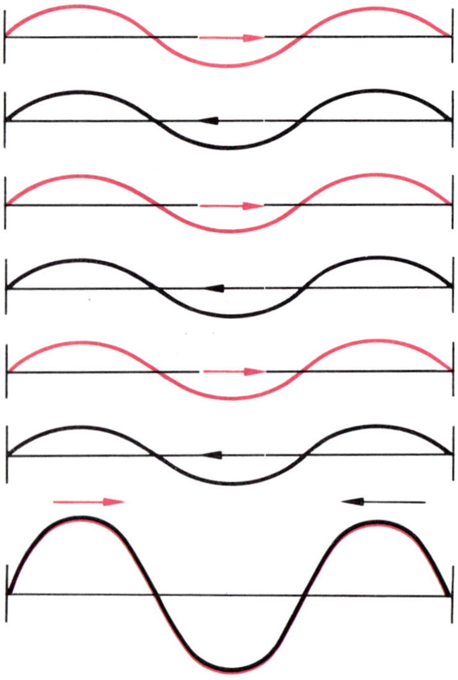

Mehrfachreflexion
Bei dieser speziellen Frequenz verstärken die hinlaufenden Wellen einander. Ebenso ist es bei den herlaufenden Wellen. Es entsteht eine ausgeprägte stehende Welle.

1. Beispiel: Transversale Eigenschwingungen eines Gummischlauches

Die Abbildung zeigt einen langen Gummischlauch, der mit leichter Spannung an beiden Enden festgeklemmt ist. Knapp neben einer Befestigungsstelle ist an den Schlauch eine Schnur geknüpft. Diese führt zu einer Exzenterscheibe, welche von einem Motor in Umdrehung versetzt werden kann. Die Drehzahl des Motors läßt sich verändern. Dadurch kann die Erregerfrequenz gesteuert werden, mit welcher der Schlauch in Schwingung versetzt wird.

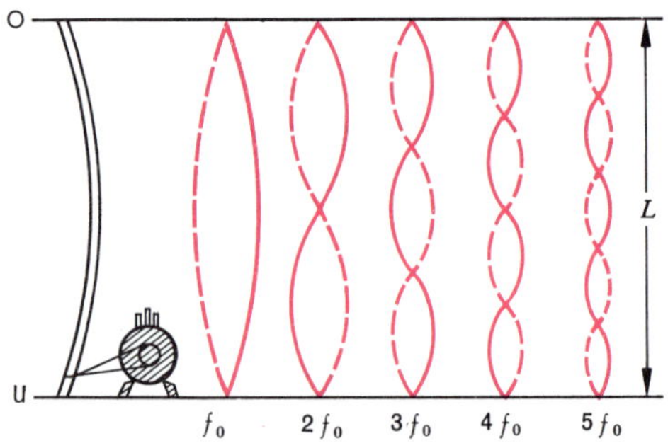

Anordnung, mit deren Hilfe sich die Eigenschwingungen eines Gummischlauches vorführen lassen. Es sind die ersten 5 Eigenschwingungen eingezeichnet.

Wir lassen den Motor zunächst sehr langsam laufen und steigern allmählich die Drehzahl. Bei einer ganz bestimmten Erregerfrequenz f_0 gerät der Schlauch in heftige Schwingung. Es hat sich die erste harmonische Eigenschwingung, die Grundschwingung, ausgebildet. Steigert man vorsichtig die Erregerfrequenz weiter, so kommt der Schlauch zur Ruhe und beginnt erst wieder zu schwingen, wenn die Erregerfrequenz den Wert $2f_0$ erreicht hat. Diesmal liegt in der Mitte des Schlauches ein Knoten. Die zweite harmonische Eigenschwingung ist zu sehen. So geht es fort. Nur dann, wenn die Erregerfrequenz ein ganzzahliges Vielfaches der Grundfrequenz f_0 beträgt, schwingt der Schlauch und bildet eine stehende Welle aus, deren Knotenzahl um so höher liegt, je größer die Erregerfrequenz ist. Weil die beiden Enden des Schlauches eingespannt sind, müssen natürlich auch dort Schwingungsknoten liegen.

Wir wollen die Eigenfrequenzen berechnen. Auf der Länge L der stehenden Welle liegt ein ganzzahliges Vielfaches einer halben Wellenlänge.
Es gilt also:

$$L = n \cdot \frac{\lambda}{2} \qquad \text{oder} \qquad L = \frac{n}{2} \cdot \frac{c}{f} \qquad \text{oder} \qquad f = n \cdot \frac{c}{2L}.$$

Für $n = 1$ ergibt sich die Grundfrequenz $f_0 = c/2L$, so daß sich die Formel auch so schreiben läßt:

$$f = n \cdot f_0 \qquad (n = 1, 2, 3, \ldots).$$

Die Eigenfrequenzen sind ganzzahlige Vielfache der Grundfrequenz $f_0 = \dfrac{c}{2L}$.

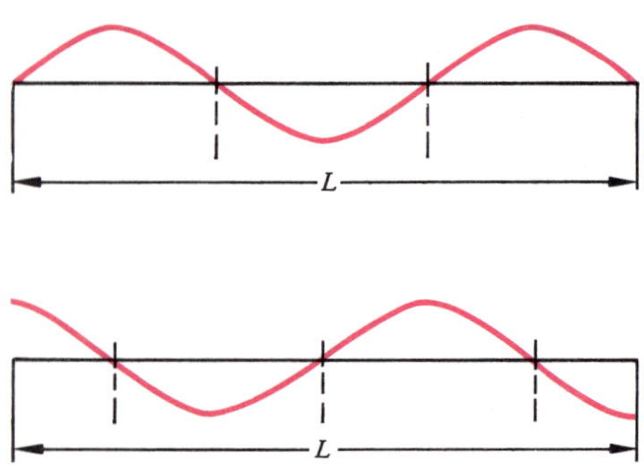

Zur Berechnung der Eigenfrequenzen
Die harmonische Eigenschwingung ist von zwei Knoten oder von zwei Bäuchen begrenzt.

2. Beispiel: Longitudinale Eigenschwingungen einer Luftsäule

Die Abbildung zeigt eine waagrecht liegende Glasröhre, welche einseitig verschlossen ist. Vor dem offenen Ende steht ein Lautsprecher, der mit einem Tongenerator betrieben werden kann. In der Glasröhre liegt über die ganze Länge gleichmäßig verteilt etwas Korkmehl.

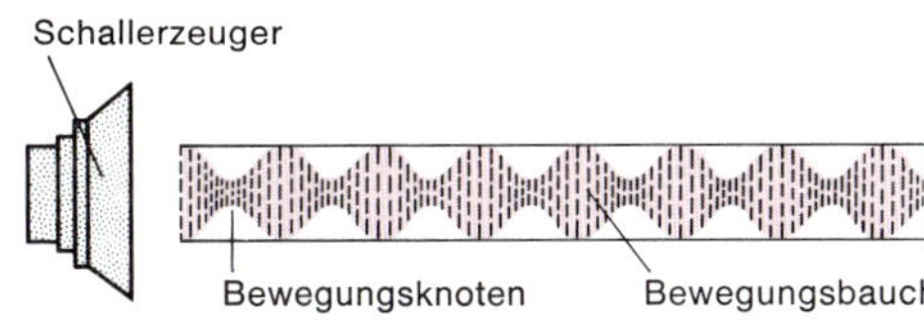

Anordnung, mit deren Hilfe sich die Eigenschwingungen einer Luftsäule nachweisen lassen. Am eingestreuten Korkmehl ist die Lage der Schwingungsknoten und der Schwingungsbäuche erkennbar.

Wir erzeugen mit dem Tongenerator einen kräftigen Ton und steigern allmählich seine Frequenz. Wie man am Korkmehl erkennen kann, bilden sich im Innern der Glasröhre bei gewissen Frequenzen stehende harmonische Wellen aus. An den Schwingungsknoten bleibt das Korkmehl ruhig liegen, an den Schwingungsbäuchen wird es auseinandergeblasen. Wiederum ist die Zahl der Knoten um so höher, je größer die Erregerfrequenz ist. Am verschlossenen Ende der Röhre liegt ein Knoten, am offenen aber ein Bauch.

Wir wollen die Eigenfrequenzen berechnen. Auf der Länge L der stehenden Welle liegt ein ungradzahliges Vielfaches einer viertel Wellenlänge.
Es gilt also:

$$L = (2n - 1) \cdot \frac{\lambda}{4} \quad \text{oder} \quad L = \frac{(2n-1)}{4} \cdot \frac{c}{f} \quad \text{oder} \quad f = (2n-1) \cdot \frac{c}{4L}.$$

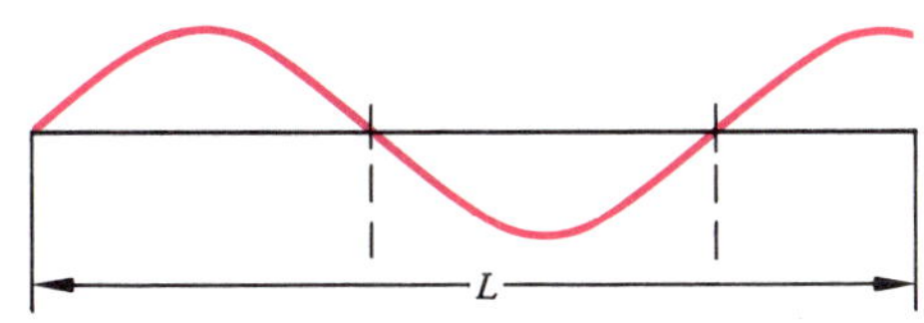

Zur Berechnung der Eigenfrequenzen
Die harmonische Eigenschwingung ist von einem Knoten und von einem Bauch begrenzt.

Für $n = 1$ ergibt sich die Grundfrequenz $f_o = c/4L$, so daß sich die Formel auch so schreiben läßt:

$$f = (2n - 1) \cdot f_o \qquad (n = 1, 2, 3, \ldots).$$

> Die Eigenfrequenzen sind ungradzahlige Vielfache der Grundfrequenz $f_o = \dfrac{c}{4L}$.

Öffnet man das verschlossene Ende der Glasröhre, so bilden sich die stehenden harmonischen Wellen bei anderen Erregerfrequenzen aus. Diesmal wird das Korkmehl an beiden Rohrenden auseinandergeblasen. Die stehende Welle ist von zwei Bäuchen begrenzt. Dazwischen liegt ein ganzzahliges Vielfaches einer halben Wellenlänge. Daher gelten jetzt die Formeln, welche wir im 1. Beispiel hergeleitet haben. Die Eigenfrequenzen hängen also ganz wesentlich von den »Randbedingungen« ab, d. h. von der Art, wie die Reflexion an den Enden des Wellenträgers erfolgt.

Feste Körper	c in m/s
Blei	1 200
Kupfer	3 710
Aluminium	5 040
Eisen	5 100
Quarzglas	5 370
Gase bei 0 °C	**c in m/s**
Kohlendioxid	258
Sauerstoff	315
Stickstoff	377
Leuchtgas	441
Wasserstoff	1 261

(Bei den festen Körpern ist die Fortpflanzungsgeschwindigkeit der longitudinalen Welle angegeben.)

Die Schallgeschwindigkeit in Festkörpern und Gasen

3. Beispiel: Die Kundtsche Röhre

Mit harmonischen Eigenschwingungen kann man auf sehr bequeme Weise die Schallgeschwindigkeit ermitteln. Eine einfache Vorrichtung ist die Kundtsche Röhre. Sie besteht aus einem waagrecht liegenden Glasrohr, welches einseitig verschlossen ist. In die freie Öffnung des Rohres ragt das Ende eines etwa 1 m langen Metallstabes. Dieser ist in der Mitte fest eingespannt und trägt an seinem Ende eine Korkscheibe, welche die Wand des Glasrohres nirgends berührt. Im Glasrohr liegt über die ganze Länge gleichmäßig verteilt etwas Korkmehl. Wir streichen mit einem Lederlappen am Stab entlang und regen ihn so zu heftigen Längsschwingungen an. Es entsteht ein lauter Ton. Vom Stabende läuft eine Schallwelle ins Glasrohr und wird durch Reflexion hin- und hergeworfen. Hat die eingeschlossene Luftsäule eine passende Länge – durch

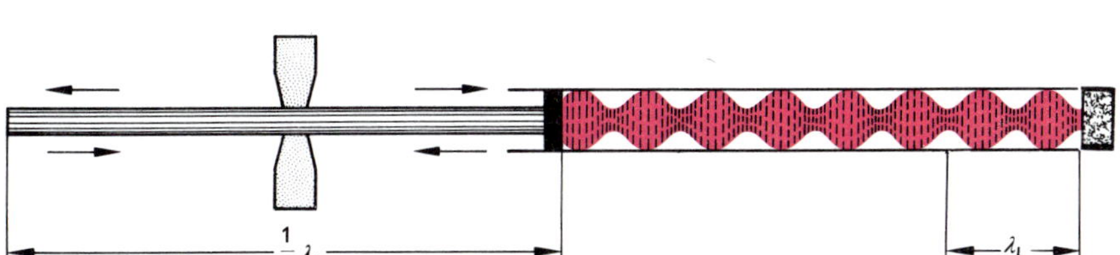

Die Kundtsche Röhre

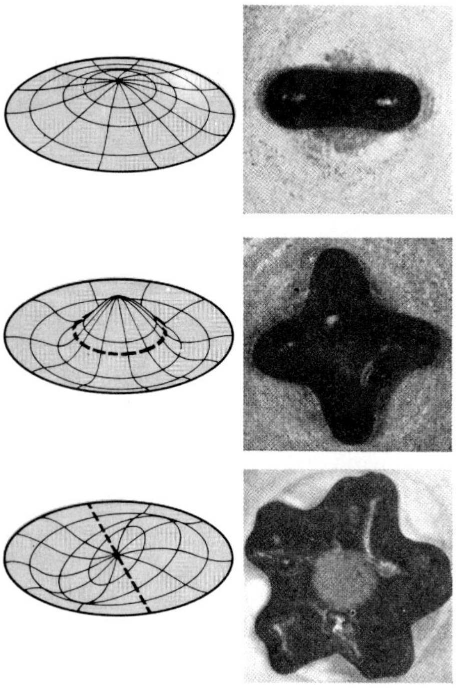

Eigenschwingungen einer kreisförmigen Membran und eines Wassertropfens

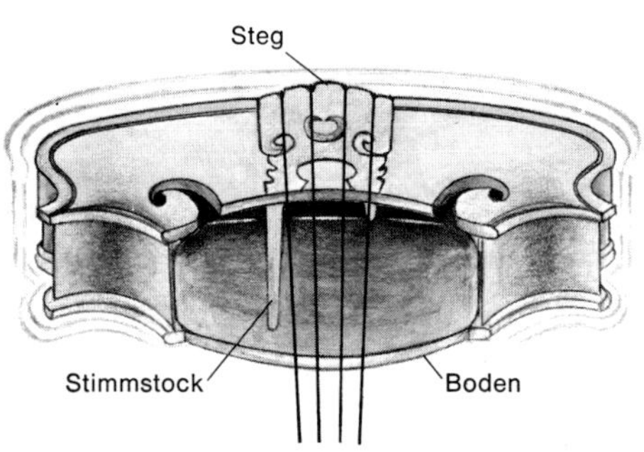

Bei der Violine werden die Schwingungen der Saiten durch den »Steg« und durch den »Stimmstock« auf den Geigenkörper übertragen, der mit seiner großen Oberfläche die umgebende Luft in kräftige Schwingungen versetzt.

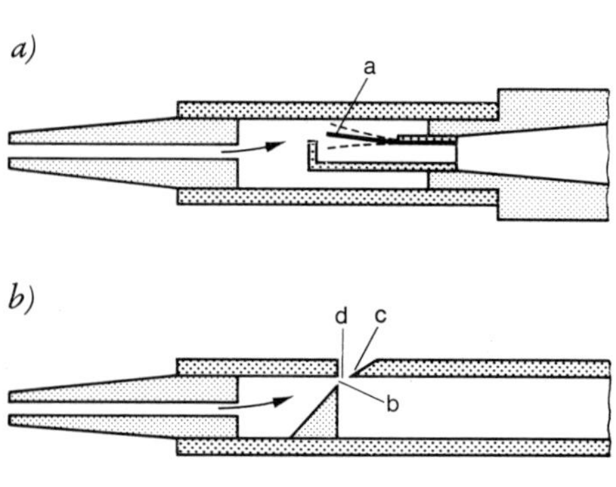

a) offene Zungenpfeife
b) offene Lippenpfeife
a Zunge, *c Schneide,*
b Spalt, *d Maulweite.*

leichtes Verschieben des Glasrohres läßt sich dies stets erreichen –, so wird die Luft zu kräftigen Eigenschwingungen angeregt. Es bildet sich eine stehende harmonische Welle aus, welche am Korkmehl deutlich erkennbar ist. An den Schwingungsknoten bleibt das Korkmehl ruhig liegen, an den Schwingungsbäuchen wird es auseinandergeblasen. Es gelten folgende Gleichungen:

$$c_{\text{Stab}} = \lambda_{\text{Stab}} \cdot f \quad \text{und} \quad c_{\text{Luft}} = \lambda_{\text{Luft}} \cdot f.$$

Eliminieren wir die Frequenz, so ergibt sich

$$c_{\text{Stab}} : c_{\text{Luft}} = \lambda_{\text{Stab}} : \lambda_{\text{Luft}}.$$

Da die Wellenlänge im Stab gleich der doppelten Stablänge ist und die Wellenlänge in Luft am Korkmehl abgelesen werden kann, ist das Verhältnis der Schallgeschwindigkeiten bekannt. Kennt man die Schallgeschwindigkeit in Luft, so kann man die Schallgeschwindigkeit im Stab ermitteln. Füllt man dann das Rohr mit einem Gas, so läßt sich nach dem gleichen Verfahren die Schallgeschwindigkeit im Gas bestimmen. Mit dieser Anordnung lassen sich also in bequemer Weise die Schallgeschwindigkeiten in festen Körpern und Gasen messen. Die Tabelle gibt eine kurze Übersicht.

4. Beispiel: Transversale Eigenschwingungen einer Membran

Auch »flächenhafte« Körper zeigen Eigenschwingungen. In diesem Fall bilden sich Knotenlinien aus. Mit feinem Korkpulver können sie leicht sichtbar gemacht werden (sogenannte Chladnische Klangfiguren). Ihre Gestalt hängt von der Anregungsart der Schwingung und von den Randbedingungen ab.

5. Beispiel: Transversale Eigenschwingungen eines Wassertropfens

In beliebig geformten Körpern bilden die Schwingungsknoten der Eigenschwingungen Knotenflächen. Wie die Abbildung am Beispiel eines Wassertropfens zeigt, sind hier sehr komplizierte Schwingungsformen möglich.

4. Saiten und Pfeifen

Bei Musikinstrumenten werden häufig Saiten oder Pfeifen zur Schwingungserzeugung verwendet. Wir wollen daher diese »eindimensionalen« Schallquellen etwas genauer betrachten.

a) Die Anregung von Saiten und Pfeifen

Eine *Saite* kann auf vielerlei Arten zum Schwingen angeregt werden. Sie kann gezupft, mit einem Hammer geschlagen oder mit einem Bogen gestrichen werden.

Weil die Saite nur längs einer Linie die Luft zum Schwingen anregen kann und diese Schwingungen durch destruktive Interferenz einander größtenteils auslöschen, ist eine Saite eine sehr schlechte Schallquelle. Man führt deshalb bei der Violine die gespannte Saite über einen Steg, der die Schwingungen auf die Geige überträgt. Diese gibt mit ihrer großen Oberfläche die Schwingungen in verstärktem Maß an die umgebende Luft weiter, so daß deutlich wahrnehmbare Töne entstehen.

In den Pfeifen wiederum wird eine Luftsäule zu Schwingungen angeregt. Zwei Pfeifentypen finden bei den Musikinstrumenten vorwiegend Verwendung: die Zungenpfeife und die Lippenpfeife.

Bei den *Zungenpfeifen* wird die Luft durch einen schmalen Schlitz geblasen, der von einer Metallzunge fast völlig abgedeckt wird. Durch den Luftstrom kommt die Zunge in Schwingung und verschließt in periodischer Folge mit der ihr eigenen Frequenz den Schlitz. Dadurch wird der Luftstrom periodisch unterbrochen und die Luftsäule zu Schwingungen angeregt. Zungenpfeifen werden im Harmonium, in der Mundharmonika, in der Klarinette, in der Oboe und im Fagott verwendet.

Bei der *Lippenpfeife* wird die Luft durch einen schmalen Spalt gegen eine Kante, die Lippe, geblasen. An beiden Seiten des Luftstrahls bilden sich Wirbel, die gegeneinander versetzt sind und teils in die Pfeife eintreten, teils außen entlanglaufen. Dadurch gerät die Luftsäule im Pfeifenrohr in Schwingung und steuert nun ihrerseits den Rhythmus der Wirbelablösung (Rückkopplungsmechanismus!). Lippenpfeifen finden vorwiegend als Orgelpfeifen, aber auch in der Block- und in der Querflöte Verwendung.

b) Klanghöhe und Klangfarbe

Die Eigenschwingungen der Saiten und der Luftsäulen in den Pfeifen sind im allgemeinen keineswegs harmonisch, sondern sehr kompliziert und stark von der Anregungsart abhängig.

Wir betrachten die Bewegung einer in der Mitte angezupften Saite. Wie die Zeichnung zeigt, kann diese Schwingung durch die Überlagerung einer rechtslaufenden und einer linkslaufenden Welle dargestellt werden.

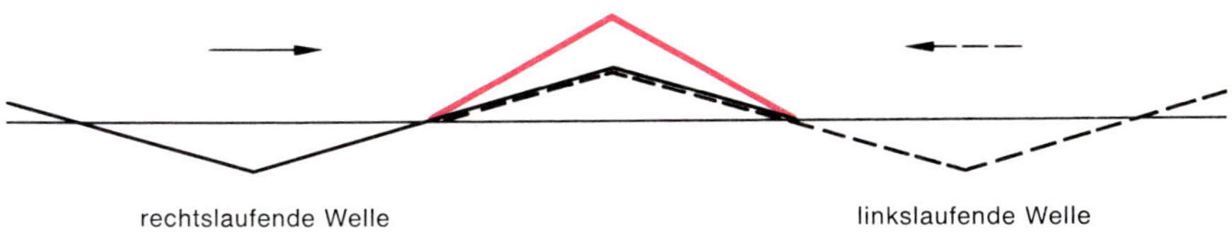

Die Schwingung der Saite kann man auch als Teil einer stehenden Welle auffassen, die sich als Überlagerung zweier gegeneinander laufender Wellen ergibt.

Nach dem Satz von Fourier kann man sich jede Welle in eindeutiger Weise aus harmonischen Wellen aufgebaut denken. Wir können daher die gezeichneten Wellen durch ihre harmonischen Bausteine ersetzen. Jeder nach rechts laufende Baustein überlagert sich mit dem entsprechenden nach links laufenden Baustein und bildet so eine stehende harmonische Welle. Da die Summe aller dieser stehenden harmonischen Wellen offenbar gerade die Eigenschwingung der Saite liefert, kommen wir zu der Vermutung, daß sich jede Eigenschwingung, mag sie auch noch so kompliziert sein, in eindeutiger Weise aus harmonischen Eigenschwingungen aufbauen läßt. Das ist auch tatsächlich der Fall.

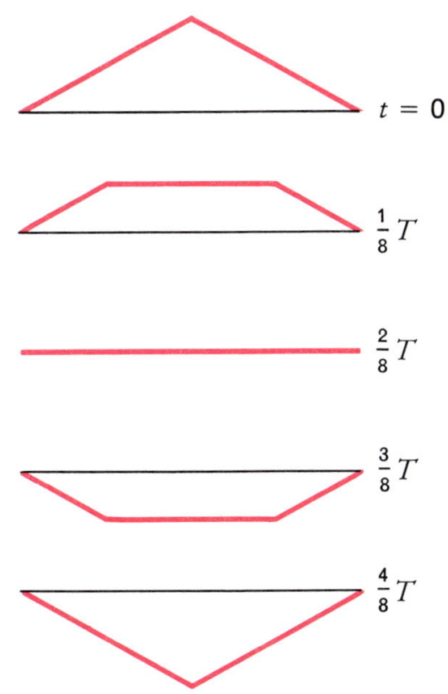

Die Bewegung einer angezupften Saite

Ähnlich wie man jede laufende Welle aus harmonischen Wellen aufbauen kann, läßt sich auch jede Eigenschwingung aus harmonischen Eigenschwingungen zusammensetzen. Natürlich kommen als Bausteine stets nur jene harmonischen Eigenschwingungen in Betracht, welche die vorgegebenen »Randbedingungen« erfüllen, d. h. einen Schwingungsknoten am festen Ende besitzen und einen Schwingungsbauch am freien Ende aufweisen. Wir merken uns also:

> Jede Eigenschwingung läßt sich in eindeutiger Weise aus harmonischen Eigenschwingungen zusammensetzen.

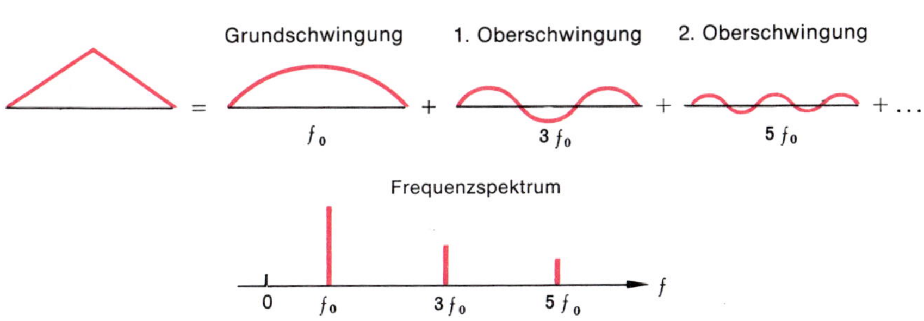

Komplizierte Eigenschwingungen lassen sich in eindeutiger Weise aus harmonischen Eigenschwingungen zusammensetzen. Das Frequenzspektrum zeigt die entsprechenden Bausteine an.

Die tiefste harmonische Eigenschwingung heißt Grundschwingung, dann folgt die 1. Oberschwingung, die 2. Oberschwingung, usw. Schwingt die Saite, so ruft jede harmonische Eigenschwingung eine harmonische Schallwelle hervor. Diese harmonischen Schallwellen überlagern sich zwar zu einer komplizierten Schallwelle, werden aber von unserem Ohr getrennt registriert. Wir hören einen *Klang*, der sich aus dem *Grundton* und den *Obertönen* zusammensetzt. Da die Grundschwingung im allgemeinen die meiste Energie abstrahlt, bestimmt der Grundton die *Klanghöhe*, während die Obertöne die *Klangfarbe* festlegen. Halten wir also fest:

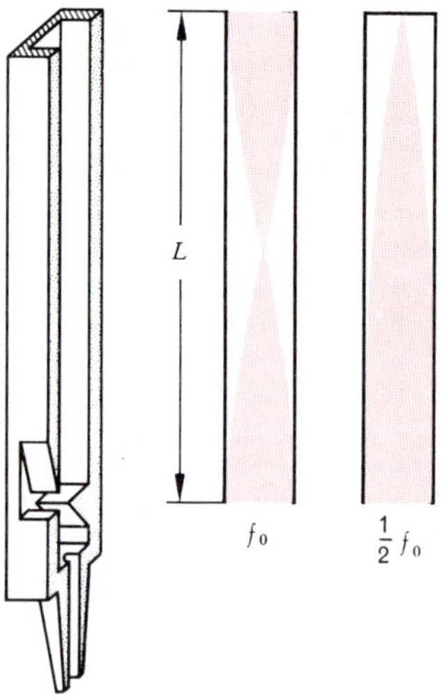

Der Grundton einer offenen und einer gedeckten Lippenpfeife

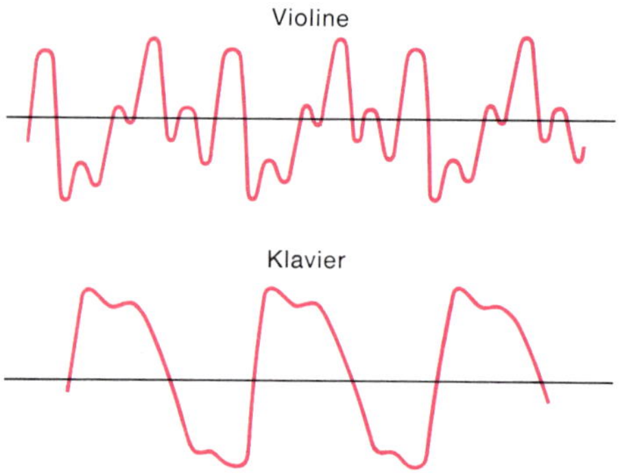

Dieses Bild zeigt die Wellenform des Kammertones ā, wenn er einmal auf einer Violine und einmal auf einem Klavier gespielt wird. Die Instrumente unterscheiden sich in der Klangfarbe.

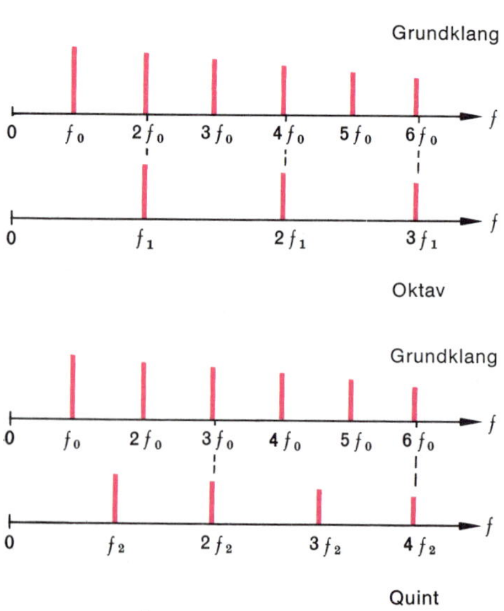

Die Obertöne der Oktave fallen mit den Obertönen des Grundklanges zusammen. Die Obertöne der Quinte fallen teilweise mit den Obertönen des Grundklanges zusammen. Die Konsonanz ist schlechter.

Ein Klang besteht aus dem Grundton und aus den Obertönen.
Die Grundschwingung ruft den Grundton hervor, welcher die Klanghöhe festlegt.
Die Oberschwingungen verursachen die Obertöne, welche die Klangfarbe bestimmen.

Will man also die Klanghöhe beeinflussen, so muß man die Frequenz der Grundschwingung verändern. Bei der Violine geschieht dies durch das Aufsetzen der Finger. Dadurch wird die Saitenlänge L verkürzt, was nach der Formel $f_0 = c/2L$ eine Erhöhung der Grundfrequenz zur Folge hat. Bei den Pfeifen verkürzt man durch Öffnen von seitlichen Löchern die Länge der wirksamen Luftsäule, was wiederum eine Erhöhung der Grundfrequenz nach sich zieht.

An den Formeln $f_0 = c/2L$ (offene Pfeife) bzw. $f_0 = c/4L$ (gedeckte Pfeife) sieht man übrigens, daß die Grundschwingung einer offenen Pfeife die doppelte Frequenz wie die Grundschwingung einer gleich langen, gedeckten Pfeife besitzt. Deckt man daher eine offene Pfeife ab, so sinkt die Tonhöhe um eine Oktav.

Will man die Klangfarbe verändern, so muß man die Ausbildung der Obertöne beeinflussen. Die Obertöne sind es, die den Klangcharakter eines Instrumentes festlegen. Eine Violine beispielsweise produziert viel mehr Obertöne als ein Klavier. Daher klingt der Kammerton ā bei einer Violine anders als bei einem Klavier, obwohl die Klanghöhe in beiden Fällen genau 440 Hz beträgt. Mit elektronischen Orgeln kann man heute harmonische Eigenschwingungen in fast jeder beliebigen Mischung herstellen. Mit diesen Orgeln lassen sich daher einzelne Musikinstrumente nachahmen, was zahlreiche interessante Effekte ermöglicht.

c) Konsonanz und Dissonanz

Vor 2 500 Jahren fiel dem Griechen Pythagoras auf, daß zwei gleichartige Saiten nur dann angenehm zusammenklingen, wenn ihre Längen in einem einfachen Zahlenverhältnis stehen, wie etwa 1 : 2 oder 2 : 3. Ist dies nicht der Fall, so ertönt ein Mißklang. Pythagoras mußte sich mit der Feststellung dieses Sachverhaltes begnügen. Erklärung konnte er keine geben. Auch wir sind heute in keiner besseren Lage, glauben aber zu wissen, was hinter dem Phänomen Konsonanz und Dissonanz steckt.

Wenn sich die Längen der Saiten wie 1 : 2 verhalten, so stehen die Frequenzen der Grundschwingungen im Verhältnis 2 : 1. Es erklingt die Oktav, welche als ausgesprochen angenehm empfunden wird. Wie man am Frequenzspektrum sieht, hat der höhere Klang nur Obertöne, welche auch im tieferen Klang enthalten sind.

Wenn sich die Längen der Saiten wie 2 : 3 verhalten, so stehen die Frequenzen der Grundschwingungen im Verhältnis 3 : 2. Es erklingt die Quint, welche ebenfalls einen angenehmen Eindruck macht. Diesmal ist jeder zweite Oberton des höheren Klanges im tieferen Klang enthalten.

Je komplizierter das Zahlenverhältnis der Saitenlängen wird, desto geringer wird die Zahl der gemeinsamen Obertöne, desto dissonanter wird das Zusammenklingen. Wir kommen daher zu folgendem Ergebnis:

Zwei Klänge werden als wohlklingend (konsonant) empfunden, wenn sie viele gemeinsame Obertöne besitzen.
Andernfalls sind die Klänge mißtönend (dissonant).

Testfragen:

1. Wie kommt eine stehende harmonische Welle zustande?
2. Was sind Schwingungsknoten, was sind Schwingungsbäuche?
3. Welchen Abstand haben benachbarte Schwingungsknoten?
4. Wie kann man eine stehende harmonische Welle am leichtesten erzeugen?
5. Wie wird ein Wellenberg und wie ein Wellental reflektiert:
   a) am festen Ende, b) am freien Ende?
6. Wodurch wird eine stehende Welle am festen Ende begrenzt?
7. Wie läßt sich in geschlossenen Räumen die Nachhallzeit verringern?
8. Was ist ein »schalltoter« Raum, und wie klingt darin die Sprache?
9. Wie arbeitet ein Echolot?
10. Wie orientieren sich Fledermäuse?
11. Eine harmonische Welle wird zwischen zwei Hindernissen durch Reflexion mehrmals in sich selbst zurückgeworfen. Wann kommt es zur Ausbildung einer harmonischen Eigenschwingung?
12. Harmonische Eigenschwingungen werden durch zwei Schwingungsknoten im Abstand L begrenzt. Welcher Zusammenhang besteht zwischen den Eigenfrequenzen und der Grundfrequenz?
13. Harmonische Eigenschwingungen werden durch einen Schwingungsknoten und durch einen Schwingungsbauch im Abstand L begrenzt. Welcher Zusammenhang besteht zwischen den Eigenfrequenzen und der Grundfrequenz?
14. Wozu dient die Kundtsche Röhre, und wie funktioniert sie?
15. Wie kommt der Ton einer Geige zustande?
16. Wie arbeitet eine Zungenpfeife, und wo wird sie verwendet?
17. Wie arbeitet eine Lippenpfeife, und wo wird sie verwendet?
18. Welche Bewegung führt eine in der Mitte angezupfte Saite aus?
19. Worin liegt die große Bedeutung der harmonischen Eigenschwingungen?
20. Welcher Unterschied besteht zwischen einem Ton und einem Klang?
21. Was versteht man unter der Klanghöhe?
22. Was versteht man unter der Klangfarbe?
23. Wie verändert man bei der Saite die Klanghöhe?
24. Wie verändert man bei der Pfeife die Klanghöhe?
25. Wann empfinden wir zwei Töne als wohlklingend, wann als mißklingend?

Die Länge der Orgelpfeifen läßt die Länge der Schallwellen erkennen.

Alle Erscheinungen der Wellenlehre treten in feinster Abstimmung bei einem Konzert auf und tragen in ihrer Gesamtheit zum musikalischen Genuß bei.

A. Die harmonische Schwingung

Wir haben folgende Bewegungsformen kennengelernt:

1. Die unbeschleunigte Bewegung (Trägheitssatz!): $\boldsymbol{F} = 0 \rightarrow \boldsymbol{a} = 0 \rightarrow \boldsymbol{v} = \text{const.} \rightarrow \boldsymbol{s} = \boldsymbol{v}t.$
2. Die gleichm. beschleunigte Bewegung (Fallbewegung!): $\boldsymbol{F} = \text{const.} \rightarrow \boldsymbol{a} = \text{const.} \rightarrow \boldsymbol{v} = \boldsymbol{a}t \rightarrow \boldsymbol{s} = \frac{1}{2}\boldsymbol{a}t^2.$
3. Die Planeten- und Satellitenbewegung: $F = G\frac{mM}{r^2} \rightarrow$ Keplersche Gesetze.
4. Die gleichf. Kreisbewegung (Punkt auf rotierendem Rad!): $F = m\omega^2 r \rightarrow a = \omega^2 r \rightarrow v = \omega r \rightarrow \varphi = \omega t.$
5. Die harmonische Schwingung (Federpendel!):

$$F_y = -ky \rightarrow a_y = -\omega^2 r \sin \omega t \rightarrow v_y = +\omega r \cos \omega t \rightarrow y = r \sin \omega t.$$

Kreisfrequenz: $\omega = 2\pi f = 2\pi / T$, Schwingungsdauer: $T = 2\pi\sqrt{m/k}$.

Satz von Fourier: Jede periodische Schwingung läßt sich in *eindeutiger* Weise aus harmonischen Schwingungen aufbauen.

B. Die laufende harmonische Welle

Eine harmonische Welle entsteht, wenn die Bewegung eines harmonischen Oszillators auf angekoppelte harmonische Oszillatoren übertragen wird.

elastische Welle Wasserwelle Schallwelle

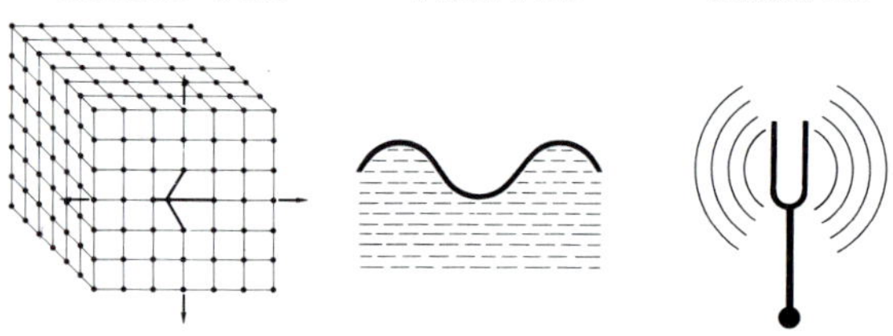

Wellenlänge, Schwingungsdauer, Frequenz:

$$\lambda = cT = c/f.$$
(c = Fortpflanzungsgeschwindigkeit der Welle)

Der Doppler-Effekt
Die Frequenz des Schalles hängt vom Bewegungszustand des Beobachters und der Quelle relativ zur Luft ab.

Ruhende Schallquelle Q + sich nähernder Beobachter B	Ruhender Beobachter B + sich nähernde Schallquelle Q
$f_B = f_Q (1 + v_B/c).$	$f_B = f_Q \cdot \frac{1}{1 - v_Q/c}.$

Das Gesetz der ungestörten Überlagerung
Wellen laufen ohne gegenseitige Beeinflussung übereinander hinweg. Die resultierende Elongation erhält man, indem man die Elongationen der Einzelwellen *vektoriell* addiert.

konstruktive Interferenz ($d = 0$)

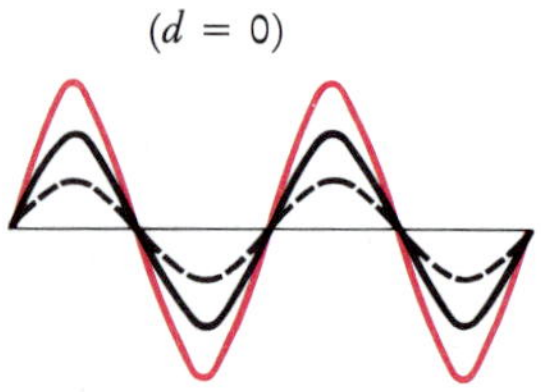

destruktive Interferenz ($d = \lambda/2$)

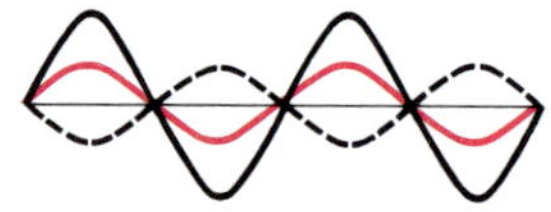

Satz von Fourier
Jede Welle läßt sich in *eindeutiger* Weise aus harmonischen Wellen zusammensetzen.

Physikalisch gelingt die Auffindung der harmonischen Bausteine durch Resonanz mittels harmonischer Analysatoren. Der Gangunterschied der einzelnen Bausteine bleibt unbekannt.

C. Die stehende harmonische Welle

Zwei gegeneinanderlaufende, gleichartige Wellen erzeugen eine stehende Welle.

Gegeneinanderlaufende Wellen kommen durch Reflexion am »festen« oder »losen« Ende zustande.

Reflexion am festen Ende: Wellenberg → Wellental.
Am festen Ende liegt daher ein Schwingungsknoten.

Reflexion am losen Ende: Wellenberg → Wellenberg.
Am losen Ende liegt daher ein Schwingungsbauch.

Eigenschwingungen
Wird eine harmonische Welle *mehrmals* in sich reflektiert, so bilden sich stehende harmonische Wellen nur dann aus, wenn alle hinlaufenden und alle rücklaufenden Wellen einander verstärken. Das ist nur bei gewissen Wellenlängen bzw. Frequenzen der Fall.

eingespannte Saite	beidseitig offene Pfeife	einseitig offene Pfeife

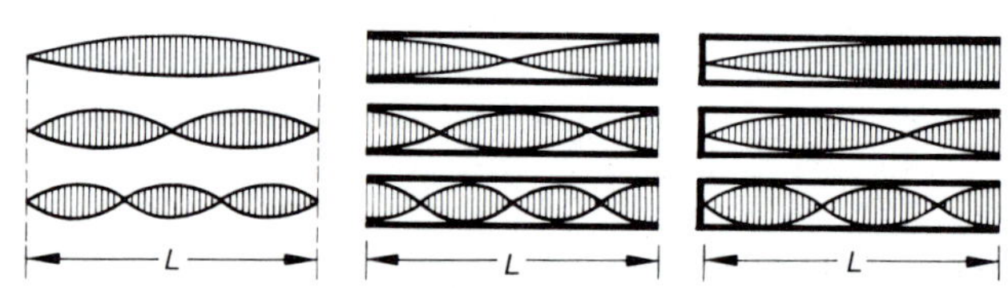

Eigenfrequenzen:	Eigenfrequenzen:	Eigenfrequenzen:
$f_k = c/\lambda_k$	$f_k = c/\lambda_k$	$f_k = c/\lambda_k$
($k = 0, 1, 2, \ldots$)	($k = 0, 1, 2, \ldots$)	($k = 0, 1, 2, \ldots$)

Ein Schwinger kann gleichzeitig mit der Grundschwingung beliebig viele Oberschwingungen abstrahlen (Klangfarbe!).

Beispiel: Die Saite

Gestalt der Saite Grundschwingung 1. Oberschwingung

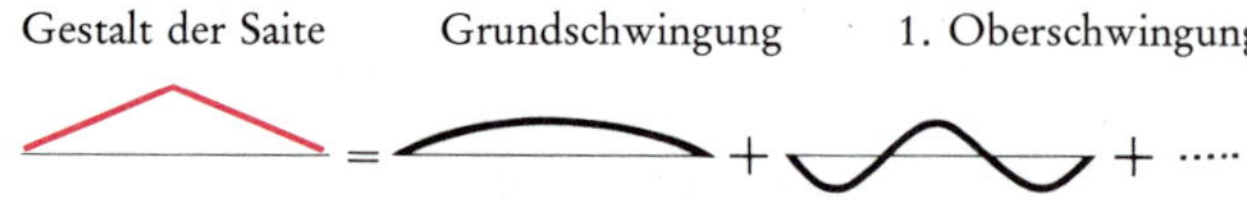

Hörbereich des Menschen:

$$20\ \text{Hz} < f < 20\,000\ \text{Hz} \rightarrow 17\ \text{m} > \lambda > 17\ \text{mm}.$$

Übungsbeispiele*

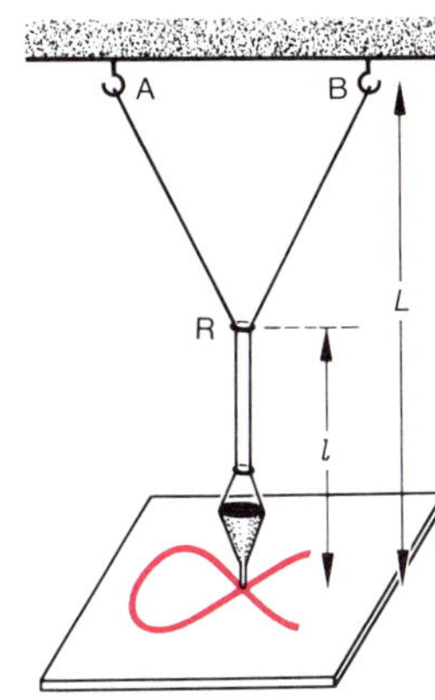

Dieses Lissajoussche Pendel schwingt senkrecht zur Zeichenebene langsam, parallel zur Zeichenebene rasch. Durch Verschieben des Ringes läßt sich das Frequenzverhältnis ändern. Stößt man das Pendel schräg an, so treten beide Schwingungen auf und überlagern sich. Das Pendel zeichnet dabei die sogenannten Lissajousschen Figuren auf, von denen im folgenden eine kleine Probe abgedruckt ist. Man kann so zusammengesetzte Schwingungen studieren. An den Figuren läßt sich außerdem das Frequenzverhältnis ablesen.

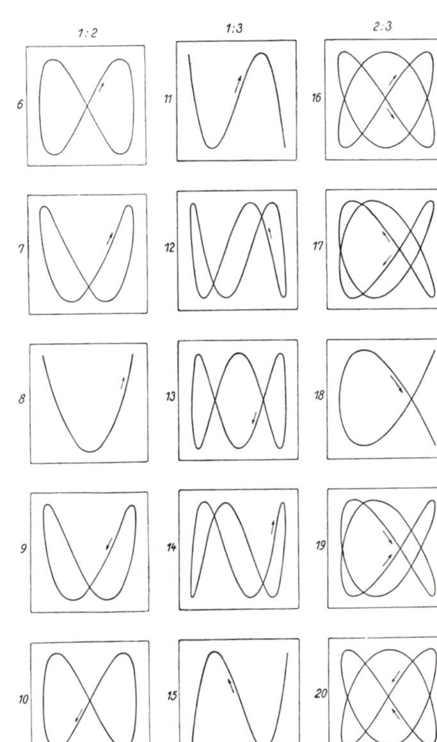

Die harmonische Schwingung

1. Ein materieller Punkt führt eine harmonische Schwingung aus.
   a) Man trage in einem Diagramm den zeitlichen Verlauf von Elongation, Geschwindigkeit und Beschleunigung ein.
   b) An welchen Punkten seiner Bahn erreicht der materielle Punkt die größte Geschwindigkeit bzw. die größte Beschleunigung?
2. Ein materieller Punkt führt eine Sinusschwingung aus. Die Amplitude beträgt 10 cm und die Frequenz 20 Hz. Wie groß ist die Elongation, die Geschwindigkeit und die Beschleunigung 0,01 s nach dem Nulldurchgang?

\+ 3. Weshalb kann eine im Wasser schwimmende Holzkugel keine harmonische Schwingungen ausführen? Wie liegen die Verhältnisse bei einem Quader?

Das Federpendel

4. An eine Schraubenfeder werden $m = 2{,}5$ kg angehängt.
   a) Wie groß ist die Federkonstante, wenn die Schraubenfeder zu einer Schwingung eine Sekunde benötigt?
   b) Welche Masse müßte man anhängen, um die Frequenz der Schwingung zu verdoppeln?

\+ 5. In einen Reisebus steigen 20 Personen. Jede Person hat 75 kg Masse. Hierbei senkt sich die Karosserie um 10 cm.
   a) Welche Federkonstante hat der Reisebus?
   b) Wie groß ist die Schwingungsdauer des leeren und des besetzten Wagens, wenn die Masse des mitschwingenden Wagenteils 3 000 kg beträgt?

6. Ein Federpendel (Masse m, Federkonstante k) führt eine harmonische Schwingung mit der Amplitude r aus. Man berechne die kinetische Energie und die potentielle Energie und trage diese beiden Energieformen in Abhängigkeit von der Zeit in ein Diagramm ein. Wie groß ist die Gesamtenergie?

Das Fadenpendel

7. Die Frequenz eines Fadenpendels soll 1 Hz betragen. Welche Länge muß man dem Pendel geben?
8. In welchem Verhältnis stehen die Pendellängen zweier Fadenpendel, wenn sich die Frequenzen wie 1 : 2 verhalten?
9. Am 10 m langen Seil eines Krans hängt eine Last von $2 \cdot 10^4$ kg. Sie schwingt mit einer Amplitude $r = 0{,}5$ m. Wie groß sind Schwingungsdauer und Schwingungsenergie?

Die Resonanz

10. Wenn man mit dem Auto im Schnee oder im Morast steckengeblieben ist, empfiehlt es sich, im passend gewählten Rhythmus hin- und herzufahren, um das Auto wieder freizubekommen. Welche Erscheinung wird hier ausgenützt?
11. Weshalb läßt sich selbst ein schweres Personenauto seitlich verschieben, wenn man es an einer Stoßstange im richtigen Rhythmus auf und ab bewegt?
12. Wodurch wird im Resonanzfall ein unbeschränktes Anwachsen der Amplitude verhindert?

Die Wellengleichung $\lambda = c \cdot T$

13. Wie ändert sich die Wellenlänge, wenn bei sonst gleichen Bedingungen die Frequenz bzw. die Fortpflanzungsgeschwindigkeit verdoppelt wird?
14. Eine Ozeanwelle besitzt eine Wellenlänge von 300 m und eine Schwingungsdauer von 15 s. Wie groß ist die Fortpflanzungsgeschwindigkeit?
15. Die Fortpflanzungsgeschwindigkeit der Wasserwellen in einer Wellenwanne beträgt 20 cm/s. Welche Frequenz hat ein Erreger, der 2 cm lange Wellen erzeugt?

---

*) Umfangreiche oder schwierigere Aufgaben sind mit + gekennzeichnet.

Die erste Schallaufzeichnung gelang Thomas Alva Edison im Jahre 1877. Sein Phonograph besaß einen gerillten, mit Metallfolie umwickelten Zylinder, der mit einer Handkurbel gedreht werden konnte. Die durch den Trichter aufgefangenen Töne brachten eine Membran zum Schwingen, die mit einer Nadel das Schwingungsmuster der Töne in die Folie preßte. Die Wiedergabe erfolgte über eine zweite Membran, die mit einer Nadel das Schwingungsmuster abtastete.

Einer der ersten Plattenspieler
Die Platte drehte sich mit 72 Umdrehungen in der Minute und hatte 2 Minuten Spieldauer.

Der Regieraum eines Sendestudios
Hier können z. B. Hörspiele aufgenommen und sendereif gemacht werden. Der Umgang mit etwa hundert Schaltern erfordert langjährige Übung.

Die Schallgeschwindigkeit

16. Ein Arbeiter schlägt schräg von oben mit dem Hammer auf das Ende einer langen Eisenschiene. Wieviel Schläge hört ein am anderen Ende stehender Arbeiter, wenn ein eventuelles Echo außer Betracht bleibt?
17. Wie kann man an der Zeit, die zwischen Blitz und Donner liegt, die Entfernung eines Gewitters abschätzen?
+18. Auf der Meeresoberfläche wird eine Sprengladung gezündet. Wie weit ist der Beobachter vom Explosionszentrum entfernt, wenn sich die Laufzeiten des Schalles in Luft und Wasser um 12 Sekunden unterscheiden?

Tonhöhe und Intensität

19. Die Schallwellen, die durch Sprache oder Musik hervorgerufen werden, liegen in einem Frequenzbereich von 50 bis 5 000 Hz. Welchem Wellenlängenbereich entspricht dies
    a) in Luft ($c = 340$ m/s), b) in Wasser ($c = 1\,480$ m/s)?
    Welche Wellenlängen ergeben sich insbesondere für 440 Hz?
20. Eine Lochscheibe hat 30 Löcher in einer Reihe und macht 12 bzw. 15 bzw. 18 Umdrehungen pro Sekunde. Welche Frequenzen haben die entstehenden Töne, und welche Intervalle bilden sie?
+21. Das Ohr kann bei 3 000 Hz noch eine Schallintensität von ca. 10^{-11} Watt/m^2 wahrnehmen. Wie weit könnte man demnach eine Schallquelle dieser Frequenz hören, wenn die Quelle mit 1,26 Watt Leistung Kugelwellen aussendet und der Schall von der Luft nicht absorbiert würde?

Der Doppler-Effekt

22. Wie schnell muß sich ein Beobachter zur ruhenden Schallquelle hinbewegen, um eine Frequenzverdopplung festzustellen? Wie schnell muß sich die Quelle auf den ruhenden Beobachter zu bewegen, damit derselbe Effekt eintritt?
23. Wie rasch müßte sich eine Schallquelle bewegen, damit für einen ruhenden Beobachter der Ton beim Vorbeifahren um eine Oktav tiefer wird?
24. Am Rande einer Kreisscheibe ($r = 40$ cm) ist eine Schallquelle befestigt, die einen Ton der Frequenz $f_Q = 440$ Hz aussendet. Zwischen welchen Frequenzen schwankt er für einen in der Scheibenebene in großer Entfernung sitzenden Beobachter, wenn die Scheibe mit 5 Umdrehungen pro Sekunde umläuft?
+25. Ein Zug fährt mit 72 km/h auf einen Tunnel zu und pfeift mit der Frequenz $f_Q = 500$ Hz. Der Schall wird am Tunnelportal reflektiert.
    a) Welche Höhe hat der direkte Ton, und welche Höhe hat das Echo für einen zwischen Zug und Tunnel stehenden Beobachter?
    b) Welche Höhe hat der direkte Ton für diesen Beobachter, wenn der Zug vorbeigefahren ist?
    c) Welche Höhe hat das Echo für einen Reisenden im Zug?
    Anleitung:
    Man kann das Echo als Pfeifton einer mit 500 Hz pfeifenden und mit 72 km/h entgegenfahrenden Lokomotive auffassen. (Pfeifton des Spiegelbildes!)

Die Überlagerung von Wellen

26. Eine Schallplatte dreht sich mit 33 Umdrehungen pro Minute. Die inneren Rillen haben einen Durchmesser von ca. 10 cm. Um eine befriedigende Klangwiedergabe zu erzielen, muß die Platte alle Frequenzen zwischen 20 und 16 000 Hz wiedergeben können. Wie lange sind die dazugehörigen harmonischen Wellen auf der Platte?
27. Zwei harmonische Transversalwellen gleicher Wellenlänge haben die gleiche Schwingungsebene. Ihre Amplituden verhalten sich wie 2 : 3. Man überlagere die beiden Wellen graphisch für folgende Gangunterschiede:
    a) $d = 0$, b) $d = \lambda/2$, c) $d = \lambda/4$.
+28. Zwei harmonische Transversalwellen gleicher Wellenlänge haben die gleiche Schwingungsebene. Zur Zeit $t = 0$ werden ihre Momentphotographien beschrieben durch

$$y_1 = r_1 \cdot \sin\frac{2\pi}{\lambda}(x + d_1) \quad \text{bzw.} \quad y_2 = r_2 \cdot \sin\frac{2\pi}{\lambda}(x + d_2).$$

Man zeige, daß die Überlagerung dieser beiden Wellen wieder eine harmonische Welle ist, und berechne die Amplitude r und den Gangunterschied d.

Anleitung:

$$r_1 \cdot \sin\frac{2\pi}{\lambda}(x + d_1) + r_2 \cdot \sin\frac{2\pi}{\lambda}(x + d_2) = r \cdot \sin\frac{2\pi}{\lambda}(x + d)$$

Die Berechnung von r und d gelingt am leichtesten, wenn man die Winkelfunktionen mit dem Additionstheorem in Sinus- und Kosinusglieder zerlegt und die Gleichung in folgende Form bringt:

$$(\ldots) \cdot \sin \frac{2\pi}{\lambda} x + (\ldots) \cdot \cos \frac{2\pi}{\lambda} x = 0$$

Die Gleichung kann nur dann für alle x-Werte gelten, wenn die Klammerausdrücke verschwinden.

+29. Zwei harmonische Transversalwellen gleicher Frequenz haben die gleiche Schwingungsebene. An der Stelle $x = 0$ werden ihre Elongationen beschrieben durch

$$y_1 = 4 \cdot \sin(\omega t + 30°) \quad \text{bzw.} \quad y_2 = 3 \cdot \sin(\omega t + 120°).$$

Man zeige, daß die Überlagerung dieser beiden harmonischen Schwingungen wieder eine harmonische Schwingung ist, und berechne die Amplitude r und den Gangunterschied d. Die Rechnung kann analog wie im vorhergehenden Übungsbeispiel durchgeführt werden.

Die Reflexion von Wellen

30. Wie tief ist an einer Stelle das Meer, wenn dort bei der Echolotung 4 s nach Aussendung des Knalls das Echo empfangen wurde? (c = 1 480 m/s)
31. Das Ohr kann Schallempfindungen nur dann deutlich trennen, wenn ihr zeitlicher Abstand nicht unter einer Zehntelsekunde liegt. Wie weit muß eine Felswand mindestens entfernt sein, damit man ein deutliches Echo hören kann?
32. Ein Blauwal (m = 120 000 kg) wird bis zu 30 m lang. Er kann mit einer Geschwindigkeit von ca. 20 km/h schwimmen. Die Sichtweite unter Wasser beträgt aber nur etwa 3 m.
    a) Man berechne die kinetische Energie des schwimmenden Wals.
    b) Mit welcher Geschwindigkeit müßte ein Auto (m = 900 kg) fahren, damit seine kinetische Energie die gleiche wäre?
    c) Welchen Schluß muß man ziehen, wenn man die geringe Sichtweite beachtet?

Eigenschwingungen

33. Das freie Ende eines ausgespannten Seiles wird mit einer Frequenz von 4 Hz auf und ab bewegt. Es bildet sich eine stehende Welle aus. Der Abstand zweier benachbarter Knoten beträgt 1,60 m.
    a) Wie groß ist die Wellenlänge der einlaufenden Welle?
    b) Wie groß ist die Fortpflanzungsgeschwindigkeit dieser Welle?

+34. Die Abmessungen eines Badezimmers betragen a = 2,35 m, b = 1,55 m und h = 2,60 m. Man betrachte jene stehenden Wellen, die sich parallel zu den Badezimmerkanten ausbilden können, und berechne die Frequenzen der Grundschwingung und der ersten fünf Oberschwingungen. Warum ist das Badezimmer ein guter Resonanzkörper für eine Männerstimme?

35. Wenn man Wasser in ein Glas laufen läßt, so ist ein Ton zu hören, der um so höher ist, je weiter das Glas gefüllt ist. Wie ist das zu erklären?
36. Eine 1 m lange Stahlsaite führt Transversalschwingungen aus. Die Schallgeschwindigkeit im Stahl beträgt 6 000 m/s. Man berechne die Frequenz der Grundschwingung und die Frequenz der 1. Oberschwingung.

Saiten und Pfeifen

37. Eine Violinsaite schwingt mit 440 Hz und wird in der Mitte angezupft.
    a) Welche Oberschwingungen fehlen in ihrem Klang?
    b) Welche Frequenz hat der 4. Oberton?
38. Eine Violinsaite hat eine Länge von 50 cm und schwingt mit 440 Hz. Wo muß die Saite niedergedrückt werden, damit die Frequenz auf 550 Hz ansteigt?
39. Eine Orgelpfeife soll einen Grundton von 25 Hz aussenden. Man berechne die Länge der offenen Pfeife und die Länge der gedeckten Pfeife (c = 340 m/s).

+40. Eine gedeckte Lippenpfeife gibt, mit Luft angeblasen, den Grundton 440 Hz. Mit welcher Frequenz schwingt die Pfeife beim Anblasen
    a) mit Kohlenstoffdioxid (c = 255 m/s), b) mit Leuchtgas (c = 441 m,/s)?

Die Akustik eines Konzertsaales wird heute zunächst an einem verkleinerten maßstabgerechten Modell mit Schall, dessen Wellenlänge im gleichen Verhältnis verkleinert ist, experimentell geprüft. Der Schall wird von einem Ultraschallgenerator erzeugt und von einem Mikrophon in der Mitte des Saales aufgefangen. Erst wenn alle Untersuchungen zufriedenstellend ausgefallen sind, wird der Saal gebaut. Auf diese Weise wird das Risiko gering gehalten und zumeist viel Geld gespart.

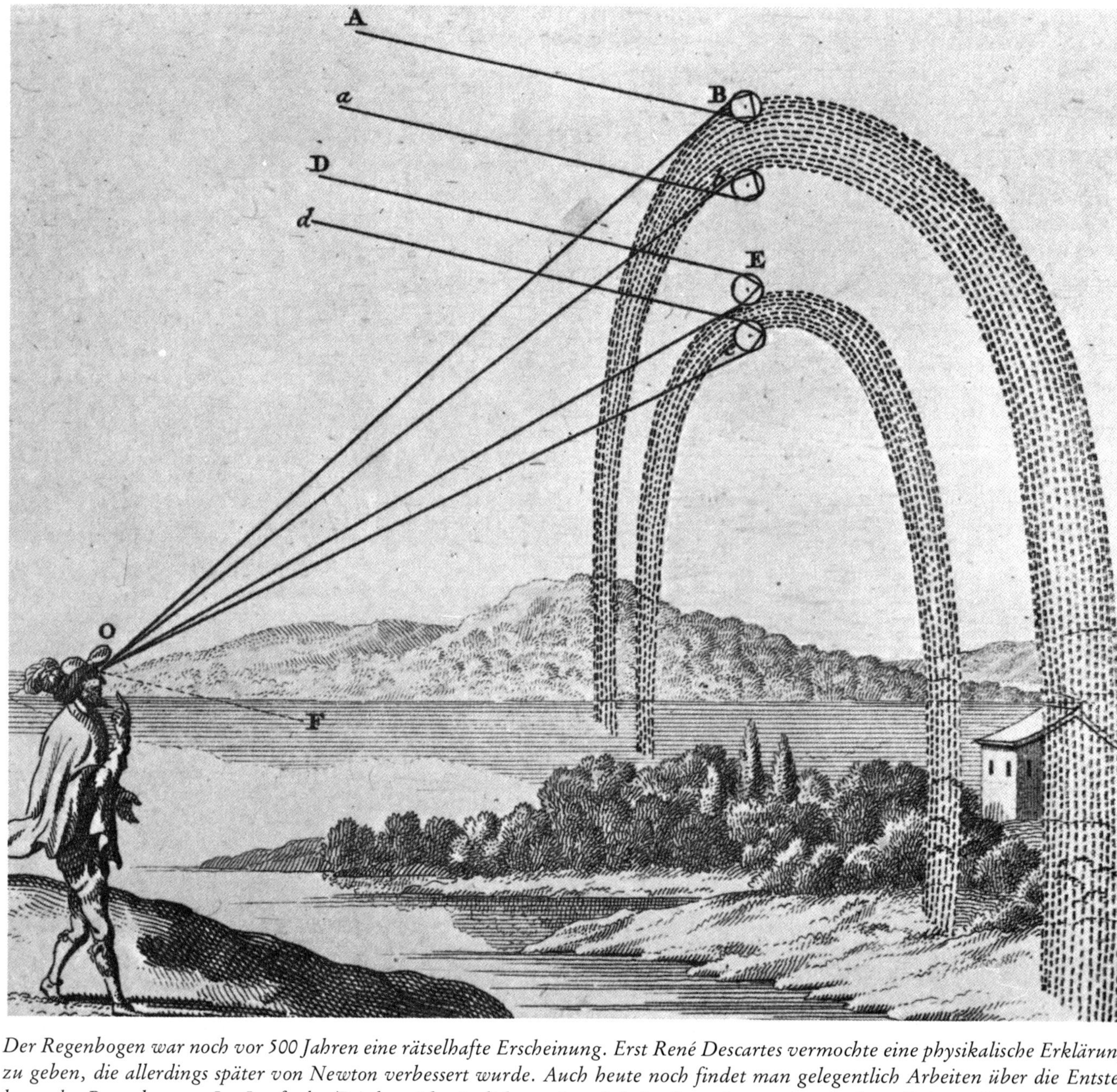

Der Regenbogen war noch vor 500 Jahren eine rätselhafte Erscheinung. Erst René Descartes vermochte eine physikalische Erklärung zu geben, die allerdings später von Newton verbessert wurde. Auch heute noch findet man gelegentlich Arbeiten über die Entstehung des Regenbogens. Im Laufe der Zeit hat sich nämlich gezeigt, daß der Regenbogen ein sehr kompliziertes Phänomen ist. So fordert eine korrekte Beschreibung fast alle Gesetze der Optik. Unser Bild zeigt die einfache Modellvorstellung von Descartes. Sie wird auf Seite 61 genauer beschrieben.

Optik

Die Optik, die Lehre vom Licht, gehört zu den ältesten Gebieten der Physik. Schon immer war bei den Menschen die Frage nach der Natur des Lichtes auf Interesse gestoßen. Die zahlreichen experimentellen Befunde erweiterten im Laufe der Zeit die Kenntnisse sehr stark. Sie bewirkten, daß die Auffassung über die Natur des Lichtes in eigenartiger Weise zwischen dem Teilchenbild und dem Wellenbild hin- und herschwankte.

Zu Newtons Zeiten glaubte man mit einem einfachen Teilchenmodell auskommen zu können. Im 18. Jahrhundert führten neue experimentelle Befunde zu einer Wellenvorstellung. Als aber in der 1. Hälfte des 19. Jahrhunderts der transversale Wellencharakter des Lichtes nachgewiesen wurde und sich gleichzeitig zeigte, daß es keine longitudinalen Lichtwellen gibt, geriet die Physik in eine Krise, denn diese Befunde ließen sich nur schlecht mit der mechanistischen Naturauffassung der damaligen Zeit erklären.

In der 2. Hälfte des 19. Jahrhunderts wurde die elektromagnetische Wellennatur des Lichtes erkannt. Es gelang, alle Gesetze der Optik aus den Grundgesetzen der Elektrizitätslehre herzuleiten. Die Optik war ganz überraschend zu einem Teilgebiet der Elektrizitätslehre geworden. Man glaubte am Ziel zu sein. Um so größer war die Bestürzung, als zu Beginn des 20. Jahrhunderts experimentelle Befunde auftauchten, die wiederum auf eine Teilchennatur des Lichtes hinwiesen, ohne daß man jedoch auf die Wellenstruktur verzichten konnte. Die Physik war neuerdings in eine Krise geraten, aus der sie erst die Forschungsergebnisse der vergangenen Jahrzehnte zumindest teilweise befreien konnten.

An der Entwicklung der Optik läßt sich gut das Geschick physikalischer Theorien verfolgen. Sie entstehen, liegen miteinander im Wettstreit, werden widerlegt und modifiziert und gehen schließlich ganz überraschend in umfassenderen Konzepten auf. Wir wollen den Werdegang der Optik vorerst zwar nur bis zur Mitte des letzten Jahrhunderts verfolgen. Später jedoch werden wir noch mehrmals auf die Optik zurückkommen und ihre Entwicklung bis in die neueste Zeit weiterverfolgen.

Die Brille, das älteste optische Instrument, wurde Ende des 13. Jahrhunderts erfunden. Der Name leitet sich vom Beryll-Kristall her, denn die ersten Brillen bestanden aus geschliffenen Beryllen.

Das Mikroskop wurde fast gleichzeitig mit dem Fernrohr am Anfang des 17. Jahrhunderts erfunden. Während das Fernrohr zahlreiche astronomische Entdeckungen ermöglichte, erschloß das Mikroskop die Welt des Mikrokosmos.

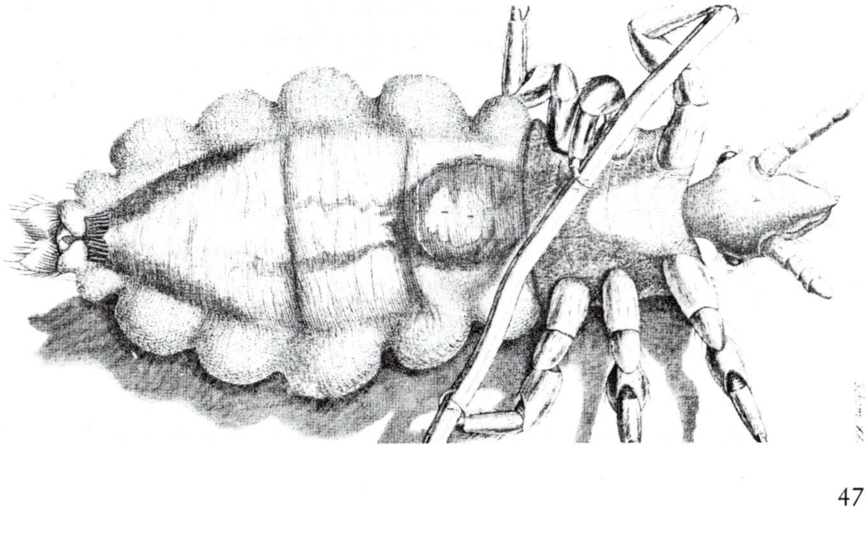

Im Jahre 1665 veröffentlichte Robert Hooke das Werk »Mikrographia«. Darin finden wir erstmals Zeichnungen von mikroskopisch kleinen Objekten, die Hooke mit dem abgebildeten Mikroskop beobachtete.

I. Strahlenoptik (Reflexion und Brechung*)

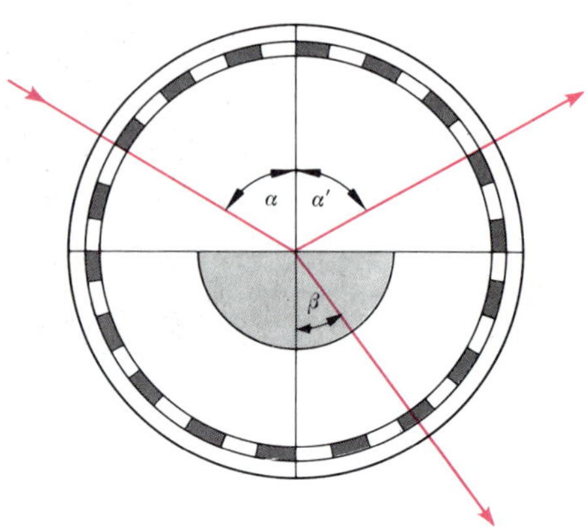

Mit der optischen Scheibe kann man die Aufspaltung des einfallenden Lichtstrahls im reflektierten und gebrochenen Lichtstrahl zeigen. Einfallswinkel α, Reflexionswinkel α' und Brechungswinkel β lassen sich ablesen.

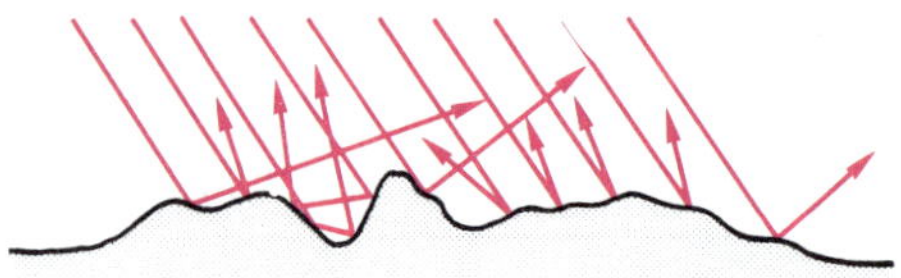

Für rauhe Flächen gilt das Reflexionsgesetz ebenfalls. Die nach allen Richtungen geneigte Oberfläche wirft das Licht nach allen Seiten zurück. Diese »diffuse Reflexion« gibt der Fläche ihre Helligkeit.

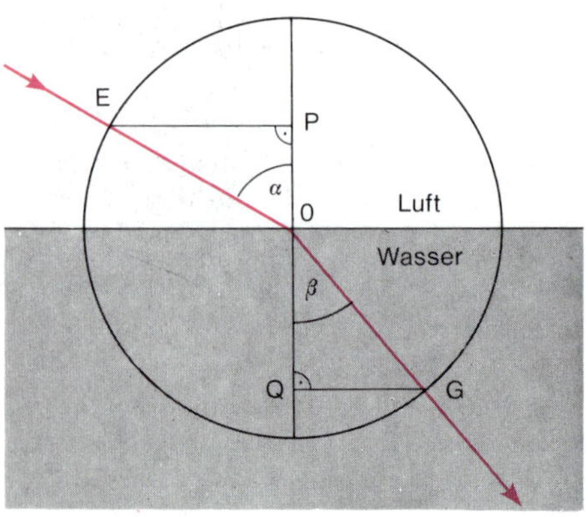

Es sind im Einheitskreis die Gegenkatheten $\overline{EP}$ und $\overline{GQ}$ der Winkel α und β eingezeichnet. Das Verhältnis der Gegenkatheten hat für jeden Einfallswinkel den gleichen Wert.

Fällt ein Lichtstrahl schräg auf eine Wasserfläche, auf einen Glasblock oder auf ein anderes durchsichtiges Medium mit glatter Oberfläche, so wird der Strahl in zwei Teile zerlegt. Der eine Teil wird von der Oberfläche zurückgeworfen. Man bezeichnet ihn als *»reflektierten Strahl«*. Der andere Teil dringt in das Medium ein. Er ändert beim Passieren der Oberfläche seine Fortpflanzungsrichtung und heißt daher *»gebrochener Strahl«*. Die Gesetze, welche die Fortpflanzungsrichtungen des reflektierten und des gebrochenen Strahles beschreiben, wurden schon von den Griechen im Altertum gesucht und teilweise aufgefunden. Heute spielen diese Gesetze in der optischen Industrie eine fundamentale Rolle, denn sie ermöglichen die Konstruktion optischer Geräte.

1. Das Reflexionsgesetz und das Brechungsgesetz

a) Das Reflexionsgesetz

Euklid (etwa 300 v. Chr.) dürfte der erste gewesen sein, der die Fortpflanzungsrichtung des reflektierten Strahles studierte und das Reflexionsgesetz fand. In seinem Buch über Optik steht:

> Der einfallende Strahl, das Lot auf die Körperoberfläche und der reflektierte Strahl liegen stets in einer Ebene. Der Reflexionswinkel α' ist stets gleich groß wie der Einfallswinkel α.

Während die Entdeckung des Reflexionsgesetzes keine großen Schwierigkeiten verursachte, ging die Auffindung des Brechungsgesetzes nur langsam und schrittweise vor sich.

b) Das Brechungsgesetz

Ptolemaios (etwa 150 n. Chr.) maß für verschiedene Einfallswinkel α den zugehörigen Brechungswinkel β und faßte die Wertepaare in Tabellen zusammen. Er stellte fest, daß für jedes durchsichtige Medium eine besondere Tabelle angefertigt werden muß, war aber nicht in der Lage, aus den Tabellen das zugrunde liegende Gesetz abzulesen. Dies gelang erst 1 500 Jahre später dem holländischen Mathematiker Willebrord Snellius. Dieser lenkte seine Aufmerksamkeit auf die »Gegenkatheten« $\overline{EP}$ und $\overline{GQ}$ der Winkel (siehe Abbildung) und fand, daß das Verhältnis der Gegenkatheten bei ein und demselben Medium für alle Einfallswinkel denselben Wert besitzt. Da die Gegenkatheten den Sinuswerten der Winkel proportional sind, steht der Sinus des Einfallswinkels α mit dem Sinus des Brechungswinkels β in einem festen Verhältnis. In der folgenden Tabelle sind für die Medien Wasser und Glas die Brechungswinkel für verschiedene Einfallswinkel angegeben. Ferner sind die Quotienten der Sinuswerte angeführt.

---

*) In diesem Kapitel werden alle Experimente mit gelbem Licht durchgeführt.

Übergang des Lichtes von Luft ins Wasser					Übergang des Lichtes von Luft ins Glas				
α	β	$\sin\alpha$	$\sin\beta$	$\frac{\sin\alpha}{\sin\beta}$	α	β	$\sin\alpha$	$\sin\beta$	$\frac{\sin\alpha}{\sin\beta}$
20°	14,9°	0,3420	0,2571	1,33	20°	13,2°	0,3420	0,2283	1,50
40°	28,8°	0,6428	0,4818	1,33	40°	25,4°	0,6428	0,4289	1,50
60°	40,5°	0,8660	0,6494	1,33	60°	35,3°	0,8660	0,5778	1,50
80°	47,6°	0,9848	0,7385	1,33	80°	41,0°	0,9848	0,6561	1,50
90°	48,6°	1,0000	0,7501	1,33	90°	41,8°	1,0000	0,6665	1,50

Wie man sieht, hat das Verhältnis $\sin\alpha/\sin\beta$ einen festen Wert. Beim Übergang des Lichtes von Luft ins Wasser beträgt es 1,33. Beim Übergang des Lichtes von Luft ins Glas hat es den Wert 1,50. Man nennt dieses Verhältnis *»Brechungsquotient«* (Brechzahl) und bezeichnet es mit n.

Wir kommen so zu folgendem Ergebnis:

Der einfallende Strahl, das Lot auf die Körperoberfläche und der gebrochene Strahl liegen stets in einer Ebene. Der Quotient aus dem Sinus des Einfallswinkels α und dem Sinus des Brechungswinkels β heißt Brechungsquotient n. Er ist unabhängig vom Einfallswinkel und hat für jedes Medium einen speziellen Wert.

$$\frac{\sin\alpha}{\sin\beta} = n = \text{const.}$$

Der Brechungsquotient muß experimentell bestimmt werden. Es zeigt sich, daß er immer dann, wenn das Licht vom Vakuum in ein Medium übertritt, größer als eins ist. Das Licht wird also zum Lot *hin* gebrochen. In der Tabelle sind einige Brechungsquotienten angegeben. Sie gelten für gelbes Licht, das bei 20 °C aus dem Vakuum ins Medium übertritt.

Flüssigkeiten	n
Wasser	1,33
Alkohol	1,36
Benzol	1,50
Schwefelkohlenstoff	1,63
feste Körper	n
Eis	1,31
Plexiglas	1,50
Steinsalz	1,54
Diamant	2,42

Wegen der Brechung der Lichtstrahlen erscheint die Wassertiefe gegenüber ihrem wahren Wert verringert.

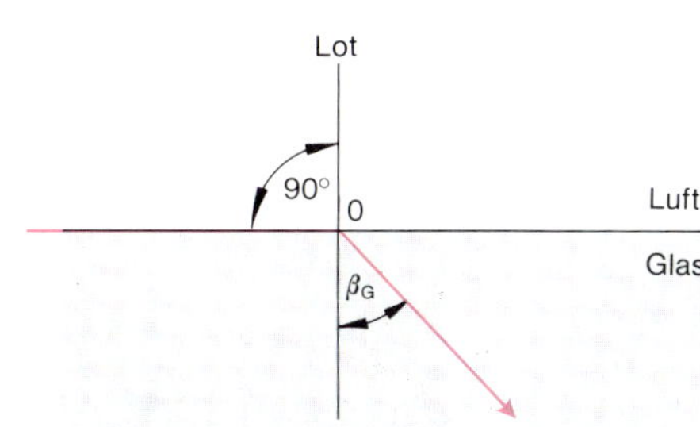

Nähert sich der Einfallswinkel 90°, so strebt der Brechungswinkel dem Wert β_G zu, sofern der Lichtstrahl vom Vakuum ins Medium übertritt.

c) Die Totalreflexion

Bisher haben wir den Lichtstrahl aus der Luft oder – was bei der beschränkten Meßgenauigkeit praktisch auf das gleiche hinauskommt – aus dem Vakuum in ein Medium übertreten lassen. Der Strahl wurde an der Körperoberfläche teils reflektiert, teils drang er in das Medium ein und wurde zum Lot hin gebrochen. Der Brechungswinkel war dabei *kleiner* als der Einfallswinkel. Näherte sich der Einfallswinkel 90°, so strebte der Brechungswinkel einer oberen Grenze β_G zu, die unter 90° lag und mit dem Brechungsgesetz leicht berechnet werden kann. Aus

$$\frac{\sin 90^\circ}{\sin\beta_G} = n \qquad \text{folgt nämlich} \qquad \boxed{\sin\beta_G = \frac{1}{n}.}$$

Wir wollen nun den Lichtstrahl *vom Medium in die Luft* bzw. *ins Vakuum* übertreten lassen und sehen, was geschieht.

Das Experiment liefert folgendes Ergebnis:

Ist der Einfallswinkel kleiner als β_G, so wird der Strahl an der Körperoberfläche teils reflektiert, teils verläßt er den Körper. Dabei wird er vom Lot weg gebrochen.

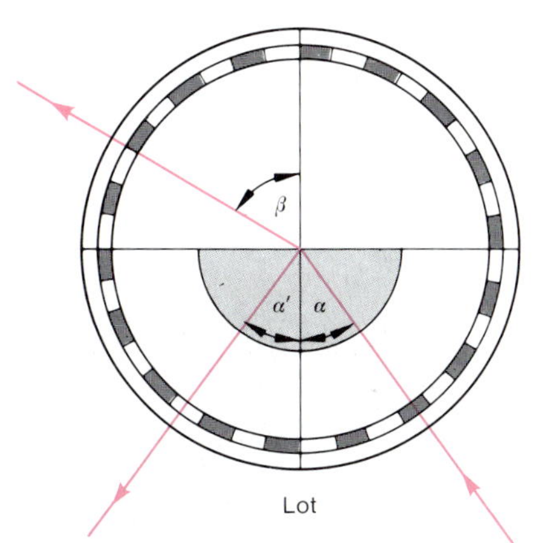

Tritt das Licht vom Medium ins Vakuum über, so wird es vom Lot weggebrochen, falls α kleiner als β_G ist. (Ist α größer als β_G, so tritt Totalreflexion auf.)

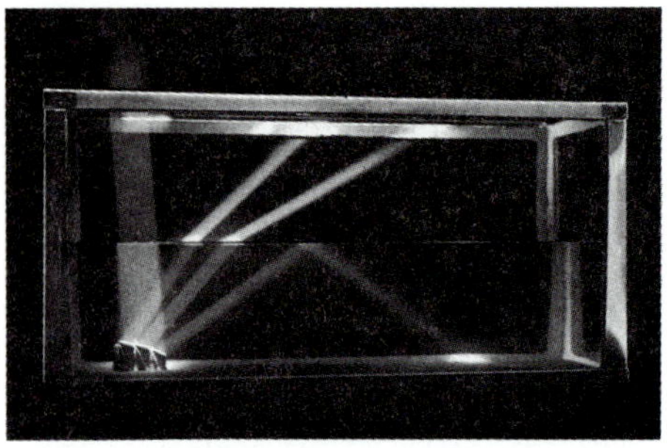

Die Lichtstrahlen werden beim Übertritt von Wasser in Luft vom Lot weggebrochen. Wird der Grenzwinkel überschritten, so tritt Totalreflexion auf.

Ist der Einfallswinkel größer als β_G, so wird der Strahl an der Körperoberfläche vollständig reflektiert. Er kann das Medium an dieser Stelle nicht verlassen.

Diesen Fall bezeichnet man als *Totalreflexion.* Der Winkel β_G heißt daher auch manchmal »Grenzwinkel der Totalreflexion«. Beim Übergang des Lichtes von Wasser in Luft beträgt er 48,6°. Beim Übergang des Lichtes von Glas in Luft hat er den Wert 41,8°.

Einige Worte sind noch über den Brechungsquotienten der Luft zu sagen. Er hat für gelbes Licht bei normaler Luftdichte und bei 20 °C den Wert $n = 1{,}000292$ und wird mit abnehmender Luftdichte sowie mit steigender Temperatur kleiner. Da der Brechungsquotient der Luft so nahe bei eins liegt, kann der Einfluß der Luft bei unseren Experimenten ohne weiteres vernachlässigt werden. Dies ist jedoch nicht mehr der Fall, wenn das Licht einen sehr langen Weg durch die Luft zurückzulegen hat. Wir betrachten zwei Beispiele.

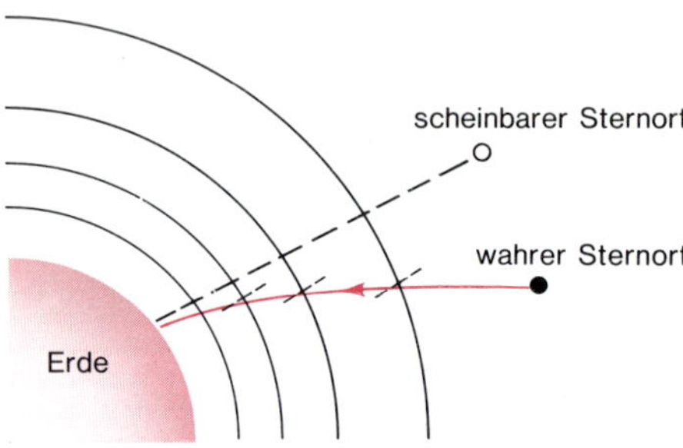

Atmosphärische Strahlenbrechung
Das Sternenlicht wird beim Durchgang durch die Lufthülle zum Lot hin gebrochen. Dadurch erscheinen uns alle Sterne etwas gegen den Zenit hin verschoben.

1. Beispiel: Die atmosphärische Strahlenbrechung

Das Licht der Sterne muß auf seinem Weg zur Erde die Lufthülle durchqueren. Da die Dichte der Luft nach unten hin immer mehr anwächst, der Brechungsquotient daher immer mehr zunimmt, wird ein schräg einfallender Lichtstrahl fortlaufend zum Lot hin gebrochen. Er durchläuft daher eine gekrümmte Bahn. Da das Auge die Lichtquelle stets in der rückwärtigen Verlängerung des einfallenden Strahles sieht, erscheinen alle Sterne mehr oder weniger angehoben. Diese Anhebung kann in der Nähe des Horizontes bis zu einem halben Grad betragen. Die in geometrischer Hinsicht eben untergegangene Sonne ist daher wegen der atmosphärischen Strahlenbrechung noch voll sichtbar! Weil der untere Sonnenrand durch die Brechung stärker angehoben wird als der obere, erscheint die Sonne am Horizont abgeplattet.

2. Beispiel: Fata Morgana und Luftspiegelung

Wird die Bodenfläche durch Sonnenstrahlung stark erwärmt, so bildet sich unmittelbar über dem Boden eine warme Luftschicht. Diese steigt zwar nach oben und macht einer weniger warmen Luftschicht Platz. Wenn aber der Boden genügend heiß ist, wird trotz der Luftbewegung stets eine Schicht warmer Luft an den erhitzten Boden anschließen, während es darüber kälter wird. Lichtstrahlen, die schräg auf diese heiße Luftschicht auftreffen, können totalreflektiert werden. Die heiße Luftschicht wirkt gewissermaßen als Spiegel und kann bei hellem Himmel Wasserflächen vortäuschen. Diese Erscheinung ist häufig an heißen Tagen auf Asphaltstraßen zu beobachten. In der Wüste ist sie als *Fata Morgana* bekannt.

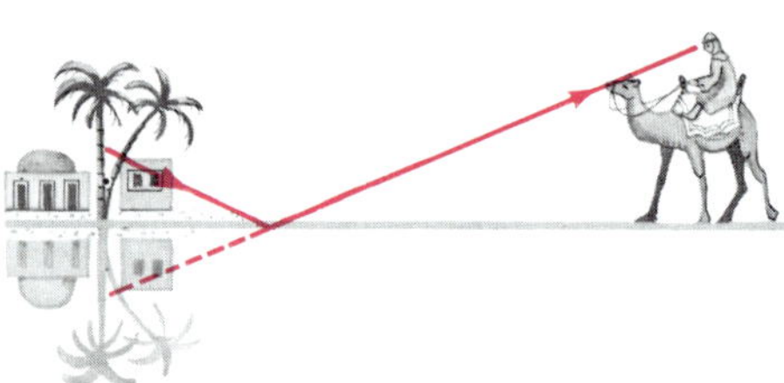

Fata Morgana
An der heißen Luftschicht, die unmittelbar an den Wüstenboden angrenzt, werden die Lichtstrahlen total reflektiert. Die Gegenstände erscheinen dadurch einem Beobachter wie Spiegelbilder an einer Wasseroberfläche.

An heißen Tagen bildet sich in größerer Höhe eine ausgedehnte, warme Luftschicht geringer Dichte aus. An dieser Schicht werden schräg auftreffende Strahlen reflektiert. Ferne Landschaften, mit freiem Auge oft nicht sichtbar, hängen gespenstisch am Himmel. In Cuxhaven beispielsweise ist an stillen Sommertagen das Spiegelbild von Helgoland gesehen worden. Die Dünen und die rötlichen Felsen waren nicht zu verkennen. Erst gegen Abend verschwand diese *Luftspiegelung*.

2. Die Newtonsche Teilchentheorie des Lichtes

Das Reflexionsgesetz und das Brechungsgesetz beschreiben zwar die Fortpflanzungsrichtung des reflektierten und des gebrochenen Strahles, sie geben aber keine Auskunft, *warum* das Licht an der Körperoberfläche gerade so reflektiert und gebrochen wird. Die Beantwortung dieser Frage ist nur an Hand einer konkreten Theorie über die Natur des Lichtes möglich.

Infolge Luftspiegelung scheinen zwei Personen auf dem Wasser zu gehen.

Isaac Newton entwickelte um 1672 als erster eine derartige Theorie. Danach sendet eine Lichtquelle eine große Menge winziger Lichtteilchen aus, die mit konstanter Geschwindigkeit geradlinig durch den Raum fliegen und beim Auftreffen auf die Netzhaut des Auges eine Helligkeitsempfindung hervorrufen. Fällt ein Strahl dieser Lichtteilchen auf die glatte Oberfläche eines durchsichtigen Körpers, so werden die Lichtteilchen teils reflektiert, teils dringen sie in den Körper ein und pflanzen sich im Inneren des Körpers weiter fort.

Newton nahm nun an, daß die reflektierten Teilchen an der Oberfläche einen elastischen Stoß erleiden. Es läßt sich dann die Bahn eines schräg auftreffenden Teilchens leicht angeben. Wir denken uns den Geschwindigkeitsvektor $\boldsymbol{v}$ des einfallenden Teilchens in zwei Komponenten parallel und senkrecht zur Körperoberfläche zerlegt. Weil die Masse des Lichtteilchens sehr viel kleiner ist als die Masse der Atome, wird die senkrechte Geschwindigkeitskomponente wie bei einem zu Boden fallenden Gummiball umgekehrt. Die parallele Geschwindigkeitskomponente wird durch den elastischen Stoß nicht beeinflußt. Setzt man nach dem Stoß die beiden Geschwindigkeitskomponenten wieder zusammen, so erhält man den Geschwindigkeitsvektor $\boldsymbol{v}'$ des wegfliegenden Teilchens. Wie man sieht, bewegt sich das Lichtteilchen gerade so, wie es das Reflexionsgesetz vorschreibt.

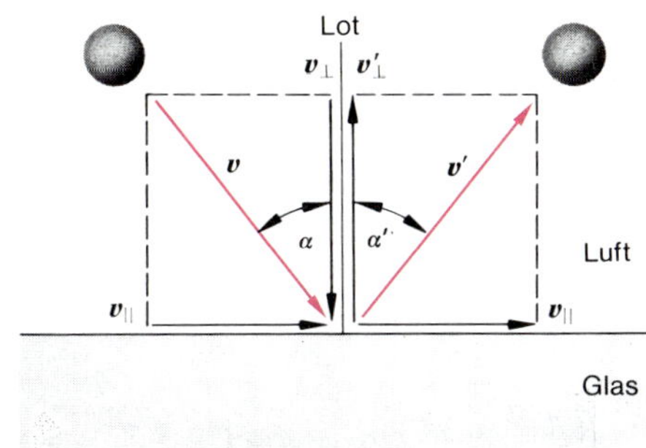

Zur Herleitung des Reflexionsgesetzes mit Newtons Lichtmodell

Auf jene Lichtteilchen, die in den Körper eindringen, wirken nach Newton anziehende Kräfte. Diese gehen von den Atomen des Körpers aus und besitzen eine kurze Reichweite. Tritt ein Lichtteilchen in den Körper über, so wird es an der Körperoberfläche von diesen Kräften erfaßt und in den Körper hineingezogen. Dadurch steigt die senkrechte Geschwindigkeitskomponente an, während die parallele Geschwindigkeitskomponente unverändert bleibt. Befindet sich das Teilchen im Körper, so wirken die anziehenden Kräfte von allen Seiten ein und heben einander gegenseitig auf. Das Lichtteilchen bewegt sich daher im Körper unbeschleunigt weiter, und zwar mit einer *größeren* Geschwindigkeit als im Vakuum. Bezeichnen wir mit $\boldsymbol{v}$ die Geschwindigkeit des Lichtteilchens im Vakuum, mit $\boldsymbol{v}_m$ die Geschwindigkeit des Lichtteilchens im Körper, bedeutet ferner $\boldsymbol{v}_\parallel$ die parallel zur Körperoberfläche liegende Geschwindigkeitskomponente, so folgt für den Brechungsquotienten:

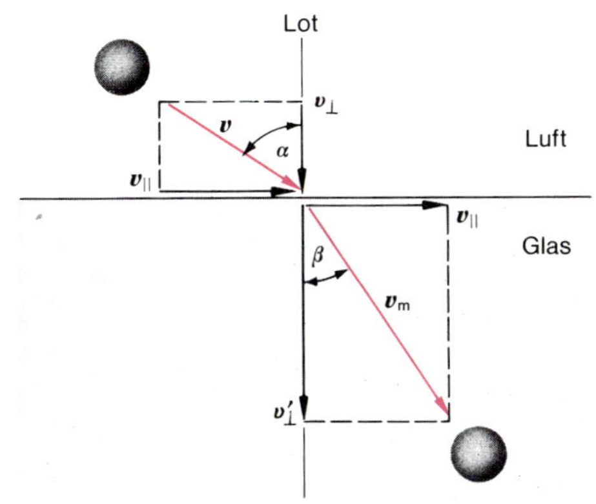

Zur Herleitung des Brechungsgesetzes mit Newtons Lichtmodell

$$n = \sin\alpha : \sin\beta = \frac{v_\parallel}{v} : \frac{v_\parallel}{v_m} = \frac{v_\parallel}{v} \cdot \frac{v_m}{v_\parallel} = \frac{v_m}{v}$$

Er ist unabhängig vom Einfallswinkel und gibt an, wieviel mal die Geschwindigkeit des Lichtteilchens im Körper größer ist als im Vakuum.

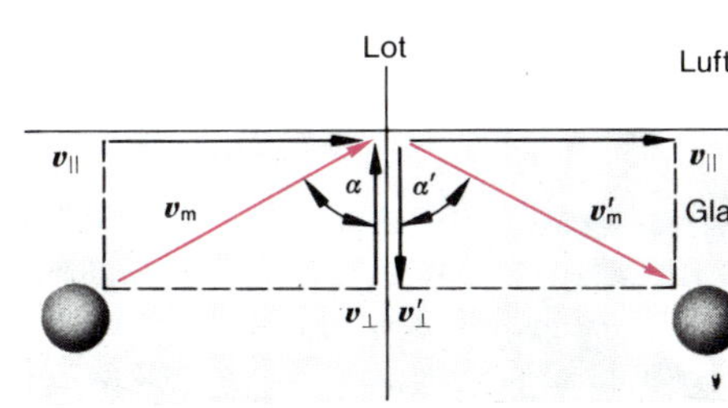

Zur Herleitung der Totalreflexion mit Newtons Lichtmodell

Auch die Totalreflexion läßt sich mit Newtons Lichtmodell leicht verstehen. Bewegt sich nämlich ein Lichtteilchen im Körper in sehr schräger Richtung auf die Körperoberfläche zu, so ist die senkrechte Geschwindigkeitskomponente zu klein, und das Lichtteilchen wird von den anziehenden Kräften wieder in den Körper zurückgezogen.

Aber auch andere Erscheinungen werden durch das Newtonsche Lichtmodell richtig beschrieben. So ist die geradlinige Ausbreitung des Lichtes im Vakuum eine Selbstverständlichkeit. Auch die Abnahme der Beleuchtungsstärke bei einer »punktförmigen« Lichtquelle (Kerze) mit dem Quadrat der Entfernung läßt sich leicht erklären. Weil nämlich die Lichtteilchen nach allen Richtungen davonfliegen, durchsetzen sie im doppelten Abstand von der Quelle bereits die vierfache Fläche. Versteht man unter der Beleuchtungsstärke ein Maß für die Zahl der Teilchen, die pro Sekunde auf einen Quadratmeter auffallen, der senkrecht zur Strahlenrichtung steht, so muß die Beleuchtungsstärke bei Verdoppelung des Abstandes auf ein Viertel abnehmen.

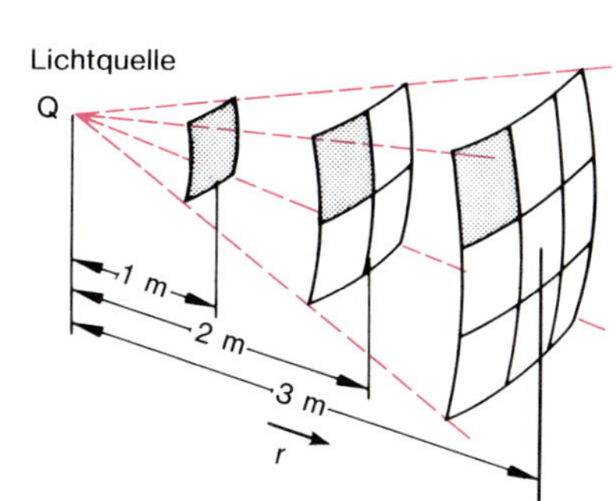

Mit Newtons Lichtmodell läßt sich leicht verstehen, weshalb bei einer punktförmigen Lichtquelle die Beleuchtungsstärke mit dem Quadrat der Entfernung abnimmt.

Trotz dieser schönen Erfolge hatte die Newtonsche Lichttheorie mit gewaltigen Schwierigkeiten zu kämpfen. So vermochte sie beispielsweise nicht zu erklären, wieso selbst starke Lichtstrahlen einander ungestört durchdringen können. Sie konnte auch keinen plausiblen Grund angeben, weshalb das Licht an der Körperoberfläche zum Teil reflektiert wird und zum Teil eindringt, warum die Lichtteilchen also teilweise angezogen und teilweise abgestoßen werden.

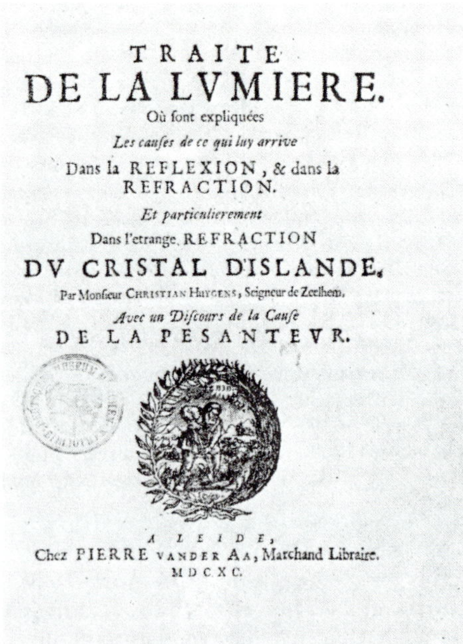
TRAITE
DE LA LVMIERE.
Où font expliquées
Les caufes de ce qui luy arrive
Dans la REFLEXION, & dans la
REFRACTION.
Et particulierement
Dans l'etrange REFRACTION
DV CRISTAL DISLANDE.
Par Monfieur CHRISTIAN HUYGENS, Seigneur de Zeelhem.
Avec un Difcours de la Caufe
DE LA PESANTEVR.

A LEIDE,
Chez PIERRE VANDER AA, Marchand Libraire.
MDCXC.

Huygens berühmtes Werk
Hier wurde das Licht erstmals als longitudinale Ätherwelle aufgefaßt.

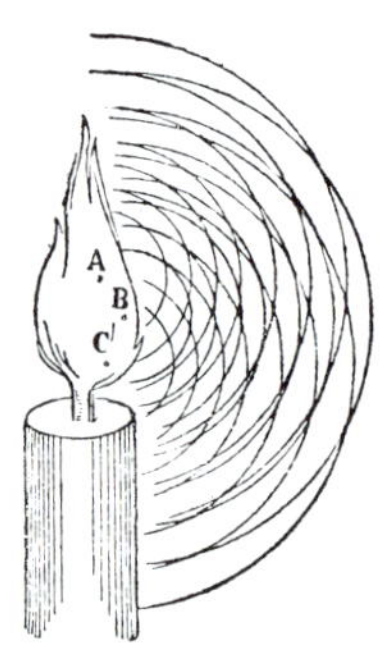

Nach Huygens sendet jeder Punkt der Kerzenflamme eine »Elementarwelle« aus. Die Elementarwellen bauen durch Überlagerung die resultierende Lichtwelle auf.

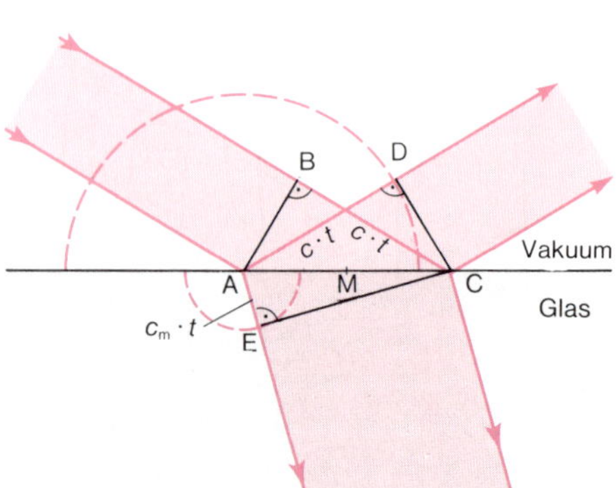

Konstruktion des reflektierten und des gebrochenen Strahles nach Huygens.

3. Die Huygenssche Wellentheorie des Lichtes

Dem holländischen Physiker Christian Huygens schien die Tatsache, daß Lichtstrahlen einander ungestört durchdringen können und beim Auftreffen auf durchsichtige Körper teilweise reflektiert werden und teilweise eindringen, auf eine Wellentheorie hinzuweisen. 1678 legte er der Pariser Akademie der Wissenschaften eine neue Lichttheorie vor, die er 12 Jahre später in seinem berühmten Werk »Traité de la Lumiére« (Abhandlungen über das Licht) veröffentlichte.

Huygens nahm an, daß der gesamte Raum – auch das Vakuum und das Innere der Körper – von einem besonderen Stoff, dem Lichtäther, erfüllt sei. Jeder leuchtende Punkt einer Lichtquelle ruft im Lichtäther eine Kugelwelle hervor. Diese Kugelwellen breiten sich aus und überlagern sich ungestört. Fällt ein Lichtwellenzug auf die Netzhaut des Auges, so wird eine Helligkeitsempfindung hervorgerufen. Fällt ein Lichtwellenzug auf die Oberfläche eines durchsichtigen Körpers, so wird das Licht teils reflektiert, teils dringt es in den Körper ein und pflanzt sich im Inneren des Körpers weiter fort.

Die Punkte, die von einer Welle zur gleichen Zeit erreicht werden, bilden eine »Wellenfläche«. Da alle Punkte einer Wellenfläche in gleicher Weise schwingen und sich grundsätzlich nicht vom Erregerzentrum unterscheiden, sieht sie Huygens als Ausgangspunkt neuer »Elementarwellen« an, die in ihrer Überlagerung die tatsächlich beobachtbare Welle ergeben. Diese Auffassung vom Ausbreitungsvorgang einer Welle ist äußerst bequem und wird »Huygenssches Prinzip« genannt. Es ist auf alle Wellen anwendbar und lautet in zusammenfassender Darstellung:

Huygenssches Prinzip
Punkte, die von einer Welle zur gleichen Zeit erreicht werden, bilden eine Wellenfläche. Jeder Punkt der Fläche kann als Ausgangspunkt einer Elementarwelle angesehen werden. Die Überlagerung all dieser Wellen ergibt die beobachtbare Welle.

Die Bilder illustrieren das Huygenssche Prinzip an Wasserwellen.

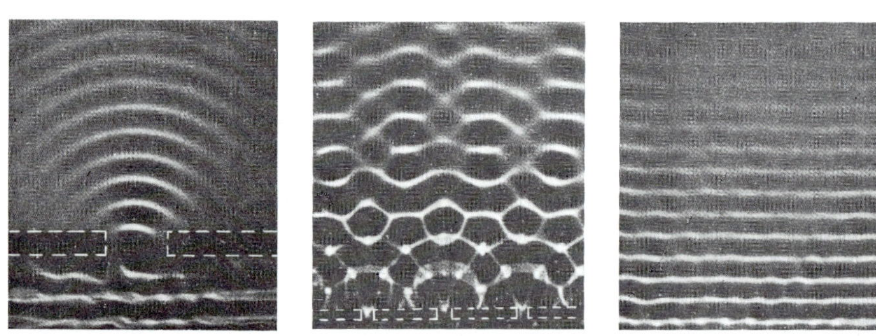

Mit Hilfe der Elementarwellen vermochte Huygens ohne Schwierigkeiten das Reflexionsgesetz und das Brechungsgesetz herzuleiten. Er mußte nur annehmen, daß sich die Elementarwellen in Materie mit *geringerer* Geschwindigkeit ausbreiten als im Vakuum.

Fällt nämlich ein Wellenzug schräg auf die Oberfläche eines durchsichtigen Körpers, so erreicht die Wellenfläche den Körper zunächst im Punkt A. An dieser Stelle wird eine Elementarwelle erregt, welche sich im Vakuum mit der Geschwindigkeit c, im Körper aber mit der Geschwindigkeit c_m ausbreitet. Nach einer gewissen Zeit t wird auch der Punkt B der Wellenfläche den Körper erreicht haben. Nun wird im Punkt C eine Elementarwelle erregt. Mittlerweile hat die von A ausgehende Elementarwelle im Vakuum den

Radius $\overline{AD} = ct$ und im Körper den Radius $\overline{AE} = c_m t$ erlangt. Natürlich ist auch von jedem Punkt M der Körperoberfläche, der zwischen A und C liegt, eine entsprechende Elementarwelle ausgegangen. Die Überlagerung all dieser Elementarwellen führt auf die Wellenflächen CD und CE.

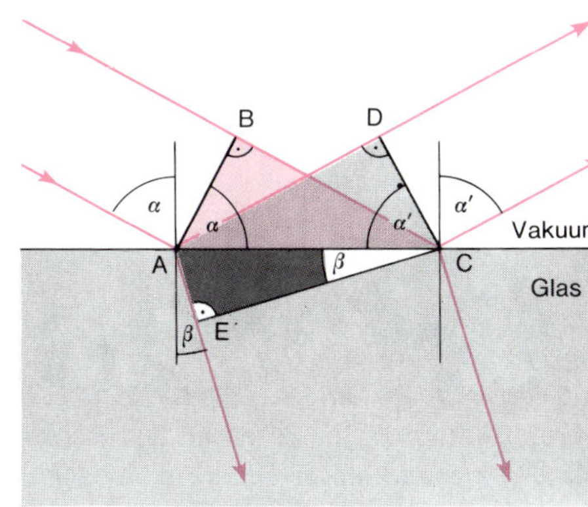

Zur Herleitung des Reflexionsgesetzes und des Brechungsgesetzes nach Huygens.

Die Wellenfläche CD läuft mit der Geschwindigkeit c in den Raum hinaus und bildet den reflektierten Strahl. Weil die Strahlrichtung senkrecht auf der Wellenfläche steht, tritt der Einfallswinkel α im Dreieck ACB an der Ecke A und der Reflexionswinkel im Dreieck ACD an der Ecke C auf. Da die Strecken $\overline{BC}$ und $\overline{AD}$ die gleiche Länge ct haben, sind die beiden rechtwinkeligen Dreiecke ACB und ACD kongruent. Infolgedessen ist der Reflexionswinkel α' gleich groß wie der Einfallswinkel α.

Die Wellenfläche CE läuft mit der Geschwindigkeit c_m durch den Körper und bildet den gebrochenen Strahl. Weil die Strahlrichtung auf der Wellenfläche senkrecht steht, tritt der Brechungswinkel β im Dreieck ACE an der Ecke C auf. Dort gilt:

$$\sin \beta = \frac{\overline{AE}}{\overline{AC}} = \frac{c_m t}{\overline{AC}}$$

Im Dreieck ACB liest man in analoger Weise ab:

$$\sin \alpha = \frac{\overline{BC}}{\overline{AC}} = \frac{c t}{\overline{AC}}$$

Für den Brechungsquotienten erhält man daher:

$$n = \sin \alpha : \sin \beta = \frac{c t}{\overline{AC}} : \frac{c_m t}{\overline{AC}} = \frac{c t}{\overline{AC}} \cdot \frac{\overline{AC}}{c_m t} = \frac{c}{c_m}$$

n ist unabhängig vom Einfallswinkel, wie es nach dem Brechungsgesetz sein muß, und gibt diesmal an, wieviel mal rascher sich die Welle im Vakuum ausbreitet als in Materie.

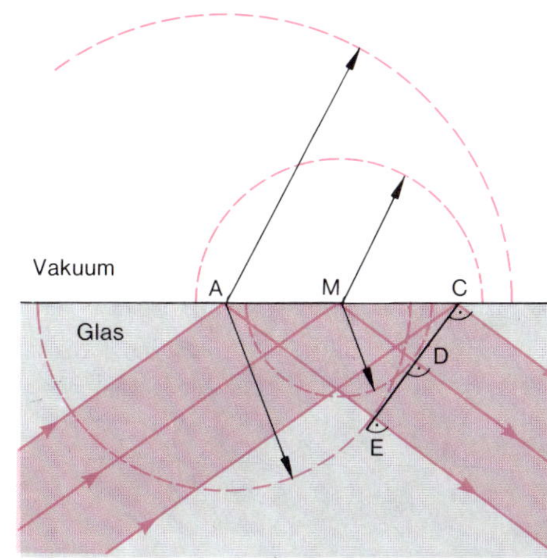

Wird der Grenzwinkel überschritten, so überdecken sich im Vakuum die Huygensschen Elementarwellen und bilden keine gemeinsame Wellenfläche. Es existiert nur noch der reflektierte Strahl.

Auch die Totalreflexion kann man mit Huygens Lichttheorie verstehen. Bewegt sich nämlich ein Lichtwellenzug im Körper in sehr schräger Richtung auf die Körperoberfläche zu, so entstehen Elementarwellen, die einander im Vakuum wegen ihrer großen Fortpflanzungsgeschwindigkeit umschließen. Sie bilden im Vakuum also keine gemeinsame Wellenfläche und verstärken einander dort auch nicht. Im Körper dagegen kommt es zur Ausbildung einer gemeinsamen Wellenfläche, die sich dem Reflexionsgesetz gemäß fortpflanzt.

Die Huygenssche Lichttheorie vermag also ebenfalls das Reflexionsgesetz und das Brechungsgesetz zu erklären. Überdies läßt sich leicht verstehen, wieso die Lichtstrahlen einander ohne die geringste Behinderung durchdringen können. Es kommt hier ja einfach das Gesetz der ungestörten Überlagerung der Elementarwellen zum Ausdruck! Wie Huygens richtig bemerkt, haben wir es diesem Umstand zu verdanken, »daß mehrere Beobachter gleichzeitig durch ein und dieselbe Öffnung verschiedene Gegenstände sehen können und daß von zwei Personen jede zu gleicher Zeit die Augen des anderen sieht«. Der Huygensschen Lichttheorie fällt es dagegen zunächst schwer, die geradlinige Ausbreitung des Lichtes zu erklären.

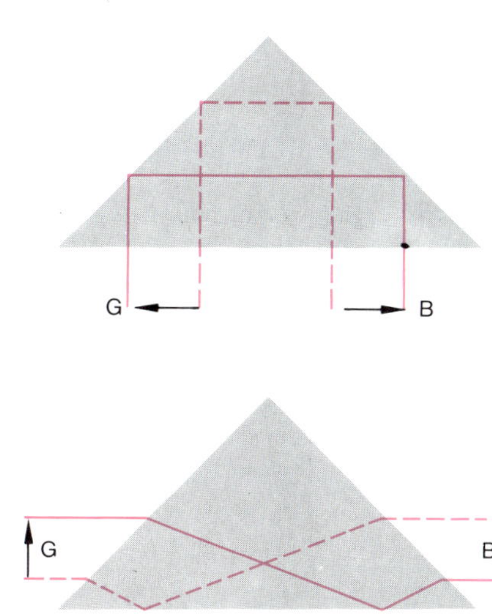

Strahlengang in Umkehrprismen
Beachten Sie die Totalreflexionen an den Seitenflächen der Prismen.

Eine Entscheidung zwischen den beiden Theorien kann herbeigeführt werden, wenn es gelingt, die Lichtgeschwindigkeit im Vakuum und in Materie zu messen. Nach der Newtonschen Theorie breitet sich das Licht in Materie rascher aus als im Vakuum. Nach der Huygensschen Theorie ist das Umgekehrte der Fall. Weil die Messung der Lichtgeschwindigkeit mit großen experimentellen Schwierigkeiten verbunden ist, dauerte es über 150 Jahre, bis eine Entscheidung zwischen den beiden Lichttheorien herbeigeführt werden konnte (siehe Kapitel III).

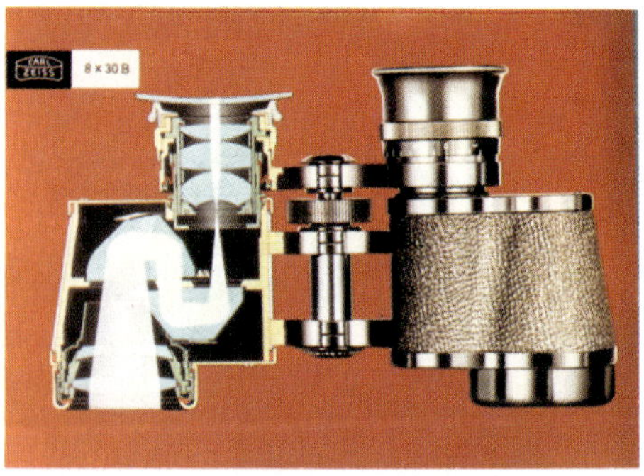

Ein Prismenfeldstecher enthält Linsen und Prismen als optische Bauelemente.

4. Der Strahlengang durch einige optische Bauelemente

Mit dem Reflexionsgesetz und dem Brechungsgesetz läßt sich der Strahlengang des Lichtes bei der Durchdringung durchsichtiger Körper angeben. Dies ist besonders in der optischen Industrie von größter Bedeutung, müssen doch die optischen Geräte das Licht auf bestimmten vorgegebenen Bahnen führen.

In allen optischen Geräten trifft man immer wieder die gleichen optischen Bauelemente an. Wir wollen einige der allerwichtigsten Bauelemente herausgreifen und ihren Einfluß auf den Strahlengang des Lichtes untersuchen. Dabei werden wir uns der größeren Einfachheit wegen auf die durchgehenden Strahlen beschränken.

a) Die planparallele Platte

Fällt ein Lichtstrahl senkrecht auf eine planparallele Platte, so geht er ungebrochen hindurch. Fällt er dagegen schräg auf, so erfährt er beim Durchgang eine Parallelverschiebung. Legt man z. B. auf die Seite eines Buches eine dicke Glasplatte und blickt in schräger Richtung darauf, so erscheint der abgedeckte Teil der Zeilen nach oben verschoben, und zwar um so mehr, je dicker die Glasplatte ist und um so schräger die Blickrichtung wird.

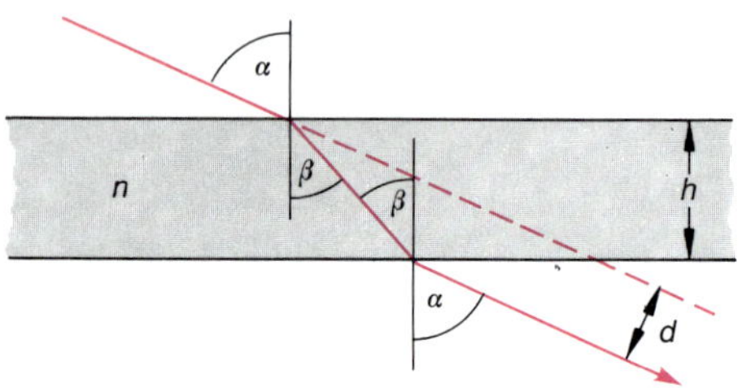

Strahlengang durch planparallele Platte

b) Das Prisma

Fällt ein Lichtstrahl senkrecht zur brechenden Kante auf ein Prisma, so wird er im allgemeinen zweimal im gleichen Sinn gebrochen. Der Strahl erfährt daher eine starke Ablenkung, die von der brechenden Kante weg gerichtet ist. Der Ablenkwinkel ist um so größer, je größer der brechende Winkel des Prismas ist.

Wenn der Winkel β_2 größer als der Grenzwinkel β_G wird, kommt es an der zweiten Prismenfläche zur Totalreflexion. Weil der Grenzwinkel beim Übergang des Lichtes von Glas in Luft etwa 42° beträgt, kann man mit einem Glasprisma, dessen Winkel 90°, 45° und 45° betragen, Parallelstrahlenbündel in Luft durch Totalreflexion um 90° oder um 180° ablenken. Ja man kann mit einem derartigen Prisma sogar die Reihenfolge der Strahlen vertauschen.

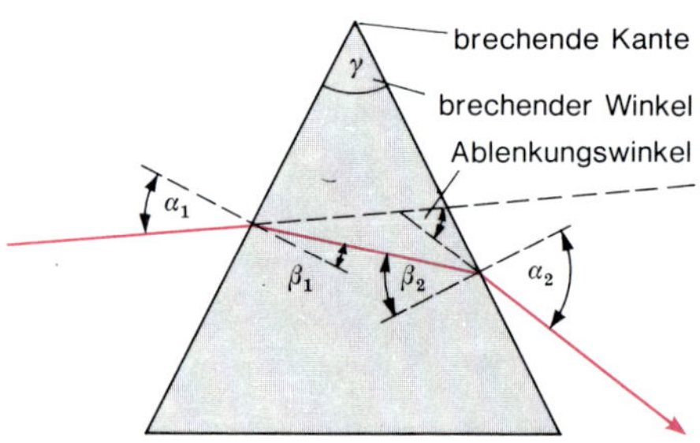

Strahlengang durch ein Prisma

c) Die Sammellinse

Sammellinsen sind in der Mitte dicker als am Rand. Meist wird die Sammellinse von zwei Kugelflächen begrenzt. Durch die Kugelmittelpunkte geht die optische Achse der Linse. Lichtstrahlen, die parallel zur optischen Achse einfallen, werden durch die Sammellinse *konvergent* gemacht. Die Strahlen durchdringen einander hinter der Linse im sogenannten Brennpunkt. Sein Abstand vom Linsenmittelpunkt heißt *Brennweite.* Je stärker die Oberflächen der Linse gekrümmt sind, desto kleiner ist die Brennweite.

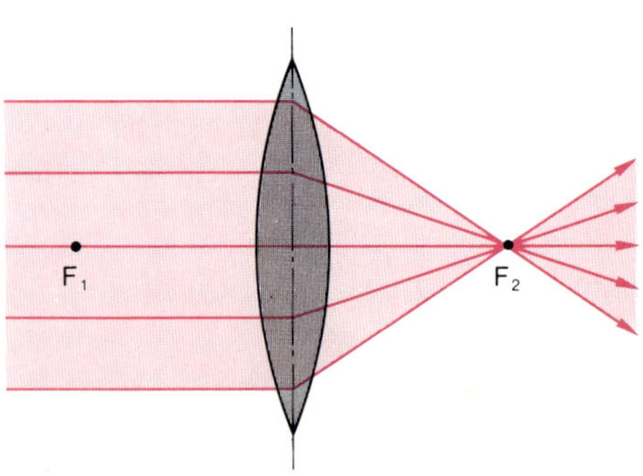

Strahlengang durch Sammellinse

d) Die Zerstreuungslinse

Zerstreuungslinsen sind in der Mitte dünner als am Rand. Meist wird die Zerstreuungslinse von zwei Kugelflächen begrenzt. Durch die Kugelmittelpunkte geht die optische Achse der Linse. Lichtstrahlen, die parallel zur optischen Achse einfallen, werden durch die Zerstreuungslinse *divergent* gemacht. Die Strahlen verlassen die Linse so, als würden sie von einem Punkt der optischen Achse vor der Linse ausgehen. Dieser Punkt heißt Brennpunkt. Sein Abstand vom Linsenmittelpunkt heißt *Brennweite.* Je stärker die Oberflächen der Linse gekrümmt sind, desto kleiner ist die Brennweite.

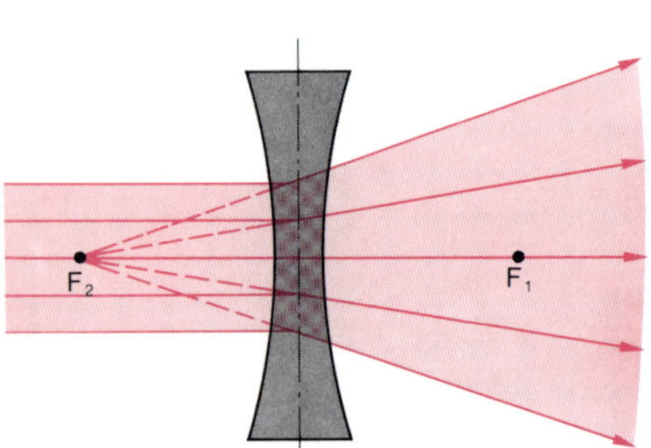

Strahlengang durch Zerstreuungslinse

e) Die Lichtleitung

Fällt ein Lichtstrahl in eine lange, dünne Glas- oder Kunststoffaser ein, so wird er durch wiederholte Totalreflexion längs der Faser fortgeleitet. Die Faser stellt einen flexiblen Lichtleiter dar. Mit Faserbündeln dieser Art kann man beispielsweise Licht in den Magen leiten und mit Hilfe eines zweiten Faserbündels Bilder der Magenwand gewinnen. Solche Anordnungen spielen daher in der Medizin eine wichtige Rolle. Aber auch in der Nachrichtenübertragung gewinnen sie an Bedeutung.

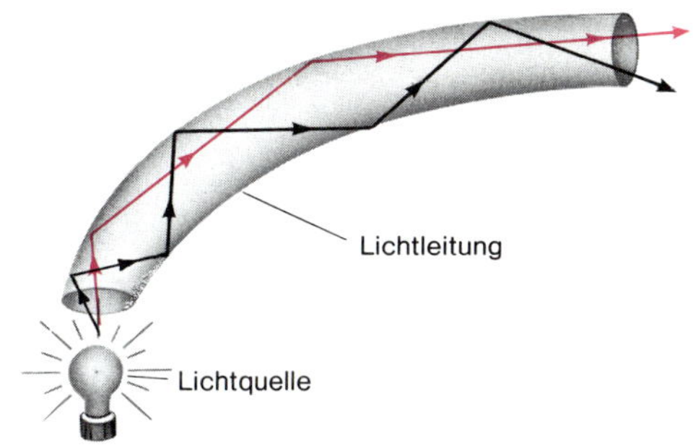

Der Strahlengang in einer Lichtleitung

Wie die Huygenssche Herleitung zeigt, gilt das Reflexionsgesetz und das Brechungsgesetz nicht nur für Lichtstrahlen, sondern für alle Wellenerscheinungen, also auch für Wasserwellen, für Schallwellen, für Erdbebenwellen usw. Der Brechungsquotient bedeutet dann:

$$n = \frac{\text{Geschwindigkeit im Gebiet, aus dem die Welle einfällt}}{\text{Geschwindigkeit im Gebiet, in das die Welle übertritt}}.$$

Wir können jetzt erklären, wie man an Hand der Erdbebenwellen den schichtförmigen Aufbau der Erdkugel erschließen konnte. Die Erdbebenherde liegen ausnahmslos in der Erdkruste oder im oberen Erdmantel. Wäre die Erde im Inneren völlig gleichartig aufgebaut, so würden die Erdbebenwellen längs aller Richtungen quer durch den Erdkörper laufen und überall auf der Erdoberfläche registrierbar sein. In Wirklichkeit liegt aber stets auf der dem Herd gegenüberliegenden Halbkugel ein breiter Gürtel, in dem keine Erdbebensignale feststellbar sind. Die Existenz dieser Gürtelzone läßt sich nur erklären, wenn man einen schichtförmigen Aufbau der Erde annimmt, wobei die Dichte der einzelnen Schichten mit wachsender Tiefe sprunghaft zunehmen muß. Die Erdbebenwellen pflanzen sich dann in den einzelnen Schichten mit unterschiedlicher Geschwindigkeit fort und werden beim Übergang von einer Schicht in die nächste so gebrochen, wie es die Abbildung zeigt. Man sieht, wie die Gürtelzone zustande kommt. An der Laufzeit der Wellen und an der Intensität der Signale kann man sogar erkennen, daß der äußere Erdkern flüssig sein muß, da er nur longitudinale, nicht aber transversale Erdbebenwellen hindurchläßt.

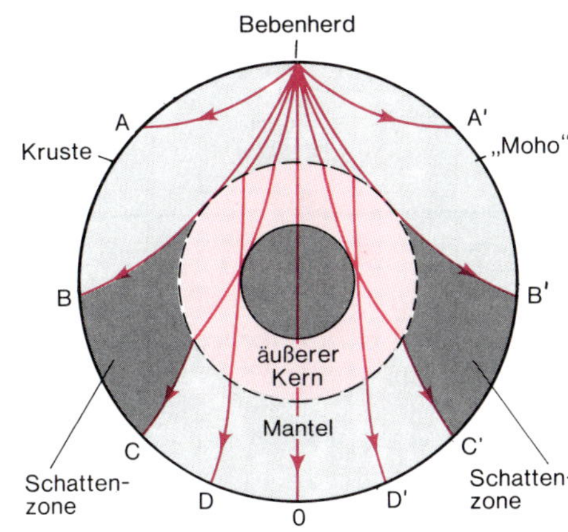

An der Ausbreitung der Erdbebenwellen ließ sich der schichtförmige Aufbau der Erdkugel ablesen.

5. Die Lichtgeschwindigkeit im Vakuum

a) Die astronomische Bestimmung von Römer

Als Galilei mit seinem Fernrohr die vier großen Jupitermonde entdeckt hatte, machte er darauf aufmerksam, daß besonders der innerste Mond, der den Planeten in $42^1/_2$ Stunden umkreist, eine wertvolle Uhr darstellt, mit deren Hilfe Seefahrer auf hoher See die geographische Länge bestimmen können. Es gab ja damals noch keine Schiffsuhren, auf welchen man die Greenwich-Zeit ablesen konnte. So kam es häufig vor, daß Schiffe 200 bis 300 Seemeilen von der vermeintlichen Position entfernt waren und nicht selten verlorengingen.

Um den Seefahrern eine bessere Orientierung zu ermöglichen, legte der französische Astronom Giovanni Domenico Cassini, Direktor der Pariser Sternwarte, die Verfinsterung der Jupitermonde in Zeittafeln nieder. Als sich aber der dänische Astronom Ole Römer um 1675 daranmachte, zur Verbesserung dieser Zeittafeln die Satelliten nochmals zu beobachten, stellte er merkwürdige Abweichungen fest. Wenn die Erde dem Jupiter am nächsten war, stimmte alles vorzüglich, doch im Laufe des nächsten halben Jahres »ging Jupiter nach«. Schließlich lief sein Mond fast 1 000 Sekunden zu spät durch den dunklen Schatten des Planeten. Römer machte sich auf Fehlersuche und prüfte die Tabellen. Mittlerweile verging wieder ein halbes Jahr, und – welche Überraschung – die Jupiteruhr ging so genau, als wäre nichts gewesen.

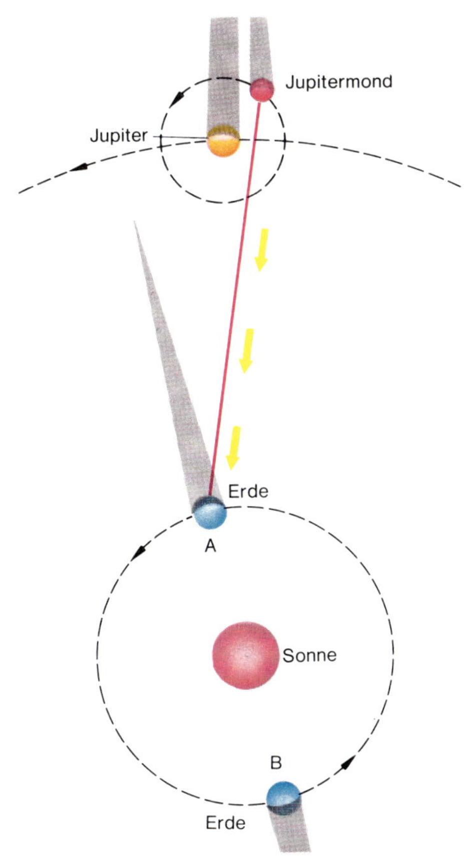

Die Verfinsterung des Jupitermondes tritt später ein als berechnet, wenn sich die Erde vom Jupiter wegbewegt. Daraus konnte Römer die Geschwindigkeit des Lichtes abschätzen.

Römer erklärte den Sachverhalt folgendermaßen: Befindet sich die Erde im Punkt A und tritt der Jupitermond gerade aus dem Schatten des Planeten, so müßte man, wenn die Erde an derselben Stelle bliebe, nach $42^1/_2$ Stunden

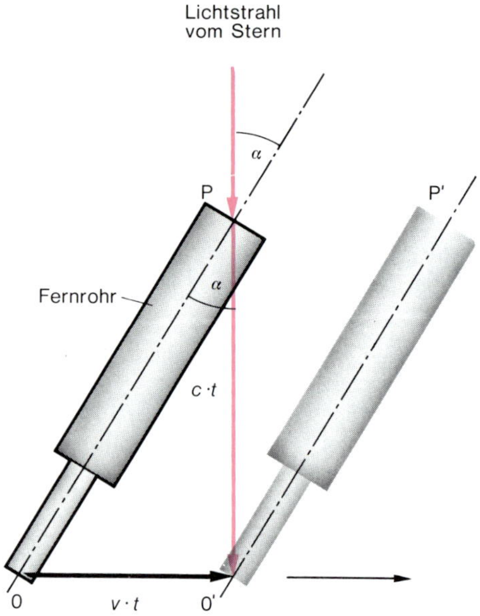

Für den Aberrationswinkel α entnimmt man aus dem rechtwinkeligen Dreieck die Beziehung tan α = v/c.

einen ebensolchen Austritt beobachten, denn in dieser Zeit vollendet der Mond einen Umlauf. Wenn nun die Erde beispielsweise während 30 Umläufen dieses Mondes immer in A bliebe, so würde man den Mond gerade nach 30 mal $42^1/_2$ Stunden wieder aus dem Schatten hervortreten sehen. Da sich die Erde aber während dieser Zeit bis B fortbewegt hat, muß – falls das Licht für seine Fortpflanzung Zeit braucht – die Beleuchtung des Mondes in B später bemerkt werden, als dies in A geschehen wäre. Hat man doch zu der Zeit von 30 mal $42^1/_2$ Stunden noch diejenige hinzuzufügen, welche das Licht braucht, um von A nach B zu laufen.

Da sich die Erde während eines halben Jahres um den Erdbahndurchmesser fortbewegt und die Verspätung fast 1 000 Sekunden beträgt, ergibt sich für die Lichtgeschwindigkeit

$$c = \frac{2r}{t} = \frac{2 \cdot 150 \cdot 10^6 \text{ km}}{1\,000 \text{ s}} = 300\,000 \text{ km/s}.$$

Dieser für die damalige Zeit ganz unvorstellbar hohe Wert wurde zunächst mit größter Skepsis zur Kenntnis genommen. Erst 50 Jahre später, als James Bradley die »Aberration des Sonnenlichtes« entdeckte, verstummten die Zweifler.

Bradley, königlicher Astronom in Greenwich, versuchte mit Hilfe der Parallaxenmethode die Entfernung der Sterne von der Sonne zu messen. Das gelang ihm zwar nicht, doch entdeckte er, daß ein Stern, der senkrecht über der Erdbahnebene steht, nicht das ganze Jahr über im Fadenkreuz eines relativ zur Erdbahnebene fest eingestellten Fernrohres gehalten werden kann. Das Fernrohr muß vielmehr ständig nachgestellt werden. Dabei zeigte es sich, daß der Winkel α, den die Fernrohrachse mit der Erdbahnnormale einschließt, etwas mehr als 20'' beträgt.

Bradley kam nun auf den Gedanken, daß sich hierin die Lichtgeschwindigkeit und die Erdgeschwindigkeit bemerkbar machen. Kommt nämlich das Licht mit der Geschwindigkeit c von oben, während wir uns mit der Geschwindigkeit v seitwärts bewegen, so muß das Fernrohr etwas »vorgehalten« werden, damit das Licht längs der Achse durch das Fernrohr laufen kann. Es liegen ähnliche Verhältnisse vor wie bei einem Mann, der mit aufgespannten Schirm durch den Regen geht. Auch er muß den Schirm vorneigen, um vom fallenden Regen nicht naß zu werden. Wenn es also dieser Effekt ist, der sich hier bemerkbar macht, so muß zwischen c, v und α der folgende Zusammenhang bestehen:

$$\tan \alpha = \frac{v}{c}.$$

Dann nämlich wird das Licht längs der Achse durch das bewegte Fernrohr laufen und den Punkt 0' zur selben Zeit erreichen wie der untere Teil des Rohres. Bradley machte die Probe, setzte die entsprechenden Zahlen ein und fand die Gleichung in hervorragender Weise bestätigt. Damit war neuerdings gezeigt, daß die Erde mit $v = 30$ km/s um die Sonne läuft und die Lichtgeschwindigkeit $c = 300\,000$ km/s beträgt.

b) Die Zahnradmethode von Fizeau

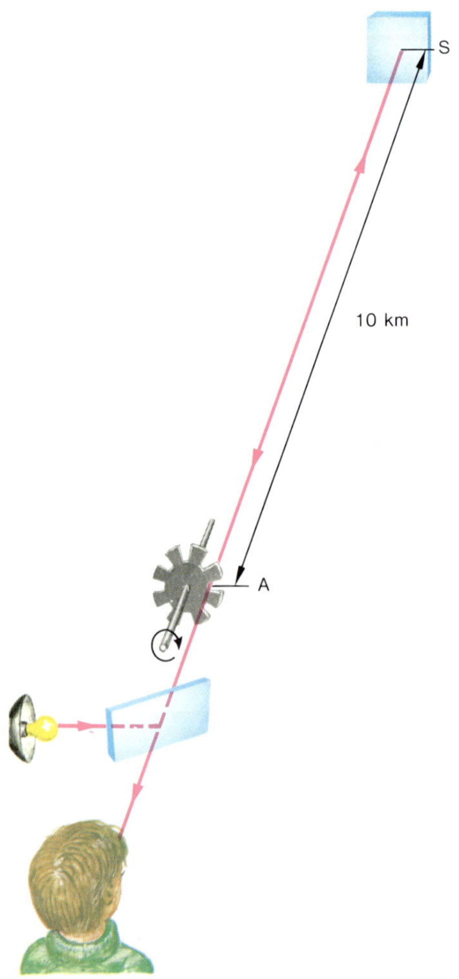

Zur Zahnradmethode

Im Jahre 1849 gelang dem französischen Physiker Hippolyte Louis Fizeau die Messung der Lichtgeschwindigkeit auf der Erde. In der abgebildeten Meßanordnung fällt ein Lichtstrahl durch die Lücke eines Zahnrades, wird in 10 km Entfernung reflektiert, kehrt durch dieselbe Lücke zurück und glänzt in einem kleinen Fernrohr als Lichtpunkt auf. Die Justierung der Apparatur war eine Meisterleistung, mußte doch ein 10 km langer »Lichtarm« auf 1 mm genau ausgerichtet werden.

Nun wird das Zahnrad in Rotation versetzt. Es zerhackt den Lichtstrahl in kleine Stücke. Einen dieser Lichtblitze wollen wir in Gedanken verfolgen. Er verläßt die Lücke, eilt nach dem weit entfernten Spiegel, kommt zurück und kann, wenn sich das Zahnrad langsam genug dreht, noch durch dieselbe Lücke laufen.

Steigert man die Zahl der Umdrehungen pro Sekunde, so erlischt der Lichtpunkt plötzlich, denn sein Weg wird durch einen Zahn versperrt. Rotiert das Rad noch rascher, so erscheint der Lichtpunkt wieder. Das Licht geht jetzt durch die erste Lücke hinaus und kommt durch die zweite zurück. So geht es weiter, und es ist nicht schwer, aus der sekundlichen Umdrehungszahl des Rades, der Zahl der Zähne und der vom Licht durchlaufenen Strecke die Lichtgeschwindigkeit zu berechnen.

Zehn Jahre später gelang es Leon Foucault, die Lichtgeschwindigkeit im Laboratorium zu messen, indem er in der Fizeauschen Meßanordnung das Zahnrad durch einen rasch rotierenden Drehspiegel ersetzte. Und um die Jahrhundertwende wurde die Foucaultsche Meßanordnung durch Abraham Michelson so verbessert, daß Präzisionsmessungen möglich wurden. Heute kann man Zeiten viel genauer bestimmen als Strecken, deshalb wird (seit 1983) die Lichtgeschwindigkeit mit dem Wert

$$c = 299\,792\,458 \text{ m/s}$$

festgesetzt und damit indirekt die Länge des Meters definiert. Wir merken uns also:

> Die Vakuumlichtgeschwindigkeit beträgt rund 300 000 km/s.
> Sie hängt nicht von der Farbe des Lichtes ab.

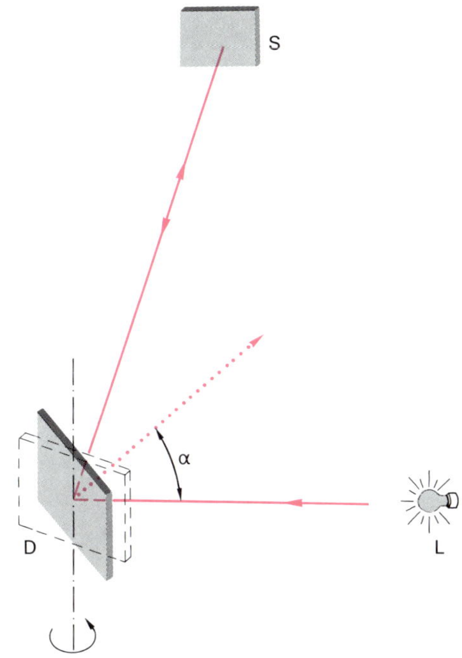

Mit der Drehspiegelmethode konnte Foucault die Lichtgeschwindigkeit im Laboratorium messen. In der Zeit, die das Licht für den Weg DSD braucht, dreht sich der Spiegel um den Winkel α/2.

Testfragen:

1. Was geschieht, wenn ein Lichtstrahl auf eine glatte Glasoberfläche auffällt?
2. Wie lautet das Reflexionsgesetz?
3. Was sagt das Brechungsgesetz aus?
4. Wann tritt Totalreflexion ein?
5. Wie läßt sich der Grenzwinkel berechnen?
6. Was versteht man unter »atmosphärischer Strahlenbrechung«?
7. Wie erklärt Newton das Reflexionsgesetz?
8. Wie erklärt Newton das Brechungsgesetz?
9. Wie kommt nach Newton die Totalreflexion zustande?
10. Mit welchen Schwierigkeiten hatte die Newtonsche Lichttheorie zu kämpfen?
11. Was sagt das Huygenssche Prinzip aus?
12. Wie erklärt Huygens das Reflexionsgesetz?
13. Wie erklärt Huygens das Brechungsgesetz?
14. Wie kommt nach Huygens die Totalreflexion zustande?
15. Was bedeutet der Brechungsquotient
    a) in der Newtonschen Teilchentheorie,
    b) in der Huygensschen Wellentheorie?
16. Welche der nebenstehenden Abbildungen geben den Strahlengang des durchfallenden Lichtes richtig wieder?
17. Ein Lichtstrahl fällt parallel zur optischen Achse in eine große Sammellinse. Wie wird der Lichtstrahl gebrochen?
18. Im Brennpunkt einer großen Sammellinse steht eine punktförmige Lichtquelle. Wie verläßt das Licht die Linse?
19. Ein Lichtstrahl fällt parallel zur optischen Achse in eine Zerstreuungslinse. Wie wird der Lichtstrahl gebrochen?
20. Wie muß ein Lichtstrahl in eine Zerstreuungslinse einfallen, damit er die Linse als achsenparalleler Strahl verläßt?
21. Wie kann man die Lichtgeschwindigkeit mit astronomischen Beobachtungen bestimmen?
22. Wie kann man die Lichtgeschwindigkeit auf der Erde messen?
23. Wie kommt es zur Aberration des Sternenlichts?

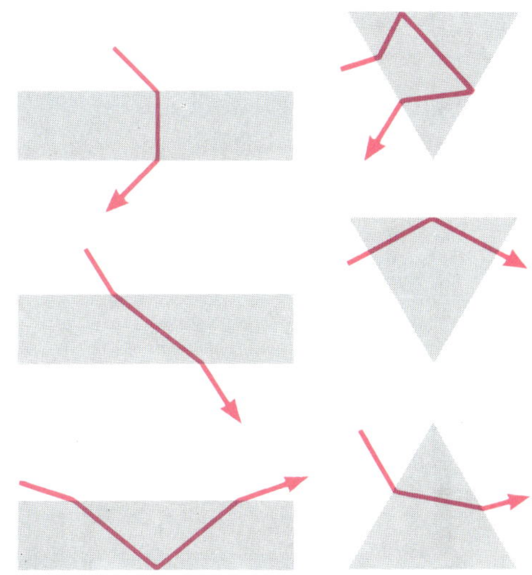

II. Die Spektralfarben des Lichtes

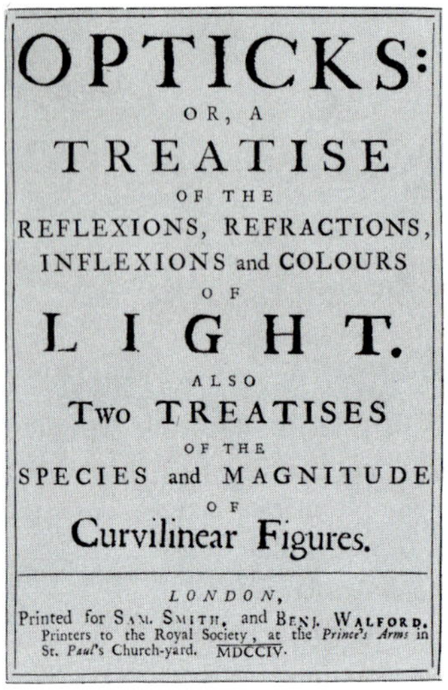

OPTICKS:
OR, A
TREATISE
OF THE
REFLEXIONS, REFRACTIONS,
INFLEXIONS and COLOURS
OF
LIGHT.
ALSO
Two TREATISES
OF THE
SPECIES and MAGNITUDE
OF
Curvilinear Figures.

LONDON,
Printed for SAM. SMITH, and BENJ. WALFORD,
Printers to the Royal Society, at the Prince's Arms in
St. Paul's Church-yard. MDCCIV.

Im Jahre 1672 erschien Newtons erste wissenschaftliche Abhandlung. Sie befaßte sich mit seinen optischen Untersuchungen, wurde aber von Robert Hooke derart heftig kritisiert, daß Newton jede Lust an wissenschaftlichen Veröffentlichungen verlor. Erst als Hooke 1703 starb, kam es zur Publikation der »Opticks«.

Läßt man Sonnenlicht durch ein Glasprisma fallen, so tritt auf der anderen Seite ein regenbogenähnlich gefärbtes Lichtband aus. Diese Tatsache war bereits im Altertum bekannt.

Aristoteles vertrat die Auffassung, daß die Farben erst beim Durchgang des Lichtes durch das Prisma entstehen. Er war der Meinung, farbiges Licht bestehe aus Weiß und aus Dunkelheit. Viel weißes Licht und wenig Dunkelheit gibt die hellste Farbe, das Rot. Wenig weißes Licht und viel Dunkelheit dagegen liefert die dunkelste Farbe, das Violett. Daraus folgt, so meinte er, daß beim Durchgang von Licht durch ein Prisma derjenige Lichtstrahl rot wird, der nur wenig Glas durchqueren muß, also nahe an der brechenden Kante durch das Prisma streicht, während derjenige violett wird, der viel Glas passieren muß.

An dieser Ansicht wurde mehr als 1 500 Jahre lang festgehalten. Erst Newton beschloß, diese Auffassung experimentell zu überprüfen. Er kaufte auf einem Jahrmarkt in der Nähe von Cambridge mehrere Glasprismen und kam nach vielen geistreichen Experimenten zu einem anderen Ergebnis. In seinem berühmten, im Jahre 1704 erschienenen Buch »Optics« hat er seine Resultate und Überlegungen niedergelegt. Wir wollen einige Experimente herausgreifen und sehen, was Newton aus ihnen folgert.

1. Die Newtonschen Experimente

1. Experiment

Newton schreibt: »In einem dunklen Zimmer legte ich ein Glasprisma vor eine runde, etwa $^1/_3$ Zoll*) breite Öffnung, die ich in den Fensterladen gemacht hatte. Die brechende Kante dieses Prismas stand senkrecht zu den einfallenden Strahlen. Um diese Kante drehte ich das Prisma langsam in ein und derselben Richtung und sah dabei an der Wand das farbige Sonnenbild auf- und absteigen.

Als das Bild zwischen dem Auf- und Absteigen stillzustehen schien, hielt ich an und befestigte das Prisma in dieser Stellung so, daß es sich nicht mehr bewegen konnte. Da aber das Bild, wie das Experiment zeigte, nicht rund, sondern fünfmal so lang als breit war, müssen die nach dem oberen Ende des Bildes fallenden Strahlen stärker gebrochen werden als die, welche zum unteren Ende gelangen.

Das Bild war nun farbig, und zwar an dem weniger gebrochenen Ende rot, am stärker gebrochenen Ende violett, dazwischen aber gelb, grün und blau. Es sieht daher so aus, als ob Licht verschiedener Farbe verschieden stark gebrochen wird.«

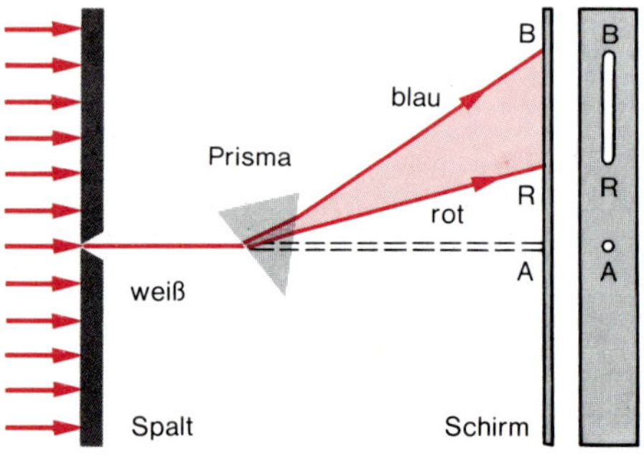

Das weiße Sonnenlicht wird durch ein Prisma in ein farbiges Spektrum zerlegt.

2. Experiment

»Um hierin Klarheit zu bekommen«, so schreibt Newton weiter, »untersuchte ich, was denn die Folge einer zweiten Brechung dieser Art sein würde.

*) 1 Zoll ≈ 2,5 cm.

Zu diesem Zweck ordnete ich alles so an wie im vorhergehenden Experiment und stellte ein Prisma unmittelbar hinter das erste in einer dazu gekreuzten Stellung, so daß es die aus dem ersten Prisma kommenden Strahlen abermals brechen mußte. Das erste Prisma brach die Lichtstrahlen nach oben, das zweite zur Seite.

Alsdann fand ich, daß der obere Teil des Spektrums, der durch das erste Prisma eine stärkere Brechung erlitt und violett und blau war, auch durch das zweite Prisma stärker gebrochen wurde als der untere Teil, der rot und gelb war.«

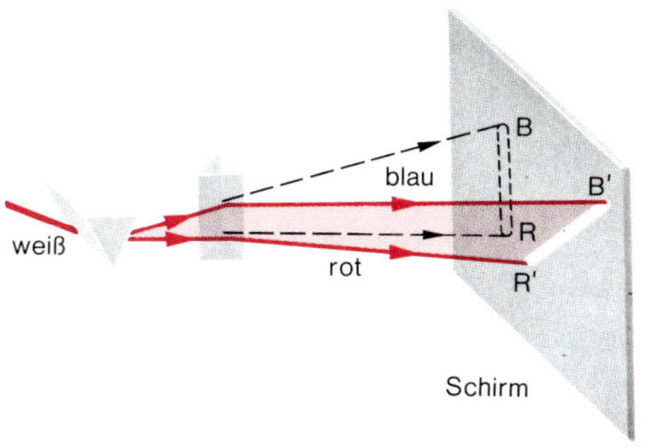

Blaues Licht wird stärker gebrochen als rotes Licht.

Damit war Newtons Vermutung bestätigt. Licht verschiedener Farbe wird verschieden stark gebrochen. Es fragt sich nun, woher die Farben kommen. Werden sie – wie Aristoteles glaubte – erst während des Durchganges durch das Glas erzeugt, oder sind sie schon von allem Anfang an da und werden durch die Brechung lediglich aufgefächert?

3. Experiment

Um dies zu entscheiden, brachte Newton hinter einem Prisma zwei Lochblenden so an, daß nur Strahlen einer Farbe durchtreten konnten. Diese Strahlen fielen auf ein zweites Prisma.

Drehte Newton das erste Prisma, so daß die Farben der Reihe nach durch die Öffnungen der beiden Blenden traten, so zeigte sich, daß das zweite Prisma die farbigen Strahlen nicht weiter zerlegte, sondern nur noch brach, und zwar wurden in Übereinstimmung mit dem vorhergehenden Experiment die roten Strahlen weniger stark gebrochen als die blauen.

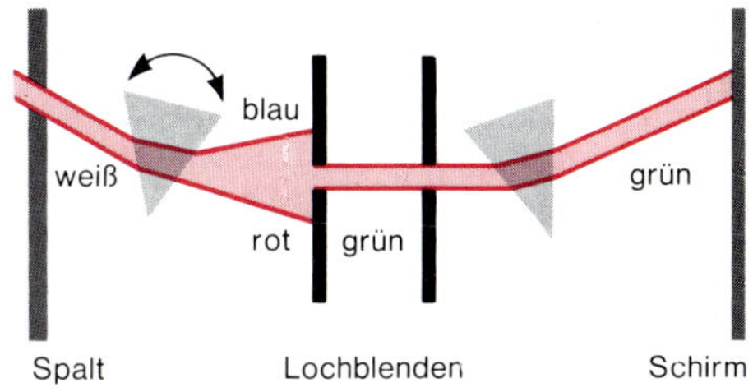

Die einzelnen Spektralfarben lassen sich nicht weiter zerlegen.

Damit war Aristoteles' Auffassung widerlegt. Die farbigen Strahlen entstehen nicht erst im Prisma, sondern sind schon von Anfang an da. Es liegt daher die Vermutung nahe, daß man durch eine richtig bemessene Mischung von farbigen Strahlen wiederum weißes Licht erzeugen kann. Nach Aristoteles' Auffassung wäre dies unmöglich! Was sagt das Experiment?

4. Experiment

Newton schreibt: »Das Spektrum des Sonnenlichtes falle jetzt auf eine große Linse, welche das farbige, vom Prisma her divergierende Licht konvergent macht und in der Nähe des Brennpunktes vereinigt. Dort falle das Licht senkrecht auf ein weißes Papier.

Bewegt man nun dieses Papier vor- und rückwärts, so wird man bemerken, daß näher an der Linse das ganze Spektrum intensiv gefärbt auf dem Papier erscheint, daß aber bei größerer Entfernung von der Linse die Farben einander immer näher kommen und durch Vermischung kontinuierlich undeutlich werden, bis sie schließlich ganz verschwinden und das gesamte Licht auf dem Papier in der Nähe des Brennpunktes als kleiner, weißer Kreis erscheint.

Nachher, wenn das Papier noch weiter von der Linse entfernt wird, werden sich die vorher konvergenten Strahlen kreuzen und von da aus divergieren und die Farben wieder erscheinen lassen, aber in umgekehrter Folge. Das Rot, welches vorher unten war, ist jetzt oben, und das Violett, welches vorher oben war, liegt jetzt unten.«

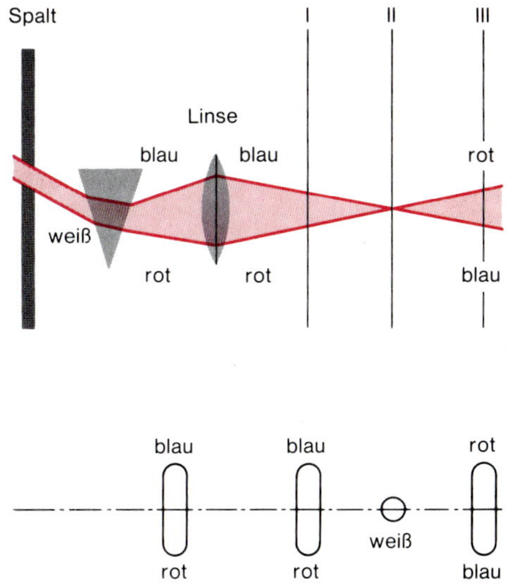

Die Mischung aller Spektralfarben ergibt weißes Licht.

Die Vermutung stimmt also tatsächlich! Wenn alle farbigen Strahlen gemischt werden, entsteht weißes Licht. Was ergibt sich aber, wenn nur ein Teil der farbigen Strahlen vereinigt wird?

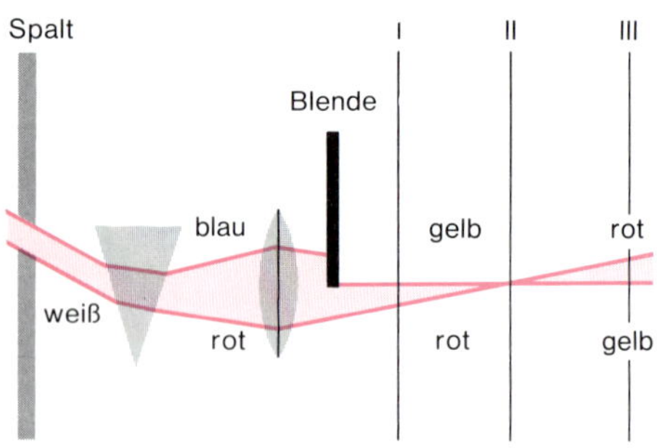

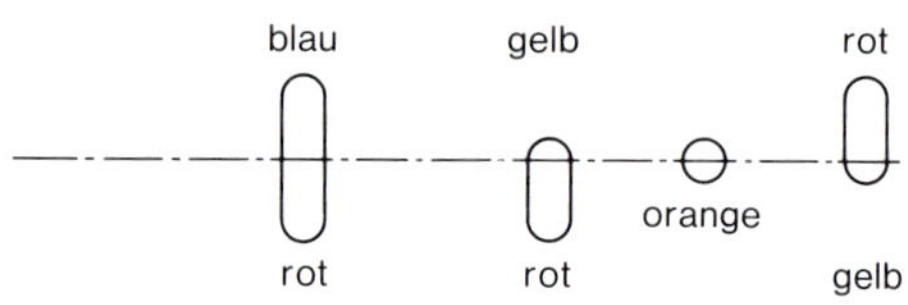

Die Mischung einzelner Spektralfarben führt auf Mischfarben.

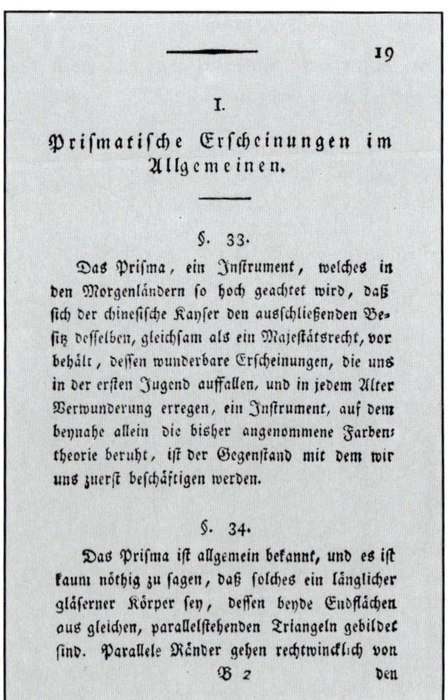

19

I.

Prismatische Erscheinungen im Allgemeinen.

§. 33.

Das Prisma, ein Instrument, welches in den Morgenländern so hoch geachtet wird, daß sich der chinesische Kayser den ausschließenden Besitz desselben, gleichsam als ein Majestätsrecht, vorbehält, dessen wunderbare Erscheinungen, die uns in der ersten Jugend auffallen, und in jedem Alter Verwunderung erregen, ein Instrument, auf dem beynahe allein die bisher angenommene Farbentheorie beruht, ist der Gegenstand mit dem wir uns zuerst beschäftigen werden.

§. 34.

Das Prisma ist allgemein bekannt, und es ist kaum nöthig zu sagen, daß solches ein länglicher gläserner Körper sey, dessen beyde Endflächen aus gleichen, parallelstehenden Triangeln gebildet sind. Parallele Ränder gehen rechtwincklich von

B 2 den

Eine Seite aus Goethes »Beyträge zur Optik«. Das Werk erschien 1791.

5. Experiment

»Jetzt befestige man«, so setzt Newton fort, »das Papier dort, wo das Licht vollkommen weiß und kreisförmig erscheint. Hält man nun eine oder mehrere Farben bei der Linse zurück, so hört das Weiß zu existieren auf und geht in die Farbe über, welche aus der Zusammensetzung der anderen Strahlen entspringt. Läßt man alsdann die aufgefangenen Farben hindurch und auf diese zusammengesetzte Farbe fallen, so mischen sie sich mit ihr und stellen dadurch das Weiß wieder her.

Werden z. B. Violett, Blau und Grün aufgehalten, so geben die übriggebliebenen gelben, orangen und roten Strahlen auf dem Papier eine Art Orange. Läßt man alsdann die aufgefangenen Farben weitergehen, so fallen sie auf dieses zusammengesetzte Orange und geben mit ihm durch doppelte Zusammensetzung Weiß.

Werden dagegen Rot und Violett aufgefangen, so liefern die verbleibenden gelben, grünen und blauen Strahlen auf dem Papier ein gewisses Grün. Läßt man nachher das Rot und Violett auf dieses Grün fallen, so entsteht durch doppelte Zusammensetzung wiederum Weiß.«

Zwei Farben, welche einander gegenseitig zu Weiß ergänzen, heißen zueinander *komplementär*. Es gibt unendlich viele Farbenpaare dieser Art. Da sich eine Mischfarbe von einer Spektralfarbe mit freiem Auge nicht unterscheiden läßt, muß in zwei Komplementärfarben keineswegs das ganze Spektrum enthalten sein. Auch zwei Spektralfarben können zueinander komplementär sein. Wir fassen zusammen:

> Das Sonnenlicht besteht aus vielen farbigen Lichtsorten, den sogenannten *Spektralfarben*. Da die Spektralfarben verschieden stark gebrochen werden, kann man Sonnenlicht mit einem Glasprisma in die Spektralfarben auffächern. Es entsteht so ein *Prismenspektrum* mit den Hauptfarben: Rot, Orange, Gelb, Grün, Blau, Violett. Rot wird am schwächsten gebrochen, Violett am stärksten.

> Neben den Spektralfarben gibt es auch noch viele *Mischfarben*. Sie entstehen, wenn mehrere Spektralfarben gemischt werden, und sind im allgemeinen mit freiem Auge von Spektralfarben nicht zu unterscheiden. Erst ein Prisma gibt Aufschluß: Eine Mischfarbe wird in Spektralfarben aufgefächert, eine Spektralfarbe aber wird durch ein Prisma nicht mehr zerlegt. Sie ist »monochromatisch«.

Wenn wir im folgenden von farbigem Licht bzw. von weißem Licht sprechen, so meinen wir – falls nichts anderes gesagt wird – stets eine bestimmte Spektralfarbe bzw. weißes Licht, das wie die Sonnenstrahlung aus *allen* Spektralfarben besteht.

Newtons Experimente wurden zu seiner Zeit als umwälzend empfunden und verlangten ein völliges Umdenken. Man war vorher sicher gewesen, daß weißes Licht eine einheitliche Zusammensetzung hat und daß die Farben erst durch eine Veränderung in den Farbstoffen entstehen. Newtons Farbenlehre hatte daher anfänglich viele Gegner. Einer der letzten war Johann Wolfgang v. Goethe. Er verabscheute komplizierte Versuchsanordnungen und mathematisch formulierte Naturgesetze. Ihm ging es um eine Gesamtschau der Dinge, die seiner Ansicht nach nicht durch eine Ansammlung quantitativ meßbarer Daten erhalten werden kann.

Goethe erschien es undenkbar, daß die einheitliche Empfindung »Weiß« etwas Zusammengesetztes sein sollte. Seiner Meinung nach ergeben sich die Farben dadurch, daß sich »Licht« und »Finsternis« unter Einwirkung von Materie (das »Trübe«) verändern. Licht z. B. sollte beim Durchgang durch die trübe Lufthülle Gelb und Gelbrot hervorrufen (Sonnenuntergang), Finsternis sollte blau erscheinen (Himmelsblau). Die Mischung von Gelb und Blau sollte Grün ergeben. Das Spektrum des Prismas endlich entsteht dadurch, daß das durchfallende Licht mit der Finsternis des Hintergrundes dem Strahl farbige Ränder verleiht, usw. Diese Ansichten sind heute überholt.

2. Die Welt der Farben

Die Farbwahrnehmung, wie überhaupt der Sehvorgang, war für die Menschen lange Zeit rätselhaft. Der Grieche Plato beispielsweise war der Meinung, das Licht bestünde aus geraden Linien, die vom Auge ausgehen, bis sie auf einen Gegenstand treffen, den das Auge dann sieht. Euklid stimmte dieser Ansicht bei und behauptete, das Licht könne sich nicht vom Gegenstand zum Auge bewegen, denn wenn das der Fall wäre, »würden wir nicht, wie es so oft geschieht, eine Nadel auf dem Boden übersehen«. Aristoteles widerlegte diese Auffassung mit der Frage, warum man dann nicht im Dunkeln sehen könne. Allmählich wurde klar, daß die Gegenstände Licht ins Auge werfen und dadurch gesehen werden. Die Farbwahrnehmung blieb aber nach wie vor ungeklärt. Erst als Newtons bahnbrechende Experimente zeigten, daß das Sonnenlicht aus farbigem Licht zusammengesetzt ist, war es möglich, die Farbwahrnehmung zu erklären.

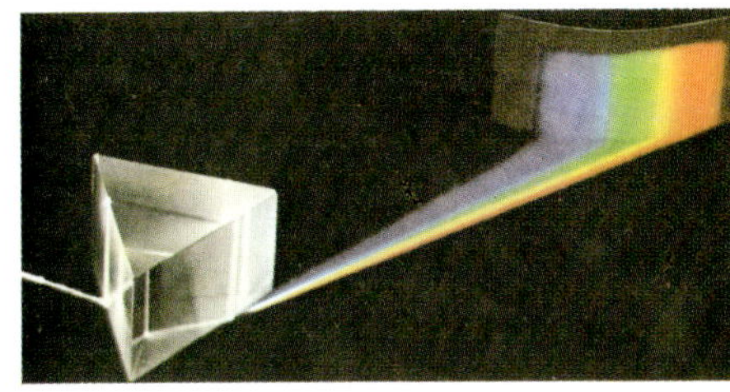

Ein Prismenspektrum

a) Die Farben undurchsichtiger Körper

Ein undurchsichtiger Körper erscheint farbig, wenn er nur einige Spektralbereiche reflektiert. Die reflektierten Lichtanteile setzen sich im Auge zu einer Mischfarbe zusammen, in der uns der Körper erscheint. Reflektiert ein Körper kein Licht, so erscheint er schwarz.

Man kann sich davon leicht überzeugen, wenn man farbiges Papier in ein Spektrum bringt. Rotes Papier reflektiert vorwiegend das rote Licht des Spektrums und erscheint in den übrigen Spektralbereichen fast schwarz. Grünes Papier wiederum reflektiert hauptsächlich das grüne Licht des Spektrums usw. Wir merken uns:

Beleuchtet man Spiegeleier mit rotem Licht, so erscheinen Dotter und Eiweiß in der gleichen Farbe.

> Undurchsichtige farbige Körper reflektieren nur einige Spektralfarben. Sie erscheinen in der Mischfarbe des reflektierten Lichtes.

Ein Körper, der alle Spektralbereiche gleich gut reflektiert, erscheint im weißen Licht grau, im roten Licht rötlich und im blauen Licht bläulich.

Farbänderungen, die durch den Wechsel des Tageslichtes entstehen, werden uns nicht bewußt. So erscheint uns z. B. die Farbe der Haut im roten Licht der untergehenden Sonne keineswegs rötlich. Erst bei sehr starkem Wechsel der Beleuchtung (Neonlicht!) werden Farbänderungen bemerkbar. Dieses Beispiel zeigt, daß die Farbwahrnehmung in mehreren Stufen abläuft. Das Auge liefert das »Rohmaterial«, die Farbempfindung selbst kommt aber erst im Gehirn zustande.

Die eben beschriebene »Farbkonstanz« erleichtert es dem Menschen, sich auf der Welt zurechtzufinden. Weil sie nur den Tageslichtschwankungen Rechnung trägt, bei starkem Wechsel der Beleuchtung aber nicht mehr auftritt, ist die Farbkonstanz wahrscheinlich eine Folge der Evolution.

Kirchenfenster sind aus farbigen Glasstükken zusammengesetzt. Das farbige Licht trägt zur weihevollen Stimmung des Kirchenraumes wesentlich bei.

b) Die Farben durchsichtiger Körper

Ein durchsichtiger Körper erscheint farbig, wenn er nur einige Spektralbereiche durchtreten läßt. Die durchgelassenen Lichtanteile setzen sich im Auge zu einer Mischfarbe zusammen, in der nun der Körper erscheint. Läßt ein Körper kein Licht hindurchtreten, so ist er undurchsichtig.

Man kann dies leicht beweisen, wenn man farbige Gläser oder farbige Flüssigkeiten mit weißem Licht durchstrahlt und das austretende Licht mit einem Prisma in die Spektralfarben zerlegt. Man wird dann sehen, daß verschiedene Spektralfarben fehlen oder zumindest stark geschwächt sind. Wir halten fest:

> Durchsichtige farbige Körper lassen nur einige Spektralfarben durch. Sie erscheinen in der Mischfarbe des durchgelassenen Lichtes.

Gelbes Filter:

Gelbes Glas:

Ein Farbfilter läßt nur eine Spektralfarbe hindurchtreten. Farbiges Glas aber läßt mehrere Spektralfarben hindurch, so daß eine Mischfarbe entsteht.

Eine Glasplatte, auf der man eine Schicht roter Tinte eintrocknen ließ, ist ein gutes Beispiel. Beleuchtet man die Glasplatte mit weißem Licht, so erscheint sie im durchfallenden Licht rot und im reflektierten Licht grün. Eine dünne Goldfolie wiederum erscheint im durchfallenden Licht grün und im reflektierten Licht rötlich-gelb. Ganz allgemein läßt sich sagen, daß ein Teil des auffallenden Lichtes an der Körperoberfläche reflektiert und ein Teil im Körper absorbiert wird. Der Rest wird durchgelassen.

Ein Farbfilter ist eine Glas- oder Kunststoffplatte, die nur einen engen Spektralbereich durchtreten läßt. So kennt man beispielsweise Rot-, Gelb-, Grün- und Blaufilter. Eine farbige Glasplatte dagegen läßt im allgemeinen mehrere Spektralfarben hindurchtreten und erscheint in der Mischfarbe. Sie ist als Farbfilter unbrauchbar, obwohl sie im weißen Licht genauso aussehen kann wie ein Farbfilter.

c) Himmelsblau, Abendrot und Morgenrot

Rotes Licht wird weniger stark gestreut als blaues Licht. Daher erscheint die untergehende Sonne in rotem Licht.

Schickt man Licht durch ein leeres, völlig staubfreies Glasrohr, so erscheint das Rohr von der Seite her gesehen absolut schwarz, denn kein Mensch hat je einen Lichtstrahl von der Seite gesehen! Bläst man aber etwas Tabakrauch in das Rohr, so zeichnet sich der Lichtkegel klar und scharf vom dunklen Hintergrund ab. An den vielen wirbelnden Staubkörnchen und Rauchteilchen wird das Licht nämlich zur Seite gelenkt. Es wird *gestreut,* wie man sagt, und gelangt so in unser Auge.

Diesem Effekt verdanken wir auch das Tageslicht. Die zahlreichen Luftteilchen streuen das Licht der Sonne so, daß es von allen Richtungen her zur Erde fällt. Besäße die Erde keine Atmosphäre, so wäre der Himmel schwarz. Dies tritt auch tatsächlich ab etwa 16 000 m Höhe ein. Von da ab ist die Atmosphäre so dünn, daß man ihre streuende Wirkung vernachlässigen kann. Hier ist der Himmel immer dunkel, und die Sterne sind zu jeder Tages- und Nachtzeit sichtbar.

Es hat sich gezeigt, daß blaues Licht stärker gestreut wird als rotes Licht. Steht die Sonne hoch am Himmel, so erscheint sie beinahe weiß und der Himmel tiefblau. Nähert sie sich dem Horizont, so wird der Weg des Lichtes durch die Atmosphäre länger. Das blaue Licht wird daher in immer stärkerem Ausmaß zur Seite gestreut. Je tiefer die Sonne steht, desto mehr verändert sich dadurch ihre Farbe. Zuerst erscheint sie gelb, dann orange, und schließlich, kurz vor dem Untergang, erglüht sie tiefrot.

Auch Staub kann das Sonnenlicht streuen. Im Jahre 1883 beispielsweise beobachtete man außergewöhnlich schöne Sonnenauf- und -untergänge. Damals schwebte nämlich viele Monate lang der feine vulkanische Staub in der Atmosphäre, der vom gewaltigen Ausbruch des Krakatau bei Java im Indischen Ozean herrührte.

Auch im Wasser wird das Licht gestreut. Newton berichtet von einer Beobachtung, die Edmund Halley bei seinem Tauchversuch gemacht hatte, als er mit seiner »Tauchkugel« mehrere Meter unter Wasser war. Die Oberseite von Halleys Hand, die durch ein Fenster vom Sonnenlicht direkt beschienen wurde, war rötlich. Die Unterseite dagegen, die vom Licht beleuchtet war, welches an den tieferen Wasserschichten gestreut wurde, sah grünlich aus.

d) Die Entstehung des Regenbogens

Alle Hauptregenbogen haben denselben Winkelhalbmesser α. Sie sind außen rot und innen violett. Alle Nebenregenbogen haben ebenfalls denselben Winkelhalbmesser $\beta > \alpha$. Sie sind innen rot und außen violett.

Ein Regenbogen ist nur sichtbar, wenn es bei Sonnenschein regnet und der Beobachter mit dem Rücken zur Sonne steht. Der Regenbogen entsteht durch Brechung und Reflexion des Sonnenlichtes an den fallenden Regentropfen.

Fällt ein Lichtbündel von der Sonne auf die kugelförmigen Regentropfen, so verläuft der Strahlengang in den Tropfen vorwiegend so, wie er in den

Abbildungen gezeichnet ist. Dies hat René Descartes berechnet und mit wassergefüllten Flaschen experimentell bewiesen.

Das Licht, das nur eine *einmalige* Reflexion im Tropfen erfährt, erzeugt den lichtstarken Hauptregenbogen. Er erscheint einem Beobachter unter dem Winkelhalbmesser von 42°, ist außen rot und innen violett.

Das Licht, das eine *zweimalige* Reflexion im Tropfen erfährt, erzeugt den lichtschwächeren Nebenregenbogen. Er hat einen Winkelhalbmesser von 51° und ist außen violett und innen rot.

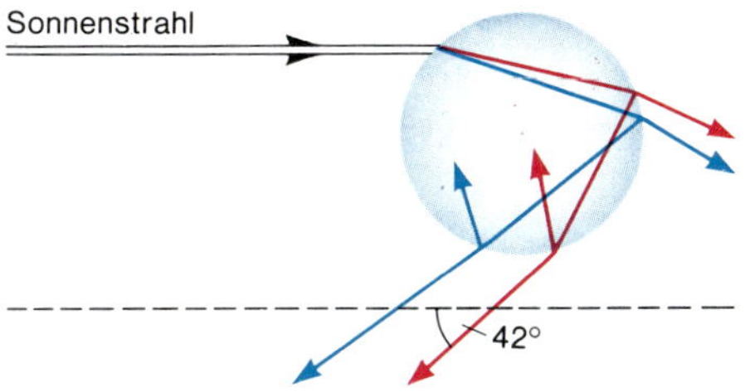

Strahlengang für den Hauptregenbogen Ins Auge des Beobachters fällt das rote Licht dieses Tropfens und das gelbe, grüne, blaue und violette Licht entsprechend tiefer liegender Tropfen. Der Hauptregenbogen ist daher außen rot und innen violett.

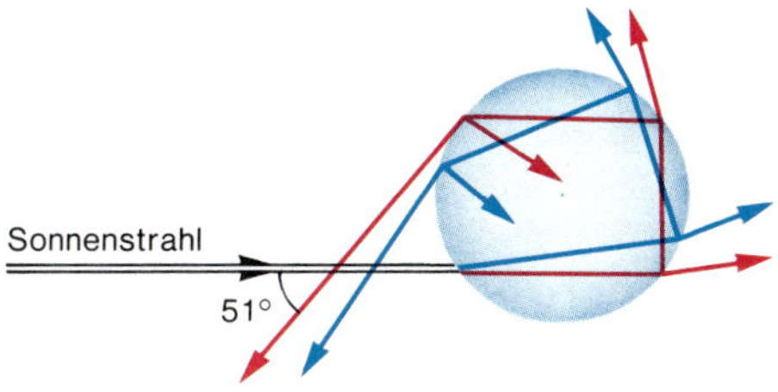

Strahlengang für den Nebenregenbogen

e) Die Linienspektren der Gase

Zum Abschluß noch ein paar Worte über Lichtquellen. Ein weißglühender, fester Körper, eine glühendheiße Flüssigkeit oder ein heißes Gas unter hohem Druck senden sämtliche Spektralfarben aus. Hinter einem Prisma entsteht daher ein *kontinuierliches Spektrum.* Ein heißes Gas unter niedrigem Druck dagegen strahlt nur einige Spektralfarben ab. Schickt man dieses Licht durch einen engen Spalt und zerlegt es dahinter mit einem Prisma in seine Farben, so entsteht ein *diskontinuierliches Emissionsspektrum.* Es besteht aus einzelnen farbigen Linien.

Diese Linien sind die je nach der Farbe verschieden stark gebrochenen Bilder der Spaltöffnung. Hätte man statt der Spaltblende eine Lochblende verwendet, so wäre statt der farbigen Linien eine Reihe farbiger Kreise entstanden. Das auftretende Farbmuster aber – so haben Kirchhoff und Bunsen gefunden – ist in jedem Fall für die lichtaussendende Substanz charakteristisch. Bei Natriumdampf zeigt sich z. B. eine gelbe Linie, bei Wasserstoff eine rote, eine blaue und zwei violette Linien usw. Man kann daher umgekehrt am Emissionsspektrum die chemische Zusammensetzung der Lichtquelle erkennen. Dieses Verfahren, das auch noch bei sehr kleinen Stoffmengen anwendbar ist, heißt *Spektralanalyse.* Es wird besonders in der Chemie vielfach angewendet.

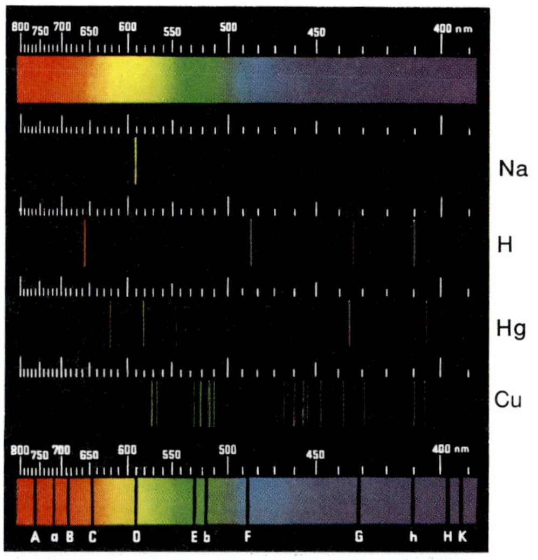

Das kontinuierliche Spektrum einer Glühlampe, die Linienspektren einiger Gase und das Sonnenspektrum mit den Fraunhoferschen Linien.

Im Jahre 1814 machte Joseph v. Fraunhofer eine wichtige Entdeckung. Er schreibt: »In einem verfinsterten Zimmer ließ ich durch einen schmalen Spalt im Fensterladen Sonnenlicht auf ein Prisma fallen. Ich wollte sehen, ob im Spektrum der Sonne helle Linien zu sehen sind, fand aber statt dessen zahllose Linien, die erheblich dunkler waren als der übrige Teil des Spektrums. Einige schienen fast schwarz zu sein.« Fraunhofer bezeichnete diese Linien mit Buchstaben und verwendete sie als Marken im kontinuierlichen Spektrum der Sonne. Man bezeichnet sie heute als Fraunhofersche Linien.

45 Jahre später vermochte Gustav Kirchhoff eine Erklärung für das Auftreten dieser dunklen Linien zu geben. Er schreibt: »Ich entwarf ein Sonnenspektrum und ließ die Sonnenstrahlen, bevor sie durch den Spalt fielen, durch eine kräftige Kochsalzflamme treten. War das Sonnenlicht hinreichend gedämpft, so erschien eine *helle*, gelbe Linie im Spektrum. Überstieg die Intensität des Sonnenlichtes aber eine gewisse Grenze, so zeigte sich an dieser Stelle eine *dunkle* Linie, und zwar in viel größerer Deutlichkeit als ohne Kochsalzflamme.«

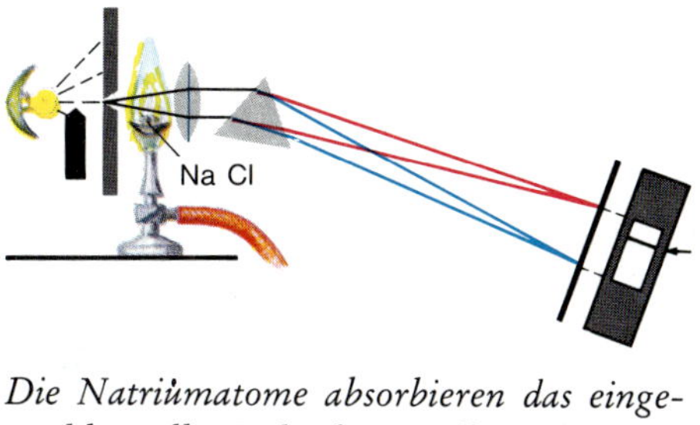

Die Natriumatome absorbieren das eingestrahlte gelbe Licht der Quelle und senden es nach allen Richtungen wieder aus. Im Spektrum macht sich dies in einer dunklen Lücke bemerkbar.

Offensichtlich absorbieren die Natriumatome gerade jenes Licht, das sie selbst auszusenden vermögen. Zwar strahlen die Atome das absorbierte Licht sofort wieder nach allen Richtungen ab. Da sie es aber von *einer Seite* her aufnehmen, nach *allen Seiten* jedoch abstrahlen, fehlt dieser Teil der Strahlung größtenteils im durchfallenden Licht. Dadurch entsteht im Spektrum an Stelle der Natriumlinie ein dunkler Strich. Es liegt ein *diskontinuierliches Absorptionsspektrum* vor.

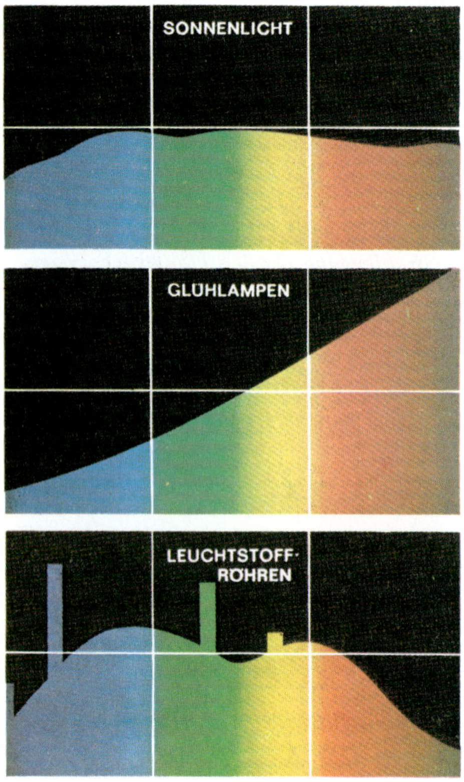

Künstliche Lichtquellen senden Licht verschiedener Zusammensetzung aus. (Auf den Ordinaten sind die Intensitäten der Spektralfarben aufgetragen.)

»Ich schließe daraus«, so heißt es bei Kirchhoff weiter, »daß die dunklen Linien des Sonnenspektrums durch die Anwesenheit derjenigen Stoffe in der glühenden Sonnenatmosphäre hervorgerufen werden, die im Spektrum einer Flamme helle Linien an demselben Ort erzeugen würden. Die dunkle Natriumlinie im Sonnenspektrum läßt daher auf Natrium in der Sonnenatmosphäre schließen. Da ferner nach meiner Beobachtung der roten Lithiumlinie keine dunkle Linie im Sonnenspektrum entspricht, folgt mit großer Wahrscheinlichkeit, daß Lithium in der Sonnenatmosphäre nicht, oder doch nur in verhältnismäßig geringer Menge, vorkommt.«

Natürlich wird auch von der Erdatmosphäre ein Absorptionsspektrum erzeugt. Weil die entsprechenden Linien aber dunkler werden, wenn die Sonne sich dem Horizont nähert, ihr Licht also einen längeren Weg durch die Erdatmosphäre zu durchlaufen hat, ist es verhältnismäßig leicht, die Absorptionslinien der Erdatmosphäre von den Absorptionslinien der Sonnenatmosphäre zu unterscheiden.

Auf diese Weise war es möglich, die chemische Zusammensetzung der Sternatmosphären aufzuklären. So wurde die Spektralanalyse zu einem wichtigen Hilfsmittel der Astrophysik. Im Laufe der Zeit ergab sich, daß die Himmelskörper aus den gleichen chemischen Elementen bestehen, die auch hier auf der Erde vorkommen. Das Edelgas Helium z. B. wurde zuerst auf der Sonne gefunden. Erst später wurde es auch als Bestandteil der Lufthülle nachgewiesen. Wir merken uns:

> Die Absorptionsspektren erlauben es, die chemische Zusammensetzung der Himmelskörper und ihrer Gashüllen zu bestimme. Überall treten die gleichen chemischen Elemente auf.

Additive Mischung der Grundlichter Rot, Grün und Blau

Additive Farbmischung: Gelb + Blau = Weiß.

3. Additive und subtraktive Farbmischung

a) Die additive Farbmischung

Um 1800 machte der englische Arzt Thomas Young eine fundamentale Entdeckung. Er fand, daß sich alle Farbeindrücke durch Mischung von nur drei farbigen Strahlenbündeln (Grundlichter) hervorbringen lassen. Als Grundlichter werden im allgemeinen Rot, Grün und Blau verwendet.

Man kann sich davon leicht überzeugen, wenn man drei Projektionslampen mit je einem roten, einem grünen und einem blauen Filter versieht und die Strahlenbündel auf einen weißen Schirm fallen läßt, wie es die Abbildung zeigt.

Wo das rote und das grüne Licht gemischt werden, entsteht der Farbeindruck Gelb. Die Vermischung von rotem und blauem Licht liefert Purpur. Die Mischung von blauem und grünen Licht ergibt Blaugrün, und alle drei Grundlichter zusammen erscheinen dem Auge als weiß. Ändert man die Intensität einzelner Grundlichter, so entstehen andere Mischfarben. Alle Farbeindrücke – auch solche, die im Sonnenspektrum nicht vorkommen – können auf diese Weise erzeugt werden.

Die Wiedergabe eines farbigen Bildes erfordert demnach nicht die Reproduktion aller auftretenden Spektralfarben. Es genügt vielmehr eine passend gewählte Mischung der Grundlichter Rot, Grün und Blau. Im Auge können so alle Farbeindrücke hergestellt werden. Diese »additive« Farbmischung wird beispielsweise beim Farbfernsehen angewendet. Das farbige Bild ist dort aus einer großen Zahl roter, grüner und blauer Bildpunkte zusammengesetzt, die eng nebeneinanderliegen und in verschiedenen Intensitäten leuchten.

b) Die subtraktive Farbmischung

Ein gelbes Glas läßt die Farben Rot, Gelb und Grün hindurchtreten. Ein blaues Glas ist für die Farben Grün, Blau und Violett durchlässig. Beleuchtet man das gelbe Glas und das blaue Glas mit weißem Licht und projiziert die durchtretenden farbigen Lichtbündel übereinander, so ergibt sich durch »additive« Farbmischung Weiß. Läßt man jedoch das weiße Licht *nacheinander* durch die beiden farbigen Gläser treten, so vermag nur der Farbrest durchzudringen, der von beiden Gläsern durchgelassen wird. Durch »subtraktive« Farbmischung entsteht Grün.

Subtraktive Farbmischung: Gelb + Blau = Grün.

Dieses Beispiel zeigt, daß die additive und die subtraktive Farbmischung zu verschiedenen Ergebnissen führen. Bei der additiven Farbmischung werden farbige Lichtbündel überlagert. Bei der subtraktiven Farbmischung dagegen werden durch Absorption Farbanteile entzogen. Sie hat vor allem für den Maler Bedeutung, tritt sie doch in erster Linie bei Farbstoffen auf. Das folgende Beispiel soll dies klarmachen.

Wir pulverisieren etwas farbige Kreide, z. B. gelbe und blaue, und mischen das Kreidepulver in einer Proberöhre gut durch. Es erscheint im weißen Licht grün! Das gelbe Kreidepulver reflektiert nämlich vorwiegend rotes, gelbes und grünes Licht und verschluckt alle anderen Spektralfarben. Das blaue Kreidepulver wiederum reflektiert hauptsächlich das blaue, das grüne und das violette Licht und absorbiert alle anderen Spektralfarben. Weil nur das grüne Licht von beiden Pulversorten reflektiert wird, erscheint eine Mischung von gelben und blauen Farbstoffen grün (siehe Abbildung).

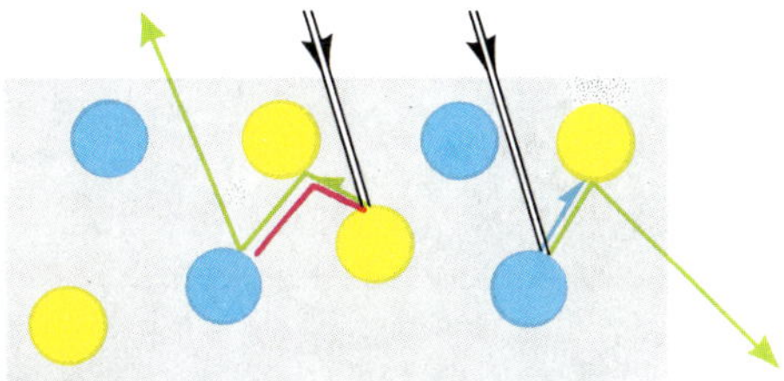

Die Zeichnung zeigt, weshalb eine Mischung von gelben und blauen Farbkörnern grün aussieht.

Eine besondere Bedeutung besitzt die subtraktive Farbmischung beim Farbdruck und bei den Farbdiapositiven. Letztere bestehen nach der photochemischen Entwicklung aus drei übereinanderliegenden Bildern in den Farben Gelb, Purpur und Blaugrün. Die Farbe, in der eine Stelle des Bildes im durchfallenden Licht erscheint, ist die subtraktive Mischfarbe der drei farbigen Bilder. Man kann zeigen, daß man mit den Grundfarben Gelb, Purpur und Blaugrün durch subtraktive Farbmischung ebenfalls jede Farbe erzeugen kann.

Subtraktive Mischung der Grundfarben Gelb, Purpur und Blaugrün

Testfragen:

1. Wie kann man weißes Licht in seine Spektralfarben zerlegen?
2. Was versteht man unter »monochromatischem Licht«?
3. Wie kann man entscheiden, ob eine Farbe Spektralfarbe oder Mischfarbe ist?
4. Was sind Komplementärfarben?
5. Enthält ein Komplementärfarbenpaar stets sämtliche Spektralfarben?
6. Warum erscheint Glas und Eis in fein zermahlener Form undurchsichtig weiß, während es in großen Stücken farblos und durchsichtig ist?
7. Nimmt Licht, das von einer farbigen Glasplatte reflektiert wird, die Farbe des Glases an?
8. Wie erscheint ein Farbstoff, der nur mit den Lichtarten beleuchtet wird, die er absorbiert?
9. Wie entsteht das Abendrot und wie das Morgenrot?
10. Weshalb ist der Himmel blau?
11. Wie kommen die Farben des Regenbogens zustande?
12. Welche Lichtquellen senden kontinuierliche Spektren, welche Linienspektren aus?
13. Wie entstehen die Fraunhoferschen Linien im Sonnenspektrum?
14. Inwiefern gibt das Linienspektrum über den Atombau Aufschluß?
15. Zu welchem Ergebnis hat die Spektralanalyse des Sternenlichtes geführt?
16. Was versteht man unter additiver Farbmischung, und wo wird sie angewendet?
17. Was versteht man unter subtraktiver Farbmischung, und wo tritt sie auf?
18. Wieviele Grundfarben benötigt man mindestens?
19. Welche Grundlichter werden bei der additiven Farbmischung verwendet?
20. Welche Grundfarben werden bei der subtraktiven Farbmischung verwendet?

Wie ein Farbdruck entsteht.

III. Wellenoptik (Beugungserscheinungen)

Wasser	$n = \frac{c}{c_m}$	c_m in km/s
Rot	1,322	226 929
Gelb	1,334	224 888
Violett	1,341	223 714
Kronglas	$n = \frac{c}{c_m}$	c_m in km/s
Rot	1,523	196 980
Gelb	1,528	196 335
Violett	1,541	194 679

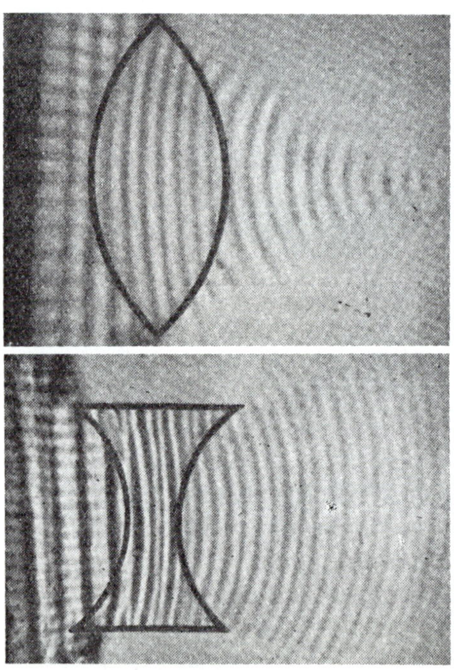

Die Modelle in der Wellenwanne zeigen, wie die Linsenwirkung zustande kommt.

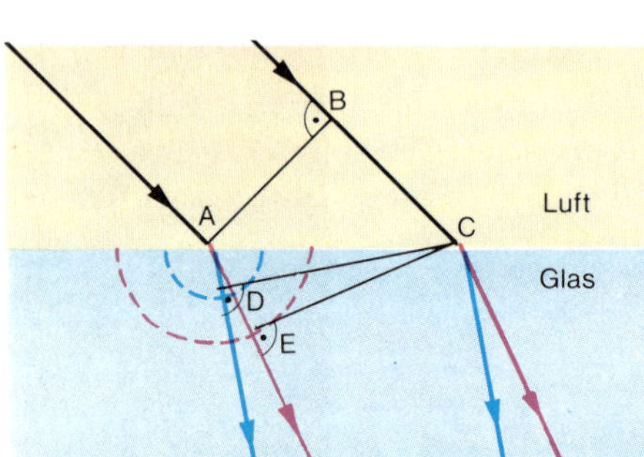

Wie das Prismenspektrum entsteht.

1. Der Entscheid über die Lichttheorie

Im Jahre 1862 maß Leon Foucault mit seiner Meßanordnung erstmals die Fortpflanzungsgeschwindigkeit des Lichtes im Wasser und im Schwefelkohlenstoff. Es ergaben sich Werte, die erheblich kleiner waren als die Vakuumlichtgeschwindigkeit. Damit war die Entscheidung zwischen der Newtonschen Teilchentheorie und der Huygensschen Wellentheorie gefallen. Die Newtonsche Teilchentheorie steht im Widerspruch mit diesem Ergebnis und muß aufgegeben werden. Wir halten fest:

> In Materie ist die Lichtgeschwindigkeit kleiner als im Vakuum.
> Das bedeutet: Das Licht hat Wellennatur.

Nun, da sich die Huygensschen Vorstellungen bestätigt haben, kann die Lichtgeschwindigkeit in Materie leicht mit Hilfe des Brechungsquotienten berechnet werden. (Siehe Tabelle!)

Weil der Brechungsquotient stark vom Material abhängt und für rotes Licht kleiner ist als für violettes Licht, können wir sagen:

> In Materie hängt die Lichtgeschwindigkeit
> vom Material und von der Spektralfarbe des Lichtes ab.
> Das rote Licht läuft etwas rascher als das violette Licht.

Es herrscht jetzt auch über die Wirkungsweise einer Linse Klarheit. Sie funktioniert so, wie es der Modellversuch in der Wellenwanne illustriert. In der Wanne liegen Glasstücke in Form von Linsenquerschnitten. Darüber müssen die Wasserwellen hinweglaufen. Da die Fortpflanzungsgeschwindigkeit der Wasserwellen im seichten Wasser kleiner ist als im tiefen Wasser, laufen die Wellen über die Linsenmodelle mit geringerer Geschwindigkeit. Sie werden um so mehr verzögert, je länger ihr Weg über das Glas ist. Es kommt daher zu einer Verformung der Wellenflächen, an der die Wirkung der Linse leicht erkennbar ist: Hinter der Sammellinse laufen die Wellen auf den Brennpunkt zu, hinter der Zertreuungslinse aber laufen die Wellen so weg, als ob sie vom Brennpunkt vor der Linse herkämen.

Auch die Farbauffächerung am Prisma läßt sich verstehen. Trifft nämlich ein weißes Lichtbündel schräg auf eine Glasfläche, so erzeugt jede Spektralfarbe beim Auftreffen auf die Grenzfläche ihre eigenen Elementarwellen. Diese Wellen breiten sich im Glas je nach der Farbe mit verschiedener Geschwindigkeit aus. Die roten Wellen laufen schneller als die violetten. Die gemeinsame Wellenfläche EC der roten Elementarwellen weist daher eine andere Richtung auf als die gemeinsame Wellenfläche DC der violetten Elementarwellen, und die Wellennormalen zeigen, daß die Spektralfarbe in verschiedene Richtungen auseinanderlaufen.

Beim Prisma kommt auf diese Weise das Spektrum zustande. Bei der Linse erzeugt so jede Spektralfarbe ihren eigenen Brennpunkt. Diese Erscheinung verursacht die farbigen Ränder, welche die durch Linsen erzeugten Bilder manchmal aufweisen. Sie wirkt in vielen Fällen störend und wird »chromatische Aberration«, d. h. Farbabweichung, genannt. Man kann ihre Wirkung abschwächen, wenn man Sammellinsen und Zerstreuungslinsen aus verschiedenen Glassorten anfertigt und in passender Weise miteinander kombiniert.

Nachdem nun entschieden ist, daß das Licht Wellennatur hat, müssen die kritischen Stellen der Huygensschen Theorie genau untersucht werden. So scheint die geradlinige Ausbreitung des Lichts mit der Elementarwellentheorie in Widerspruch zu stehen. Tritt nämlich beispielsweise eine Wasserwelle durch eine enge Öffnung hindurch, so breitet sich hinter der Öffnung eine Kreiswelle aus. Tritt dagegen ein Lichtbündel durch ein Schlüsselloch, so ist von einer allseitigen Ausbreitung des Lichts hinter dem Schlüsselloch nichts zu bemerken. Wie sind diese Befunde in Einklang zu bringen?

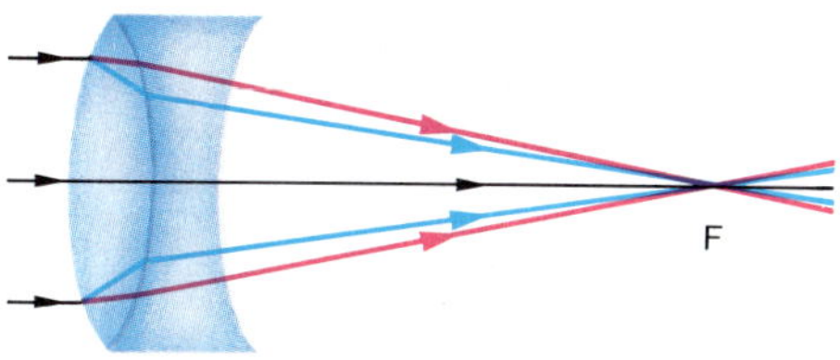

Bei »achromatischen Linsensystemen« fallen die Brennpunkte der roten und blauen Strahlen zusammen. Die chromatische Aberration wird verringert.

Um dies zu klären, müssen wir das Verhalten einer Welle beim Durchgang durch eine Öffnung genauer untersuchen. Wir werden sehen, daß es dabei ganz wesentlich auf die Größe der Wellenlänge ankommt, so daß man umgekehrt aus dem Verhalten einer Welle beim Durchtritt durch Öffnungen auf die Wellenlänge schließen kann.

2. Die Beugung an einem Spalt

Wir beginnen mit einem Experiment und lassen in der Wellenwanne eine ebene Wasserwelle gegen eine breite Öffnung laufen. Die Welle läuft fast ungestört hindurch. Die Breite des Wellenzuges hinter der Öffnung ist annähernd gleich groß wie die Öffnung selbst. Das Hindernis wirft einen deutlichen, klar erkennbaren Wellenschatten. Lediglich an den Rändern der Öffnung sieht es so aus, als würden sich die Wellenflächen krümmen. Man hat den Eindruck, als ob schwache Kreiswellen von den Rändern der Öffnung ausgehen. Macht man die Öffnung enger, so wird diese Erscheinung deutlicher. Ist die Öffnung schließlich etwa von der Größe der Wellenlänge, so breitet sich hinter der Öffnung eine Kreiswelle aus. Vom Wellenschatten ist nichts mehr zu sehen.

Das Übergreifen der Welle in den geometrischen Schattenraum bezeichnet man als *Beugung*. Wie das Experiment zeigt, sind Beugungserscheinungen immer dann zu beobachten, wenn die Öffnung die gleiche Größenordnung wie die Wellenlänge hat. Das ist auch der Grund, warum der Schall »um die Ecke geht«. Wie wir wissen, liegt die Wellenlänge des Schalles im Meterbereich, hat also die gleiche Größenordnung wie die Abmessungen der Fenster- und Türöffnungen. Es tritt daher starke Beugung auf.

Wir halten fest:

Das Übergreifen einer Welle
in den geometrischen Schattenraum heißt *Beugung*.
Deutliche Beugungserscheinungen treten dann auf,
wenn die Breite der Öffnung die gleiche Größenordnung
wie die Wellenlänge hat.

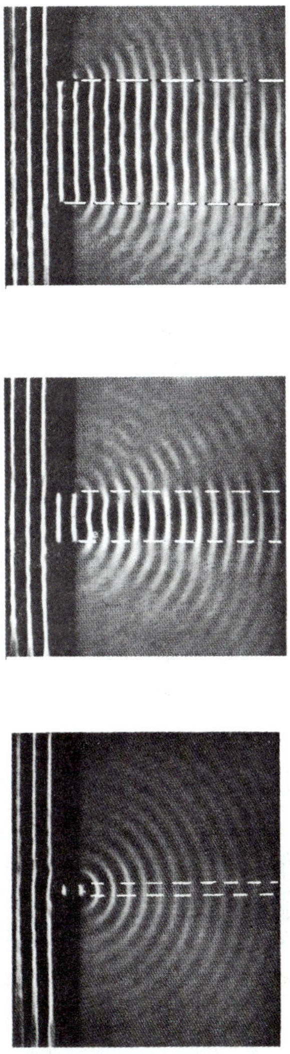

Beugung einer Wasserwelle beim Durchgang durch verschieden große Öffnungen. Je enger die Öffnung ist, desto stärker greift die Wellenbewegung in den geometrischen Schattenraum über.

Das Experiment mit der Wellenwanne gibt uns einen wichtigen Hinweis. Der tiefere Grund für die geradlinige Ausbreitung des Lichtes könnte in der kleinen Wellenlänge liegen. Ist nämlich die Wellenlänge sehr viel kleiner als die Abmessungen in unserer Umwelt, dann sind die Beugungserscheinungen vernachlässigbar klein, und die Wellen breiten sich geradlinig aus.

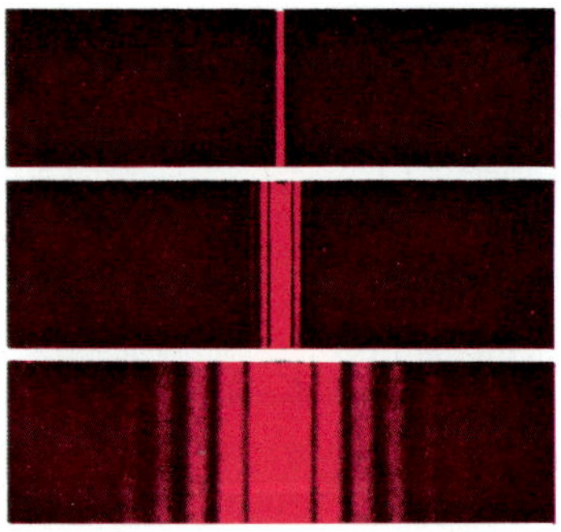

Beugung einer Lichtwelle beim Durchgang durch einen Spalt
Je enger der Spalt ist, desto stärker greift die Wellenbewegung in den geometrischen Schattenraum über.

Wir wollen diese Vermutung überprüfen und das Schattenbild eines engen verstellbaren Spaltes betrachten. Will man scharfe Schatten bekommen, so darf man den Spalt allerdings nicht mit einer elektrischen Bogenlampe direkt beleuchten, denn die breite Oberfläche der weißglühenden Kohle kann von der kleinen Öffnung in großer Entfernung keine scharfen Bilder geben. Die Schattengrenzen sind undeutlich und verwaschen! Man muß vielmehr paralleles Licht verwenden, das zweckmäßigerweise monochromatisch gewählt wird.

Dieses Licht können wir z. B. folgendermaßen erzeugen: Wir setzen vor die Bogenlampe eine Spaltblende und ein rotes Filter. Wir erhalten so eine rot leuchtende, linienförmige Lichtquelle. Davor setzen wir eine Sammellinse, und zwar so, daß der Brennpunkt gerade in der Öffnung der Spaltblende liegt. Nun tritt ein rotes Parallelstrahlenbündel aus der Linse, mit dem wir den verstellbaren Spalt beleuchten und den Schatten auf einem weit entfernten Schirm auffangen. Die Versuchanordnung sieht jetzt so aus, wie es die Abbildung zeigt.

Anordnung für Beugungsversuche mit monochromatischem Licht.
Q = Lichtquelle
K = Kollimatorlinse
L = Abbildungslinse
B = Blende
F = Filter
S = Schirm
Sp = beugender Spalt

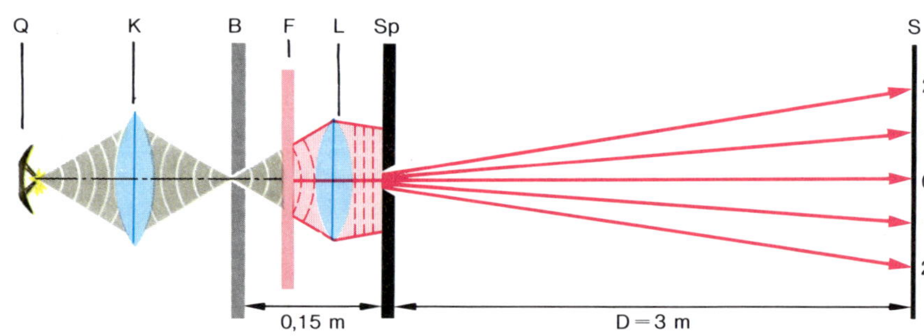

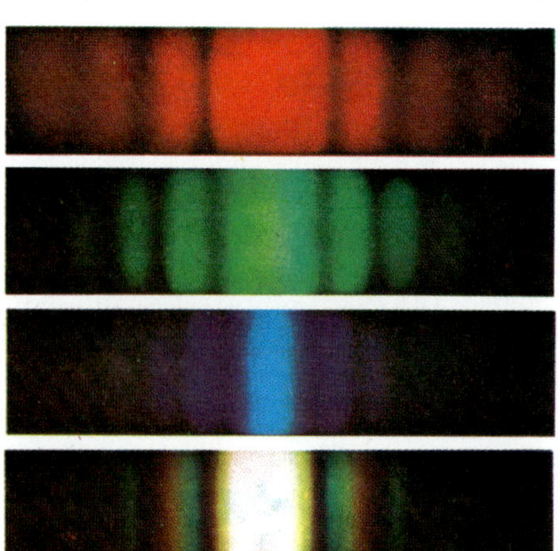

Beugung verschiedenfarbiger Lichtwellen beim Durchgang durch einen engen Spalt. Rot wird stärker gebeugt als Grün, und Grün wird stärker gebeugt als Blau. Weißes Licht wird daher beim Durchgang durch den Spalt in seine Spektralfarben aufgefächert.

Ist der Spalt noch etwa 1 mm breit, so sind die Schattenränder scharf und deutlich zu sehen. Schiebt man die beiden Schneiden des Spaltes aber näher zusammen, so treten zunächst in den dunklen Schattenzonen der Schneiden helle Längsstreifen auf. Diese Streifen sind so schwach, daß sie nur aus der Nähe zu sehen sind. Schiebt man den Spalt auf einige hundertstel Millimeter zusammen, so verbreitern sich die hellen Streifen im Schattenraum immer mehr und rücken weiter nach außen. Zugleich rücken die Grenzen des eigentlichen Spaltbildes nach. Obgleich also der Spalt immer enger wird, verbreitert sich sein Bild mehr und mehr. *Es tritt Beugung auf.* Das ist ein neuer Hinweis für die Wellennatur des Lichtes.

An den Wasserwellen in der Wellenwanne konnten wir nur das »zentrale Hauptmaximum«, das sogenannte Beugungsmaximum 0. Ordnung, der durchgehenden Welle klar erkennen. Die seitlichen Beugungsbilder blieben wegen ihrer geringen Intensität unsichtbar. Vergleicht man das Experiment in der Wellenwanne mit den optischen Verhältnissen und beachtet, daß die Verbreiterung des Spaltbildes selbst bei engem Spalt in mäßigen Grenzen bleibt, so erkennt man, daß die Wellenlänge des Lichtes unvorstellbar klein sein muß, viel kleiner jedenfalls als die Breite des Spaltes. Das gleiche Experiment gibt auch Auskunft, wann von einem *Lichtstrahl* gesprochen werden darf. Die Spaltbreite muß viel größer als die Wellenlänge des Lichtes sein!

3. Die Beugung am Doppelspalt

Um 1800 gelang es dem englischen Arzt Thomas Young erstmals, die Wellenlänge des Lichtes zu messen. Um seine Überlegungen leichter verstehen zu können, kehren wir nochmals zur Wellenwanne zurück.

Wir lassen eine ebene Wasserwelle gegen zwei nebeneinanderliegende, sehr enge Öffnungen laufen. Hinter jeder Öffnung breitet sich eine Kreiswelle aus. Diese Kreiswellen laufen übereinander hinweg und bilden ein kompliziertes »Interferenzmuster«. Wo ein Wellenberg auf einen Wellenberg trifft, entsteht ein doppelt so hoher Wellenberg. Wo ein Wellental auf ein Wellental fällt, ergibt sich ein doppelt so tiefes Wellental. Wo aber ein Wellenberg mit einem Wellental zusammenfällt, löschen die Wellen einander aus. Dies ist dann der Fall, wenn der Wegunterschied der beiden Kreiswellen ein ungradzahliges Vielfaches einer halben Wellenlänge beträgt. Die Punkte, in welchen Auslöschung erfolgt, bilden demnach Hyperbeln, deren Brennpunkte in den beiden Öffnungen liegen.*) Zwischen zwei benachbarten Hyperbelästen ist eine intensive Wellenbewegung zu beobachten.

Wir wollen dieses Experiment nun mit Licht wiederholen. Wir verwenden die Versuchsanordnung des vorhergehenden Abschnittes und ersetzen den verstellbaren Spalt durch einen engen Doppelspalt. Am Schirm erscheint ein System von hellen und dunklen Linien. Wir wollen die Lage der hellen Linien ermitteln.

Wir fassen zunächst die Symmetrieachse der Anordnung ins Auge. In dieser Richtung verstärken die Lichtwellen einander, weil sie den gleichen Weg zurückzulegen haben. Auf der Symmetrieachse herrscht daher Helligkeit. Dieses Ergebnis ist überraschend, könnte man doch meinen, daß gerade dieses Gebiet von der Wand zwischen den beiden Spaltöffnungen abgedeckt wird und daher im Wellenschatten liegt.

Nun betrachten wir eine Richtung, die senkrecht zu den Spaltöffnungen liegt, aber mit der Symmetrieachse den Winkel φ einschließt. Für den abgebildeten Winkel φ verstärken die Lichtwellen einander, weil der Gangunterschied genau eine Wellenlänge beträgt. Dasselbe ist der Fall, wenn die Strecke $\overline{BC}$ ein ganzzahliges Vielfaches einer Wellenlänge ist. Bezeichnet man mit d den Abstand der beiden Spaltöffnungen, so gilt für diese Winkel

$$\sin \varphi = \frac{k \cdot \lambda}{d} < 1 \qquad (k = 0, 1, 2, 3, \ldots).$$

In den Zwischengebieten gibt es Richtungen, in welchen die Lichtwellen um ein ungeradzahliges Vielfaches einer halben Wellenlänge verschoben sind. Dort löschen die Wellen einander aus, dort herrscht Dunkelheit. Zusammenfassend kann man sagen:

> Bei der Beugung am Doppelspalt entstehen helle Streifen, die Beugungsmaxima k-ter Ordnung.
> Die Richtungen dorthin werden beschrieben durch die Formel
>
> $$\sin \varphi = k \cdot \frac{\lambda}{d} < 1 \qquad (k = 0, 1, 2, 3, \ldots).$$
>
> Zwischen den Beugungsmaxima liegen dunkle Streifen.

Mißt man den Abstand d und den Winkel φ, so kann man mit Hilfe des Beugungsbildes die Wellenlänge des Lichtes bestimmen. Dies hat Thomas Young im Jahre 1802 gemacht.

*) Die Hyperbel ist ja die Menge aller Punkte, für welche die Differenz der Abstände von zwei festen Punkten, den Brennpunkten, konstant ist.

Thomas Young (1773–1829)
Er studierte zunächst Medizin und promovierte 1796 in Göttingen. Als Professor für Physik in England begann er die Newtonsche Teilchentheorie in Zweifel zu ziehen. Er betrachtete das Licht als Wellenbewegung und war in der Lage, die Wellenlänge zu messen. Young beherrschte neun Sprachen, spielte mehrere Musikinstrumente und verfaßte Abhandlungen über Malerei. Die Dreifarbentheorie des Sehens wurde von ihm begründet, und auch an der Entzifferung der Hieroglyphen hat er Anteil.

Doppelspaltversuch mit Wasserwellen
Mit Hilfe der von ihm erfundenen Wellenwanne studierte Thomas Young die Beugungserscheinungen am Doppelspalt. Auch die unten angegebene Konstruktion geht auf Young zurück.

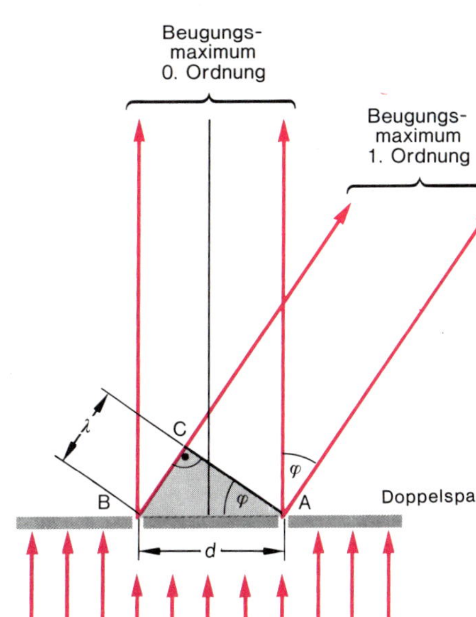

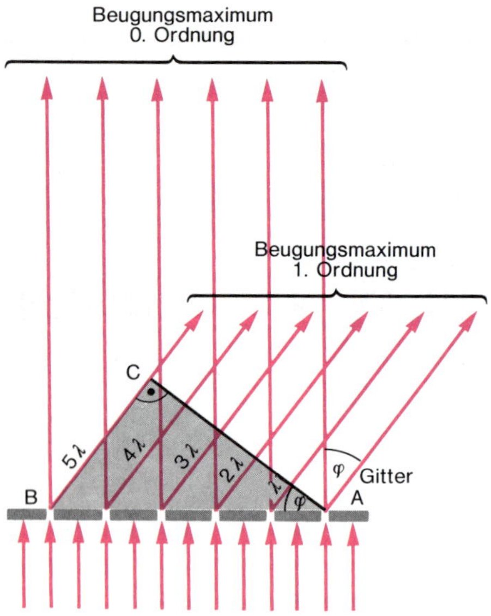

Beugung am Strichgitter
Die Beugungsmaxima liegen um so weiter auseinander, je kleiner die Gitterkonstante ist. Die Helligkeit und die Schärfe des Beugungsbildes nehmen zu, je größer die Zahl der Gitteröffnungen ist. Dies ist im folgenden Bild deutlich zu sehen.

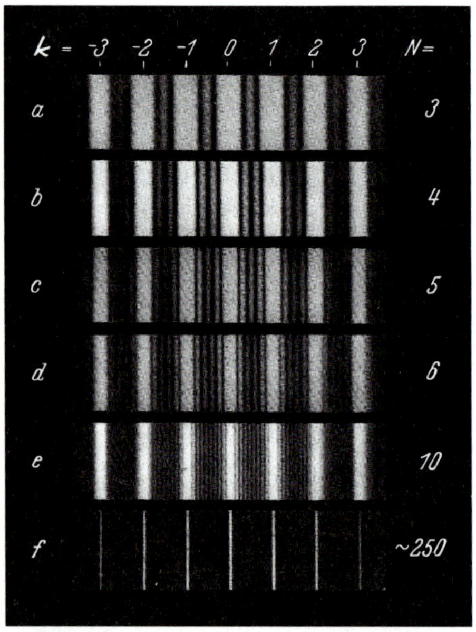

Beugungsgitter auf Graviermaschine

4. Die Beugung am Strichgitter

Das Beugungsbild eines Doppelspaltes besitzt drei große Nachteile: Die Beugungsmaxima liegen verhältnismäßig nahe nebeneinander, haben eine geringe Intensität und sind nicht scharf abgegrenzt. Wir wollen diese Mängel beheben.

An der eben hergeleiteten Formel sehen wir, daß die Beugungsmaxima um so mehr auseinandertreten, je kleiner wir den Spaltabstand wählen. Die Intensität der Beugungsmaxima können wir erhöhen, wenn wir nicht nur zwei Lichtwellenzüge zur Überlagerung bringen, sondern sehr viele. Es wird daher günstig sein, sehr viele Spaltöffnungen zu verwenden, die in möglichst geringen, stets gleichbleibenden Abständen nebeneinandergesetzt sind. Man erhält so ein *Beugungsgitter.* Den Abstand zweier benachbarter Spaltöffnungen nennt man Gitterkonstante.

Wie die Abbildung zeigt, wird die Lage der Beugungsmaxima durch die gleiche Formel beschrieben wie bei einem Doppelspalt. Je mehr Öffnungen ein Strichgitter hat, desto schärfer sind die Beugungsmaxima gegen die umgebende Dunkelheit abgegrenzt. Wenn nämlich der Wegunterschied zweier benachbarter Wellenzüge auch nur ganz wenig vom ganzzahligen Vielfachen einer Wellenlänge abweicht, so summiert sich der geringe Gangunterschied doch auf, wenn man das ganze Gitter mit seinen zahlreichen Öffnungen betrachtet. Man kann dann stets einen Wellenzug finden, der relativ zum betrachteten Wellenzug um eine halbe Wellenlänge verschoben ist. Es kommt daher zur Auslöschung. Das Beugungsmaximum geht ganz plötzlich in Dunkelheit über! Wir halten fest:

> Die Beugungsmaxima liegen um so weiter auseinander, je kleiner der Spaltabstand (Gitterkonstante) ist.
> Die Beugungsmaxima sind um so intensiver und um so schärfer, je größer die Zahl der beugenden Spaltöffnungen ist.

Die Gitterkonstante d darf nicht zu klein gemacht werden. Erreicht sie nämlich die Größe der Wellenlänge, so wird bereits das Beugungsmaximum 1. Ordnung um 90° gebeugt. Die höheren Beugungsmaxima kommen nicht mehr zustande. Ist die Gitterkonstante kleiner als die Wellenlänge, so kann man nur noch das Beugungsmaximum 0. Ordnung beobachten.

Die ersten Gitter stellte der deutsche Physiker Joseph von Fraunhofer um 1820 her, indem er dünne Drähte in gleichen Abständen auf einen Metallrahmen spannte. Später war es der amerikanische Physiker Henry Rowland (1848–1901), der in der Herstellung von Beugungsgittern eine besondere Meisterschaft erlangte. Er pflegte die Gitter mit einem Diamanten auf Spiegelmetall zu ritzen. Diese Gitter zeigen die Beugungserscheinungen im reflektierten Licht. Mit einer Maschine, deren Kernstück eine sehr vollkommene Schraube ist, vermochte Rowland 1 700 Striche auf ein Millimeter zu ritzen – und das über eine Strecke von mehreren Zentimetern! Heute werden die Gitter meist auf photographischem Wege hergestellt.

5. Die Messung der Lichtwellenlänge

Wir wollen nun mit einem Gitter die Wellenlänge des Lichtes messen. Zu dem Zweck ersetzen wir in der Versuchsanordnung des vorhergehenden Abschnittes den Doppelspalt durch ein Beugungsgitter und entfernen zunächst das rote Filter. Am Schirm zeigt sich ein ausgedehntes, symmetrisches »Gitterspektrum«. In der Mitte steht das Beugungsmaximum 0. Ordnung. Links und rechts davon sehen wir die Beugungsmaxima 1. Ordnung. Dann folgen die Beugungsmaxima 2. Ordnung usw. Das Beugungsmaximum 0. Ordnung ist weiß, weil dort alle Spektralfarben aufeinanderfallen.

Die Beugungsmaxima höherer Ordnung sind außen rot und innen violett. Vergleicht man diese Farbauffächerung mit unserer Formel, so erkennt man, daß den einzelnen Spektralfarben verschiedene Wellenlängen zugeordnet werden müssen.

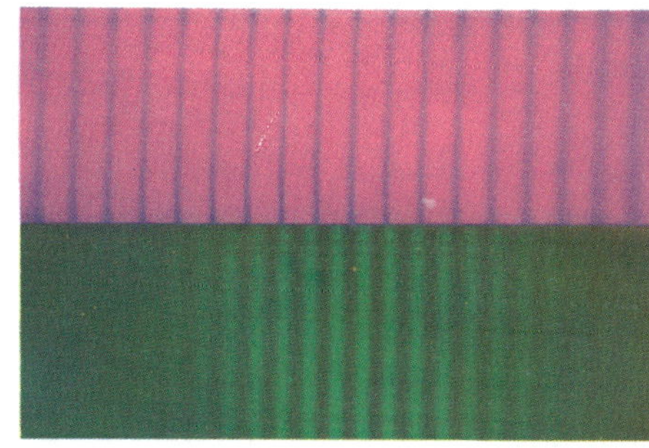

Gitterspektrum im roten und im grünen Licht.

> Zur roten Spektralfarbe gehört die größte,
> zur violetten Spektralfarbe die kleinste Wellenlänge.

Nun soll mit einem Gitter, dessen Gitterkonstante $d = 10^{-5}$ m beträgt, die Wellenlänge des roten, des gelben, des grünen und des blauen Lichtes gemessen werden. Wir schieben vor die Lichtquelle das entsprechende Farbfilter und messen am Schirm die Entfernung s, die zwischen dem 1. Beugungsmaximum und dem 0. Beugungsmaximum liegt. Ist der Abstand des Schirmes vom Gitter D, so kann man, weil der Winkel φ klein ist, näherungsweise schreiben:

$$\sin\varphi \approx \tan\varphi = \frac{s}{D}.$$

Auf diese Weise ergeben sich folgende Resultate:

Farbe	D in m	s in m	$\sin\varphi = \frac{s}{D}$	$\lambda = d\,\frac{s}{D}$ in m	$f = \frac{c}{\lambda}$ in Hz
Rot	3	0,195	0,065	$650 \cdot 10^{-9}$	$4{,}6 \cdot 10^{14}$
Gelb	3	0,175	0,058	$580 \cdot 10^{-9}$	$5{,}2 \cdot 10^{14}$
Grün	3	0,160	0,053	$530 \cdot 10^{-9}$	$5{,}7 \cdot 10^{14}$
Blau	3	0,145	0,048	$480 \cdot 10^{-9}$	$6{,}2 \cdot 10^{14}$

Auf einer Compact-Disk ist die Information über die Musik in einer fortlaufenden Spirale von durchsichtigen und undurchsichtigen Stellen untergebracht. Die benachbarten Spuren wirken wie ein Gitter.

In der letzten Spalte haben wir auch noch die zugehörigen Frequenzen angegeben. Tritt nämlich das Licht vom Vakuum in ein Medium über, so bleibt seine Frequenz unverändert. Die Wellenlänge dagegen wird mit der Fortpflanzungsgeschwindigkeit kleiner. Die Frequenz und nicht die Wellenlänge charakterisiert daher in eindeutiger Weise die Spektralfarben. Unsere Messungen führen also zu folgenden Ergebnissen:

> Weißes Licht setzt sich aus Wellen
> verschiedener Frequenzen zusammen.
> Rotes Licht hat eine kleinere Frequenz als blaues Licht.
> Im Vakuum ist die Lichtgeschwindigkeit
> von der Frequenz unabhängig.
> In Materie laufen die Lichtwellen mit hoher Frequenz (blau)
> langsamer als die Lichtwellen mit niederer Frequenz (rot).

Das Gitterspektrum hat im Gegensatz zum Prismenspektrum eine symmetrische Form.

Die Abhängigkeit der Fortpflanzungsgeschwindigkeit von der Frequenz einer Welle wird *»Dispersion«* genannt. Der Ausdruck heißt eigentlich »Aufspaltung« und soll an die Farbauffächerung des Prismas erinnern, die ja gerade in der Frequenzabhängigkeit der Fortpflanzungsgeschwindigkeit ihre Ursache hat. Die Bezeichnung wird aber nicht nur auf Lichtwellen angewendet, sondern steht ganz allgemein im Gebrauch. So weisen z. B. die Schallwellen in Luft keine Dispersion auf. Auch Wasserwellen zeigen keine Dispersion. Die Lichtwellen wiederum zeigen nur in Materie, nicht aber im Vakuum Dispersion.

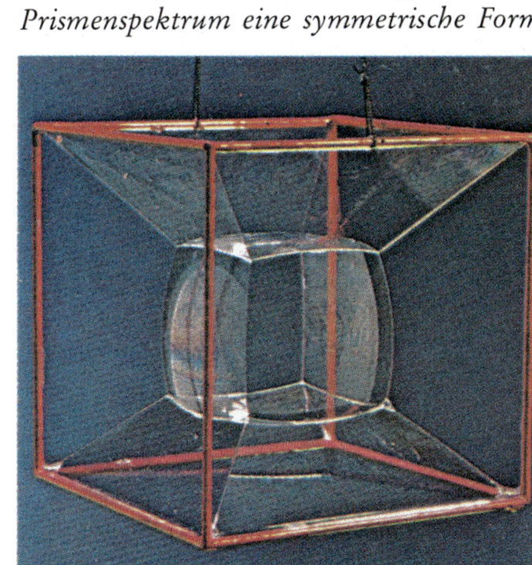

Farben an einer dünnen Seifenhaut

6. Die Farben dünner Schichten

Die Ausmessung des Gitterspektrums hat überraschend kleine Werte für die Wellenlänge des Lichtes geliefert, nämlich etwa das Tausendfache eines

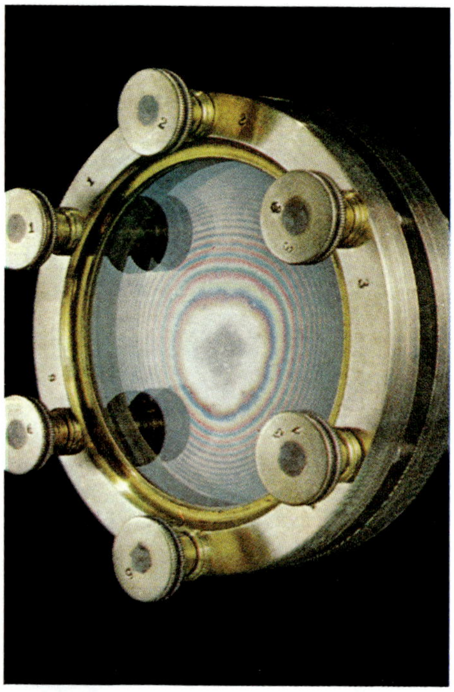

Das Newtonsche Farbenglas

Atomdurchmessers. Eine Überprüfung der Ergebnisse mit einer anderen Methode wäre wünschenswert. Das soll im folgenden geschehen.

Eine Seifenblase besteht zwar aus einer farblosen Flüssigkeit, zeigt aber dennoch leuchtende Farben. Newton vermutete, daß diese Farben mit dem geringen Abstand zwischen Außen- und Innenfläche der Seifenblase zusammenhängen. Zur Überprüfung dieser Idee legte er auf eine ebene Glasplatte eine schwach gewölbte Sammellinse und hoffte, daß die dünne Luftschicht zwischen Linse und Platte ebenfalls zu Farberscheinungen Anlaß gibt. Tatsächlich zeigen sich bei senkrechter Beleuchtung mit weißem Licht konzentrische, farbige Ringe, die nach außen hin immer undeutlicher werden und schließlich ganz verblassen. Newton konnte die Entstehung dieser Farberscheinungen nicht erklären, hat sie aber sehr genau vermessen. Die Anordnung heißt daher »Newtonsches Farbenglas«.

Man bekommt in der Optik stets einfachere und übersichtlichere Verhältnisse, wenn man an Stelle des weißen Lichtes monochromatisches verwendet. Das ist auch hier der Fall. Wir beleuchten das Newtonsche Farbenglas zunächst mit rotem Licht. Im *reflektierten* Licht sieht man helle und dunkle konzentrische Ringe in großer Zahl. Die Mitte des Farbenglases ist dunkel. Im *durchgehenden* Licht sieht man die komplementäre Erscheinung. Dort, wo im reflektierten Licht ein heller Ring war, ist jetzt ein dunkler und umgekehrt. Die Mitte des Farbenglases ist hell. Eine ähnliche Erscheinung ist zu sehen, wenn das Farbenglas mit blauem Licht beleuchtet wird. Der Radius der Ringe ist jetzt etwas kleiner. Man erkennt das besonders deutlich, wenn man das Glas zur Hälfte mit rotem Licht und zur Hälfte mit blauem Licht beleuchtet. Die blauen Ringe stehen enger als die roten!

Die Entstehung der Ringe ist mit der Wellentheorie des Lichtes leicht zu erklären. Dazu erinnern wir zunächst an einen Satz der Wellenlehre:

> Am festen Ende wird ein Wellenberg als Wellental reflektiert.
> Am freien Ende wird ein Wellenberg als Wellenberg reflektiert.

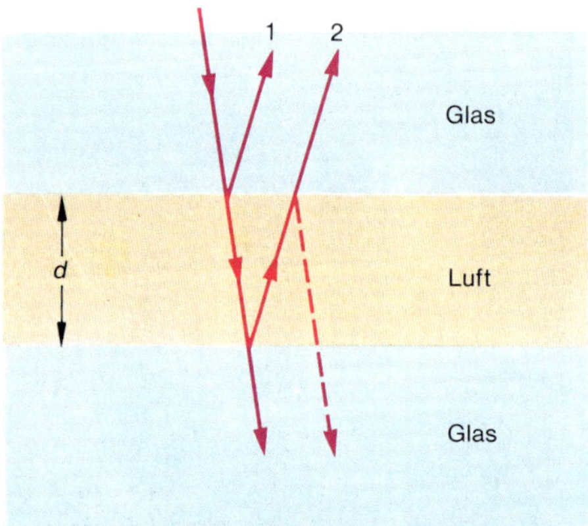

Strahlengang im reflektierten Licht

Dieser Satz legt die Vermutung nahe, daß bei einer Lichtwelle Wellenberg als Wellental zurückkehrt, wenn die Welle an der Grenzfläche Luft gegen Glas (»festes Ende«) zurückgeworfen wird, daß dagegen Wellenberg als Wellenberg wiederkehrt, wenn die Reflexion an der Grenzfläche Glas gegen Luft (»freies Ende«) erfolgt. Tatsächlich können wir mit dieser Annahme die Beobachtungen am Newtonschen Farbenglas erklären und so die Vermutung erhärten.

(1) Der Strahlengang im reflektierten Licht

Das Licht wird an der Oberseite und an der Unterseite der Luftschicht reflektiert. Die Strahlen 1 und 2 erhalten dadurch einen Gangunterschied. Beträgt dieser ein ungeradzahliges Vielfaches einer halben Wellenlänge, so löschen die Strahlen einander aus. Es entsteht Dunkelheit. Weil Strahl 1 an der Grenzfläche Glas gegen Luft, Strahl 2 aber an der Grenzfläche Luft gegen Glas reflektiert wird, ist dies immer dann der Fall, wenn der Wegunterschied $2\,d$ ein *ganzzahliges* Vielfaches einer Wellenlänge bzw. ein *geradzahliges* Vielfaches einer halben Wellenlänge beträgt.

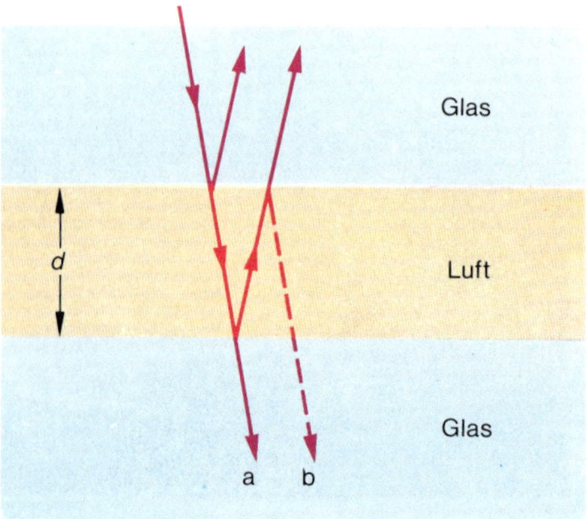

Strahlengang im durchgehenden Licht

(2) Der Strahlengang im durchgehenden Licht

Das Licht wird wiederum an der Oberseite und an der Unterseite der Luftschicht reflektiert. Die Strahlen a und b erhalten dadurch einen Gangunterschied. Beträgt dieser ein ungeradzahliges Vielfaches einer halben Wellenlänge, so löschen die Strahlen einander aus. Es entsteht Dunkelheit. Weil

Strahl b zweimal an der Grenzfläche Luft gegen Glas reflektiert wird und dabei einen Gangunterschied von insgesamt einer Wellenlänge erhält, ist dies dann der Fall, wenn der Wegunterschied $2\,d$ ein *ungeradzahliges* Vielfaches einer halben Wellenlänge beträgt.
Wir halten fest:

Reflektiertes Licht: Dunkelheit für $2\,d = 2\,k\,\frac{\lambda}{2}$

Durchgehendes Licht: Dunkelheit für $2\,d = (2\,k + 1)\,\frac{\lambda}{2}$

$(k = 0, 1, 2, \ldots)$

Ölfilm auf feuchtem Pflaster
Auch hier kommen die lebhaften Farberscheinungen durch Interferenz zustande.

Es hängt also von der Dicke der Luftschicht ab, ob die Strahlen einander verstärken oder auslöschen. Beträgt die Dicke $0, \frac{\lambda}{2}, 2\frac{\lambda}{2}, \ldots$ so wird das reflektierte Licht ausgelöscht und das durchgehende Licht verstärkt. Beträgt die Dicke $\frac{\lambda}{4}, 3\frac{\lambda}{4}, 5\frac{\lambda}{4}, \ldots$ so wird das durchgehende Licht ausgelöscht und das reflektierte Licht verstärkt. Die Erscheinungen sind also zueinander komplementär. Da ferner die blauen Ringe enger stehen als die roten Ringe, muß dem blauen Licht eine kleinere Wellenlänge zukommen als dem roten Licht.

Die Dicke d läßt sich beim Newtonschen Farbenglas leicht berechnen. Bezeichnet man mit r den Radius eines Ringes und mit R den Krümmungsradius der Linse, so gilt nach dem Höhensatz

$$r^2 = d\,(2\,R - d) = 2\,Rd - d^2.$$

Da der Durchmesser $2\,R$ sehr groß ist gegen die kleine Dicke d, können wir auch schreiben:

$$r^2 = 2\,R\,d \qquad \text{oder} \qquad d = \frac{r^2}{2\,R}.$$

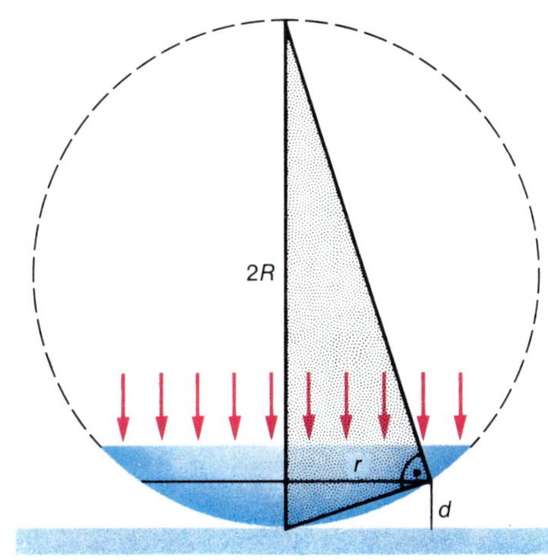

Zur mathematischen Untersuchung des Newtonschen Farbenglases

Betrachten wir den k-ten dunklen Ring im reflektierten Licht, so ergibt sich für die Wellenlänge:

$$2 \cdot \frac{r^2}{2\,R} = 2\,k \cdot \frac{\lambda}{2} \qquad \text{oder} \qquad \lambda = \frac{r^2}{k \cdot R}.$$

Kennt man den Krümmungsradius der Linse, so kann man durch Ausmessen der Ringradien die Wellenlänge des Lichtes bestimmen. Es ergeben sich die gleichen Werte wie bei der Vermessung des Gitterspektrums!

Kennt man umgekehrt die Wellenlänge des Lichtes, so kann man mit dieser Methode sehr präzise Längenmessungen ausführen. Ein Beispiel soll dies zeigen. Wir legen zwei ebene Glasplatten so aufeinander, daß sie sich an der einen Seite berühren, auf der anderen aber durch ein dazwischengelegtes Haar ein wenig voneinander abgehoben werden. Wir beleuchten nun die Anordnung mit rotem Licht der Wellenlänge 650 nm. Im reflektierten Licht zeigen sich dunkle Streifen. Der erste Streifen liegt an der Berührungskante der Gläser, der 41. Streifen am Haar. Daraus läßt sich leicht die Dicke des Haares berechnen. Aus

$$2\,d = 2\,k \cdot \frac{\lambda}{2} \qquad \text{erhält man} \qquad d = 40 \cdot \frac{650 \cdot 10^{-9}}{2}\,\text{m} = 13 \cdot 10^{-6}\,\text{m}.$$

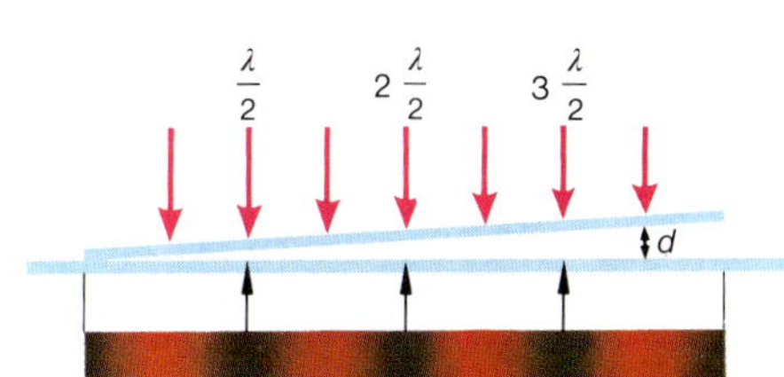

Interferenzstreifen an einer keilförmigen Luftschicht
Kennt man die Wellenlänge des Lichtes, so läßt sich am Interferenzbild die Schichtdicke berechnen.

Auf diese Weise fand Michelson, daß ein Meter die gleiche Länge hat wie 1 650 763,73 Wellenlängen der roten Spektrallinie des Elementes Krypton. Von 1960 bis 1983 war der Meter so definiert. Dies hatte den Vorteil, daß eine Reproduktion jederzeit leicht möglich war.

Beleuchtet man das Newtonsche Farbenglas mit weißem Licht, so werden

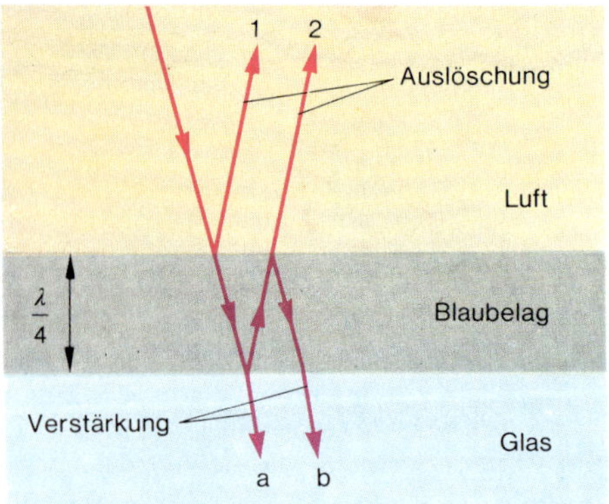

Zur Wirkung des »Blaubelages«
Die Strahlen 1 und 2 löschen einander aus.
Die Strahlen a und b verstärken einander.

Objektiv mit vergüteter Optik

Eine Glasplatte, welche in der Mitte beidseitig vergütet ist, liegt auf schwarzem Samt. In der Mitte wird alles Licht durchgelassen und vom Samt verschluckt. Der nichtvergütete Ring der Platte reflektiert das Licht.

zweiten Spalte von c entsteht — c_{12}. Der Z-Teil in — c_{12} e
ur Nullen. Bei der ... ung nach den letzte
Baumminoren m ... Spalte 1 enthalt
ent nur dieje ... Zeile 1 von
Zeilen mi ... rechenden ... on m_b (1) übe
cht einem ... weig 1, aber ... ig 2, der zw
aber ohne ... Um $-c_{12}$ zu er ... d diese bei
dem Vorze ... -1 versch ... kt aus den
zu multipliz ... verk aus der
lasselbe ist, den ... igen von m_b' (2)
netzwerk enthält a ... schlossenen Kreis d
nahme jedes dieser beiden Zweige zu einem v. B. In diese

In diesem Bild liegt die gleiche Platte auf einem beleuchteten Schriftstück. Sowohl das auffallende wie das vom Papier zurückgeworfene Licht kommen ohne Reflexionsverlust durch die vergütete Plattenmitte.

an den einzelnen Stellen manche Farben ausgelöscht und manche Farben verstärkt. Es entstehen die farbigen Ringe, die Newton so rätselhaft erschienen waren. Je weiter wir uns dem Rande des Farbenglases nähern, desto rascher wächst die Dicke des Luftspaltes und desto schneller wechseln die Farben. Schließlich liegen die Farbringe so dicht, daß sie das Auge nicht mehr getrennt zu sehen vermag, sondern aus allen Spektralbereichen gleichmäßig Licht erhält. Die farbigen Ringe verblassen daher mit zunehmendem Radius und gehen schließlich in Weiß über. Es zeigen also nur dünne Schichten bei Beleuchtung mit weißem Licht Farberscheinungen. Da diese Farben durch Interferenz zustande kommen, bezeichnet man sie als *»Interferenzfarben«*. Auch die Farben der Seifenblasen und der bunt schillernden Ölschichten auf regennassen Straßen entstehen so.

Eine wichtige Anwendung finden dünne Schichten bei optischen Geräten. Man dampft auf die Oberflächen der Linsen eine sehr dünne Schicht eines durchsichtigen Stoffes auf, dessen Brechungsquotient sehr viel kleiner ist als der Brechungsquotient von Glas. Das Licht wird dann an der Vorder- und an der Rückseite dieser Schicht reflektiert, wobei es bei jeder Reflexion einen Gangunterschied von einer halben Wellenlänge erfährt. Macht man die Schicht gerade eine viertel Wellenlänge dick, so erhalten die Strahlen relativ zueinander einen Gangunterschied von einer halben Wellenlänge und löschen einander weitgehend aus. Die Auslöschung wäre vollständig, wenn die Strahlen an der Vorder- und an der Rückseite der Schicht mit der gleichen Intensität reflektiert würden. Das ist leider nicht der Fall. Dennoch kann man auf diese Weise die Intensität des reflektierten Lichtes stark vermindern. Die durchgehenden Strahlen erhalten durch diese Schicht einen Gangunterschied von einer ganzen Wellenlänge. Sie verstärken einander, so daß die Intensität des durchgehenden Lichtes anwächst. Außerdem wird das Bild kontrastreicher, weil die störenden Reflexe entfallen. Fast überall wird heute ein solcherart »vergütetes« Objektiv verwendet.

Natürlich ist es nicht möglich, mit einer einzigen Schicht eine Oberfläche bezüglich des ganzen Spektrums zu vergüten. Ist die Schicht für grünes Licht eingerichtet, so ist sie zu dünn für Rot und zu dick für Violett. Diese Teile des Spektrums werden also reflektiert und geben der Schicht im reflektierten Licht den charakteristischen rötlichblauen Ton. Man bezeichnet die Schicht daher auch als »Blaubelag«.

Testfragen:

1. Welches Experiment führte zum Sturz der Newtonschen Lichttheorie?
2. Wie funktioniert nach der Wellentheorie eine Sammellinse?
3. Wie kommt das Prismenspektrum zustande?
4. Wie sieht das Beugungsbild eines Gitters aus, wenn das Gitter mit weißem Licht beleuchtet wird?
5. Wodurch unterscheidet sich ein Gitterspektrum von einem Prismenspektrum?
6. Welche Spektralfarbe lenkt ein Gitter am stärksten ab?
7. Welche Spektralfarbe lenkt ein Prisma am stärksten ab?
8. Welche Farbe hat im Gitterspektrum das Beugungsmaximum 0. Ordnung, wenn mit weißem Licht beleuchtet wird?
9. In welcher Größenordnung liegt die Vakuumwellenlänge
   a) der roten Spektralfarbe, b) der violetten Spektralfarbe?
10. Ist der roten oder der violetten Spektralfarbe die höhere Frequenz zugeordnet?
11. Was versteht man unter der Dispersion einer Welle?
12. Warum sieht man ein farbiges Band, wenn man eine Schallplatte mit weißem Licht schräg beleuchtet?
13. Wie kommen die Farben des Newtonschen Farbenglases zustande?
14. Warum verblassen die Farben des Newtonschen Farbenglases gegen den Rand hin und gehen allmählich in Weiß über?
15. Warum zeigen sich manchmal farbige Ringe, wenn man ein Diapositiv projiziert?
16. Welche Aufgabe hat der Blaubelag auf Linsen?

IV. Die Polarisation des Lichtes

Die Beugungs- und Interferenzerscheinungen stellen eine weitere Bestätigung für die Wellennatur des Lichtes dar. Ob es sich um Longitudinalwellen oder um Transversalwellen handelt, bleibt noch zu klären, denn die Beugungs- und Interferenzerscheinungen treten in gleicher Weise bei beiden Wellentypen auf.

Christian Huygens und Thomas Young sahen in den Lichtwellen elastische Wellen, die sich – ähnlich wie die Schallwellen in Luft – im Äther fortpflanzen. Der Äther selbst sollte das ganze Universum erfüllen und alle Körper durchdringen. Er konnte daher – so glaubte man damals schließen zu müssen – keinesfalls ein fester Körper sein, sondern mußte viel eher die Eigenschaften einer sehr feinen Flüssigkeit oder eines sehr dünnen Gases haben. Weil sich in Flüssigkeiten und Gasen wegen der fehlenden Querkräfte keine Transversalwellen ausbreiten können, faßten die Forscher der damaligen Zeit das Licht als elastische Longitudinalwelle auf. Außerdem hatte man keinerlei Anzeichen einer »Seitlichkeit« beobachtet, sondern stets gefunden, daß sich das Licht um die Fortpflanzungsrichtung völlig rotationssymmetrisch verhält. So schien die Annahme von longitudinalen Lichtwellen aufs beste begründet und mit allen Tatsachen in Übereinstimmung zu sein.

Um so größer war die Überraschung, als der französische Physiker Etienne Louis Malus im Jahre 1808 entdeckte, daß Licht unter gewissen Umständen seine Symmetrie um die Fortpflanzungsrichtung einbüßt und eine »Seitlichkeit« aufweist. Man gab ihr den Namen »Polarisation«. Mit dem Modell der longitudinalen Lichtwelle war diese Erscheinung nicht zu erklären!

Mit polarisiertem Licht läßt sich der mechanische Spannnungszustand in durchsichtigen Kunststoffen untersuchen. Die unteren Bilder zeigen im Modell verschiedene Kieferstellungen unter der Einwirkung des Kaudrucks. Die farbigen Linien geben dem Fachmann Aufschluß über die mechanischen Kräfte im Kiefer bei richtiger und falscher Belastung.

Das obere Bild gibt einen Eindruck von der Meßanordnung. Sie wird später noch genauer beschrieben.

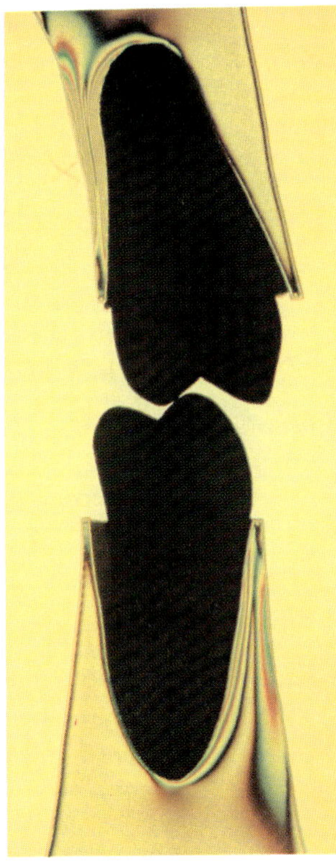

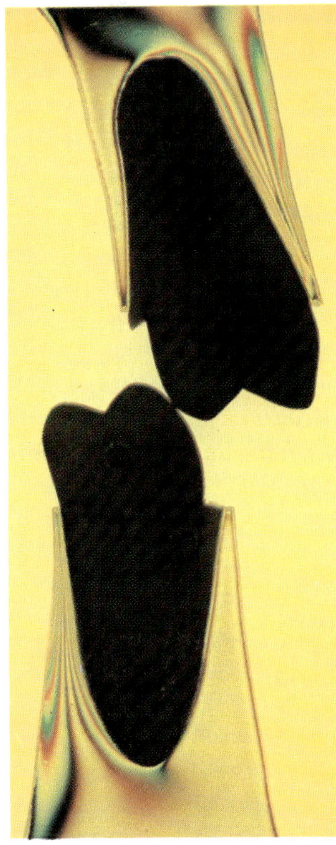

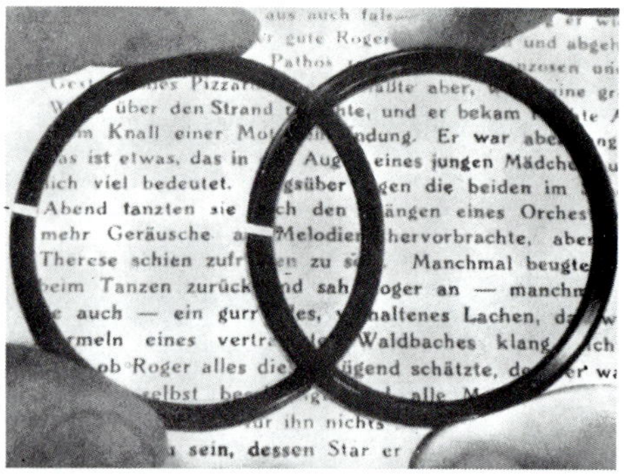

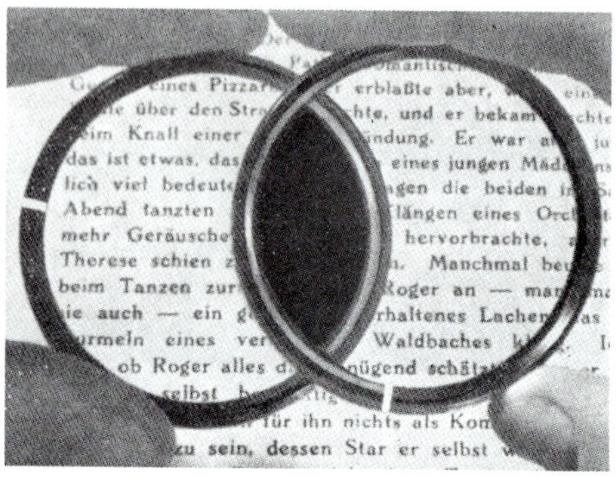

Zwei Polarisationsfolien in »paralleler« und in »gekreuzter« Stellung

1. Die Erzeugung polarisierten Lichtes

Polarisiertes Licht kann man auf verschiedene Weise herstellen. Wir beschränken uns auf zwei besonders wichtige Verfahren: auf die Erzeugung durch Polarisationsfilter und auf die Erzeugung durch Reflexion an durchsichtigen Körpern.

a) Erzeugung durch Polarisationsfilter

Polarisationsfilter sind durchsichtige Kunststoffolien, die aus langgestreckten Molekülen aufgebaut sind. Diese Moleküle werden bei der Herstellung der Folie durch Recken parallel gerichtet, so daß in der Folie eine Vorzugsrichtung entsteht.

Wir lassen durch eine derartige Folie Licht treten. Unser Auge vermag am durchgehenden Licht außer einer geringen Absorption keine Veränderung festzustellen. Nun legen wir auf die Folie eine zweite gleichartige Folie, welche wir langsam drehen. Wir beobachten am durchgehenden Licht starke Helligkeitsschwankungen. Es zeigt sich, daß das Licht fast ungeschwächt durch die Folien tritt, wenn die durch die Molekülachsen festgelegten Vorzugsrichtungen der Folien zueinander parallel liegen, daß aber Dunkelheit eintritt, wenn die Vorzugsrichtungen zueinander senkrecht stehen, die Folien also »gekreuzt« sind. Man bezeichnet die erste Folie als »Polarisator«, die zweite als »Analysator«.

Es ergibt sich also folgendes Resultat:

> Stehen Polarisator und Analysator »parallel«, so herrscht Helligkeit.
> Stehen Polarisator und Analysator »gekreuzt«, so herrscht Dunkelheit.

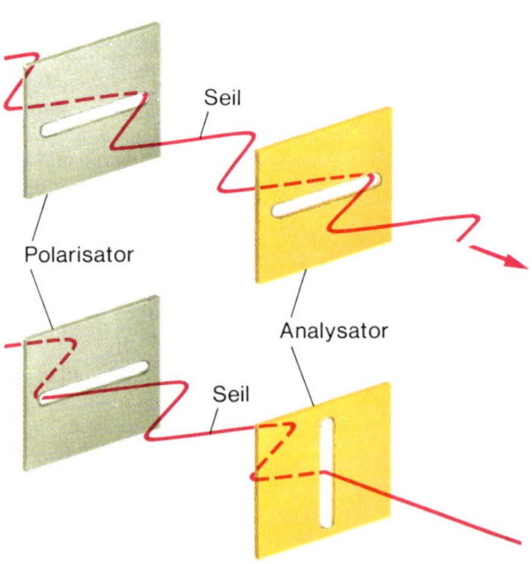

Mechanisches Modell, durch welches die Wirkung der beiden Polarisationsfolien veranschaulicht werden soll.

Dieses Experiment läßt sich mit dem Modell einer longitudinalen Lichtwelle nicht erklären, wohl aber mit dem Modell einer transversalen Lichtwelle. Man muß nur annehmen, daß Licht durch ein Polarisationsfilter durchtreten kann, wenn es parallel zur Vorzugsrichtung schwingt, dagegen im Filter absorbiert wird, wenn seine Schwingungsrichtung senkrecht zur Vorzugsrichtung des Filters steht.*) Schwingt das Licht schräg zur Vorzugsrichtung, so kann man den linear polarisierten Wellenzug in zwei Komponenten zerlegen, die parallel und senkrecht zur Vorzugsrichtung schwingen. Die parallel schwingende Komponente wird durchgelassen, die senkrecht schwingende Komponente wird absorbiert. Dreht man daher den Analysator aus der »parallelen« Stellung um 90° in die »gekreuzte« Stellung, so nimmt die Helligkeit des durchgehenden Lichtes allmählich ab und erreicht in der »gekreuzten« Stellung den Wert Null. Die vollständige Dunkelheit bei gekreuzten Filtern beweist zugleich, daß die Lichtwellen reine Transversalwellen sind und nicht etwa aus einem Gemisch longitudinaler und transversaler Wellen bestehen können.

Wir werden daher zu dem Schluß geführt:

> Die Lichtwellen sind Transversalwellen.

Es bleibt noch die Frage zu klären, warum »natürliches« Licht ein rotationssymmetrisches Verhalten um die Fortpflanzungsrichtung zeigt. Eine spätere Untersuchung wird ergeben, daß die einzelnen Atome einer Licht-

*) Man könnte natürlich auch die entgegengesetzte Annahme machen. Wir werden jedoch später sehen, daß die hier getroffene Festlegung die richtige ist.

quelle kurze, linear polarisierte Lichtwellenzüge aussenden, die alle möglichen Schwingungsrichtungen in gleichmäßiger Verteilung besitzen. Die Wellenzüge bilden durch Überlagerung das »natürliche« Licht, welches aus statistischen Gründen keine ausgezeichnete Schwingungsrichtung haben kann. Fällt dieses Licht auf den Polarisator, so kann von jedem Lichtwellenzug nur die parallel zur Durchlaßrichtung schwingende Komponente hindurchtreten, während die senkrecht schwingende Komponente in der Folie absorbiert wird. Die Absorption, die man beim Durchgang des Lichtes durch den Polarisator bemerkt, wird so verständlich.

Die zahlreichen, verhältnismäßig kurzen Lichtwellenzüge, die eine Lichtquelle aussendet, sind auch der Grund, weshalb zwei Spaltöffnungen, die mit zwei getrennten Lichtquellen beleuchtet werden, keine Interferenzerscheinungen liefern. Die Schwingungsebenen der einzelnen Lichtwellenzüge haben nämlich im allgemeinen verschiedene Raumlagen und können daher nicht zur »konstruktiven« bzw. »destruktiven« Interferenz gebracht werden.

Wir haben deshalb im vorhergehenden Kapitel den Doppelspalt und das Gitter mit ein und derselben Lichtquelle beleuchtet, die zweckmäßigerweise die Gestalt eines schmalen, leuchtenden Spaltes besaß. Jeder ausgesandte Lichtwellenzug fiel auf diese Weise auf *alle* Spaltöffnungen des Gitters auf und erzeugte nach dem Huygensschen Prinzip dort *gleichartige* Wellenzüge, die – falls sie gleichzeitig an einem bestimmten Punkt eintrafen – miteinander interferieren konnten. Derartige Wellenzüge werden *»kohärent«* genannt.

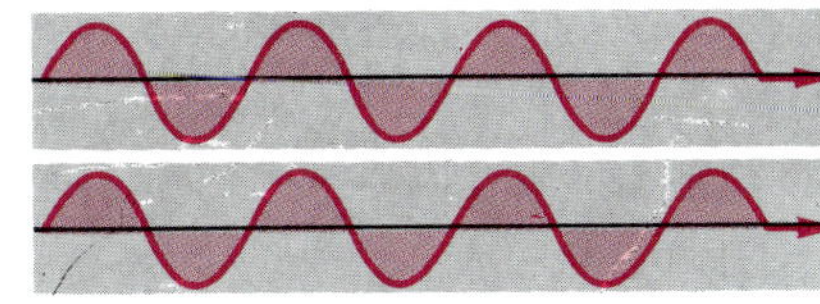

Kohärentes Licht

Die Polarisationsfilter werden heute an vielen Stellen verwendet. Beispielsweise kann man mit ihrer Hilfe das stereoskopische Sehen im Kino verwirklichen. Man projiziert gleichzeitig mit zwei Filmprojektoren zwei stereoskopisch aufgenommene Filme auf die Leinwand. Jeder Projektor trägt ein Polarisationsfilter, und zwar so, daß die Schwingungsebenen der beiden linear polarisierten Lichtbündel aufeinander senkrecht stehen. Der Besucher betrachtet die Bilder durch eine Brille, die als »Gläser« zwei entsprechende Polarisationsfilter enthält. Jedes Auge sieht dann nur eines von den beiden projizierten Bildern. Beide Augen zusammen vermitteln den räumlichen Eindruck.

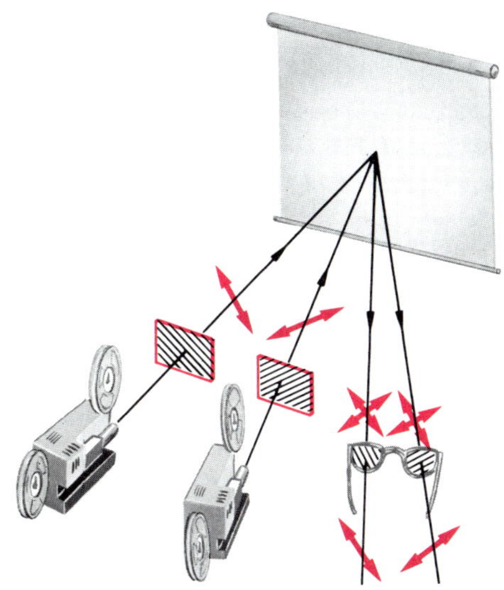

Mit Polarisationsfolien läßt sich im Kino der dreidimensionale Eindruck eines stereoskopischen Filmes wiedergeben.

b) Erzeugung durch Reflexion an durchsichtigen Körpern

Untersucht man mit einem Polarisationsfilter das Licht, welches an einer Glasplatte reflektiert wurde, indem man das Filter um die Ausbreitungsrichtung des reflektierten Strahles dreht, so stellt man Helligkeitsschwankungen fest. Offenbar hat das Licht bei der Reflexion an der Glasplatte sein rotationssymmetrisches Verhalten um die Ausbreitungsrichtung verloren.

Beträgt der Einfallswinkel 57° und steht die Durchlaßrichtung der Folie senkrecht auf die Reflexionsebene, so kann der reflektierte Strahl die Folie am besten durchdringen. Dreht man aber die Folie um 90°, so vermag das Licht die Folie nicht mehr zu durchqueren. Es tritt vollständige Absorption auf. Der reflektierte Lichtstrahl ist daher in diesem speziellen Fall linear polarisiert und schwingt senkrecht zur Reflexionsebene. Der Einfallswinkel, bei dem diese besonderen Verhältnisse vorliegen, heißt *Polarisationswinkel.*

Wir wollen sehen, welchem Gesetz der Polarisationswinkel gehorcht, und rechnen mit dem Brechungsgesetz den zugehörigen Brechungswinkel aus. Es gilt:

$$\frac{\sin\alpha}{\sin\beta} = n \quad \text{oder} \quad \frac{\sin 57^\circ}{\sin\beta} = 1{,}53 \quad \text{oder} \quad \beta = 33^\circ.$$

Einfalls- und Brechungswinkel ergänzen einander zu 90°! Tatsächlich haben Untersuchungen an verschiedenen durchsichtigen Stoffen gezeigt, daß der reflektierte Strahl immer dann senkrecht zur Reflexionsebene schwingt, wenn er senkrecht auf dem gebrochenen Strahl steht.

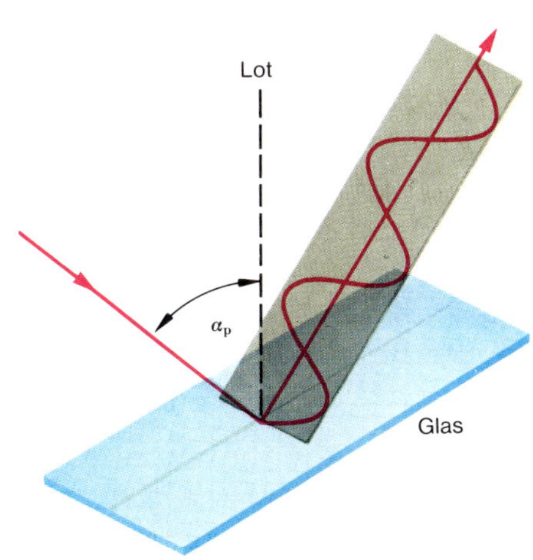

Wenn das Licht unter dem Polarisationswinkel auf eine durchsichtige Fläche fällt, ist der reflektierte Strahl linear polarisiert und schwingt parallel zur Fläche.

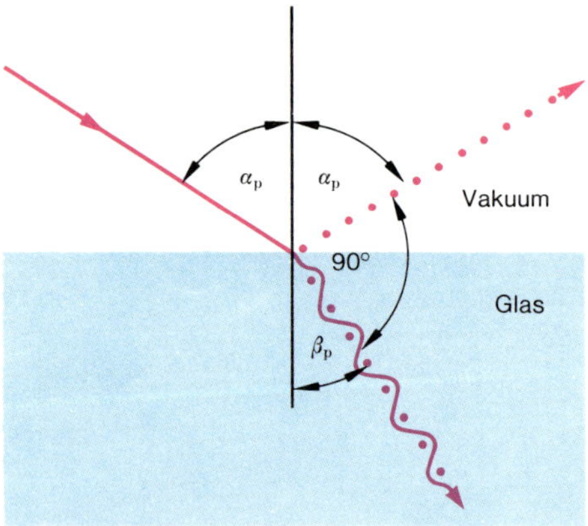

Fällt das Licht unter dem Polarisationswinkel auf eine durchsichtige Fläche, so steht der reflektierte Strahl senkrecht auf dem gebrochenen Strahl.

Diese Beziehung wird nach ihrem Entdecker als Brewstersches Gesetz bezeichnet. Sie kann verwendet werden, um den Polarisationswinkel mit Hilfe des Brechungsgesetzes auszurechnen, und lautet:

> Stehen reflektierter und gebrochener Strahl aufeinander senkrecht, so ist der reflektierte Strahl linear polarisiert und schwingt senkrecht zur Reflexionsebene.

Fällt daher natürliches Licht unter dem Polarisationswinkel auf ein durchsichtiges Medium, so kann man sich jeden linear polarisierten Wellenzug in zwei Komponenten zerlegt denken, die parallel und senkrecht zur Einfallsebene schwingen. Die parallel schwingenden Komponenten werden *vollständig* gebrochen. Die senkrecht schwingenden Komponenten dagegen werden nur *zum Teil* gebrochen. Der größte Teil wird reflektiert. (Der gebrochene Strahl muß deshalb bevorzugt in der Einfallsebene schwingen, was auch tatsächlich der Fall ist.) Linear polarisiertes Licht kann man demnach durch Reflexion an *durchsichtigen Körpern* erhalten. Bei der Reflexion an *Metallspiegeln* dagegen tritt keine Trennung der Polarisationsrichtungen auf, so daß man auf diese Weise auch kein linear polarisiertes Licht zu erzeugen vermag.

Polaroidbrille
Ein Teil der Strahlen, welche am glänzenden Kunstdruckpapier reflektiert werden, kann die Polarisationsfolien nicht durchdringen. Weil die Blendwirkungen wegfallen, wird das Lesen erleichtert.

Weil Licht, welches an durchsichtigen Körpern reflektiert wird, zumindest teilweise polarisiert ist, fällt es nicht schwer, störende Reflexionen mit Polarisationsfiltern zu unterdrücken. Davon wird in der Photographie Gebrauch gemacht. Aber auch die Polaroidbrillen funktionieren so. Spiegelt sich beispielsweise die Sonne auf einer Wasserfläche, so schwingt das reflektierte Sonnenlicht hauptsächlich in horizontaler Richtung. Sind nun die Gläser einer Polaroidbrille so orientiert, daß sie nur vertikal schwingendes Licht durchlassen, so werden die Sonnenreflexe auf dem Wasser stark reduziert.

Läßt man das blaue Streulicht des Himmels durch ein Polarisationsfilter fallen, so wird man beim Drehen des Filters bemerken, daß auch das Streulicht polarisiert ist. Das menschliche Auge vermag davon freilich ohne Hilfsmittel nichts zu bemerken. Wohl aber gibt es Tiere, welche die Schwingungsrichtung des blauen Himmelslichtes erkennen können und zur Orientierung heranziehen. Für die Biene hat dies der österreichische Nobelpreisträger Prof. Karl v. Frisch zweifelsfrei bewiesen. Aber auch Wespen, Hummeln, Ameisen, Fliegen, Wasserläufer, Krabben und Tintenfische können die Schwingungsrichtung des Lichtes wahrnehmen.
Wir merken uns:

> Gestreutes Licht ist polarisiert.

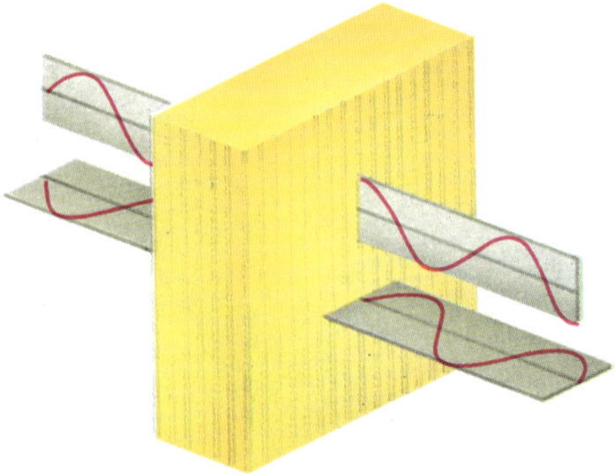

Doppelbrechender Körper
Die Lichtwellen, welche parallel zur optischen Achse schwingen, durchlaufen den Körper mit einer anderen Geschwindigkeit als jene, welche senkrecht zur optischen Achse schwingen. (Die Richtung der optischen Achse ist durch Schraffur angedeutet.)

2. Doppelbrechende Körper

Durchsichtige Körper, die aus langgestreckten, parallel ausgerichteten Molekülen bestehen, haben eine interessante Eigenschaft. Sie besitzen zwei Brechungsquotienten! Man bezeichnet die Richtung, in der die Längsachsen der Moleküle liegen, als *optische Achse*. Wir denken uns aus dem Körper parallel zur optischen Achse eine Platte herausgeschnitten und lassen senkrecht auf die Plattenoberfläche linear polarisiertes, rotes Licht auffallen. Schwingt das Licht parallel zur optischen Achse, so durchquert es die Platte mit einer gewissen Geschwindigkeit $c_{\parallel}$, schwingt es aber senkrecht zur optischen Achse, so durchläuft es die Platte mit einer anderen Geschwindigkeit $c_{\perp}$.

Körper dieser Art werden *»doppelbrechend«* genannt. Polarisationsfilter sind doppelbrechende Folien, die Licht, das senkrecht zur optischen Achse schwingt, absorbieren.

Was geschieht, wenn das senkrecht auf die Platte fallende, linear polarisierte Licht schräg zur optischen Achse schwingt? Beispielsweise soll die Schwingungsebene mit der optischen Achse einen Winkel von 45° einschließen. In diesem Fall können wir uns das auffallende Licht in zwei Komponenten zerlegt denken, die parallel und senkrecht zur optischen Achse schwingen. Da die Fortpflanzungsgeschwindigkeiten dieser beiden Komponenten in der Platte verschieden sind, wird die eine Komponente die andere in der Platte überholen. Es wird sich zwischen den beiden Komponenten in der Platte ein Gangunterschied aufbauen. Ist die Dicke der Platte gerade so bemessen, daß die austretenden Komponenten einen Gangunterschied von einer viertel Wellenlänge erreicht haben, so wird zirkular polarisiertes Licht weitergehen.

Setzt man hinter dieses »$\lambda/4$-Plättchen« ein zweites »$\lambda/4$-Plättchen«, so wird das zirkular polarisierte Licht wieder in linear polarisiertes Licht umgewandelt. Weil der Gangunterschied zwischen den beiden Komponenten jetzt aber eine halbe Wellenlänge beträgt, wird die Schwingungsrichtung senkrecht zur ursprünglichen Schwingungsrichtung liegen. Läßt man ein drittes »$\lambda/4$-Plättchen« folgen, so wird wieder zirkular polarisiertes Licht austreten, diesmal aber mit entgegengesetzter Umlaufrichtung, denn der Gangunterschied beträgt jetzt nicht ein Viertel, sondern drei Viertel einer Wellenlänge. Ein viertes »$\lambda/4$-Plättchen« erzeugt schließlich wieder das ursprüngliche linear polarisierte Licht. Beim Durchqueren einer Platte *senkrecht* zur optischen Achse verändert das Licht also ständig seinen Polarisationszustand.

Beleuchtet man die Platte mit linear polarisiertem, weißem Licht, so wird jede Spektralfarbe nach Durchqueren der Platte einen speziellen Polarisationszustand aufweisen. Gewisse Spektralfarben werden linear, andere zirkular polarisiert sein, und wieder andere werden Zwischenformen zeigen. Läßt man dieses Gemisch durch einen Analysator gehen, so werden die zirkular polarisierten Spektralfarben fast ungehindert hindurchtreten können, die linear polarisierten Spektralfarben aber je nach der gewählten Stellung des Analysators mehr oder weniger zurückgehalten werden. Es entsteht daher ein farbiges Gesichtsfeld. Durch Drehen des Analysators kann man diese *»Polarisationsfarbe«* verändern.

Cellophan besteht aus langen, faserförmigen Molekülen, die parallel zueinander ausgerichtet sind. Mit derartigen Folien lassen sich die eben angestellten Überlegungen leicht experimentell überprüfen.

Wir legen eine Cellophanfolie zwischen zwei gekreuzte Polarisationsfilter und beleuchten die Anordnung zunächst mit rotem Licht. Dreht man die Cellophanfolie um das einfallende Lichtbündel als Achse, so findet man zwei senkrecht aufeinander stehende Stellungen, bei welchen das sonst helle Gesichtsfeld dunkel wird. In diesen Stellungen schwingt das linear polarisierte Licht genau parallel bzw. senkrecht zur optischen Achse der Cellophanfolie. Es erfährt daher in seiner Schwingungsrichtung keine Veränderung und durchdringt die gekreuzten Filter nicht.

Dreht man die Cellophanfolie um 45°, so wird das Gesichtsfeld hell. Hat die Folie zufällig gerade die Dicke eines $\lambda/4$-Plättchens, so ist das austretende Licht zirkular polarisiert. Es ändert sich daher die Helligkeit nicht, wenn man den Analysator dreht. Hat die Folie die doppelte Dicke, so tritt linear polarisiertes Licht aus, welches senkrecht zur ursprünglichen Schwingungsrichtung schwingt und den Analysator in gekreuzter Stellung, nicht aber in paralleler Stellung zu durchdringen vermag.

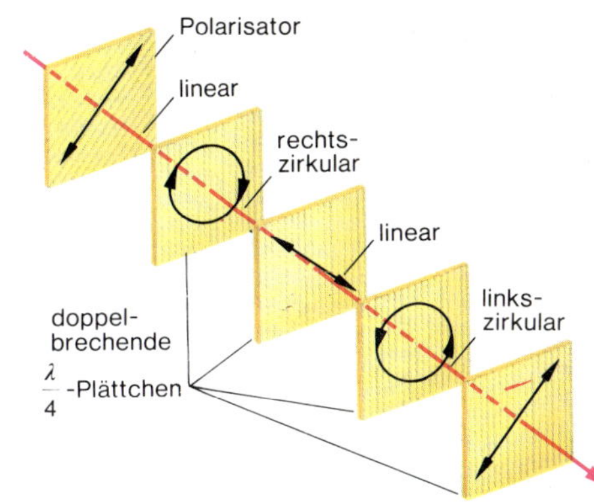

Beim Durchlaufen der Plättchen verändert das Licht seinen Polarisationszustand. Man kann so z. B. linear polarisiertes Licht in zirkular polarisiertes Licht verwandeln.

Hier wurde mit Tesastreifen ein einfaches Muster geklebt und zwischen zwei Polarisationsfilter gelegt. Die Polarisationsfarben sind deutlich zu sehen. Die beiden Bilder unterscheiden sich in der Analysatorstellung. Die Abhängigkeit der Polarisationsfarben von der Analysatorstellung kommt klar zum Ausdruck.

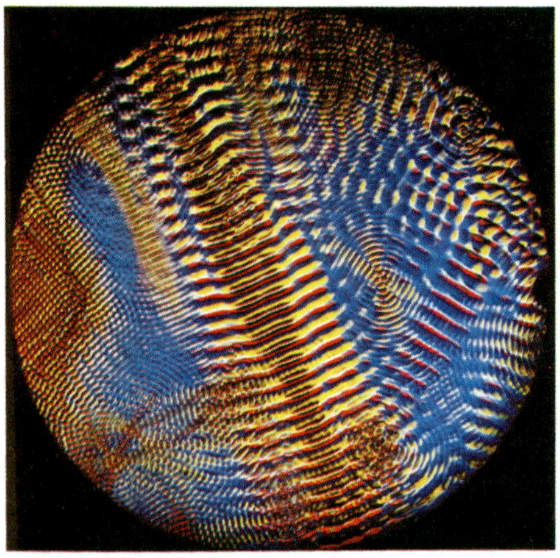

Hier wurde mit polarisiertem Licht der Schwingungszustand einer vom Schall getroffenen Wasserfläche markiert.

Beleuchtet man die Anordnung mit weißem Licht, so können die einzelnen Spektralfarben den Analysator nur in unterschiedlicher, von der Analysatorstellung abhängigen Stärke durchdringen. Es entsteht daher ein farbiges Gesichtsfeld. Dreht man den Analysator um 90°, so schlägt die Farbe ins Komplementäre um. Sie ändert sich natürlich auch, wenn man die Dicke der Folie durch Falten oder Kleben modifiziert. Man kann so mit einigem Geschick ein »Diapositiv« herstellen, das seine Farben beim Drehen der Polarisationsfilter in abenteuerlicher Weise verändert.

Manche durchsichtigen Kunststoffe bestehen aus langen, ineinander verschlungenen Molekülen. Läßt man diese Kunststoffe vorsichtig erstarren, so tritt keine Vorzugsrichtung in ihnen auf. Wenn man nun aber den Kunststoff biegt, preßt oder dehnt, dann werden die Moleküle durch die auftretenden elastischen Spannungen ausgerichtet. Der Kunststoff wird an den stark beanspruchten Stellen doppelbrechend. Da man die doppelbrechenden Stellen mit polarisiertem Licht sichtbar machen kann, läßt sich ein Bild vom inneren Spannungszustand eines jeden Körpers gewinnen. Man baut ein entsprechendes Kunststoffmodell, belastet es und studiert auf optischem Wege die auftretenden Spannungen. (Spannungsoptik.)

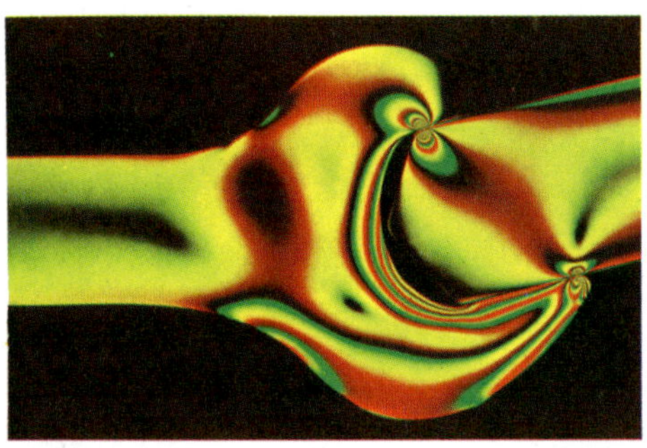

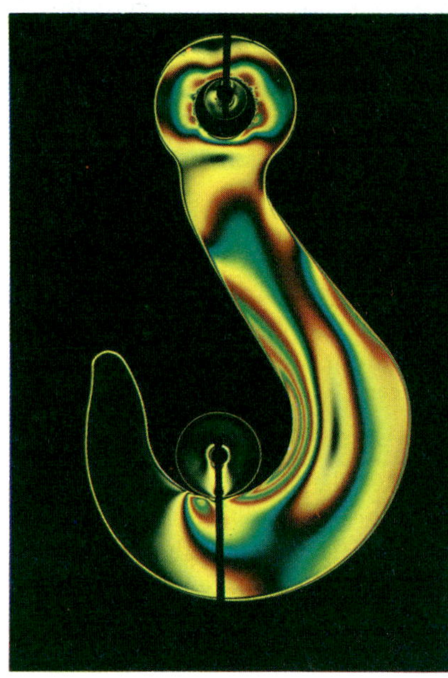

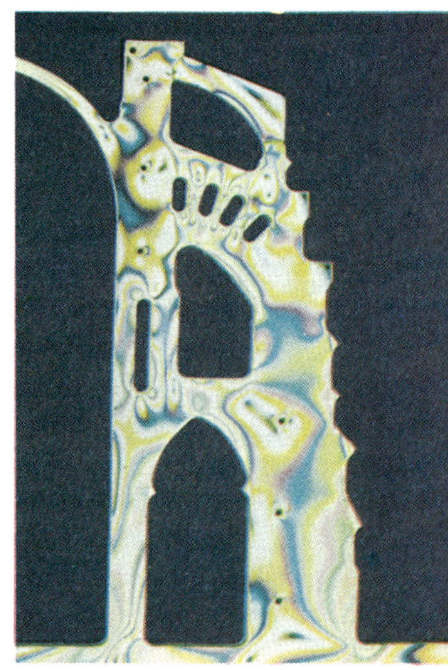

Bilder zur Spannungsoptik
Die belasteten Kunststoffmodelle wurden zwischen zwei Polarisationsfilter gesetzt und mit weißem Licht durchstrahlt. Die auftretenden Polarisationsfarben sind ein Maß für die mechanischen Spannungen. Der Fachmann kann so erkennen, wo die Körper beansprucht werden. (Querschnitt der Kathedrale von Chartres!)

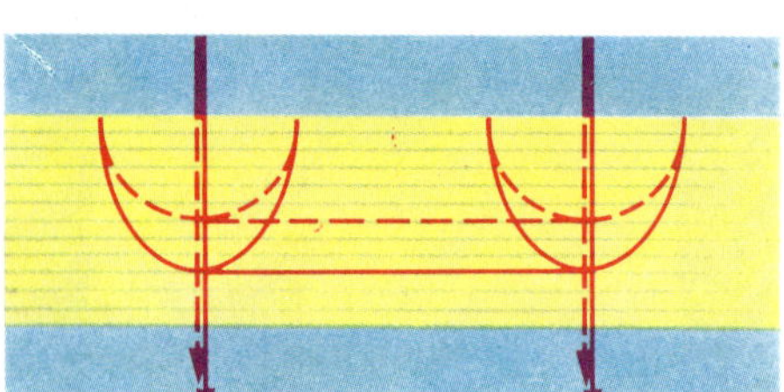

Senkrecht zur optischen Achse gibt es zwei Fortpflanzungsgeschwindigkeiten.

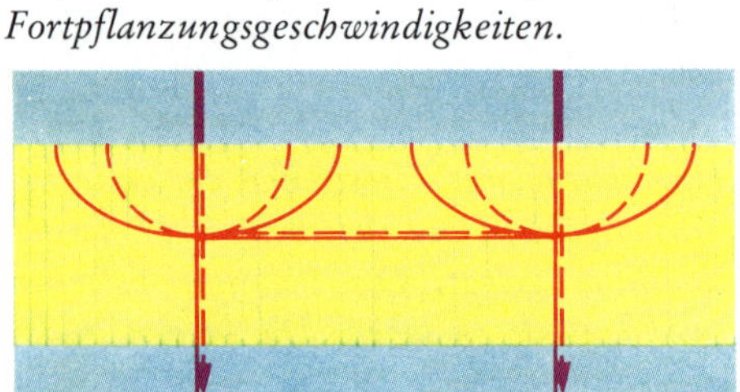

Parallel zur optischen Achse gibt es nur eine Fortpflanzungsgeschwindigkeit.

Ursprünglich wurde die Doppelbrechung an Kristallen entdeckt. Da aber die Verhältnisse dort sehr kompliziert sind, wollen wir nur ein paar Worte über »optisch einachsige« Kristalle sagen. Kalkspat ($CaCO_3$) und Quarz (SiO_2) gehören dieser Gruppe an. Sie haben nur eine einzige optische Achse.

Wir schneiden zunächst eine Platte *parallel* zur optischen Achse aus dem Kristall und lassen linear polarisiertes Licht senkrecht auf die Platte fallen. Es liegen dann die eben betrachteten Verhältnisse vor. Je nachdem, ob das Licht parallel oder senkrecht zur optischen Achse schwingt, pflanzt es sich im Kristall mit der Geschwindigkeit $c_{\parallel}$ bzw. $c_{\perp}$ fort.

Nun schneiden wir eine Platte *senkrecht* zur optischen Achse aus dem Kristall und lassen wiederum linear polarisiertes Licht senkrecht auf die Platte fallen. Es pflanzt sich im Kristall längs der optischen Achse mit der Geschwindigkeit $c_{\perp}$ fort, und zwar unabhängig davon, wie die Schwingungsebene relativ zum Kristall lokalisiert ist. In Richtung der optischen Achse gibt es also keine Doppelbrechung. Auf diesen Fall werden wir im nächsten Abschnitt noch etwas näher zu sprechen kommen.

Schließlich schneiden wir die Platte *schräg* zur optischen Achse aus dem Kristall und lassen aufs neue linear polarisiertes Licht senkrecht auf die Platte fallen. Schwingt das Licht senkrecht zur optischen Achse, so läuft es mit der Geschwindigkeit $c_{\perp}$ geradlinig durch den Kristall. Schwingt das Licht dagegen normal zu dieser Richtung, so wird es seitlich abgelenkt, wie es die Abbildung zeigt.

Die Erklärung für dieses eigenartige Verhalten hat in einer genialen Schau der französische Physiker Augustin Jean Fresnel gegeben. Im ersten Fall pflanzt sich das Licht im Kristall in allen Richtungen mit der gleichen Geschwindigkeit $c_{\perp}$ fort. Die Huygensschen Elementarwellen haben daher kugelförmige Gestalt. Es liegen die üblichen Verhältnisse vor. Weil der Strahl das Brechungsgesetz befolgt, heißt er *»ordentlicher Strahl«*. Im zweiten Fall dagegen pflanzt sich das Licht in Richtung der optischen Achse mit der Geschwindigkeit $c_{\perp}$ fort, senkrecht zur optischen Achse läuft es aber mit der Geschwindigkeit $c_{\parallel}$. Die Huygensschen Elementarwellen sind daher ellipsoidförmig und führen in der angedeuteten Weise zu einer seitlichen Ablenkung. Da dieser Strahl das Brechungsgesetz nicht befolgt, heißt er *»außerordentlicher Strahl«*. Läßt man natürliches Licht auf die Kristallplatte fallen, so treten beide Strahlen gleichzeitig auf. Sie sind zueinander senkrecht polarisiert und bewirken, daß man durch den Kristall wegen der »Doppelbrechung« zwei gegeneinander verschobene Bilder sieht.

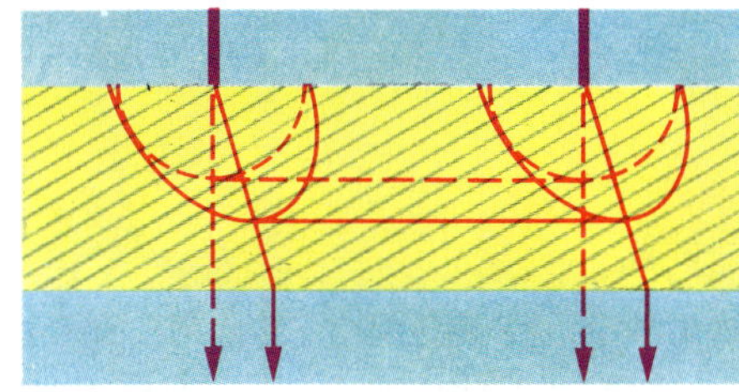

Der ordentliche Strahl schwingt senkrecht zur optischen Achse (deren Richtung durch Schraffur gekennzeichnet ist) und gehorcht dem Brechungsgesetz. Der außerordentliche Strahl dagegen wird seitlich abgelenkt. Es kommen daher im allgemeinen zwei Bilder zustande. Der Körper ist »doppelbrechend«.

3. Optisch aktive Stoffe

Setzt man zwischen zwei gekreuzte Polarisationsfilter eine *Quarzplatte,* die *senkrecht* zur optischen Achse aus dem Kristall geschnitten wurde, und beleuchtet die Anordnung mit rotem Licht, so tritt eine überraschende Erscheinung auf. Obgleich nämlich das Licht längs der optischen Achse durch den Kristall läuft und dabei keinerlei Doppelbrechung erfährt, ist das Gesichtsfeld aufgehellt. Erst eine Drehung des Analysators führt wieder zur völligen Dunkelheit. Die Quarzplatte dreht also offenbar längs der optischen Achse die Schwingungsebene des Lichtes. Man bezeichnet Körper, die diese Eigenschaft haben, als *»optisch aktive Stoffe«*.

Die Doppelbrechung am Kalkspatkristall

Der Drehwinkel ist der Plattendicke proportional. Bei einer 1 mm dicken Quarzplatte beträgt er für rotes Licht ca. 20°, für blaues Licht aber fast 50°. Der Drehwinkel wächst also mit der Frequenz des Lichtes an. Diese Erscheinung nennt man *»Rotationsdispersion«*. Beleuchtet man daher die Anordnung mit weißem Licht, so gibt es bei keiner Analysatorstellung Dunkelheit. Man sieht vielmehr ein helles Gesichtsfeld, dessen Farbe bei der Drehung des Analysators wechselt.

Auch einige Flüssigkeiten und Lösungen wie *Milchsäure, Weinsäure, Rohrzuckerlösung* und *Traubenzuckerlösung* zeigen optische Aktivität. Der Drehwinkel der Schwingungsebene hängt von der Substanz, von der Schichtdicke und von der Lichtfrequenz ab. Bei Lösungen ist er außerdem noch der Konzentration proportional. Durch Messung des Drehwinkels kann man daher die Konzentration einer Lösung bestimmen. Davon wird in der Chemie, in der Biologie und in der Medizin Gebrauch gemacht.

Zusammenfassend läßt sich sagen:

> Läuft linear polarisiertes Licht längs der optischen Achse durch einen optisch aktiven Kristall, so tritt eine Drehung der Schwingungsebene ein. Der Drehwinkel hängt von der Substanz, von der Schichtdicke und von der Lichtfrequenz ab.
>
> Auch manche Flüssigkeiten bzw. Lösungen sind optisch aktiv. Bei Lösungen ist der Drehwinkel der Konzentration proportional.

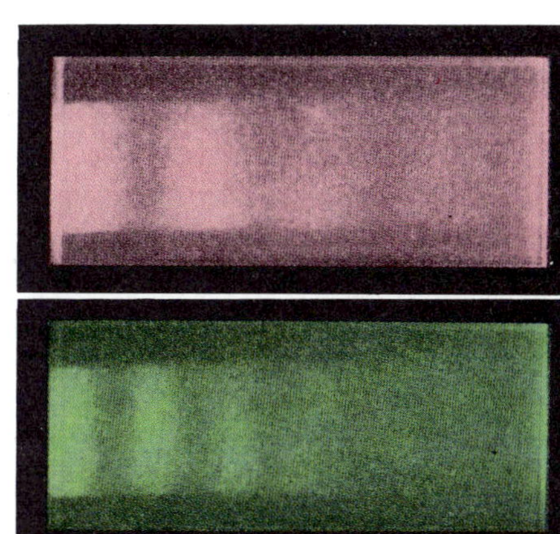

Rotes bzw. grünes Licht durchstrahlt einen Quarzkristall entlang der optischen Achse. Die Rotationsdispersion erkennt man an der Schraubenstruktur.

Es hat sich gezeigt, daß eine Drehung der Schwingungsebene immer dann zustande kommt, wenn Strukturen vorliegen, die keine Spiegelsymmetrie aufweisen. Es kann sich dabei, wie beim Quarz, um das räumliche Kristallgitter handeln, denn geschmolzener Quarz (Quarzglas) zeigt keine optische Aktivität. Es kann aber auch, wie bei den optisch aktiven Flüssigkeiten, die räumliche Molekülform verantwortlich sein. Da derartige Strukturen stets

Links- und Rechtsform des Milchsäuremoleküls. Sie sind spiegelsymmetrisch.

in *zwei* spiegelbildlichen Formen vorkommen können, muß jeder optisch aktive Stoff in der »linksdrehenden« und in der »rechtsdrehenden« Modifikation auftreten. Das ist auch tatsächlich der Fall. So gibt es beispielsweise linksdrehenden und rechtsdrehenden Quarz. Die beiden Kristallgitter sind zueinander spiegelsymmetrisch.

Bei der synthetischen Herstellung einer optisch aktiven Substanz im Laboratorium ist in den meisten Fällen die Wahrscheinlichkeit für die Bildung einer linksdrehenden und einer rechtsdrehenden Form gleich groß. Es entsteht daher ein sogenanntes »razemisches Gemisch«. Dieses enthält jede der beiden Formen in gleichen Anteilen und ist natürlich optisch inaktiv.*)

In lebenden Organismen dagegen wird der Aufbau der Moleküle durch Enzyme gesteuert. Das bewirkt, daß der Organismus entweder *nur* die »Rechtsform« oder *nur* die »Linksform« herstellen kann. Umgekehrt zeigt es sich, daß gewisse Organismen nur eine von zwei spiegelbildlichen Molekülformen abzubauen und auszuwerten vermögen.

Wie es in optisch aktiven Stoffen zur Drehung der Schwingungsebene kommt, vermochte erstmals Fresnel zu erklären. Er konnte beweisen, daß linear polarisiertes Licht beim Durchgang durch einen optisch aktiven Stoff in eine rechtsdrehende und in eine linksdrehende zirkulare Lichtwelle aufgespalten wird. Die Amplituden und die Frequenzen dieser beiden Wellen sind gleich groß. Bei rechtsdrehenden Stoffen läuft jedoch die rechtszirkulare Welle rascher als die linkszirkulare Welle. Bei linksdrehenden Stoffen ist es umgekehrt. Die Zusammensetzung der zirkular polarisierten Wellen nach dem Durchgang ist dann eine linear polarisierte Welle mit gedrehter Schwingungsebene. Optisch aktive Stoffe zerspalten demnach natürliches Licht nicht in zwei linear polarisierte, sondern in zwei zirkular polarisierte Teilbündel!

Augustin Jean Fresnel (1788–1827)
Er war Zivilingenieur in Frankreich und wurde von der Regierung mit Weg- und Wasserbauten betraut. Nebenberuflich befaßte er sich mit optischen Untersuchungen, beschrieb wellentheoretisch die Beugung des Lichtes an Öffnungen und an Gittern und folgerte aus der von Malus entdeckten Polarisation den transversalen Charakter der Lichtwellen. Viele Erscheinungen der Kristalloptik konnten so aufgeklärt werden.

Testfragen:

1. Welche Wellen zeigen Polarisationserscheinungen?
2. Können Schallwellen in Luft polarisiert werden?
3. Wie kann man polarisiertes Licht erzeugen?
4. Woraus besteht eine Polarisationsfolie, und wie arbeitet sie?
5. Warum kann durch gekreuzte Polarisationsfolien kein Licht dringen?
6. Monochromatisches Licht wird von einem durchsichtigen Körper reflektiert. Wann ist es vollständig polarisiert?
7. Steht dann die Schwingungsebene parallel oder senkrecht zur Reflexionsebene?
8. Läßt sich durch Reflexion an Metallspiegeln linear polarisiertes Licht erzeugen?
9. Worauf beruht die Polaroidbrille?
10. Weshalb zeigt der blaue Himmel Helligkeitsunterschiede, wenn er durch eine Polaroidbrille betrachtet wird?
11. Welche Richtung nennt man in doppelbrechenden Kunststoffen »*optische Achse*«?
12. In isotropen Kunststoffen sind alle Richtungen gleichberechtigt. Weshalb werden derartige Kunststoffe durch elastische Spannungen doppelbrechend?
13. Linear polarisiertes, monochromatisches Licht fällt normal auf eine durchsichtige, doppelbrechende Platte. Die optische Achse der Platte liegt senkrecht zur Strahlrichtung. Die Schwingungsrichtung des Lichtes schließt mit der optischen Achse einen Winkel von 45° ein. Was geschieht bei der Durchquerung der Platte?
14. Linear polarisiertes, monochromatisches Licht fällt normal auf eine durchsichtige, doppelbrechende Platte. Die optische Achse der Platte liegt parallel zur Strahlrichtung. Was geschieht bei der Durchquerung der Platte?
15. Welche Eigenschaften haben optisch aktive Stoffe?
16. Was versteht man unter »Dispersion« und was unter »Rotationsdispersion«?
17. Warum kommt jeder optisch aktive Stoff in einer »Rechtsform« und in einer »Linksform« vor?
18. Was versteht man unter einem »razemischen Gemisch«?
19. Wie kommt die Drehung der Schwingungsebene in optisch aktiven Stoffen zustande?
20. Farben können durch Brechung, durch Absorption, durch Streuung, durch Interferenz und durch Doppelbrechung entstehen. Geben Sie Beispiele an.

---

*) Die Bezeichnung »razemisches Gemisch« kommt aus dem Griechischen (razemos = traubenförmig) und soll daran erinnern, daß das Phänomen zuerst an der Traubensäure entdeckt wurde.

Rückblick

Das Studium der Reflexion und der Brechung des Lichtes führte zum Reflexionsgesetz und zum Brechungsgesetz. Diese Ergebnisse konnte Newton mit Hilfe eines Teilchenmodells und Huygens mittels eines Wellenmodells herleiten und begründen. Die Messung der Lichtgeschwindigkeit im Vakuum und in Materie widerlegte später freilich das Newtonsche Teilchenbild und bekräftigte die Huygenssche Wellenvorstellung. Auch die Beugungs- und Interferenzerscheinungen konnten nur mit der Wellentheorie erklärt werden, denn nur sie vermag zu begründen, weshalb Licht zu Licht hinzugefügt unter Umständen Dunkelheit ergeben kann. An den Polarisationserscheinungen schließlich konnte Fresnel den transversalen Charakter der Lichtwellen ablesen und damit zwanglos so komplizierte Erscheinungen wie die Doppelbrechung erklären.

Trotz dieser großartigen Erfolge wurde die Physik durch die transversale Natur der Lichtwellen in eine schwere Krise geführt. Bis in die erste Hälfte des vergangenen Jahrhunderts glaubte man nämlich, daß alle Naturerscheinungen letzten Endes mechanisch erklärbar sein müssen. Um 1690 schrieb beispielsweise Huygens: »In der Naturphilosophie werden die Ursachen aller Naturerscheinungen in mechanischen Begriffen erfaßt. Wir müssen das tun oder aber alle Hoffnungen aufgeben, jemals etwas von Physik zu verstehen.« Und noch um 1850 lesen wir bei Helmholtz: »Es ist Aufgabe aller Physik, sich in Mechanik aufzulösen.«

Nach den Gesetzen der Mechanik kann sich nun aber eine Transversalwelle mit Lichtgeschwindigkeit nur in einem festen, außerordentlich harten Körper ausbreiten. Dieser muß den ganzen Raum erfüllen, ohne aber durch seine Anwesenheit die Bewegung der Himmelskörper auch nur im geringsten zu beeinflussen. Diese Vorstellung, an sich schon fremdartig genug, wurde mit weiteren Komplikationen belastet. Es können nämlich in einem derartigen Körper auch longitudinale Wellen auftreten. Diese entstehen z. B. unweigerlich, wenn eine Transversalwelle an einer Grenzfläche reflektiert wird. Niemals hatte man jedoch longitudinale Lichtwellen beobachtet! Auch die Intensität des reflektierten und des gebrochenen Lichtstrahls ließ sich mit den Gesetzen der Mechanik nur in höchst unbefriedigender Weise unter Einführung seltsamer Annahmen herleiten. Der Träger der Lichtwellen, der mechanische Lichtäther, war ein höchst merkwürdiger, mit widerspruchsvollen Eigenschaften behafteter Stoff!

Im Laufe der Zeit wurde es immer deutlicher, daß man im Licht ein Phänomen entdeckt hatte, das sich mit aller Entschiedenheit einer mechanischen Interpretation widersetzte. Die mechanische Naturauffassung war erschüttert worden und mußte korrigiert werden.

> Es gibt Erscheinungen in der Natur,
> die mit den Mitteln der Mechanik nicht beschreibbar sind.

Newton ahnte dies anscheinend voraus, als er schrieb: »Die Naturphilosophen ersinnen Hypothesen, um alles mechanisch zu erklären, während es doch die Hauptaufgabe der Naturphilosophie ist, aus den Erscheinungen Schlüsse zu ziehen und die Ursachen aus ihren Wirkungen abzuleiten, bis die wahre erste Ursache erreicht ist, die sicherlich keine mechanische ist.«

*Einflüsse der Optik auf die Malerei
In diesen Bildern werden optische Effekte als Ausdrucksmittel benützt.*

*Domingo Alvarez
»Raumgrammatik«
(Environment 1971)*

*René Magritte (1898–1967)
»Der falsche Spiegel«*

*Paul Signac (1863–1935)
»Application du Cercle Chromatique de Mr. Ch. Henry«*

Ergänzung: Optische Instrumente

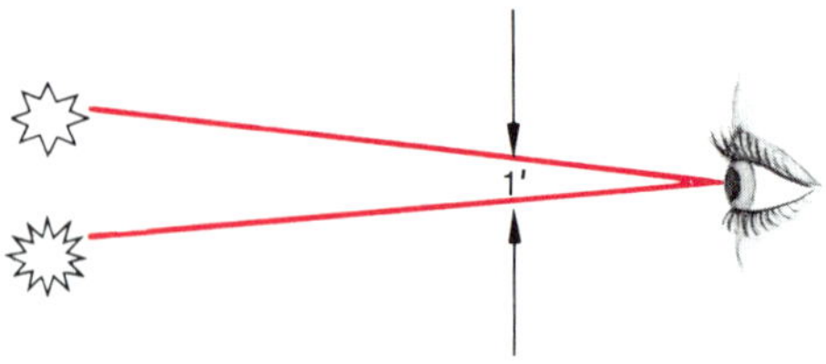

Der kleinste Sehwinkel, den das menschliche Auge noch auflösen kann, beträgt eine Winkelminute.

Das menschliche Auge kann zwei punktförmige Objekte nur dann getrennt sehen, wenn die Lichtbündel beim Eintritt ins Auge mindestens einen Winkel von einer Winkelminute einschließen. Sehr kleine Objekte oder auch ausgedehnte Körper in sehr großer Entfernung können daher nicht mehr wahrgenommen werden. Der Mensch war schon sehr früh bestrebt, die Leistungsfähigkeit der Augen durch optische Instrumente zu steigern. Es soll daher ein kurzer Überblick über die Wirkungsweise der wichtigsten optischen Instrumente gegeben werden.

1. Der Projektionsapparat, der Photoapparat und das Auge

a) Der Projektionsapparat

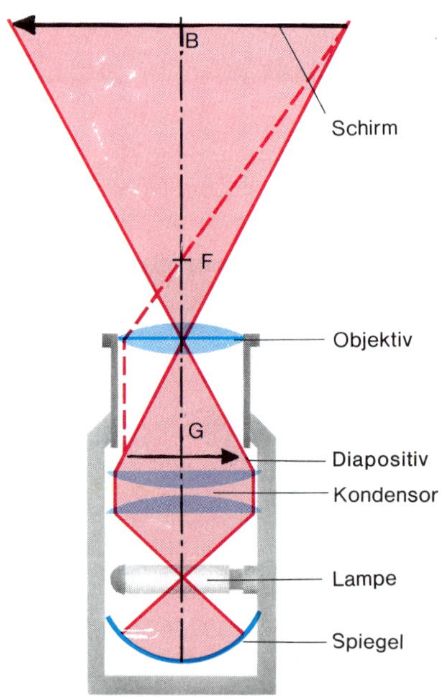

Der Strahlengang im Projektionsapparat

Er hat die Aufgabe, von einem kleinen, ebenen Gegenstand (Diapositiv) ein großes, mit einer Leinwand auffangbares Bild herzustellen. Zu dem Zweck müssen die Strahlen, welche von einem beliebigen Gegenstandspunkt ausgehen, im zugeordneten Bildpunkt vereinigt werden. Außerdem muß die Anordnung der Bildpunkte zur Anordnung der Gegenstandspunkte ähnlich sein, weil man ja nur an verzerrungsfreien Bildern interessiert ist. Diese Forderungen kann man mit einer Sammellinse erfüllen.

Lage und Größe der Bilder lassen sich am leichtesten auf graphischem Wege finden. Will man nämlich den Bildpunkt eines bestimmten Gegenstandspunktes finden, so genügt es, aus dem betreffenden Strahlenbündel zwei Strahlen herauszugreifen und ihren Schnittpunkt zu konstruieren. Sehr geeignet ist der Strahl durch den Linsenmittelpunkt. Er geht ungebrochen durch die Linse. Der achsenparallele Strahl empfiehlt sich als zweiter Strahl. Er geht durch den bildseitigen Brennpunkt der Linse, falls – was für die Konstruktion stets angenommen wird – der Linsendurchmesser genügend groß ist. Der Schnittpunkt beider Strahlen ist der gesuchte Bildpunkt.

Aber auch rechnerisch lassen sich Lage und Größe des Bildes finden. Zunächst erhält man aus der Zeichnung mittels der rotgetönten ähnlichen Dreiecke das *Vergrößerungsverhältnis:*

$$\frac{\textit{Bildgröße } B}{\textit{Gegenstandsgröße } G} = \frac{\textit{Bildweite } b}{\textit{Gegenstandsweite } g}$$

Andererseits ergeben die graugetönten ähnlichen Dreiecke:

$$\frac{B}{G} = \frac{b-f}{f} \quad \text{oder} \quad \frac{b}{g} = \frac{b-f}{f} \quad \text{oder} \quad b \cdot f + g \cdot f = g \cdot b$$

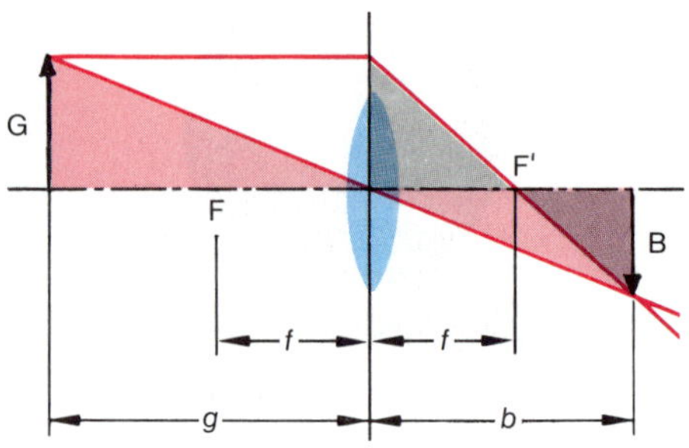

Bildkonstruktion für eine Sammellinse

Dividiert man jedes Glied der letzten Gleichung durch $g \cdot b \cdot f$, so entsteht die *Linsengleichung:*

$$\frac{1}{g} + \frac{1}{b} = \frac{1}{f}$$

Sie verbindet die Gegenstandsweite g, die Bildweite b und die Brennweite f. Man kann zeigen, daß die Linsengleichung auch für Zerstreuungslinsen gilt, wenn man dort der Brennweite ein *negatives* Vorzeichen gibt.

Das Diagramm gibt für eine bestimmte Brennweite die Abhängigkeit der Bildweite von der Gegenstandsweite an. Will man daher ein vergrößertes Bild haben, so fordert das Vergrößerungsverhältnis eine Bildweite, die größer als die Gegenstandsweite ist. Nach der Linsengleichung muß die Gegenstandsweite also zwischen einfacher und doppelter Brennweite liegen. Je näher der Gegenstand zum Brennpunkt der Linse geschoben wird, desto weiter rückt das Bild hinaus und desto größer wird es. Wie die Zeichnung zeigt, liefert der Projektionsapparat ein umgekehrtes Bild. Aufrechte Bilder erhält man daher nur, wenn man das Diapositiv mit der Oberseite nach unten in den Projektionsapparat einschiebt.

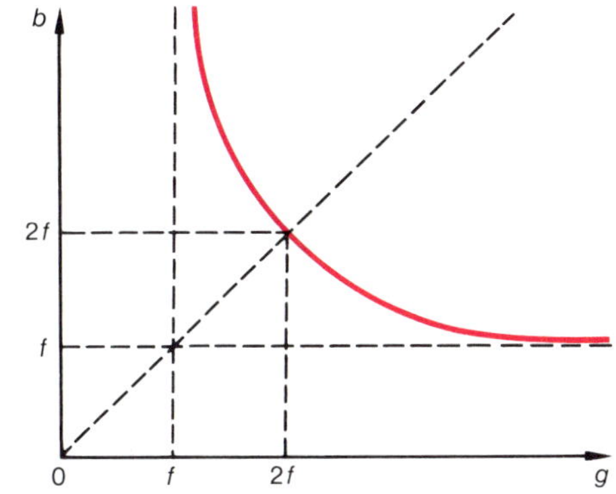

Die Bildweite in Abhängigkeit von der Gegenstandsweite für eine Sammellinse

Natürlich entsteht ein gutes Bild nur dann, wenn der Gegenstand ausreichend beleuchtet wird. Beim Projektionsapparat ist daher die Beleuchtungseinrichtung genauso wichtig wie die Qualität der Projektionslinse.

b) Der Photoapparat

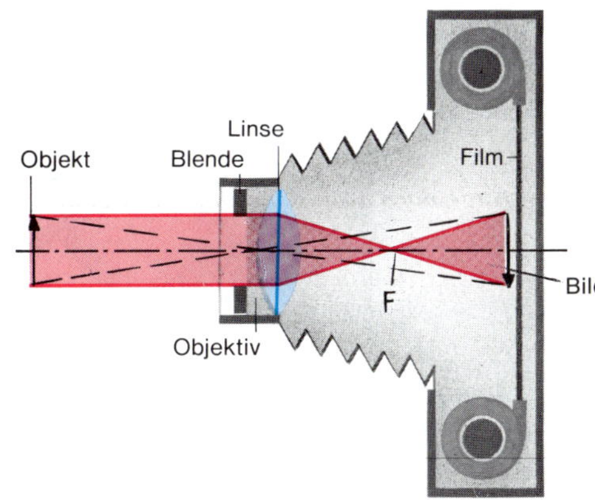

Der Strahlengang im Photoapparat

Er hat die Aufgabe, von einem großen Gegenstand (Landschaft) ein kleines Bild zu entwerfen und auf einem Film aufzuzeichnen. Der Photoapparat ist daher in gewissem Sinne die Umkehrung des Projektionsapparates. Er besteht in seiner einfachsten Form aus einer Sammellinse (Objektiv), welche ein scharfes Bild des aufzunehmenden Gegenstandes auf den Film wirft. Jetzt ist die Gegenstandsweite größer als die doppelte Brennweite der Linse, während die zugehörige Bildweite zwischen einfacher und doppelter Brennweite liegt. Je näher der Gegenstand zur Linse rückt, desto mehr entfernt sich auf der anderen Seite das Bild von der Linse. Will man scharfe Bilder haben, so muß man die Bildweite richtig einstellen. Das geschieht durch Vor- und Zurückschrauben der Linsenfassung. Für die Aufnahme von Gegenständen mit sehr kurzer Gegenstandsweite werden Vorsatzlinsen vor das Objektiv gesetzt. Eine vorgesetzte Sammellinse z. B. verkürzt die Brennweite des Objektivs.

Im allgemeinen werden sich die Gegenstandsweiten der einzelnen Objektpunkte etwas unterscheiden. In diesem Fall wird man auf eine mittlere Bildweite einstellen. Der Unterschied in den Gegenstandsweiten, die so noch einigermaßen scharf erfaßt werden können, wird *Tiefenschärfe* genannt. Wie die Abbildung zeigt, ist die Tiefenschärfe für enge Strahlenbündel größer als für weite. Man hat deshalb das Objektiv mit einer Blende versehen. Will man Bilder mit großer Tiefenschärfe aufnehmen, so muß man mit kleiner Blendenöffnung arbeiten. Es kann dann freilich pro Sekunde nur wenig Licht durch das Objektiv fallen, so daß man die Öffnungszeit des Kameraverschlusses, die Belichtungszeit, entsprechend vergrößern muß.

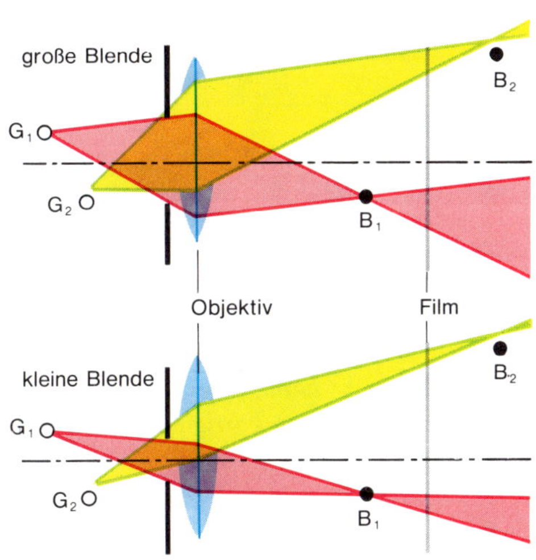

Eine große Blendenöffnung liefert breite Strahlenbündel. Das Bild am Film hat daher eine geringe Tiefenschärfe.

Wird der Durchmesser der Blendenöffnung halbiert, die Eintrittsöffnung also auf ein Viertel verkleinert, so geht auch die sekundlich einfallende Lichtmenge auf ein Viertel zurück. Ersetzt man andererseits bei gleicher Blendenöffnung das Objektiv durch eines mit doppelter Brennweite, so entsteht das Bild – wenn das Objekt sehr weit entfernt ist – in doppelter Entfernung und ist doppelt so groß. Es nimmt dann die vierfache Filmfläche ein und ist daher nur mehr ein Viertel so hell. Die Helligkeit des Bildes bleibt also nur gleich, wenn sich der Durchmesser D der Blendenöffnung und die Brennweite f des Objektivs im gleichen Verhältnis ändern, wenn mit anderen Worten D/f konstant bleibt. Man nennt diesen Quotienten *»relativen Blendendurchmesser«* und seinen größten Wert *»Lichtstärke des Objektivs«*. Die reziproken Werte der relativen Blendendurchmesser sind als »Blendenzahlen« am Objektiv angegeben. Man liest z. B. dort ab: 2,8; 4; 5,6; 8; 11; 16. Diese Blendenzahlen sind so gewählt, daß der Übergang zur nächst größeren Blendenzahl die sekundlich einfallende Lichtmenge halbiert, so daß die Belichtungszeit verdoppelt werden muß, will man ein Bild gleicher Helligkeit erhalten.

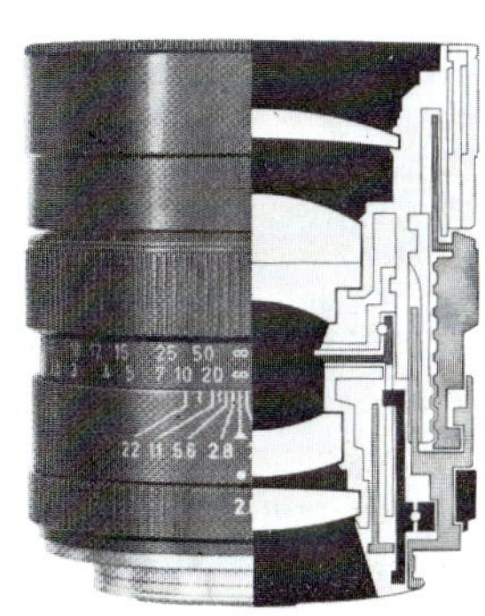
Das Objektiv eines Photoapparates

c) Das Auge

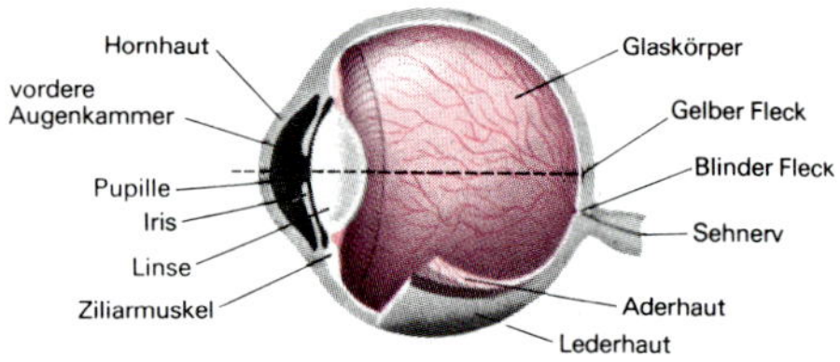

Querschnitt durch das menschliche Auge

Es ist in optischer Hinsicht ähnlich wie ein Photoapparat eingerichtet. Hornhaut, Kammerwasser, Linse und Glaskörper haben unterschiedliches Brechungsvermögen und bilden ein Linsensystem, durch das ein scharfes Bild auf die Netzhaut geworfen wird. Die Scharfeinstellung (Akkommodation) erfolgt im Gegensatz zum Photoapparat durch Veränderung der Brennweite und nicht durch Veränderung der Bildweite. Durch den Ziliarmuskel kann nämlich die Augenlinse stärker oder schwächer gekrümmt werden, wodurch sich die Brennweite um etwa 4 mm verändert. Ist die Linse am flachsten, so wird ein einfallendes Parallelstrahlenbündel auf der Netzhaut vereinigt. Ist die Linse am stärksten gekrümmt, so können Lichtstrahlen, die von einem etwa 10 cm vor dem Auge liegenden Punkt ausgehen, auf der Netzhaut vereinigt werden. Auf diese Weise kann von allen Objekten, die zwischen dem »Nahpunkt«, d. h. in etwa 10 cm Augenentfernung, und dem »Fernpunkt«, d. h. im Unendlichen, liegen, ein scharfes Bild auf der Netzhaut erzeugt werden.

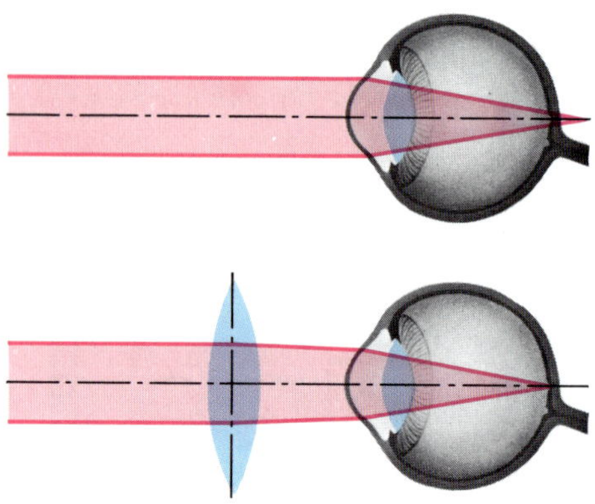

Weitsichtigkeit kann durch vorgesetzte Sammellinsen korrigiert werden.

Die eben angegebenen Werte gelten für das normalsichtige Auge. Manchmal ist der Augapfel zu kurz. Dann schneidet sich ein einfallendes Parallelstrahlenbündel hinter der Netzhaut. Die Brechkraft des Auges muß durch eine vorgesetzte *Sammellinse* unterstützt werden, sonst kann der Mensch nur Objekte in großer Entfernung scharf sehen. Er ist *weitsichtig*. In anderen Fällen wiederum ist der Augapfel zu lang. Dann schneidet sich ein einfallendes Parallelstrahlenbündel vor der Netzhaut. Die Brechkraft des Auges muß durch eine vorgesetzte *Zerstreuungslinse* abgeschwächt werden, sonst kann der Mensch nur Objekte in geringer Entfernung scharf sehen. Er ist *kurzsichtig*.

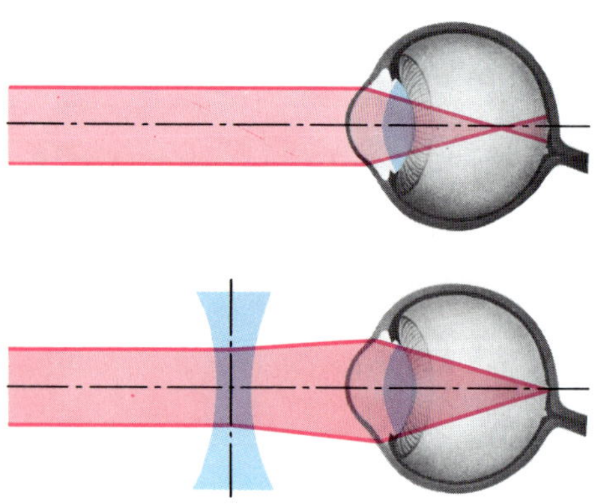

Kurzsichtigkeit kann durch vorgesetzte Zerstreuungslinsen korrigiert werden.

Weil wir mit *beiden* Augen sehen, erscheinen uns die Gegenstände körperlich im Raum. Das linke Auge sieht die Gegenstände mehr von links, das rechte mehr von rechts. Durch die beiden unterschiedlichen Netzhautbilder erhalten wir den Eindruck der Tiefenausdehnung. An stereoskopischen Bildern kann diese Erscheinung leicht demonstriert werden.

Vor der Augenlinse liegt die farbige Regenbogenhaut (Iris), die als Blende wirkt und die einfallende Lichtintensität regelt. Je heller es ist, desto mehr verkleinert sich die Eintrittsöffnung des Auges, die Pupille. Schädliche Lichtintensitäten werden dadurch von der Netzhaut ferngehalten.

Die Netzhaut enthält an Sehzellen etwa 6 Mio. Zäpfchen und ca. 120 Mio. Stäbchen. Die Zäpfchen ermöglichen das Farbensehen und arbeiten unter »Tageslichtbedingungen«. Die etwa 500mal empfindlicheren Stäbchen dagegen sprechen vor allem auf Helligkeitsunterschiede an und treten bei Dämmerung oder im Dunkeln in Aktion.

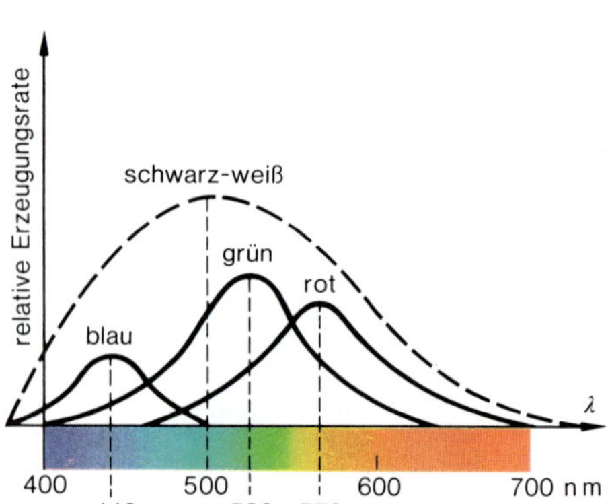

Die Sehkurven eines farbtüchtigen Auges. Es ist die Erzeugungsrate der Sehfarbstoffe in Abhängigkeit von der Wellenlänge des einfallenden Lichtes aufgetragen. Je größer die Erzeugungsrate ist, desto intensiver arbeiten die Sehzellen.

Der Sehvorgang selbst ist äußerst kompliziert und noch gar nicht in allen Einzelheiten erforscht. Die Farbwahrnehmung z. B. kommt zustande, weil wir drei Sorten von Zäpfchen haben, nämlich rotempfindliche, grünempfindliche und blauempfindliche. Fällt grünes Licht ($\lambda = 540$ nm) und hellrotes Licht ($\lambda = 610$ nm) ins Auge, so beginnen die grünempfindlichen und die rotempfindlichen Zäpfchen zu arbeiten. Es entsteht im Gehirn der Farbeindruck Gelb, so als wäre Licht der Wellenlänge $\lambda = 590$ nm eingefallen. Auf diese Weise werden mit den Grundfarben, Rot, Grün und Blau alle Farbeindrücke aufgebaut.

Unsere Sehfähigkeit wird beeinträchtigt, wenn auch nur eine Zäpfchensorte ausfällt. Die häufigste Störung ist die Rotgrünblindheit. Rotgrünblinde Menschen verwechseln Rot und Grün und sehen im Spektrum an den betreffenden Stellen einen Grauton.

Zwei Objektpunkte können nur dann getrennt gesehen werden, wenn die zugehörigen Netzhautbilder auf verschiedene Sehzellen fallen. Der kleinste Winkel, den die entsprechenden Mittelpunktstrahlen miteinander einschließen dürfen, beträgt etwa eine Winkelminute. Dieser Winkel begrenzt die Leistungsfähigkeit des Auges. Sehr kleine Gegenstände oder sehr weit entfernte Gegenstände können nämlich, wenn der »Sehwinkel« unter einer Winkelminute liegt, nicht mehr wahrgenommen werden. Wir merken uns:

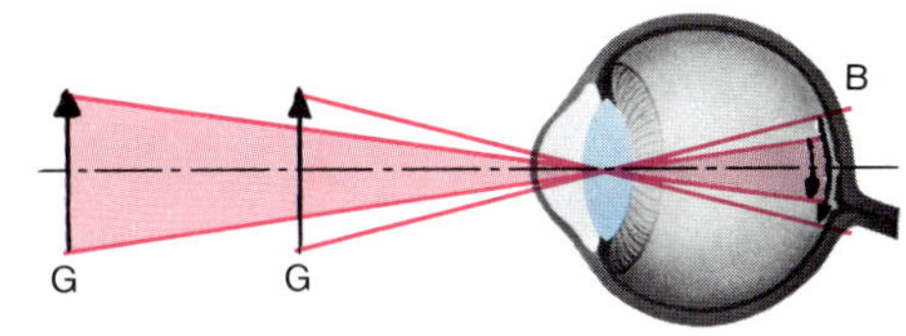

Der Sehwinkel ist ein Maß für die Größe des Netzhautbildes. Es wird größer, wenn der betrachtete Gegenstand näher kommt.

> Der kleinste vom menschlichen Auge noch auflösbare Sehwinkel beträgt etwa eine Winkelminute.

Im täglichen Leben vergrößert man den Sehwinkel, indem man den Gegenstand näher ans Auge heranführt. Der Nahpunkt begrenzt dieses Verfahren jedoch, so daß es bei sehr kleinen Gegenständen unwirksam bleibt. Natürlich versagt das Verfahren auch bei sehr weit entfernten Gegenständen. In solchen Fällen muß man zu den optischen Instrumenten greifen, denn es ist ihre Aufgabe – vgl. Projektionsapparat –, den Sehwinkel zu vergrößern. Dadurch wird das Netzhautbild größer, und der Gegenstand kann deutlich wahrgenommen werden.

2. Die Lupe, das Mikroskop und die Fernrohre

a) Die Lupe

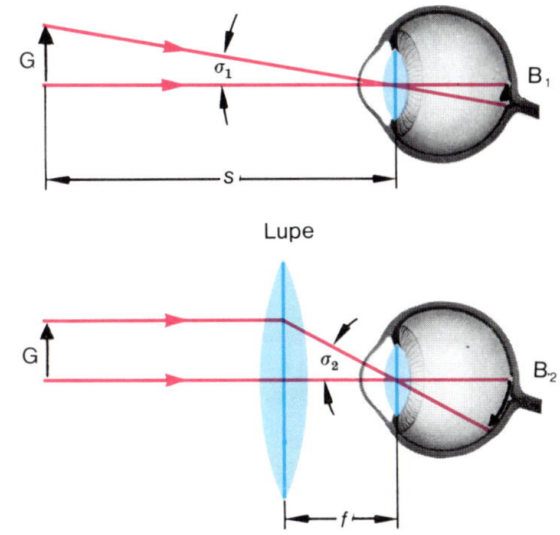

Eine Lupe verstärkt die Brechkraft des Auges und rückt so den Gegenstand näher heran. Sehwinkel und Netzhautbild werden dadurch größer.

Bringt man einen kleinen Gegenstand, dessen Einzelheiten in der deutlichen Sehweite ($s = 25$ cm) nicht mehr erkennbar sind, auf 5 cm an das Auge heran, so steigt zwar der Sehwinkel auf den fünffachen Wert an, die Brechkraft des Auges ist aber zu klein, um ein scharfes Bild auf der Netzhaut entstehen zu lassen. Erst wenn wir die Wirkung der Augenlinse durch eine vorgesetzte Sammellinse unterstützen, entsteht ein scharfes Bild. Dieses ist wesentlich größer als das Bild bei der ersten Einstellung mit $s = 25$ cm und läßt daher mehr Einzelheiten erkennen. Eine derartige Vorsatzlinse bezeichnet man als *Vergrößerungsglas* oder *Lupe*.

Mit einer guten Lupe läßt sich höchstens eine 25fache Vergrößerung erzielen. Noch stärkere Vergrößerungen erfordern Linsen mit sehr kleinen Brennweiten, die nicht mehr herstellbar sind.

b) Das Mikroskop

Reicht bei der Betrachtung sehr kleiner Gegenstände die Vergrößerung einer Lupe nicht aus, dann benützt man ein *Mikroskop*. Es besteht im wesentlichen aus zwei Sammellinsen, die in einem Rohr (Tubus) untergebracht sind. Die dem Gegenstand zugewandte Linse heißt *Objektiv*, die andere beim Auge liegende Linse wird *Okular* genannt.

Die Wirkungsweise des Mikroskops ist leicht zu verstehen. Vom Gegenstand G, der zwischen einfacher und doppelter Brennweite des Objektivs sehr nahe am Brennpunkt liegt, wird – ähnlich wie beim Projektionsapparat – ein vergrößertes, umgekehrtes Zwischenbild erzeugt. Dieses wird mit dem Okular wie durch eine Lupe betrachtet.

Durch Auswechseln des Objektivs und des Okulars kann die Vergrößerung verändert werden. An die Stelle des Zwischenbildes kann ein Fadenkreuz oder eine Glasplatte mit eingeritztem Maßstab gebracht werden. Diese Vorrichtungen werden gleichzeitig mit dem Bild scharf gesehen und ermöglichen die Durchführung von Messungen. Mit den besten Mikroskopen erhält man etwa eine tausendfache Vergrößerung.

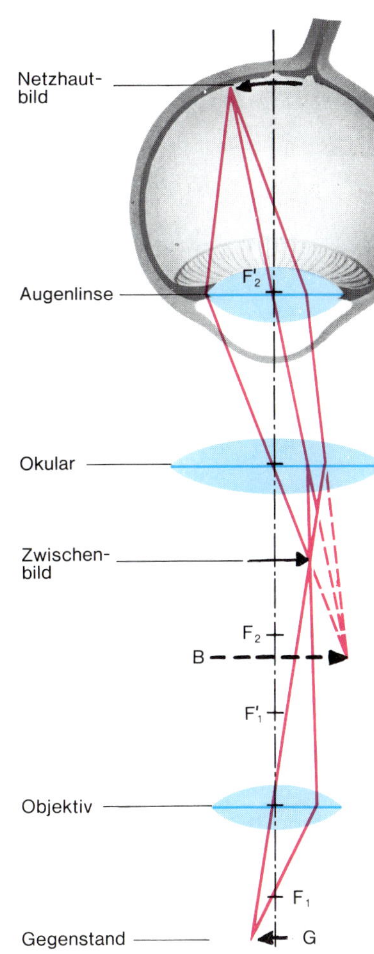

Strahlengang im Mikroskop

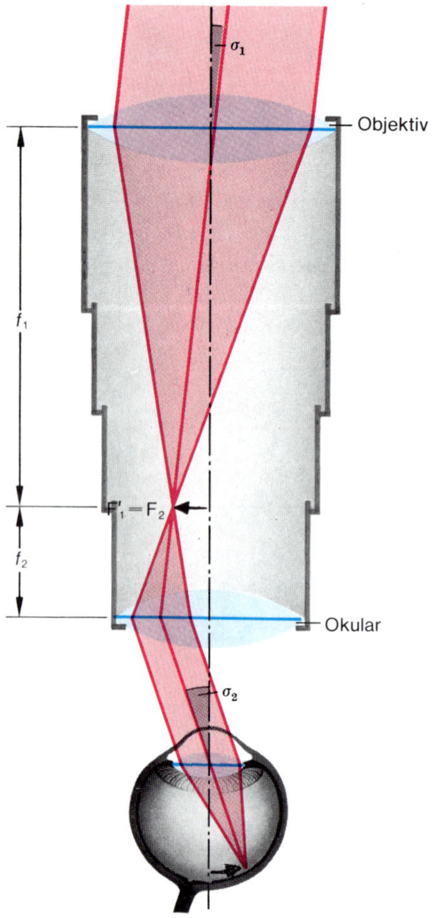

Strahlengang im Keplerschen Fernrohr
Der Sehwinkel wird vergrößert
und die Helligkeit des Bildes gesteigert.

Man könnte auf den Gedanken kommen, das vergrößerte Zwischenbild durch Einfügen einer weiteren Sammellinse nochmals zu vergrößern und erst dieses zweite stark vergrößerte Zwischenbild mit einer Lupe zu betrachten. Offensichtlich ließe sich der Vorgang wiederholen, so daß man auf diese Weise eine beliebige Vergrößerung erhalten könnte. Diese Überlegung ist an sich richtig. Wir werden aber im nächsten Abschnitt sehen, daß – obzwar die Bilder größer werden – keine neuen Einzelheiten erkennbar sind, weil die Wellennatur des Lichtes selbst hier eine natürliche Grenze setzt. Eine weitere Vergrößerung des Zwischenbildes liefert daher keine neuen Ergebnisse mehr.

c) Das Keplersche Fernrohr

Ist der Sehwinkel, unter dem zwei weit entfernte Objekte, z. B. zwei Sterne, gesehen werden, kleiner als eine Winkelminute, so vermag das Auge diese Objekte nicht mehr zu trennen. Dies ist erst möglich, wenn der Sehwinkel mit einem Fernrohr vergrößert wird.

Das Keplersche Fernrohr besitzt als Objektiv eine Sammellinse großer Brennweite, als Okular aber eine Sammellinse kleiner Brennweite, wobei der hintere Brennpunkt des Objektivs mit dem vorderen Brennpunkt des Okulars zusammenfällt. Ein einfallendes Parallelstrahlenbündel verläßt daher das Fernrohr wieder als Parallelstrahlenbündel. Weil die Brennweite des Objektivs wesentlich größer ist als die Brennweite des Okulars, ist der Winkel, unter dem das Parallelstrahlenbündel aus dem Fernrohr austritt, wesentlich größer als der Winkel, unter dem die Strahlen ins Fernrohr einfallen. Das Fernrohr vergrößert den Sehwinkel!

Gibt man dem Objektiv einen großen Durchmesser, so vermag das Fernrohr pro Sekunde viel Licht aufzunehmen. Wie der Strahlengang zeigt, wird dieses Licht auf einen kleinen Raum zusammengedrängt, so daß die Helligkeit des Bildes steigt. Darin liegt die zweite wichtige Aufgabe des Fernrohres. Die Bilder der Fixsterne sind nämlich auch bei großen Fernrohren immer noch punktförmig klein. Weil das einfallende Lichtbündel aber sehr viel breiter ist als bei Beobachtungen mit freiem Auge, ist das Bild des Sternes wesentlich heller. So kommt es, daß man mit einem Fernrohr Sterne sehen kann, die mit freiem Auge wegen ihrer geringen Helligkeit unsichtbar sind. Wir merken uns:

> Fernrohre vergrößern den Sehwinkel und steigern die Helligkeit.

Das Keplersche Fernrohr liefert ein umgekehrtes Bild. Bei astronomischen Beobachtungen stört das nicht. Will man jedoch mit dem Fernrohr Umweltbeobachtungen anstellen, so muß man das Fernrohrbild umkehren. Hierzu eignet sich eine Umkehrlinse, die zwischen Objektiv und Okular so eingesetzt wird, daß das Zwischenbild gegenstandsseitig in ihrer doppelten Brennweite liegt. Die Umkehrlinse erzeugt dann bildseitig ein gleich großes, seitenrichtiges, aufrechtes Bild, welches durch das Okular betrachtet werden kann. Allerdings wird die Länge des Fernrohres durch den Einbau dieser Linse größer, das Fernrohr also unhandlicher.

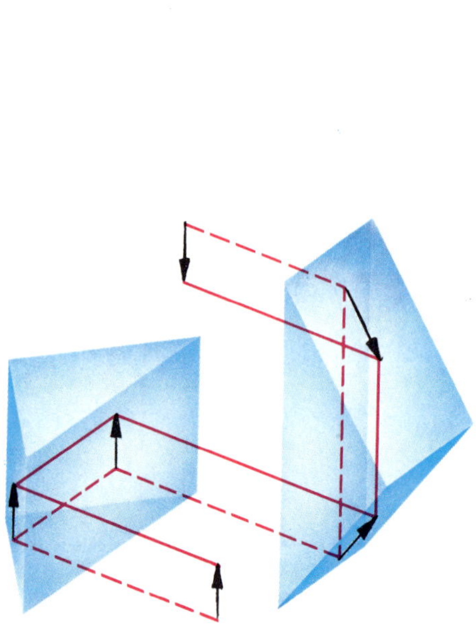

Im Prismenfeldstecher wird das Bild durch zwei Umkehrprismen um 180° gedreht. Es erscheint so aufrecht und seitenrichtig.

Um diesen Mangel zu beseitigen, bringt man häufig zwischen Objektiv und Okular statt der Umkehrlinse zwei totalreflektierende Prismen an. Das erste vertauscht oben und unten, das zweite rechts und links. Man erhält so ebenfalls ein aufrechtes und seitenrichtiges Bild. Durch die Umkehrung der Strahlen im Prismensatz wird ferner die Rohrlänge stark verkürzt. Außerdem lassen sich leicht zwei derartige »Prismenfernrohre« zu einem Prismenfeldstecher zusammenbauen, womit eine gleichzeitige Beobachtung mit beiden Augen möglich wird. Weil der Abstand der Objektive größer als der Augenabstand ist, wird der räumliche Eindruck erheblich verstärkt. Die auf den Prismengläsern angegebenen Zahlen, z. B. 8 × 30, bedeuten achtfache Vergrößerung bei 30 mm Objektivdurchmesser. Diese Größe ist ein Maß für die Helligkeit des Gesichtsfeldes.

d) Das Galileische Fernrohr

Es besitzt als Objektiv eine Sammellinse großer Brennweite, als Okular jedoch eine Zerstreuungslinse kleiner Brennweite, wobei der hintere Brennpunkt des Objektivs mit dem hinteren Brennpunkt des Okulars zusammenfällt. Die durch das Objekt einfallenden Parallelstrahlen treffen auf das Okular und verlassen als Parallelstrahlenbündel das Fernrohr. Weil die Brennweite des Objektivs wesentlich größer ist als die Brennweite des Okulars, ist der Winkel, unter dem das Parallelstrahlenbündel aus dem Fernrohr tritt, wesentlich größer als der Winkel, unter dem die Strahlen einfallen. Das Fernrohr vergrößert den Sehwinkel!

Gibt man dem Objektiv einen großen Durchmesser, so vermag das Fernrohr pro Sekunde viel Licht aufzunehmen. Wie der Strahlengang zeigt, wird dieses Licht auf einen kleinen Raum zusammengedrängt, so daß wiederum die Helligkeit des Bildes steigt.

Die Länge des Galileischen Fernrohres ist kürzer als die des Keplerschen Fernrohres. Außerdem liefert es aufrechte Bilder. Es wird daher heute noch vielfach als Opernglas verwendet.

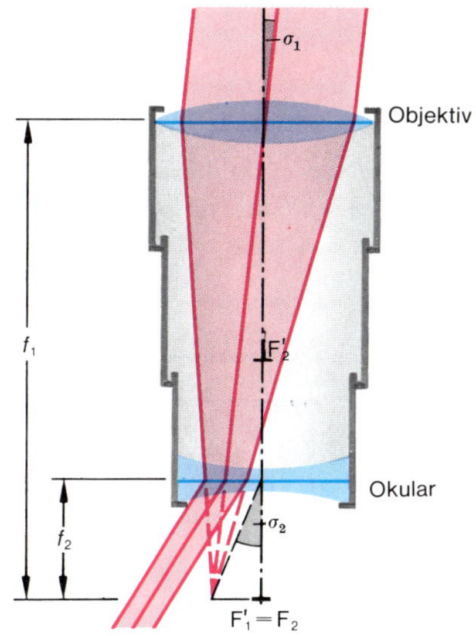

Strahlengang im Galileischen Fernrohr
Der Sehwinkel wird vergrößert
und die Helligkeit des Bildes gesteigert.

e) Das Spiegelfernrohr

Objektive mit großer Brennweite und großem Linsendurchmesser lassen sich nur schwer herstellen und sind demnach teuer. Die Linsen haben ein großes Gewicht und springen bei Temperaturschwankungen. Außerdem macht sich die chromatische Aberration im Fernrohr störend bemerkbar. Es hat sich daher für Himmelsbeobachtungen das Spiegelfernrohr durchgesetzt, welches die eben angeführten Nachteile nicht besitzt.

Das Spiegelfernrohr wurde um 1667 von Isaac Newton erfunden und besteht im wesentlichen aus einem großen Parabolspiegel, der das vom Stern einfallende Parallelstrahlenbündel zum Brennpunkt wirft. Kurz bevor sich die Strahlen im Brennpunkt vereinigen, lenkt sie ein kleiner, schräg stehender Fangspiegel seitlich aus dem Fernrohr. Dort kann das Bild des Sternes beobachtet und photographiert werden.

Wie der Strahlengang zeigt, wird auch im Spiegelfernrohr das einfallende Licht auf einen kleinen Raum konzentriert, die Helligkeit des Bildes also gewaltig gesteigert. Dieser Effekt läßt sich noch weiter erhöhen, wenn man das Bild photographiert. Denn bei einer langen Belichtungszeit können auch die schwächsten Lichtsignale allmählich eine Schwärzung bewirken und so von einem weit entfernten Objekt Kenntnis geben.

Große Spiegelfernrohre fangen auf hochempfindlichen Platten soviel Licht auf, daß Objekte bis in Entfernungen von über 1 Mrd. Lichtjahre registriert werden können. Das Licht, das in den großen Fernrohren gesammelt wird, kann sogar in ein Spektrum zerlegt und dann photographiert werden. Auf diese Weise erhält man Auskunft über die Zusammensetzung der Sterne. Es hat sich gezeigt, daß alle Sterne aus den gleichen Elementen wie Erde und Sonne bestehen.

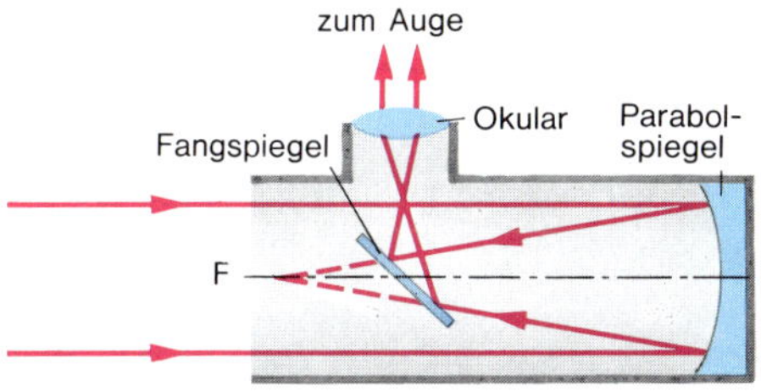

Der Strahlengang im Spiegelfernrohr
Auch hier wird die Helligkeit gesteigert.

Große Linsenfernrohre (Refraktoren)			Große Spiegelfernrohre (Reflektoren)		
Sternwarte	*f* in m	*D* in cm	Sternwarte	*f* in m	*D* in cm
Yerkes, USA	19,8	102	Selintschuskaja, UdSSR	24,0	610
Lick, USA	17,6	91	Mt. Palomar, USA	16,8	508
Paris, Frankreich	16,2	83	Lick, USA	15,2	305
Potsdam, DDR	12,0	80	Krim, UdSSR	10,0	264
Nizza, Frankreich	18,0	76	Mt. Wilson, USA	12,9	254

(D = Objektivdurchmesser) (D = Spiegeldurchmesser)

Das Radioteleskop arbeitet ähnlich wie ein Spiegelfernrohr. Statt sichtbarem Licht empfängt es Radiowellen.

Das Beugungsbild eines Spaltes bei Verwendung von rotem Licht

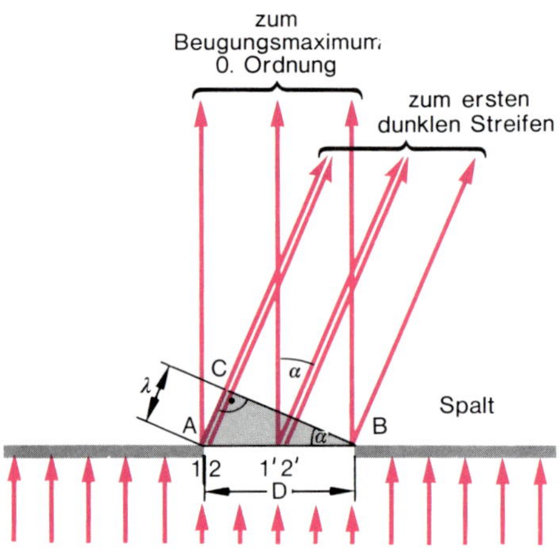

Konstruktion des 1. Beugungsminimums

Beugungsbild eines kreisförmigen Loches

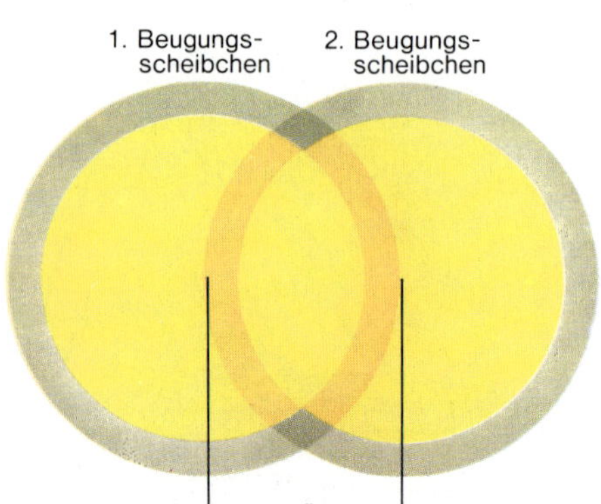

Zwei Beugungsscheibchen sind unterscheidbar, wenn das eine zumindest auf den ersten dunklen Ring des anderen fällt.

3. Das Auflösungsvermögen

Die Leistungsfähigkeit der optischen Instrumente wird durch die Wellennatur des Lichtes eingeschränkt. Wir sehen dies am besten ein, wenn wir nochmals den Durchgang des Lichtes durch einen Spalt betrachten. Bekanntlich sind am Schirm hinter dem Spalt Beugungserscheinungen zu beobachten. Das helle Spaltbild ist abwechselnd von dunklen und hellen Streifen begrenzt.

Weil wir das Resultat später benötigen, wollen wir die Lage des ersten dunklen Streifens berechnen. Von den einzelnen Punkten des Spaltes gehen Elementarwellen aus. Diese laufen übereinander hinweg und bilden ein kompliziertes »Interferenzmuster«.

In Richtung der Symmetrieachse verstärken die Wellen einander, weil sie den gleichen Weg zurückzulegen haben. Dort herrscht Helligkeit. Nun betrachten wir eine Richtung, die senkrecht zur Spaltöffnung liegt, aber mit der Symmetrieachse den Winkel α einschließt. Für den abgebildeten Winkel α löschen die Wellen einander aus, weil die von 1 und 1′ ausgehenden Elementarwellen, sowie die von 2 und 2′ ausgehenden Elementarwellen usw. einen Gangunterschied von $\lambda/2$ haben. Hier liegt der erste dunkle Streifen, da sich die Wellen erstmals gegenseitig durch destruktive Interferenz vernichten. Dem rechtwinkeligen Dreieck ABC entnimmt man für den Winkel α die Beziehung $\sin \alpha = \lambda/D$. Weil der Winkel α im allgemeinen klein ist, darf man setzen $\sin \alpha \approx \widehat{\alpha}$, so daß folgende Formel entsteht:

$$\widehat{\alpha} = \frac{\lambda}{D} \quad (D = \text{Breite des Spaltes})$$

Ähnliche Verhältnisse liegen auch bei einer kreisförmigen Öffnung vor. Am Schirm zeigt sich eine helle Kreisfläche, die von konzentrischen dunklen und hellen Ringen umgeben ist. Bezeichnen wir mit D den Durchmesser der Öffnung, so beschreibt auch hier die obige Formel (wenigstens angenähert) die Richtung, in welcher der erste dunkle Ring vom geometrischen Mittelpunkt der Öffnung aus gesehen wird.

Baut man in die Öffnung eine Sammellinse ein und beleuchtet sie mit achsenparallelem Licht, so sollten sich die Strahlen nach den Regeln der geometrischen Optik eigentlich im bildseitigen Brennpunkt vereinigen. Es zeigt sich aber, *daß in der dortigen Brennebene die eben beschriebenen Beugungserscheinungen entstehen.* Für den Radius des ersten dunklen Ringes ergibt sich dort also:

$$r = \widehat{\alpha} \cdot f = \frac{\lambda}{D} \cdot f$$

Fällt daher durch die Linse das Licht zweier Fixsterne, so bilden sich in der Brennebene nicht zwei punktförmige Bilder aus, sondern es sind dort zwei von der Fassung der Linse herrührende »Beugungsscheibchen« zu beobachten. Diese müssen deutlich unterscheidbar sein, sollen die beiden Sterne in der Brennebene als zwei getrennte Gebilde registrierbar sein. Bis zu einem gewissen Grad ist dies freilich eine Frage der Praxis und der Übung. Um aber zu einem eindeutigen Maß zu kommen, hat man sich darauf geeinigt, zwei Beugungsscheibchen dann als getrennt anzusehen, *wenn das eine zumindest auf den ersten dunklen Ring des anderen fällt.* Der kleinste Sehwinkel $\widehat{\sigma}_m$, unter dem zwei Sterne erscheinen dürfen, beträgt daher:

$$\widehat{\sigma}_m = \frac{r}{f} = \widehat{\alpha}$$

Ist der Sehwinkel kleiner, so können die Bilder der beiden Sterne hinter der Linse nicht mehr »aufgelöst« werden, gleichgültig wie stark der Lichtfleck auch später noch vergrößert wird. Wir merken uns:

> Zwei Punkte, die von einer Linse mit dem Durchmesser D getrennt abgebildet werden sollen, müssen von der Linse aus gesehen mindestens unter dem Sehwinkel $\widehat{\sigma}_m = \lambda/D$ erscheinen.
> Der Kehrwert dieses Sehwinkels heißt *Auflösungsvermögen*.

1. Beispiel: Das Auflösungsvermögen des Auges

Der Pupillendurchmesser des Auges betrage $D = 3$ mm. Man berechne das Auflösungsvermögen für Licht der Wellenlänge $\lambda = 600$ nm.

Kleinster noch auflösbarer Sehwinkel:

$$\widehat{\sigma}_m = \frac{\lambda}{D} = \frac{600 \cdot 10^{-9}\,\text{m}}{3 \cdot 10^{-3}\,\text{m}} = 2 \cdot 10^{-4}\,\text{rad} \approx 1'$$

Zwei Punkte können also nur dann getrennt wahrgenommen werden, wenn sie mindestens unter einem Sehwinkel von einer Winkelminute gesehen werden. Unter diesem Winkel erscheint uns etwa ein Mensch in 10 km Entfernung. Es ist bemerkenswert, daß die Sehzellendichte auf der Netzhaut zum gleichen Winkel führt, die Struktur der Netzhaut also auf die unvermeidlichen Beugungserscheinungen abgestimmt ist.

Das Auflösungsvermögen des menschlichen Auges beträgt demnach:

$$\frac{1}{\widehat{\sigma}_m} = \frac{1}{2 \cdot 10^{-4}} = \frac{1}{2} \cdot 10^4 = 5\,000$$

Dieses Resultat ist freilich nur eine grobe Abschätzung. Korrekterweise hätten wir nämlich nicht die Vakuumwellenlänge, sondern die (kleinere) Wellenlänge im Glaskörper des Auges in die Formel einsetzen müssen. Weil sich aber der Pupillendurchmesser je nach Helligkeit zwischen 2 mm und 8 mm ändern kann, ist eine größere Rechengenauigkeit sinnlos.

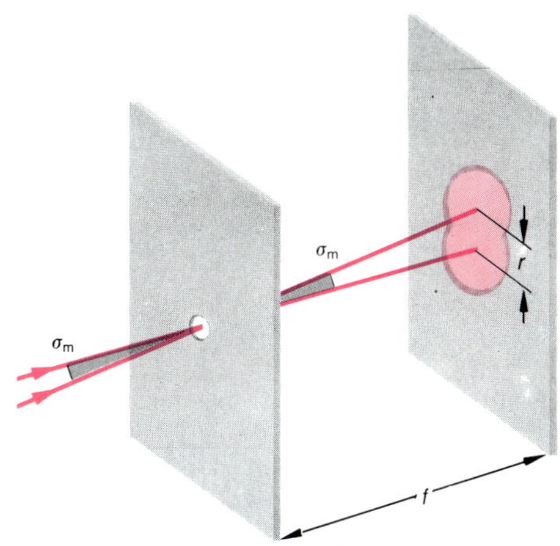

Zur Definition des Auflösungsvermögens

2. Beispiel: Das Auflösungsvermögen eines Fernrohres

Der Objektivdurchmesser eines Fernrohres betrage $D = 3$ m. Man berechne das Auflösungsvermögen für Licht der Wellenlänge $\lambda = 600$ nm.

Kleinster noch auflösbarer Sehwinkel:

$$\widehat{\sigma}_m = \frac{\lambda}{D} = \frac{600 \cdot 10^{-9}\,\text{m}}{3\,\text{m}} = 2 \cdot 10^{-7}\,\text{rad} \approx 0{,}001'$$

Zwei Punkte können also dann getrennt wahrgenommen werden, wenn ihr Sehwinkel größer als eine tausendstel Winkelminute ist. Unter diesem Winkel würde uns etwa ein Mensch in 10 000 km Entfernung erscheinen. Es genügt, wenn dieser Sehwinkel mit dem Okular auf eine Winkelminute vergrößert wird (förderliche Vergrößerung), denn eine stärkere Vergrößerung bringt keine neuen Details.

Das Auflösungsvermögen dieses Fernrohres beträgt demnach:

$$\frac{1}{\widehat{\sigma}_m} = \frac{1}{2 \cdot 10^{-7}} = \frac{1}{2} \cdot 10^7 = 5\,000\,000$$

Durch große Objektivdurchmesser wird also nicht nur die Helligkeit, sondern auch – was fast noch wichtiger ist – das Auflösungsvermögen der Fernrohre gesteigert.

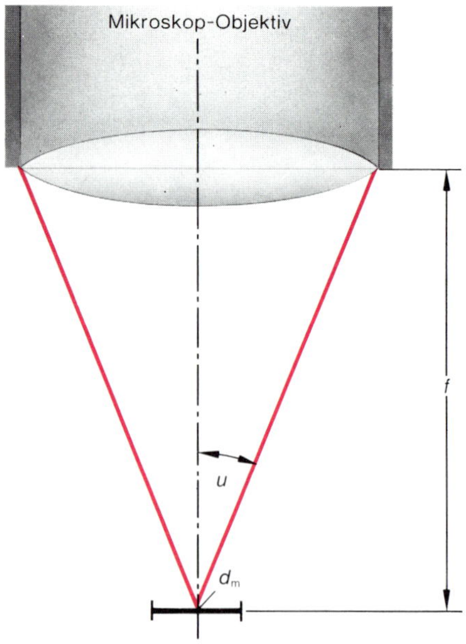

Auflösungsvermögen des Mikroskops
$D/2 = f \cdot \widehat{u} \approx f \cdot \sin u$.
D = Objektivdurchmesser

Die Leistungsfähigkeit der Fernrohre wird nicht nur durch das Auflösungsvermögen, sondern auch durch die stets vorhandenen Luftbewegungen in der Atmosphäre begrenzt. Es genügt deshalb nicht, dem Fernrohr einen möglichst großen Objektivdurchmesser zu geben. Man muß vielmehr auch danach trachten, die atmosphärischen Einflüsse möglichst gering zu halten. Das ist der Grund, weshalb die leistungsfähigsten Sternwarten auf hohen Bergen stehen und weshalb man von einem Fernrohr in einem Satelliten (Spacelab!) weitere Fortschritte erhofft.

3. Beispiel: Das Auflösungsvermögen eines Mikroskops

Man schätze den kleinsten Abstand ab, der von einem Mikroskop unter Verwendung der Lichtwellenlänge λ gerade noch aufgelöst werden kann.

Kleinster noch auflösbarer Sehwinkel: $\widehat{\sigma}_m = \lambda/D$

Da das Objekt praktisch im Brennpunkt des Objektivs liegt, läßt sich für den Objektivdurchmesser schreiben:

$$D \approx 2 \cdot f \cdot \widehat{u} \approx 2 \cdot f \cdot \sin u,$$

wenn wir unter $\widehat{u}$ den halben Öffnungswinkel des Objektivs, vom gegenstandsseitigen Brennpunkt aus gesehen, verstehen.
Auf diese Weise ergibt sich:

$$d_m = \widehat{\sigma}_m \cdot f = \frac{\lambda}{D} \cdot f = \frac{\lambda}{2f \cdot \sin u} \cdot f = \frac{\lambda}{2 \cdot \sin u} \approx \lambda$$

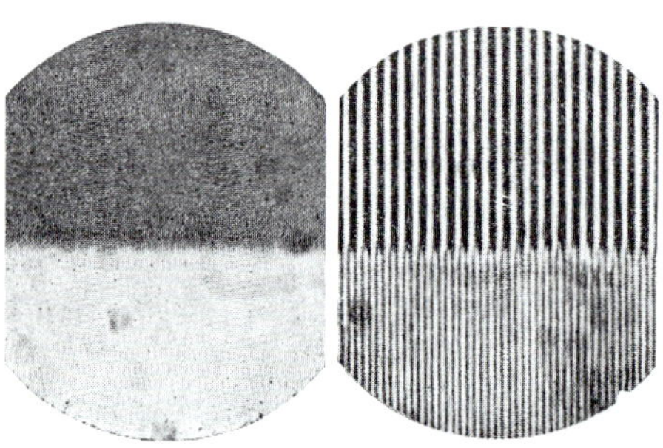

Damit ein Abstand noch deutlich aufgelöst werden kann, muß mindestens das Beugungsmaximum 1. Ordnung ins Objektiv einfallen. Das ist im rechten Bild der Fall.

> Der kleinste, gerade noch auflösbare Abstand hat dieselbe Größenordnung wie die Wellenlänge des verwendeten Lichtes.

Das Auflösungsvermögen des Mikroskops läßt sich daher steigern, wenn man zur Abbildung möglichst kurzwelliges Licht verwendet.

Es genügt, den Abstand d_m nach der Vergrößerung durch das Okular gerade unter dem Sehwinkel von einer Winkelminute erscheinen zu lassen (förderliche Vergrößerung). Dies ist bei einer etwa tausendfachen Vergrößerung der Fall. Eine stärkere Vergrößerung bringt keine neuen Details.

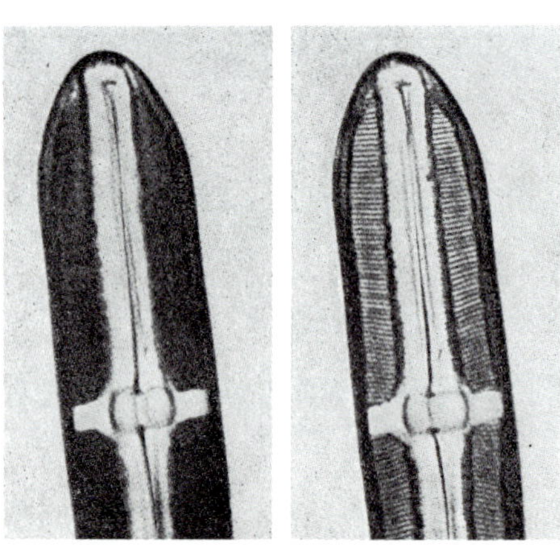

Mikroskopische Aufnahme einer Diatomee in 1 000facher Vergrößerung.
Links: mit rotem Licht,
rechts: mit blauem Licht.
Das Auflösungsvermögen wird um so besser, je kleiner die Wellenlänge des verwendeten Lichtes ist.

Testfragen:

1. Wie läßt sich für eine Sammellinse das Vergrößerungsverhältnis B/G errechnen?
2. Wie lautet für eine Sammellinse die Linsengleichung, und was sagt sie aus?
3. Wie ist ein Projektionsapparat aufgebaut, und welche Aufgabe hat er?
4. Wie ist ein Photoapparat aufgebaut, und welche Aufgabe hat er?
5. Was versteht man unter Tiefenschärfe, und wie kann man sie vergrößern?
6. Wie erfolgt beim Auge die Akkomodation, und was ist der Nahpunkt?
7. Welche Brille braucht ein weitsichtiger, welche ein kurzsichtiger Mensch?
8. Worauf beruht das räumliche Sehen?
9. Wie kommt das Farbensehen zustande?
10. Was versteht man unter dem Sehwinkel?
11. Welcher Sehwinkel kann vom menschlichen Auge gerade noch aufgelöst werden?
12. Welche Aufgabe haben Lupe, Mikroskop und Fernrohr?
13. Wie funktioniert ein Mikroskop?
14. Worin unterscheidet sich ein Keplersches Fernrohr von einem Mikroskop?
15. Wie funktioniert ein Keplersches Fernrohr?
16. Weshalb haben die Fernrohrobjektive einen großen Durchmesser?
17. Wie arbeitet ein Spiegelfernrohr, und welche Vorteile hat es?
18. Weshalb hat eine Linse nur ein beschränktes Auflösungsvermögen?
19. Wie kann das Auflösungsvermögen einer Linse gesteigert werden?
20. In welcher Größenordnung liegt der kleinste Abstand, der von einem Mikroskop noch aufgelöst werden kann, und was folgt daraus?

Experimentelle Befunde ergaben als wichtiges Resultat:

Das Licht hat Wellennatur.

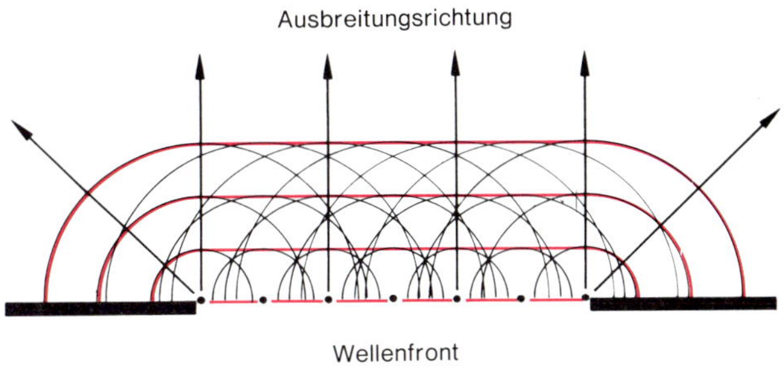

Die Lichtausbreitung als Wellenphänomen beschreibt daher das *Huygenssche Prinzip:*

Punkte, die von einer Welle zur gleichen Zeit erreicht werden, bilden eine Wellenfläche. Jeder Punkt dieser Fläche kann als Ausgangspunkt einer Elementarwelle angesehen werden. Die Überlagerung ergibt die beobachtbare Welle.

Folgende Phänomene wurden genauer untersucht:

A. Reflexion und Brechung

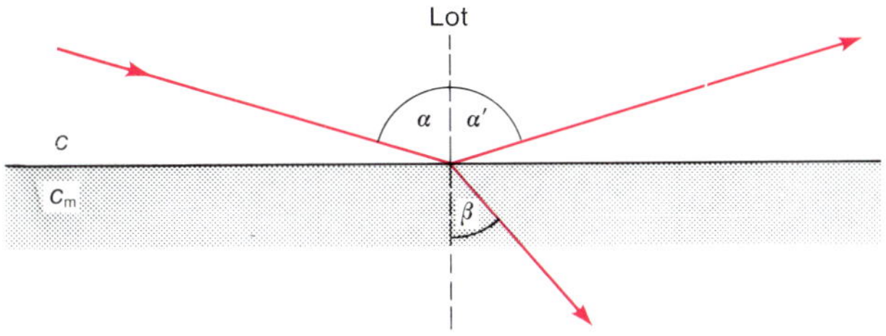

Fällt Licht auf durchsichtige Materie, so wird es zum Teil reflektiert und zum Teil gebrochen. Es gelten die Gesetze:

$$\alpha' = \alpha \quad \text{und} \quad \frac{\sin\alpha}{\sin\beta} = \frac{c}{c_m} = n$$

Im *Vakuum* beträgt die Lichtgeschwindigkeit c stets $c = 300\,000$ km/s.

In *Materie* ist die Lichtgeschwindigkeit c_m *kleiner* als im Vakuum und hängt vom Material und von der Frequenz (Farbe) des Lichtes ab. Rotes Licht läuft rascher als blaues.

Die Abhängigkeit der Fortpflanzungsgeschwindigkeit von der Frequenz einer Welle wird »Dispersion« genannt.
Die Farbauffächerung des Lichtes beim Durchgang durch ein Prisma kommt so zustande. (Prismenspektrum!)

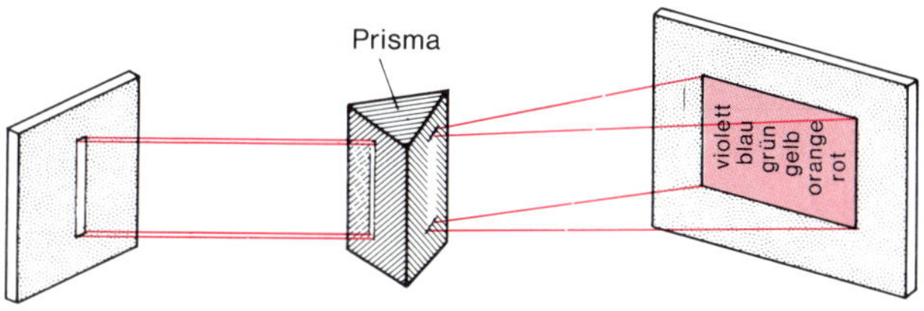

B. Die Beugung

Als Beugung wird das Übergreifen einer Welle in den geometrischen Schattenraum bezeichnet.

Beugungserscheinungen können beobachtet werden, wenn die Öffnung etwa die gleiche Größenordnung wie die Wellenlänge hat.

Fällt Licht durch ein Gitter, so entsteht ein Gitterspektrum. Es zeigt, daß weißes Licht aus Wellen verschiedener Wellenlängen bzw. verschiedener Frequenzen zusammengesetzt ist.
Rotes Licht: $\lambda \approx 800$ nm, Blaues Licht: $\lambda \approx 400$ nm.

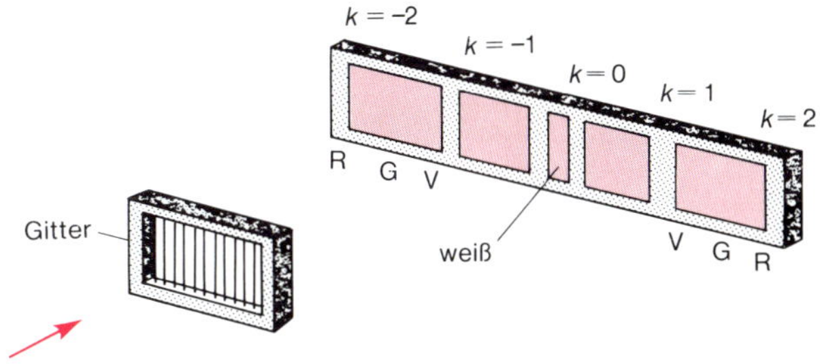

C. Die Polarisation

Fällt Licht auf durchsichtige Materie, so ist das reflektierte Licht und das gebrochene Licht (teilweise) linear polarisiert. Es gilt das *Brewstersche Gesetz:*

Steht der reflektierte Strahl auf dem gebrochenen Strahl senkrecht ($\tan\alpha = n$), so ist der reflektierte Strahl *vollständig* linear polarisiert und schwingt senkrecht zur Reflexionsebene.

(Der gebrochene Strahl ist teilweise linear polarisiert und schwingt vorwiegend in der Einfallsebene.)

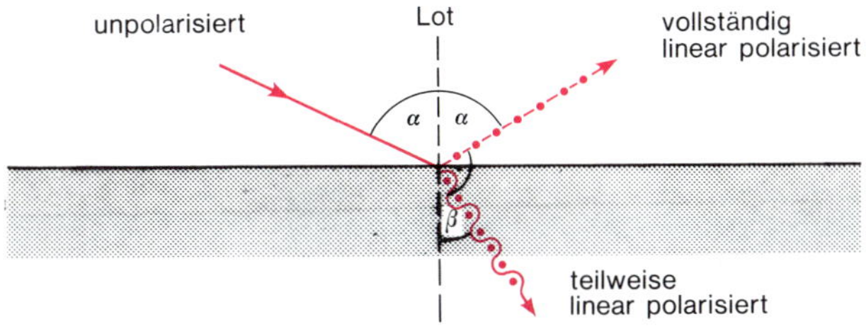

Es hat sich gezeigt, daß natürliches Licht aus vielen kurzen linear polarisierten Wellenzügen besteht, die alle möglichen Schwingungsrichtungen in gleichmäßiger Verteilung haben. Beim Auftreffen auf durchsichtige Materie werden jene Wellenzüge vorwiegend reflektiert, die senkrecht zur Einfallsebene schwingen.

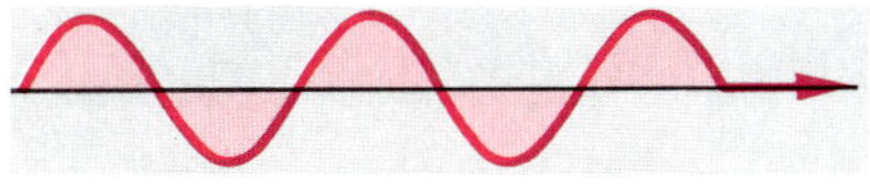

Die Lichtwellen sind Transversalwellen.

Übungsbeispiele*

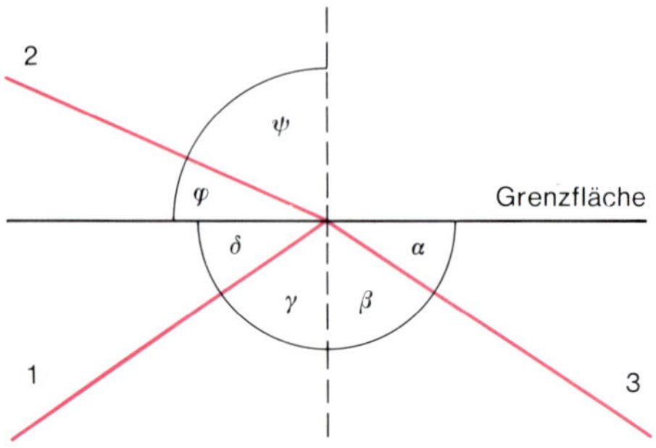

Zu Aufgabe 1

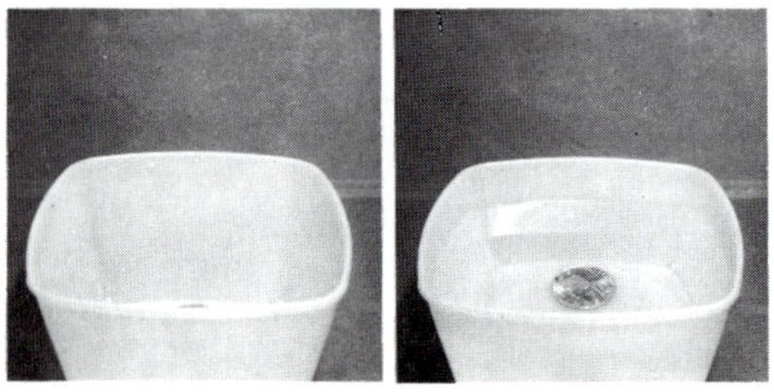

Zu Aufgabe 5

Ein Ultraschallstrahl wird an einer Hand reflektiert. Die hin- und zurücklaufenden Wellen bilden ein kompliziertes Interferenzmuster.

Reflexion und Brechung

1. Die Abbildung zeigt den Weg eines Lichtstrahls beim Übergang von Glas in Luft.
   a) Auf welcher Seite der Grenzfläche befindet sich das Glas?
   b) Wo ist der einfallende, wo der reflektierte und wo der gebrochene Strahl?
   c) Wo liegen Einfallswinkel, Reflexionswinkel und Brechungswinkel?
2. Wenn ein Beobachter durch ein kompliziertes Spiegelsystem die Augen einer anderen Person sieht, kann dann diese Person die Augen des Beobachters sehen?
3. Um welchen Winkel wird der Lichtzeiger eines Spiegelgalvanometers abgelenkt, wenn sich der Spiegel um den Winkel α dreht?
4. Ein schmales Lichtbündel trifft die Wasserfläche eines Aquariums unter dem Einfallswinkel von 45°. Der gebrochene Strahl fällt auf den Boden des Aquariums, trifft dort auf einen horizontal liegenden Spiegel, wird zurück zur Oberfläche reflektiert und an der Grenzfläche zur Luft gebrochen. Der Brechungsquotient des Wassers beträgt $n = 1{,}33$.
   a) Wie groß ist der Winkel zwischen dem einfallenden Strahl und der Richtung, unter der das Licht die Wasseroberfläche wieder verläßt?
   b) Wie groß ist der Abstand zwischen den beiden Punkten, in welchen der einfallende und der reflektierte Lichtstrahl durch die Wasseroberfläche stoßen, wenn das Wasser 15 cm tief ist?
5. Wir legen eine Münze auf den Boden einer Schüssel und schauen so über den Schüsselrand, daß die Münze gerade nicht mehr zu sehen ist. Wenn wir nun vorsichtig Wasser eingießen, ohne dabei unsere Stellung zu verändern, wird die Münze wieder sichtbar. Außerdem scheint die Schüssel weniger tief als im leeren Zustand zu sein. Wie ist das zu erklären? (Skizze!)

\+ 6. Ein Fisch steht 50 cm unter einer ruhigen Wasseroberfläche ($n = 1{,}33$). Welche Gebiete außerhalb des Wassers kann er direkt sehen, und welche Gebiete im Wasser kann er über eine Reflexion sehen? (Skizze!)

7. Taucht man ein leeres Proberöhrchen in Wasser, so kann man bei bestimmter Stellung des Glases nicht hindurchsehen. Das Glas erscheint silberglänzend. Erst wenn man Wasser ins Glas einfüllt, kann man wieder hindurchsehen. Wie ist das zu erklären?
8. In einer Wellenwanne ist ein seichtes Gebiet von einem Gebiet mit tieferem Wasser geradlinig abgegrenzt. Eine ebene Welle läuft vom seichten Wasser ins tiefe Wasser. Der Einfallswinkel beträgt 45°, der Brechungswinkel mißt 60°.
   a) In welchem Verhältnis stehen die Fortpflanzungsgeschwindigkeiten der Welle in den beiden Gebieten?
   b) In welchem Verhältnis stehen die Wellenlängen?

\+ 9. Die Brechungsquotienten von Wasser bzw. Glas betragen $^4/_3$ bzw. $^3/_2$.
   a) Wie lautet das Brechungsgesetz beim Übergang vom Wasser ins Glas?
   b) Wie lautet das Brechungsgesetz beim Übergang vom Glas ins Wasser?
   c) Wie groß ist der Grenzwinkel der Totalreflexion?

\+ 10. Ein Lichtstrahl trifft unter dem Winkel $\alpha = 60°$ auf eine planparallele Glasplatte von 5 cm Dicke. Der Brechungsquotient der Platte beträgt $n = 1{,}5$. Die Platte ist von Luft umgeben. Welche Parallelverschiebung erleidet der durchgehende Strahl?

\+ 11. Ein Glasprisma ist von Luft umgeben. Es hat den Brechungsquotienten $n = 1{,}7$. Sein brechender Winkel beträgt $\gamma = 60°$. Ein Lichtstrahl fällt senkrecht zur brechenden Kante auf das Prisma.
   a) Unter welchem Winkel muß der Lichtstrahl auffallen, damit $\beta_1 = \beta_2$ gilt, und wie groß ist dann der Ablenkwinkel?
   b) Unter welchem Winkel muß der Lichtstrahl auffallen, damit er schleifend aus dem Prisma tritt, und was geschieht, wenn der Einfallswinkel noch kleiner wird?

---

*) Umfangreiche oder schwierigere Aufgaben sind mit + gekennzeichnet.

12. Zum Zweck einer geologischen Untersuchung wird an der Erdoberfläche eine Explosion ausgelöst. Die an der Erdoberfläche entlanglaufenden Druckwellen erreichen einen 2 km entfernten Beobachter nach 3 s. Eine zweite Druckwelle läuft in die Erde hinein und wird an der waagrechten Grenzfläche zu einer andersartigen, tiefer liegenden Schicht reflektiert. Sie erreicht den Beobachter um 0,6 s später. Wie dick ist die oberste Schicht?

Körperfarben

13. Mit welchen Lichtarten muß man einen Farbstoff beleuchten, damit er in seiner natürlichen Farbe erscheint?
14. Der Gegenstand A erscheint im weißen Licht weiß, der Gegenstand B im selben Licht rot. Wie sehen die beiden Gegenstände bei Beleuchtung mit grünem Licht aus.
+15. Wann sieht ein durchsichtiger Körper im durchscheinenden Licht gelb aus?
16. Das Licht einer Lichtquelle wird mit einem Spektralapparat untersucht. Es treten folgende Spektrallinien auf:
λ_1 = 621 nm, λ_2 = 582 nm, λ_3 = 548 nm, λ_4 = 437 nm, λ_5 = 405 nm.
Aus welchen chemischen Elementen besteht die Lichtquelle?

Anleitung: Man verwende die Spektraltafel auf S. 61.

Die λ-Werte bezeichnen die Wellenlängen, die den einzelnen Spektralfarben zugeordnet sind (vgl. Kapitel IV). Mit ihrer Hilfe lassen sich die Spektralfarben leicht kennzeichnen.

Das erste Spiegelfernrohr (Reflektor), erdacht und benützt von Newton
Es ist den Linsenfernrohren überlegen, weil die chromatische Aberration wegfällt. Alle modernen Großinstrumente sind Reflektoren.

Additive und subtraktive Farbmischung

17. Welche Farbe entsteht, wenn man folgende Lichtbündel übereinander projiziert und damit eine weiße Fläche beleuchtet?
a) rot und grün, b) grün und blau, c) blau und rot.
18. Welche Farbe entsteht, wenn man folgende farbige Gläser hintereinander in einen weißen Lichtkegel hält?
a) blau-grün und purpur, b) purpur und gelb, c) gelb und blau-grün.
19. Warum wird gelblicher Zucker vor dem Verkauf »gebläut«, und warum fügten die Hausfrauen früher dem letzten Waschwasser etwas blauen Farbstoff zu, um das »Vergilben« der Wäsche zu verhindern?
20. Wenn man in der Schwarzweißphotographie vor das Objektiv ein »Gelbfilter« setzt, erscheint der blaue Himmel auf dem Bild dunkler, und die weißen Wolken heben sich besser ab. Wie ist das zu erklären?
Anleitung: Das »Gelbfilter« absorbiert die violetten Strahlen und schwächt die blauen. Daher rührt auch seine gelbe Farbe.

Die Lichtgeschwindigkeit

21. Bei Fizeaus Zahnradmethode beträgt der Abstand zwischen Zahnrad und Spiegel L Meter. Das Zahnrad hat Z Zähne (also auch Z Lücken) und macht N Umdrehungen pro Sekunde, wenn die Lichtquelle das erste Mal unsichtbar wird.
a) Wie läßt sich aus diesen Daten die Lichtgeschwindigkeit berechnen?
b) Welcher Wert ergibt sich, wenn man folgende von Fizeau gemessene Zahlenwerte einsetzt?
$L = 8\,633$ m, $Z = 720$ Zähne, $N = 12{,}6$ Umdrehungen/s.
22. Michelson ersetzte in der Fizeauschen Meßanordnung das Zahnrad durch einen achtseitigen Drehspiegel. Der gesamte Laufweg des Lichtes betrug ASB = 70 km. Wie viele Umdrehungen muß der Drehspiegel pro Sekunde mindestens ausführen, damit Helligkeit beobachtet werden kann?
23. Gelegentlich ereignet sich am Himmel eine Sternexplosion. Dabei wird der Stern kurzzeitig um ein Vielfaches heller als vorher. Bekanntlich sind die Sterne so weit von uns entfernt, daß ihr Licht viele Jahre benötigt, um zu uns zu gelangen. Wir beobachten nun die Sternexplosionen als helles, weißes Leuchten und nicht als eine Folge verschiedener Farben, die uns zu verschiedenen Zeiten erreichen. Was kann man daraus schließen?
+24. Ein Flintglasprisma mit dem brechenden Winkel $\gamma = 60°$ ist von Luft umgeben. Sein Brechungsquotient beträgt für rotes Licht $n_r = 1{,}6064$ und für blaues Licht $n_b = 1{,}6355$.
a) Mit welchen Geschwindigkeiten pflanzen sich die beiden Lichtsorten im Prisma fort?
b) Unter welchen Winkeln treten die beiden Lichtsorten aus dem Prisma, wenn der Einfallswinkel $\alpha_1 = 45°$ beträgt?

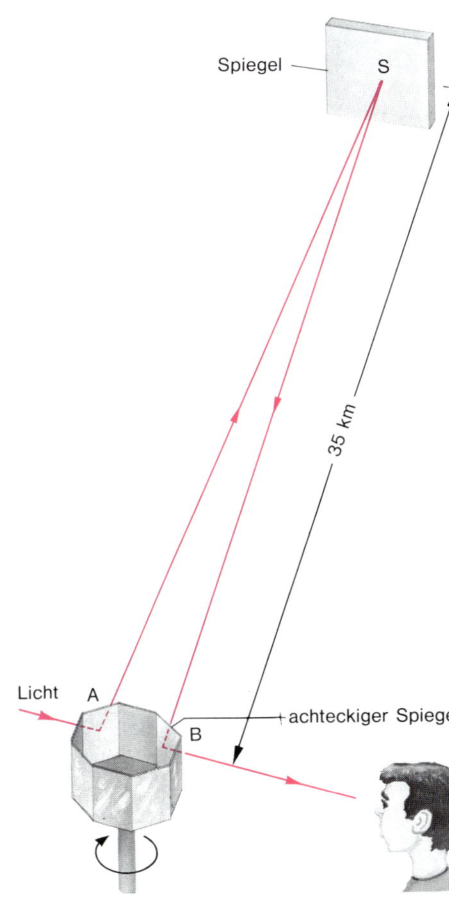

Zu Aufgabe 22

Künstliches Interferenzmuster
Zwei Glasplatten tragen ein konzentrisches Kreisringsystem und liegen verschoben übereinander.

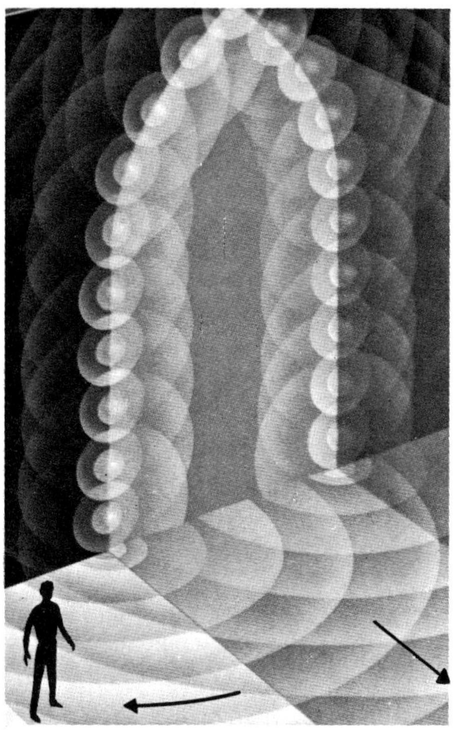

Beugung der Schallwellen an einer Kirchentür
Weil die Wellenlängen die gleiche Größenordnung haben wie die Abmessungen der Kirchentür, ist von einem gerichteten Schallstrahl nichts zu bemerken. Die Orgelmusik ist überall zu hören.

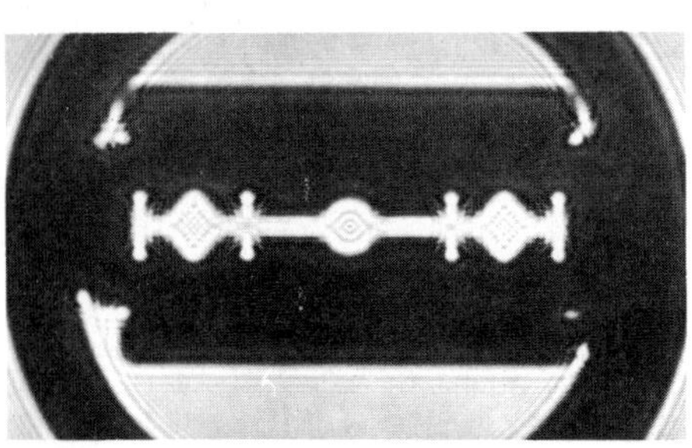

Beugung der Lichtwellen an den Kanten einer Rasierklinge
Weil die Wellenlänge viel kleiner ist als die Abmessung der Klinge, treten nur schwache Beugungserscheinungen auf.

Beugung

25. Eine Lautsprechermembran hat 34 cm Durchmesser und ist in eine feste Wand eingebaut. Die Schallgeschwindigkeit beträgt $c = 340$ m/s.
   a) Welche Frequenz hat eine Schallwelle mit 34 cm Wellenlänge?
   b) In welcher Richtung werden Schallwellen abgestrahlt,
   (1) deren Wellenlänge $\lambda \ll d$ ist, (2) deren Wellenlänge $\lambda \gg d$ ist?
   c) Hört man die hohen oder die tiefen Töne besser, wenn man seitwärts vom Lautsprecher sitzt?
26. Ebene Lichtwellen treffen auf einen Doppelspalt. Die Spaltöffnungen haben 0,1 mm Abstand. 5 m hinter dem Doppelspalt sind an der Wand helle Interferenzstreifen zu sehen. Der Abstand zwischen zwei benachbarten Streifen beträgt 3,25 cm. Wie groß ist die Wellenlänge des Lichtes?
27. Ebene Lichtwellen treffen auf ein Gitter. (Gitterkonstante $d = 0{,}01$ mm.)
   a) Wie groß ist für das Beugungsmaximum 1. Ordnung der Beugungswinkel für rotes Licht ($\lambda = 700$ nm) und für violettes Licht ($\lambda = 400$ nm)?
   b) Kann sich irgendeine Farbe des Spektrums 1. Ordnung mit irgendeiner Farbe des Spektrums 2. Ordnung überdecken?
28. Auf ein Beugungsgitter fällt gelbes Licht der Wellenlänge $\lambda = 600$ nm. 2 m hinter dem Gitter steht ein Schirm, auf dem das Interferenzmuster zu sehen ist. Das Beugungsmaximum 2. Ordnung hat vom Beugungsmaximum 0. Ordnung einen Abstand von 24 cm. Wie groß ist die Gitterkonstante?

Dünne Schichten

+29. Der Brechungsquotient des Wassers beträgt $^4/_3$, derjenige des Glases $^3/_2$.
   a) Man vervollständige die folgende Tabelle.

Farbe	Rot	Gelb	Grün	Violett
λ in Luft λ in Wasser λ in Glas	700 nm	600 nm	500 nm	400 nm

   b) Welche Dicke muß eine Luftschicht bzw. eine Glasschicht mindestens haben, damit Gelb bei senkrechtem Einfall im reflektierten Licht durch Interferenz ausgelöscht wird? (Die Glasschicht sei von Luft umgeben.)
30. Eine Seifenwassermembran mit dem Brechungsquotienten $n = {}^4/_3$ wird mit gelbem Licht senkrecht beleuchtet. Die im Vakuum gemessene Wellenlänge des Lichtes beträgt $\lambda = 540$ nm. Wie dick muß die Seifenlamelle mindestens sein, damit das reflektierte Licht durch Interferenz verstärkt wird?
31. Ein Newtonsches Farbenglas hat einen Radius von 15 m. Im reflektierten Licht beträgt der Radius des zehnten dunklen Ringes $r = 10$ mm.
   a) Welche Wellenlänge hat das verwendete Licht?
   b) Welchen Radius hätte der Ring, wenn man das Farbenglas mit Wasser füllen würde?
32. Ein dünner Quarzfaden liegt auf einem ebenen Spiegel. Darauf liegt eine planparallele Glasplatte, die 10 cm entfernt den Spiegel berührt. Die Anordnung wird senkrecht von oben mit Natriumlicht ($\lambda = 589$ nm) beleuchtet.
   a) Wie dick ist der Quarzfaden, wenn am Luftkeil zwischen Faden und Berührungsstelle der Glasplatte 20 dunkle Streifen liegen?
   b) Wie viele Streifen wären zu sehen, wenn man die Anordnung mit blauem Licht ($\lambda = 480$ nm) beleuchtet?
   c) Befindet sich am Ende des Luftkeils, wo die Platte den Spiegel berührt, ein heller oder ein dunkler Streifen?

Der Doppler-Effekt*)

33. Wie schnell müßte ein Autofahrer auf eine Verkehrsampel zufahren, damit ihm das rote Licht grün erscheint?
   Wellenlänge des roten Lichtes: $\lambda = 650$ nm,
   Wellenlänge des grünen Lichtes: $\lambda = 550$ nm.
34. Das Spektrum ferner Spiralnebel erscheint rot verschoben. Mit welcher Geschwindigkeit bewegt sich ein Spiralnebel von uns weg, wenn seine Natriumlinie ($\lambda = 589$ nm) bei 736 nm liegt und die ganze Rotverschiebung als Doppler-Effekt gedeutet wird?

*) Weil das Licht Wellenstruktur hat, zeigt es den Doppler-Effekt. Die folgenden Aufgaben sind mit den Formeln, die in der Wellenlehre hergeleitet wurden, zu lösen.

35. Die Sterne eines Doppelsternsystems umlaufen bekanntlich den gemeinsamen Massenmittelpunkt. Wie wirkt sich der Doppler-Effekt aus, wenn ein Doppelstern längere Zeit von einem Punkt der Bahnebene aus mit einem Spektralapparat beobachtet wird? Erklären Sie die Zeichnung.

36. Die Spektrallinien eines heißen Gases erscheinen wegen des Doppler-Effektes verbreitert. Aus der Breite der Spektrallinien kann man auf die Temperatur des Gases schließen. Man gebe dafür eine qualitative Erklärung.

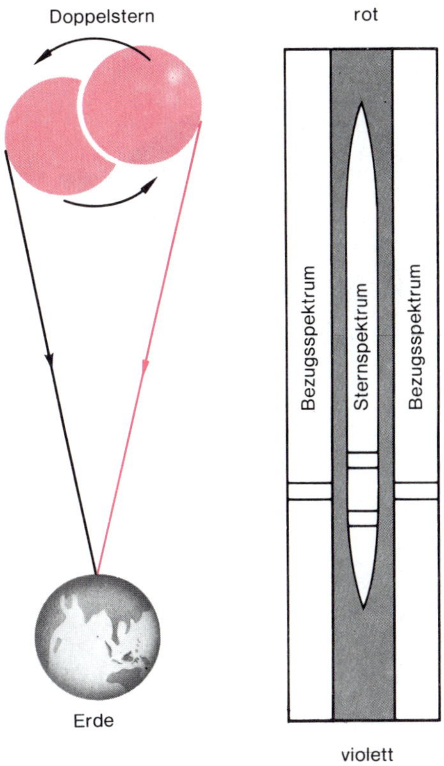

Zu Aufgabe 35

Polarisation

+ 37. Wenn man zwischen zwei gekreuzte Polarisationsfilter ein drittes Polarisationsfilter einschiebt und um die Fortpflanzungsrichtung des Lichtes dreht, so wird das Gesichtsfeld aufgehellt. Wie ist das zu erklären, und wann ist die Aufhellung am stärksten?

+ 38. Der Polarisationswinkel läßt sich mit folgender Formel berechnen

$$\tan \alpha_P = n.$$

Beweisen Sie diese Beziehung und ermitteln Sie die Größe von α_P
a) für Wasser ($n = 1{,}33$),
b) für einen Diamanten ($n = 2{,}42$),
c) für einen Diamanten, der mit Wasser bedeckt ist.

39. Warum kann man mit einer Polaroidbrille die Fische besser sehen, wenn man schräg auf die Wasseroberfläche blickt? Muß die Durchlaßrichtung der Brille senkrecht oder parallel zur Wasseroberfläche orientiert sein?

40. Eines Abends blickte Malus in Paris durch einen Kalkspatkristall nach den Fenstern des Palais Luxembourg, als diese gerade das Licht der untergehenden Sonne reflektierten. Als er den Kristall um die Richtung des einfallenden Lichtstrahls drehte, wechselten die vom ordentlichen und vom außerordentlichen Strahl hervorgerufenen Bilder ihre Helligkeit. Wie ist das zu erklären?

Jaques Daguerre fertigte um 1837 die ersten photographischen Bilder an. Obwohl von diesen »Daguerreotypien« keine Kopien angefertigt werden konnten, waren sie doch unerwartet erfolgreich und machten ihren Erfinder reich. Den ersten »Film« entwikkelte um die gleiche Zeit der Engländer Fox Talbot.

Projektionsapparat und Photoapparat

41. Ein Filmvorführgerät soll die 18 mm hohen Filmbilder auf eine 2,5 m hohe Kinoleinwand abbilden, die 30 m entfernt ist.
a) Welche Brennweite muß das Objektiv haben?
b) Wie groß ist der Sehwinkel für einen Kinobesucher, der 10 m bzw. 20 m von der Leinwand entfernt ist?

42. Das Objektiv eines Photoapparates hat eine Brennweite $f = 5$ cm. Es soll aus der Einstellung auf Unendlich auf eine Gegenstandsweite von 10 m bzw. 1 m bzw. 0,50 m eingestellt werden.
a) Um welche Strecke muß das Objektiv verschoben werden?
b) Wie groß ist in jedem Fall das Vergrößerungsverhältnis?

43. Das Objektiv eines Photoapparates hat eine Brennweite $f = 5$ cm.
a) Wie groß ist auf dem Film das Bild des Mondes?
b) Welche Brennweite müßte man wählen, damit das Bild 5 mm groß wird?
c) Wie groß wäre das Bild, wenn man ein Teleobjektiv mit $f = 15$ cm verwenden würde? (Der Mond erscheint dem bloßen Auge unter einem Sehwinkel von 0,5°.)

+ 44. Ein Photograph nimmt bei einem Rennen mit einer Kamera, deren Brennweite $f = 5$ cm beträgt, einen Motorradfahrer auf, der in 10 m Abstand mit 100 km/h vorbeifährt.
a) Wie lange darf der Photograph höchstens belichten, damit die Unschärfe auf dem Film nicht größer als 0,2 mm wird?
b) Wie wird man die Blende des Photoapparates einstellen müssen?

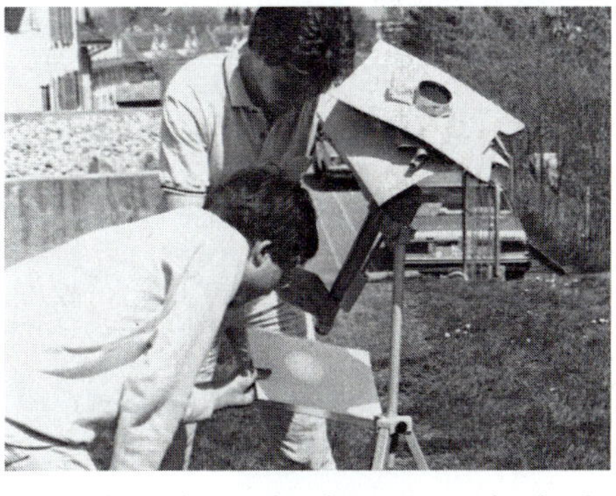

Niemals darf man durch ein Fernrohr direkt in die Sonne schauen. Das Sonnenlicht ist so hell und heiß, daß man erblindet. Eine sichere Methode ist die Projektion des Sonnenbildes auf einen Schirm.

Das Auge und die Fernrohre

45. Bei einem normalsichtigen Auge ist die Netzhaut vom Mittelpunkt der Augenlinse 22 mm entfernt.
a) Wie groß ist die Brennweite des Auges bei Akkommodierung auf einen unendlich weit entfernten Punkt?
b) Wie groß ist die Brennweite des Auges bei Akkommodierung auf einen 10 cm entfernten Punkt?
c) Bestimmen Sie den Nahpunkt Ihres Auges!
d) Das Auge erzeugt ein umgekehrtes Bild auf der Netzhaut. Bedeutet das, daß wir alle Gegenstände verkehrt sehen müßten?

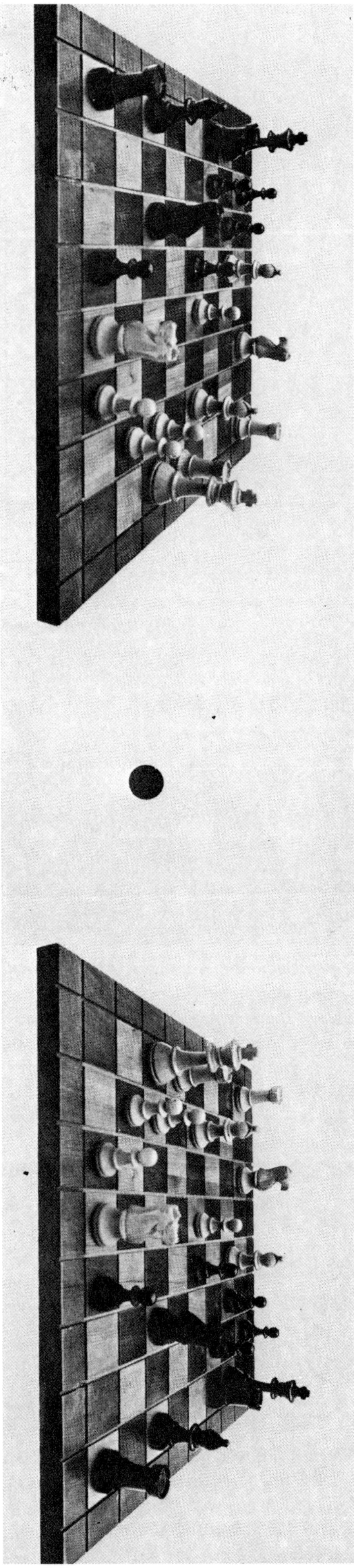

+46. Man bezeichnet den Kehrwert der in Meter gemessenen Brennweite als Dioptrienzahl. Jemand sieht mit einer Lesebrille von + 2,75 Dioptrien noch gut auf einen Abstand von $s = 25$ cm. Wie weit hält er seine Zeitung vom Auge weg, wenn er die Brille vergessen hat?
Anleitung: Gesamte Dioptrienzahl =
= Dioptrienzahl des Auges + Dioptrienzahl der Brille.

47. Von einem Keplerschen Fernrohr hat das Objektiv die Brennweite $f_1 = 60$ cm und das Okular die Brennweite $f_2 = 5$ cm. Das Fernrohr hat weder eine Umkehrlinse noch einen Prismenumkehrsatz.
a) Wie lang ist das Fernrohr?
b) Unter welchem Sehwinkel wird der Mond gesehen?
(Der Mond erscheint dem bloßen Auge unter einem Sehwinkel von 0,5°.)
Anleitung: Man beweise zunächst an Hand des Strahlenganges die Beziehung:
$\widehat{\sigma}$ (mit Fernrohr): $\widehat{\sigma}$ (ohne Fernrohr) $= f_1 : f_2$.

48. Das Spiegelfernrohr des Mt.-Palomar-Observatoriums hat eine Brennweite $f = 16$ m und einen Durchmesser $D = 5$ m.
a) Wie groß ist das Bild des Mondes in der Brennebene des Parabolspiegels?
b) Auf das Wievielfache steigt die Helligkeit, wenn der Pupillendurchmesser des Auges 5 mm beträgt?
(Der Mond erscheint dem bloßen Auge unter einem Sehwinkel von 0,5°.)

Das Auflösungsvermögen

49. Welchen Objektivdurchmesser muß ein Fernrohr mindestens haben, damit der Planet Neptun, der etwa 5 Mrd. km entfernt ist und einen Durchmesser von ca. 50 000 km hat, noch als Scheibchen gesehen werden kann? ($\lambda = 500$ nm.)

50. Der Objektivdurchmesser eines Fernrohres beträgt $D = 1$ m. Ein Doppelstern wird im Licht der Wellenlänge $\lambda = 500$ nm beobachtet.
a) Auf das Wievielfache steigt die Helligkeit, wenn der Pupillendurchmesser des Auges 5 mm beträgt?
b) Welchen Winkelabstand müssen die beiden Teilsterne mindestens haben, damit sie noch getrennt wahrgenommen werden können?
c) Warum photographiert man Sterne häufig durch ein Blaufilter?

Ein einfaches Stereoskop
Hier wird gezeigt, wie man das stereoskopische Bild am Rande der Seite betrachten muß, um einen dreidimensionalen Eindruck zu erhalten. Man hält einen kleinen Taschenspiegel an die rechte Nasenseite, blickt mit dem linken Auge auf das linke Bild und dreht den Spiegel geringfügig so lange, bis die Reflexion des rechten Bildes mit dem linken verschmilzt.

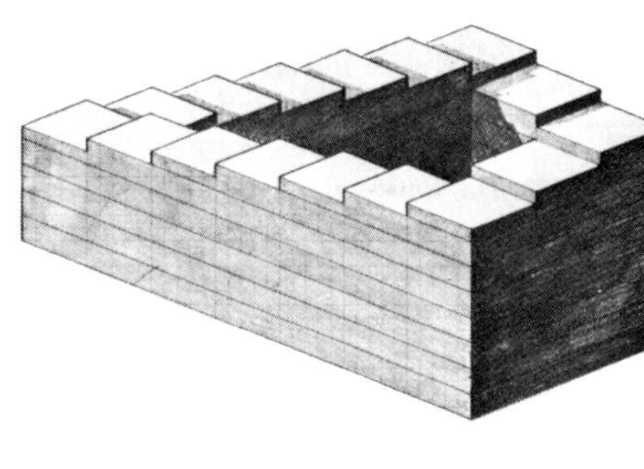

Eine unmögliche Treppe
Diese Treppe existiert in Wirklichkeit nicht. Auf dem Papier läßt sie sich so darstellen, daß sie auf den ersten Blick möglich erscheint. Es liegt – ähnlich wie in der folgenden Abbildung – eine optische Täuschung vor.

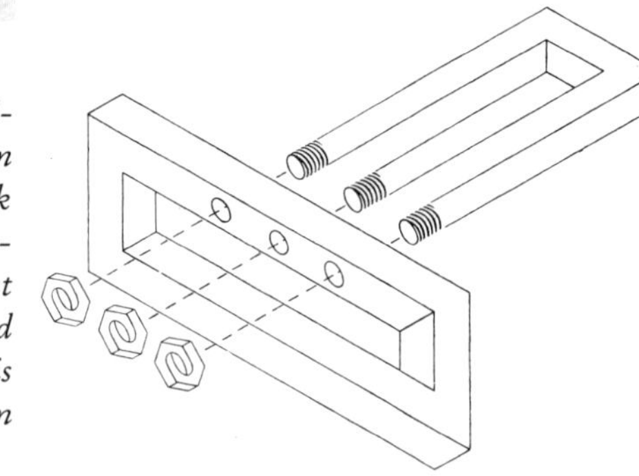

Elektrizitätslehre

Elektrizität – Vom Kuriosum zur Weltmacht

Reibt man Bernstein mit einem trockenen Seidentuch, so zieht er Wollfäden, Staubteilchen und andere leichte Gegenstände an. Dies war den Griechen bereits sechs Jahrhunderte vor Christus bekannt. Sie konnten diese sonderbare Eigenschaft des Bernsteins aber nicht in ihr Weltbild einordnen.

Auch der Magneteisenstein war Griechen und Römern bekannt. Er hat die bemerkenswerte Eigenschaft, Eisen anzuziehen. Augustinus, einer der Kirchenväter, schreibt darüber um 400 n. Chr.:

»Vom Magneteisenstein wissen wir, daß er das Eisen mit wunderbarer Kraft an sich zieht. Als ich dies das erste Mal sah, kam es mir ganz unheimlich vor. Ich sah da, wie ein Magnet einen Eisenring anzog und in der Schwebe hielt. Als man nun diesem Ring einen anderen näherte, zog er, wie wenn ihm der Magnetstein seine Kraft mitgeteilt hätte, auch diesen Ring an, und es kam noch ein dritter und vierter hinzu . . . Aber noch viel merkwürdiger ist, was ich von meinem Bruder und Mitbischof Severus von Mileve über diesen Stein erfuhr. Als Augenzeuge erzählte er, wie Platenarius bei einem Gastmahl einen solchen Stein hervorholte und unter eine silberne Platte hielt, auf die er ein Stück Eisen legte. Als er unter der Platte die Hand bewegte, die den Stein hielt, so bewegte sich in gleicher Weise das Eisen auf der Platte.«

Jahrtausende lang schienen Bernstein und Magneteisenstein zwei kuriose Launen der Natur zu sein. Erst in der Renaissance und der Barockzeit begann man sich ausführlich mit diesem sonderbaren Naturspiel zu beschäftigen. Vor allem der englische Arzt William Gilbert machte im Lauf der Zeit viele Stoffe ausfindig, die sich wie Bernstein durch Reiben in einen »elektrischen Zustand« versetzen ließen.*) Schwefel, Siegellack und manche Edelsteine waren darunter.

Viele wichtige Erkenntnisse über Elektrizität und Magnetismus verdanken wir der Barockzeit, als elektrische Experimente ein beliebtes Vergnügen bei Hofe waren und so manches glanzvolle Fest durch geheimnisvolle Funken belebten.

Im Jahre 1801 erfand der italienische Physiker Alessandro Volta die elektrische Batterie. Sie ermöglichte es, nicht nur kurzzeitige elektrische Aufladungen und Funken herzustellen, sondern langdauernde elektrische Ströme zu erzeugen. Damit konnte man trefflich experimentieren, und so wurde das 19. Jahrhundert die Zeit der Entdeckungen auf dem Gebiet der Elektrizität und des Magnetismus.

Dem dänischen Physiker Christian Örsted gelang 1819 ein entscheidender Schritt. Er zeigte, daß elektrische Ströme von Magnetfeldern umgeben sind. Elektrizität und Magnetismus, bis dahin scheinbar ohne Zusammenhang, erwiesen sich als verwandte Naturerscheinungen. Wenig später erfand Michael Faraday in England den Transformator und legte so die Grundlagen der Elektrotechnik.

Elektrizität um 1750
»Aus einem lebendigen Körper fahrende Funken machen einen Hauptheil der Belustigung derer Herren und Frauenzimmer aus.«

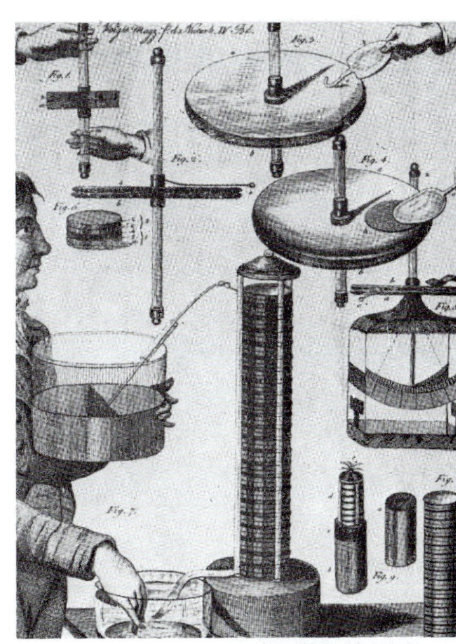

Elektrizität um 1800
Experimente mit der Voltaschen Säule

*) Vom Bernstein (griech. Elektron) leitet sich das Wort „elektrisch“ ab.

Der Maschinenraum des ersten öffentlichen Elektrizitätswerkes der Welt, der Pearl Street Station in New York. 10 000 Lampen waren an diese Station angeschlossen.

Der Palast der Elektrizität auf der Pariser Weltausstellung um 1900

Die Originalinstrumente, mit welchen Heinrich Hertz die elektromagnetischen Wellen entdeckt hat, stehen heute im Deutschen Museum in München.

Um 1880 war dann die Elektrizität reif für erste Anwendungen im Wirtschaftsleben. Thomas Alva Edison errichtete in New York das erste Elektrizitätswerk. Am 4. September 1882 wurde das Stromverteilungsnetz in Betrieb genommen und ein Teil von New York elektrisch beleuchtet.

Edisons Kraftwerk erzeugte allerdings Gleichstrom. Weil man ihn nicht transformieren kann, war die Verteilung des Stromes über den Bereich einer Stadt schwierig. Erst als man in den nächsten Jahren zu Wechselstromnetzen überging, war der weltweite Siegeszug der Elektrizität nicht mehr aufzuhalten.

Elektrizität und Magnetismus wurden aber auch zum Schlüssel für das Verständnis weiterer Naturerscheinungen. Im Jahre 1856 stellte der englische Physiker James Clerk Maxwell ein System von Gleichungen auf, in dem das gesamte Wissen seiner Zeit über elektrische und magnetische Erscheinungen enthalten war. Aus diesem Gleichungssystem leitete er eine überraschende Konsequenz her: Die Rechnung zeigte, daß es elektromagnetische Wellen geben sollte, die sich mit Lichtgeschwindigkeit ausbreiten. 30 Jahre später gelang Heinrich Hertz in Deutschland der experimentelle Nachweis dieser Wellen. Die naheliegende Vermutung, Licht sei eine elektromagnetische Wellenerscheinung, erhärtete sich in der Folge.

Noch hatte um 1900 die Elektrizität ihr letztes Geheimnis nicht preisgegeben: Die unscheinbare Kraft, mit der geriebener Bernstein Papierstückchen anzuziehen vermag, erklärt auch den Aufbau der Materie. Wir haben ja bereits gesehen, wie elektrische Kräfte den Zusammenhang der Materie bewirken. Aber auch chemische Reaktionen, sogar unsere Muskelkräfte konnten in diesem Jahrhundert auf Grund der epochemachenden Leistungen der Atomphysik auf elektrische Kräfte zurückgeführt werden. Elektrizität und Gravitation sind die Kräfte, die unsere Welt beherrschen, wenn wir von den Erscheinungen innerhalb der Atomkerne absehen.

So erwiesen sich das Naturspiel des Bernsteins und die Kuriosität barocker Feste als Schlüssel sowohl zur Welt der Technik als auch zum Verständnis des Lichtes und der Materie. Um diese Zusammenhänge kennenzulernen, wird es notwendig sein, elektrische Erscheinungen sehr genau zu untersuchen. Erst wenn man die einfachsten Bauelemente gut versteht, kann man es wagen, ein technisches Projekt, wie etwa ein Kraftwerk, zu verwirklichen oder eines der ältesten Probleme der Menschheit, die Frage nach dem Aufbau der Materie, zu studieren.

Es dauerte lange, bis man den Ursachen elektrischer Erscheinungen auf die Spur kam, da viele Irrwege die Entwicklung aufhielten. Wir wollen hier vom heutigen Wissensstand der Physik ausgehen und alle Beobachtungen auf das Atom, den Grundbaustein der Materie, zurückführen.

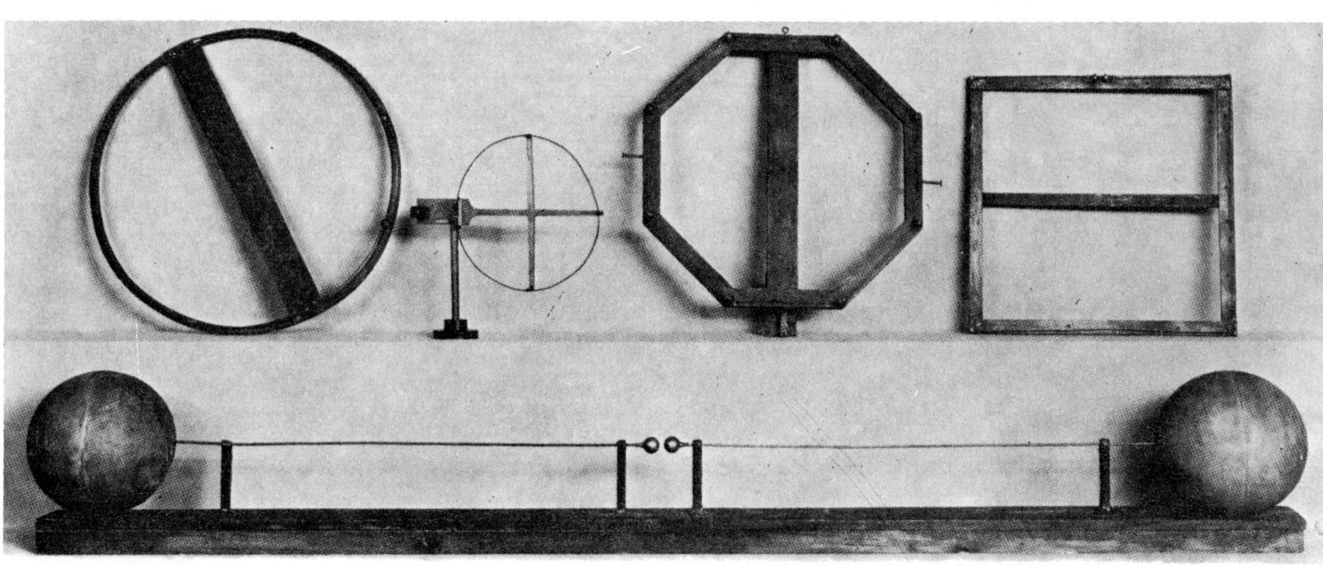

A. Ladungen und elektrische Felder

I. Die elektrische Ladung

1. Geladene Körper

In jedem Körper gleicht in der Regel die positive Ladung der Atomkerne die negative Ladung der Elektronenhüllen aus. Der Körper ist *elektrisch neutral.*

Entfernt man Elektronen, so ist ein Überschuß an positiven Ladungen vorhanden. Der Körper ist *positiv geladen.* Führt man dagegen zusätzliche Elektronen zu, so wird der Körper *negativ geladen.* Elektronenmangel oder Elektronenüberschuß bestimmen also die Ladung eines Körpers.

In manchen Materialien sind die Elektronen ziemlich unbeweglich und fest an die Atomkerne gebunden. Diese Materialien nennt man *Isolatoren.* In *Metallen* dagegen gibt es frei bewegliche Elektronen, die elektrische Ladung von einer Stelle zur anderen »leiten« können. Diese Elektronen nennt man daher auch Leitungselektronen, und die Metalle selbst werden als *elektrische Leiter* bezeichnet.

Mit diesen Vorstellungen lassen sich alle Experimente erklären, wenn man annimmt, daß Ladung zwar von einem Körper auf den anderen übergehen, aber weder neu entstehen noch vergehen kann.
Wir drücken dies in der Form aus:

> *Erhaltungssatz der elektrischen Ladung*
> Im abgeschlossenen System ist die elektrische Ladung konstant.

Unsere erste Aufgabe ist es, geladene Körper herzustellen. Dabei gehen wir von folgender Tatsache aus:

> Berühren zwei Isolatoren einander, so treten an der Berührungsstelle einige Elektronen von einem Körper auf den anderen über.
> Ein Körper lädt sich positiv, der andere negativ auf.

Wenn man zwei Körper einfach aneinanderpreßt, so berühren sie einander nur an wenigen Stellen, da ihre Oberflächen stets rauh sind. *Reibt* man die Körper dagegen aneinander, so kommen viele Stellen in Kontakt, und die Körper laden sich stärker auf.

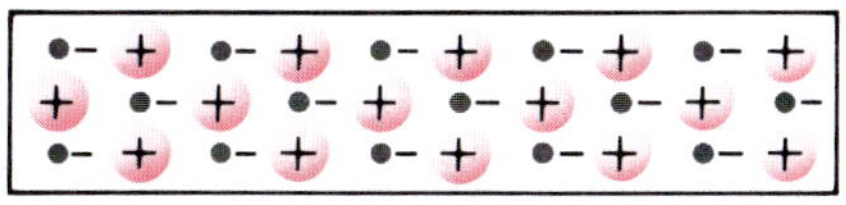

Neutral: Ladungsausgleich

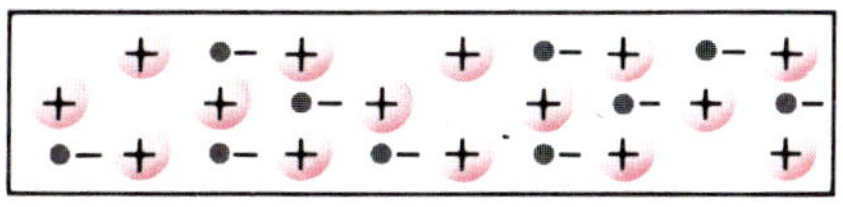

Positiv: Elektronenmangel

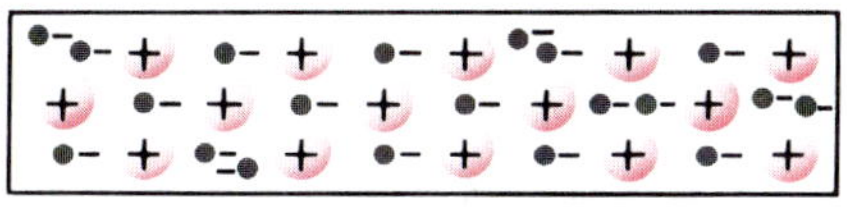

Negativ: Elektronenüberschuß

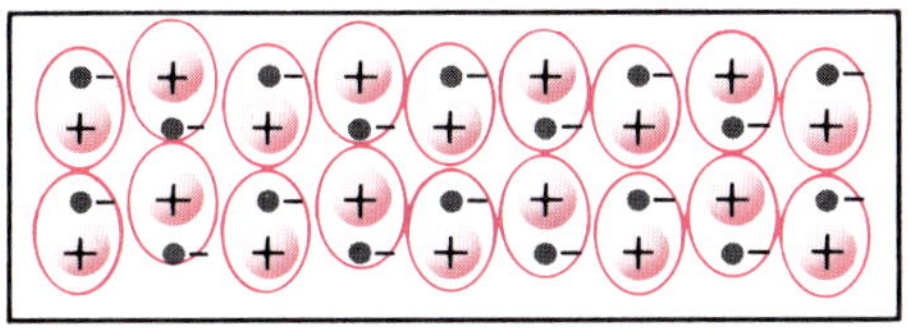

In Isolatoren sind die Elektronen fest an die Atomkerne gebunden.

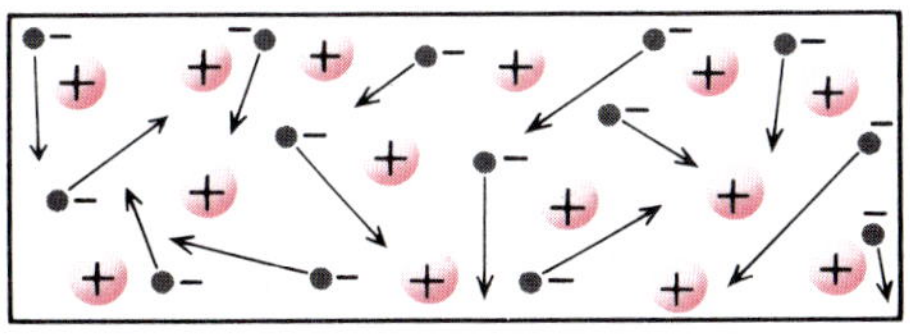

In Metallen gibt es frei bewegliche Leitungselektronen.

1. Experiment: Das Laden von Isolatoren

Reibt man z. B. einen Glasstab mit einem Seidentuch, so lädt sich der Stab positiv und das Tuch negativ auf. Reibt man einen Hartgummistab mit einem Katzenfell, so lädt sich der Stab negativ und das Fell positiv auf*).

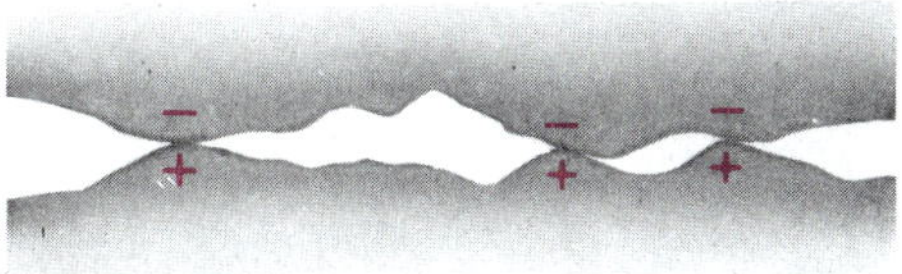

An den Berührungsstellen zweier Körper aus unterschiedlichen Materialien treten einige Elektronen von einem Körper auf den anderen über. Durch Reiben kann man die Zahl der Berührungspunkte und damit den Ladungstransport erhöhen.

*) Die Wahl dieser Materialien entspringt alten Traditionen.

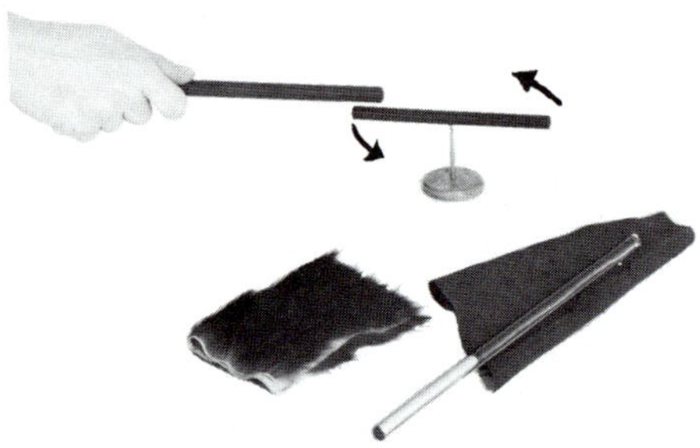

Zwei negativ geladene Hartgummistäbe stoßen einander ab.

Lagern wir einen geladenen Hartgummistab so, daß er sich leicht drehen kann, und bringen einen zweiten gleich geladenen Hartgummistab in seine Nähe, so stoßen die beiden Stäbe einander ab. Ebenso beobachtet man die Abstoßung zweier positiv geladener Glasstäbe. Gleichnamige Ladungen, also solche gleichen Vorzeichens, stoßen einander ab.

Dagegen zieht der geriebene Glasstab den drehbar gelagerten Hartgummistab an. Und zwar zieht der Glasstab beide Enden des Hartgummistabes an und nicht etwa nur eines, wie dies bei Magneten der Fall wäre.

Diese Ergebnisse können wir folgendermaßen zusammenfassen:

> Gleichnamige Ladungen stoßen einander ab.
> Ungleichnamige Ladungen ziehen einander an.

2. Experiment: Das Laden einer Metallkugel

Wir laden einen Glasstab durch Reiben mit einem Seidentuch positiv auf. Bringen wir den Stab in die Nähe einer ungeladenen Metallkugel, so werden die frei beweglichen Elektronen im Metall von der positiven Ladung des Stabes angezogen. Dadurch lädt sich die Kugel auf einer Seite negativ, auf der gegenüberliegenden Seite positiv auf.

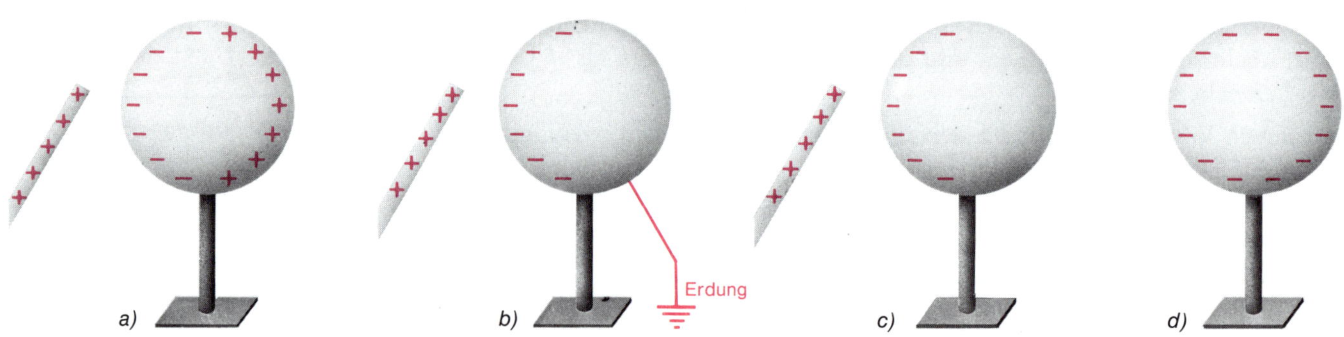

a) Ein geladener Glasstab wird einer Metallkugel genähert.
b) Die positive Ladung der Kugel wird zur Erde abgeführt.
c) Die Erdleitung wird entfernt.
d) Die Kugel ist jetzt negativ geladen.

Wir verbinden nun die positiv geladene Seite der Kugel durch einen Draht mit der Erde. Durch diese Erdleitung fließen Elektronen so lange zur Kugel, bis die positiv geladene Kugelhälfte wieder elektrisch neutral ist. Entfernen wir nun den Draht und anschließend den Glasstab, so bleibt eine negativ geladene Kugel zurück. Die überschüssigen Elektronen können sich auf der Metallkugel frei bewegen. Wegen ihrer Abstoßung verteilen sie sich in möglichst großem Abstand voneinander auf der Kugeloberfläche.

3. Experiment: Das Elektroskop

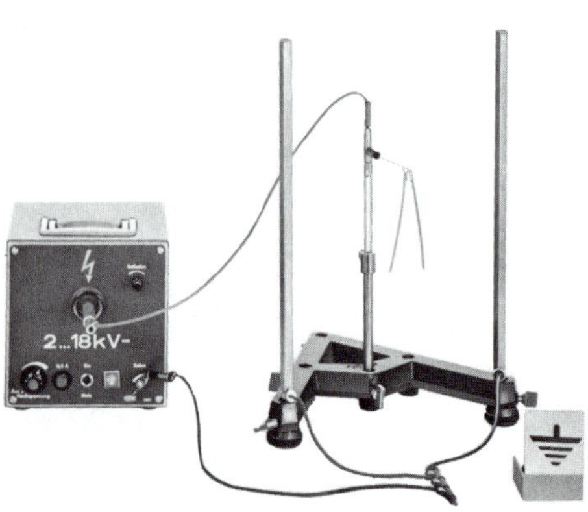

Lädt man ein Elektroskop, so spreizen sich die Blättchen infolge der Abstoßung der gleichnamigen Ladungen.

Elektroskope dienen zum Nachweis elektrischer Ladungen. Ein einfaches Elektroskop besteht aus zwei leicht beweglichen Blättchen, die im ungeladenen Zustand frei nebeneinander hängen. Lädt man das Elektroskop positiv oder negativ auf, so stoßen die Blättchen einander ab. Aus dem Winkel, den sie einschließen, kann man die Stärke der Ladung quantitativ ablesen.

Bei den folgenden Experimenten werden wir zum Aufladen der Körper allerdings meist nicht Reibungselektrizität heranziehen. Die darauf aufgebauten Experimente versagen nämlich manchmal, da vor allem bei regnerischem Wetter ein Feuchtigkeitsbeschlag die Ladung von dem geriebenen Körper ableitet. Es ist daher günstiger, zum Laden eine »Spannungsquelle« zu benützen, die ständig Ladung nachliefert und so wiederholbare Versuche gewährleistet. Eine derartige Spannungsquelle hat zwei Pole, wobei der positive Pol Elektronen ableitet und den Körper dadurch positiv auflädt. Der negative Pol führt Elektronen zu und bewirkt so eine negative Ladung.

2. Das Coulombsche Gesetz

Bereits im Barock vermutete man, daß die elektrische Kraft zwischen zwei punktförmigen Ladungen mit dem Quadrat der Entfernung abnimmt, wie dies auch für die Gravitationskraft der Fall ist. Die Überprüfung dieser Vermutung gelang aber erst im Jahre 1784 dem französischen Ingenieur Charles Coulomb, dessen »Drehwaage« eine bedeutende Verbesserung der Meßtechnik darstellte.

Charles Augustin Coulomb (1736–1806) bestimmte die Kraft zwischen zwei Ladungen. Seine Experimente waren die ersten exakten Messungen auf dem Gebiet der Elektrizität. Die Einheit der Ladung ist nach Coulomb benannt.

Qualitativ lassen sich Coulombs Versuche leicht wiederholen. Wir laden zunächst eine kleine Metallkugel auf und berühren sie kurz mit einer zweiten gleichartigen, aber ungeladenen Kugel. Aus Symmetriegründen verteilt sich die Ladung gleichmäßig auf beide Kugeln. Hängen wir die Kugeln an Fäden auf, so können wir an ihrer Ablenkung aus der Lotrechten die Kraft bestimmen. Verändern wir dabei schrittweise den Abstand der beiden Kugeln, so zeigt sich:

> Die Kraft zwischen zwei kleinen geladenen Körpern nimmt mit dem Quadrat der Entfernung ab.

Wir müssen noch feststellen, wie die Kraft von der Ladung der Kugeln abhängt. Dazu bringen wir die zweite Metallkugel mit einer dritten, neutralen Metallkugel gleicher Größe in Berührung, die dritte Kugel hernach mit einer vierten, neutralen Kugel, usw. Dadurch erhalten wir eine Reihe von Kugeln mit den Ladungen Q, $Q/2$, $Q/4$, usw. Messen wir die Kräfte zwischen diesen Kugeln bei gleicher Entfernung, so ergibt sich:

Kugelpaar	Ladungen	Kraft	Produkt der Ladungen
1–2	Q, $Q/2$	$F/2$	$Q^2/2$
1–3	Q, $Q/4$	$F/4$	$Q^2/4$
2–3	$Q/2$, $Q/4$	$F/8$	$Q^2/8$

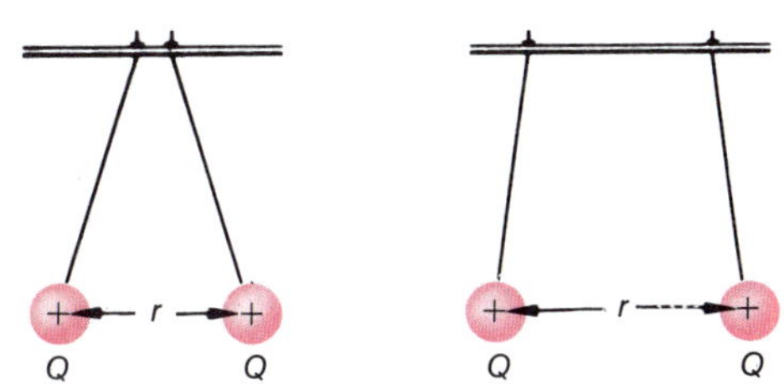

Zwei gleichnamig geladene Metallkugeln stoßen einander mit einer Kraft ab, die mit dem Quadrat des Abstandes abnimmt.

Aus der Tabelle ersieht man:

> Die Kraft ist dem Produkt der Ladungen proportional.

Ferner beobachtet man, daß bei jeder Messung beide Kugeln übereinstimmende Ablenkungen aus der Lotrechten erfahren, selbst wenn ihre Ladungen nicht gleich groß sind. Wir schließen daraus, daß die Kräfte auf die beiden Ladungen den gleichen Betrag haben und einander entgegengerichtet sind. Auch diese Kräfte genügen daher dem allgemeinen Wechselwirkungsgesetz! Unsere Experimente ergeben also, daß die Kraft zwischen kleinen »punktförmigen« Ladungen dem Produkt der Ladungen proportional ist und mit dem Quadrat des Abstandes abnimmt.

$$F \sim \frac{Q_1 Q_2}{r^2}.$$

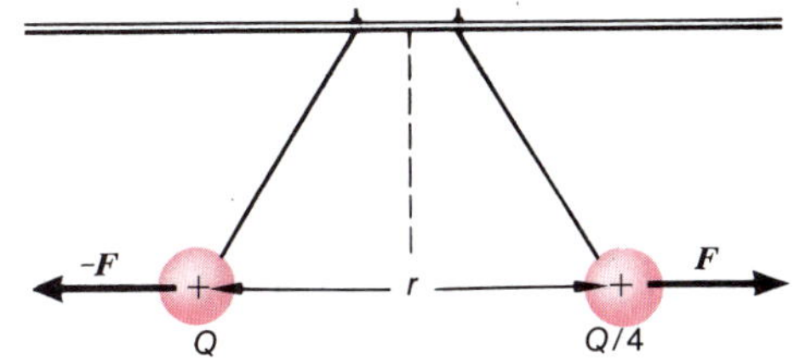

Auch ungleich große Ladungen erfahren infolge der elektrischen Abstoßung gleiche Ablenkung aus der Lotrechten. Elektrische Kräfte genügen also dem allgemeinen Wechselwirkungsgesetz.

Das Kraftgesetz ist also ähnlich gebaut wie das Newtonsche Gravitationsgesetz. Allerdings ziehen sich gleichnamige Massen an – alle Massen sind ja stets positiv –, während sich gleichnamige Ladungen abstoßen. Auch war im Gravitationsgesetz die Einheit der Masse, das Kilogramm, bereits zuvor festgelegt. Der im Gravitationsgesetz enthaltene Proportionalitätsfaktor,

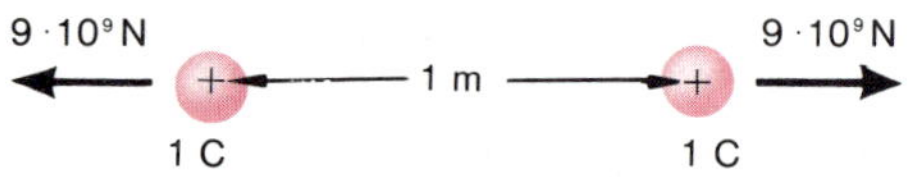

Zwei gleichnamige Ladungen von je 1 C stoßen einander in 1 m Entfernung mit der Kraft $F = 9 \cdot 10^9$ N ab.

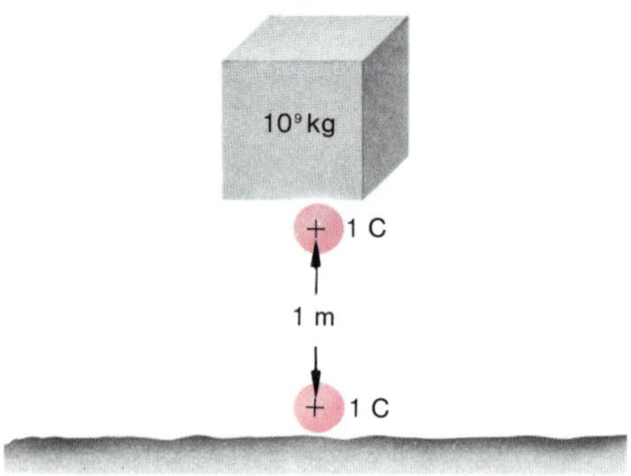

Die abstoßende Kraft zwischen zwei Ladungen von je 1 C in 1 m Entfernung würde ausreichen, um einen Granitwürfel von 70 m Kantenlänge im Erdschwerefeld zum Schweben zu bringen.

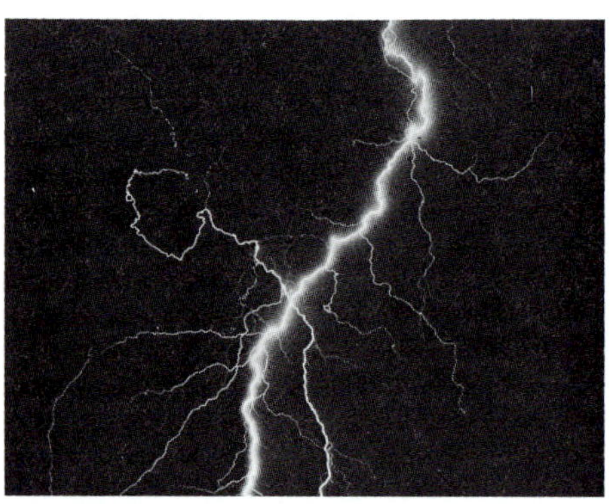

Blitze transportieren Ladungen bis zu 10 C

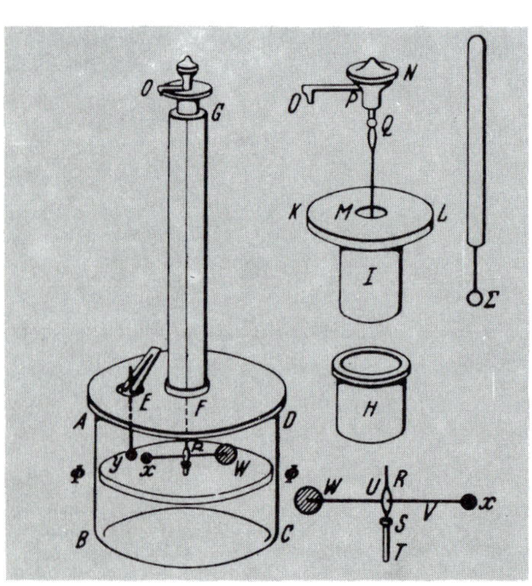

Die Coulombsche Drehwaage
Aus der Verdrillung des Fadens folgt die Kraft zwischen den Ladungen. Das Coulombsche Gesetz läßt sich so für Abstände von einigen Zentimetern bestätigen.

die universelle Gravitationskonstante, war daher nicht mehr frei wählbar, sondern mußte experimentell bestimmt werden. Dagegen haben wir hier die Einheit der Ladung noch nicht festgelegt. Wir benützen vielmehr das Coulombsche Gesetz zur Definition der Ladungseinheit:

> Die Einheit der Ladung ist das Coulomb (C).
> Zwei gleichnamige Ladungen von je 1 C in 1 m Entfernung stoßen einander mit der Kraft $F = 9 \cdot 10^9$ N ab.

Damit können wir den Proportionalitätsfaktor im Coulombschen Gesetz festlegen. Man schreibt ihn üblicherweise in der Form $1/4\,\pi\varepsilon_0$. Der Betrag der Kraft zwischen zwei punktförmigen Ladungen ist also gegeben durch

$$F = \frac{1}{4\,\pi\,\varepsilon_0} \cdot \frac{|Q_1\,Q_2|}{r^2}. \;{}^{*)}$$

Setzen wir für die beiden Ladungen $Q_1 = Q_2 = 1$ C und für den Abstand $r = 1$ m ein, so muß sich eine Kraft $F = 9 \cdot 10^9$ N ergeben. Daraus können wir die *elektrische Feldkonstante* ε_0 berechnen:

$$9 \cdot 10^9\ \text{N} = \frac{1}{4\,\pi\,\varepsilon_0} \cdot \frac{\text{C}^2}{\text{m}^2},$$

$$\varepsilon_0 = \frac{1}{4\,\pi \cdot 9 \cdot 10^9}\ \text{C}^2/\text{Nm}^2 = 8{,}85 \cdot 10^{-12}\ \text{C}^2/\text{Nm}^2$$

Man nennt ε_0 auch »Dielektrizitätskonstante des Vakuums«. Der Grund für diese sonderbare Bezeichnung ist in veralteten Vorstellungen zu suchen, die man im 19. Jahrhundert über Elektrizität hatte. Auch die Schreibweise des Proportionalitätsfaktors im Coulombschen Gesetz ist kaum logisch zu verstehen, sondern Folge einer historischen Entwicklung. Es wäre eigentlich natürlicher, die Ladungseinheit so zu definieren, daß zwei Einheitsladungen im Abstand 1 m mit der Kraft 1 N aufeinander wirken. Wir werden noch sehen, welche Gründe für die oben angegebene Festlegung der Ladungseinheit maßgeblich waren.

Wir können unser Ergebnis folgendermaßen zusammenfassen:

> *Coulombsches Gesetz*
> Die Kraft F zwischen zwei punktförmigen Ladungen hat den Betrag
>
> $$F = \frac{1}{4\,\pi\,\varepsilon_0} \cdot \frac{|Q_1\,Q_2|}{r^2}. \quad (\varepsilon_0 = 8{,}85 \cdot 10^{-12}\ \text{C}^2/\text{Nm}^2)$$
>
> Gleichnamige Ladungen stoßen einander ab.
> Ungleichnamige Ladungen ziehen einander an.

Das Kraftgesetz zwischen Ladungen haben wir hier für Abstände bestätigt, die einige Zentimeter betragen. Nichts berechtigt uns zunächst zur Annahme, daß dieses Kraftgesetz auch in mikroskopischen oder kosmischen Entfernungen gilt. Es zeugt von der großen Einheit der Natur, daß die Kraft, die wir hier an Kügelchen im Labor gemessen haben, sich als die gleiche Kraft erweist, die auch im Inneren von Atomen in Dimensionen von

---

*) Da die Ladungen auch negativ sein können, links aber der Betrag der Kraft steht, ist es notwendig, rechts Absolutzeichen zu setzen.

10^{-10} m wirksam ist. Die Elementarteilchenphysik zeigt sogar, daß das Coulombsche Gesetz bis zu den kleinsten heute überhaupt meßbaren Abständen, nämlich bis 10^{-17} m hinab gültig bleibt. Die Erkenntnisse der Astrophysik haben andererseits ergeben, daß das Coulombsche Gesetz auch noch für Abstände von etwa 10^{16} m, d. h. für einige Lichtjahre, zutrifft. Über 33 Zehnerpotenzen der Entfernung hinweg erweist sich das Coulombsche Gesetz somit als gültig!

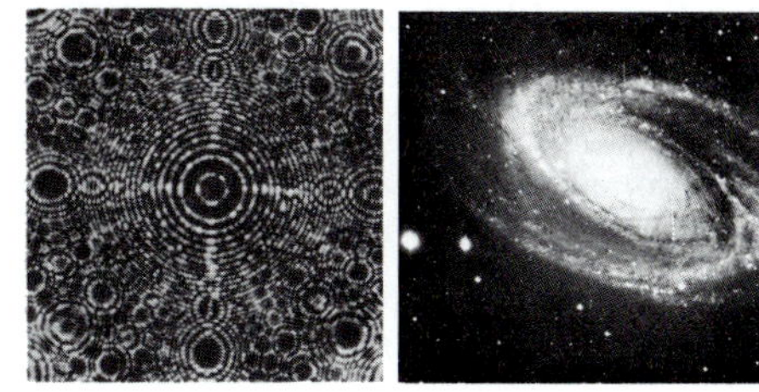

Kernphysik und Astrophysik bestätigen das Coulombsche Gesetz von atomaren bis zu kosmischen Abständen.

3. Das Unabhängigkeitsgesetz

Wir haben uns bisher mit den Kräften zwischen zwei Ladungen beschäftigt. Was geschieht, wenn wir eine dritte Ladung hinzufügen? Um diese Frage zu beantworten, nehmen wir drei Ladungen Q_1, Q_2, Q_3 und messen die Kraft $\boldsymbol{F}_2$, die Q_2 auf Q_1 ausübt, wenn sich Q_3 zunächst in großer Entfernung befindet. Dann rücken wir Q_3 heran und schieben Q_2 in große Entfernung. Die Kraft, die nun auf Q_1 wirkt, heiße $\boldsymbol{F}_3$.

Nun bringen wir sowohl Q_2 als auch Q_3 in die Umgebung von Q_1. Die Messung zeigt, daß die Kraft $\boldsymbol{F}_{23}$ in diesem Fall durch

$$\boldsymbol{F}_{23} = \boldsymbol{F}_2 + \boldsymbol{F}_3$$

gegeben ist. Es gilt also auch für elektrische Kräfte das Unabhängigkeitsgesetz. Es lautet:

> Elektrische Kräfte beeinflussen sich gegenseitig nicht,
> sondern überlagern sich ungestört.
> (Satz vom Kräfteparallelogramm)

Das Unabhängigkeitsgesetz ist von fundamentaler Bedeutung für die gesamte Elektrizitätslehre. Es ermöglicht uns, auch bei komplizierten Ladungsverteilungen die wirkenden Kräfte auf einfache Weise zu berechnen.

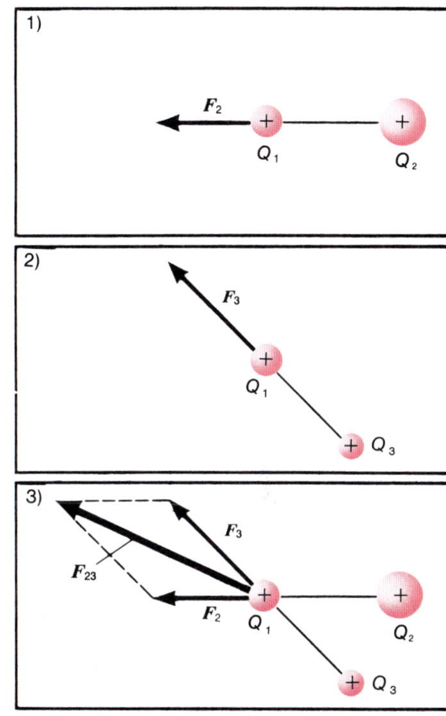

Die Kräfte, welche von zwei Ladungen auf eine dritte ausgeübt werden, überlagern sich ungestört und können daher vektoriell zusammengesetzt werden.

Testfragen:

1. Wann ist ein Körper elektrisch neutral, wann ist er positiv oder negativ geladen?
2. Wie unterscheiden sich Isolatoren von elektrischen Leitern?
3. Welche Rolle spielt die Reibung bei der Ladung von Körpern?
4. Wie lädt man Isolatoren auf?
5. Was sind gleichnamige Ladungen?
6. Welche Kräfte wirken zwischen gleichnamigen bzw. ungleichnamigen Ladungen?
7. Wie lädt man Metalle auf?
8. Wozu dient ein Elektroskop?
9. Wie ist ein Elektroskop gebaut?
10. Wie hängt die Kraft zwischen zwei punktförmigen Ladungen vom Abstand ab?
11. Was ist ein Coulomb?
12. Welchen Wert hat die elektrische Feldkonstante?
13. Wie lautet das Coulombsche Gesetz?
14. Für welche Abstände ist das Coulombsche Gesetz bestätigt worden?
15. Was besagt das Unabhängigkeitsgesetz?

Elektrische Ladungen	
Körper	Q in C
Elektron	$-1{,}6 \cdot 10^{-19}$
Urankern	$1{,}5 \cdot 10^{-17}$
elektrostatische Schulversuche	10^{-7}
Kondensator	10^{-3}
Blitz	1–10
Erdoberfläche	$-9 \cdot 10^{5}$

Die Entwicklung des Feldbegriffes

Albert Einstein schuf in der »Allgemeinen Relativitätstheorie« eine Feldtheorie der Gravitation, welche die Newtonsche Theorie ablöste. Einstein beschrieb die Gravitation durch eine Krümmung des Raumes. Das Bild zeigt die Bahn eines Lichtstrahls im gekrümmten Raum in der Umgebung der Sonne.

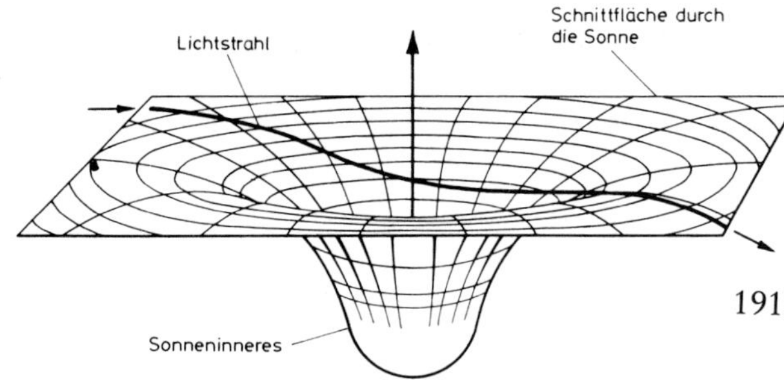

1915

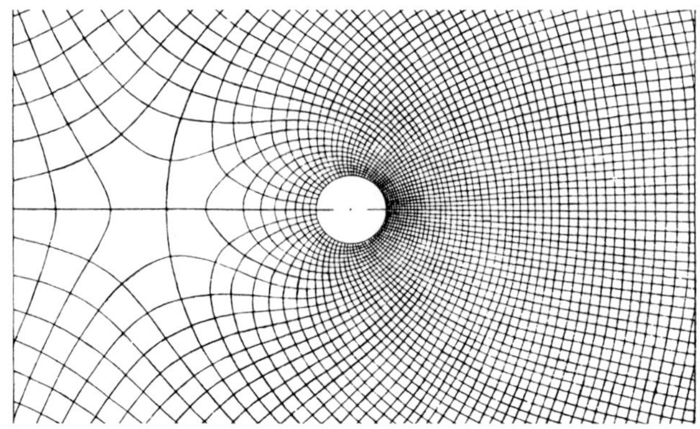

1870

James Clerk Maxwell gab Faradays Ideen die noch heute gültige mathematische Form. Die »Maxwellschen Gleichungen« fassen unser gesamtes Wissen über Elektrizität und Magnetismus in wenigen Formeln zusammen. Das Bild zeigt ein von Maxwell berechnetes Magnetfeld.

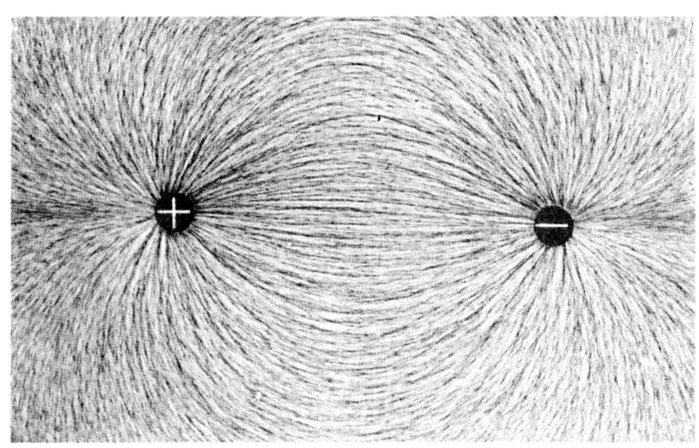

1830

Michael Faraday sah in den Feldlinien, die man mit Eisenfeilspänen rund um einen Magneten sichtbar machen kann, den gesuchten Mechanismus zur Übertragung von Kräften.

Auch elektrische Feldlinien lassen sich experimentell sehr leicht veranschaulichen. Dazu bringt man Ladungen in einen ölgefüllten Behälter, in den man einige Grießkörner streut. Das Bild zeigt eine positive und eine negative Ladung, die einander gegenüberstehen.

1750

Leonhard Euler vertrat im 18. Jh. die Auffassung, daß Kräfte nur durch Druck und Stoß von Teilchen übermittelt werden können. Er versuchte die Newtonsche Mechanik in diesem Sinne umzuformulieren.

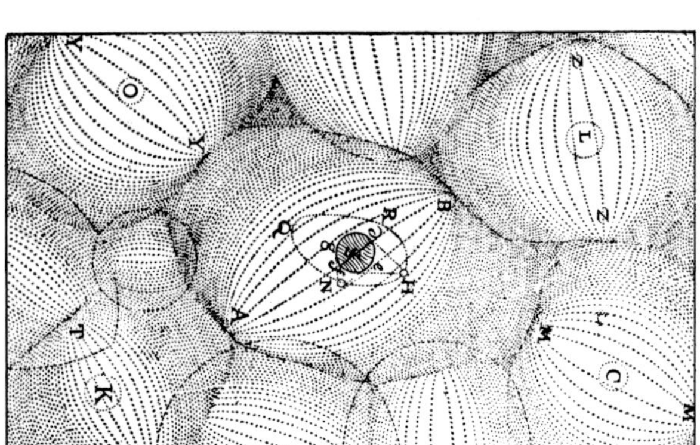

1644

René Descartes versuchte die Kraftübertragung zwischen den Planeten durch Materiewirbel zu erklären. Seine Idee kann als erste Form des Feldkonzeptes betrachtet werden.

II. Das elektrische Feld

1. Der Feldbegriff

Michael Faraday (1791–1867) war einer der bedeutendsten Experimentalphysiker des 19. Jhs. Er schuf viele Grundlagen der Elektrotechnik. Wir verdanken ihm auch den Feldbegriff.

Im Jahre 1687 hatte Isaac Newton die Planetenbewegung auf das Gravitationsgesetz zurückgeführt. Demnach ziehen sich zwei Massen stets mit einer Kraft an, die dem Quadrat ihrer Entfernung umgekehrt proportional ist. Seinen Zeitgenossen schien diese Tatsache interessant, aber unverständlich. Wie konnten zwei Massen eine Kraft aufeinander ausüben, ohne einander zu berühren? Eine derartige Fernwirkung schien allen Erfahrungen des Alltags zu widersprechen. Nur zögernd setzte sich Newtons Idee durch.

Etwa 100 Jahre später zeigte Coulomb, daß sich auch Ladungen mit einer Kraft beeinflussen, die mit dem Quadrat der Entfernung abnimmt. Newtons Idee einer Fernwirkung schien aufs neue bestätigt.

Sollte es aber nicht doch eine Übertragung der Kraft von einem Körper auf den anderen geben? Konnten sich Körper wirklich über große Entfernungen hinweg beeinflussen? Dies waren schwierige naturphilosophische Probleme, über die man im 18. und 19. Jahrhundert viel diskutierte. Fernwirkungen schienen zwar unbefriedigend, aber dennoch der physikalischen Wirklichkeit zu entsprechen. Dem englischen Physiker Michael Faraday gelang es schließlich um die Mitte des 19. Jahrhunderts, die Fernwirkung durch eine physikalisch befriedigendere Idee zu ersetzen.

Michael Faraday stammte aus sehr armen Verhältnissen. Er war zunächst Buchbinderlehrling gewesen und hatte beim Binden der ihm anvertrauten wissenschaftlichen Werke solches Interesse an Physik gewonnen, daß er Laborgehilfe an der Londoner Universität wurde. Er machte zahlreiche wichtige Entdeckungen, wobei seine physikalischen Überlegungen stets von anschaulichen Experimenten ausgingen. Auch als er die Newtonsche Fernwirkung durch die Idee des »elektrischen Feldes« ersetzte, wurde er durch das folgende Experiment dazu angeregt.

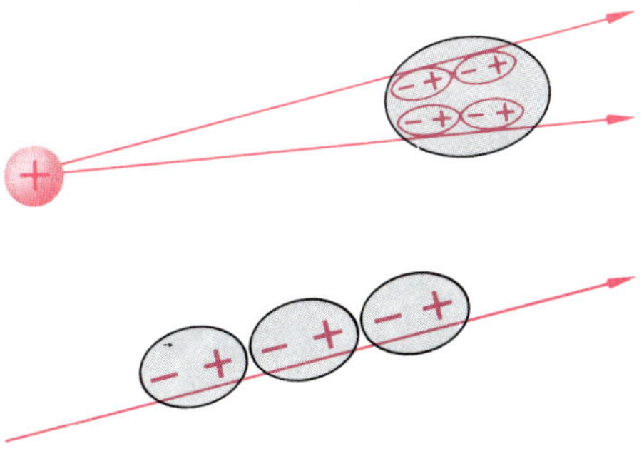

Das Feldlinienbild einer Ladung wird sichtbar, wenn man in ihrer Umgebung Öl mit Grießkörnern bestreut. Die Ladungen im Inneren von Grießkörnern verschieben sich leicht. Infolge der Anziehung ungleichnamiger Ladungen ordnen sich die Körner in Ketten an.

In einem mit Öl gefüllten Behälter verteilen wir einige Grießkörner durch Umrühren gleichmäßig. Bringen wir nun in das Öl eine positive elektrische Ladung, so werden die Elektronen in den Grießkörnern verschoben. Die der Ladung zugewandten Seiten der Grießkörner werden negativ, die abgewandten Seiten positiv. Die entgegengesetzt geladenen Enden der benachbarten Körner ziehen einander nun an. Dadurch ordnen sich die Körner zu langen Ketten, die in radialer Richtung von der Ladung ausgehen.

Nun bringen wir eine positive und eine negative Ladung in das Öl. Diesmal ordnen sich die Körner zu Ketten, die von einer Ladung zur anderen reichen.

Faraday stellte sich vor, daß die Ketten von Grießkörnern eine grundlegende Eigenschaft der Elektrizität veranschaulichen. Sie zeigen nämlich Linien an, die von Ladungen ausgehen. Faraday nannte sie »Feldlinien« und vermutete, daß die Kraft von einer Ladung zur anderen entlang dieser Feldlinien übertragen wird. Seinen Vorstellungen lag also keine Fernwirkung zugrunde, sondern die Idee eines Kraftfeldes, das in der Umgebung einer

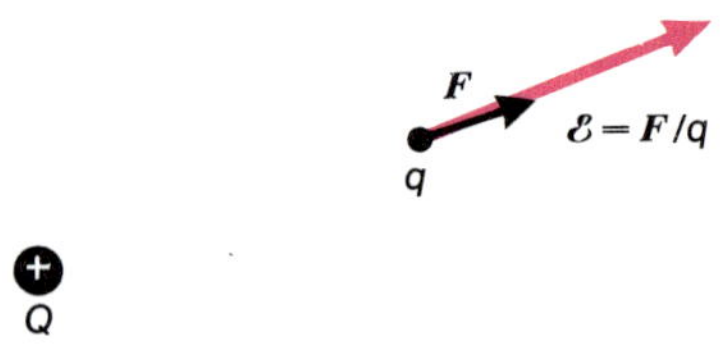

Die elektrische Feldstärke in einem Punkt ist zur Kraft proportional, die eine kleine, positive Testladung q an diesem Punkt erfährt.

Ladung vorhanden ist. Er glaubte, daß die Kraft zwischen Ladungen durch Zug entlang der Feldlinien und durch Druck quer zu den Feldlinien übertragen werde. Wenn sich auch diese einfache Vorstellung nicht aufrechterhalten läßt, so hat sich doch die Idee des Kraftfeldes als eine der fruchtbarsten der gesamten Physik erwiesen, und wir müssen nun darangehen, sie mathematisch zu formulieren.

Betrachten wir zunächst eine einzelne Ladung Q. Um ihre Wirkung zu erforschen, bringen wir eine kleine positive »Testladung« q in ihre Nähe.*) Diese Testladung erfährt eine Kraft $\boldsymbol{F}$, die zu q proportional ist.

Um die Wirkung der Ladung Q auf eine Weise zu beschreiben, die von der Wahl der Testladung q unabhängig ist, definieren wir die elektrische Feldstärke:

> Die elektrische Feldstärke $\mathcal{E}$ in einem Punkt P ist durch $\mathcal{E} = \boldsymbol{F}/q$ gegeben, wobei $\boldsymbol{F}$ die Kraft bedeutet, die auf die kleine positive Testladung q wirkt.

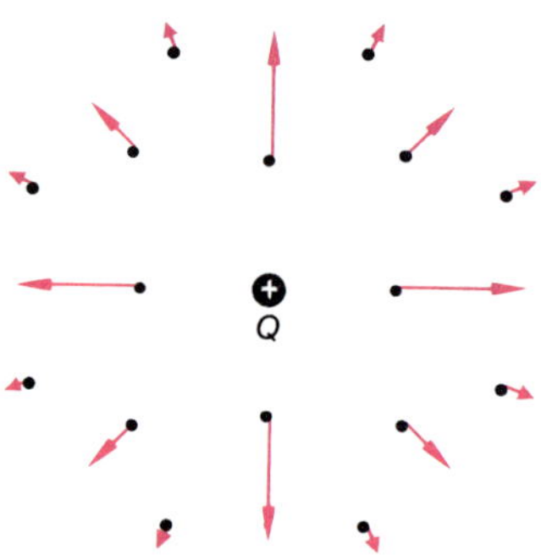

Das elektrische Feld ist die Gesamtheit der Feldstärkevektoren in einem Raumbereich. Die Darstellung des Feldes durch Vektoren ist allerdings unübersichtlich.

Um das Feld der Ladung Q zu berechnen, gehen wir vom Coulombschen Gesetz aus. Demnach hat die Kraft auf die Testladung den Betrag

$$F = \frac{1}{4\pi\varepsilon_0}\,\frac{|Q|\,q}{r^2}.$$

Daraus folgt für den Betrag der Feldstärke

$$\mathcal{E} = \frac{F}{q} = \frac{1}{4\pi\varepsilon_0}\,\frac{|Q|}{r^2}.$$

Mit dieser Formel können wir in jedem Punkt in der Umgebung der Ladung Q den Betrag der Feldstärke berechnen. Die Richtung der Feldstärke ist durch die Richtung der Kraft auf die positive Testladung q festgelegt. Die Feldstärke ist also für positive Q radial von der Ladung weggerichtet, da die Testladung q abgestoßen wird. Wir können dies durch die Schreibweise

$$\mathcal{E} = \frac{1}{4\pi\varepsilon_0}\,\frac{Q}{r^2}\cdot\frac{\boldsymbol{r}}{r}$$

zum Ausdruck bringen, wobei $\boldsymbol{r}$ ein Vektor ist, der von Q zum Ort P der Testladung weist. Die obige Schreibweise hat den Vorteil, daß sie sowohl für positive als auch für negative Ladungen Q Richtung und Betrag der Feldstärke korrekt angibt, da der Vektor $\boldsymbol{r}/r$ den Betrag eins hat.

Auf diese Weise kann jedem Raumpunkt ein Feldstärkevektor $\mathcal{E}$ zugeordnet werden. Er versinnbildlicht die Kraft, welche an dem betrachteten Punkt auf eine positive Testladung q wirken würde. Die Gesamtheit aller Vektoren, die man so erhält, nennt man das elektrische Feld der Ladung Q.

> Das elektrische Feld ist die Gesamtheit der Feldstärkevektoren in einem Raumbereich.

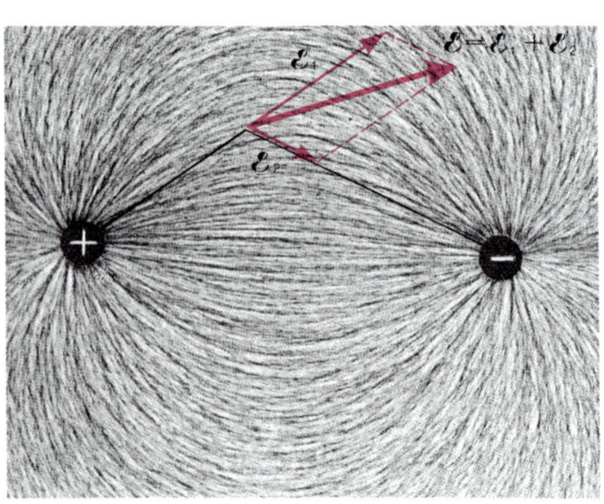

Das Unabhängigkeitsgesetz erlaubt es, das elektrische Feld komplizierter Ladungsverteilungen zu ermitteln. Dazu müssen die Felder der Einzelladungen vektoriell addiert werden.

Das Unabhängigkeitsgesetz ermöglicht es, auch das elektrische Feld komplizierter Ladungsverteilungen zu ermitteln. Wir brauchen dazu nur die elektrischen Felder der einzelnen Ladungen vektoriell zu addieren:

---

*) Die Testladung q muß klein gewählt werden, da sie andernfalls durch ihre Kraftwirkung die Ladungsverteilung in der Umgebung und damit das auszumessende Feld stark verändern würde.

$$\mathcal{E} = \mathcal{E}_1 + \mathcal{E}_2 + \dots = \frac{1}{4\pi\varepsilon_0}\left(\frac{Q_1}{r_1^2}\,\frac{\boldsymbol{r}_1}{r_1} + \frac{Q_2}{r_2^2}\,\frac{\boldsymbol{r}_2}{r_2} + \dots\right)$$

Dabei weisen die Vektoren $\boldsymbol{r}_1$, $\boldsymbol{r}_2$ . . . von den Ladungen Q_1, Q_2 . . . zum Ort P der Testladung.

Wir können das elektrische Feld aber nicht nur berechnen, sondern auch in einfacher Weise graphisch darstellen. Dazu betrachten wir wieder die zu Ketten geordneten Körner und zeichnen diese Ketten abstrakt in Form von »Feldlinien« auf. Die Richtung der Feldlinien gibt die Richtung der Feldstärke an. Ferner setzen wir fest, daß die Dichte der Feldlinien proportional zum Betrag der Feldstärke sein soll. Ein doppelt so starkes Feld soll also durch doppelt so viele Feldlinien pro Quadratmeter beschrieben werden.

Mit diesen beiden Festsetzungen können wir aus einem Feldlinienbild sofort Betrag und Richtung der Feldstärke bestimmen.

> Das elektrische Feld wird durch Feldlinien dargestellt.
> Die Richtung der Feldlinien gibt die Richtung der Feldstärke an.
> Die Dichte der Feldlinien ist ein Maß für den Betrag der Feldstärke.

Die Feldlinien sind von einer positiven Ladung radial weggerichtet, da positive Testladungen abgestoßen werden. Die Feldlinien beginnen also an positiven Ladungen und enden an negativen Ladungen.

Dabei entspringen oder enden die Feldlinien jeweils *nur* an den Ladungen selbst und nicht im leeren Raum. Dadurch sinkt die Dichte der Feldlinien mit dem Quadrat der Entfernung von der Ladung und gibt so korrekt den Betrag des elektrischen Feldes an.

> Die Feldlinien des elektrischen Feldes gehen von positiven Ladungen aus und enden an negativen Ladungen.

Das elektrische Feld erscheint zunächst nur als eine andere Art, das Coulombsche Kraftgesetz zu beschreiben. Tatsächlich liegt der Einführung des Feldes aber eine völlig neue Ansicht über die Natur elektrischer Kräfte zugrunde. Faraday ging von der Idee aus, daß elektrische Ladungen den Raumbereich in ihrer Umgebung verändern. Diese Veränderung beschrieb er durch das elektrische Feld, durch dessen Einfluß entfernte Ladungen einander anziehen oder abstoßen können. Dadurch versuchte er, die geheimnisvolle Fernwirkung aus der Physik zu eliminieren. Der englische Physiker James Clerk Maxwell, selbst einer der bedeutendsten Forscher auf dem Gebiet der Elektrizität, hat Faradays Ideen in großartiger Weise dargestellt:

»Faraday sah mit seinem geistigen Auge Feldlinien im ganzen Raum, wo die Mathematiker nur Kraftzentren sahen, die sich in einiger Entfernung anzogen. Faraday erblickte ein Feld, wo sie nichts als Abstand sahen. Faraday suchte die Grundlagen der Phänomene in Veränderungen in diesem Feld, wogegen die Mathematiker damit zufrieden waren, ein Potenzgesetz für die Kraft gefunden zu haben.«

Im folgenden werden wir uns mit den wichtigsten Eigenschaften elektrischer Felder beschäftigen. Wir werden dabei auch Ergebnisse finden, die *nur* für die Felder *ruhender* Ladungen gültig sind. In solchen Fällen werden wir von *elektrostatischen* Feldern sprechen, um dies ausdrücklich kenntlich zu machen.

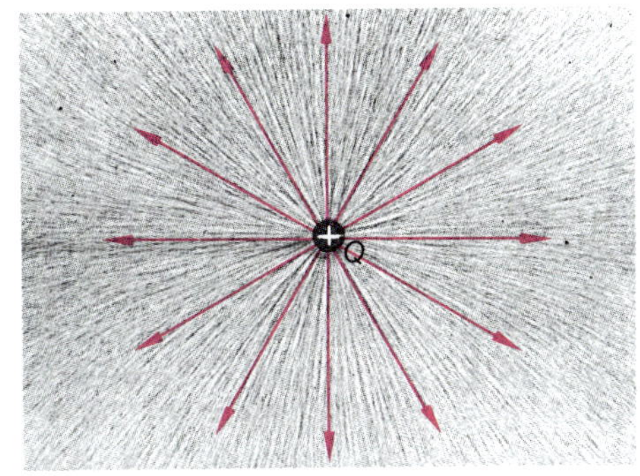

Feldliniendarstellung
Das elektrische Feld stellt man durch Feldlinien dar. Sie geben seine Richtung an im Einklang mit dem Bild, das man im Experiment erhält.

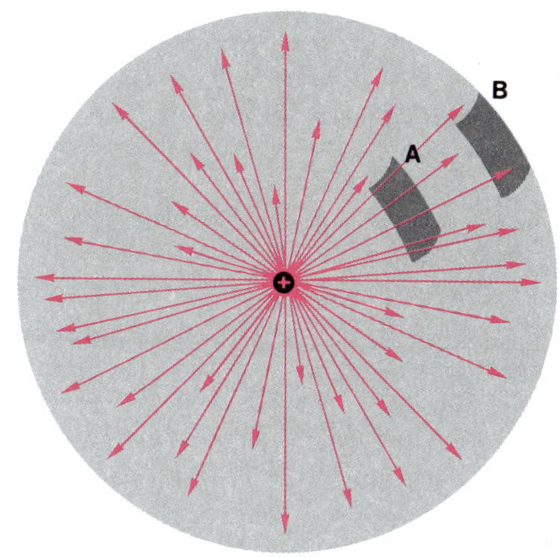

Der Betrag der Feldstärke ist zur Dichte der Feldlinien proportional. Sie sinkt im Feld einer Punktladung mit dem Quadrat des Abstandes. (In A ist die Feldstärke viermal höher als in B.)

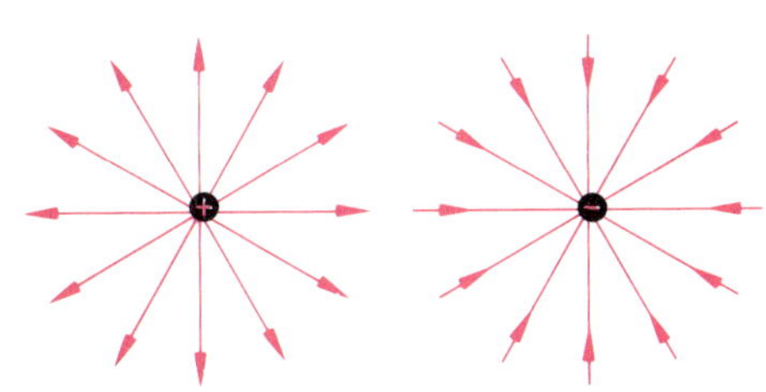

Das Feldlinienbild für eine positive Ladung — negative Ladung

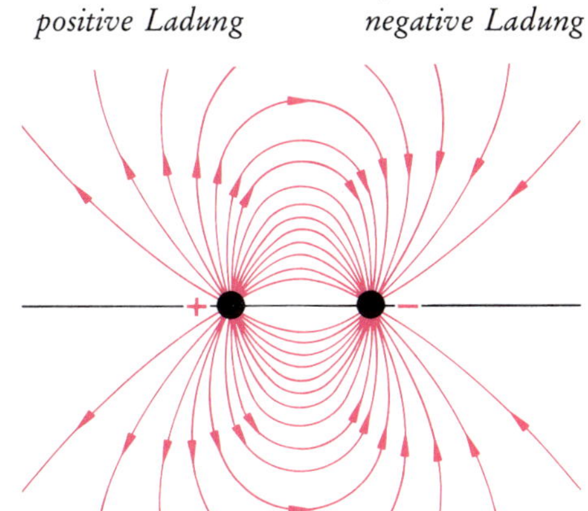

Das Feldlinienbild einer positiven und einer negativen Ladung in geringem Abstand (Dipol)

2. Felder spezieller Ladungsverteilungen

Bisher kennen wir nur das elektrische Feld einer Punktladung. Da sich die Felder verschiedener Punktladungen ungestört überlagern, können wir auch das Feld komplizierter Ladungsverteilungen berechnen. Wir brauchen nur die Feldstärken der einzelnen Punktladungen vektoriell zu addieren.

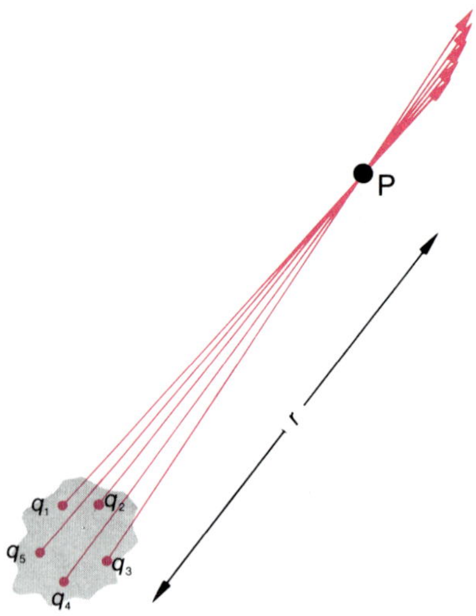

In großer Entfernung von einer Ladungsverteilung haben die Beiträge der Einzelladungen zur Feldstärke fast die gleiche Richtung. Dadurch läßt sich die Feldstärke einfach berechnen.

1. Beispiel: Das Feld einer Ladungsverteilung in großer Entfernung

Betrachten wir eine beliebige Ladungsverteilung aus sehr großer Entfernung, so erscheint sie uns wie ein Punkt. Die Beiträge zur Feldstärke haben in einem weit von den einzelnen Ladungen entfernten Punkt P beinahe die gleiche Richtung. Wir erhalten also *dort* die Feldstärke, indem wir die Feldstärken der einzelnen Ladungen einfach addieren. Dabei können wir die geringen Entfernungsunterschiede des betrachteten Punktes P von den einzelnen Ladungen außer acht lassen. Es ergibt sich somit

$$\mathcal{E} = \frac{1}{4\pi\varepsilon_0}\left(\frac{q_1}{r^2} + \frac{q_2}{r^2} + \dots\right)\frac{\boldsymbol{r}}{r} = \frac{1}{4\pi\varepsilon_0}\cdot\frac{Q}{r^2}\cdot\frac{\boldsymbol{r}}{r},$$

wobei

$$Q = q_1 + q_2 + \dots$$

die Gesamtladung des Körpers ist. Es folgt also:

> In großer Entfernung von einer beliebigen Ladungsverteilung ist das Feld gleich demjenigen einer Punktladung, die gleich groß wie die Gesamtladung der Anordnung ist.

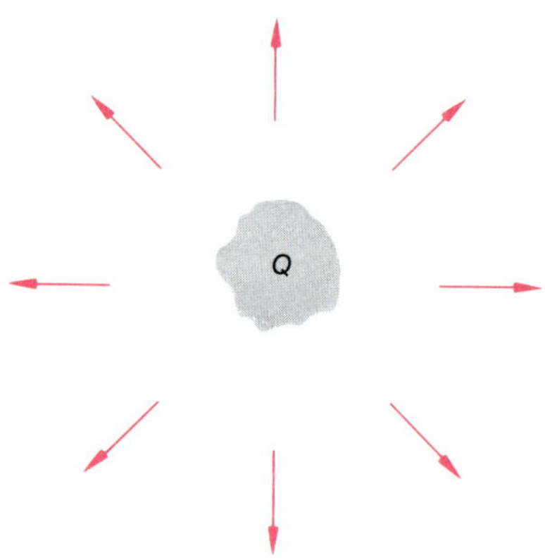

In großer Entfernung erscheint jede Ladungsverteilung als Punktladung. Ihr Feld ist radial gerichtet.

2. Beispiel: Das Feld einer geladenen Hohlkugel

Laden wir eine metallische Hohlkugel auf, so ordnen sich die Ladungen infolge ihrer gegenseitigen Abstoßung gleichmäßig auf der Oberfläche an. Wir haben das elektrische Feld zu bestimmen, das durch Überlagerung der Einzelfelder entsteht. Diese kompliziert wirkende Aufgabe ist einfach zu lösen. Da die Hohlkugel eine symmetrische Ladungsverteilung trägt, muß auch das Feld symmetrisch sein. Es kann nicht etwa auf einer Seite stärker als auf der anderen Seite sein. Die Feldlinien müssen daher in diesem Fall im ganzen Raum radial gerichtet sein.

Falls im *Inneren* der Hohlkugel ein Feld vorhanden wäre, müßten die Feldlinien aus Symmetriegründen im Kugelmittelpunkt entspringen oder enden. Dort befindet sich jedoch keine Ladung. Im Inneren der Hohlkugel können daher auch keine Feldlinien vorhanden sein. Es folgt:

> Der Innenraum einer gleichmäßig geladenen Hohlkugel ist feldfrei.

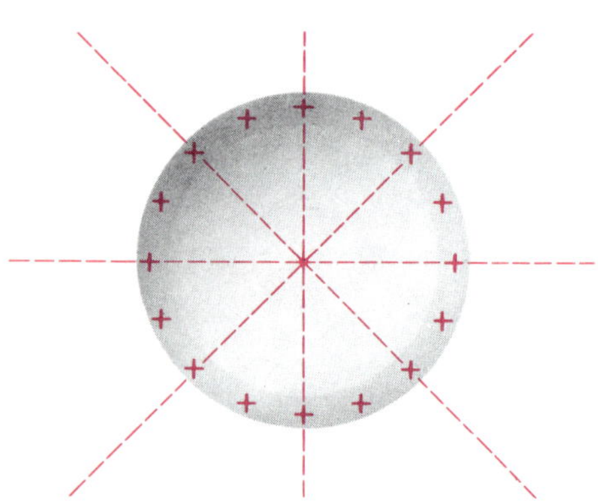

Das Feld einer geladenen Hohlkugel muß radiale Symmetrie aufweisen. Im Innenraum der Hohlkugel verschwindet das Feld.

Die Felder, die von den einzelnen Ladungen auf der Kugel ausgehen, heben sich also im Innenraum auf.

Im *Außenraum* ist die Feldstärke in *großer Entfernung* von der Hohlkugel durch

$$\mathcal{E} = \frac{1}{4\pi\varepsilon_0}\,\frac{Q}{r^2}\cdot\frac{\boldsymbol{r}}{r}$$

gegeben. Dabei ist Q die Gesamtladung der Hohlkugel und r der Abstand vom Kugelmittelpunkt. Dieser Ausdruck für die Feldstärke muß aber sogar im *gesamten* Außenraum der Kugel gelten. Da nämlich die Feldlinien nur an den Ladungen und nicht im leeren Raum entspringen, muß die Dichte der Feldlinien ebenso mit der Entfernung abnehmen wie bei einer einzelnen Punktladung. Der Betrag der Feldstärke muß also auch hier mit $1/r^2$ abnehmen.

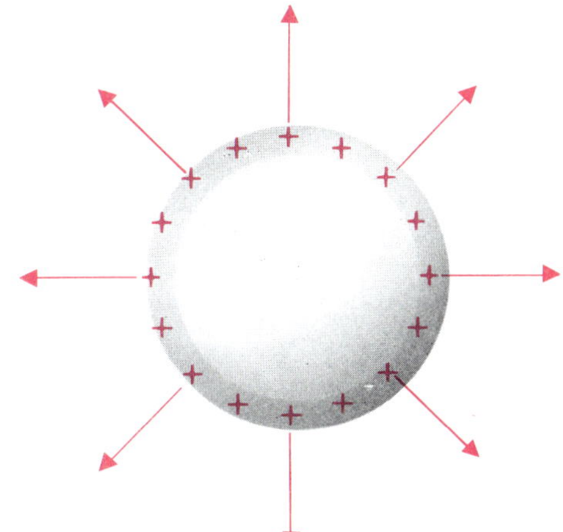

Das Feld im Außenraum einer geladenen Hohlkugel stimmt mit demjenigen einer Punktladung im Kugelmittelpunkt überein. Der Innenraum ist feldfrei.

> Das Feld im Außenraum einer gleichmäßig geladenen Hohlkugel stimmt mit demjenigen einer punktförmigen Ladung überein, die gleich groß wie die Gesamtladung der Kugel ist.

Diese Ergebnisse gelten nicht nur für geladene Hohlkugeln, sondern auch für eine geladene Metallkugel. Wegen der gegenseitigen Abstoßungen werden sich auch in diesem Fall die Ladungen gleichmäßig über die Oberfläche verteilen. Das Feld gleicht dann im Innen- und Außenraum demjenigen der Hohlkugel.

Das elektrische Feld der Erde

Das Schwerefeld der Erde ist uns durch das Gewicht aller Gegenstände stets bewußt. Das elektrische Feld der Erde macht sich uns dagegen nur bei Gewittern deutlich bemerkbar, wenn es sich in Blitzen entlädt.

Das elektrische Feld der Erde ist aber stets vorhanden, auch bei schönem Wetter. Seine Feldstärke beträgt an der Erdoberfläche etwa $\mathcal{E} = 200$ N/C. Sie ist lotrecht nach unten gerichtet. Die Erde ist also *negativ* geladen. Ihre Ladung Q können wir aus

$$\mathcal{E} = \frac{1}{4\pi\varepsilon_0} \cdot \frac{|Q|}{R^2}$$

berechnen, wobei R der Erdradius ist. Es ergibt sich:

$$|Q| = \varepsilon_0 \cdot 4\pi R^2 \cdot \mathcal{E} =$$
$$= (8{,}85 \cdot 10^{-12}\,\mathrm{C^2/Nm^2}) \cdot (5{,}1 \cdot 10^{14}\,\mathrm{m^2}) \cdot (200\,\mathrm{N/C}) \approx 900\,000\,\mathrm{C}.$$

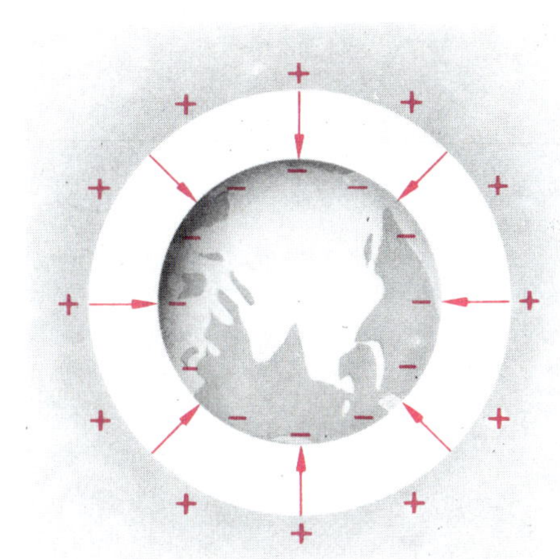

Das elektrische Feld der Erde ist lotrecht nach unten gerichtet. Die Erde ist negativ geladen.

Die Ladung der Erde beträgt also etwa -10^6 C. Dieser negativen Ladung der Erdoberfläche steht eine gleich große, positive Ladung in den höheren Schichten der Atmosphäre gegenüber.

3. Beispiel: Das Feld einer geladenen Platte

Ein praktisch wichtiges Beispiel ist das Feld einer geladenen Platte. Unseren allgemeinen Überlegungen gemäß muß das Feld in großer Entfernung demjenigen einer Punktladung mit der Gesamtladung Q der Platte entsprechen. In geringer Entfernung von der Platte muß die Feldstärke dagegen aus Symmetriegründen in jedem Punkt den gleichen Betrag und die gleiche Richtung aufweisen. Es ist ja kein Punkt der Platte bevorzugt, wenn wir von den Rändern absehen.

Um die Feldstärke in der Nähe der Platte zu berechnen, gehen wir von der Tatsache aus, daß die Dichte der Feldlinien proportional zum Betrag der Feldstärke $\mathcal{E}$ ist. Nennen wir den Proportionalitätsfaktor k, so ist die Dichte der Feldlinien $k\,\mathcal{E}$. Die Gesamtzahl der von der Platte ausgehenden Feldlinien erhalten wir, indem wir die Dichte mit der doppelten Plattenfläche $2A$ multiplizieren, da die Feldlinien von beiden Plattenseiten ausgehen. Es folgt:

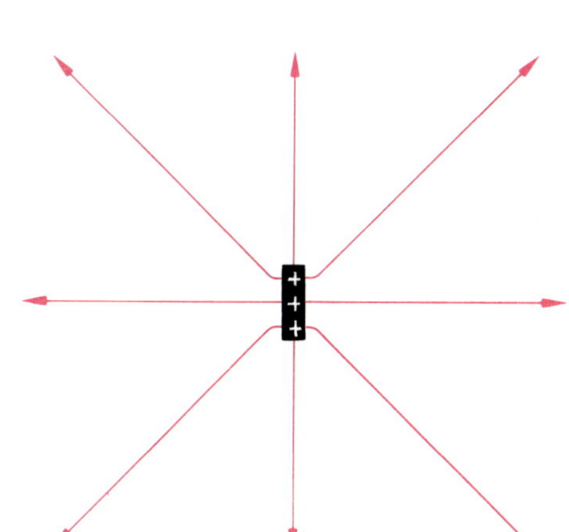

Eine geladene Platte wirkt aus großer Entfernung wie eine Punktladung.

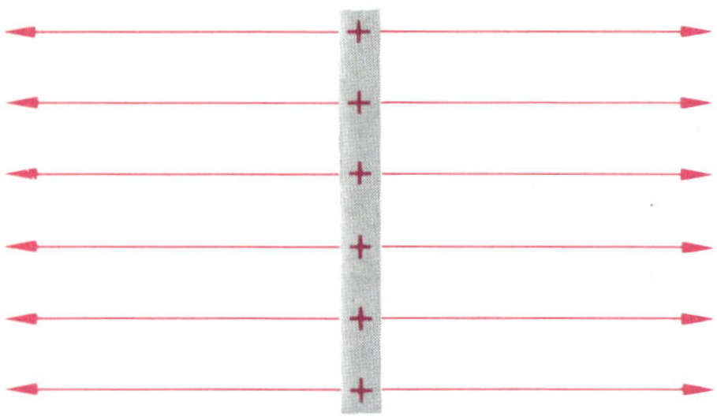

In geringer Entfernung von der Platte muß das Feld aus Symmetriegründen in jedem Punkt den gleichen Betrag und die gleiche Richtung aufweisen, wenn wir von Randstörungen absehen.

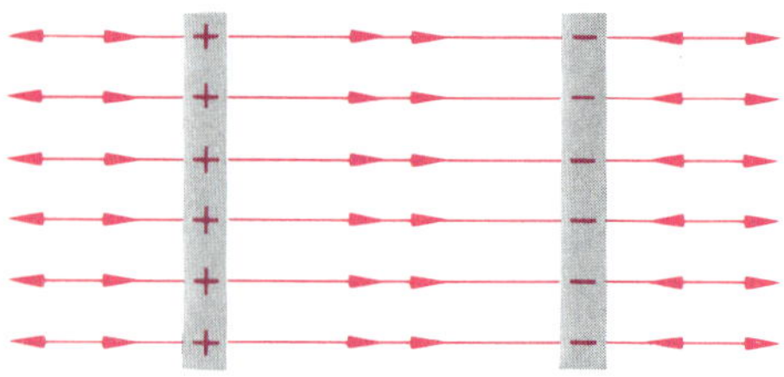

Stehen einander zwei entgegengesetzt geladene Platten gegenüber, so heben sich ihre Felder im Außenraum auf. Die Feldstärke im Zwischenraum wird verdoppelt.

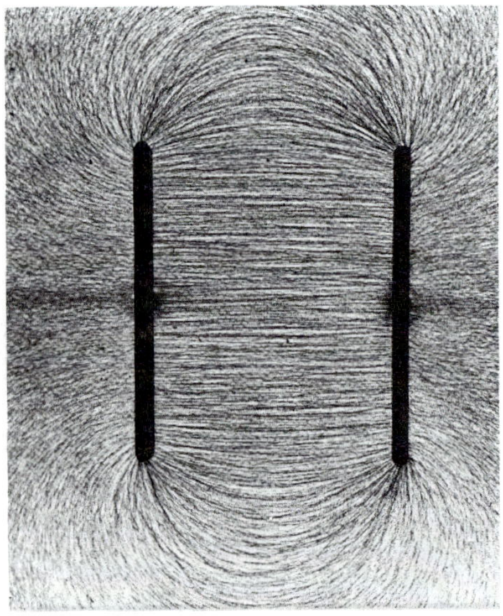

Das Feldlinienbild des Kondensators läßt die konstante Feldstärke in seinem Inneren erkennen. In der Umgebung der Plattenränder treten aber Abweichungen auf. Das Feld im Außenraum verschwindet daher nicht völlig.

Gesamtzahl der von der Platte ausgehenden Feldlinien $= 2A \cdot k\,\mathcal{E}$.

Alle diese Feldlinien müssen wir auch in sehr großer Entfernung von der Platte antreffen, wo die Dichte der Feldlinien durch $k\,Q/4\,\pi\,\varepsilon_0\,r^2$ gegeben ist. Die Zahl der Feldlinien, welche durch eine große einhüllende Kugel vom Radius r hindurchgehen, ist daher durch folgenden Ausdruck gegeben:

$$\text{Gesamtzahl der Feldlinien in großer Entfernung} = 4\,\pi\,r^2 \cdot \frac{1}{4\,\pi\,\varepsilon_0} \cdot \frac{k\,Q}{r^2}$$

Da die Feldlinien, die von der Platte ausgehen, auch in großer Entfernung vorzufinden sind, folgt

$$2A \cdot k\,\mathcal{E} = 4\,\pi\,r^2 \cdot \frac{1}{4\,\pi\,\varepsilon_0} \cdot \frac{k \cdot Q}{r^2}.$$

Daraus können wir den Betrag $\mathcal{E}$ der Feldstärke in der Nähe der Platte bestimmen und erhalten:

> Das Feld in der Nähe einer gleichmäßig geladenen Platte ist homogen. Die Feldstärke beträgt
>
> $$\mathcal{E} = \frac{1}{\varepsilon_0}\,\frac{Q}{2A}.$$

4. Beispiel: Das Feld des Kondensators

Stellen wir zwei entgegengesetzt geladene Platten gegenüber, so erhalten wir einen Kondensator. Kondensatoren sind in vielerlei Ausführungen ein wichtiges Bauelement von Elektrogeräten. Sie dienen zur Ladungsspeicherung.

Das Feld eines Kondensators können wir mit Hilfe des Überlagerungsgesetzes berechnen. Die Felder der beiden Platten sind im Außenraum des Kondensators entgegengesetzt gerichtet und heben einander auf. Im Innenraum sind die Felder der Platten dagegen gleichgerichtet und addieren sich. Die Feldstärke beträgt daher im Inneren des Kondensators

$$\mathcal{E} = \frac{1}{\varepsilon_0}\,\frac{Q}{2A} + \frac{1}{\varepsilon_0}\,\frac{Q}{2A} = \frac{1}{\varepsilon_0}\,\frac{Q}{A}.$$

> Tragen die Platten eines Kondensators die Ladungen Q und $-Q$, so herrscht in seinem Inneren die Feldstärke:
>
> $$\mathcal{E} = \frac{1}{\varepsilon_0}\,\frac{Q}{A} \qquad (A = \text{Plattenfläche})$$
>
> Der Außenraum ist feldfrei.

Der Einfluß der Plattenränder bewirkt allerdings, daß das elektrische Feld des Kondensators nicht genau die hier berechnete, idealisierte Feldverteilung aufweist. Im Inneren ist die Feldstärke nur in einiger Entfernung von den Rändern wirklich konstant. Im Außenraum sind stets »Streufelder« vorhanden. Dieser scheinbar nebensächliche Effekt steht in engem Zusammenhang mit dem Energiesatz, wie wir noch sehen werden.

Wir besprechen nun eine wichtige Anwendung des Kondensators.

5. Beispiel: Die Bestimmung der elektrischen Elementarladung

Ende des 19. Jahrhunderts entdeckten der englische Physiker Joseph J. Thomson und sein deutscher Kollege Philipp Lenard ein kleines, elektrisch geladenes Teilchen, das sie »Elektron« nannten. Diese Entdeckung war ein Markstein auf dem Weg zur Enträtselung der atomaren Struktur der Materie, und viele Forscher begannen mit Elektronen zu experimentieren. Eine der wichtigsten Aufgaben war die Bestimmung der Ladung des Elektrons. Sie wurde von dem amerikanischen Nobelpreisträger Robert Andrews Millikan in einer berühmten Versuchsreihe gelöst.

Robert Andrews Millikan (1868–1953) erhielt 1923 den Nobelpreis für seine Forschungen über die Elementarladung.

Millikan stellte dazu einen Kondensator so auf, daß das elektrische Feld lotrecht gerichtet war. Durch Veränderung der Ladung auf den Kondensatorplatten konnte er die Feldstärke im Kondensator regulieren. Er brachte nun einige Öltröpfchen mit einem Durchmesser von 10^{-6} m in das Innere des Kondensators. Durch Reibung wiesen diese Öltröpfchen stets eine kleine positive oder negative Ladung auf.

Millikan betrachtete die Bewegung der Tröpfchen unter dem Mikroskop und stellte das elektrische Feld so ein, daß es der auf die Tröpfchen wirkenden Schwerkraft das Gleichgewicht hielt. Es gilt dann

$$m g = q \mathcal{E} \qquad \text{oder} \qquad q = \frac{m g}{\mathcal{E}}.$$

In diesem Fall schweben die Tröpfchen ziemlich ruhig in der Mitte des Kondensators. Aus der Gleichgewichtsbedingung kann man dann die Ladung der Tröpfchen bestimmen. Millikans Experimente zeigten:

> Die elektrische Ladung beträgt stets ein ganzzahliges Vielfaches der Elementarladung $e = 1{,}602 \cdot 10^{-19}$ C.

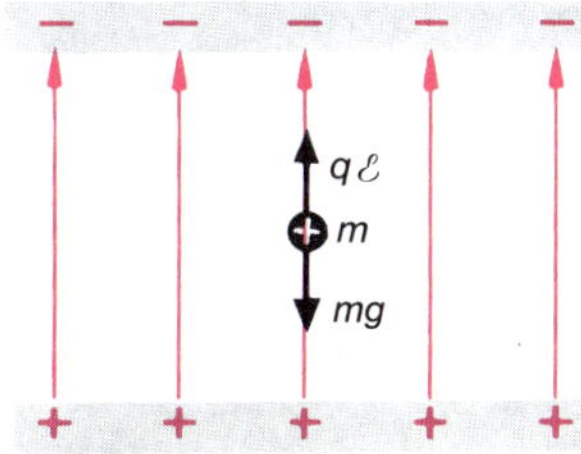

Geladene Öltröpfchen schweben im Kondensator, wenn Schwerkraft und elektrische Kraft einander das Gleichgewicht halten. Daraus kann die Ladung der Tröpfchen bestimmt werden, sofern die Masse bekannt ist.

In den folgenden Jahren gelang es, die Ergebnisse dieses wichtigen Versuches auch mit anderen Methoden zu überprüfen und zu bestätigen. Die Elementarladung kann beispielsweise aus den Gesetzen der Elektrolyse bestimmt werden, welche die Elektrizitätsleitung in Flüssigkeiten beschreiben. Denn schon Faraday hatte gefunden, daß zur Abscheidung eines Mols einwertiger Stoffe stets die Ladung

$$Q = eL = (1{,}602 \cdot 10^{-19}\,\text{C})\,(6{,}023 \cdot 10^{23}) \approx 96\,500\,\text{C}$$

nötig ist. Diese Ladung wird daher auch als Faraday-Konstante bezeichnet. Bei mehrwertigen Substanzen sind entsprechende Vielfache der Faraday-Konstante erforderlich (Erstes Faraday'sches Gesetz).

Stets zeigte sich, daß die Ladung der Bausteine der Materie ein Vielfaches der Elementarladung ist. So tragen beispielsweise Elektronen die Ladung $q = -e$ und die im Atomkern enthaltenen Protonen die Ladung $q = e$. Es gibt aber auch ungeladene Teilchen, wie die ebenfalls im Atomkern entdeckten Neutronen.

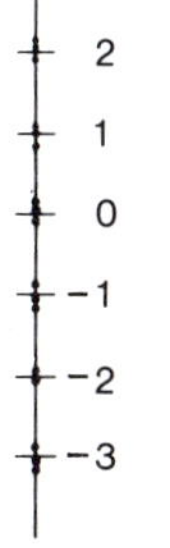

Die Ladung der Tröpfchen erweist sich als ganzzahliges Vielfaches einer Elementarladung e.

Alle heute bekannten »Elementarteilchen«, das sind die kleinsten experimentell nachweisbaren Bausteine der Materie, tragen Ladungen, die ein Vielfaches der Elementarladung sind. Es gibt aber theoretische Ansätze, welche die Existenz von Teilchen mit den Ladungen $e/3$ und $2e/3$ vermuten lassen. Mit der Suche nach diesen hypothetischen Teilchen, man nennt sie »Quarks«, beschäftigen sich zahlreiche Wissenschaftler und Techniker in den großen Forschungszentren für Elementarteilchenphysik. Bisher konnten trotz größtem Aufwand derartige Teilchen mit »nichtganzzahligen« Ladungen noch nicht gefunden werden.

3. Die Kraft auf eine Ladung

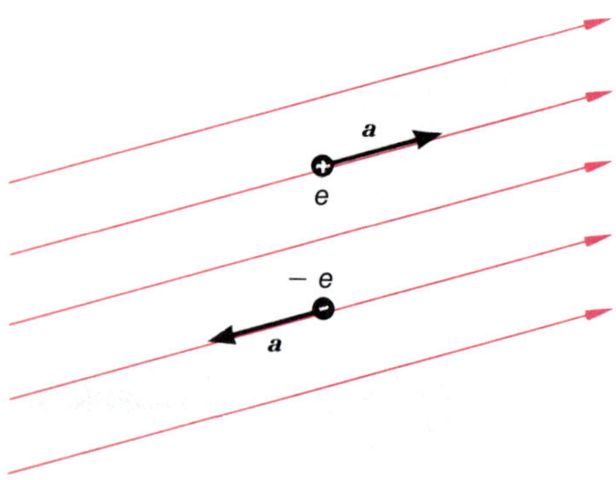

Positive Ladungen werden in Richtung des elektrischen Feldes, negative Ladungen gegen die Feldrichtung beschleunigt.

Bisher haben wir uns mit dem elektrischen Feld spezieller Ladungsanordnungen beschäftigt. Nun wollen wir die Wirkung dieser Felder auf andere Ladungen berechnen. Damit diese Ladungen das vorhandene Feld nicht wesentlich stören, müssen wir allerdings annehmen, daß es sich um kleine »Testladungen« handelt.

Zur Berechnung der Bewegung, die eine Ladung q in einem elektrischen Feld $\mathcal{E}$ ausführt, gehen wir von der Bewegungsgleichung $m\boldsymbol{a} = \boldsymbol{F}$ aus. Sie erlaubt es, die Beschleunigung $\boldsymbol{a}$ eines Körpers der Masse m zu berechnen, wenn die Kraft $\boldsymbol{F}$ bekannt ist. Für eine Ladung Q, die sich in einem elektrischen Feld $\mathcal{E}$ bewegt, ist $\boldsymbol{F} = Q\mathcal{E}$. Die Bewegungsgleichung für einen geladenen Körper lautet daher

$$m\boldsymbol{a} = Q\mathcal{E} \qquad \text{oder} \qquad \boldsymbol{a} = \frac{Q\mathcal{E}}{m}$$

Da die Masse m stets positiv ist, hängt die Richtung der Beschleunigung $\boldsymbol{a}$ vom Vorzeichen der Ladung Q ab:

Im elektrischen Feld werden positive Ladungen in Feldrichtung, negative Ladungen entgegen der Feldrichtung beschleunigt.

Wir betrachten zwei Beispiele:

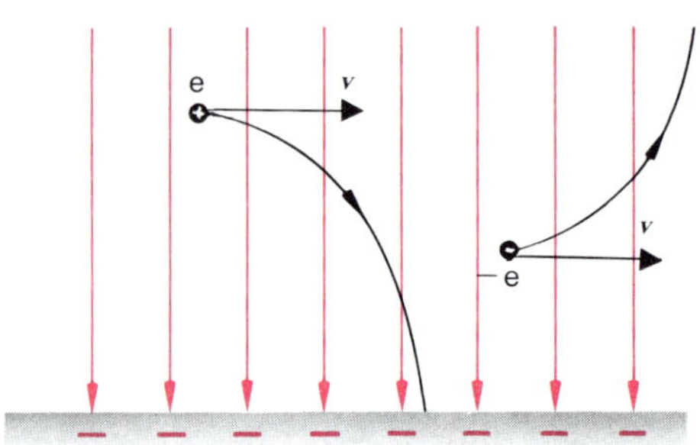

Positiv geladene Ionen werden im elektrischen Feld der Erde nach unten, negativ geladene nach oben beschleunigt. Ihre Beschleunigung ist etwa 100 Millionen mal größer als die Fallbeschleunigung.

1. Beispiel: Ionen im elektrischen Feld der Erde

Ein kleiner Teil der Luftteilchen ist stets elektrisch geladen. Manche Teilchen weisen ein Elektron zuwenig, andere wieder eines zuviel auf. Die Ursache dafür ist zumeist die »kosmische Strahlung«. Diese Strahlung besteht vorwiegend aus Elektronen und Atomkernen hoher Energie, die, aus dem Weltall kommend, in die Erdatmosphäre eindringen und dort zur Erzeugung geladener Luftteilchen führen. Diese geladenen Moleküle – man nennt sie Ionen – weisen meistens eine Ladung $Q = e$ oder $Q = -e$ auf. Ihre Beschleunigung beträgt daher

$$\text{positive Ionen: } \boldsymbol{a} = +\frac{e}{m}\mathcal{E}, \qquad \text{negative Ionen: } \boldsymbol{a} = -\frac{e}{m}\mathcal{E}.$$

Da das elektrische Feld der Erde lotrecht nach unten gerichtet ist, erfahren positive Ionen eine Beschleunigung zum Erdboden hin, während negative Ionen von der Erdoberfläche weg beschleunigt werden.

Betrachten wir beispielsweise die Beschleunigung eines positiv geladenen Sauerstoffmoleküls mit der Masse $m = 2{,}6 \cdot 10^{-26}$ kg. Da das Erdfeld den Betrag $\mathcal{E} = 200$ N/C hat, folgt für den Betrag der Beschleunigung

$$a = \frac{e}{m} \cdot \mathcal{E} = \frac{1{,}6 \cdot 10^{-19}\,\text{C}}{2{,}6 \cdot 10^{-26}\,\text{kg}} \cdot 200\,\frac{\text{N}}{\text{C}} = 1{,}2 \cdot 10^{9}\ \text{m/s}^2.$$

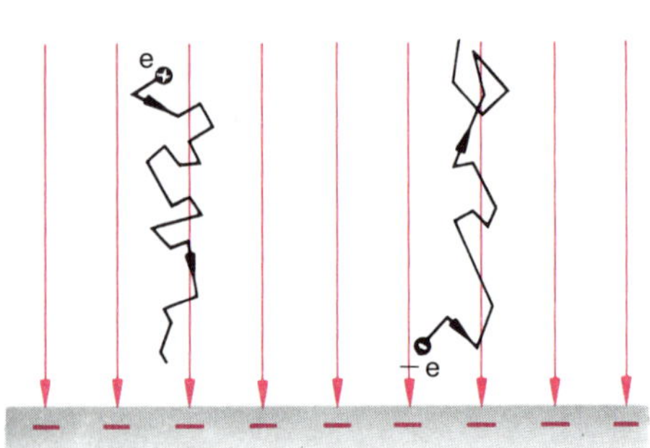

Die Bewegung der Ionen wird durch zahllose Stöße gegen die Luftteilchen gebremst. Dadurch bewegen sich die Ionen im Mittel nur mit einer Geschwindigkeit von 100 m/s nach unten oder oben.

Diese nach unten gerichtete Beschleunigung ist etwa 100 millionenmal größer als die Schwerebeschleunigung. Allerdings wird diese rasende Fahrt nach unten immer wieder durch Stöße mit anderen Luftteilchen gebremst. Dadurch bewegt sich das Sauerstoffmolekül im Mittel nur mit der Geschwindigkeit 100 m/s nach unten.

Das erdelektrische Feld bewirkt also, daß sich alle positiv geladenen Ionen dem Erdboden zu bewegen. Dadurch würde die negative Ladung der Erdoberfläche innerhalb einer Stunde neutralisiert. Ein weiterer Effekt muß diese Ladung, − 900 000 C, aufrechterhalten. Es ist dies die *Gewittertätigkeit.*

Die Entstehung von Gewittern

Die physikalischen Vorgänge innerhalb der Gewitterwolken sind noch nicht völlig geklärt. Folgender Effekt ist aber wahrscheinlich wesentlich. Infolge des elektrischen Feldes der Erde verschiebt sich in den Regentropfen einer Gewitterwolke positive Ladung auf die Unterseite und negative Ladung auf die Oberseite. Beim Fall im Schwerefeld zieht die positive Unterseite des Tropfens negative Teilchen an sich und stößt positive ab. An der Oberseite des fallenden Tropfens tritt der umgekehrte Effekt nur mit geringerer Wahrscheinlichkeit ein. Dadurch wird der Tropfen negativ aufgeladen und erhöht beim Aufschlagen auf die Erdoberfläche dort die negative Ladung der Erde.

Nicht alle Tropfen erreichen die Erdoberfläche. Manche verbleiben infolge starker Winde im unteren Teil der Gewitterwolke und laden sie negativ auf. Diese Ladung entlädt sich teils durch Blitze innerhalb der Wolke, teils wird sie durch Blitze zur Erdoberfläche übertragen. Jeder Blitz transportiert dabei eine negative Ladung von einigen Coulomb zur Erde. So tragen die rund 1 000 Gewitter, die täglich in der Atmosphäre stattfinden, ganz wesentlich zur Aufrechterhaltung des erdelektrischen Feldes bei.

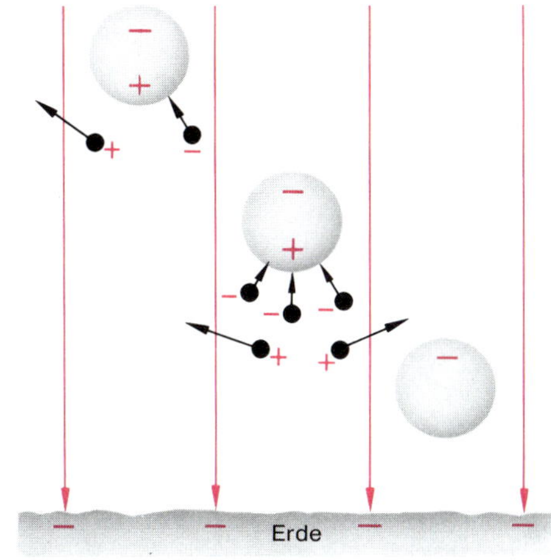

Eine Theorie des Gewitters geht von der Annahme aus, daß sich die Ladungsverteilung in Regentropfen infolge des elektrischen Feldes der Erde verschiebt. Der fallende Tropfen zieht an seiner Unterseite negative Ladungen an und erreicht daher die Erde negativ geladen. Die Wolke dagegen lädt sich positiv auf.

2. Beispiel: Die Bewegung geladener Teilchen im Kondensatorfeld

Von praktischer Bedeutung ist die Bewegung geladener Teilchen im elektrischen Feld eines Kondensators. Werden die Teilchen mit einer Anfangsgeschwindigkeit $\boldsymbol{v}$ senkrecht zu den Feldlinien in den Kondensator eingeschossen, so erfahren sie dort eine Beschleunigung, die durch

$$\boldsymbol{a} = \frac{Q}{m} \mathcal{E}$$

gegeben ist. Da das elektrische Feld innerhalb des Kondensators konstant ist, erfolgt die Bewegung mit konstanter Beschleunigung $\boldsymbol{a}$. Die Teilchen durchlaufen deshalb Parabelbahnen. Durch geeignete Wahl der elektrischen Feldstärke $\mathcal{E}$ kann man jede gewünschte Ablenkung der Teilchen aus ihrer ursprünglichen Richtung erzielen. Diese Tatsache benützt man beispielsweise beim Fernsehapparat, um einen Elektronenstrahl auf die einzelnen Punkte der Bildröhre zu lenken.

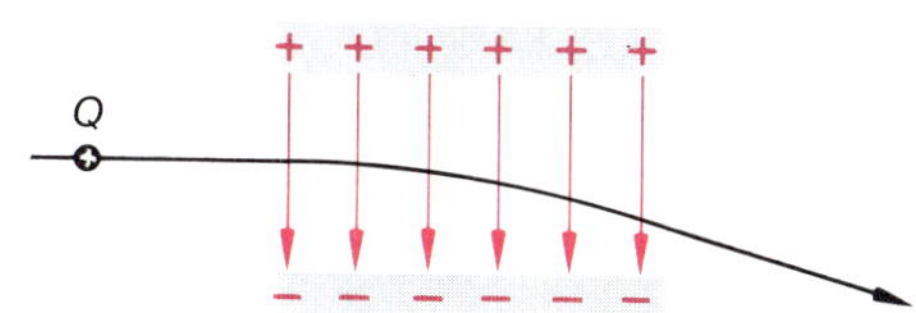

Die Bewegung eines geladenen Teilchens im elektrischen Feld eines Kondensators erfolgt längs einer Parabelbahn.

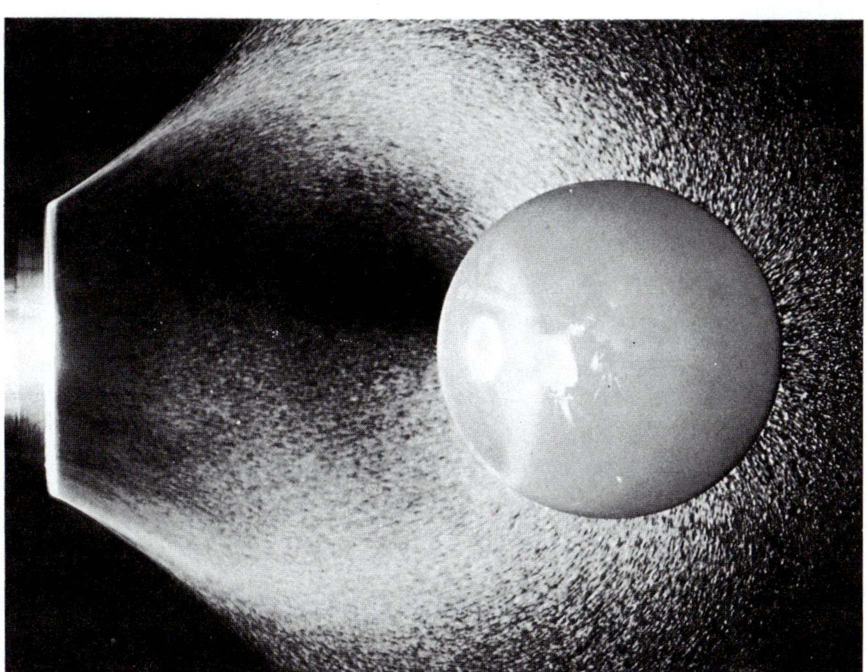

Elektrisch geladene Farbtröpfchen erreichen infolge der elektrischen Anziehung die Kugel von allen Seiten. Dieses Verfahren arbeitet mit einer Spannung von rund 100 000 V und erspart auf der Welt jährlich Lack im Wert von einer Milliarde Schilling bzw. 150 Mio. DM.

In Gewittern treten Spannungen bis zu 100 Mio. V auf. Auf der Erde ereignen sich im Laufe jedes Tages rund 1 000 Gewitter. Die meisten Blitzentladungen erfolgen zwischen Wolken. Jahr für Jahr werden Hunderte von Menschen von Blitzen getötet. Zu den bedeutendsten Blitzforschungsstätten gehören die Anlagen auf zwei Bergen in der Nähe des Luganer Sees, weil dies die gewitterreichste Gegend in Europa ist.

Eine Blitzentladung im Labor
Die Spannung beträgt 100 Mio. V. Dennoch konnte sich der kroatische Elektrotechniker Nicola Tesla ohne Gefährdung im Hochspannungsbereich aufhalten, da die Entladung bei sehr hohen Frequenzen erfolgte. Im menschlichen Körper fließen in diesem Falle zwar Ströme, sie wechseln jedoch 20 000mal pro Sekunde die Richtung. Dadurch kommt es zu keiner Zerstörung der Körperzellen.

Kirlian – Photographie eines Fingers
Legt man eine – unschädliche – hochfrequente Hochspannung an eine Hand und drückt die Finger gegen eine Photoplatte, so entstehen Funkenentladungen. Ihre verästelte Form führte zu der Behauptung, es handelt sich um Aufnahmen des »Astralleibes«. Die Entladungen unterscheiden sich aber nicht wesentlich von anderen Entladungsformen, die schon von Georg Christoph Lichtenberg im Jahre 1770 beobachtet wurden. (Kleines Bild)

Eine große Umspannstation
Bei einem bestimmten Leitungsquerschnitt kann man durch eine elektrische Leitung gegebener Länge pro Sekunde um so mehr Energie transportieren, je höher die anliegende Spannung ist. Überlandleitungen weisen daher oft Spannungen von 380 000 V auf. Man experimentiert aber heute auch schon mit Versuchsleitungen, an denen eine Spannung von 1 Mio. V liegt. Die Isolierung solcher Leitungen ist jedoch schwierig.

4. Die elektrische Spannung

Spricht man im Alltag über Elektrizität, so ist kaum jemals von der elektrischen Feldstärke die Rede, sondern vielmehr von der »Spannung«. Dieser Begriff hängt eng mit der Arbeit beim Verschieben einer Ladung im elektrostatischen Feld zusammen.

a) Die Arbeit beim Verschieben einer Ladung

Zur Verschiebung einer Ladung q im elektrostatischen Feld ist im allgemeinen Arbeit erforderlich. Um diese Arbeit zu berechnen, betrachten wir zunächst das Feld einer einzelnen Ladung Q.

Verschieben wir die Ladung q entlang eines Kreisbogens um Q , so ist keine Arbeit erforderlich, da Kraft und Weg senkrecht aufeinander stehen. Verschieben wir die Ladung q dagegen radial, so ist Arbeit erforderlich, da die zur Verschiebung erforderliche Kraft parallel oder antiparallel zum Weg gerichtet ist.

Verschieben wir die Ladung q entlang eines beliebigen Weges, so können wir diesen Weg aus radialen Teilen und Kreisbögen zusammengesetzt denken. Da nur die radialen Teile zur Arbeit beitragen, ist der Arbeitsaufwand auf dem beliebig gewählten Weg der gleiche wie auf einem radial gerichteten Ersatzweg, der dieselbe Anfangs- und Endentfernung von Q hat.

Betrachten wir nun zwei verschiedene Wege, deren Anfangs- und Endpunkte übereinstimmen! Da in beiden Fällen der gleiche *radiale* Weg zurückgelegt wird, ist auch die zur Verschiebung einer Ladung q erforderliche Arbeit auf beiden Wegen die gleiche. Die Arbeit hängt also nur vom Anfangs- und Endpunkt, nicht aber von der Gestalt des Weges ab.

Dieses Ergebnis gilt auch für beliebige elektrostatische Felder, die ja stets durch Überlagerung der Felder von Einzelladungen erzeugt werden können. Wegen des Unabhängigkeitsgesetzes gilt auch hier:

> Im elektrostatischen Feld hängt die zur Verschiebung einer Ladung notwendige Arbeit nicht von der Gestalt des Weges, sondern nur von seinem Anfangs- und Endpunkt ab.

Aus diesem Ergebnis können wir einige wichtige Folgerungen ziehen:

(1) *Längs eines geschlossenen Weges ist keine Arbeit erforderlich.*

Wir können uns nämlich den geschlossenen Weg in zwei verschiedene Wegstücke zerlegt denken, die den Anfangspunkt A mit dem Endpunkt E verbinden, wobei aber der zweite Weg von E nach A durchlaufen wird. Die zur Verschiebung von q erforderliche Arbeit beträgt dann:

Weg 1 von A nach E:	Arbeit: $+W$,
Weg 2 von E nach A:	Arbeit: $-W$.

Auf dem geschlossenen Weg wird daher die Arbeit Null.

(2) *Es gibt kein elektrostatisches Perpetuum mobile.*

Ein Erfinder könnte auf die Idee kommen, einen Kranz positiver Ladungen teilweise in einen Kondensator zu stellen. Dann würde – seiner Meinung nach – das elektrostatische Feld die Ladungsanordnung zum Drehen bringen. Damit könnte man wiederum eine Maschine antreiben und hätte somit ein Perpetuum mobile konstruiert.

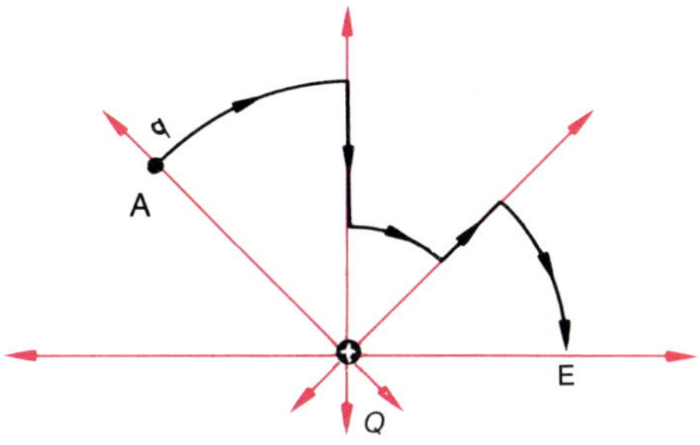

Den Verschiebungsweg einer Ladung q im elektrostatischen Feld einer Ladung Q können wir uns aus Kreisbögen und radialen Teilen zusammengesetzt denken. Nur die Verschiebung entlang der radialen Stücke erfordert Arbeit.

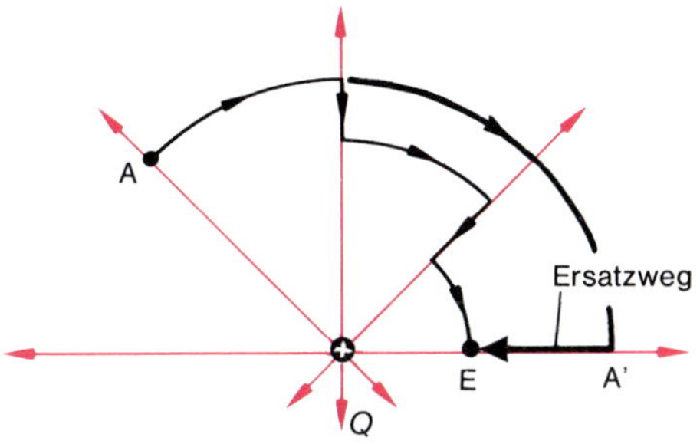

Die Verschiebungsarbeit auf dem ursprünglichen Weg AE ist die gleiche wie auf dem Ersatzweg AA'E.

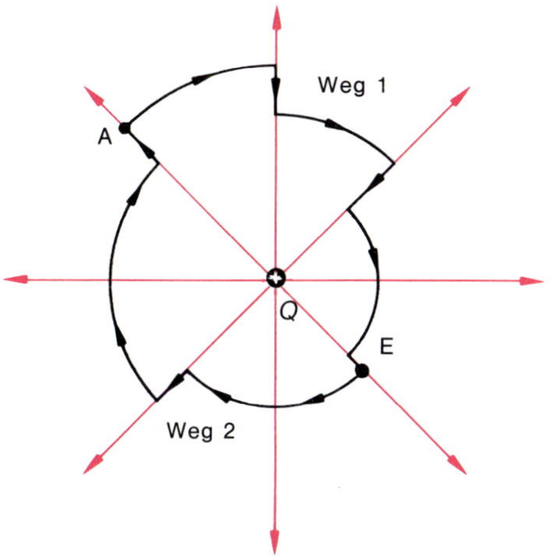

Einen geschlossenen Weg können wir in zwei Teilstücke zerlegen, die von A nach E bzw. von E nach A führen. Die Verschiebungsarbeiten längs dieser Wegstücke heben sich gegenseitig auf.

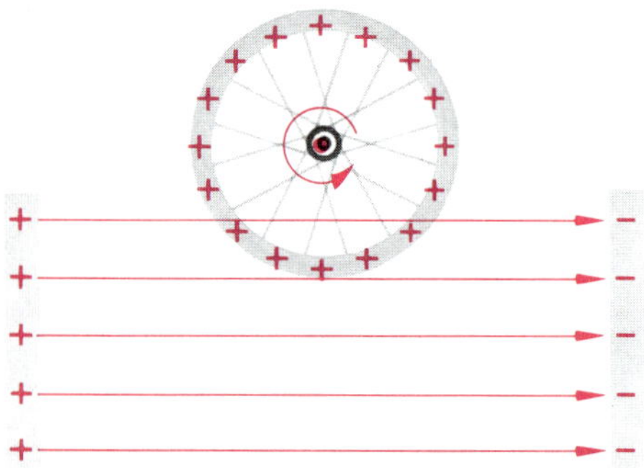

Ein Teil des Ladungskranzes befindet sich im Feld des Kondensators und sollte daher eine nach rechts gerichtete Kraft erfahren. Beginnt sich dadurch das Rad zu drehen?

Wir brauchen den Fehler nicht im Detail zu suchen. Unserem allgemeinen Satz gemäß kann die Maschine nicht funktionieren. Bei einer Umdrehung legt jede Ladung einen geschlossenen Weg im elektrostatischen Feld zurück. Die dabei gewonnene Gesamtarbeit ist Null.

Der physikalische Grund dafür läßt sich leicht einsehen. Auch außerhalb des Kondensators ist ein geringes elektrostatisches Feld vorhanden. Die Arbeit, die auf dem langen Weg durch dieses Randfeld aufzuwenden ist, entspricht genau der scheinbar gewonnenen Arbeit bei der Bewegung durch den Kondensator.

(3) *Das elektrostatische Feld weist keine geschlossenen Feldlinien auf.*

Nehmen wir an, es gäbe eine geschlossene Feldlinie im elektrostatischen Feld. Bewegt sich eine positive Ladung q entlang dieser Feldlinie, so sind Kraft und Weg stets parallel gerichtet. Die Gesamtarbeit W wäre also beim Durchlaufen dieses geschlossenen Weges positiv, was unseren allgemeinen Überlegungen widerspricht. Durch eine noch so komplizierte Anordnung von Ladungen lassen sich daher keine elektrostatischen Felder mit geschlossenen Feldlinien herstellen.

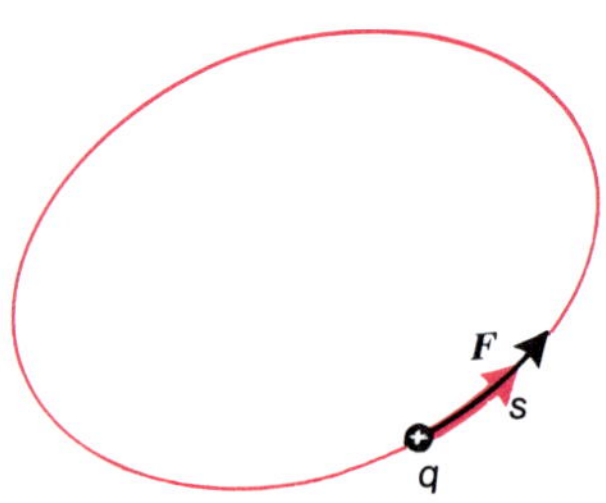

Im elektrostatischen Feld kann es keine geschlossenen Feldlinien geben. Durch Verschiebung einer Ladung entlang derartiger Feldlinien könnte man nämlich beliebig viel Arbeit gewinnen und so ein Perpetuum mobile 1. Art bauen.

b) Die Definition der Spannung

Zur Verschiebung einer Ladung in einem elektrostatischen Feld ist im allgemeinen Arbeit erforderlich. Wir wollen die Arbeit ΔW berechnen, die *das Feld* bei der Verschiebung einer Ladung längs eines kleinen Wegstückes $\Delta \boldsymbol{s}$ verrichtet. Wir erhalten:

$$\Delta W = F_{\parallel} \cdot \Delta s = Q\ \mathcal{E}_{\parallel} \cdot \Delta s = Q\ (\boldsymbol{\mathcal{E}} \cdot \Delta \boldsymbol{s}).$$

Ist das Wegstück groß, so muß der Weg in viele kleine Intervalle unterteilt werden, weil sich die Feldstärke während der Verschiebung im allgemeinen ständig ändert. Die gesamte Arbeit W ergibt sich dann als Summe der Teilarbeiten:

$$W = \sum \Delta W = Q \sum (\mathcal{E}_{\parallel} \cdot \Delta s) = Q \sum (\boldsymbol{\mathcal{E}} \cdot \Delta \boldsymbol{s}) = Q \cdot U.$$

Dabei haben wir die Spannung U definiert durch

$$U = \sum \boldsymbol{\mathcal{E}} \cdot \Delta \boldsymbol{s}.$$

Aus der Beziehung $W = Q \cdot U$ folgt für $Q = 1$ C:

> Die elektrische Spannung U zwischen zwei Punkten gibt die Arbeit an, die zur Verschiebung der Einheitsladung zwischen diesen Punkten erforderlich ist.
> Die Einheit der Spannung ist das Volt (V). Es gilt: 1 V = 1 J/1 C.

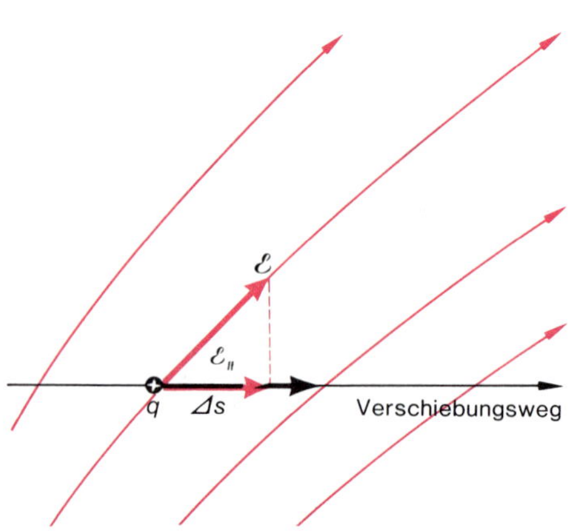

Bei der Verschiebung einer Ladung q im elektrostatischen Feld verrichtet das Feld Arbeit. Weil sich die Feldstärke entlang des Weges im allgemeinen verändert, muß der Verschiebungsweg in kleine Intervalle unterteilt werden.

Ferner halten wir fest:

> Die Verschiebung einer Ladung Q im elektrischen Feld erfordert die Arbeit
>
> $W = Q \cdot U.$

Beträgt also z. B. die Spannung einer Steckdose $U = 220$ V, so verrichtet das Feld beim Transport der Ladung $Q = 1$ C zwischen den Polen die Arbeit $W = 220$ J. Die gleiche Arbeit müßten wir verrichten, um diese Ladung langsam in umgekehrter Richtung im Feld zu verschieben.

1. Beispiel: Der Kondensator

Tragen die Platten eines Kondensators die Ladungen Q und $-Q$, so herrscht in seinem Inneren die elektrische Feldstärke

$$\mathcal{E} = \frac{1}{\varepsilon_0} \frac{Q}{A},$$

wobei A der Querschnitt des Kondensators ist. Die elektrische Spannung U zwischen den Platten ist gleich der Arbeit, die man zur Verschiebung der Einheitsladung von einer Platte zur anderen aufwenden müßte. Da die Feldstärke $\mathcal{E}$ im Inneren des Kondensators konstant ist und die Verschiebung der Ladung parallel zu den Feldlinien erfolgt, ist die Spannung durch das Produkt von Feldstärke $\mathcal{E}$ und Plattenabstand s gegeben:

$$U = \mathcal{E} \cdot s = \frac{1}{\varepsilon_0} \frac{Q}{A} \cdot s.$$

Unser Ergebnis zeigt, daß bei konstant gehaltener Ladung die Spannung proportional zum Abstand der Kondensatorplatten ist. Erhöht man diesen Abstand, so ist mehr Arbeit erforderlich, um eine Ladung von einer Seite zur anderen zu transportieren, da die Feldstärke $\mathcal{E}$ gleichbleibt, der Weg s aber steigt.

Für die praktische Verwendung von Kondensatoren ist ausschlaggebend, welche Ladungsmenge Q man in einem Kondensator speichern kann. Unser Ergebnis zeigt, daß diese Ladung Q proportional zur Spannung U ist, die am Kondensator liegt:

$$Q = \varepsilon_0 \frac{A}{s} U.$$

Der Proportionalitätsfaktor $\varepsilon_0 \frac{A}{s}$ heißt die *Kapazität* C des Kondensators.

Die in einem Kondensator gespeicherte Ladung Q ist proportional zur Spannung U und zur Kapazität C des Kondensators.

$$Q = C \cdot U$$

Die Einheit der Kapazität ist das Farad (F). Es gilt: 1 F = 1 C/1 V.

Die Kapazität eines Plattenkondensators

$$C = \varepsilon_0 \frac{A}{s}$$

ist proportional zur Plattenfläche und umgekehrt proportional zum Abstand der Platten. Zur Konstruktion von Kondensatoren hoher Kapazität ist es daher erforderlich, möglichst große Platten in geringem Abstand anzuordnen.

Als Beispiel betrachten wir die Kapazität eines Kondensators mit einem Querschnitt $A = 10\ \text{m}^2$ und einem Plattenabstand $s = 10^{-4}$ m:

$$C = \varepsilon_0 \frac{A}{s} = \frac{8{,}85 \cdot 10^{-12}\,(\text{C}^2/\text{Nm}^2) \cdot 10\ \text{m}^2}{10^{-4}\ \text{m}} =$$

$$= 8{,}85 \cdot 10^{-7}\ \text{C/V} = 0{,}885 \cdot 10^{-6}\ \text{F} = 0{,}885\ \mu\text{F}$$

Wie in diesem Beispiel werden auch bei allen anderen praktischen Anwendungen nur Kapazitäten erreicht, die wesentlich kleiner als 1 F sind. So haben die Kondensatoren, die zur Ladungsspeicherung in Photo-Blitzgeräten eingesetzt werden, eine Kapazität in der Größenordnung von etwa 10^{-3} F.

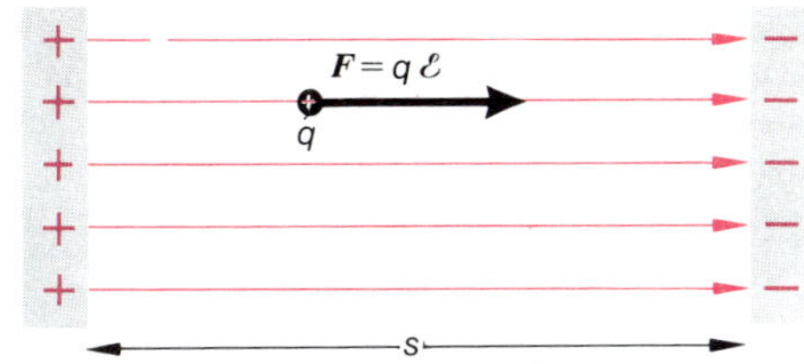

Weil die Feldstärke im Inneren eines Kondensators konstant und parallel zum Verschiebungsweg ist, beträgt die Verschiebungsarbeit $W = q \cdot \mathcal{E} \cdot s$.

Die Spannung zwischen den Platten des Kondensators ist proportional zur Feldstärke und zum Plattenabstand.

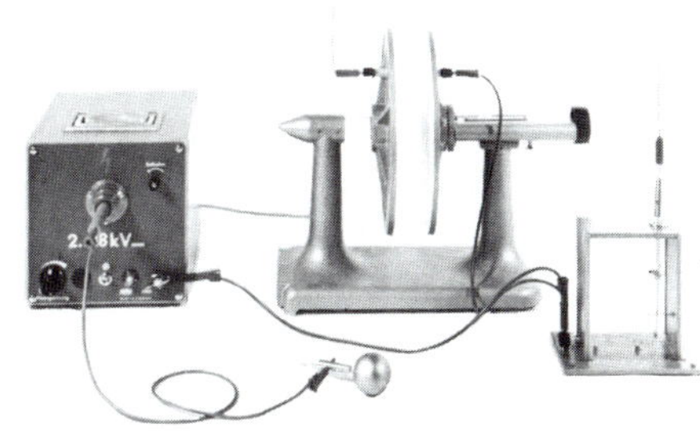

Vergrößert man den Plattenabstand bei konstanter Ladung des Kondensators, so steigt die Spannung am Kondensator, wie man am Ausschlag des Elektroskops feststellen kann.

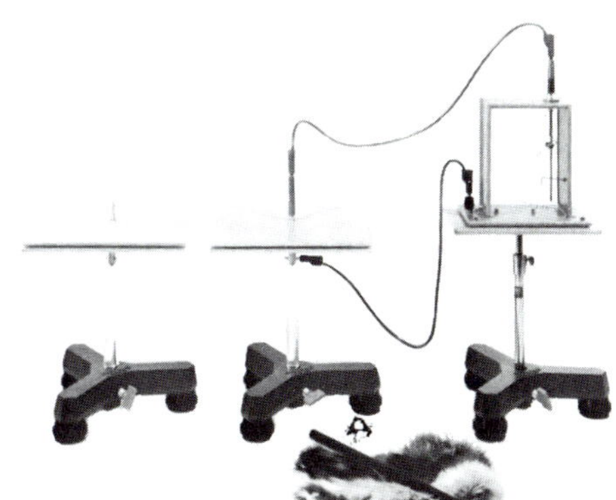

Verdoppelt man die Plattenfläche des Kondensators bei konstanter Ladung, so sinkt die Spannung auf die Hälfte ab.

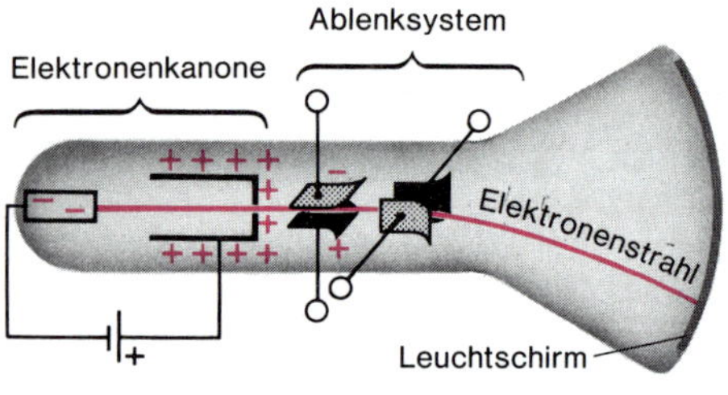

In der Elektronenkanone der Fernsehbildröhre werden Elektronen durch eine Spannung von rund 10 000 V auf eine Geschwindigkeit von 60 000 km/s beschleunigt. Geladene Ablenkplatten lenken die Elektronen auf den gewünschten Punkt des Bildschirmes.

2. Beispiel: Das elektrische Feld der Erde

Während eines Gewitters verstärkt sich das elektrische Feld der Erde lokal und erreicht ungefähr 2 000 N/C. Wie hoch ist die Spannung zwischen der Erdoberfläche und einer Gewitterwolke, die in 4 000 m Höhe schwebt? Aus der Definition der Spannung folgt:

$$U = \mathcal{E} \cdot \Delta \boldsymbol{s} = (2\,000 \text{ N/C})\,(4\,000 \text{ m}) = 8 \cdot 10^6 \text{ V}$$

Die während des Gewitters auftretende Spannung beträgt also in diesem Beispiel rund 8 Mio. Volt. Transportiert ein Blitz die Ladung $Q = 5$ C zur Erde, so verrichtet das elektrische Feld dabei die Arbeit:

$$W = Q \cdot U = (5 \text{ C})\,(8 \cdot 10^6 \text{ V}) = 4 \cdot 10^7 \text{ J} \approx 11 \text{ kWh}$$

Die bei Gewittern freiwerdenden Energiemengen sind also relativ gering. Weil aber die Dauer jedes Blitzes sehr kurz ist, treten hohe Momentanleistungen auf.

3. Beispiel: Die Energieeinheit Elektronvolt

Durchläuft ein Teilchen, das die Elementarladung $Q = e$ trägt, die Spannung $U = 1$ V so verrichtet das Feld an dem Teilchen die Arbeit

$$W = Q \cdot U = (1{,}6 \cdot 10^{-19} \text{ C})\,(1 \text{ V}) = 1{,}6 \cdot 10^{-19} \text{ J}.$$

Diese Energie wird z. B. einem Elektron zugeführt, das im elektrischen Feld die Spannung $U = 1$ V durchfällt. Man bezeichnet diesen Energiebetrag daher als Elektronvolt (eV).

In diesem 3 000 m langen Beschleuniger durchlaufen Elektronen eine Reihe hintereinanderliegender elektrischer Felder, welche insgesamt eine Spannung von 40 Mrd. V aufweisen.

Durchläuft ein Teilchen, das die Elementarladung e trägt, die Spannung 1 Volt, so verrichtet das elektrische Feld an diesem Teilchen die Arbeit

$$1 \text{ eV} = 1{,}6 \cdot 10^{-19} \text{ J}.$$

Als Beispiel berechnen wir die Geschwindigkeit eines Elektrons mit der Energie 1 eV. Mit der Elektronenmasse $m = 9 \cdot 10^{-31}$ kg erhalten wir aus $mv^2/2 = 1$ eV das Resultat $v \approx 600$ km/s. Bereits die Spannung einer Taschenlampenbatterie reicht also aus, um Elektronen auf 600 km/s zu beschleunigen. Allerdings bewegen sich Elektronen in Drähten mit wesentlich geringeren Geschwindigkeiten, da sie durch Stöße gegen die Gitterbausteine immer wieder gebremst werden.

5. Elektrizität und Gravitation – ein Vergleich

Sowohl die Kraft zwischen zwei Massen als auch diejenige zwischen zwei Ladungen nimmt mit dem Quadrat der Entfernung ab. Diese bemerkenswerte Analogie zwischen zwei Teilgebieten der Physik wurde bereits sehr früh bemerkt. Sie erlaubt es, einige Ergebnisse, die wir für das elektrische Feld erzielt haben, auf die Gravitation zu übertragen.

Andererseits können wir auch manche Resultate, die wir früher gewonnen haben, ohne neue Rechnung in die Elektrizitätslehre übernehmen, wie der folgende Überblick zeigt. Besonders anschaulich wird die Analogie zwischen Elektrizität und Gravitation am Beispiel der potentiellen Energie und der Gesamtenergie. Die neu eingeführten Begriffe sind durch *Kursivdruck* hervorgehoben.

Albert Einstein bemühte sich übrigens jahrelang, die Erscheinungen der Elektrizität und der Gravitation auf eine gemeinsame Grundlage, eine »einheitliche Feldtheorie«, zurückzuführen. Dies ist ihm freilich nicht gelungen. Auch andere Forscher haben sich bis heute vergeblich bemüht.

Elektrizität und Gravitation – ein Vergleich

Das Kraftgesetz

Die Kraft zwischen zwei punktförmigen Ladungen beträgt

$$F = \frac{1}{4\pi\varepsilon_0} \cdot \frac{|qQ|}{r^2}.$$

Gleichnamige Ladungen stoßen einander ab.
Ungleichnamige Ladungen ziehen einander an.
Die Kraft genügt dem Unabhängigkeitsgesetz.

Die Kraft zwischen zwei punktförmigen Massen beträgt

$$F = G\frac{mM}{r^2}.$$

Es gibt nur positive Massen.
Sie ziehen einander stets an.
Die Kraft genügt dem Unabhängigkeitsgesetz.

Das Feld

Die elektrische Feldstärke $\mathcal{E}$ ist definiert durch

$$\boldsymbol{F} = q\boldsymbol{\mathcal{E}},$$

wobei $\boldsymbol{F}$ die Kraft auf eine positive Testladung q ist. Die elektrische Feldstärke eines materiellen Punktes der Ladung Q ist gegeben durch

$$\boldsymbol{\mathcal{E}} = \frac{1}{4\pi\varepsilon_0}\frac{Q}{r^2}\frac{\boldsymbol{r}}{r}.$$

Das elektrische Feld ist die Gesamtheit der Feldstärkevektoren in einem Raumbereich.

Das elektrische Feld wird durch Feldlinien dargestellt. Die Richtung der Feldlinien gibt die Richtung der Feldstärke an. Die Dichte der Feldlinien ist ein Maß für den Betrag der Feldstärke.

Es gibt keine geschlossenen Feldlinien.

Die *Gravitationsfeldstärke* $\boldsymbol{g}$ ist definiert durch

$$\boldsymbol{F} = m\boldsymbol{g},$$

wobei $\boldsymbol{F}$ die Kraft auf eine kleine Testmasse m ist. Die Gravitationsfeldstärke eines materiellen Punktes der Masse M ist gegeben durch

$$\boldsymbol{g} = -G\frac{M}{r^2}\frac{\boldsymbol{r}}{r}.$$

Das Gravitationsfeld ist die Gesamtheit der Feldstärkevektoren in einem Raumbereich.

Das Gravitationsfeld wird durch Feldlinien dargestellt. Die Richtung der Feldlinien gibt die Richtung der Feldstärke an. Die Dichte der Feldlinien ist ein Maß für den Betrag der Feldstärke.

Es gibt keine geschlossenen Feldlinien.

Arbeit und Energie

Im elektrostatischen Feld hängt die zur Verschiebung einer Ladung notwendige Arbeit W nicht von der Gestalt des Weges, sondern nur von seinem Anfangs- und Endpunkt ab.

Die *potentielle Energie* zweier materieller Punkte der Ladungen q und Q beträgt

$$E_p = +\frac{1}{4\pi\varepsilon_0}\frac{qQ}{r}.$$

Die *Gesamtenergie* E eines materiellen Punktes der Ladung q, der sich im elektrischen Feld eines kugelförmigen Körpers der Ladung Q bewegt, lautet

$$E = E_k + E_p = \frac{1}{2}mv^2 + \frac{1}{4\pi\varepsilon_0}\frac{qQ}{r}.$$

Im Gravitationsfeld hängt die zur Verschiebung einer Masse notwendige Arbeit W nicht von der Gestalt des Weges, sondern nur von seinem Anfangs- und Endpunkt ab.

Die potentielle Energie zweier materieller Punkte der Massen m und M beträgt

$$E_p = -G\frac{mM}{r}.$$

Die Gesamtenergie E eines materiellen Punktes der Masse m, der sich im Gravitationsfeld eines kugelförmigen Körpers der Masse M bewegt, lautet

$$E = E_k + E_p = \frac{1}{2}mv^2 - G\frac{mM}{r}.$$

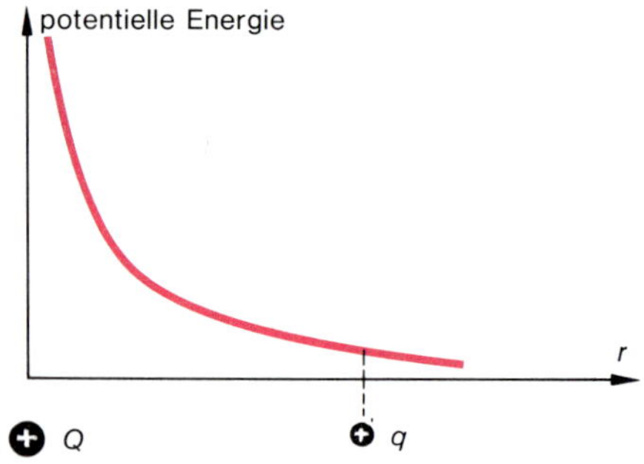

Die potentielle Energie zweier gleichnamiger Ladungen ist positiv. Sie gibt an, welche Arbeit erforderlich ist, um die beiden Ladungen aus großem Abstand in die Entfernung r zu bringen.

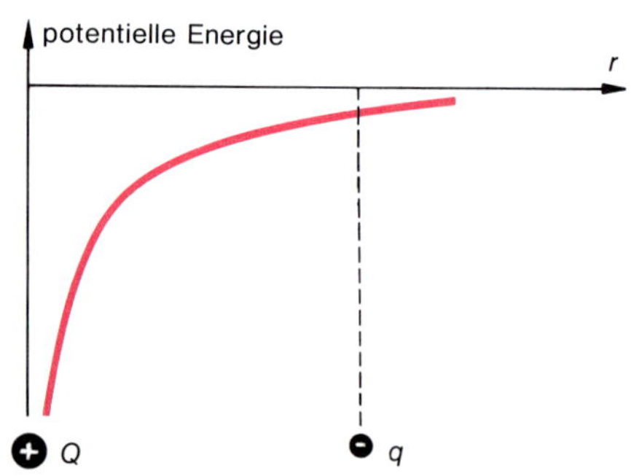

Die potentielle Energie ungleichnamiger Ladungen ist negativ. Bei der Ladungsannäherung wird Arbeit zur Erhöhung der kinetischen Energie bereitgestellt.

Eine geladene Kugel entlädt sich durch einen Funken.

Die potentielle Energie zweier Ladungen

Der Vergleich mit der Gravitation zeigt:

> Die potentielle Energie zweier materieller Punkte mit den Ladungen Q und q beträgt
>
> $$E_p = \frac{1}{4\pi\varepsilon_0}\frac{Qq}{r},$$
>
> wobei r der Abstand der beiden Punkte ist.

Dieses Ergebnis hat folgende Bedeutung: Verschiebt man eine Ladung langsam in einem elektrostatischen Feld, so ist die dazu erforderliche Arbeit W gleich der Änderung der potentiellen Energie. Um eine Ladung q aus sehr großer Entfernung R in den Abstand r von Q zu bringen, ist die Arbeit erforderlich:

$$W = \frac{1}{4\pi\varepsilon_0}\left(\frac{Qq}{r} - \frac{Qq}{R}\right) \approx \frac{1}{4\pi\varepsilon_0}\frac{Qq}{r} = E_p$$

Die potentielle Energie gibt also die Arbeit an, die notwendig ist, um die beiden Ladungen aus sehr großer Entfernung bis in den Abstand r zu bringen. Diese Arbeit ist positiv, wenn die beiden Ladungen gleichnamig sind. In diesem Fall ist Arbeit aufzuwenden, um die Ladung gegen die Wirkung der abstoßenden Kräfte einander zu nähern. Dagegen wird bei der Annäherung zweier Massen stets Arbeit nach außen abgegeben, da sich die Massen anziehen. Deshalb tritt in der Elektrostatik ein positives, im Fall der Gravitation dagegen ein negatives Vorzeichen im Ausdruck für die potentielle Energie auf.

Für ungleichnamige Ladungen ist W negativ. Hier wird Arbeit nach außen abgegeben, wenn sich die beiden Ladungen nähern.

Als Anwendungsbeispiel berechnen wir die Spannung U einer leitenden Kugel vom Radius a gegenüber einem weit entfernten Punkt. Diese Spannung ist durch

$$U = \frac{W}{q}$$

gegeben. Dabei ist W die Arbeit, welche notwendig ist, um eine kleine Testladung q zur Kugeloberfläche zu bringen. Da das elektrische Feld im Außenraum einer geladenen Kugel gleich demjenigen einer Punktladung ist, erhalten wir folgendes Ergebnis:

> Die Spannung einer geladenen Kugel vom Radius a gegenüber einem weit entfernten Punkt beträgt
>
> $$U = \frac{1}{4\pi\varepsilon_0}\frac{Q}{a}.$$

Bei elektrostatischen Experimenten trägt eine Kugel mit dem Radius $a = 1$ cm üblicherweise eine Ladung der Größenordnung $Q = 10^{-7}$ C. Die entsprechende Spannung beträgt daher $U = 90\,000$ V. Bei Spannungen dieser Größenordnung kann es bereits zu Funkenentladungen kommen.

6. Die Energiedichte des elektrischen Feldes

Wir haben bisher die potentielle Energie einer kleinen Testladung im Feld einer vorgegebenen Ladungsverteilung betrachtet. Nunmehr werden wir die Energie beliebiger Ladungsverteilungen berechnen. Dabei wird sich ein völlig neuer Standpunkt bezüglich der potentiellen Energie ergeben. Wir beginnen mit einem Beispiel.

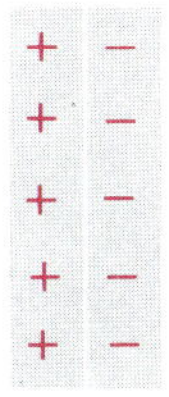

Um die Arbeit beim Aufladen eines Kondensators zu berechnen, denken wir uns zunächst die Ladungstrennung vollzogen. Der dafür notwendige Arbeitsaufwand ist vernachlässigbar klein.

a) Die Arbeit beim Aufladen eines Kondensators

Zum Aufladen eines Kondensators ist Arbeit erforderlich. Sie dient zur Erhöhung der elektrischen Energie des Kondensators. Zur Berechnung dieser Energie denken wir uns zunächst die beiden Kondensatorplatten in Berührung gebracht und die Trennung positiver und negativer Ladungen vollzogen.*)

Dann ziehen wir die geladenen Platten auseinander, indem wir z. B. die negativ geladene Platte langsam nach rechts wegziehen. Der Betrag der dazu erforderlichen Kraft ist durch das Produkt aus Ladung der Platte mal der Feldstärke gegeben, die auf die Ladung wirkt. Diese Feldstärke ist *nicht* gleich der Feldstärke $\mathcal{E} = Q/\varepsilon_0 A$ im Kondensatorinneren, sondern nur halb so groß, weil das Feld der negativ geladenen Platte hier nicht in Rechnung gesetzt werden darf. (Auf die negativen Ladungen wirkt nur das Feld der positiv geladenen Platte!)

Um die Platten auseinanderzuziehen, ist Arbeit erforderlich. Diese Arbeit ist als elektrische Energie im Kondensator gespeichert.

Die Kraft zwischen den Platten hat also folgenden Betrag:

$$F = Q \cdot \frac{\mathcal{E}}{2} = \frac{Q^2}{2\,\varepsilon_0\,A}$$

> Die anziehende Kraft zwischen den Platten eines Kondensators ist vom Abstand der Platten unabhängig.

Dies gilt freilich nur, solange der Plattenabstand *klein* gegenüber der Plattenfläche ist. Andernfalls werden zunächst die Randstörungen wichtig, die wir hier vernachlässigt haben. Bei sehr großem Abstand können wir die Platten sogar näherungsweise als Punktladungen betrachten. In diesem Grenzfall ist die zwischen ihnen wirksame Kraft durch das Coulombsche Gesetz gegeben.

Die zur Trennung der Platten notwendige Arbeit W erhalten wir als Produkt aus Kraft F mal Weg s:

$$W = F \cdot s = \frac{1}{2} Q \cdot \mathcal{E} \cdot s = \frac{1}{2} Q \cdot U\,.$$

Dabei haben wir berücksichtigt, daß die Kondensatorspannung durch $U = \mathcal{E} \cdot s$ gegeben ist.

Die hier berechnete Arbeit W finden wir in Form elektrischer Energie E_e im Kondensator gespeichert vor. Berücksichtigen wir den Zusammenhang $Q = C \cdot U$ zwischen Ladung Q und Kapazität C, so folgt:

$$E_e = \frac{1}{2} Q U = \frac{1}{2} C U^2$$

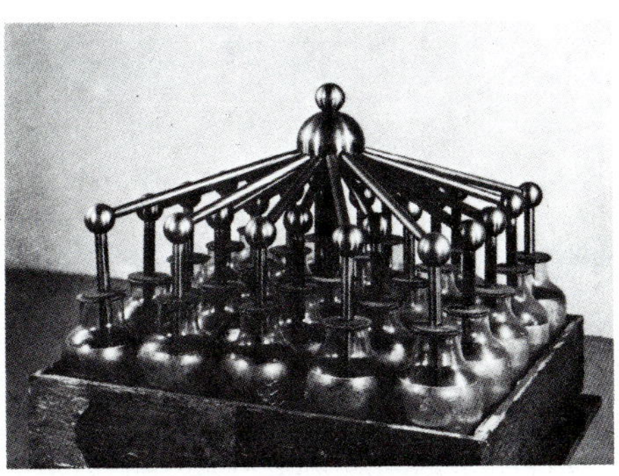

Die »Kleistschen Flaschen« des Germanischen Nationalmuseums in Nürnberg sind eine große Kondensatoranordnung aus der Mitte des 18. Jhs. Bei einer Spannung von 10 000 V vermögen sie eine Energie von einigen Joule zu speichern.

Bei konstanter Spannung ist die Energie eines Kondensators proportional zur Kapazität.

*) Die dazu notwendige Arbeit ist vernachlässigbar klein, da die Ladungen nur eine sehr geringe Strecke voneinander getrennt werden sollen.

Dieses Bild zeigt, um wieviel das Volumen eines Kondensators in der Zeit von 1961 bis 1971 verkleinert werden konnte.

Als Beispiel berechnen wir die Energie, die in einem Kondensator der Kapazität $C = 1\ \mu\text{F}$ bei einer Spannung $U = 200$ V gespeichert wird. Es ist:

$$E_e = \frac{1}{2}\,C\,U^2 = \frac{1}{2}\,(10^{-6}\ \text{F})\,(200\ \text{V})^2 = 0{,}02\ \text{J}$$

Die solcherart gespeicherte Energie ist also sehr gering. Makroskopische elektrostatische Felder eignen sich somit schlecht zur Energiespeicherung. Nur mit Hilfe großer Kondensatorbatterien bzw. höchster Spannungen lassen sich praktisch wichtige Energiemengen auf elektrostatischem Wege speichern. Elektrostatische Energiespeicherung in Kondensatorbänken ist dennoch von einigem technischem Interesse, da sich die Kondensatoren bei Kurzschluß sehr schnell entladen. Dadurch steht die gespeicherte Energie in sehr kurzer Zeit zur Verfügung, und es werden extrem hohe Leistungen, allerdings nur für Sekundenbruchteile, erzielt.

b) Die Energiedichte des elektrischen Feldes

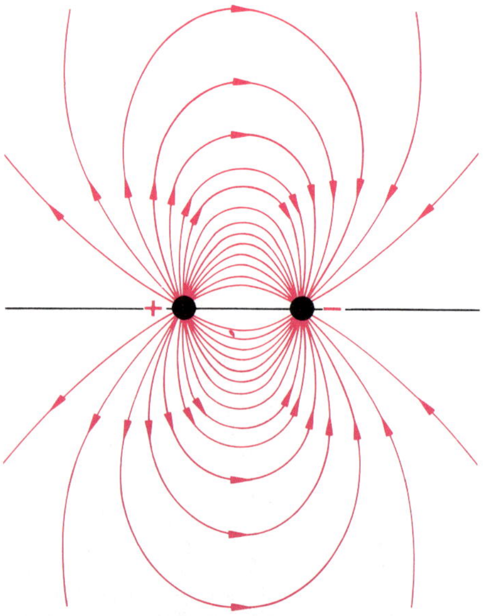

Am Feldlinienbild kann man die gespeicherte Energiedichte ablesen. Sie ist proportional zum Quadrat der Feldliniendichte.

Der Ausdruck für die im Kondensator gespeicherte elektrische Energie E_e läßt sich auf einfache Weise grundlegend umformen. Dazu drücken wir E_e durch die elektrische Feldstärke $\mathcal{E}$ aus und erhalten:

$$E_e = \frac{1}{2}\,C\,U^2 = \frac{1}{2}\left(\frac{\varepsilon_0\,A}{s}\right)(\mathcal{E}\cdot s)^2 = \frac{\varepsilon_0}{2}\,(As)\,\mathcal{E}^2$$

Dividieren wir die gespeicherte Energie durch das Volumen $V = As$, so erhalten wir die *Energiedichte w*, d. h. die pro Volumeneinheit gespeicherte Energie:

$$w = \frac{E_e}{V} = \frac{\varepsilon_0}{2}\,\mathcal{E}^2$$

Man kann zeigen, daß das hier hergeleitete Ergebnis allgemein gilt.

Die im elektrischen Feld gespeicherte Energiedichte beträgt

$$w = \frac{\varepsilon_0}{2}\,\mathcal{E}^2$$

Die gesamte im elektrischen Feld gespeicherte Energie E_e erhält man daraus durch Summation über alle Volumenelemente.

Die Umformung des Ausdrucks für die elektrische Energie weist auf eine neue Denkweise hin. In der Fernwirkungstheorie waren nur Ladungen und ihr Abstand für die Physik von Bedeutung. Man stellte sich daher vor, daß die elektrische Energie in der Ladungsanordnung gespeichert wird. Nunmehr betrachten wir das elektrische Feld als grundlegend und haben daher die gespeicherte Energie durch die Feldstärke ausgedrückt. Für die Energiedichte haben wir dabei ein sehr einfaches Ergebnis erhalten, das für beliebig komplizierte Felder gültig ist. Dieses Ergebnis deutet darauf hin, daß die elektrische Energie im Feld sitzt und daß es uns hier gelungen ist, eines der schönsten Ziele der Physik zu verwirklichen: Wir sind, von der verwirrenden Vielfalt der Alltagsphänomene ausgehend, zu einem der tiefliegenden Grundkonzepte gelangt, dem elektrischen Feld. Während die Alltagserscheinungen durch komplizierte, unübersichtliche Gesetze beschrieben werden, gelten für die Grundgrößen der Physik Gesetze von höchster Einfachheit.

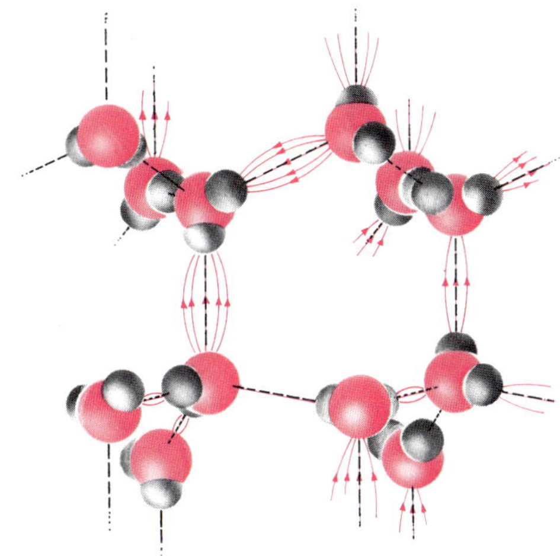

Im atomaren Bereich, wie hier beim Eis, sind die elektrischen Feldstärken besonders hoch. Die in den Feldern gespeicherte Energie ist die Energiequelle aller chemischen Reaktionen. Aber auch Schmelzwärme, Verdampfungswärme usw. beruhen auf Veränderungen der elektrischen Felder im atomaren Bereich.

Testfragen:

1. Wie gelangte Faraday zur Idee des elektrischen Feldes?
2. Welche Vorstellung hatte Faraday von den Feldlinien?
3. Wie ist die elektrische Feldstärke definiert?
4. Was versteht man unter einem elektrischen Feld?
5. Wie wird das elektrische Feld durch Feldlinien dargestellt?
6. Wo beginnen und wo enden die Feldlinien?
7. Warum beginnen Feldlinien nicht im leeren Raum?
8. Wie unterscheiden sich die Auffassungen von Faraday und von Coulomb?
9. Wie kann man die Felder komplizierter Ladungsverteilungen berechnen?
10. Welche Form hat das Feld einer Ladungsverteilung in großer Entfernung?
11. Welches Feld herrscht im Innenraum einer geladenen Hohlkugel?
12. Welches Feld herrscht im Außenraum einer geladenen Hohlkugel?
13. Welches Feld wird durch eine gleichmäßig geladene Platte hervorgerufen?
14. Welches Feld herrscht in einem Kondensator?
15. Wie bestimmte Millikan die elektrische Elementarladung?
16. Wie bewegen sich positive und negative Ladungen im elektrischen Feld?
17. Wie entstehen Gewitter?
18. Wie bewegen sich geladene Teilchen in einem Kondensator?
19. Wovon hängt die Verschiebungsarbeit im elektrostatischen Feld ab?
20. Warum kann man kein elektrostatisches Perpetuum mobile bauen?
21. Gibt es geschlossene Feldlinien im elektrostatischen Feld?
22. Was versteht man unter der elektrischen Spannung?
23. Wie ist die Einheit der Spannung definiert?
24. Welche Bedeutung hat die Kapazität eines Kondensators, und wie ist sie definiert?
25. Was versteht man unter Elektronvolt?
26. Welche Analogien gibt es zwischen elektrischem Feld und Gravitationsfeld?
27. Welche Unterschiede bestehen zwischen diesen Feldern?
28. Wie hängt die Kraft zwischen den Platten eines Kondensators vom Abstand ab?
29. Wofür dienen große Kondensatoren?
30. Welche Energie ist pro Kubikmeter im elektrischen Feld gespeichert?

An Metallspitzen erreicht die elektrische Feldstärke sehr hohe Werte. Es kommt dort zu Spitzenentladungen, wodurch die elektrische Spannung abgebaut wird, sofern die Spitze geerdet ist. Darauf beruht der Blitzableiter, dessen Erfindung auf Benjamin Franklin zurückgeht. Selbst Regenschirme wurden damit versehen!

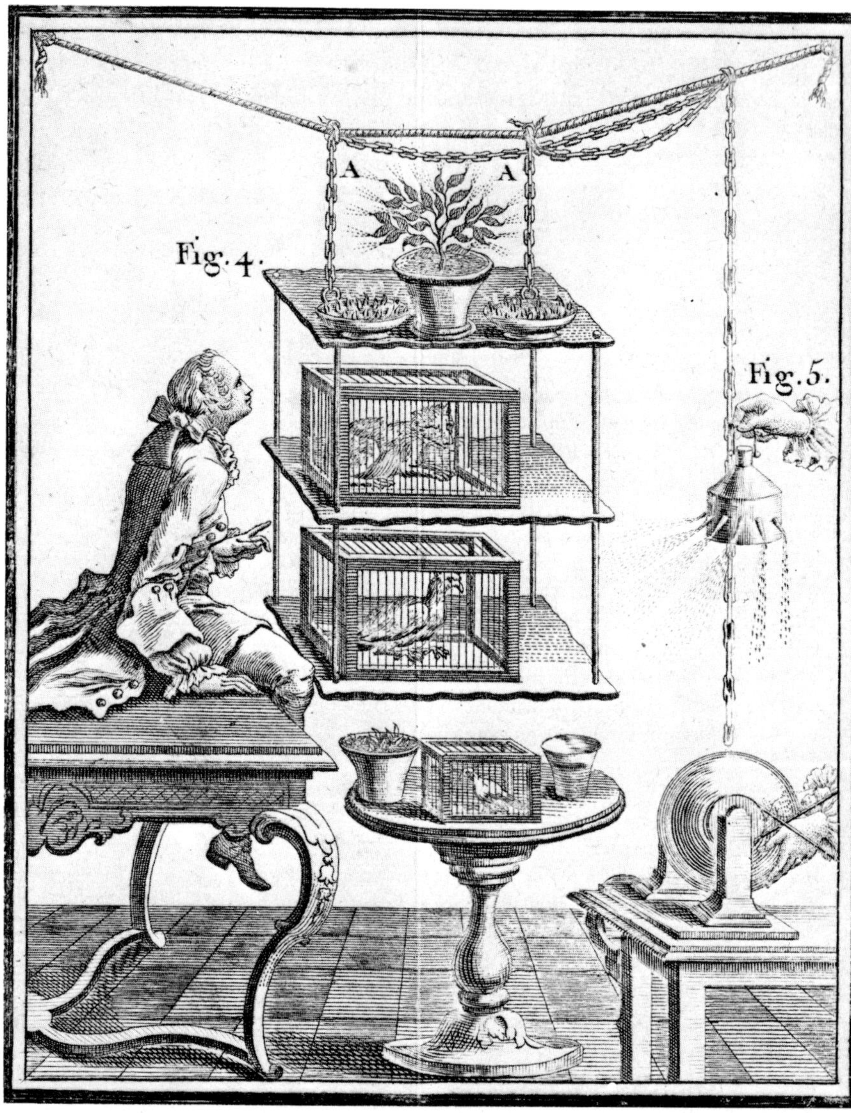

Im Barock untersuchte man den Einfluß elektrischer Felder auf das Wachstum von Tieren und Pflanzen. Lange als Aberglaube abgetan, ist die Wirkung elektrischer und magnetischer Felder auf Organismen heute wieder ein wichtiges Forschungsgebiet.

III. Materie im elektrischen Feld

Bisher haben wir elektrische Felder nur im Vakuum betrachtet. Bei allen praktischen Anwendungen befinden sich aber im Feld einer Ladungsverteilung stets einige Körper, in denen sich die Elektronen verschieben können. Dadurch wird das ursprünglich vorhandene elektrische Feld beeinflußt.

1. Leiter im elektrischen Feld

Bringt man ein Metallstück in ein elektrostatisches Feld, so verschieben sich die frei beweglichen Elektronen. Im Metall entsteht dadurch eine Ladungsverteilung, deren elektrostatisches Feld sich dem ursprünglich vorhandenen Feld überlagert. Erst wenn dieses »Gegenfeld« das ursprüngliche Feld im Inneren des Metalles völlig aufhebt, kommt die Bewegung der Leitungselektronen zum Stillstand.

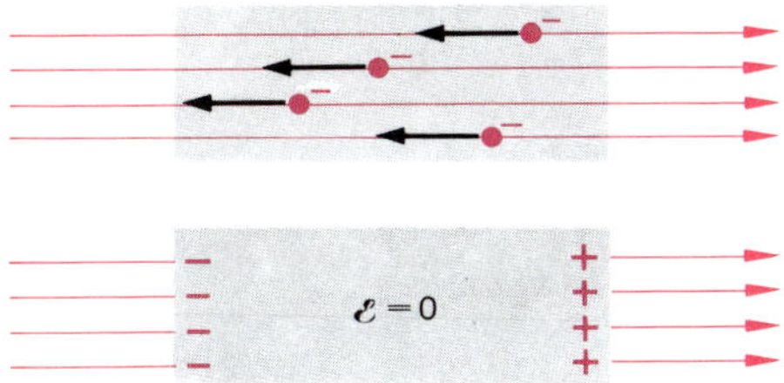

Bringt man einen Leiter in ein elektrostatisches Feld, so verschieben sich die frei beweglichen Ladungen so lange, bis die gesamte Feldstärke im Leiter Null ist.

> Bringt man einen Leiter in ein elektrostatisches Feld, so verschieben sich die frei beweglichen Elektronen so lange, bis die elektrische Feldstärke im Leiterinneren verschwindet.

Da Feldlinien stets an Ladungen beginnen oder enden und im Inneren eines Metalles keine Feldlinien vorhanden sind, können sich dort auch keine Ladungen befinden. Alle Ladungen müssen an der Oberfläche eines Leiters sitzen. Dies ist leicht einzusehen, da gleichnamige Ladungen einander abstoßen und sich daher so weit wie möglich voneinander entfernen.

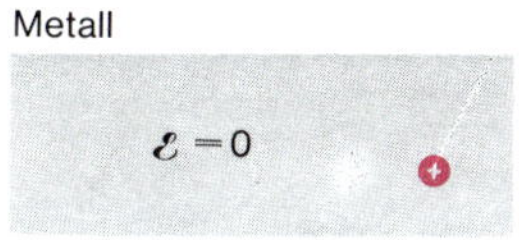

Im Inneren eines Leiters können sich keine Ladungen befinden, da dort Feldlinien weder entspringen noch enden.

> Elektrische Ladungen befinden sich auf der Oberfläche und niemals im Inneren von Leitern.

Da die elektrische Feldstärke im Leiterinneren verschwindet, liegt der gesamte Leiter auf konstanter Spannung.

Knapp außerhalb des Leiters muß die elektrische Feldstärke senkrecht zur Metalloberfläche stehen. Gäbe es nämlich eine Komponente der Feldstärke parallel zur Leiteroberfläche, so würde dies zu einer Verschiebung der frei beweglichen Elektronen führen.

Wir stellen daher fest:

> Die Feldlinien eines elektrostatischen Feldes stehen stets senkrecht zur Leiteroberfläche.

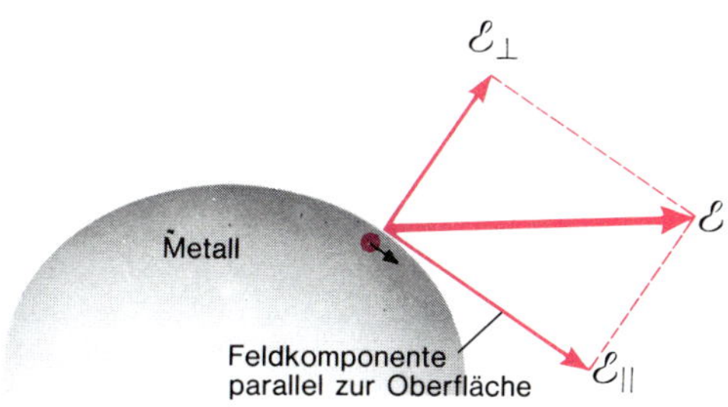

Die Feldlinien eines elektrostatischen Feldes stehen stets senkrecht auf Leiteroberflächen, da sich sonst die frei beweglichen Ladungen verschieben würden.

Diese Sätze gelten nur für *elektrostatische Felder.* Mit einer Batterie kann man aber auch in einem Leiter ein elektrisches Feld aufrechterhalten. Die Elektronen im Leiter bewegen sich dann ständig entgegen der Richtung der Feldstärke. Es fließt also ein elektrischer Strom. Die Feldstärke verschwindet in diesem Fall im Leiter nicht, und die Feldlinien stehen auch nicht senkrecht auf die Leiteroberfläche.

Die drei hier bewiesenen Sätze erlauben es, das Verhalten von Leitern in elektrostatischen Feldern auch in komplizierten Fällen zu untersuchen.

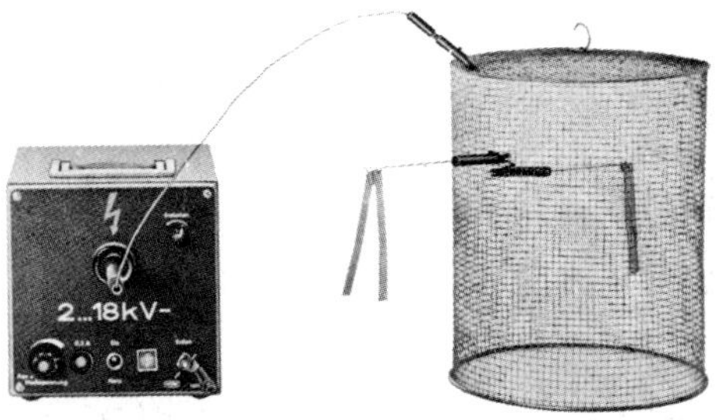

Das Elektroskop im Inneren des Faraday-Käfigs schlägt nicht aus. Das elektrische Feld ist dort stets Null.

1. Beispiel: Der Faraday-Käfig

Nähert man einem geladenen Körper ein Elektroskop, so zeigt der Ausschlag der Blättchen deutlich das Vorhandensein eines elektrischen Feldes an. Bringt man das Elektroskop aber in das Innere eines Metallkäfigs und nähert den geladenen Körper von außen, so schlägt das Elektroskop *nicht* aus. Ein metallischer Käfig schirmt also elektrostatische Felder ab, wie Michael Faraday im Jahre 1823 entdeckte. Die auf dem »Faraday-Käfig« influenzierte Ladungsverteilung erzeugt nämlich im Innenraum des Käfigs ein Gegenfeld, welches das ursprünglich vorhandene Feld genau aufhebt.

Dieses Resultat können wir aus unseren allgemeinen Überlegungen herleiten. Wenn sich im Inneren des Faraday-Käfigs keine Ladungen befinden, so könnten dort etwa vorhandene Feldlinien nur von einem Teil des Käfigs zum anderen reichen und nicht irgendwo im Innenraum entstehen. Verschiebt man eine kleine Testladung q entlang einer dieser Feldlinien, so wäre dazu Arbeit W erforderlich. Zwischen den beiden Teilen des Faraday-Käfigs würde somit eine Spannung $U = W/q$ herrschen, was unseren allgemeinen Überlegungen widerspricht.

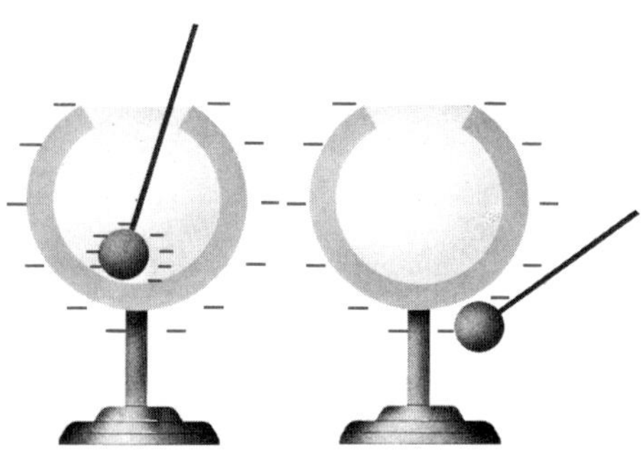

Eine Hohlkugel kann von innen her geladen werden. Die Ladung kann von außen abgenommen werden.

2. Beispiel: Der Van-de-Graaff-Generator

Wir laden eine kleine Metallkugel auf und berühren damit die Innenwand einer großen metallischen Hohlkugel, wie die Abbildung zeigt. Die beiden Kugeln bilden dann zusammen *ein* Metallstück, und die Ladung geht infolge der wechselseitigen Abstoßung auf die Außenfläche des Metallgebildes über. Die kleine Kugel entlädt sich also und überträgt ihre Ladung auf die große Hohlkugel.

Diesen Vorgang können wir wiederholen und mit der kleinen Kugel immer wieder neue Ladungen heranbringen, die auf die große Hohlkugel übergehen. Wir können die große Kugel so fast beliebig stark aufladen.

Auf diesen Überlegungen beruht der Van-de-Graaff-Generator, der 1931 von van-de-Graaff, einem holländischen Physiker, erfunden wurde. Er dient vor allem zur Erzeugung hoher Spannungen für wissenschaftliche Zwecke. Bereits mit kleinen Geräten kann man Spannungen bis zu 10^6 V erzielen. Bei diesem Generator wird ein Band aus isolierendem Material durch Reibung oder mit einer kleinen Batterie schwach aufgeladen. Dieses Band befördert dann kontinuierlich Ladung in das Innere einer Metallkugel. Dort wird die Ladung abgenommen und auf die Metallkugel von innen her übertragen.

Die Hochspannungsanlage im Deutschen Museum in München gestattet die Vorführung von elektrischen Spitzenentladungen. Hier springen elektrische Funken um eine Glasplatte zur anderen Elektrode. (Rechts hängt ein großer Faradayscher Käfig.)

3. Beispiel: Die Spitzenwirkung

Lädt man eine (Hohl-)Kugel elektrisch auf, so verteilt sich die Ladung aus Symmetriegründen gleichmäßig auf der Oberfläche. Bei unregelmäßig geformten Körpern kommt hingegen keine gleichmäßige Ladungsverteilung auf der Oberfläche zustande. Vielmehr verteilt sich die Ladung so, daß das Feld im Inneren des Leiters verschwindet und die Oberfläche überall gleiche Spannung aufweist.

Die entstehende Ladungsverteilung läßt sich nur in Spezialfällen einfach berechnen. Als Beispiel betrachten wir zwei verschieden große metallische Kugeln, die durch einen Draht verbunden sind. Beide Kugeln befinden sich dann auf gleicher Spannung.

Die Spannung einer Kugel vom Radius R gegenüber einer weit entfernten Oberfläche haben wir bereits berechnet. Da die Kugeln mit einem Draht verbunden sind, stimmen ihre Spannungen überein:

$$\frac{1}{4\pi\varepsilon_0}\cdot\frac{Q_1}{R_1}=\frac{1}{4\pi\varepsilon_0}\cdot\frac{Q_2}{R_2}.$$

Daraus folgt: $$Q_1 : Q_2 = R_1 : R_2.$$

Die Ladungen auf den beiden Kugeln verhalten sich also wie deren Radien. Die größere Kugel trägt auch die größere Ladung. Nun berechnen wir die Feldstärken an den Kugeloberflächen. Es gilt

$$\mathcal{E}_1 : \mathcal{E}_2 = \left(\frac{Q_1}{R_1^2}\right) : \left(\frac{Q_2}{R_2^2}\right) = \frac{Q_1}{Q_2}\cdot\frac{R_2^2}{R_1^2} = \frac{R_2}{R_1}$$

und daher $$\mathcal{E}_1 : \mathcal{E}_2 = R_2 : R_1.$$

Die Feldstärken an den Oberflächen der beiden Kugeln verhalten sich also *umgekehrt* wie die Kugelradien. An der Oberfläche der kleineren Kugel tritt eine höhere Feldstärke auf als an der großen Kugel. Ein ähnliches Ergebnis gilt näherungsweise auch für beliebig geformte Leiter:

> Die Feldstärken an verschiedenen Punkten eines gekrümmten Leiters verhalten sich umgekehrt wie die Radien der Krümmung.
> An Spitzen ist die Feldstärke daher besonders hoch.

Die Feldstärke an scharfen Kanten und Spitzen kann sogar ausreichen, um dort Elektronen aus dem Metallverband austreten zu lassen. Die wichtigste Anwendung dieses »Spitzeneffektes« findet man im *Feldelektronen-Mikro-*

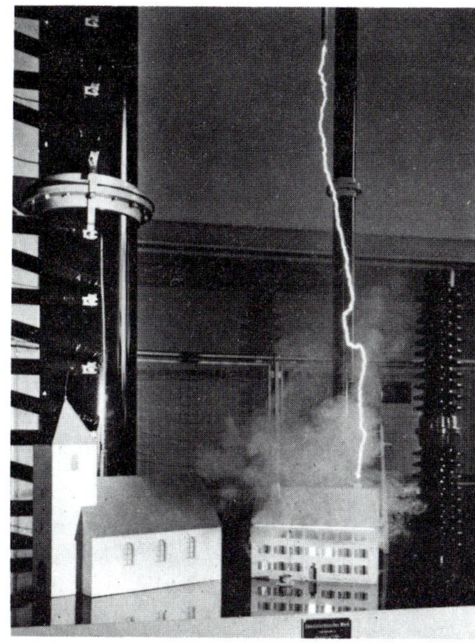

Blitzeinschlag
Dieses Modell ist in der Hochspannungsanlage des Deutschen Museums in München aufgebaut. Ein Blitz fährt in den schlecht geerdeten Blitzableiter eines Hauses. Das Haus beginnt zu brennen. Ist der Blitzableiter gut geerdet, so wird der Blitz zur Erde abgeleitet und richtet keinen Schaden an.

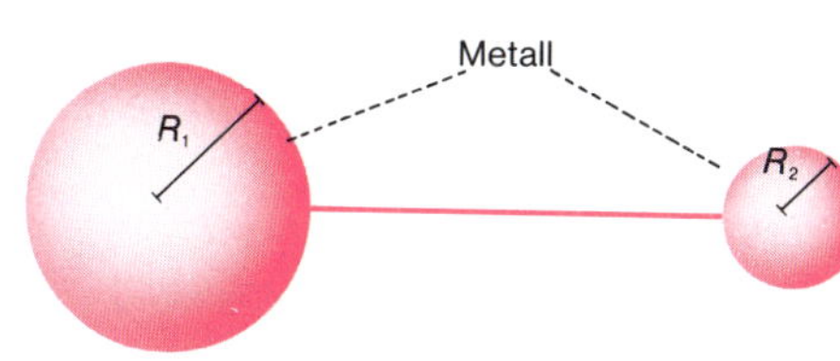

Zwei Kugeln sind mit einem Draht verbunden. Ihre Spannungen gegen Erde stimmen überein. Die Ladungen verhalten sich wie die Kugelradien. Die Feldstärken sind umgekehrt proportional zu den Radien.

Das Elmsfeuer entsteht durch elektrostatische Aufladung von Schiffen und Flugzeugen. Infolge des Spitzeneffektes erfolgt die Entladung vor allem an scharfen Kanten und Spitzen.

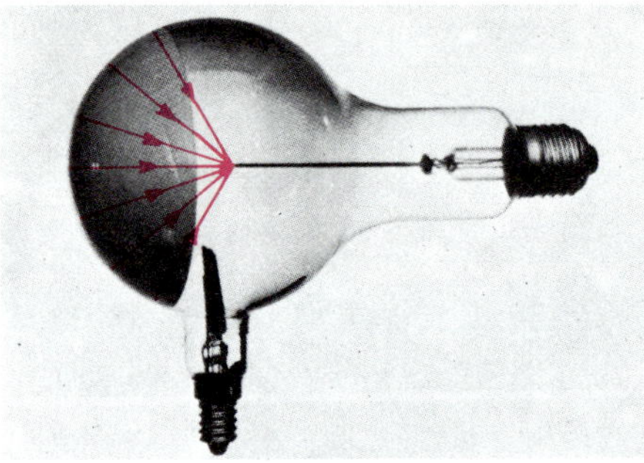

Ein Feldelektronenmikroskop besteht aus einem luftleeren Glaskolben, in dessen Mitte eine feine Wolframspitze angebracht ist. Die Spitze wird negativ aufgeladen. Infolge der hohen Feldstärke treten Elektronen aus und projizieren die Nadelspitze auf den Schirm.

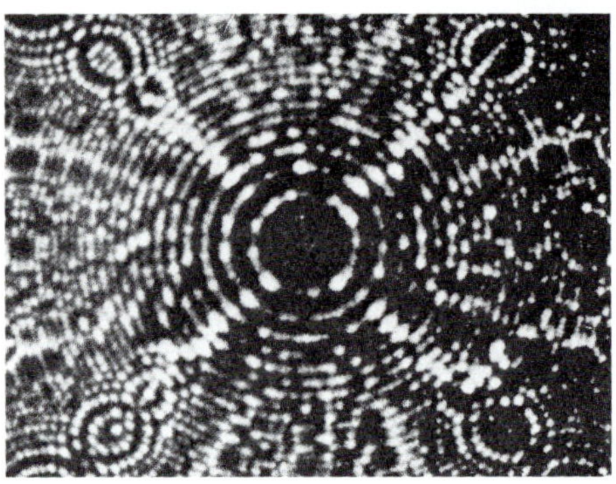

Das Bild der Nadelspitze

skop, bei dem eine feine Metallspitze im Inneren eines luftleeren Kolbens angebracht ist. An die Spitze wird eine hohe negative Spannung angelegt, so daß in ihr ein Elektronenüberschuß vorhanden ist. Durch die hohe Spannung werden Elektronen aus der Metalloberfläche herausgerissen und von ihr weggeschleudert. Sie prallen gegen einen fluoreszierenden Schirm, der positiv geladen ist. Da die Elektronen nur an bestimmten Stellen aus der Nadel austreten, entsteht auf dem Schirm ein stark vergrößertes »körniges« Bild der Spitze. Auf diesem Bild sind sogar einzelne Atome erkennbar.

Die Vergrößerung ist dabei durch das Verhältnis des Schirmradius R zu dem Radius r der Nadelspitze gegeben. Ist beispielsweise $R = 0{,}05$ m und $r = 10^{-7}$ m, so folgt:

$$\frac{R}{r} = \frac{0{,}05\,\text{m}}{10^{-7}\,\text{m}} = 500\,000$$

Die Nadelspitze wird also in 500 000facher Vergrößerung abgebildet. Dementsprechend werden die Atome mit einem Durchmesser von rund $2 \cdot 10^{-10}$ m auf etwa 10^{-4} m = 0,1 mm vergrößert und sind damit für das freie Auge gerade noch sichtbar.

Noch stärkere Vergrößerungen kann man mit dem *Feldionenmikroskop* erzielen, bei dem die Nadelspitze stark positiv geladen ist. Durch den Spitzeneffekt werden hier positiv geladene Ionen, also Atomkerne, fortgeschleudert und auf einem Schirm sichtbar gemacht.

Von besonderer Bedeutung ist die Spitzenentladung bei der *elektrostatischen Luftreinigung*. Ein dünner Metalldraht wird dabei in einem Rauchfang aufgespannt und stark negativ geladen. Von seiner Oberfläche gehen ständig Elektronen aus, die die Schmutzteilchen in der Luft elektrisch aufladen. Durch das elektrostatische Feld des Drahtes werden die Teilchen zur Außenfläche des Rauchfanges getrieben und dort gesammelt.

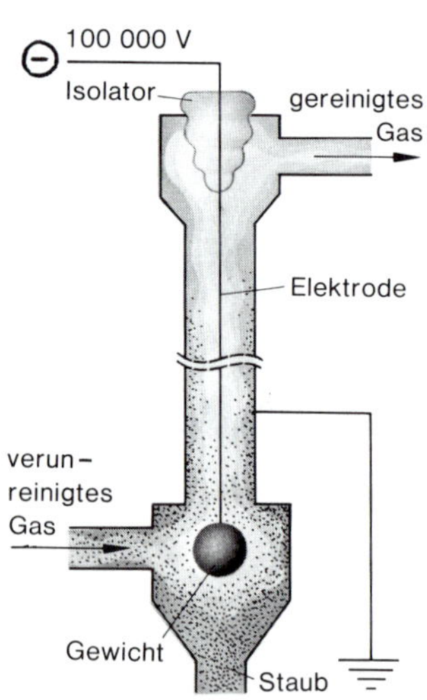

Zur elektrostatischen Luftreinigung dient ein dünner Metalldraht, der auf eine Spannung von 100 000 V gebracht wird. Vom Draht gehen Elektronen aus, welche die Staubteilchen negativ aufladen und zur Wand des Rauchfangs treiben.

Eine Aluminiumfabrik mit abgeschalteten (oben) und eingeschalteten (unten) Luftreinigern. Rund 20 Mio. Tonnen Flugasche werden auf der Erde jährlich in elektrostatischen Luftreinigern gesammelt.

2. Isolatoren im elektrischen Feld

In Isolatoren sind keine frei verschiebbaren Ladungen vorhanden. Dennoch haben auch Isolatoren bedeutenden Einfluß auf elektrostatische Felder.

Bei manchen Stoffen, wie z. B. bei Wasser, weisen die Moleküle ein positives und ein negatives Ende auf. Diese *Dipole* sind üblicherweise regellos orientiert. Bringt man den Isolator jedoch in ein elektrostatisches Feld, so richten sich die Moleküle längs der Feldlinien aus.

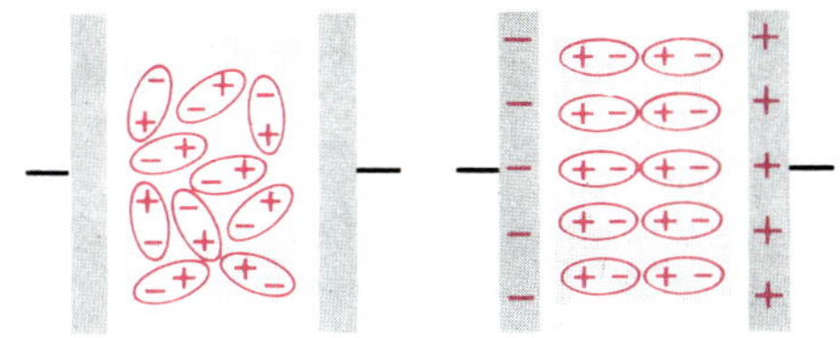

Im elektrostatischen Feld richten sich die Moleküle mit Dipolcharakter längs der Feldlinien aus.

Aber auch in Molekülen, die keine Dipole sind, verschieben sich positive und negative Ladungen in entgegengesetzter Richtung, wenn man diese Moleküle in ein elektrostatisches Feld bringt. Auch hier entstehen Dipole, die sich längs der Feldlinien ausrichten.

In beiden Fällen tritt also ein ähnliches Verhalten ein. Wie äußert sich dies im Experiment? Bringen wir einen Isolator – man nennt ihn auch Dielektrikum – in das Feld eines Kondensators, so sinkt die Spannung zwischen den Platten bei konstanter Ladung stark ab.

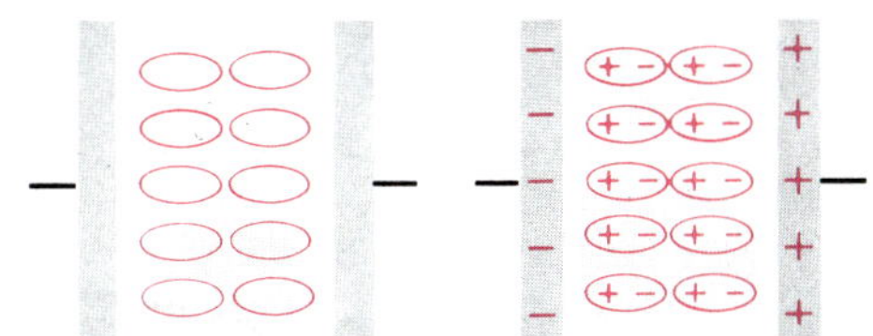

In Molekülen, die keine Dipole sind, verschieben sich die Ladungen unter dem Einfluß des Feldes.

Der Grund dafür ist, daß der positiven Platte des Kondensators eine Schicht negativer Molekülenden gegenübersteht und umgekehrt. In dieser Schicht endet ein Teil der Feldlinien, die von den Ladungen der Kondensatorplatten ausgehen. Nur wenige Feldlinien durchsetzen den Isolator. Dieser geringen Feldliniendichte entspricht eine Verminderung der Feldstärke. Folglich sinkt auch die Spannung am Kondensator ab, da sie das Produkt aus Feldstärke mal Plattenabstand ist.

Diese Abschwächung des ursprünglich vorhandenen Feldes beschreibt man durch die »relative Dielektrizitätskonstante« des Isolators. Sie ist folgendermaßen definiert:

> Bringt man einen Isolator in ein elektrisches Feld, so verringert sich die Feldstärke vom ursprünglich vorhandenen Wert $\mathcal{E}$ auf
>
> $$\mathcal{E}' = \mathcal{E}/\varepsilon_r.$$
>
> Die Materialkonstante ε_r heißt relative Dielektrizitätskonstante.

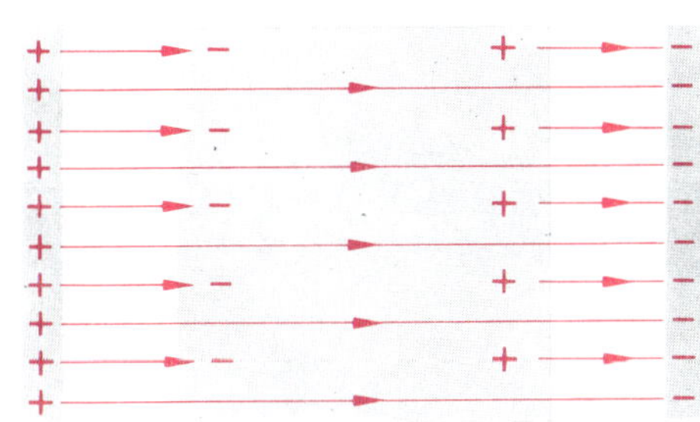

Der positiven Platte des Kondensators steht eine Schicht negativer Molekülenden gegenüber und umgekehrt. Die Feldstärke im Kondensator verringert sich dadurch.

Die Tabelle gibt einen Überblick über die Dielektrizitätskonstanten einiger wichtiger Materialien. Die hohe Dielektrizitätskonstante des Wassers rührt vom großen Dipolmoment seiner Moleküle her, das wir bereits in der Wärmelehre kennengelernt haben.

Materialien mit hoher Dielektrizitätskonstante sind für den Kondensatorenbau wichtig. Infolge des Dielektrikums sinkt nämlich bei gleicher Ladung die Spannung am Kondensator auf den Wert

$$U = \mathcal{E}' \cdot s = \frac{\mathcal{E} \cdot s}{\varepsilon_r} = \frac{1}{\varepsilon_r} \cdot \frac{Q s}{\varepsilon_0 A}.$$

Dadurch steigt die Kapazität des Kondensators auf das ε_r-fache:

$$C = \frac{Q}{U} = \varepsilon_r \cdot \varepsilon_0 \frac{A}{s}$$

> Bringt man ein Dielektrikum zwischen die Kondensatorplatten, so steigt die Kapazität auf das ε_r-fache.

Diese Tatsache ermöglicht den Bau kleiner Kondensatoren hoher Kapazität.

Dielektrizitätskonstanten

Stoff	ε_r
Luft	1,0006
Bakelit	4
Glas	4 bis 10
Porzellan	6
Wasser	81
Seignettesalz	9 000
Bariumtitanat	10 000

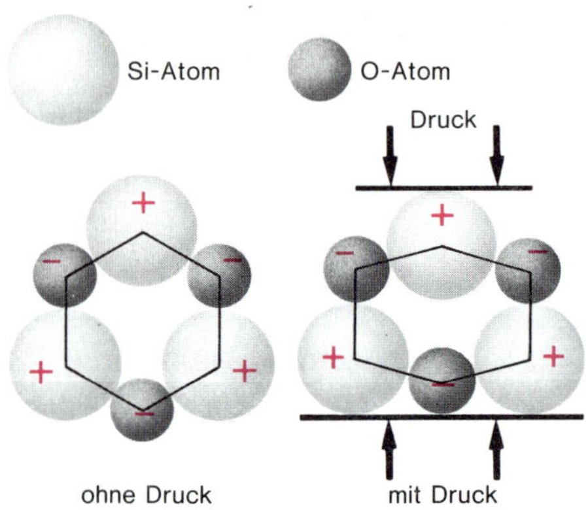

Piezoelektrizität
Druck bewirkt Ladungsverschiebung im Quarzkristall. Es sammeln sich entgegen gesetzte Ladungen an gegenüberliegenden Kristallflächen.

Links: Die Ladungen sind längs des Kristalls gleichmäßig verteilt. Der Kristall erscheint ungeladen.
Rechts: Durch die Druckkräfte werden die Silizium-Atome und die Sauerstoff-Atome relativ zueinander verschoben. Dadurch kommt es im Kristall an der einen Seite zu einer negativen, an der anderen Seite zu einer positiven Ladungsanhäufung.

Manche Kristalle, wie beispielsweise Bariumtitanat, bestehen aus Molekülen, die sich bereits bei sehr schwachen elektrostatischen Feldern fast vollständig in eine Richtung einstellen. Der gesamte Kristall wird dadurch zum elektrischen Dipol. Diese Erscheinung nennt man *Ferroelektrizität.* Die hohe relative Dielektrizitätskonstante von Bariumtitanat ist darauf zurückzuführen. Die Ferroelektrizität ist das elektrische Analogon zum Ferromagnetismus. Dort stellen sich die Elementarmagnete unter der Einwirkung ihrer Felder parallel.

In anderen Kristallen, wie beim Quarz, kann man Ladungen durch die bloße Druckwirkung so verschieben, daß der Kristall zum Dipol wird. Diese Erscheinung nennt man *Piezoelektrizität.* Manche Tonabnehmer bei Plattenspielern und einige Druckmesser beruhen darauf.

Testfragen:

1. Was geschieht, wenn man einen Leiter in ein elektrostatisches Feld bringt?
2. Welche Feldstärke hat das elektrostatische Feld im Inneren eines Leiters?
3. Welche Richtung hat das elektrostatische Feld an der Oberfläche eines Leiters?
4. Warum können im Inneren eines Leiters keine Ladungen sitzen?
5. Wo sitzen die Ladungen auf Leitern im elektrostatischen Feld?
6. Was ist ein Faraday-Käfig?
7. Welche Aufgabe hat ein Faraday-Käfig?
8. Wieso schirmt ein Faraday-Käfig elektrostatische Felder ab?
9. Wofür verwendet man Faraday-Käfige?
10. Wie lädt man eine leitende Hohlkugel auf?
11. Wie nimmt man die Ladung von einer leitenden Hohlkugel ab?
12. Was ist ein Van-de-Graaff-Generator?
13. Wofür verwendet man Van-de-Graaff-Generatoren?
14. Welche Teile weist ein Van-de-Graaff-Generator auf?
15. Wie verteilt sich die Ladung auf zwei durch einen Draht verbundene Kugeln?
16. Wie verhalten sich die Feldstärken an den leitenden Kugeloberflächen?
17. Was versteht man unter Spitzenwirkung?
18. Wie arbeitet das Feldelektronen-Mikroskop?
19. Welche Vergrößerung macht das Feldelektronen-Mikroskop möglich?
20. Wie arbeitet die elektrostatische Luftreinigung?
21. Was geschieht, wenn man einen Isolator in ein elektrostatisches Feld bringt?
22. Was ist ein Dielektrikum?
23. Wie beeinflußt ein Dielektrikum das Feld in einem Kondensator?
24. Wie ist die relative Dielektrizitätskonstante definiert?
25. Wie beeinflußt ein Dielektrikum die Kapazität eines Kondensators?

B. Ströme und Magnetfelder

I. Der Gleichstrom

Wir haben bisher nur ruhende Ladungen betrachtet. Wir wollen nunmehr zur Untersuchung bewegter Ladungen übergehen. Dabei beschränken wir uns hier auf die einfachste Bewegungsform von Ladungen in elektrischen Leitern, nämlich auf den Gleichstrom.

Die Bewegung von Ladungen in elektrischen Leitern führt auch zur Wärmeentwicklung sowie zu chemischen und magnetischen Effekten. Die Elektrotechnik macht diese Auswirkungen der Ladungsbewegung für viele praktische Anwendungen nutzbar.

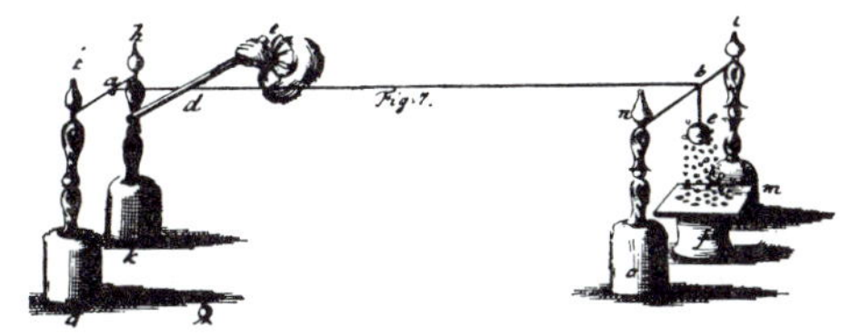

Um 1730 begann man, die elektrische Leitfähigkeit verschiedener Materialien zu erforschen. Die an einem Ende geriebene Schnur vermag am anderen Ende kleine Papierstückchen anzuziehen.

1. Die elektrische Stromstärke

a) Die Definition der Stromstärke

Bewegen sich Elektronen durch ein Metallstück, wie z. B. durch einen Draht, so wird Ladung von einem Ende des Drahtes zum anderen transportiert. Wir können diesen *elektrischen Strom* mit der Strömung von Wasser durch ein Rohr vergleichen. Die Stärke der Strömung beschreibt man in diesem Fall durch die Angabe, wie viele Kubikmeter Wasser pro Sekunde durch den Rohrquerschnitt hindurchfließen. Ähnlich definiert man die *elektrische Stromstärke* durch die Angabe, welche Ladungsmenge pro Sekunde durch den Querschnitt eines Leiters fließt.

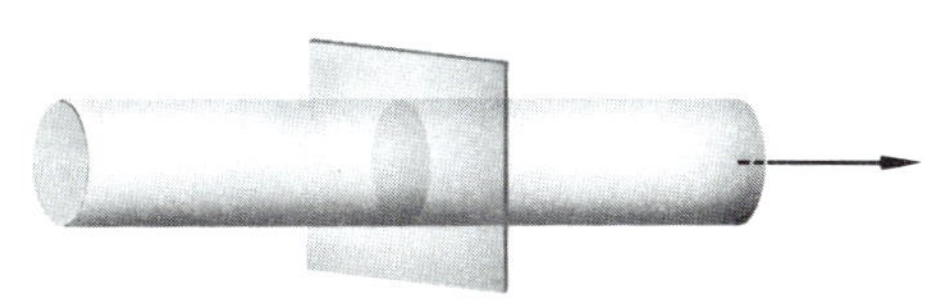

Die elektrische Stromstärke gibt an, welche Ladungsmenge pro Sekunde durch den Leiterquerschnitt fließt.

Stromstärke: $I = \frac{Q}{t}$

Q ist die Ladungsmenge, die in der Zeit t durch den Leiterquerschnitt fließt. Die Einheit der Stromstärke ist 1 Ampere (A).

Es gilt: 1 A = 1 C/s

Die Stromstärke beträgt also 1 A, falls 1 Coulomb pro Sekunde durch den Leiterquerschnitt fließt. Da jedes Elektron die Ladung $-1{,}6 \cdot 10^{-19}$ C aufweist, strömen in diesem Fall $6{,}25 \cdot 10^{18}$ Elektronen pro Sekunde durch den Leiterquerschnitt.

Außer der Stromstärke ist auch die Stromrichtung in einem Leiter wesentlich. Wegen ihrer negativen Ladung bewegen sich die Elektronen der elektrischen Feldstärke entgegen. Leider wußte man bei der Festlegung der Stromrichtung im 19. Jahrhundert nicht, daß die Elektronen *negative* Ladungen tragen. Man definierte damals die *technische Stromrichtung* als diejenige Richtung, in der positive Ladungen transportiert werden. Die technische Stromrichtung folgt daher der Richtung der Feldstärke. Sie verläuft also vom Pluspol zum Minuspol, während die Bewegung der Elektronen in der Gegenrichtung erfolgt.

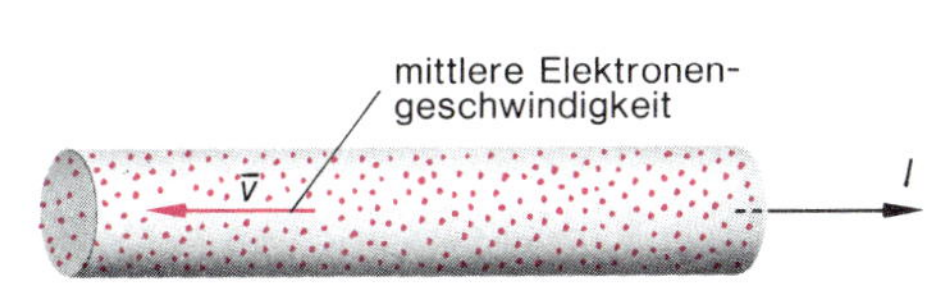

Die Elektronenbewegung verläuft entgegengesetzt zur technischen Stromrichtung. Bei einem Strom von 1 Ampere durchqueren pro Sekunde 6 Trillionen Elektronen den Leiterquerschnitt.

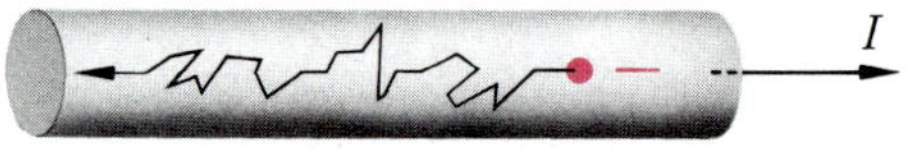

Infolge der bremsenden Stöße gegen die Gitterbausteine führen die vom Feld stets wieder beschleunigten Elektronen unregelmäßige Bewegungen aus. Sie driften gegen die Feldrichtung.

b) Die Geschwindigkeit der Elektronen im Draht

Um den Ladungstransport in einem Draht näher zu untersuchen, schätzen wir zunächst die mittlere Geschwindigkeit $\bar{v}$ der Elektronen in einem Draht ab. Durch einen Leiterquerschnitt der Fläche A werden in der Zeit t alle diejenigen Elektronen hindurchtreten, die nicht weiter als $\bar{v}t$ von dem betrachteten Querschnitt entfernt sind. Diese Elektronen sind also in einem Zylinder mit der Grundfläche A und der Höhe $\bar{v}t$ enthalten, dessen Volumen $A\bar{v}t$ beträgt. In diesem Zylinder sind insgesamt $n \cdot A\bar{v}t$ Elektronen enthalten, wobei n die Anzahl der frei beweglichen Elektronen pro Kubikmeter bedeutet.

Multiplizieren wir die soeben berechnete Gesamtzahl der Elektronen mit der Elementarladung, so ergibt sich die Ladung Q, welche in der Zeit t durch den Leiterquerschnitt transportiert wird.

$$Q = enA\bar{v}t = I \cdot t$$

Die Stromstärke beträgt daher:

$$I = enA\bar{v}$$

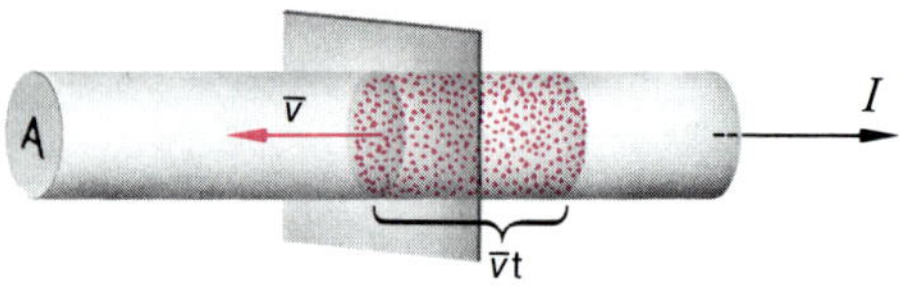

In der Zeit t durchqueren alle Elektronen, welche in einem Zylinder der Grundfläche A und der Höhe v̄t enthalten sind, den Leiterquerschnitt.

Als Beispiel betrachten wir einen Aluminiumdraht mit einem Querschnitt $A = 1\ \text{mm}^2$, durch den der Strom $I = 1$ A fließt. Jedes Aluminiumatom gibt ein frei bewegliches Elektron an das Elektronengas ab. Daher ist n auch gleich der Anzahl der Atome pro Kubikmeter, die wir früher bereits zu $n = 6 \cdot 10^{28}\ \text{m}^{-3}$ abgeschätzt haben. Setzen wir dies in den Ausdruck für die Stromstärke ein, so folgt:

$$I = (1{,}6 \cdot 10^{-19}\ \text{C})\ (6 \cdot 10^{28}\ \text{m}^{-3})\ (10^{-6}\ \text{m}^2)\ \bar{v} = 1\ \text{A} = 1\ \text{C/s}$$

und daraus als mittlere Geschwindigkeit der Elektronen:

$$\bar{v} \approx 10^{-4}\ \text{m/s} \approx 36\ \text{cm/h}.$$

Sofort nach Öffnen des Hahnes beginnt Wasser zu fließen. Ebenso leuchtet eine Lampe sofort nach dem Einschalten auf, obwohl die Elektronen nur etwa 36 cm pro Stunde zurücklegen.

Es dauert also einige Tage, bis die Elektronen den Weg von einem Schalter zu einer Lampe zurückgelegt haben. Warum die Lampe dennoch praktisch sofort nach dem Einschalten aufleuchtet, ist in der Zeichnung erläutert.

Der Strom beginnt allerdings nur in metallischen Leitern an allen Stellen fast gleichzeitig zu fließen. Man kann zeigen, daß hier die Ausbreitung fast mit Lichtgeschwindigkeit erfolgt. Ganz andere Verhältnisse liegen beispielsweise im menschlichen und tierischen Nervensystem vor. Auch dort fließen elektrische Ströme, die jedoch nicht auf der Bewegung eines Elektronengases, sondern auf der Bewegung von Ionen beruhen. Diese Ströme bringen Nachrichten von der Außenwelt an unser Gehirn. Die Geschwindigkeit dieser Nachrichtenübermittlung beträgt nur etwa 30 m/s. Dadurch entsteht die bekannte »Reaktionszeit«. Hier sind kurze Leitungen wesentlich!

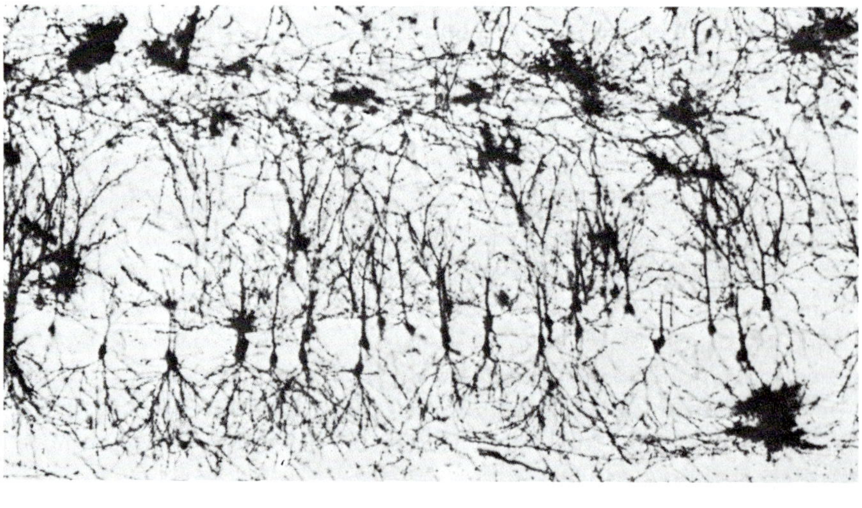

Nervenzellen des Gehirns in 200facher Vergrößerung
In diesen komplizierten Schaltkreisen erfolgt die Nachrichtenübertragung nur mit einer Geschwindigkeit von 30 m/s.

Ergänzung: Die Stromstärke als Grundgröße des internationalen Maßsystems

Vom Standpunkt der Physik ist die Ladung diejenige Grundgröße, welche für die Elektrizitätslehre maßgebend ist. Wegen der überragenden *praktischen* Bedeutung der Stromstärke hat man sich aber entschlossen, nicht das Coulomb, sondern das Ampere als vierte Grundeinheit in das internationale Maßsystem (SI) aufzunehmen. Meter, Kilogramm, Sekunde und Ampere sind also die Grundeinheiten, aus denen alle anderen Einheiten hergeleitet werden.

Wir werden daher überall dort, wo bisher die Einheit Coulomb (C) aufgetreten ist, diese Einheit durch Amperesekunde (As) ersetzen.

Beispiel:

$$1\,\mathrm{V} = \frac{1\,\mathrm{J}}{1\,\mathrm{C}} = \frac{1\,\mathrm{J}}{1\,\mathrm{As}} = \frac{1\,\mathrm{J/s}}{1\,\mathrm{A}} = \frac{1\,\mathrm{W}}{1\,\mathrm{A}}$$

Wir merken uns demnach:

$$1\,\mathrm{V} = \frac{1\,\mathrm{W}}{1\,\mathrm{A}} \quad \text{oder} \quad 1\,\mathrm{W} = 1\,\mathrm{VA}$$

Beispiel:

Die elektrische Feldkonstante ε_0 hat die Einheit

$$1\,\frac{\mathrm{C}^2}{\mathrm{Nm}^2} = 1\,\frac{(\mathrm{As})^2}{\mathrm{Jm}} = 1\,\frac{\mathrm{A}^2\mathrm{s}}{\mathrm{Wm}} = 1\,\frac{\mathrm{A}^2\mathrm{s}}{\mathrm{VAm}} = 1\,\frac{\mathrm{As}}{\mathrm{Vm}}$$

und wird daher meist in der Form angegeben:

$$\varepsilon_0 = 8{,}85 \cdot 10^{-12}\,\frac{\mathrm{As}}{\mathrm{Vm}}$$

André Marie Ampère (1775–1836)
Ampère war Physiker, Mathematiker und Philosoph. Wir verdanken ihm das Verständnis grundlegender Zusammenhänge zwischen Elektrizität und Magnetismus. Die Einheit der Stromstärke ist nach ihm benannt.

Alessandro Volta (1745–1827)
Die Voltasche Säule war die erste brauchbare Batterie, die beständige Ströme lieferte. Sie wurde von Zeitgenossen als »das wunderbarste Instrument, welches die Menschen jemals erfunden haben« betrachtet. Die Einheit der elektrischen Spannung ist nach Volta benannt.

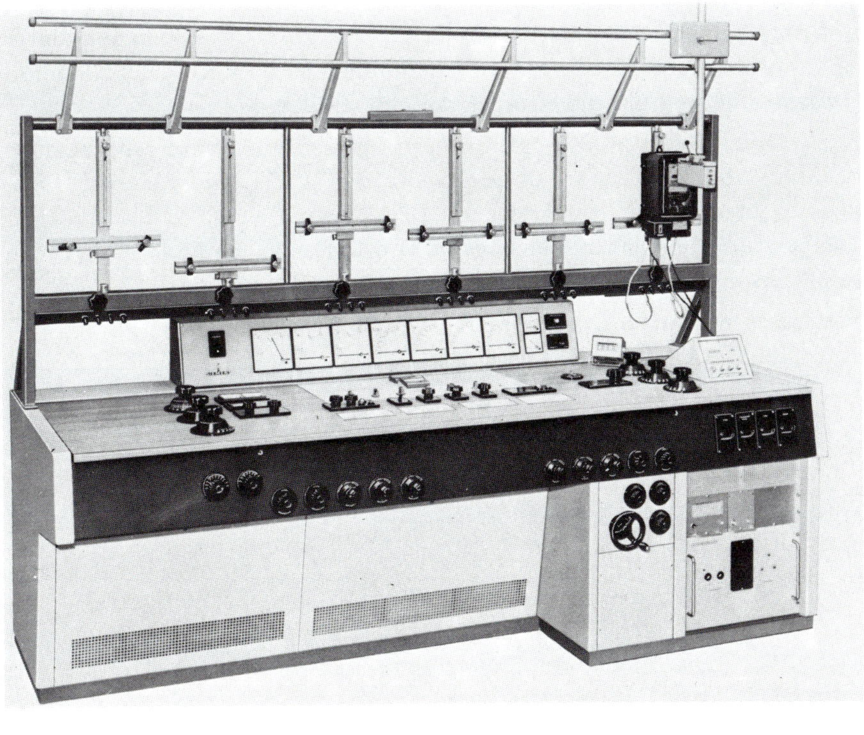

In den Eichämtern stehen heute Meßeinrichtungen zur Verfügung, die sich durch höchste Genauigkeit auszeichnen. Die Abbildung zeigt ein modernes Präzisionsgerät, mit dem sich elektrische Zähler eichen und überprüfen lassen.

2. Das Ohmsche Gesetz

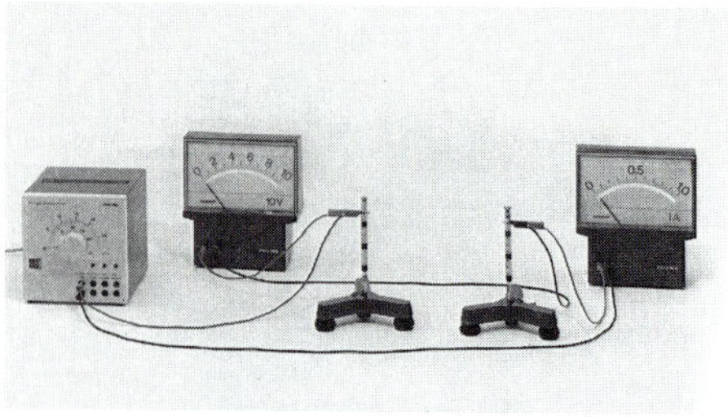

Eine Anordnung zur Überprüfung des Ohmschen Gesetzes. Eine regelbare Spannung wird an einen Konstantandraht angelegt. Strom und Spannung werden an beiden Meßgeräten abgelesen.

Bringt man einen Leiter in ein elektrostatisches Feld, so fließen nur so lange Ladungen, bis die elektrische Feldstärke im Inneren des Leiters gleich Null geworden ist. Um Gleichstrom zu erzeugen, brauchen wir eine Spannungsquelle, welche die Feldstärke im Inneren des Leiters aufrechterhält. Die ersten derartigen Spannungsquellen waren Batterien, die von Alessandro Volta zu Beginn des 19. Jahrhunderts gebaut wurden. Sie haben das Zeitalter der Elektrizität eingeleitet.

In den folgenden Experimenten wollen wir untersuchen, wie die Stromstärke von der angelegten Spannung abhängt.

1. Experiment

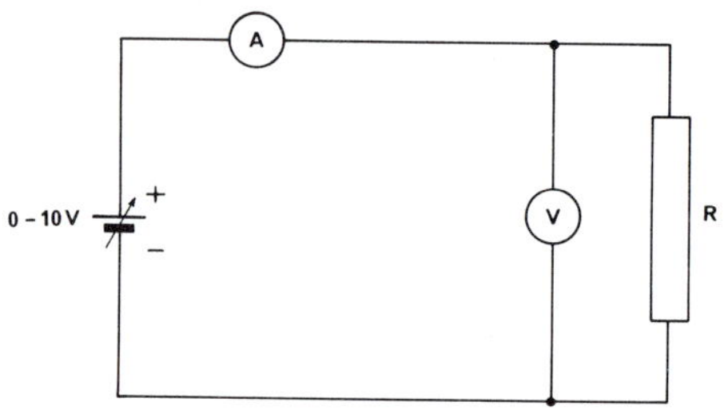

Das Schaltschema der Anordnung

An die Enden eines Konstantandrahtes legen wir eine regelbare Spannung an, die an einem Voltmeter abgelesen werden kann. Mit einem Amperemeter messen wir die Stromstärke. Das Diagramm gibt einige typische Meßergebnisse wieder.

Wie das Experiment zeigt, ist die Stromstärke I proportional zur angelegten Spannung U. Wir schreiben dies als

$$I = \frac{U}{R},$$

wobei R der ohmsche Widerstand des Leiters ist. Die Einheit des Widerstandes ist das Ohm (Ω). Es gilt: $1\ \Omega = 1\ \text{V/A}$.

Der Widerstand eines Leiters ist also durch $R = U/I$ definiert. Das Experiment hat gezeigt, daß der Konstantandraht einen Widerstand $R = 10\ \Omega$ hat.

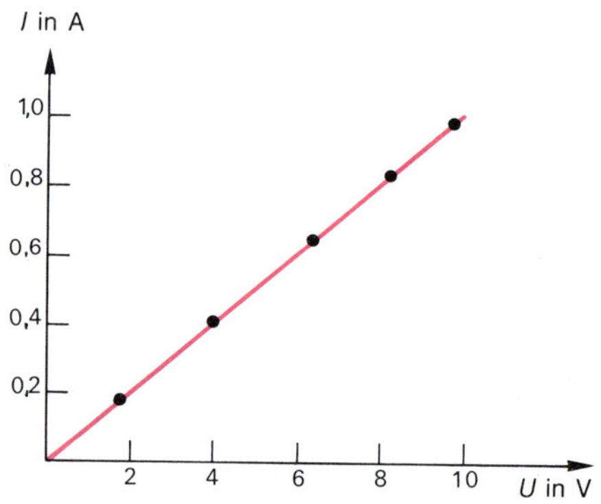

Die Messung zeigt, daß die Stromstärke proportional mit der Spannung wächst.

Konstantan, eine Kupfer-Nickel-Legierung, hat den Vorteil, daß sein Widerstand fast unabhängig von der Temperatur ist. Verwendet man statt des Konstantandrahtes einen Eisendraht, so zeigt die Messung, daß der Strom nicht proportional zur Spannung ist, sondern schwächer ansteigt, weil der Widerstand des Drahtes mit steigender Temperatur immer mehr anwächst. Dies soll im folgenden Experiment gezeigt werden.

2. Experiment

Ein Amperemeter zeigt den Strom an, der bei konstanter Spannung durch einen Eisendraht fließt. Der Eisendraht wird mit einer Flamme erwärmt. Sofort sinkt die Stromstärke beträchtlich ab.

Dieser Effekt wird in *Widerstandsthermometern* zur Temperaturmessung benützt. Man mißt dabei üblicherweise die Widerstandsänderung eines Platindrahtes. Damit lassen sich im Bereich von − 260 °C bis + 600 °C Temperaturen mit einer Genauigkeit von 0,001 °C ermitteln. Für Präzisionsmessungen sind derartige Thermometer unentbehrlich.

Wir fassen zusammen:

> *Ohmsches Gesetz*
> Die Stromstärke I in einem Leiter ist proportional zur angelegten Spannung U.
>
> $$I = \frac{U}{R}$$
>
> Die material- und temperaturabhängige Größe R heißt ohmscher Widerstand des Leiters.
> Die Einheit des Widerstandes ist $1\ \Omega = 1\ \text{V/A}$.

Georg Simon Ohm (1787–1854)
Er war Professor in Köln, Nürnberg und München. Im Jahre 1826 entdeckte Ohm das nach ihm benannte Gesetz.

3. Stromverzweigungen

Die meisten Elektrogeräte enthalten viele Widerstände, Kondensatoren und andere Schaltelemente. Wir müssen nun die Gesetze erforschen, die für die Spannungs- und Stromverteilung in derartigen Geräten gelten. Dabei gehen wir von den einfachsten Situationen aus, wie sie in der Praxis häufig auftreten.

a) Widerstände in Serienschaltung

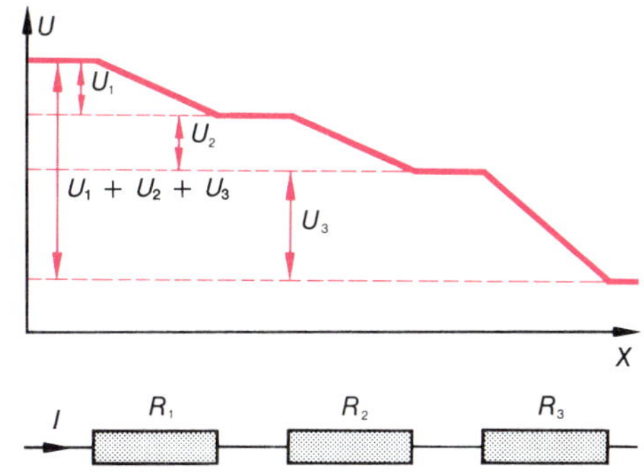

Bei hintereinandergeschalteten Widerständen ergibt sich die Gesamtspannung als Summe der Teilspannungen.

Wir betrachten drei *hintereinander* geschaltete Widerstände. Dies nennt man *Serienschaltung*. Durch jeden der drei Widerstände muß der gleiche Strom I hindurchgehen, da die Leitungselektronen weder erzeugt noch vernichtet werden.

Die Gesamtspannung U, die an den Widerständen liegt, setzt sich additiv aus den drei Teilspannungen U_1, U_2 und U_3 zusammen. Es gilt daher:

$$U = U_1 + U_2 + U_3, \qquad I = I_1 = I_2 = I_3.$$

Da für jeden Widerstand das Ohmsche Gesetz gilt:

$$U_1 = IR_1, \qquad U_2 = IR_2, \qquad U_3 = IR_3,$$

erhalten wir insgesamt:

$$U = U_1 + U_2 + U_3 = I\,(R_1 + R_2 + R_3) = IR$$

> Bei Serienschaltung ist der Gesamtwiderstand gegeben durch
> $R = R_1 + R_2 + R_3$.
> Er ist größer als jeder Einzelwiderstand.

Auch die Leiterstücke, welche die einzelnen Widerstände verbinden, weisen einen Widerstand R_L auf. Die Verbindungsdrähte in Schaltungen werden jedoch üblicherweise so gewählt, daß ihr Widerstand vernachlässigbar klein ist. Dann kann auch der Spannungsabfall vernachlässigt werden, der an den Verbindungsdrähten auftritt.

Die Spannungs- und Stromverteilung in den komplizierten Stromkreisen eines Computers kann mit Hilfe weniger Grundgesetze berechnet werden. Die in diesem Rechner eingebauten »Chips« entsprechen Tausenden bis Millionen einzelner Transistoren.

b) Widerstände in Parallelschaltung

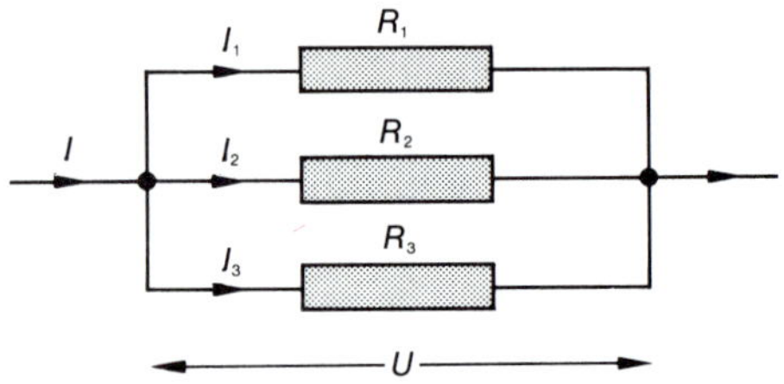

Parallel geschaltete Widerstände
Wie verteilt sich der Gesamtstrom?

Wir betrachten eine Leitung, in der drei Widerstände *parallel* zueinander geschaltet sind. Wie verteilt sich der Gesamtstrom I auf die drei Widerstände, wenn eine Spannung U angelegt wird? Zwei einfache Gesetze ermöglichen es, diese Frage zu beantworten.

> *1. Kirchhoffsches Gesetz*
> Die Gesamtstromstärke ist bei einer Verzweigung gleich der Summe der Einzelstromstärken.

Dieses Gesetz ist unmittelbar verständlich, da sich die durch den Draht strömenden Elektronen nur auf die drei Einzelwiderstände verteilen können und an Verzweigungspunkten weder entstehen noch vernichtet werden.

> *2. Kirchhoffsches Gesetz*
> Zwischen zwei Verzweigungspunkten liegt an allen Widerständen die gleiche Spannung.

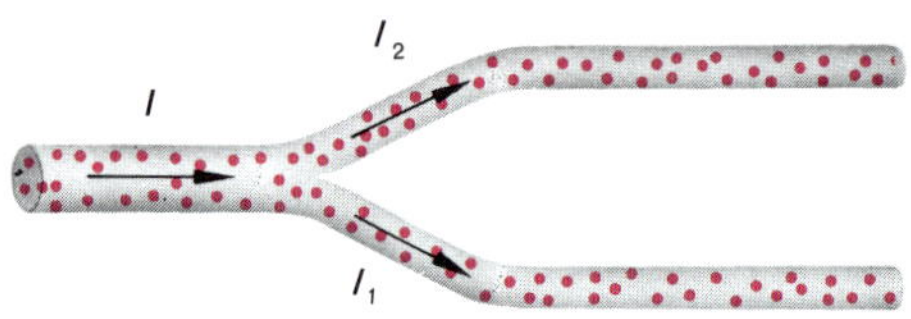

Das erste Kirchhoffsche Gesetz

Auch dieses Gesetz ist einleuchtend, wenn wir die Zuleitungsdrähte als unendlich gute Leiter betrachten. Dann fällt an ihnen keine Spannung ab, so daß an allen Widerständen die gleiche Spannung liegt.

Da die Spannungen übereinstimmen, gilt für die Ströme durch die Einzelwiderstände:

$$I_1 = \frac{U}{R_1}, \qquad I_2 = \frac{U}{R_2}, \qquad I_3 = \frac{U}{R_3}$$

und folglich für den Gesamtstrom:

$$I = I_1 + I_2 + I_3 = U\left(\frac{1}{R_1} + \frac{1}{R_2} + \frac{1}{R_3}\right) = U\frac{1}{R}.$$

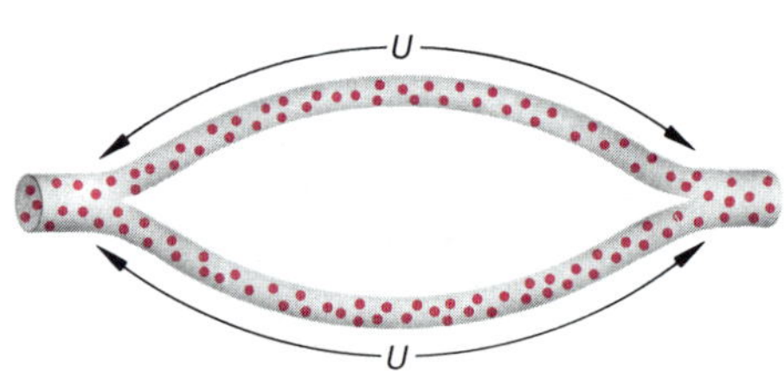

Das zweite Kirchhoffsche Gesetz

Der Strom durch die drei parallel geschalteten Widerstände erfüllt also auch das Ohmsche Gesetz, wobei sich der Gesamtwiderstand leicht berechnen läßt. Wir merken uns:

> Bei Parallelschaltung ist der Gesamtwiderstand gegeben durch
> $$\frac{1}{R} = \frac{1}{R_1} + \frac{1}{R_2} + \frac{1}{R_3}.$$
> Er ist kleiner als jeder Einzelwiderstand.

Die beiden Ergebnisse, die wir hier erhalten haben, lassen sich auf einige wichtige Beispiele anwenden.

1. Beispiel: Der spezifische Widerstand

Wir betrachten einen Leiter, beispielsweise einen Metalldraht mit der Länge l und dem Querschnitt A. Wie hängt der Widerstand des Drahtes von l und A ab?

Zunächst stellen wir uns vor, daß der Draht aus einzelnen Stücken besteht, die in Serie geschaltet sind. Der Widerstand R muß folglich proportional zur Drahtlänge l sein. Ferner können wir den Draht aus einzelnen Litzen zusammengesetzt denken, die insgesamt den Querschnitt A ergeben. In diesem Fall liegt eine Parallelschaltung von Widerständen vor, $1/R$ muß also proportional zum Drahtquerschnitt A sein. Der ohmsche Widerstand des Drahtes ist daher proportional zur Länge und umgekehrt proportional zum Querschnitt des Drahtes. Wir schreiben dies in der Form:

$$R = \varrho \frac{l}{A}$$

Spezifischer Widerstand	
Stoff	ϱ in Ωm
Aluminium	$3{,}0 \cdot 10^{-8}$
Kupfer	$1{,}7 \cdot 10^{-8}$
Silber	$1{,}6 \cdot 10^{-8}$
Eisen	$1{,}0 \cdot 10^{-7}$
Konstantan	$5{,}1 \cdot 10^{-3}$

Der material- und temperaturabhängige Proportionalitätsfaktor ϱ heißt der *spezifische Widerstand* des Leiters. Er wird in der Einheit Ωm gemessen. ϱ gibt den ohmschen Widerstand eines Würfels von 1 m Kantenlänge an, der aus dem betreffenden Material besteht.

2. Beispiel: Das Voltmeter

Um Spannungen zu messen, schaltet man parallel zu der zu untersuchenden Spannung ein Strommeßgerät mit hohem Widerstand R. Das zweite Kirchhoffsche Gesetz sagt aus, daß in diesem Fall auch am Meßgerät die gesuchte Spannung liegt. Wegen $I = U/R$ ist der Strom durch das Meßgerät proportional zur Spannung und kann daher zur Spannungsmessung dienen.

Dabei ist es notwendig, daß der Widerstand R des Voltmeters viel größer ist als der Widerstand, an dem die zu messende Spannung abfällt. Nur dann wird der durch das Voltmeter fließende Strom klein sein, so daß die Stromverteilung in den Leitungen durch die Messung möglichst wenig geändert wird.

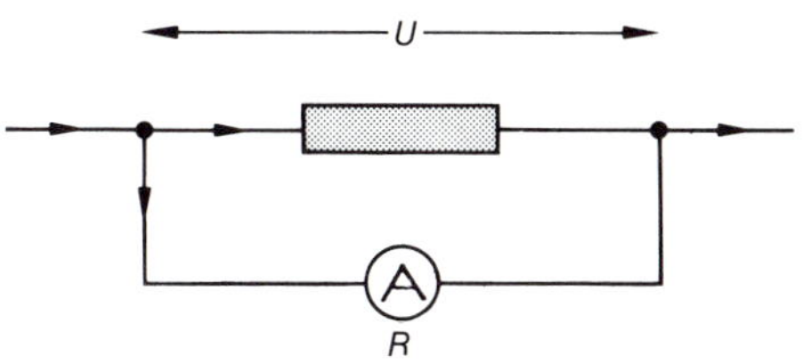

Der Spannungsabfall an einem Gerät wird gemessen, indem man ein Voltmeter, d. h. ein Strommeßgerät mit hohem Innenwiderstand, parallelschaltet. Weil der Strom durch das Voltmeter proportional der anliegenden Spannung ist und diese durch das Zuschalten des Gerätes nur unwesentlich geändert wird, läßt sich die Skala direkt in Volt eichen.

3. Beispiel: Quellenspannung und Klemmenspannung

Nach dem Ohmschen Gesetz hängen Strom und Spannung gemäß $I = U/R$ zusammen. Verbindet man daher die beiden Pole einer Batterie mit einem Leiter, so ist es scheinbar möglich, beliebig hohe Stromstärken zu erzielen, indem man den Widerstand R des Leiters sehr klein macht. Könnte man so nicht selbst mit kleinsten Batterien höchste Stromstärken erreichen?

Dieses Vorhaben erweist sich experimentell als undurchführbar. Selbst wenn man die Batterie kurzschließt, steigt der Strom nie über einen maximalen Wert, den *Kurzschlußstrom* I_K, an. Wir haben nämlich bisher außer acht gelassen, daß auch die Batterie einen *inneren Widerstand* R_i aufweist, den wir im Ohmschen Gesetz berücksichtigen müssen:

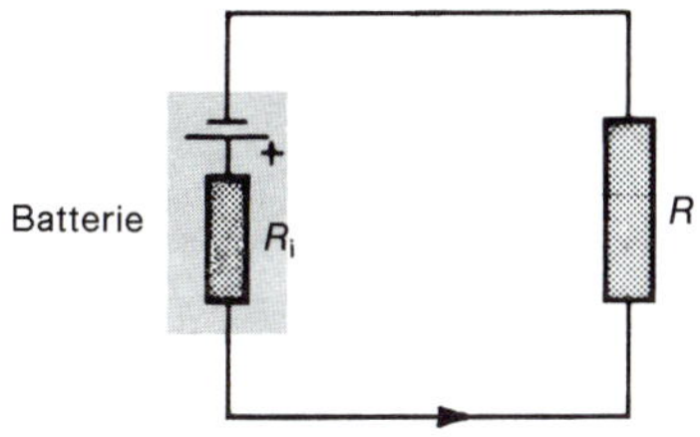

Der Innenwiderstand der Batterie begrenzt den Höchstwert der Stromstärke.

$$I = \frac{U}{R + R_i}$$

Setzen wir $R = 0$, so folgt für den Kurzschlußstrom $I_K = U/R_i$. Er ist also durch den inneren Widerstand der Stromquelle bestimmt.

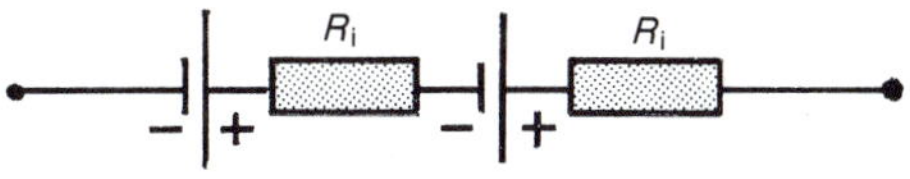

Zwei gleiche Batterien in Serienschaltung. Der innere Widerstand steigt auf das Doppelte an.

Am inneren Widerstand fällt die Spannung $U_i = R_i I$ ab. An den Klemmen der Batterie steht daher nur die *Klemmenspannung*

$$U_{KL} = U - R_i I$$

zur Verfügung. Sie ist stets kleiner als die *Quellenspannung* U. Natürlich kann man Batterien auch in Serie oder parallel schalten. Im allgemeinen erhöht sich bei Serienschaltung mit der Quellenspannung auch die Klemmenspannung, aber auch der Innenwiderstand. Bei Parallelschaltung bleibt die Quellenspannung gleich, dafür verringert sich der Innenwiderstand, so daß die Stromstärke größer wird (vgl. Übungsbeispiel 41.).

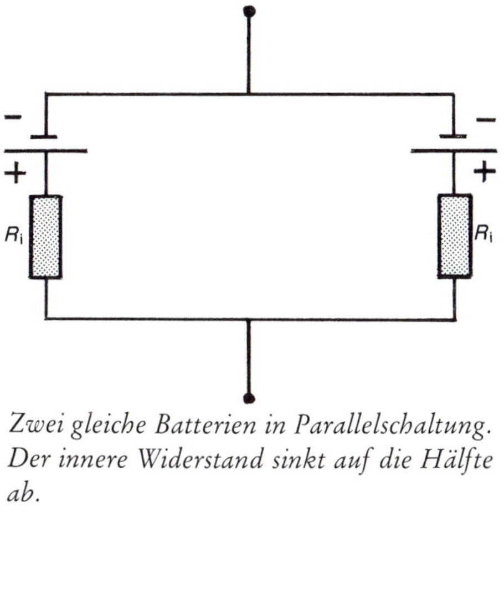

Zwei gleiche Batterien in Parallelschaltung. Der innere Widerstand sinkt auf die Hälfte ab.

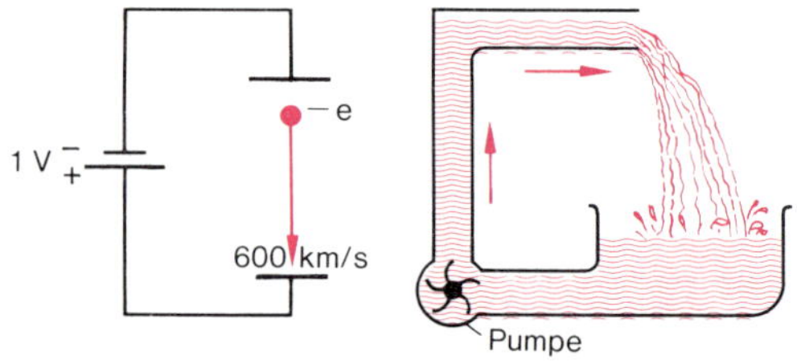

Durchläuft ein Elektron eine Spannung von einem Volt im Vakuum, so erreicht es eine Geschwindigkeit von 600 km/s. Ebenso erreichen frei fallende Tropfen in einem Wasserfall hohe Geschwindigkeiten.

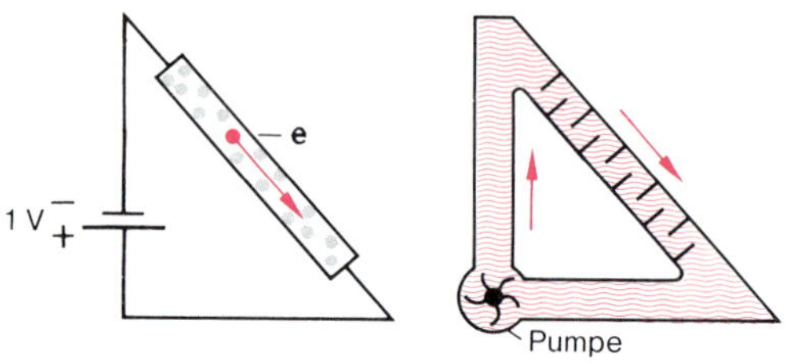

Im Draht werden die Elektronen durch Stöße gegen die Gitterbausteine immer wieder gebremst. Die Gitterschwingungen werden dadurch heftiger, der Draht erwärmt sich.

4. Arbeit und Leistung des Gleichstroms

Die mittlere Geschwindigkeit der Elektronen in einem metallischen Leiter beträgt nur wenige Zentimeter pro Stunde. Andererseits erreichen Elektronen nach Durchfallen einer Spannung $U = 1$ V eine Geschwindigkeit von etwa 600 km/s. Der Grund für diesen großen Geschwindigkeitsunterschied wird klar, wenn man bedenkt, daß die Elektronen im Draht ständig mit den Gitterbausteinen zusammenstoßen und dadurch abgebremst werden.

Fällt ein Wasserfall frei herab, so erreicht das Wasser bereits nach kurzer Fallstrecke hohe Geschwindigkeit. Dabei wird potentielle Energie in kinetische Energie umgewandelt. Strömt das Wasser dagegen bei gleichem Höhenunterschied durch ein Rohr mit vielen Hindernissen, so steigt seine Geschwindigkeit nicht. Die potentielle Energie wird in innere Energie umgewandelt. Das Rohr erwärmt sich.

Auch die Elektronen in einem metallischen Leiter werden auf ihrem Weg nicht schneller, da sie ihre Energie immer wieder durch Stöße an die Gitterbausteine abgeben, welche dabei in heftige Schwingungen geraten. Dabei wird potentielle Energie in innere Energie umgewandelt. Der Draht erwärmt sich (Joulesche Wärme).

Bei diesem Vergleich spielt die Spannungsquelle, z. B. die Batterie, die Rolle einer Elektronenpumpe. Die von ihr verrichtete Arbeit W wird beim Durchströmen des Drahtes in innere Energie umgewandelt und erwärmt den Draht.

Gleichstromgeneratoren für die Beleuchtung eines Kaufhauses um 1880
Die Maschinen mußten oft mit nassen Tüchern gekühlt werden, und Stromstörungen traten mehrmals täglich auf.
Die Gleichstromgeneratoren wurden mit einer hauseigenen Dampfmaschine angetrieben.

Die von einer Batterie mit der Spannung U verrichtete Arbeit W beträgt:

$$W = Q \cdot U = I \cdot t \cdot U$$

Diese Arbeit steht dann in Form elektrischer Energie zur Verfügung und kann verschieden genutzt werden.

Wir fassen zusammen:

> Eine Gleichstromquelle mit der Spannung U, welche während der Zeit t die Stromstärke I liefert, gibt an die Umgebung die elektrische Energie ab:
>
> $$W = I \cdot U \cdot t$$
>
> Die Leistung P dieser Stromquelle beträgt:
>
> $$P = \frac{W}{t} = I \cdot U$$

Die Energie wird dabei in der Praxis meist in Kilowattstunden (kWh) gemessen. Es gilt: 1 kWh = 3 600 000 J. Die auch im Alltag übliche Leistungseinheit ist das Watt. Wir besprechen drei Anwendungen.

a) Die Verwendung von Elektroenergie zu Heizzwecken

Um mit elektrischem Strom zu heizen, verbindet man die beiden Pole der Stromquelle mit einem Widerstand R. Nach dem Ohmschen Gesetz fließt dann der Strom $I = U/R$. Die gesamte potentielle Energie der Elektronen wird durch Stöße an die Gitterbausteine übertragen und heizt den Draht auf. Die hierbei an die Umwelt abgegebene Joulesche Wärme beträgt

$$W = I\,U\,t = \frac{U^2}{R}\,t = I^2\,R\,t.$$

Die Leistung eines derartigen elektrischen Heizgerätes ist daher gegeben durch

$$P = \frac{W}{t} = I\,U = \frac{U^2}{R} = I^2\,R.$$

Ein Elektroofen mit dem Widerstand $R = 24\ \Omega$ hat also bei einer Spannung $U = 220$ V die Heizleistung

$$P = \frac{(220\ \mathrm{V})^2}{24\,\Omega} \approx 2\,000\,\frac{\mathrm{V}^2}{\mathrm{V/A}} = 2\,000\ \mathrm{W}.$$

b) Die Schmelzsicherung

Hauptbestandteil einer Schmelzsicherung ist ein Draht, der in einem Porzellankörper geführt wird. Der Draht wird so bemessen, daß er im Falle einer Überlastung des Stromkreises, d. h. bei Überschreiten einer maximalen Stromstärke, den schwächsten Punkt darstellt und schmilzt, und so an einer kontrollierten Stelle den Stromkreis unterbricht. Je nach Ansprechzeiten unterscheidet man zwischen trägen Sicherungen mit relativ langen Auslösezeiten und flinken Sicherungen mit unverzögerter Auslösung.

c) Die Verwendung von Elektroenergie zum Antrieb von Motoren

Auch in diesem Fall ist der Vergleich mit einer Flüssigkeitsströmung instruktiv. Ein Leitungsnetz ermöglicht es, Energie von einem Ort zu einem anderen zu transportieren. Dabei muß der Spannungsabfall in den Leitungen klein gehalten werden, damit möglichst viel Energie zur Umwandlung in mechanische Arbeit zur Verfügung steht.

Die »Große Batterie« der Londoner Physikinstitute im Jahre 1819 2 000 Platten aus Kupfer und Zink waren in 200 Trögen angeordnet.

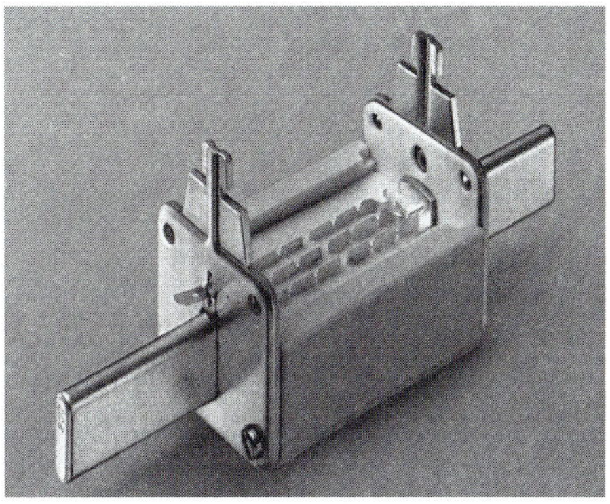

Schmelzsicherung für große Ströme. Bei Überschreiten der zulässigen Stromstärke schmelzen die Verbindungsdrähte im Innern und unterbrechen dadurch den Stromkreis.

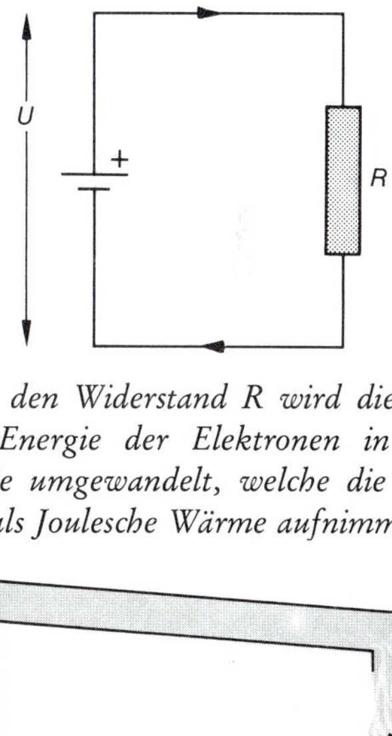

Durch den Widerstand R wird die potentielle Energie der Elektronen in innere Energie umgewandelt, welche die Umgebung als Joulesche Wärme aufnimmt.

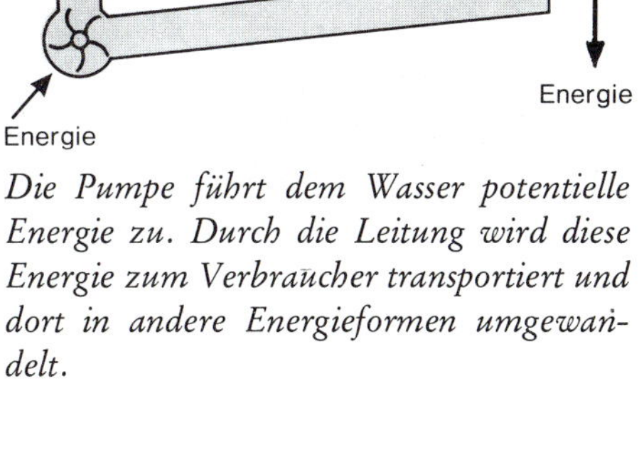

Die Pumpe führt dem Wasser potentielle Energie zu. Durch die Leitung wird diese Energie zum Verbraucher transportiert und dort in andere Energieformen umgewandelt.

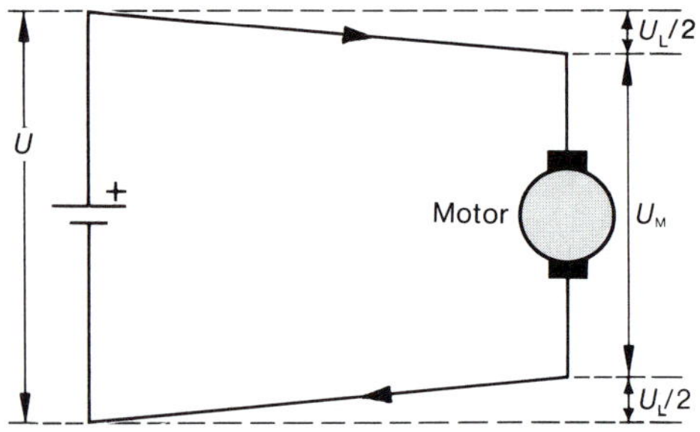

Die Batterie führt den Elektronen potentielle Energie zu. Durch die Leitung wird diese Energie zum Verbraucher transportiert und dort in andere Energieformen umgewandelt.

A in mm²	I in A
1	11
1,5	14
2,5	20
4	25
6	31

Höchstzulässiger Strom I in Kupferleitungen mit verschiedenen Querschnitten A

Die erste elektrische Lokomotive auf der Gewerbeausstellung in Berlin 1879. Leistung: 2 000 W, Geschwindigkeit: 7 km/h.

Bezeichnen wir den Widerstand der Leitungen mit R_L und denjenigen des Motors mit R_M, so beträgt der Gesamtwiderstand R im Stromkreis

$$R = R_L + R_M.$$

Die von der Batterie abgegebene Leistung

$$P = I^2 R = I^2 (R_L + R_M)$$

können wir in die Motorleistung P_M und in den Leitungsverlust P_L zerlegen:

$$P_M = I^2 R_M, \qquad P_L = I^2 R_L.$$

Als Beispiel betrachten wir einen Motor mit dem Widerstand $R_M = 10\ \Omega$. Er werde von einer Stromquelle mit der Spannung $U = 220$ V versorgt, wobei der Widerstand der Zuleitungen $R_L = 1\ \Omega$ betrage. Dies entspricht etwa dem Widerstand einer 60 m langen Kupferleitung mit 1 mm² Querschnitt.

Der Gesamtwiderstand des Stromkreises beträgt also

$$R = R_M + R_L = 11\ \Omega.$$

Die Stromstärke ist daher $I = U/R = 20$ A. Daraus folgt für die nutzbare Leistung und den Leitungsverlust

$$P_M = (20\text{ A})^2 \cdot 10\ \Omega = 4\,000\text{ W}, \qquad P_L = (20\text{ A})^2 \cdot 1\ \Omega = 400\text{ W}.$$

Der Leitungsverlust macht hier also 10 Prozent der nutzbaren Leistung aus. In den Leitungen fällt die Spannung

$$U_L = R_L I = 1\ \Omega \cdot 20\text{ A} = 20\text{ V}$$

ab, so daß am Motor tatsächlich nur eine Spannung von 200 V zur Verfügung steht.

Beträgt die Spannung am Motor 2 000 V, so benötigt man nur 2 A, um die gleiche Leistung von 4 000 W zu erzielen. In diesem Fall beträgt der Leitungsverlust nur mehr 4 W. Bei gleichbleibender Leistung und zehnfacher Spannung sinkt der Leitungsverlust also auf ein Hundertstel ab. Weil Wechselstrom zum Unterschied von Gleichstrom sehr leicht auf hohe Spannungen transformiert werden kann, ist er dem Gleichstrom hinsichtlich der Leitungsverluste weit überlegen.

Testfragen:

1. Wie ist die Stromstärke definiert?
2. In welcher Einheit wird die Stromstärke gemessen?
3. Wie viele Elektronen fließen pro Sekunde bei 1 A durch den Draht?
4. Was versteht man unter der technischen Stromrichtung?
5. In welcher Richtung strömen die Elektronen?
6. Wie lautet das Ohmsche Gesetz?
7. In welcher Einheit wird der Widerstand gemessen?
8. Worauf beruhen Widerstandsthermometer?
9. Was versteht man unter Serienschaltung?
10. Welchen Gesamtwiderstand haben Widerstände in Serienschaltung?
11. Wie lautet das 1. Kirchhoffsche Gesetz?
12. Wie lautet das 2. Kirchhoffsche Gesetz?
13. Wie beweist man das 2. Kirchhoffsche Gesetz?
14. Was versteht man unter Parallelschaltung?
15. Welcher Gesamtwiderstand ergibt sich bei Parallelschaltung?
16. Was versteht man unter dem spezifischen Widerstand eines Leiters?
17. In welcher Einheit wird der spezifische Widerstand gemessen?
18. Wie arbeitet ein Voltmeter?
19. Soll der Innenwiderstand eines Voltmeters groß oder klein sein?
20. Was versteht man unter Quellenspannung, was unter Klemmenspannung?
21. Wie hängt die elektrische Energie von Strom und Spannung ab?
22. Wie hängt die elektrische Leistung von Strom und Spannung ab?
23. Wie entsteht die Joulesche Wärme?
24. Was ist eine Kilowattstunde?
25. Warum muß der Widerstand der elektrischen Zuleitung klein sein?

II. Das Magnetfeld

1. Magnetostatik

Die Dichte der Eisenspäne zeigt die Stärke des Magnetfeldes an, ihre Ausrichtung den Verlauf der Feldlinien.

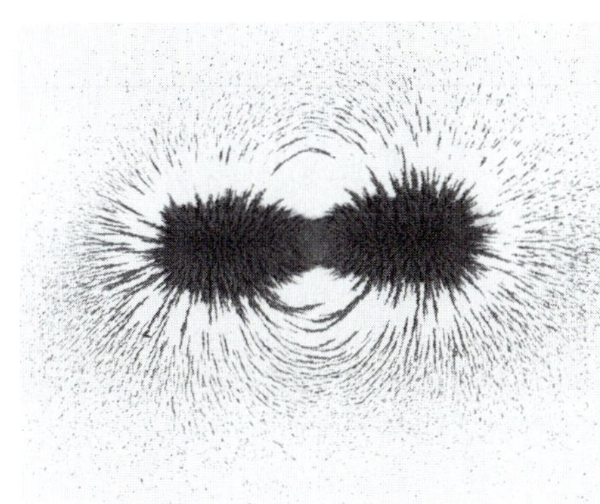

Bereits den alten Chinesen wie auch den alten Griechen war bekannt, daß bestimmte Eisenerzstücke – *Magneteisenstein* oder *Magnetit* – kleine Eisenteile wie Nägel, Nadeln oder Späne anziehen. Versuche zeigen, daß solche Kräfte vor allem auf Körper aus Eisen oder Stahl, aber auch auf solche aus Nickel, Kobalt oder Legierungen dieser Metalle wirken. Diese Erscheinung heißt daher *Ferromagnetismus,* der anziehende Körper *Magnet.* Magnetit ist ein natürlicher Permanentmagnet; im folgenden treffen wir jedoch meist *künstliche Permanentmagnete* in Stab-, Hufeisen-, Scheiben-, Ring- oder Nadelform an.

Dem Magneteisenstein wurden viele wunderbare Eigenschaften zugeschrieben; so meint z. B. Paracelsus von Hohenheim »Der Magnet hat die Kraft, Krankheiten festzuhalten, deswegen muß man ihn auf den Krankheitsherd legen.« Derartige Behauptungen über die medizinische Bedeutung veranlaßten den Londoner Arzt Dr. William Gilbert, sich mit dem Magnetismus zu beschäftigen. Es gelang ihm zwar nicht, die Heilkraft des Magneten nachzuweisen, doch bildeten seine Anleitungen zur Herstellung von Kompaßnadeln eine wertvolle Grundlage für weitere Untersuchungen.

In der Nähe von Magneten werden Gegenstände aus magnetisierbarem Material selber zu Magneten (*magnetische Influenz*). Werden nichtmagnetische Körper aus magnetisierbarem Material mit Permanentmagneten bestrichen, so werden sie selbst zu Permanentmagneten. Magnetismus wirkt durch nichtmagnetisierbare Materialien hindurch: Münzen werden von einem Magneten auch dann angezogen, wenn dazwischen nicht Luft, sondern Holz eines Stuhles ist.

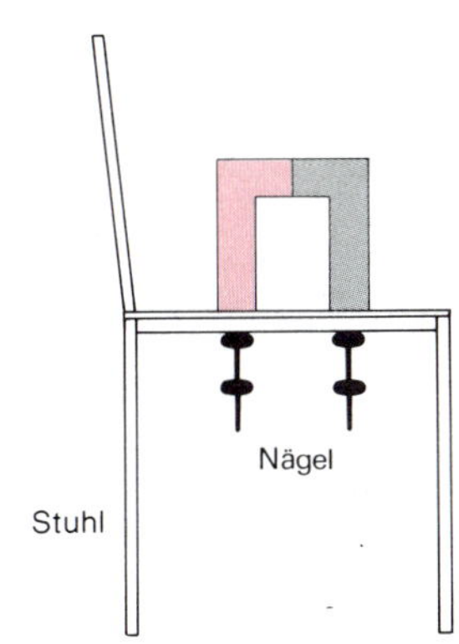

Das magnetische Feld breitet sich auch durch nichtmagnetisierbare Materialien hindurch aus.

Legen wir auf einen Permanentmagneten eine Glasplatte und streuen Stahlspäne darauf, so werden die Späne durch Influenz selber zu Magneten und richten sich aus. Das entstandene Bild ist den elektrischen Feldlinienbildern analog. Da auch die Entstehungsursache analog ist, spricht man von den *Feldlinienbildern eines Magnetfeldes.* Die Orte, wo die Späne sich konzentrieren, heißen die *Pole* des Magneten.

> Jeder Magnet besitzt zwei verschiedene Pole, einen *Nord-* und einen *Südpol.*

Analog zu den elektrischen Ladungen gilt:

> Gleichnamige Pole stoßen sich ab, ungleichnamige Pole ziehen sich an.

Schneiden wir eine magnetisierte Nadel entzwei, so entstehen zwei Teile, die wieder je einen Nord- und einen Südpol besitzen. Daraus folgern wir:

> Es gibt keine magnetischen Monopole

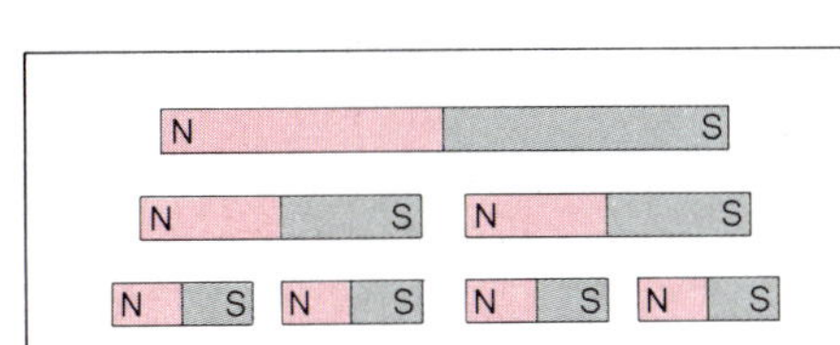

Wenn man einen Magneten zerteilt, erhält man immer wieder einen vollständigen Magneten mit Nord- und Südpol.

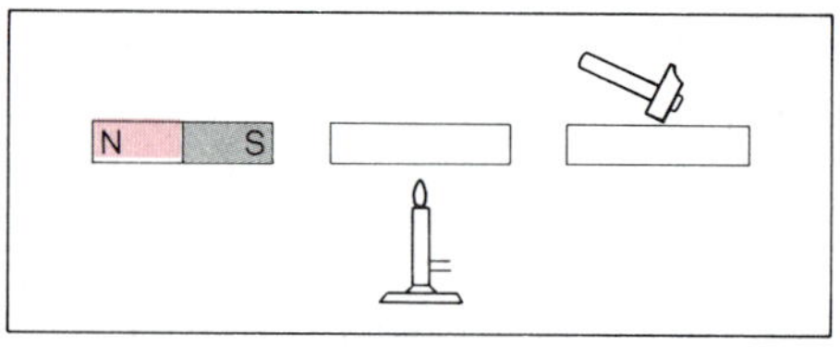

Durch Erwärmen oder Erschüttern geht die Ausrichtung der Weiß'schen Bezirke verloren.

Magnetisch Nord Geografisch Nord

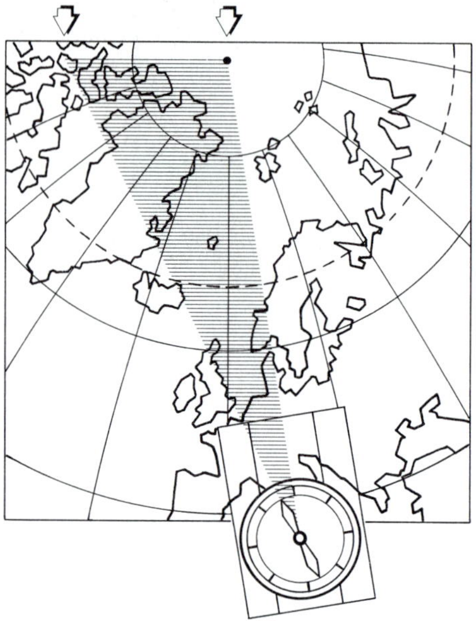

Die Kompaßnadel zeigt nicht genau zum Rotationspol der Erde. Die Abweichung ist zeitlich veränderlich und hat nicht überall die gleiche Größe.

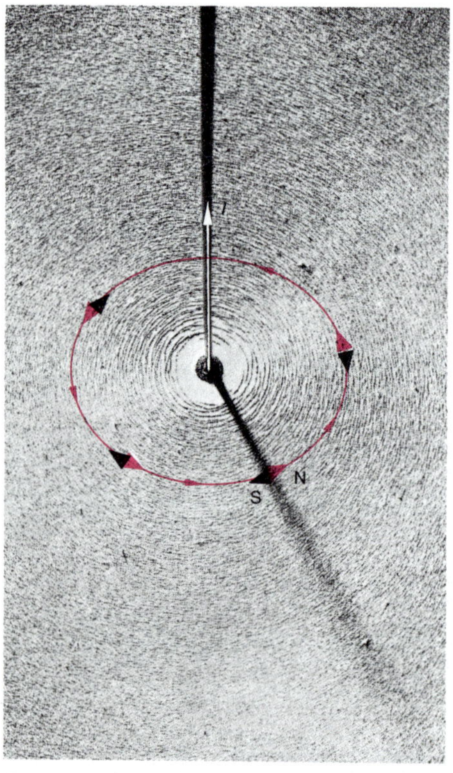

Die Verteilung der Eisenfeilspäne um einen stromführenden Draht veranschaulicht das Magnetfeld in seiner Umgebung.

Eine bereits auf Ampère zurückgehende Theorie des Magnetismus besagt, daß magnetisierbares Material aus magnetischen Dipolen, den sogenannten *Elementarmagneten,* aufgebaut ist. Diese Elementarmagnete sind in größeren Gebieten, den *Weißschen Bezirken,* bereits ausgerichtet. Magnetisieren heißt: Ausrichten der Weißschen Bezirke; entmagnetisieren heißt: die Ordnung der Weißschen Bezirke stören, ihre anziehenden Kräfte überwinden. In Übereinstimmung mit dieser Vorstellung findet man:

> Magnetismus eines Körpers läßt sich durch mechanische Schockeinwirkung (Schlag) oder durch Erwärmen über eine bestimmte Grenztemperatur *(Curietemperatur)* hinaus erreichen.

2. Erdmagnetismus

Von großer Bedeutung für die Navigation war Gilberts Erkenntnis, daß die Erdkugel selbst als großer Magnet anzusehen sei. Da sich England damals anschickte, die Weltmeere zu erobern, fanden seine Überlegungen starkes Interesse. In erster Näherung hat das Magnetfeld der Erde die gleiche Form wie dasjenige eines Stabmagneten. Definitorisch wird festgelegt: derjenige Pol einer Magnetnadel, der nach geographisch Nord weist, ist ein magnetischer Nordpol. Daraus folgt, daß im geographischen Norden der magnetische Südpol des Erdmagnetfeldes zu finden ist. Eine magnetische Kompaßnadel zeigt nicht genau nach geographisch Nord. Es bleibt eine Abweichung, die *Deklination,* bestehen. Ursache der Deklination ist die Lage des magnetischen Südpoles auf der Erdkugel; er fällt nicht mit dem geographischen Nordpol zusammen, sondern liegt auf einer der nordkanadischen Küste vorgelagerten Insel. Eine frei aufgehängte Kompaßnadel richtet sich parallel zu den Feldlinien aus und steht daher nicht waagrecht, sondern zeigt auf der nördlichen Hemisphäre zum Boden. Der Winkel zwischen der Horizontalen und der Feldlinienrichtung heißt *Inklination.* Deklination und Inklination sind orts- und zeitabhängig. Ebenso ändert sich die Stärke des Erdmagnetfeldes im Laufe der Zeit. Wenn sie im gleichen Tempo abnimmt wie heute, so wird das Erdmagnetfeld in rund 1 500 Jahren verschwunden sein.

3. Magnetische Erscheinungen elektrischer Ströme

Erst im 19. Jahrhundert wurden wieder neue Ergebnisse über den Magnetismus gewonnen. Am Anfang stand Alessandro Voltas Erfindung der Batterie, die Experimente mit elektrischen Strömen ermöglichte. Auch der dänische Physiker Christian Oersted experimentierte mit den neuen Stromquellen. Er suchte einen Zusammenhang zwischen Elektrizität und Magnetismus, wie er von der romantischen Naturphilosophie gefordert wurde, die alle Naturerscheinungen als große Einheit ansah. Oersted hatte nämlich lange Zeit im Romantikerkreis um die Brüder Schlegel, den Naturphilosophen Friedrich Wilhelm Schelling und den Physiker Johann Ritter zugebracht und war von ihren Ideen beeinflußt.

Nach vielen vergeblichen Versuchen entdeckte Oersted während einer Vorlesung, die er 1820 in Kopenhagen hielt, zufällig den gesuchten Effekt. Eine Magnetnadel, die neben einem stromführenden Draht stand, wurde abgelenkt. Damit war gezeigt, daß Ströme auf Magnetnadeln Kräfte ausüben.

Oersteds Ergebnisse erregten in Europa ungeheures Aufsehen, und sein Experiment wurde in vielen Abwandlungen wiederholt. Steckt man beispielsweise den stromführenden Draht durch ein Papierblatt und bestreut dieses mit Eisenfeilspänen, so werden die Späne magnetisch und ordnen sich in Kreisen rund um den Draht an. Die Späne, die jetzt zu kleinen Magnetnadeln geworden sind, veranschaulichen so die Richtung der wirkenden Kraft. Dieses Experiment führt uns dazu, von einem Magnetfeld zu sprechen, das den stromführenden Draht umgibt, das aber auch z. B. zwischen den Polen eines Hufeisenmagneten vorhanden ist.

Man stellt das Magnetfeld durch Feldlinien grafisch dar. Die Richtung der Feldlinien wird durch die Einstellung einer kleinen Magnetnadel festgelegt; der Nordpol der Magnetnadel zeigt den Richtungssinn der Feldlinien an. Die Dichte der Feldlinien wird proportional zur Feldstärke gewählt, die wir nunmehr bestimmen müssen.

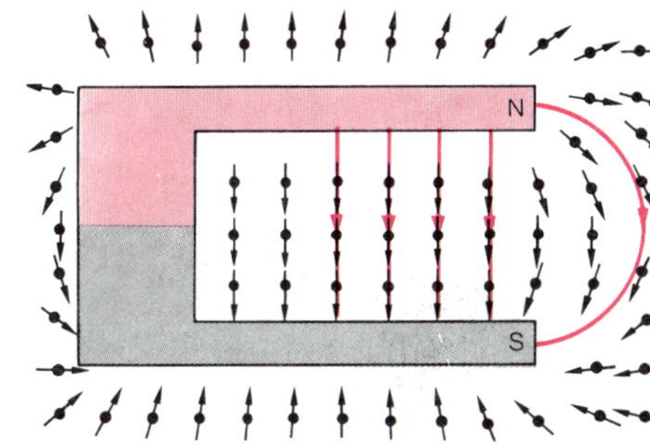

Das Magnetfeld eines Hufeisenmagneten. Es wird durch Feldlinien graphisch dargestellt, deren Richtung durch die Einstellung der Magnetnadeln festgelegt wird. Der Richtungssinn einer Feldlinie wird durch den Nordpol der Magnetnadel angezeigt.

4. Ströme im Magnetfeld

Das Experiment von Oersted hatte gezeigt, daß eine Magnetnadel in der Nähe eines stromdurchflossenen Drahtes abgelenkt wird. Ströme üben also Kräfte auf Magneten aus. Nach dem allgemeinen Wechselwirkungsgesetz muß auch die Umkehrung gelten: Magnete müssen Kräfte auf Ströme ausüben.

Um dies zu überprüfen, hängen wir ein kleines Drahtstück zwischen den Polen eines Hufeisenmagneten waagrecht auf und verbinden es mit einer Batterie. Schalten wir den Strom ein, so wird der Draht abgelenkt, falls er senkrecht zu den Feldlinien steht. Liegt er parallel zu den Feldlinien, so wirkt keine Kraft. Ein Vergleich mit der Elektrostatik lehrt:

> Elektrische Felder wirken auf Ladungen.
> Magnetfelder wirken auf Ströme.

Das Experiment zeigt, daß die Kraft F auf den Strom proportional zur Stromstärke I und zur Länge s des Drahtes ist, welche im Magnetfeld liegt. Auch nimmt die Kraft mit der Stärke des Magneten zu.

Wir können die Kraft auf den Strom als Maß der magnetischen Feldstärke $\mathcal{B}$ verwenden. Analog hatten wir früher die elektrische Feldstärke $\mathcal{E}$ durch die Kraftwirkung auf eine Ladung bestimmt. Wir legen fest:

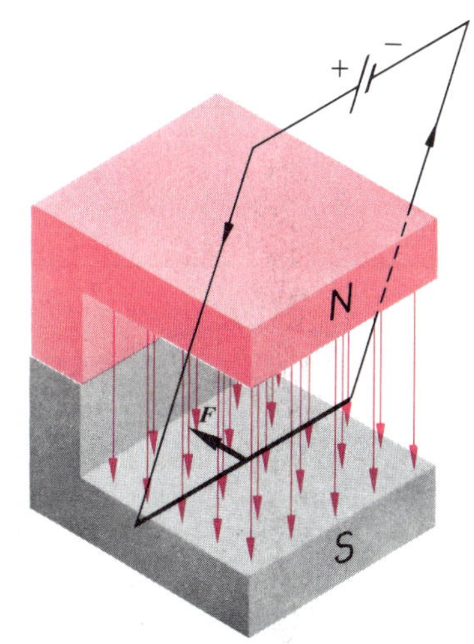

Schaltet man den Strom ein, so wird die Leiterschaukel ausgelenkt. Auf einen stromdurchflossenen Leiter wirkt also im Magnetfeld eine Kraft.

> Das Magnetfeld wird durch Feldlinien dargestellt.
> Der Richtungssinn der Feldlinien wird durch den Nordpol einer kleinen Magnetnadel angezeigt.
> Die magnetische Feldstärke $\mathcal{B}$ in einem Punkt hat die Richtung der Feldlinien und den Betrag
>
> $$\mathcal{B} = \frac{F}{Is},$$
>
> wobei F die Kraft auf einen Leiter der Länge s ist, welcher vom Strom I durchflossen wird und senkrecht zu den Feldlinien steht.

Die Einheit der magnetischen Feldstärke wird zu Ehren des kroatischen Physikers und Erfinders Nicola Tesla als Tesla bezeichnet und mit T abgekürzt. Die magnetische Feldstärke beträgt $\mathcal{B} = 1$ T, wenn ein 1 m langer Draht, in dem der Strom $I = 1$ A fließt, die Kraft $F = 1$ N erfährt. (Der Draht soll senkrecht zu den Feldlinien stehen.) Es gilt

$$1\,\mathrm{T} = 1\,\frac{\mathrm{N}}{\mathrm{Am}} = 1\,\frac{\mathrm{J}}{\mathrm{Am^2}} = 1\,\frac{\mathrm{VAs}}{\mathrm{Am^2}} = 1\,\frac{\mathrm{Vs}}{\mathrm{m^2}}.$$

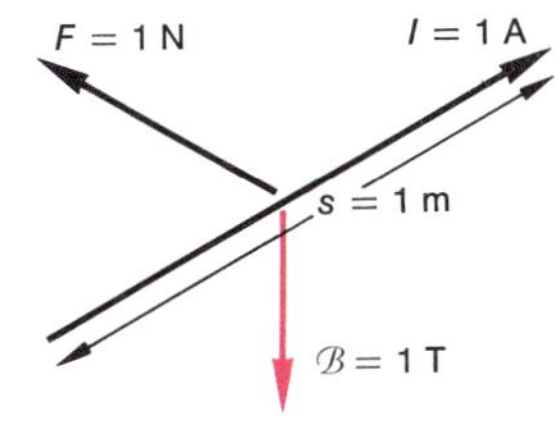

Die magnetische Feldstärke beträgt 1 Tesla, wenn ein 1 m langer Draht, durch den der Strom 1 A fließt, eine Kraft der Stärke 1 Newton erfährt und der Draht senkrecht zur Feldrichtung steht.

Magnetfeld	Tesla
in der Milchstraße	10^{-10}
der Erde (außen)	$2 \cdot 10^{-5}$
der Sonne	10^{-4}
der Erde (innen)	10^{-2}
von Sternen bis zu	1
von Permanentmagneten bis zu	1,4
von Elektromagneten bis zu	20
Elektromagnet (für 10^{-4} s)	500
von Neutronensternen	10^{+8}

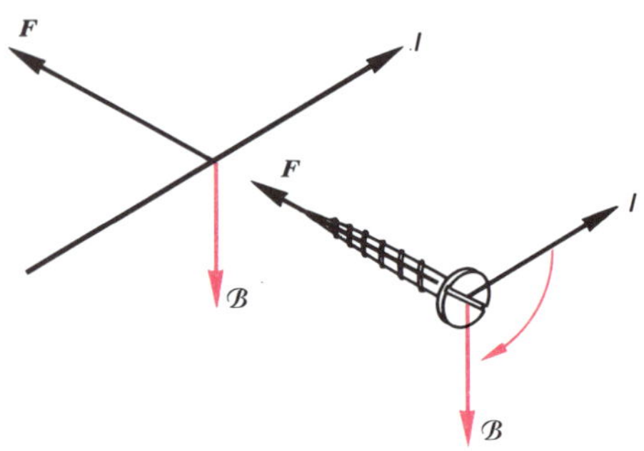

Strom, Magnetfeld und Kraft bilden eine Rechtsschraube.

In der technischen Literatur und im Eichgesetz wird $\mathcal{B}$ als »magnetische Induktion« oder »magnetische Kraftflußdichte« bezeichnet. Der Name magnetische Feldstärke wurde nämlich durch einen historischen Irrtum einem anderen Feld zugeordnet.

Die Tabelle gibt einen Überblick über die Größenordnungen der Magnetfelder, die in Natur und Technik auftreten.

Wurde das Magnetfeld experimentell oder rechnerisch bestimmt, so kann man die Kraft auf einen beliebigen Strom aus dem folgenden Kraftgesetz berechnen, das nach dem holländischen Physiker Antoon Lorentz benannt ist:

> In einem Magnetfeld $\mathcal{B}$ erfährt ein Leiter der Länge s, in dem der Strom I fließt, die *Lorentzkraft*
>
> $$F = I(s \times \mathcal{B}).$$
>
> falls I senkrecht zur Feldrichtung fließt. Strom, Magnetfeld und Kraft bilden eine Rechtsschraube. Auf Ströme parallel zur Feldrichtung wirkt keine Kraft.

In vektorieller Form lautet die Formel für die Lorentzkraft

$$\boldsymbol{F} = I(\boldsymbol{s} \times \boldsymbol{\mathcal{B}}).$$

Die Richtung von $\boldsymbol{s}$ ist die technische Stromrichtung.

Das Drehspul-Meßgerät

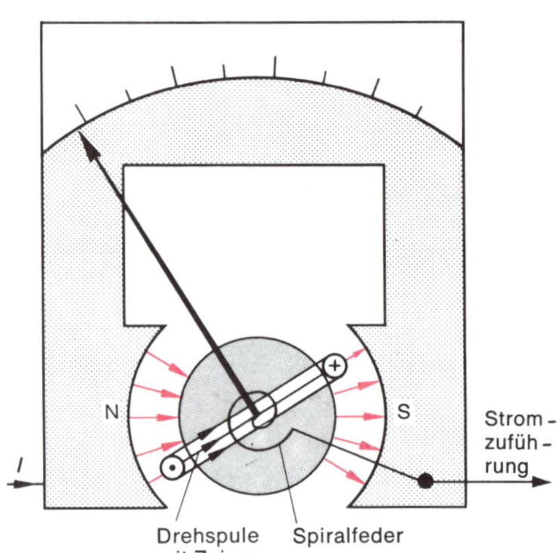

Der Aufbau eines Drehspul-Meßgerätes.

Die Kraft, die ein stromdurchflossener Leiter im Magnetfeld erfährt, kann man zur Messung elektrischer Ströme benützen. Dazu dient das Drehspul-Meßgerät. Der Strom fließt dabei durch eine kleine Spule, die zwischen den Polen eines Hufeisenmagneten drehbar aufgehängt ist. Die Spule vergrößert die im Magnetfeld befindliche Drahtlänge, so daß geringe Ströme gemessen werden können. Die Stromzuführung erfolgt über zwei Spiralfedern, deren rücktreibende Kraft dem Zeigerausschlag proportional ist. Sie halten der Kraft des Magnetfeldes auf die Spule das Gleichgewicht. Das Gerät muß mit einem Strom bekannter Stärke geeicht werden. Kehrt man beim Drehspul-Meßgerät die Stromrichtung um, so erfolgt auch der Zeigerausschlag in umgekehrter Richtung. Wechselströme müssen vor der Messung gleichgerichtet werden, denn der Zeiger könnte ihrem raschen Richtungswechsel nicht folgen.

Das Drehspul-Meßgerät kann auch zur Spannungsmessung dienen. Die an seinem Innenwiderstand R_i abfallende Spannung U ist dem Strom I proportional, $U = I\,R_i$, und kann an einer zweiten Skalenteilung abgelesen werden.

Der *Meßbereich* des Gerätes ist durch Strom und Spannung bei vollem Ausschlag des Zeigers festgelegt. Zur Messung stärkerer Ströme schaltet man einen Widerstand R parallel zum Meßgerät (sog. *Shunt*). Ist R gleich $R_i/9$, so fließt nur ein Zehntel des Gesamtstromes durch das Gerät. Der Meßbereich ist dadurch auf das Zehnfache erweitert.

Zur Messung höherer Spannungen schaltet man einen Widerstand R in Serie mit dem Meßgerät. Beträgt R z. B. das 99fache des Innenwiderstandes R_i, so wird der Spannungs-Meßbereich auf das Hundertfache erweitert, da nur mehr 1% der Gesamtspannung an R_i abfällt.

Die nötigen Vorschaltwiderstände sind meist in das Gerät eingebaut und werden mit dem *Bereichschalter* in den Stromkreis eingeschaltet.

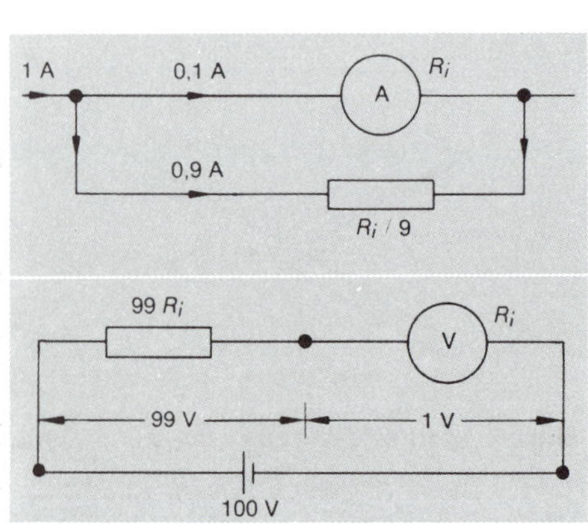

Zur Erweiterung des Meßbereiches dienen Vorschaltwiderstände.

Magnetfelder üben Kräfte auf Ströme aus. Da Ströme durch Ladungsbewegungen entstehen, können wir sagen:

> Elektrische Felder wirken auf alle Ladungen. Magnetfelder wirken nur auf bewegte Ladungen.

Um die Kraft auf eine Ladung zu berechnen, betrachten wir einen Leiter, der n Teilchen pro Kubikmeter enthält, welche die Ladung q aufweisen und sich mit der Geschwindigkeit v bewegen. Die Stromstärke beträgt dann

$$I = q\,n\,A\,v,$$

wobei A der Leiterquerschnitt ist. Steht der Leiter senkrecht auf ein Magnetfeld $\mathcal{B}$, so wirkt auf ihn die Kraft

$$F = I\, s\, \mathcal{B} = q\, n\, A\, v\, s\, \mathcal{B} = q\, (n\, A\, s)\, v\, \mathcal{B} = q\, N\, v\, \mathcal{B}.$$

Dividieren wir durch die Gesamtzahl $N = n\, A\, s$ der Ladungen in dem betrachteten Leiterstück, so erhalten wir die Lorentzkraft, die auf eine einzelne Ladung entfällt,

$$F = q\, v\, \mathcal{B}.$$

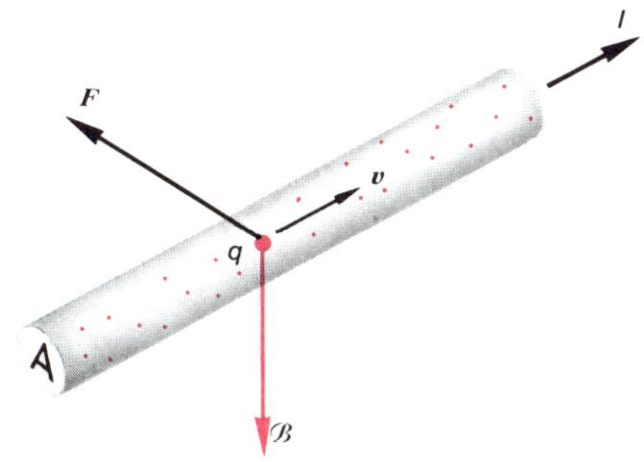

Auf eine einzelne Ladung q wirkt im Magnetfeld die Lorentzkraft $F = qv\mathcal{B}$. Hier ist q positiv angenommen.

Für positive Ladungen bilden Geschwindigkeit, Magnetfeld und Kraft eine Rechtsschraube. Kraft und Kraftrichtung lassen sich am einfachsten in vektorieller Form ausdrücken:

$$\boldsymbol{F} = q\,(\boldsymbol{v} \times \boldsymbol{\mathcal{B}}).$$

Bewegt sich eine Ladung q mit der Geschwindigkeit
$\boldsymbol{v}$
senkrecht zum Magnetfeld ,
so wirkt auf sie die Lorentzkraft
$F = q\, v$ bzw. $\boldsymbol{F} = q\,(\boldsymbol{v} \times \boldsymbol{\mathcal{B}})$.
Geschwindigkeit, Magnetfeld und Kraft bilden
für positive Ladungen eine Rechtsschraube,
für negative Ladungen eine Linksschraube.

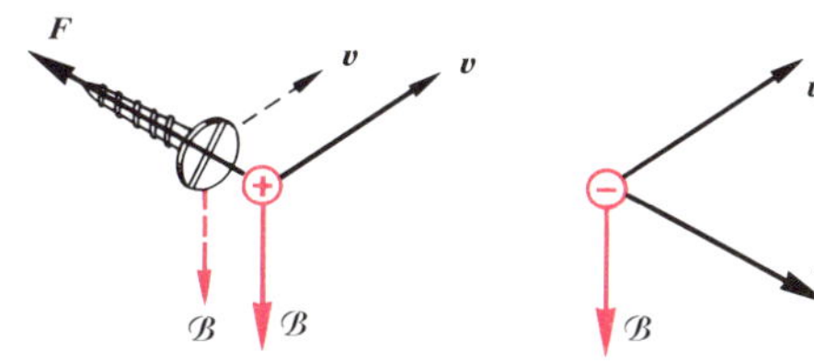

Geschwindigkeit, Magnetfeld und Kraft bilden für positive Ladungen eine Rechtsschraube, für negative Ladungen eine Linksschraube.

Da die Lorentzkraft stets senkrecht zur Bewegungsrichtung steht, verändert sie nur die Richtung der Geschwindigkeit und nicht ihren Betrag.

Wir betrachten einige Beispiele.

1. Beispiel: Geladene Teilchen im homogenen Magnetfeld

Die Bahnkurve eines geladenen Teilchens in einem Magnetfeld ist im allgemeinen sehr kompliziert. Einfache Verhältnisse liegen nur im homogenen Magnetfeld vor. Wir betrachten zunächst ein Teilchen, das sich senkrecht zu den Feldlinien bewegt. Da das Magnetfeld $\mathcal{B}$ überall den gleichen Wert hat und die Lorentzkraft nur die Richtung der Geschwindigkeit, nicht aber deren Betrag ändert, durchläuft das Teilchen einen Kreis. Die Zentripetalbeschleunigung rührt dabei von der Lorentzkraft her, so daß die Bewegungsgleichung lautet:

$$m\,\frac{v^2}{r} = q\, v\, \mathcal{B}.$$

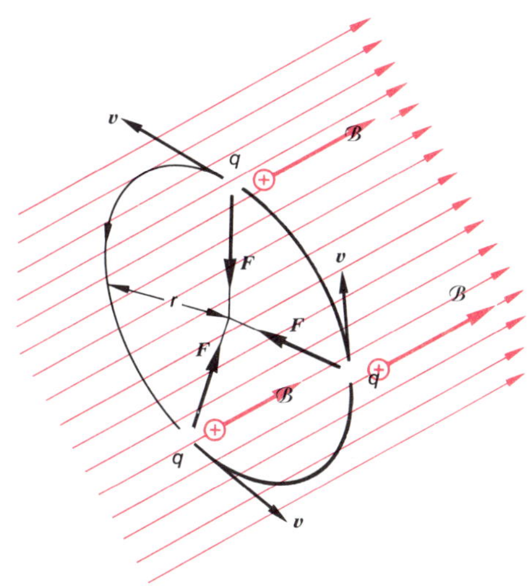

In einem homogenen Magnetfeld bewegt sich ein Teilchen senkrecht zu den Feldlinien auf einer Kreisbahn. Die Lorentzkraft ist stets zum Kreismittelpunkt hin gerichtet.

Für den Kreisradius ergibt sich daher

$$r = \frac{m\, v}{q\, \mathcal{B}}.$$

Die Spuren geladener Teilchen werden in einer Blasenkammer sichtbar gemacht. Durch ein Magnetfeld werden die Teilchen auf Kreisbahnen gelenkt, deren Radius abnimmt, da die Teilchen durch den Wasserstoff der Blasenkammer allmählich abgebremst werden.

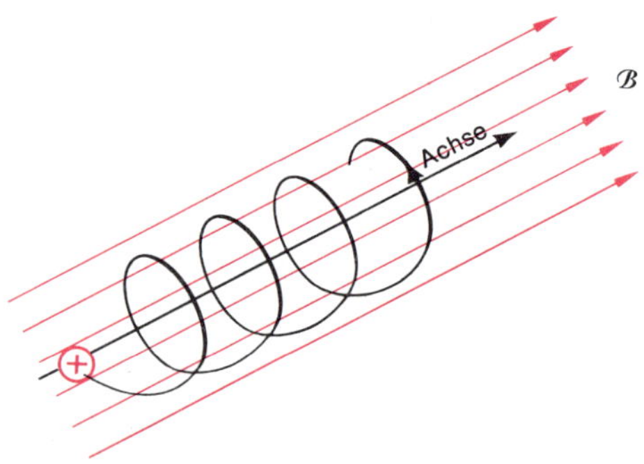

Hat ein geladenes Teilchen auch eine Anfangsgeschwindigkeit parallel zu den Feldlinien, so bewegt es sich auf einer Schraubenbahn.

Weist das Teilchen auch eine Geschwindigkeitskomponente parallel zur Feldrichtung auf, so wird diese bei der Bewegung nicht geändert. Wir können die Gesamtbewegung des Teilchens daher aus zwei Bewegungen zusammensetzen:

senkrecht zur Richtung des Magnetfeldes bewegt sich das Teilchen auf einer Kreisbahn mit dem Radius $r = m v_\perp / q \mathcal{B}$,
parallel zur Richtung des Magnetfeldes bewegt sich das Teilchen mit konstanter Geschwindigkeit.

Insgesamt ergibt sich folgendes Resultat:

Geladene Teilchen bewegen sich im homogenen Magnetfeld auf schraubenförmigen Bahnen.
Die Achse der Schraubenbahn liegt parallel zur Feldrichtung.
Der Radius der Schraubenbahn beträgt

$$r = \frac{m v_\perp}{q \mathcal{B}}.$$

In den magnetischen Speicherringen des Europäischen Zentrums für Elementarteilchenphysik CERN bei Genf kreisen Protonen und stoßen an Kreuzungsstellen mit anderen Teilchen zusammen.

2. Beispiel: Magnetische Speicherringe

Die *Elementarteilchenphysik* beschäftigt sich mit den Eigenschaften der kleinsten Bausteine der Materie, wie z. B. Elektronen, Protonen oder Neutronen. Für manche Experimente müssen schnell bewegte geladene Teilchen einige Stunden lang aufbewahrt werden. Dazu läßt man die Teilchen in einer luftleeren Röhre kreisen, die sich zwischen den Polen starker Magnete befindet. Durch die Lorentzkraft wird die nötige Zentripetalkraft für die Kreisbewegung geliefert.

Die Teilchen können einige Tage lang fast mit Lichtgeschwindigkeit in Speicherringen kreisen. Sie legen hunderte Milliarden Kilometer zurück, bis sie durch Stöße gegen die Wände oder gegen Gasmoleküle aus der Bahn geworfen werden.

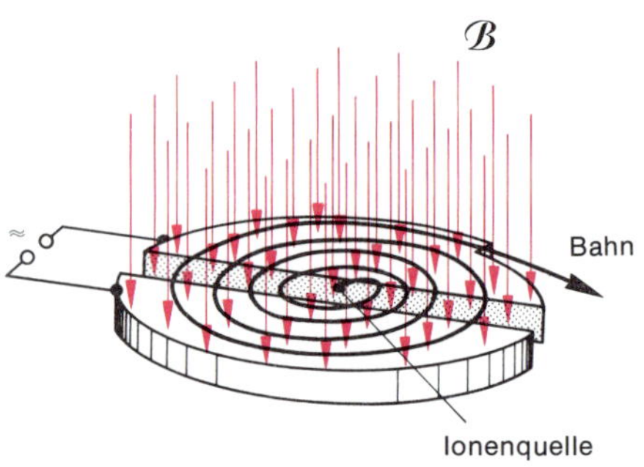

Im Zyklotron werden geladene Teilchen auf hohe Geschwindigkeiten beschleunigt. Die Teilchen gehen von einer Ionenquelle aus, werden durch Magnetfelder auf Kreisbahnen gelenkt und durch elektrische Felder beschleunigt.

3. Beispiel: Das Zyklotron

Bei den Experimenten mit Elementarteilchen benötigt man Teilchen, die hohe kinetische Energie aufweisen. Diese Energie wird den Teilchen in *Beschleunigern* zugeführt. Einer der ersten Beschleunigertypen war das *Zyklo-*

Blick in die Vakuumkammer des CERN-Zyklotrons. Darin werden Elektronen auf eine Energie von 600 MeV beschleunigt. Oben und unten die Spulen des Elektromagneten.

tron. Es besteht aus einer flachen, in der Mitte gespaltenen Metalldose, die sich im Hochvakuum zwischen den Polen eines großen Elektromagneten befindet. In der Dosenmitte werden geladene Teilchen mit geringer Geschwindigkeit erzeugt. (Z. B. können Elektronen von einem radioaktiven Präparat ausgehen.) Im Feld des Magneten durchlaufen die Teilchen Kreisbahnen. Die beiden Dosenhälften werden in rascher Folge positiv bzw. negativ aufgeladen, so daß die Teilchen durch das elektrische Feld jeweils beschleunigt werden, wenn sie den Spalt durchlaufen. Die Geschwindigkeit v und damit auch der Bahnradius $r = mv/q\mathcal{B}$ wachsen, bis die Teilchen schließlich aus dem Magnetfeld austreten und für weitere Experimente verwendet werden können.

4. Beispiel: Der Massenspektrograph

Der Bahnradius $r = mv/q\mathcal{B}$ geladener Teilchen im Magnetfeld hängt vom Verhältnis m/q ab. Da die Ladung q meist bekannt und gleich der Elementarladung ist, kann man die Masse aus dem Bahnradius bestimmen.

Dazu läßt man die Teilchen in einem elektrischen Feld zunächst die Spannung U durchlaufen. Ist die Anfangsgeschwindigkeit der Teilchen vernachlässigbar klein, so gilt nach dem Energiesatz

$$\frac{mv^2}{2} = qU.$$

Sie erreichen daher die Geschwindigkeit

$$v = \sqrt{\frac{2qU}{m}}.$$

Anschließend durchlaufen die Teilchen in einem homogenen Magnetfeld Kreisbahnen mit dem Radius

$$r = \frac{mv}{q\mathcal{B}} = \frac{m}{q\mathcal{B}}\sqrt{\frac{2qU}{m}} = \sqrt{\frac{m}{q}}\sqrt{\frac{2U}{\mathcal{B}^2}}.$$

Der Bahnradius steigt also mit der Wurzel der Teilchenmasse an. Fängt man die Teilchen mit einer photographischen Platte auf, so erhält man ein *Massenspektrum.* Auf diese Weise bestimmt man beispielsweise die Masse des Elektrons zu $m_e = 9{,}1 \cdot 10^{-31}$ kg. Aber auch die Massen aller Atome werden mit dem hier beschriebenen *Massenspektrographen* ermittelt. So läßt sich die Zusammensetzung eines chemischen Elementes aus Isotopen verschiedener Masse beweisen.

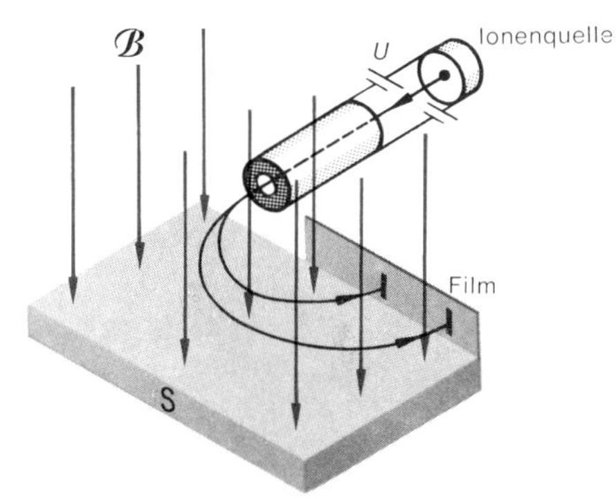

Im Massenspektrographen werden geladene Teilchen zunächst durch ein elektrisches Feld beschleunigt und dann durch ein Magnetfeld abgelenkt. Aus dem Radius der Bahn kann die Masse bestimmt werden.

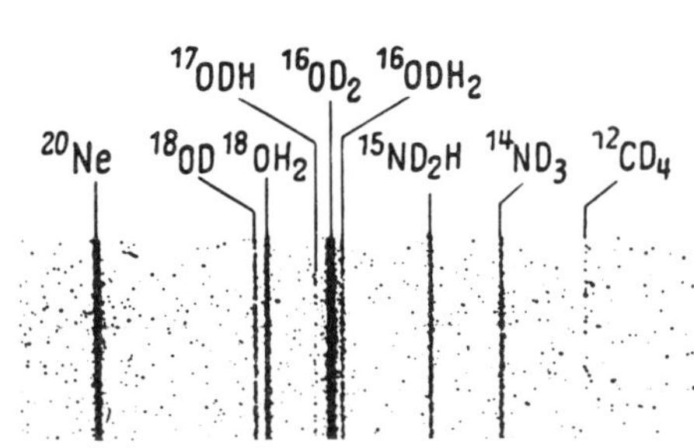

Auch kleinste Massendifferenzen können mit dem Massenspektrographen bestimmt werden. Die relativen Atommassen bzw. Molekülmassen liegen hier im Bereich zwischen 19,9988 und 20,0628.

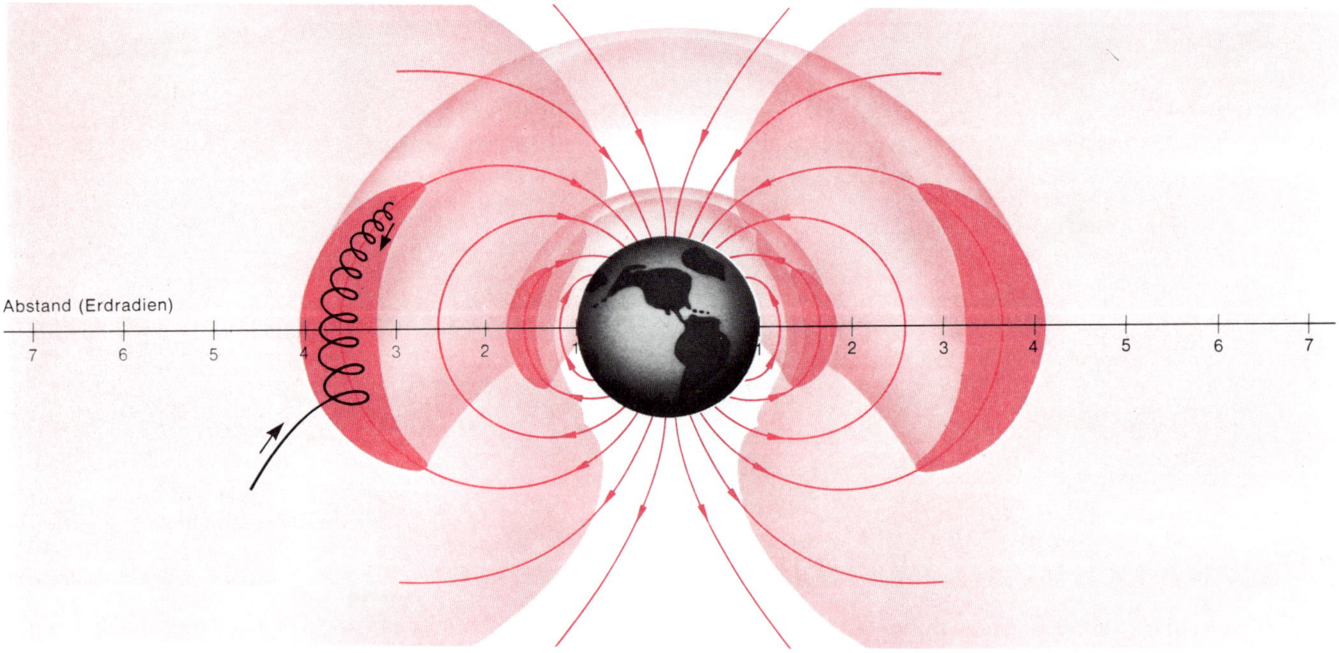

Der van-Allen-Gürtel besteht aus zwei Regionen, in denen Satelliten eine stark erhöhte Dichte geladener Teilchen registrierten. Die Teilchen kreisen um die Feldlinien des Erdmagnetfeldes.

5. Beispiel: Die Strahlungsgürtel der Erde

Die Sonne emittiert ständig einen Strom geladener Teilchen zur Erde. Dieser *Sonnenwind* besteht vor allem aus Protonen und Elektronen. Geraten die Teilchen in den Bereich des Erdmagnetfeldes, so bewegen sie sich auf Schraubenbahnen um die Feldlinien. In der Umgebung der Pole, wo die magnetische Feldstärke zunimmt, verringert sich die Geschwindigkeitskomponente der Teilchen parallel zur Feldrichtung, wie die Abbildung zeigt, und kehrt sich schließlich um. Die Teilchen pendeln daher ständig zwischen den Polen hin und her. Dadurch wird eine beträchtliche Anzahl von Teilchen in einigen Bereichen des Erdmagnetfeldes gespeichert. Diese Bereiche heißen Strahlungsgürtel oder *van Allen Gürtel.* In den Polargegenden stoßen die gespeicherten Teilchen mit Molekülen aus der Lufthülle der Erde zusammen. Dadurch kommt es zu Leuchterscheinungen, dem Nordlicht.

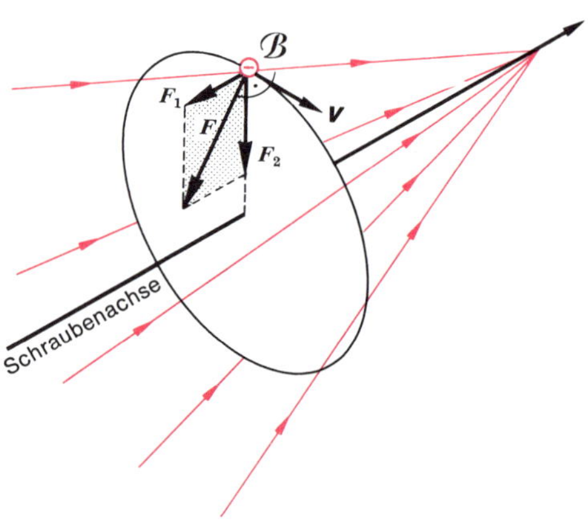

Die Bewegung der Teilchen parallel zur Feldrichtung kommt in der Polregion zum Stillstand und kehrt sich um, weil die Komponente F_1 der Lorentzkraft der Bewegung entgegengerichtet ist.

Die van Allen Gürtel wurden 1958 beim Flug des ersten amerikanischen Erdsatelliten entdeckt. Die Messungen zeigten, daß im äußeren Gürtel vor allem Elektronen zu finden sind, während im inneren Gürtel Protonen überwiegen. Bei Atombombenexplosionen in großer Höhe wurden 1962 künstliche Strahlungsgürtel geschaffen, die jedoch bald wieder zerfielen.

Die Speicherung geladener Teilchen in inhomogenen Magnetfeldern versucht man für technische Zwecke auszunützen. Bei der Verschmelzung von Atomkernen, an der man aus Gründen der Energiegewinnung interessiert ist, muß man mit einem heißen Gemisch aus positiven und negativen Teilchen, einem sogenannten *Plasma,* experimentieren. Den nötigen Temperaturen von einigen Millionen Kelvin würde kein materieller Behälter standhalten. Man versucht daher, die Teilchen in einer *magnetischen Flasche* zu speichern, die im kleinen Maßstab einen Strahlungsgürtel der Erde nachahmt.

Das Erdmagnetfeld weist eine starke Asymmetrie auf, die durch den Sonnenwind verursacht wird. Er besteht aus geladenen Teilchen, die mit einer Geschwindigkeit von rund 500 km/s von der Sonne ausgehen. Die Teilchen werden im Erdmagnetfeld abgelenkt und beeinflussen dieses Feld dabei ebenfalls, wie aus dem allgemeinen Wechselwirkungsgesetz folgt. Das Erdmagnetfeld weist eine deutliche Grenze auf, die man Magnetopause nennt.

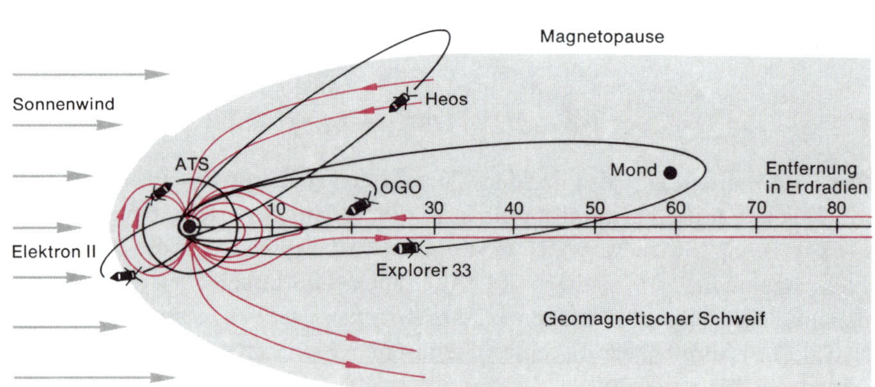

5. Die Erzeugung magnetischer Felder

Das Experiment von Oersted hat gezeigt, daß Ströme von Magnetfeldern umgeben sind. Es gilt also:

> Ladungen erzeugen elektrische Felder.
> Ströme erzeugen Magnetfelder.

Weil Ströme durch Ladungsbewegungen entstehen, können wir auch sagen:

> Alle Ladungen erzeugen elektrische Felder.
> Bewegte Ladungen erzeugen auch Magnetfelder.

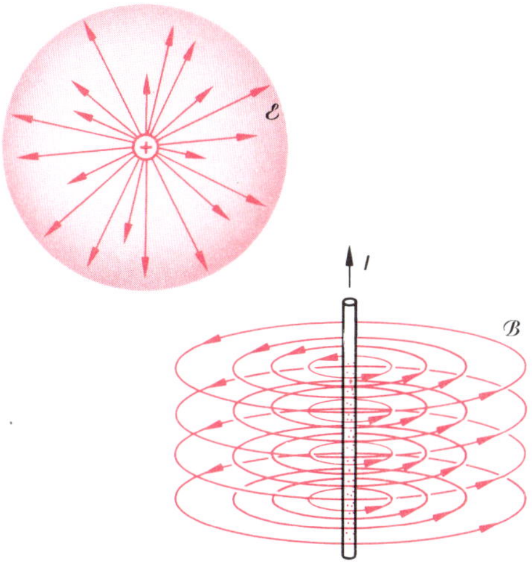

Ladungen erzeugen elektrische Felder. Ströme erzeugen Magnetfelder.

Wir wollen nun die magnetische Feldstärke $\mathcal{B}$ in der Umgebung eines langen, geraden Drahtes bestimmen, in dem der Strom I fließt. Wir wissen bereits, daß der Draht von ringförmigen Feldlinien umgeben ist.

Um die Feldstärke zu bestimmen, spannen wir einen zweiten Draht parallel zum ersten auf. In diesem Draht fließe der Strom I'. Das Magnetfeld des ersten Drahtes übt auf den zweiten Draht eine Kraft aus, deren Richtung aus der Rechtsschraubenregel folgt.

> Zwischen Strömen wirken magnetische Kräfte.
> Parallele Ströme ziehen einander an.
> Antiparallele Ströme stoßen einander ab.

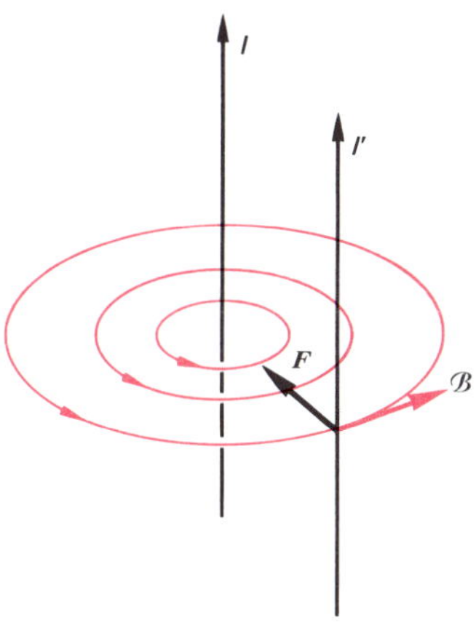

Parallele Ströme ziehen einander durch magnetische Kräfte an.

Die ersten exakten Messungen der Kräfte zwischen zwei Strömen hat André Marie Ampère durchgeführt. Die Messungen zeigten:

Die Kraft F zwischen zwei parallelen, stromdurchflossenen Drähten ist dem Produkt $I \cdot I'$ der Stromstärken und der Drahtlänge s proportional, aber dem Abstand r der Drähte umgekehrt proportional.

Wir können daher das Kraftgesetz zwischen zwei parallelen Strömen in der folgenden Form schreiben:

$$F = \frac{\mu_0}{2\pi} \frac{I \cdot I'}{r} s = I' s \mathcal{B}.$$

Für das Magnetfeld des Stromes ergibt sich somit:

$$\mathcal{B} = \frac{\mu_0}{2\pi} \frac{I}{r}.$$

Es ist nun noch der Proportionalitätsfaktor zu ermitteln, der aus historischen Gründen in der Form $\mu_0/2\pi$ geschrieben wird. μ_0 heißt *magnetische Feldkonstante*. Wir erhalten sie aus folgender Messung:

Durch zwei sehr lange, parallele Leiter im Abstand $r = 1$ m fließt jeweils ein Strom $I = 1$ A. Zwei Leiterabschnitte der Länge $s = 1$ m wirken aufeinander mit der Kraft $F = 2 \cdot 10^{-7}$ N. Daraus können wir μ_0 berechnen. Es ergibt sich:

$$2 \cdot 10^{-7}\,\text{N} = \frac{\mu_0}{2\pi} \cdot \frac{1\,\text{A} \cdot 1\,\text{A}}{1\,\text{m}} \cdot 1\,\text{m} \quad \text{also} \quad \mu_0 = 4\pi \cdot 10^{-7}\,\text{N/A}^2.$$

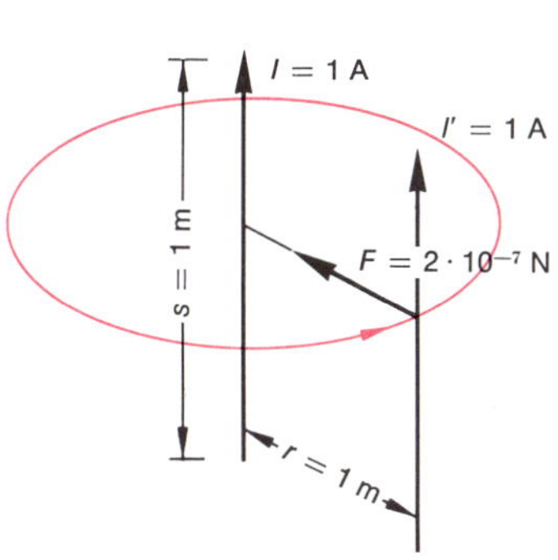

Zwei Leiter von 1 m Länge, in denen jeweils Ströme von 1 A fließen, ziehen einander mit der Kraft $2 \cdot 10^{-7}$ N an, wenn ihr Abstand 1 m beträgt.

Wir formen die Einheit um:

$$1\,\frac{\text{N}}{\text{A}^2} = 1\,\frac{\text{Nm}}{\text{A}^2\text{m}} = 1\,\frac{\text{J}}{\text{A}^2\text{m}} = 1\,\frac{\text{AVs}}{\text{A}^2\text{m}} = 1\,\frac{\text{Vs}}{\text{Am}}.$$

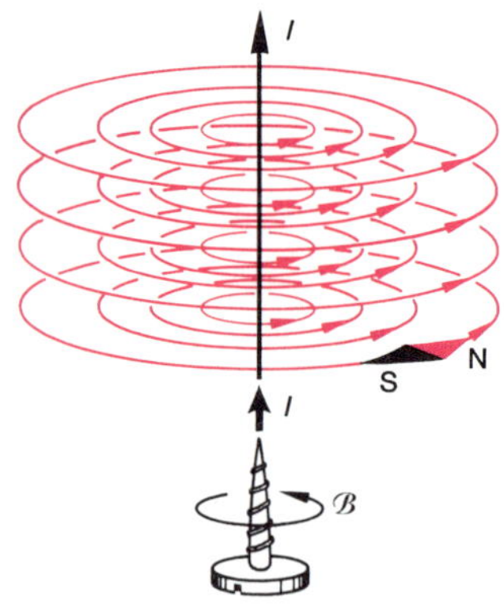

Der Richtungssinn der kreisförmigen Feldlinien um einen Strom wird durch den Drehsinn einer Schraube festgelegt, die man in Stromrichtung einschraubt.

Damit haben wir das Magnetfeld in der Umgebung eines stromdurchflossenen Leiters vollständig bestimmt. Das Ergebnis lautet:

> Ein langer, geradliniger Leiter, durch den ein Strom der Stärke I fließt, ist umgeben von einem Magnetfeld
>
> $$\mathcal{B}=\frac{\mu_0}{2\pi}\,\frac{I}{r}\,. \quad \left(\mu_0=4\pi\cdot 10^{-7}\,\frac{\mathrm{Vs}}{\mathrm{Am}}\right)$$
>
> μ_0 heißt magnetische Feldkonstante. Der Richtungssinn der kreisförmigen Feldlinien wird durch die Schraubenregel festgelegt.

Wir haben hier μ_0 aus der Kraft ermittelt, die zwischen zwei parallelen Leitern wirkt, welche 1 m Abstand haben und vom Strom I = 1 A durchflossen werden. Der Vollständigkeit halber sei festgehalten, daß der Wert für μ_0 im Eichgesetz *definitionsgemäß* festgelegt wird, wodurch auch die Einheit »Ampere« definiert ist. Damit läßt sich dann die Ladungseinheit 1 C = 1 As einführen. In diesem Fall ist die elektrische Feldkonstante ε_0 durch Messungen zu ermitteln, woraus sich der in der Elektrostatik zitierte Wert $\varepsilon_0 = 8{,}85 \cdot 10^{-12}$ As/Vm ergibt.

Für das Verständnis der Elektrizitätslehre ist es aber zweckmäßiger, die Einheit der Ladung durch eine Definition festzulegen und μ_0 experimentell zu ermitteln. Aus meßtechnischen Gründen wird aber für Eichzwecke das Ampere als Grundeinheit betrachtet und ε_0 experimentell bestimmt.

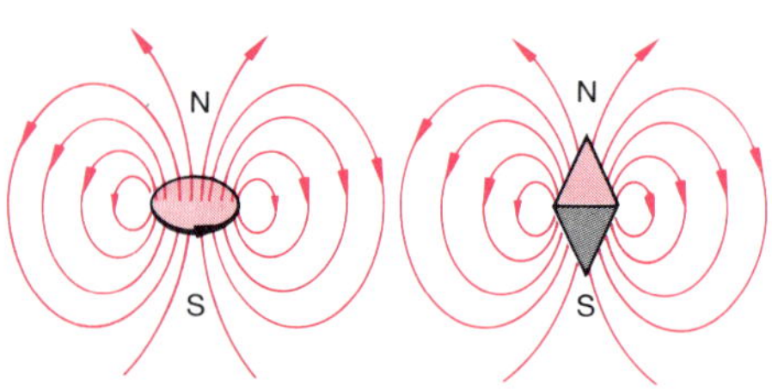

Das Magnetfeld in der Umgebung eines Kreisstromes entspricht demjenigen einer kleinen Magnetnadel.

1. Beispiel: Das Magnetfeld eines Kreisstromes

Wir untersuchen das Magnetfeld eines Stromes, der durch eine kreisförmige Drahtschleife fließt. Wir können das Feldlinienbild mit Eisenfeilspänen sichtbar machen.

Zur Erklärung des Feldverlaufes denken wir uns die Drahtschleife aus kleinen, geraden Drahtstücken zusammengesetzt. Im Inneren der Schleife verlaufen die Feldlinien aller Drahtstücke in der gleichen Richtung und verstärken einander. Außerhalb der Schleife haben die magnetischen Feldlinien gegenüberliegender Drahtstücke entgegengesetzte Richtung und schwächen einander. Das entstehende Feldlinienbild haben wir bereits früher kennengelernt. Es ist das Feld einer kleinen Magnetnadel.

> Das Magnetfeld eines Kreisstromes entspricht dem Magnetfeld einer kleinen Magnetnadel.

Dies gilt zumindest im Außenraum einer Magnetnadel. Um auch das Feld in ihrem Inneren kennenzulernen, denken wir uns die Nadel in zwei Hälften geteilt. Die vom neu entstehenden Nordpol zum Südpol verlaufenden Feldlinien haben auch hier den gleichen Verlauf, wie bei der Stromschleife.

Sogar die Kräfte zwischen frei drehbar aufgehängten Stromschleifen entsprechen den Kräften zwischen Magnetnadeln. Infolge der Abstoßung antiparalleler Ströme stellen sich die beiden Schleifen parallel zueinander. Eine einzelne Stromschleife stellt sich im Erdmagnetfeld genau wie eine Magnetnadel ein.

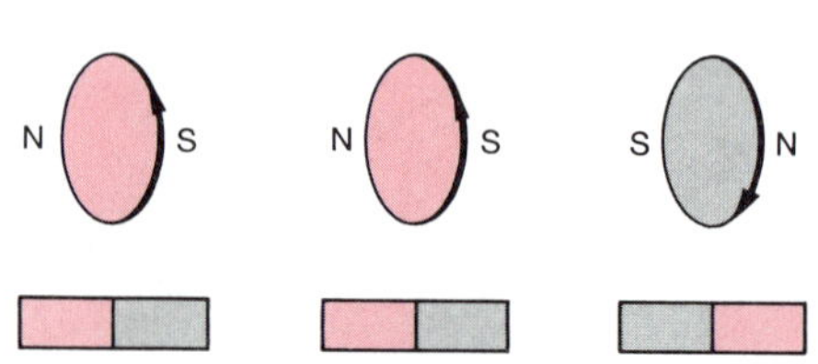

Die Kräfte zwischen Kreisströmen entsprechen den Kräften zwischen Magnetnadeln. Die beiden gleichgerichteten Ströme ziehen einander an, die entgegengerichteten Ströme stoßen einander dagegen ab.

> Die Kräfte zwischen Kreisströmen entsprechen den Kräften zwischen Magnetnadeln.

Die Analogie zwischen Kreisströmen und Magnetnadeln führte bereits zur Hypothese, daß Magnetfelder *stets* auf elektrische Ströme zurückzuführen sind, d. h. daß die Elementarmagnete Kreisströme sind. Demnach gibt es keine Magnetpole, in denen Feldlinien entspringen oder enden, wie dies die elektrischen Feldlinien in Ladungen tun. Magnetische Feldlinien bilden vielmehr stets geschlossene Ringe rund um elektrische Ströme.

Aus der Ampèreschen Hypothese folgt, daß man bei beliebiger Zerteilung eines Magneten nie einen isolierten Südpol oder Nordpol erhält, sondern stets einen magnetischen Dipol, der beide Pole hat. Diese Folgerung kennen wir als experimentelle Tatsache bereits aus der Magnetostatik.

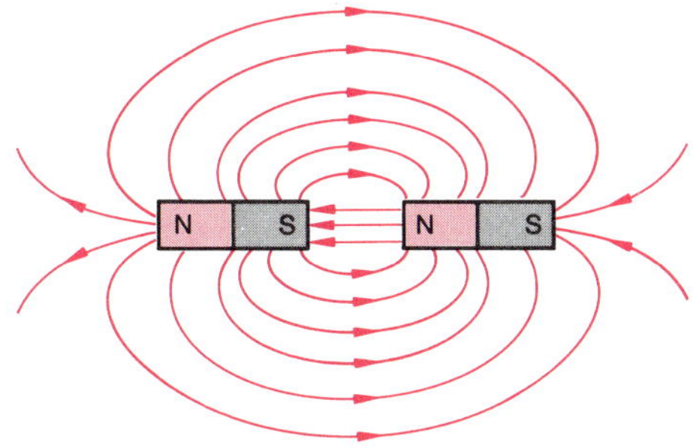

Denken wir uns einen Stabmagneten in zwei Teile geschnitten, so sehen wir, daß die Feldlinien auch in seinem Inneren den Feldlinien von Kreisströmen entsprechen.

2. Beispiel: Das Magnetfeld einer langen Spule

Schalten wir viele Kreisströme hintereinander, so erhalten wir eine Spule. Weil ein Kreisstrom einer kleinen Magnetnadel entspricht, muß das Magnetfeld der Spule dem Feld gleichen, das man beim Aneinanderlegen vieler kleiner Magnete zu einem Stabmagneten erhält.

Die Rechnung zeigt, daß sich eine einfache Feldverteilung ergibt, wenn die Länge l der Spule viel größer als ihr Durchmesser ist.

> Das Magnetfeld im Inneren einer langen Spule ist homogen und hat den Betrag
>
> $$\mathcal{B} = \mu_0 \cdot \frac{N I}{l}$$
>
> N ist die Windungszahl und l die Spulenlänge.

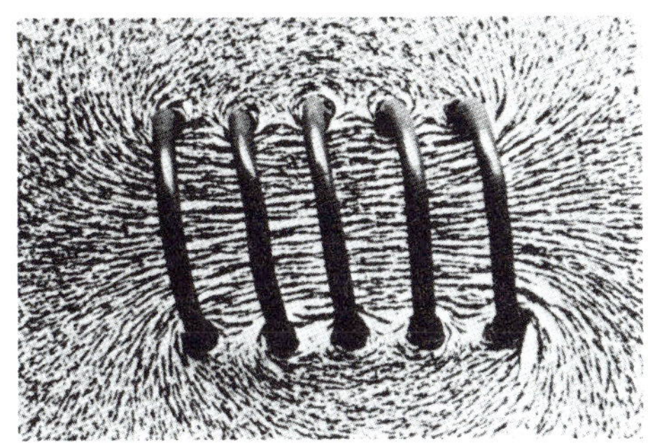

Im Inneren einer langen Spule herrscht ein homogenes Magnetfeld. Es kann zu Präzisionsmessungen dienen.

3. Beispiel: Das Magnetfeld einer langen Spule mit Eisenkern

Bringt man einen Eisenkern in das Innere einer langen Spule, so zeigt die Ablenkung einer außen angebrachten Magnetnadel deutlich eine Verstärkung des Magnetfeldes der Spule an. Dies können wir folgendermaßen erklären. Wir haben bereits festgestellt, daß sich frei drehbare Kreisströme infolge magnetischer Kräfte parallel stellen. Wenn wir annehmen, daß atomare Kreisströme im Eisen ihre Orientierung verändern können und sich parallel zum äußeren Stromkreis der Spule stellen, so ergibt sich eine einfache Erklärung für die Verstärkung des Magnetfeldes durch einen Eisenkern.

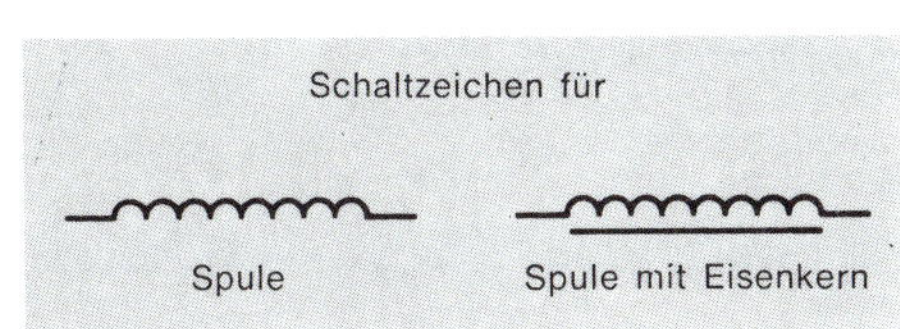

Im Inneren des Eisens heben sich die Kreisströme wechselseitig auf, wie die Abbildung zeigt. Am Rand des Eisenkernes fließt dagegen ein starker resultierender Strom I_E parallel zum Spulenstrom I. Die beiden Ströme erzeugen zusammen ein verstärktes Magnetfeld

$$\mathcal{B} = \mu_0 \frac{N(I + I_E)}{l}.$$

Steigern wir den Spulenstrom I allmählich, so stellen sich die zunächst durch thermische Bewegung ungeordneten Kreisströme parallel zum äußeren Strom. Für Weicheisen ist die Ausrichtung der atomaren Kreisströme proportional zum Spulenstrom, was wir in der Form

$$I_E = (\mu - 1)\, I$$

anschreiben. Damit folgt für das Magnetfeld

$$\mathcal{B} = \mu_0 \frac{N(I + I_E)}{l} = \mu \mu_0 \frac{N I}{l}.$$

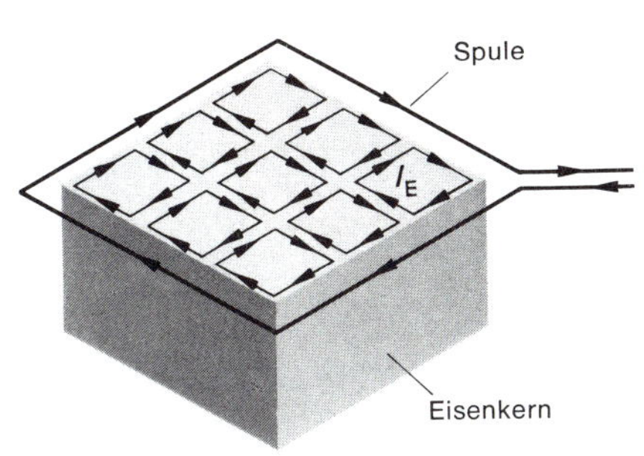

Bringt man einen Eisenkern in das Innere einer Spule, so verstärken atomare Kreisströme das Magnetfeld der Spule um einen Faktor μ, den man als Permeabilität bezeichnet.

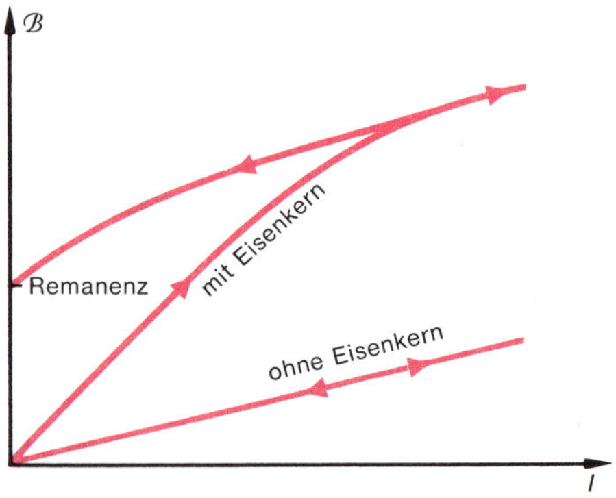

Steigert man den Strom in der Spule allmählich, so steigt das Magnetfeld in einer Spule mit Eisenkern zunächst viel schneller, als bei einer Spule ohne Eisenkern. Sättigung wird erreicht, wenn alle atomaren Kreisströme parallelgerichtet sind. Schaltet man den Strom langsam wieder aus, so bleibt eine Restmagnetisierung zurück, die man Remanenz nennt. Die Verstärkung des äußeren Magnetfeldes durch die atomaren Kreisströme kann Werte von einigen tausend Tesla erreichen.

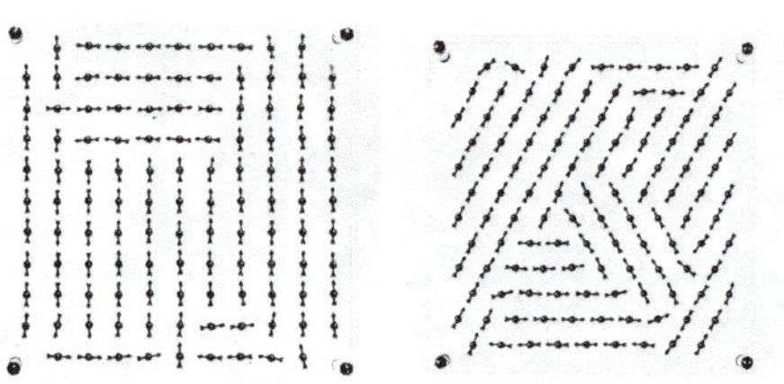

In unmagnetisiertem Eisen sind die atomaren Kreisströme, die hier durch kleine Magnetnadeln dargestellt sind, in kleinen »Weiss'schen Bezirken« parallel zueinander angeordnet. Diese Bezirke weisen aber keine Vorzugsrichtung auf. Wird das Eisen magnetisiert, so stellen sich die Magnete in allen Bezirken parallel.

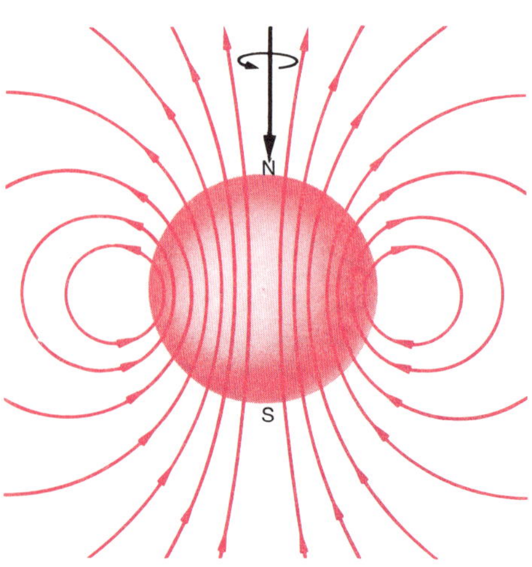

Erst die Quantenphysik konnte die Natur der atomaren Kreisströme deuten. Es sind Ströme, die im Elektron selbst fließen und durch die Drehung des Elektrons zustande kommen.

Die Kreisströme verstärken das Magnetfeld also um die *Permeabilität* μ.

> Bringt man einen Eisenkern in eine Spule, so richten sich atomare Kreisströme im Eisen parallel zum Spulenstrom aus. Dadurch verstärkt sich das Magnetfeld der Spule.

Weitere Experimente zeigen, daß die Verstärkung des Magnetfeldes auch von der geometrischen Form des Eisenkernes abhängt. Die stärkste Steigerung des Magnetfeldes wird bei geschlossenen Eisenkernen erreicht. Sie werden in Transformatoren und anderen technischen Einrichtungen angewendet, bei denen es auf starke Magnetfelder ankommt. Bereits ein geringer Luftspalt zwischen zwei Eisenteilen verringert die Verstärkung des Magnetfeldes erheblich. Die Angabe der Permeabilität bezieht sich stets auf einen geschlossenen Eisenkern.

Die Verdrehung der Kreisströme durch das äußere Magnetfeld erfordert Arbeit. Wird die Richtung des Magnetfeldes oft geändert, so ist ein erheblicher Arbeitsaufwand erforderlich, und der Magnet erwärmt sich. Die Eisenkerne in den Spulen großer Transformatoren müssen daher gekühlt werden.
In Stahl lassen sich die Kreisströme besonders schwer verdrehen. Sind sie aber einmal durch ein starkes Magnetfeld parallel ausgerichtet, so verändert sich ihre Orientierung auch dann nicht, wenn man das äußere Magnetfeld abschaltet. Der einmal magnetisierte Stahl bleibt magnetisch. Wir haben einen *Permanentmagneten* vor uns. Selbst bei Weicheisen bleibt stets ein Rest von Magnetisierung zurück, den man als *Remanenz* bezeichnet.

Wie jede Ordnung im atomaren Bereich kann auch die Orientierung der atomaren Kreisströme in einem Permanentmagneten durch Erhitzen zerstört werden. Erwärmt man einen Magneten über den »Curiepunkt«, so stört die thermische Bewegung die Ausrichtung der Kreisströme. Die Magnetisierung geht verloren.

> Das Magnetfeld eines Permanentmagneten entsteht durch geordnete atomare Kreisströme. Erwärmung des Magneten über den Curiepunkt zerstört die Ordnung der atomaren Kreisströme.

Der »Hufeisenmagnet«, an den man meist denkt, wenn von Magnetismus die Rede ist, stellt also einen Sonderfall dar. »Eingefrorene« atomare Kreisströme, die beliebig lange fließen können, rufen sein Magnetfeld hervor.

Nur aus einigen wenigen Materialien lassen sich Permanentmagnete herstellen, und doch beherrschen sie das Alltagsbild des Magnetismus. Nur langsam gewöhnt man sich an die Vorstellung, daß Magnetfelder stets durch Ströme hervorgerufen werden!

Besonders schwer fiel es den Zeitgenossen Ampères, an *ständig* fließende atomare Ströme in einem Permanentmagneten zu glauben. Ihnen war noch nicht bekannt, daß es im atomaren Bereich keine Reibung gibt. Auch die thermische Bewegung der Moleküle eines Gases bleibt ja beliebig lange bestehen.

Um die Amperesche Theorie atomarer Kreisströme weiter zu bestätigen, müssen die Kreisströme aus dem atomaren Aufbau der Materie heraus erklärt werden. Dies war eine der schwierigsten Aufgaben der Quantenphysik. Erst im Jahre 1928 schufen Frenkel, Heisenberg und Bloch eine derartige Theorie des Ferromagnetismus (der Permanentmagnete). Sie wurde in den folgenden Jahrzehnten durch viele detaillierte Rechnungen über die magnetischen Eigenschaften verschiedener Materialien weiter ausgebaut und ist auch heute noch ein wichtiges Forschungsthema der Festkörperphysik.

Der Magnetismus ist ein Beispiel dafür, wie eine Hypothese im Laufe von mehr als 100 Jahren durch viele Experimente allmählich immer weiter bestätigt und zugleich zu einer vollständigen Theorie ausgebaut wird.

6. Das Induktionsgesetz

»Seit langem habe ich die an Überzeugung grenzende Meinung gehegt, daß die verschiedenen Kräfte der Materie einen gemeinschaftlichen Ursprung haben und ineinander verwandelt werden können. In neuerer Zeit sind die Beweise für ihre Umwandelbarkeit in beträchtlichem Maße gehäuft, und es ist der Anfang gemacht zur Bestimmung ihrer äquivalenten Kräfte.«

So beschreibt Michael Faraday in den »Experimentaluntersuchungen über Elektrizität« seine Überzeugung vom Zusammenhang aller Naturkräfte. Die Entdeckung der magnetischen Wirkungen des elektrischen Stromes durch Oersted ließ ihn nach deren Umkehrung suchen, wie eine Tagebucheintragung aus dem Jahre 1822 zeigt: »Convert magnetism into electricity«. Neun Jahre später, am 29. August 1831, war Faraday am Ziel. Das von ihm entdeckte Induktionsgesetz ist eine der wesentlichsten Grundlagen der gesamten Elektrotechnik. Es soll im folgenden experimentell hergeleitet werden.

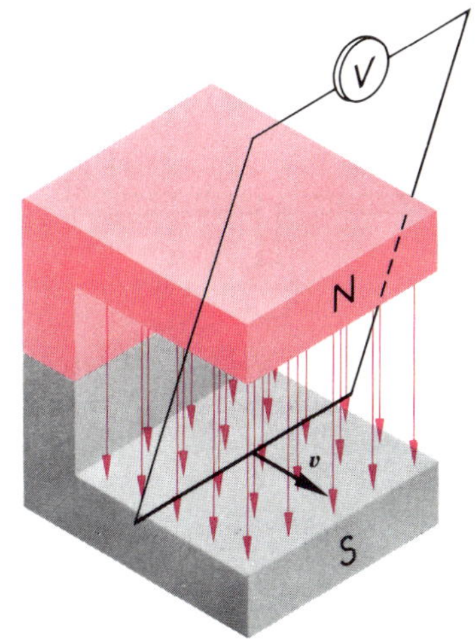

Bewegt sich eine Leiterschaukel im Magnetfeld, so beobachtet man das Auftreten einer Induktionsspannung.

1. Experiment: Ruhender Magnet – bewegter Leiter

Zwischen den Polen eines Hufeisenmagneten hängen wir ein kleines Drahtstück waagrecht auf und verbinden es mit einem Drehspul-Meßgerät, das Spannungen von wenigen Millivolt anzeigen kann. Lassen wir diese Schaukel schwingen, so beobachten wir einen Ausschlag des Voltmeters, wobei die Spannung ihr Vorzeichen mit der Schaukelbewegung periodisch umkehrt.

Um dieses Ergebnis zu erklären, nähern wir das Feld des Hufeisenmagneten durch ein räumlich begrenztes homogenes Feld an. Bewegt sich die Leiterschaukel darin mit der Geschwindigkeit v, so wirkt auf jedes Elektron im Draht die Lorentzkraft

$$F = e\, v\, \mathcal{B}.$$

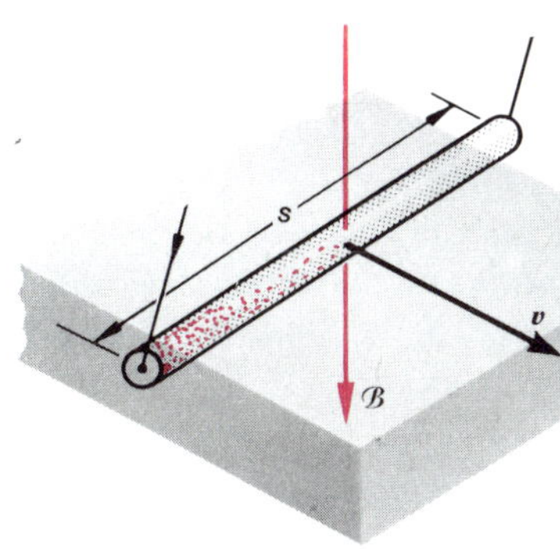

Infolge der Lorentzkraft verschieben sich die Elektronen im Draht. Ein Strom beginnt zu fließen.

Sie verschiebt die Elektronen im Draht. Dadurch wird das eine Ende des Drahtes negativ geladen (Elektronenüberschuß!), während das andere Ende positiv geladen ist (Elektronenmangel!). Diese Ladungsverteilung erzeugt eine elektrische Feldstärke $\mathcal{E}$ im Draht, die so lange anwächst, bis Gleichgewicht zwischen Lorentzkraft und elektrischer Kraft besteht:

$$e\, v\, \mathcal{B} = e\, \mathcal{E}.$$

Multiplizieren wir die elektrische Feldstärke $\mathcal{E}$ mit der Länge s des Drahtes, so erhalten wir die *induzierte Spannung*

$$U_{\text{ind}} = \mathcal{E}\, s = v\, \mathcal{B}\, s.$$

Wir schätzen die Größenordnung dieser Spannung ab. Beträgt die Geschwindigkeit der Leiterschaukel $v = 1$ m/s und die Drahtlänge $s = 0{,}1$ m, so wird im Magnetfeld $\mathcal{B} = 0{,}1$ T eines starken Hufeisenmagneten folgende Spannung induziert:

$$U_{\text{ind}} = v\, \mathcal{B}\, s = (1 \text{ m/s})\,(0{,}1 \text{ T})\,(0{,}1 \text{ m}) = 0{,}01 \text{ Tm}^2/\text{s} = 0{,}01 \text{ V}.$$

Dies ist die korrekte Größenordnung der beobachteten Spannung.

Wir bewegen nun anstelle des Drahtstückes eine Drahtschleife. Liegt nur ein Teil der Schleife im Feld des Magneten, so wird eine Spannung induziert und ein Induktionsstrom fließt.

Liegt dagegen die gesamte Drahtschleife im homogenen Feld des Magneten, so heben sich die bei der Verschiebung auftretenden Spannungen auf. Es fließt kein Strom.

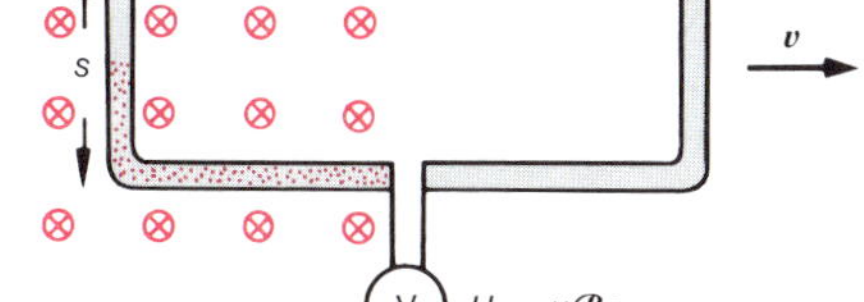

Liegt die Schleife nur teilweise im Magnetfeld, so wird eine Spannung induziert.

Die Ergebnisse dieser beiden Experimente lassen sich ebenfalls mit Hilfe der Lorentzkraft erklären. Wir können das Resultat einfach zusammenfassen:

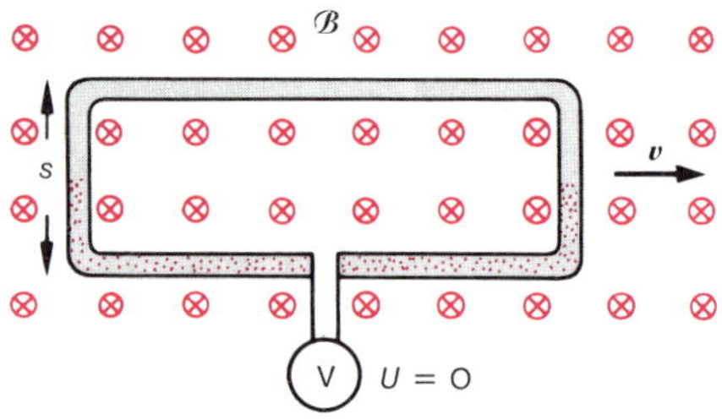

Liegt die Schleife vollständig im Magnetfeld, so wird bei der Bewegung keine Spannung induziert.

> Ändert sich die Zahl der Feldlinien, die durch eine Leiterschleife hindurchtreten, so wird eine Spannung induziert.

Um dieses Gesetz mathematisch exakter zu formulieren, führen wir den magnetischen Fluß Φ ein. Er gibt die Anzahl der Feldlinien an, die durch eine Fläche A hindurchtreten. Weil die Dichte der Feldlinien gleich $\mathcal{B}$ ist, folgt aus der Abbildung

$$\Phi = \mathcal{B} A \cos \alpha .$$

Falls das Magnetfeld nicht homogen ist, müssen wir diesen Ausdruck ersetzen durch

$$\Phi = \sum \mathcal{B} \Delta A \cos \alpha .$$

Wir merken uns also:

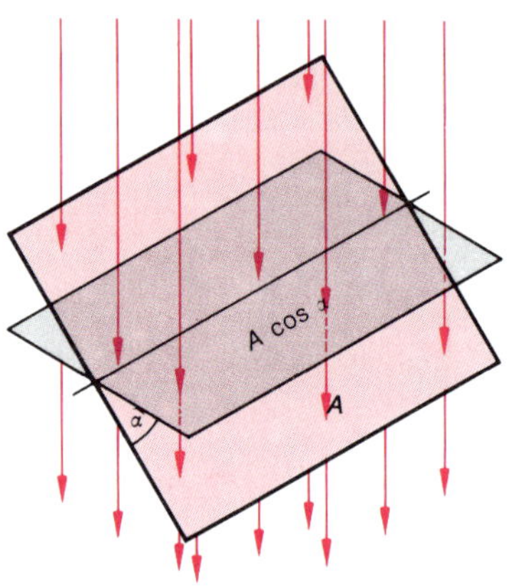

Der magnetische Fluß gibt die Anzahl der Feldlinien an, die durch eine Fläche hindurchtreten.

> Der magnetische Fluß Φ gibt die Anzahl der Feldlinien an, die durch eine Fläche hindurchtreten
>
> $$\Phi = \sum \mathcal{B} \Delta A \cos \alpha .$$

Damit können wir das Induktionsgesetz formulieren, das unsere experimentellen Ergebnisse zusammenfaßt und auch eine Reihe neuer Vorhersagen gestattet:

> *Das Induktionsgesetz*
>
> Ändert sich der magnetische Fluß in einer Leiterschleife, so wird eine Spannung induziert
>
> $$U_{\text{ind}} = -\frac{\mathrm{d}\Phi}{\mathrm{d}t} .$$

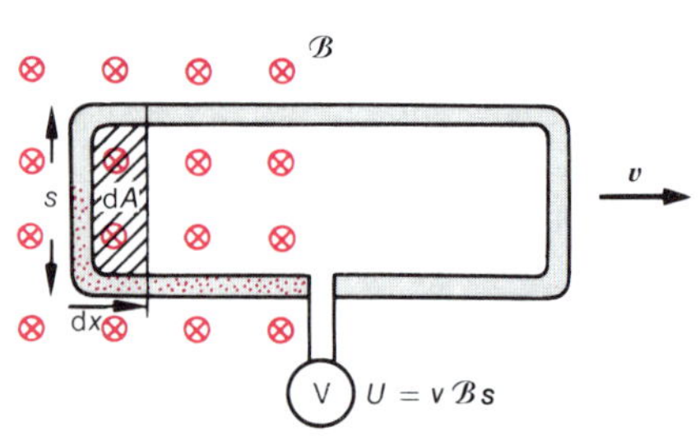

Verschiebt man die Leiterschleife um dx, *so ändert sich der magnetische Fluß* ϕ *um* $\mathrm{d}\phi = \mathcal{B}\mathrm{d}A = -\mathcal{B} s\, \mathrm{d}x$.

Wir zeigen, daß dieses Gesetz die eben betrachteten Spezialfälle enthält. In beiden Fällen steht die Drahtschleife senkrecht zum Magnetfeld. Der magnetische Fluß beträgt daher $\Phi = \mathcal{B} A$. Dabei ist A jene Fläche im Inneren der Schleife, die von Feldlinien durchsetzt wird.

Liegt die gesamte Schleife innerhalb des Magnetfeldes, so ändert sich bei ihrer Verschiebung weder $\mathcal{B}$ noch A. Es wird keine Spannung induziert.

Liegt nur ein Teil der Schleife innerhalb des Magnetfeldes, so ändert sich bei einer Verschiebung der Fluß. Weil $\mathcal{B}$ konstant ist, gilt

$$\frac{\mathrm{d}\Phi}{\mathrm{d}t} = \frac{\mathrm{d}(\mathcal{B} A)}{\mathrm{d}t} = \mathcal{B} \frac{\mathrm{d}A}{\mathrm{d}t} .$$

Bei der Verschiebung der Leiterschleife um $\mathrm{d}x$ ist die Änderung der Fläche $\mathrm{d}A$ innerhalb des Magnetfeldes gleich $\mathrm{d}A = -s\, \mathrm{d}x$. Damit folgt für die induzierte Spannung

$$U_{\text{ind}} = -\frac{\mathrm{d}\Phi}{\mathrm{d}t} = -\mathcal{B} \frac{\mathrm{d}A}{\mathrm{d}t} = \mathcal{B} s \frac{\mathrm{d}x}{\mathrm{d}t} = \mathcal{B} s v .$$

Dies stimmt mit unserem früheren Ergebnis überein.

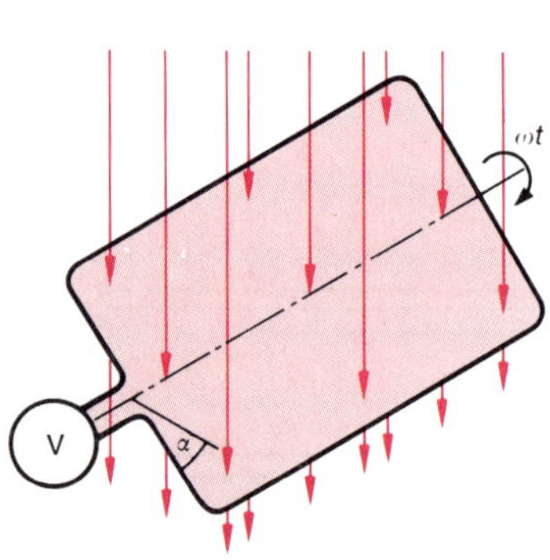

Dreht man eine Schleife im Magnetfeld, so wird eine Spannung induziert. Dies ist das Prinzip des Generators.

Drehen wir eine Drahtschleife im Magnetfeld, so ändert sich $\cos \alpha$ und damit der durch die Schleife tretende magnetische Fluß Φ. Das Experiment zeigt, daß auch in diesem Fall eine Spannung induziert wird. Sie kann ebenfalls mittels der Lorentzkraft erklärt werden.

2. Experiment: Bewegter Magnet – ruhender Leiter

Wir kehren nun zur ursprünglichen Versuchsanordnung zurück. Diesmal wollen wir aber die Leiterschaukel festhalten und den Magneten bewegen. Es ergibt sich der gleiche Ausschlag des Voltmeters wie im 1. Experiment. Durch die Bewegung des Magneten hat sich der magnetische Fluß innerhalb der Schleife geändert, und nach dem Induktionsgesetz wird eine Spannung induziert.

Das Auftreten dieser Spannung kann *nicht* mit der Lorentzkraft erklärt werden, denn der Leiter wurde nicht bewegt. Das Induktionsgesetz bringt hier eine grundlegend neue Tatsache zum Ausdruck, die über unsere früheren Erfahrungen hinausgeht. Es besagt, daß bei *jeder Änderung* des magnetischen Flusses innerhalb einer Leiterschleife *stets* eine Spannung auftritt.

So erweist sich ein Gesetz, das wir zunächst in einem Spezialfall gefunden haben, als weit über die Grenzen dieses Falles hinaus gültig.

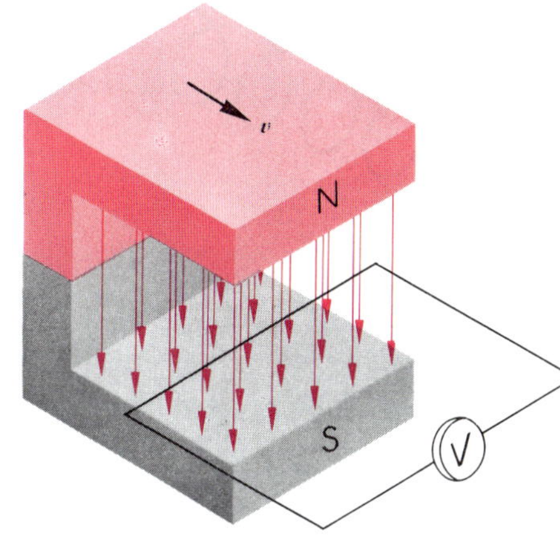

Auch wenn der Leiter ruht und der Magnet bewegt wird, tritt eine induzierte Spannung auf.

Die Lenzsche Regel

Die von Faraday gesuchte »Verwandlung von Magnetismus in Elektrizität« war mit dem Induktionsgesetz gefunden. Es erlaubt eine einfache Berechnung der auftretenden Induktionsspannung. Für die Richtung des dadurch hervorgerufenen Induktionsstromes gilt folgende Regel:

> *Die Lenzsche Regel*
> Der Induktionsstrom ist stets so gerichtet, daß er seiner Ursache entgegenwirkt.

Das negative Vorzeichen im Induktionsgesetz berücksichtigt diese Regel. Wir wollen sie anhand einiger Beispiele illustrieren.

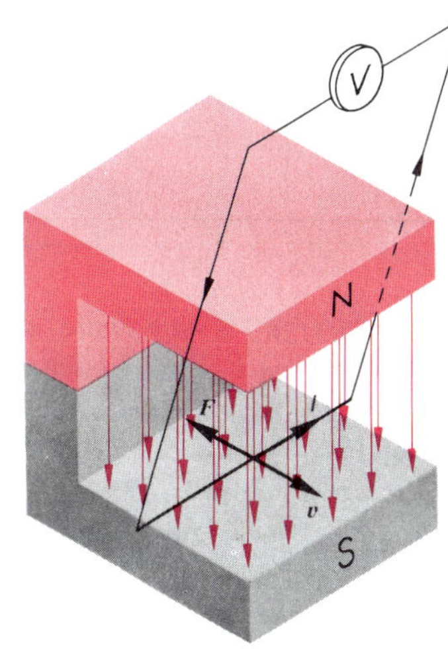

Bewegt sich die Leiterschaukel im Feld des Magneten, so wird ein Strom induziert. Die Lorentzkraft auf den Strom wirkt der Bewegung entgegen und hemmt sie dadurch.

1. Beispiel: Die Leiterschaukel

Bewegt sich die Leiterschaukel zwischen den Polen eines Hufeisenmagneten, so tritt eine induzierte Spannung auf, und ein Strom beginnt zu fließen. Durch diese Bewegung der Elektronen in Drahtrichtung tritt eine Lorentzkraft senkrecht zur Richtung des Drahtes auf. Sie ist der Bewegung der Leiterschaukel entgegengerichtet, so daß diese Bewegung allmählich zum Stillstand kommt. Der induzierte Strom wirkt also seiner Ursache entgegen. Dies steht auch mit dem Energiesatz im Einklang: Die auftretende Kraft bremst die Leiterschaukel. Ihre kinetische Energie wird in elektrische Energie umgewandelt.

2. Beispiel: Wirbelströme

Ein Metallpendel schwingt zwischen den Polen eines Elektromagneten. Schalten wir den Magneten ein, so bleibt das Pendel sehr rasch stehen. Grund dafür ist das Auftreten von Wirbelströmen. Wir können das Metallpendel als eine Vielzahl geschlossener Leiterkreise auffassen, die sich im Magnetfeld bewegen. In jedem dieser Leiterkreise wird ein Strom induziert, und die darauf wirkende Lorentzkraft hemmt die Bewegung. Die Lenzsche Regel faßt dies kurz zusammen: Der induzierte Strom ist so gerichtet, daß er seiner Ursache, der Bewegung, entgegenwirkt.

Verwendet man einen vielfach geschlitzten Pendelkörper, so werden die Stromkreise der Wirbelströme unterbrochen, und die Bremswirkung verringert sich deutlich.

Auch die Bewegung eines Metallpendels im Magnetfeld wird durch induzierte Ströme behindert. Das Pendel kommt rasch zur Ruhe. Diese »Wirbelstrombremse« wird zur Dämpfung der Zeiger von Meßinstrumenten verwendet

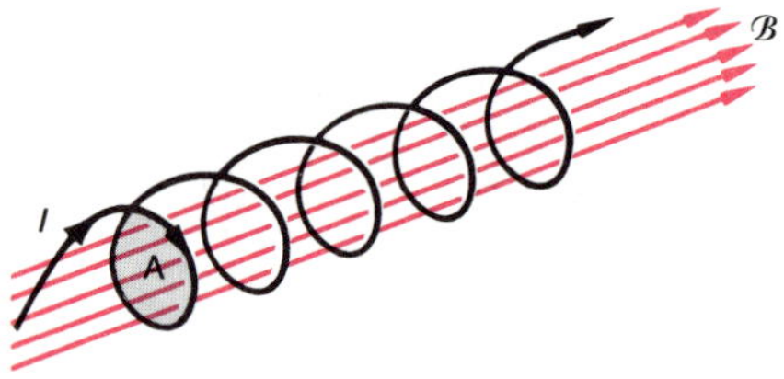

Verändert sich der Spulenstrom I, so verändert sich auch der magnetische Fluß in der Spule. Die induzierte Spannung wirkt der Stromänderung entgegen.

3. Beispiel: Die Selbstinduktion

Fließt der Strom I durch eine lange Spule mit N Windungen und einem Eisenkern, so tritt in ihrem Innern ein homogenes Magnetfeld $\mathcal{B}$ auf, dem ein magnetischer Fluß Φ entspricht:

Magnetfeld	Magnetischer Fluß
$\mathcal{B} = \mu\mu_0 \frac{NI}{l}$	$\Phi = \mathcal{B}A = \mu\mu_0 \frac{NI}{l} A.$

(l = Spulenlänge, A = Spulenquerschnitt, μ = Permeabilität des Eisens.)

Verändern wir den Spulenstrom, so ändert sich der magnetische Fluß in der Spule und eine induzierte Spannung tritt auf, die wir aus dem Induktionsgesetz berechnen können:

$$U_{\text{ind}} = -N \frac{d\Phi}{dt}.$$

Der Faktor N berücksichtigt dabei, daß die Flußänderung in jeder der N Windungen der Spule eine Spannung induziert. Setzen wir Φ ein, so folgt:

$$U_{\text{ind}} = -N \frac{d}{dt}\left(\mu\mu_0 \frac{NI}{l} A\right) = -\mu\mu_0 \frac{N^2 A}{l} \cdot \frac{dI}{dt} = -L \frac{dI}{dt}.$$

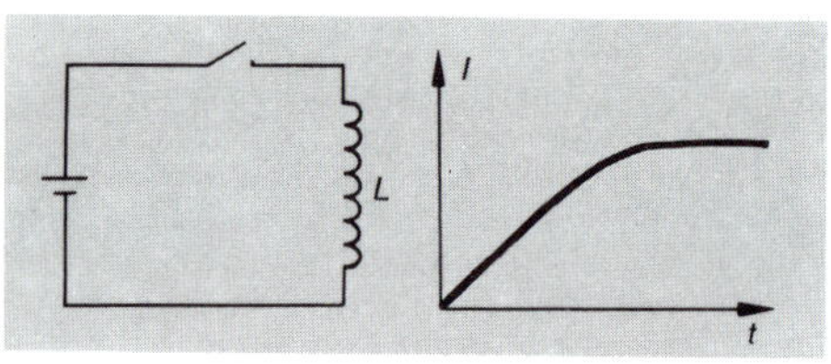

Enthält ein Stromkreis eine Spule, so beginnt der Strom nach dem Schließen des Schalters nur allmählich zu fließen. Je höher die Induktivität der Spule ist, desto flacher ist der Anstieg des Stromes. Der Endwert des Stromes wird durch den ohmschen Widerstand der Spule bestimmt.

Die *Induktivität L* der Spule haben wir dabei definiert durch

$$L = \mu\mu_0 \frac{N^2 A}{l}.$$

Bei jeder Veränderung des Stromes durch eine Spule tritt eine induzierte Spannung U_{ind} auf. Die Lenzsche Regel besagt, daß diese Spannung der Änderung des Stromes entgegenwirkt.

> Ändert sich der Strom in einer Spule, so wird die Spannung
>
> $$U_{\text{ind}} = -L \frac{dI}{dt} \qquad \left(L = \mu\mu_0 \frac{N^2 A}{l}\right)$$
>
> induziert, welche der Änderung des Stromes entgegenwirkt.
> Die Konstante L heißt Induktivität der Spule.
> Die Einheit der Induktivität ist 1 Vs/A
> und wird als Henry (H) bezeichnet.

Eine Spule hat also eine Induktivität L = 1 H, wenn eine gleichmäßige Änderung des Stromes um 1 Ampere pro Sekunde eine Induktionsspannung von 1 Volt an ihren Enden hervorruft.

Schalten wir eine Spule in den Stromkreis einer Batterie, so ist die in der Spule induzierte Spannung U_{ind} der Batteriespannung entgegengerichtet

$$U = -U_{\text{ind}} = L \frac{dI}{dt}$$

Dadurch beginnt der Strom in der Spule nur allmählich zu fließen. Er erreicht schließlich einen Höchstwert, der durch den ohmschen Widerstand der Spule begrenzt wird.

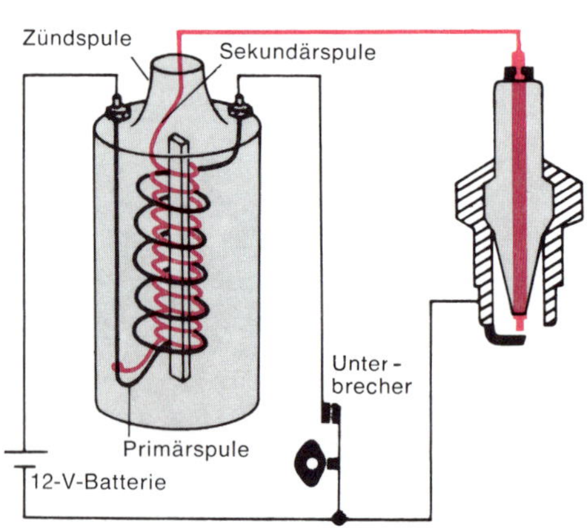

Die Zündanlage eines Autos.
Die plötzliche Unterbrechung des Stromes in der Zündspule ruft in der Sekundärspule eine hohe Induktionsspannung hervor, die für den Zündfunken sorgt.

Besonders hohe Selbstinduktionsspannungen treten beim plötzlichen Ausschalten eines Stromes auf, da die Stromänderung hierbei große Werte erreicht. Dieser Effekt führt zum Auftreten hoher Spannungen und zur Funkenbildung bei der Trennung von Stromkreisen, die große Induktivitäten enthalten. In der Zündanlage eines Autos nützt man die auftretenden Selbstinduktionsspannungen zur Funkenbildung aus.

7. Die Energiedichte des magnetischen Feldes

Den allmählichen Anstieg des Stromes durch eine Spule können wir auch vom Energiesatz her verstehen. Beim Einschalten des Stromes muß zunächst das Magnetfeld der Spule aufgebaut werden. Dazu ist Energie erforderlich, die von der Batterie geliefert werden muß.

Die Energie des Magnetfeldes einer Spule beträgt

$$E_m = \frac{L I^2}{2}.$$

(L = Induktivität der Spule)

Um dies zu beweisen, betrachten wir die zeitliche Änderung der magnetischen Feldenergie

$$\frac{dE_m}{dt} = \frac{d}{dt}\left(\frac{L I^2}{2}\right) = L I \frac{dI}{dt} = -I\, U_{ind}.$$

Wegen der Beziehung $U_{ind} = -U$ ist die sekundliche Änderung der Feldenergie tatsächlich gleich der von der Batterie gelieferten Leistung $P = IU$.

$$\frac{dE_m}{dt} = -I\, U_{ind} = I\, U = P.$$

Die im Magnetfeld einer Spule gespeicherte Energie erweist sich als analog zur elektrischen Feldenergie eines Kondensators:

Elektrische Feldenergie	Magnetische Feldenergie
$E_e = \frac{C U^2}{2}$	$E_m = \frac{L I^2}{2}$

Wie in der Elektrostatik können wir auch hier die Energiedichte berechnen. Wir beschränken uns auf eine Spule ohne Eisenkern – sonst wäre auch die Energiespeicherung in den Kreisströmen des Eisenkernes zu berücksichtigen – und nehmen folgende Umformung vor:

$$E_m = \frac{L I^2}{2} = \frac{1}{2}\left(\mu_0 \frac{N^2 A}{l}\right) I^2 = \frac{1}{2\mu_0}\left(\mu_0^2 \frac{N^2 I^2}{l^2}\right)(A\, l) = \frac{1}{2\mu_0} \mathcal{B}^2 V.$$

Dividieren wir die gespeicherte Energie durch das Volumen $V = Al$ der Spule, so erhalten wir die Energiedichte w_m des Magnetfeldes, die wir der Energiedichte w_e des elektrischen Feldes gegenüberstellen.

Die Energiedichten im elektrischen und im magnetischen Feld sind

$$w_e = \frac{\varepsilon_0}{2} \mathcal{E}^2 \quad \text{bzw.} \quad w_m = \frac{1}{2\mu_0} \mathcal{B}^2.$$

Die in magnetischen Feldern gespeicherten Energiedichten sind üblicherweise zu gering, um für technische Anwendungen als Mittel der Energiespeicherung wesentlich zu sein. In einem großen Elektromagneten, in dem die Feldstärke 1 Tesla erreicht, beträgt z. B. die gespeicherte Energiedichte rund $w_m = 0{,}3\ \mathrm{kWh/m^3}$. Sogar in sehr großen Magneten können daher nur wenige Kilowattstunden gespeichert werden.

Einer der ersten wirksamen Elektromagneten wurde von dem amerikanischen Physiker Joseph Henry (1797–1878) gebaut. Der Draht war mit Seide isoliert. Henry entdeckte die Selbstinduktion im Jahre 1832.

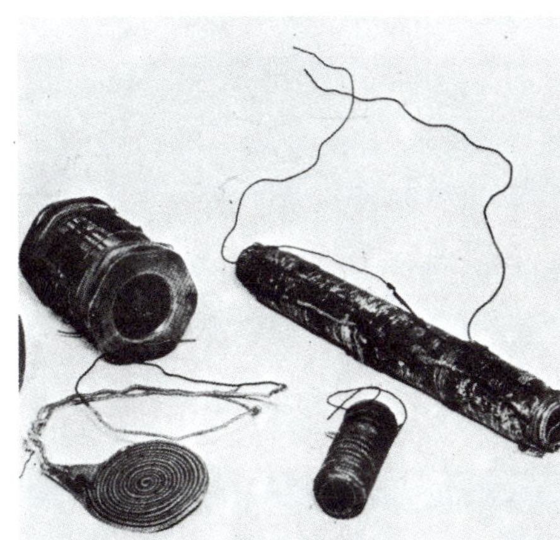

Faraday verwendete diese Spulen bei der Entdeckung des Induktionsgesetzes. Besonders schwierig war es, ein geeignetes Isolationsmaterial für die Drähte zu finden.

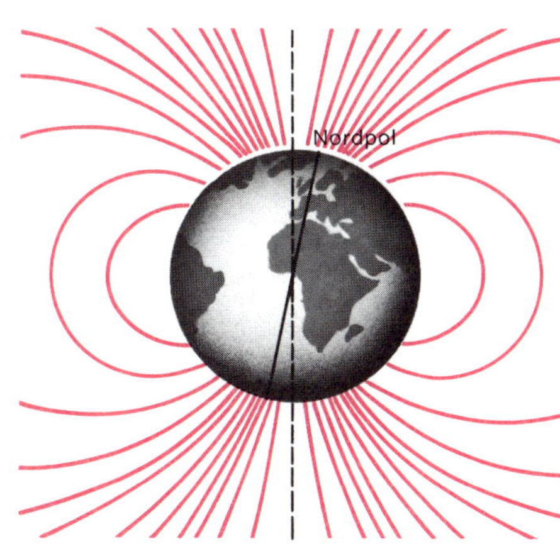

Die Gesamtenergie des Magnetfeldes der Erde beträgt rund 100 Milliarden Kilowattstunden.

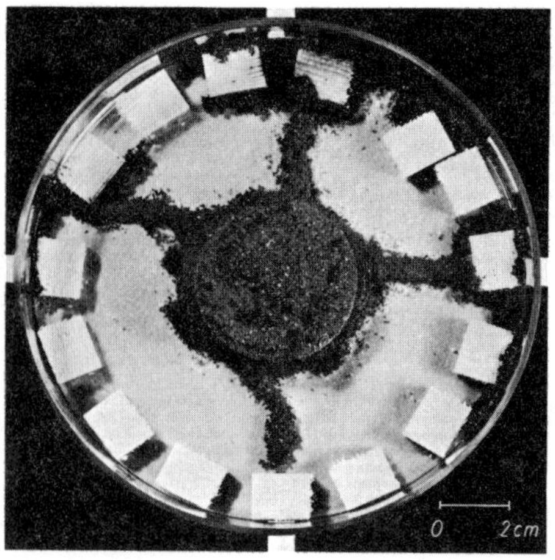

Manche Tiere können sich anhand von Magnetfeldern orientieren. Hier stehen die Galerien eines Termitenbaues parallel und senkrecht zu einem Magnetfeld. Dreht man das Magnetfeld, so beginnen die Termiten ihren Bau neu zu orientieren.

Testfragen:

1. Mit welcher Kraft wirkt ein homogenes Magnetfeld auf einen elektrischen Strom,
   a) wenn der Draht senkrecht zu den Feldlinien liegt,
   b) wenn der Draht parallel zu den Feldlinien liegt?
2. Wie heißt diese Kraft, und wie läßt sie sich vektoriell schreiben?
3. Wie lautet die Einheit der magnetischen Feldstärke?
4. Wie ist ein Drehspul-Meßgerät aufgebaut, und wie arbeitet es?
5. Wie kann man den Meßbereich eines Strommeßgerätes erweitern?
6. Wie kann man den Meßbereich eines Spannungsmeßgerätes erweitern?
7. Mit welcher Kraft wirkt ein homogenes Magnetfeld auf eine positive Ladung,
   a) wenn die Ladung im Magnetfeld ruht,
   b) wenn sich die Ladung parallel zu den Feldlinien bewegt,
   c) wenn sich die Ladung senkrecht zu den Feldlinien bewegt?
8. Wie heißt diese Kraft, und wie läßt sie sich vektoriell schreiben?
9. Auf welcher Bahn bewegt sich ein geladenes Teilchen, wenn sein Geschwindigkeitsvektor senkrecht zu den Feldlinien eines homogenen Magnetfeldes steht?
10. Wie ist ein Zyklotron aufgebaut, und wie arbeitet es?
11. Wie ist ein Massenspektrograph aufgebaut, und wie arbeitet er?
12. Wie kommen die Strahlungsgürtel der Erde zustande?
13. Welche fundamentale Entdeckung gelang Christian Oersted?
14. Vervollständigen Sie die folgende Tabelle:

	werden erzeugt:	wirken auf:
elektrische Felder		
magnetische Felder		

15. Welche Wechselwirkung besteht zwischen zwei parallel ausgespannten Drähten, wenn sie in gleicher bzw. in entgegengesetzter Richtung vom Strom durchflossen werden?
16. Welche Gestalt haben die magnetischen Feldlinien bei einem stromdurchflossenen Draht?
17. Nach welcher Formel kann man den Betrag des magnetischen Feldes bei einem langen stromdurchflossenen Draht ermitteln?
18. Welchen Wert und welche Einheit hat die magnetische Feldkonstante?
19. Was besagt die Amperesche Hypothese?
20. Welchen Betrag hat das Magnetfeld im Inneren einer langen stromdurchflossenen Spule,
    a) wenn die Spule leer ist, b) wenn die Spule mit Eisen gefüllt ist?
21. Weshalb wird das Magnetfeld einer langen stromdurchflossenen Spule stärker, wenn ein Eisenkern eingeführt wird?
22. Weshalb werden Permanentmagnete häufig aus Stahl, aber nie aus Weicheisen angefertigt?
23. Was versteht man unter dem Curiepunkt?
24. Was versteht man unter dem magnetischen Fluß?
25. Wie lautet das Faradaysche Induktionsgesetz?
26. Was besagt die Lenzsche Regel? Geben Sie Beispiele an.
27. Wann hat eine Spule die Induktivität von einem Henry?
28. Wie berechnet man die Induktionsspannung einer langen Spule?
29. Welche Energie läßt sich speichern
    a) im magnetischen Feld einer Spule, b) im elektrischen Feld eines Kondensators?
30. Welche Energiedichte hat
    a) ein magnetisches Feld, b) ein elektrisches Feld?

Vogel kauft von anderem Vogel Kompaß für Amerikareise. Dieses Objekt des österreichischen Künstlers Curt Stenvert deutet die Orientierung von Vögeln im Magnetfeld der Erde an.

Flug mit gestörtem Magnetkompaß

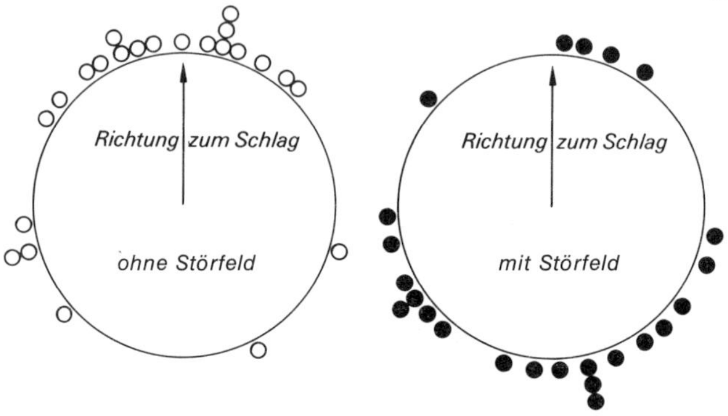

Die Punkte markieren die Abflugrichtung der Brieftauben.

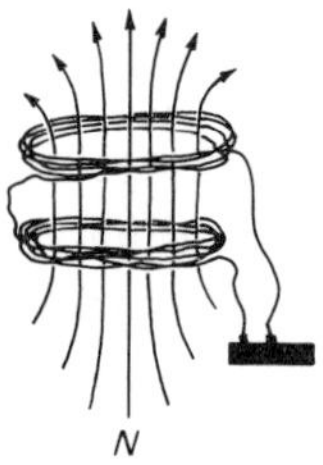

Legt man einer Brieftaube eine kleine Spule um den Kopf, welche die Vertikalkomponente des Magnetfeldes verändert, dann starten die Tauben in veränderter Richtung.

III. Grundlagen der Elektrotechnik

Die grundlegenden Entdeckungen, die auf dem Gebiet der Elektrizität und des Magnetismus in den Jahren von 1820 bis 1835 gemacht wurden, bilden das Fundament der gesamten Elektrotechnik. Bemerkenswerterweise vergingen allerdings fast fünfzig Jahre zwischen der Entdeckung der physikalischen Grundprinzipien und ihrer technischen Anwendung. Erst im Jahre 1882 begannen die ersten öffentlichen Elektrizitätswerke ihren Betrieb. Dabei entspann sich ein erbitterter Kampf zwischen den Vertretern des Gleichstromes und den Anhängern des Wechselstromes. Es ging dabei nicht nur um technische Fragen, sondern vor allem um wirtschaftliche Interessen. Die Gleichstrompartei versuchte beispielsweise die Gefährlichkeit des Wechselstromes durch den Hinweis auf den damit betriebenen »elektrischen Stuhl« zu erweisen und erzielte beachtliche propagandistische Effekte. Man stand den Problemen der neuen Technik damals ebenso verunsichert gegenüber wie später der Eisenbahn oder wie heute der Kernenergie.

Schließlich trug doch die Wechselstromtechnik den Sieg davon. Die Konstruktion einfacher Motoren und die Transformierbarkeit des Wechselstromes erwiesen sich als ausschlaggebend.

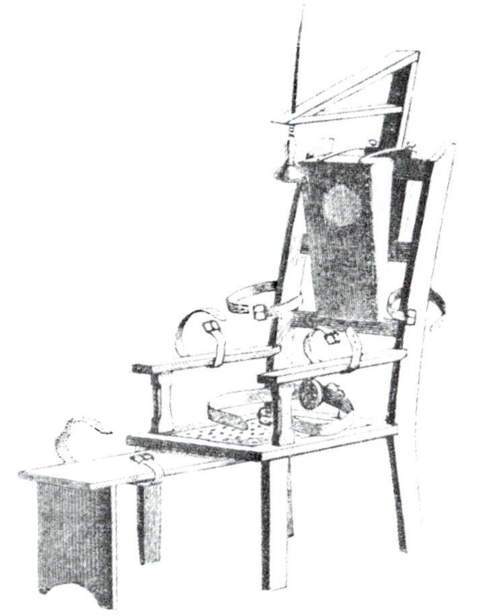

Der erste »elektrische Stuhl« Amerikas. Die Hinrichtungen erfolgten mit Wechselstrom.

1. Generator und Motor

Generatoren dienen zur Erzeugung elektrischer Spannungen und Ströme. Ihre physikalische Grundlage ist in folgendem Satz zusammengefaßt.

> Ändert sich der magnetische Fluß Φ in einer Drahtschleife, so wird im Draht eine Spannung induziert.
>
> $$U_{\text{ind}} = -\frac{\mathrm{d}\phi}{\mathrm{d}t}$$
>
> Mit ihrer Hilfe läßt sich mechanische Energie in elektrische Energie umwandeln.

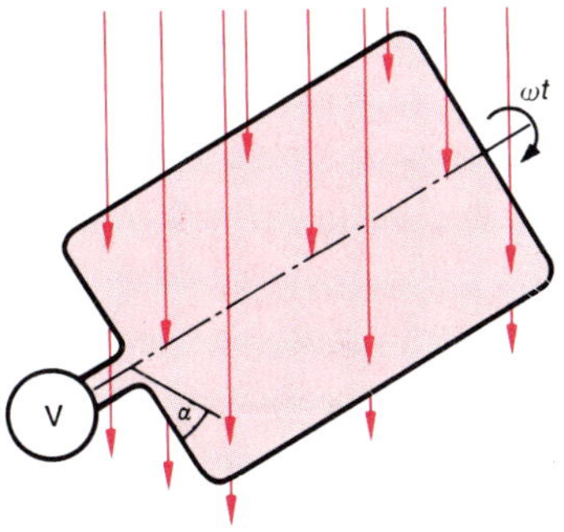

Die physikalische Grundlage von Elektromotoren wird im folgenden Satz beschrieben:

> Ein stromdurchflossener Leiter der Länge s, der senkrecht zur Richtung eines Magnetfeldes $\mathcal{B}$ steht, erfährt die Kraft
>
> $$F = I\,s\,\mathcal{B}\,.$$
>
> Mit ihrer Hilfe läßt sich elektrische Energie in mechanische Energie umwandeln.

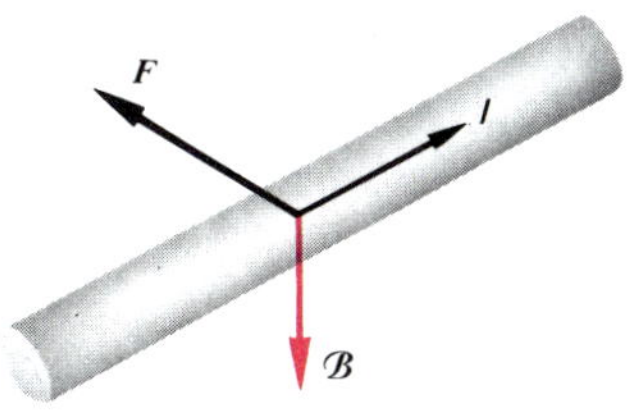

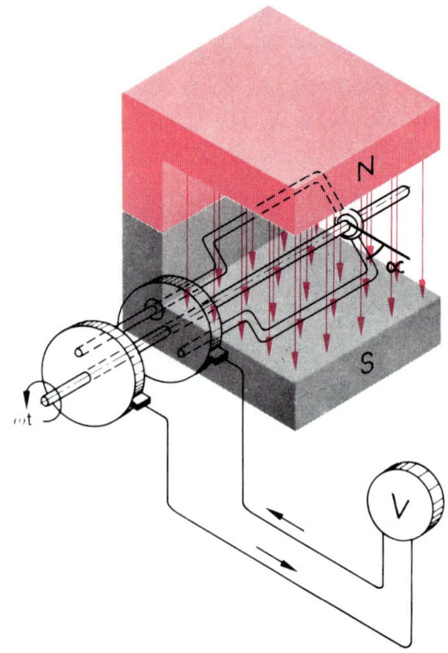

Beim Wechselstromgenerator dreht sich eine Leiterschleife im Feld eines Magneten.

a) Der Wechselstromgenerator

Drehen wir eine kleine Drahtschleife mit der Fläche A im Feld eines Permanentmagneten, so ändert sich der magnetische Fluß durch die Schleife ständig. Es wird eine Spannung induziert.

Beschreiben wir die Stellung der Schleife durch den Winkel α, so beträgt der hindurchtretende magnetische Fluß

$$\Phi = \mathcal{B}\,A\,\cos\alpha\,.$$

Rotiert die Schleife mit der Winkelgeschwindigkeit ω, so ist $\alpha = \omega t$ und die Spannung

$$U_{\mathrm{ind}} = -\frac{\mathrm{d}\phi}{\mathrm{d}t} = -\frac{\mathrm{d}\,(\mathcal{B} A \cos\omega t)}{\mathrm{d}t} = \mathcal{B} A\,\omega \sin\omega t = U_{\mathrm{s}} \sin\omega t$$

wird induziert. Diese Spannung hat ihren Maximalwert U_{s} (Spitzenwert), wenn der Fluß durch die Schleife verschwindet, weil die Flußänderung zu diesem Zeitpunkt jeweils ihr Maximum erreicht.

Der induzierte Wechselstrom kann einem Verbraucher über zwei Schleifringe zugeführt werden. Die Stromstärke $I(t)$ hängt dabei vom Innenwiderstand des Generators und des Verbrauchers ab.

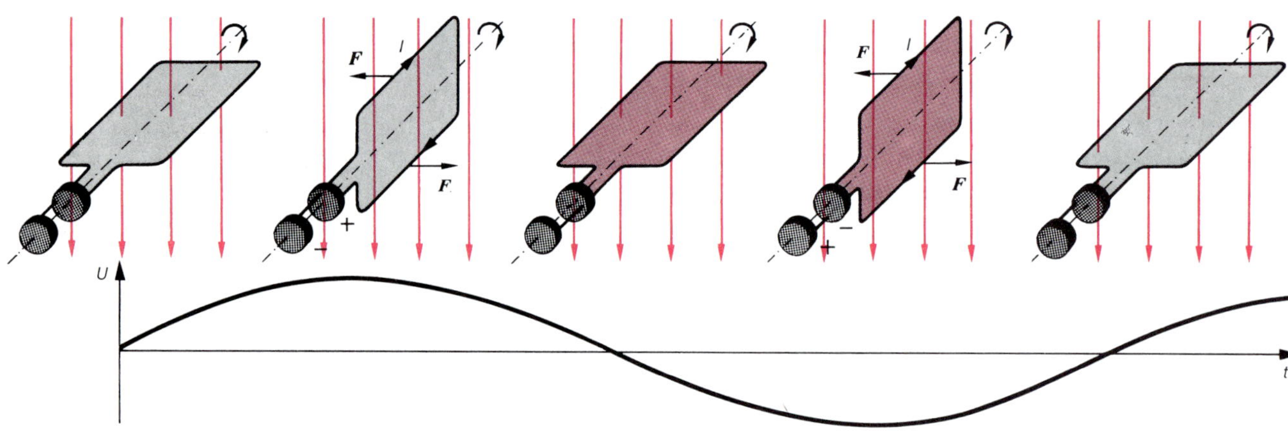

Bei der Drehung der Schleife wird eine Wechselspannung induziert.

Weil auf die achsenparallelen Stücke der Schleife jeweils die Kraft

$$F = I\,s\,\mathcal{B}$$

wirkt, welche die Bewegung der Schleife zu hemmen trachtet, ist zur Drehung der Schleife im Magnetfeld Arbeit erforderlich. Sie wird vom Generator in elektrische Energie umgewandelt.

Auch auf die senkrecht zur Drehachse stehenden Drahtstücke wirken Kräfte. Sie beeinflussen die Drehung der Schleife jedoch nicht, weil sie parallel zur Drehachse stehen.

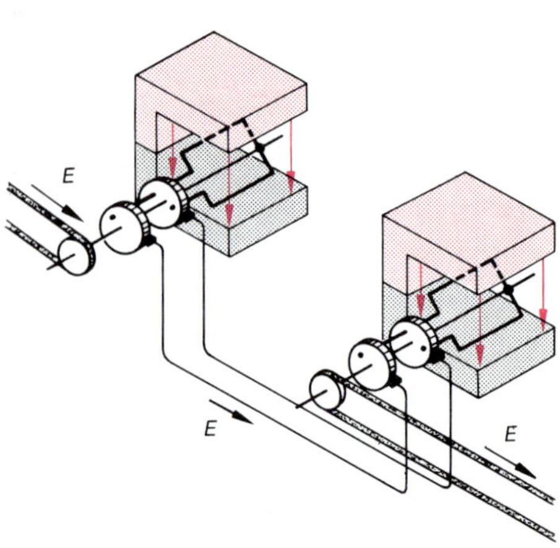

Koppelt man den Generator mit einem gleichartig aufgebauten Motor, so kann man Energie von einer Stelle zur anderen übertragen.

b) Der Wechselstrommotor (Synchronmotor)

Führen wir den vom Generator erzeugten Strom einer zweiten, gleichartig aufgebauten Maschine zu, so treten dort die gleichen Drehmomente auf wie beim Generator. Die Leiterschleife beginnt sich zu drehen. Wir haben einen elektrischen Motor konstruiert. Die am Generator verrichtete Arbeit kann nunmehr am Motor wieder abgenommen werden. Dieser einfache Sachverhalt begründet die Bedeutung der Elektrizität für das tägliche Leben. Energie kann an einem Ort in elektrische Energie umgewandelt und über ein Leitungsnetz an beliebige andere Orte geliefert werden, wo sie nutzbringend verwertet wird. Dabei sichert die (fast) vollständige Umwandelbarkeit von mechanischer in elektrische Energie den hohen Wirkungsgrad dieses Energieverteilungssystems.

Der oben beschriebene Motor eignet sich allerdings nicht für alle Anwendungszwecke. Steht die Drahtschleife nämlich still, so wird sie durch das Drehmoment des Wechselstromes bald in die eine, bald in die andere Richtung gedreht. Die Schleife zittert daher nur um ihre Ruhelage. Erst wenn man den Motor angeworfen und auf eine Drehzahl gebracht hat, die der Frequenz des Wechselstromes entspricht, hat das Drehmoment eine gleichbleibende Richtung. Der Lauf des Motors erfolgt dann synchron mit dem des Generators. Man spricht deshalb vom Synchronmotor.

Der Synchronmotor ist bei allen Anwendungen nützlich, wo es auf eine konstante Drehzahl ankommt, wie beispielsweise bei elektrischen Uhren. Für andere Anwendungen ist er ungeeignet, da er angeworfen werden muß und bei hohen Belastungen außer Takt gerät und stehenbleibt.

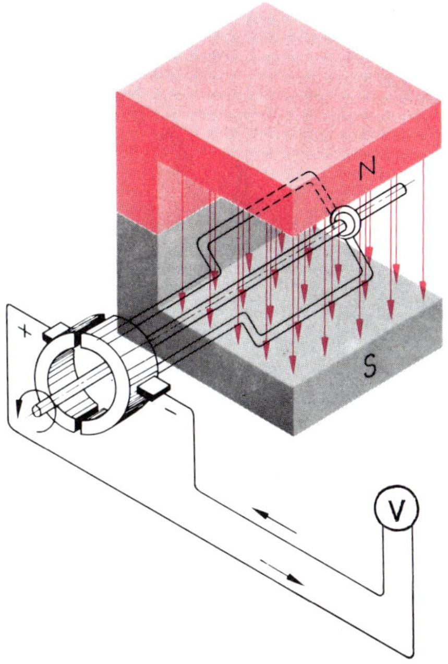

Beim Gleichstromgenerator wird die in der Schleife induzierte Spannung durch den Kommutator immer wieder umgepolt und dadurch gleichgerichtet.

c) Der Gleichstromgenerator und der Gleichstrommotor

Eine leichte Veränderung der Stromzuführung macht aus dem Wechselstromgenerator einen Gleichstromgenerator. Bringen wir anstelle der beiden Schleifringe zwei voneinander isolierte Halbzylinder an, so vertauscht dieser »Kollektor« automatisch die Spulenanschlüsse immer dann, wenn der Wechselstrom seine Richtung ändert. Der Generator liefert einen pulsierenden Gleichstrom, der durch geeignete Maßnahmen geglättet werden kann.

Der Gleichstromgenerator kann auch als Motor verwendet werden. Der Kollektor polt den Strom stets im Moment des »Totpunktes« um, sodaß ein Drehmoment entsteht, das stets im gleichen Sinn wirkt. Dieser Motor braucht nicht angeworfen werden, sondern setzt sich von selbst in Bewegung.

Die erste nach dem dynamo-elektrischen Prinzip konstruierte Dynamomaschine von Werner von Siemens befindet sich im Deutschen Museum in München.

d) Das dynamo-elektrische Prinzip

Bisher haben wir Generatoren und Motoren betrachtet, bei denen das notwendige magnetische Feld von einem Permanentmagneten geliefert wurde. Weil die Magnetfelder in diesem Fall nicht sehr stark gemacht werden können, liefern derartige Maschinen nur geringe Leistungen. Erst mit der Erfindung des dynamo-elektrischen Prinzipes durch Werner von Siemens im Jahre 1867 war der Bau großer Generatoren und Motoren möglich. Das Magnetfeld dieser Maschinen wird durch einen Elektromagneten erzeugt. Dabei liefert der Generator selbst den notwendigen Strom für den Betrieb des Magneten.

Siemens entdeckte, daß im Eisenkern des Elektromagneten infolge der Remanenz stets ein genügend großes magnetisches Feld verbleibt, um den Generator nach einem Stillstand wieder anzuregen.

Ein nach dem dynamo-elektrischen Prinzip aufgebauter Motor ist der *Hauptschlußmotor*. Der Strom durchfließt zunächst die Spule eines Elektromagneten und wird dann über den Kollektor dem Rotor zugeführt. Bei Betrieb mit Gleichstrom behält das Magnetfeld stets seine Richtung bei, und der Motor arbeitet wie der früher besprochene Gleichstrommotor. Dreht man die Stromrichtung um, so ändert sich die Laufrichtung des Motors nicht, da sich sowohl das Magnetfeld als auch die Stromrichtung im Rotor umkehrt. Um den Drehsinn des Motors zu ändern, muß man die Anschlüsse am Kollektor vertauschen.

Der Hauptschlußmotor kann als *Universalmotor* sowohl mit Gleich- als auch mit Wechselstrom betrieben werden. Man kann sein Drehmoment durch Regelung der Betriebsspannung verändern. Auch die Drehzahl kann beliebig eingestellt werden und ist nicht durch die Frequenz des Wechselstromes festgelegt.

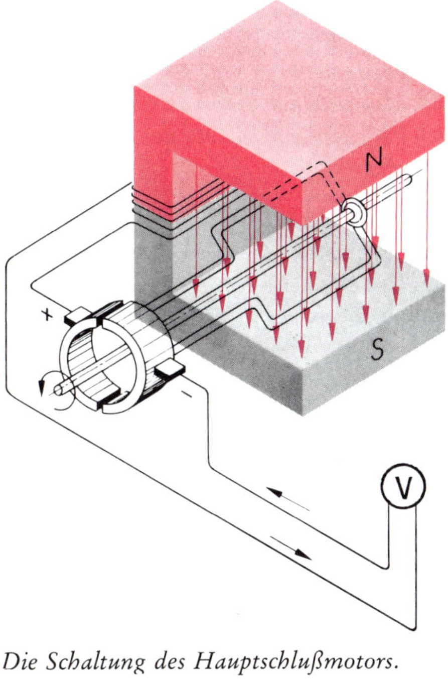

Die Schaltung des Hauptschlußmotors.

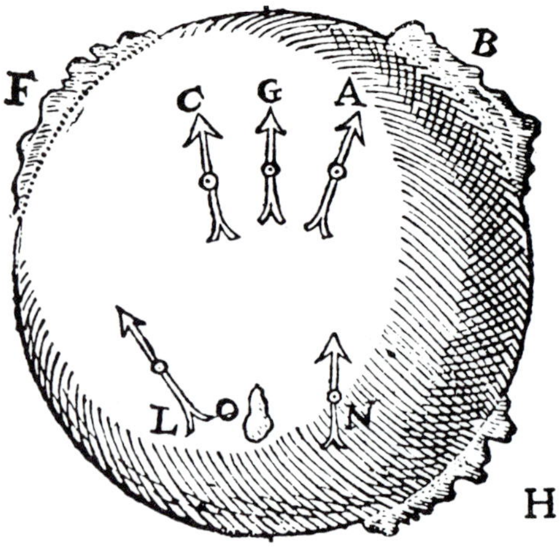

William Gilbert zeigte im Jahre 1600, daß ein runder Magneteisenstein die gleichen magnetischen Eigenschaften aufweist wie die Erde.

Der Meeresboden in der Umgebung des Atlantischen Rückens zeigt durch seine Magnetisierung den historischen Verlauf des Erdmagnetfeldes. Im unteren Bildteil entsprechen rote Streifen dem heutigen Verlauf des Magnetfeldes, während schwarze Streifen Perioden mit Umkehr des Magnetfeldes angeben.

Die Entstehung des Erdmagnetfeldes ist eines der schwierigsten Probleme der Geophysik. Die elektrischen Ströme im Erdinneren müssen nämlich durch äußere Energiezufuhr aufrecht erhalten werden, da sie sonst infolge des ohmschen Widerstandes der Erde bald zum Erliegen kommen würden. Die Theorie lehrt, daß nur die im Bild gezeigten spiralförmigen Ströme ständig fließen können. Diese Ströme erzeugen das kreisförmige primäre Erdfeld im Erdinneren (dicker roter Kreis). Das Feld im Außenraum der Erde ist nur ein schwacher Nebeneffekt.

e) Die Entstehung des Erdmagnetfeldes

Seit der Entdeckung des Erdmagnetfeldes vor 400 Jahren wurden viele Theorien über seine Ursache aufgestellt. Zunächst dachte man an einen Permanentmagneten im Erdinneren, doch liegen die Temperaturen dort über dem Curiepunkt aller magnetischen Materialien. Diese Hypothese kann also nicht richtig sein.

Das Feld muß durch elektrische Ströme hervorgerufen werden, die wahrscheinlich an der Grenze zwischen Erdmantel und Erdkern, rund 3000 km unter der Erdoberfläche, fließen.

Wegen des ohmschen Widerstandes würden diese Ströme bald versiegen, falls sie nicht durch eine Induktionsspannung aufrechterhalten werden. Wie in einem Generator so muß sich auch im Erdinnern ein Leiter durch das Magnetfeld bewegen. In diesem Leiter wird eine Spannung induziert, und ein Strom beginnt zu fließen. Dieser Strom erzeugt das Magnetfeld.

Ströme und Magnetfeld verursachen einander also wechselseitig und entstehen daher nach dem dynamo-elektrischen Prinzip. Allerdings bewegen sich im Erdinneren nicht Drähte, sondern flüssiges Eisen. Man kann zeigen, daß bereits Geschwindigkeiten von 0,05 cm/s ausreichen, um den *»homogenen Dynamo«* im Erdinneren in Betrieb zu halten.

Um die Bewegungen im Erdinneren aufrecht zu erhalten, ist Energie erforderlich. Sie wird durch den Zerfall radioaktiver Elemente geliefert, bei dem Wärme frei wird. Dadurch beginnt der äußere Erdkern gewissermaßen zu kochen, und heiße Massen steigen auf.

Die mathematische Durchführung der Theorien über die Entstehung des Erdmagnetfeldes ist überaus kompliziert und noch immer nicht vollständig gelungen. Vor allem die Entdeckung, daß die magnetischen Pole im Laufe der Erdgeschichte immer wieder ihre Lagen ausgetauscht haben, ist noch schwer zu deuten. Bei jeder Umkehr des Erdmagnetfeldes entfällt für kurze Zeit seine abschirmende Wirkung gegen den Sonnenwind und andere Strahlungen, welche die Erde treffen. Diese Tatsache ist vielleicht für die Entwicklung des Lebens auf der Erde von Bedeutung.

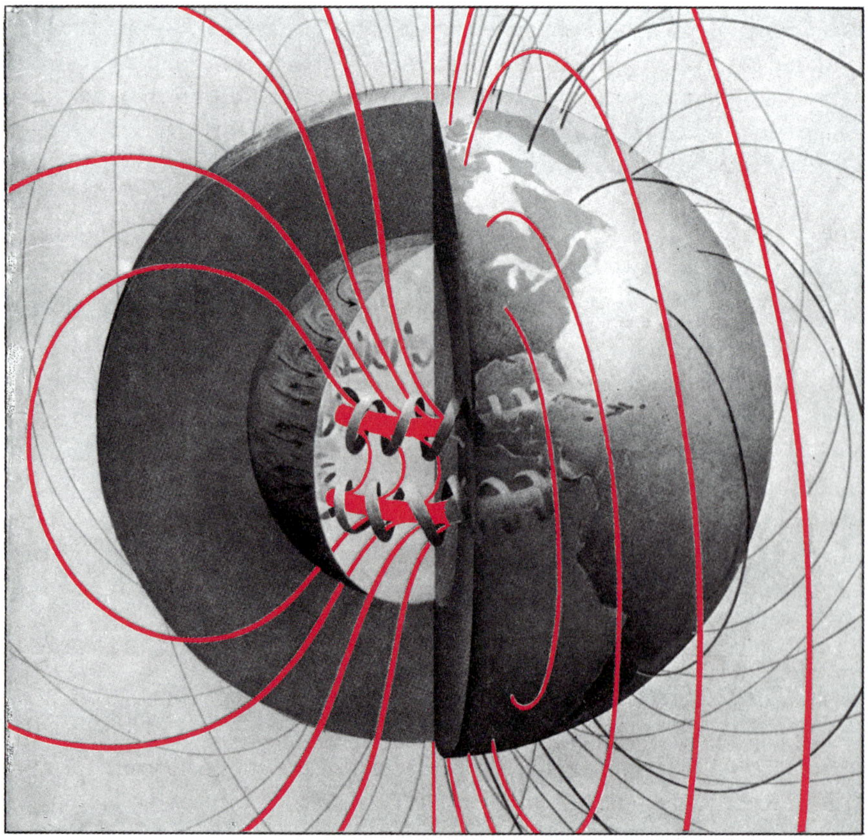

2. Der Wechselstrom

Bringt man eine Spule in einen Gleichstromkreis, so beginnt der Strom beim Einschalten nur allmählich zu fließen, weil die in der Spule induzierte Gegenspannung der angelegten Spannung entgegenwirkt. Erst wenn das Magnetfeld der Spule aufgebaut ist, wird der Strom durch die Induktivität nicht mehr beeinflußt, sondern nur durch den ohmschen Widerstand des Drahtes. Ein Wechselstrom muß das Magnetfeld der Spule aber immer wieder auf- und abbauen. Dadurch ist der Wechselstromwiderstand einer Spule höher als ihr Gleichstromwiderstand. Ähnlich liegen die Verhältnisse bei einem Kondensator, wo ein elektrisches Feld auf- und abgebaut werden muß. Um diesen Wechselstromwiderstand zu berechnen, betrachten wir Stromkreise, in denen ein ohmscher Widerstand, eine Spule bzw. ein Kondensator eingebaut sind.

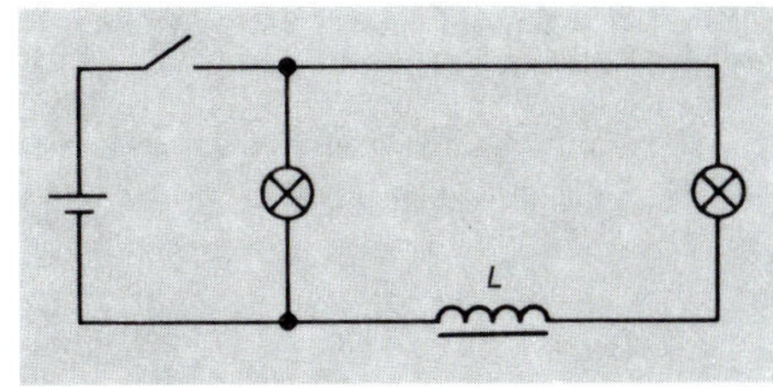

Schaltet man den Strom ein, so leuchtet die rechte Lampe erst mit einiger Verzögerung auf, da zunächst die in der Spule induzierte Gegenspannung der angelegten Spannung entgegenwirkt.

a) Der ohmsche Widerstand im Wechselstromkreis

Wir betrachten einen Wechselstromkreis, an dem die Spannung

$$U(t) = U_s \sin \omega t$$

angelegt ist. Enthält der Stromkreis nur einen ohmschen Widerstand R, so fließt darin der Strom

$$I(t) = \frac{U(t)}{R} = \frac{U_s}{R} \sin \omega t = I_s \sin \omega t.$$

Ohmscher Widerstand im Wechselstromkreis.

Die im Widerstand in ohmsche Wärme umgewandelte Leistung beträgt

$$P(t) = I(t) \cdot U(t) = R I_s^2 \sin^2 \omega t.$$

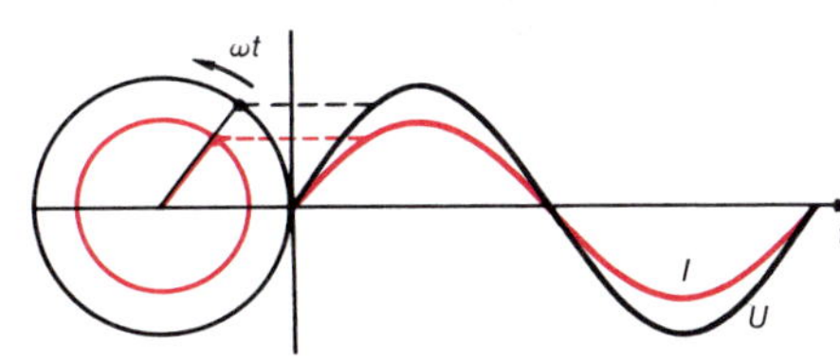

Strom und Spannung hängen nach dem Ohmschen Gesetz zusammen.

Diese Leistung schwankt periodisch, wobei es bei praktischen Anwendungen nur auf den zeitlichen Mittelwert der Wärmeproduktion ankommt. Aus der Abbildung liest man ab

$$\overline{\sin^2 \omega t} = 1/2,$$

wobei der Querstrich Mittelwertbildung andeuten soll. Die mittlere Leistung des Wechselstromes beträgt daher

$$\bar{P} = \frac{1}{2} I_s^2 R = \left(\frac{1}{\sqrt{2}} I_s\right)^2 R = \left(\frac{1}{\sqrt{2}} I_s\right)\left(\frac{1}{\sqrt{2}} U_s\right)$$

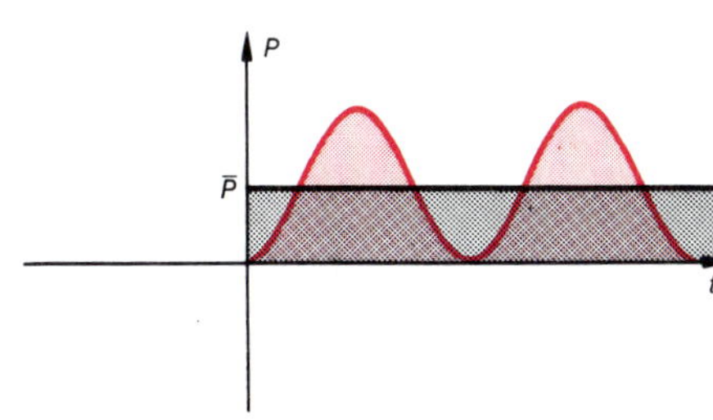

Die Leistung des Wechselstromes schwankt periodisch. $\bar{P}$ ist die mittlere Leistung.

Diese Leistung entspricht derjenigen eines Gleichstromes, welcher

die *effektive Stromstärke* $I_{\text{eff}} = \frac{1}{\sqrt{2}} I_s$ und

die *effektive Spannung* $U_{\text{eff}} = \frac{1}{\sqrt{2}} U_s$

aufweist. Die Angaben von Stromstärke und Spannung bei Wechselstrom beziehen sich stets auf diese *Effektivwerte* und nicht auf die *Spitzenwerte*. So verwendet man z. B. im Haushalt die Spannung $U_{\text{eff}} = 220$ V, wobei in den Leitungen Spitzenspannungen $U_s = U_{\text{eff}} \sqrt{2} \approx 311$ V auftreten.

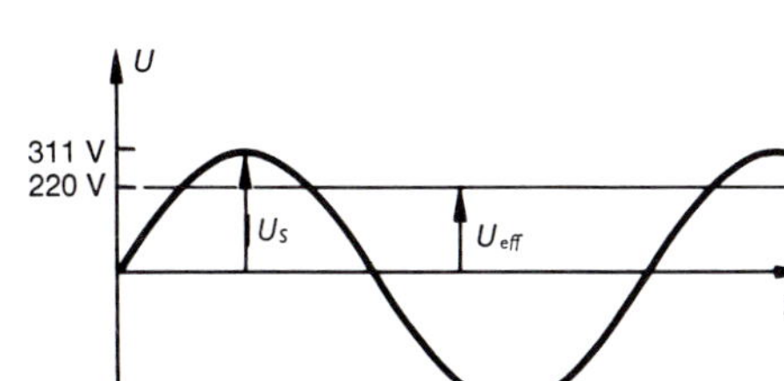

Spitzenspannung und effektive Spannung. Die effektive Spannung entspricht derjenigen eines Gleichstromes gleicher Leistung und wird zumeist angegeben.

> Unter der effektiven Stromstärke und der effektiven Spannung eines Wechselstromes versteht man diejenige Stromstärke bzw. Spannung, die ein Gleichstrom mit derselben Leistung aufweist.

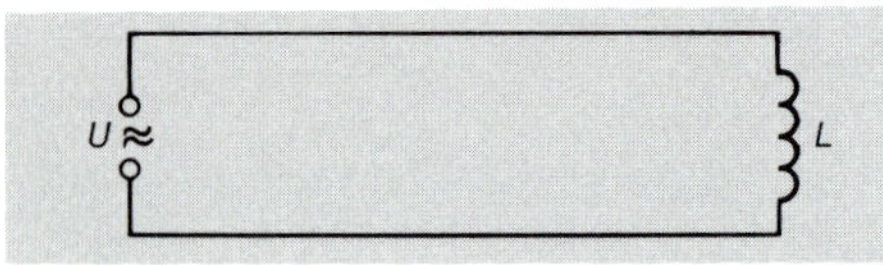

Die Spule im Wechselstromkreis.

b) Die Spule im Wechselstromkreis

Das Magnetfeld einer Spule im Wechselstromkreis muß immer wieder auf- und abgebaut werden. Dadurch ändert sich der magnetische Fluß in der Spule, und eine Spannung $U_{\text{ind}} = -L\, \mathrm{d}I/\mathrm{d}t$ wird induziert. Nach der Lenzschen Regel ist sie der angelegten Spannung U entgegengerichtet. Die Induktivität L der Spule wirkt dadurch wie ein zusätzlicher Widerstand.

Zur Berechnung des Wechselstromwiderstandes gehen wir davon aus, daß die induzierte Spannung der angelegten Spannung entgegengerichtet ist:

$$U = U_s \sin \omega t = -U_{\text{ind}} = L \frac{\mathrm{d}I}{\mathrm{d}t}$$

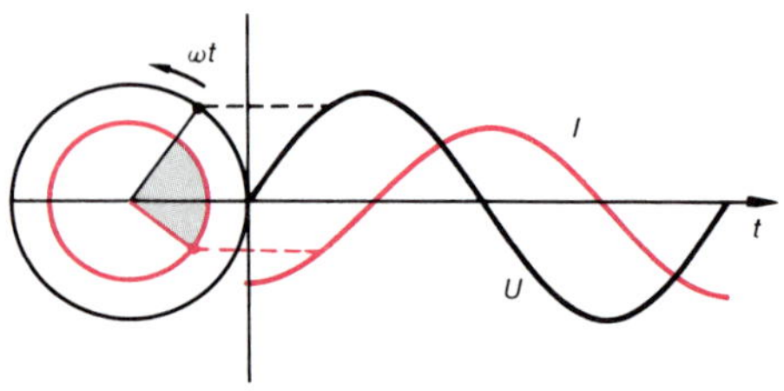

Der Strom eilt der Spannung nach und erreicht erst später sein Maximum. Die Stromstärke wird durch den induktiven Widerstand der Spule bestimmt.

Für eine Spule mit sehr kleinem ohmschen Widerstand $R \approx 0$ folgt daraus

$$U_s \sin \omega t - L \frac{\mathrm{d}I}{\mathrm{d}t} = 0.$$

Wie man durch Einsetzen in die Gleichung beweisen kann, folgt daraus für den Strom:

$$I(t) = -\frac{U_s}{\omega L} \cos \omega t = -I_s \cos \omega t = I_s \sin(\omega t - \pi/2)$$

Der Strom ist umgekehrt proportional zur Induktivität L der Spule und eilt der angelegten Spannung um eine Viertelperiode nach.

> Schaltet man eine Spule der Induktivität L in einen Wechselstromkreis, so eilt der Strom der Generatorspannung um eine Viertelperiode nach. Als induktiven Widerstand der Spule bezeichnet man
>
> $$R_L = \frac{U_s}{I_s} = \frac{U_{\text{eff}}}{I_{\text{eff}}} = \omega L.$$

Der induktive Widerstand einer Spule wächst also mit zunehmender Frequenz des Wechselstromes. Er verschwindet für Gleichstrom.

Der Kondensator im Wechselstromkreis.

c) Der Kondensator im Wechselstromkreis

Schalten wir einen Kondensator in einen Gleichstromkreis, so lädt sich der Kondensator auf. Danach fließt kein Strom mehr, der Kondensator sperrt den Gleichstromkreis.

Schalten wir einen Kondensator in einen Wechselstromkreis, so wird der Kondensator immer wieder aufgeladen, entladen und umgekehrt aufgeladen. Dabei fließt ein ständig wechselnder Ladestrom. Um ihn zu berechnen, müssen wir berücksichtigen, daß die am Kondensator liegende Spannung Q/C gleich der äußeren Spannung U sein muß:

$$\frac{Q}{C} = U_s \sin \omega t \qquad \text{oder} \qquad Q = C U_s \sin \omega t.$$

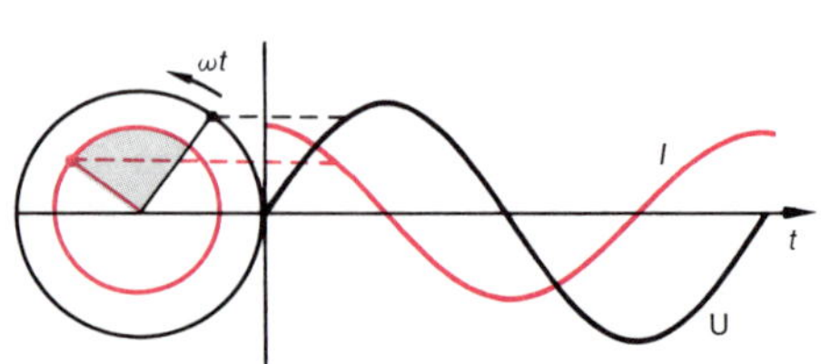

Der Strom eilt der Spannung vor, da er bereits vor der Spannung seinen Maximalwert erreicht. Die Stromstärke wird durch den kapazitiven Widerstand des Kondensators bestimmt.

Für den Ladestrom folgt daraus:

$$I(t) = \frac{\mathrm{d}Q}{\mathrm{d}t} = \omega C U_s \cos \omega t = I_s \cos \omega t = I_s \sin(\omega t + \pi/2).$$

Der Strom ist also proportional zur Kapazität und eilt der angelegten Spannung um eine Viertelperiode voraus.

Schaltet man einen Kondensator der Kapazität C in einen Wechselstromkreis, so eilt der Strom der Generatorspannung um eine Viertelperiode voraus. Als kapazitiven Widerstand des Kondensators bezeichnet man

$$R_C = \frac{U_s}{I_s} = \frac{U_{eff}}{I_{eff}} = \frac{1}{\omega C}.$$

Der kapazitive Widerstand eines Kondensators sinkt mit zunehmender Frequenz des Wechselstromes. Er ist für Gleichstrom unendlich groß.

Zusammenfassung

Wir können unsere Ergebnisse folgendermaßen zusammenfassen. Legt man die Generatorspannung

$$U = U_s \sin \omega t$$

an einen Stromkreis, der einen ohmschen Widerstand R oder eine Induktivität L oder eine Kapazität C enthält, so ist der Strom gegeben durch

$$I = \frac{U_s}{R_\omega} \sin(\omega t - \varphi).$$

R_ω wird als *Wechselstromwiderstand* und φ als *Phasenverschiebung* des Stromes gegenüber der angelegten Generatorspannung bezeichnet. (Mit der treibenden Gesamtspannung ist der Strom natürlich immer in Phase.) Die drei Spezialfälle sind:

Ohmscher Widerstand:	$R_\omega = R$	$\varphi = 0,$
Induktivität (Spule):	$R_\omega = \omega L$	$\varphi = +\frac{\pi}{2},$
Kapazität (Kondensator):	$R_\omega = \frac{1}{\omega C}$	$\varphi = -\frac{\pi}{2}.$

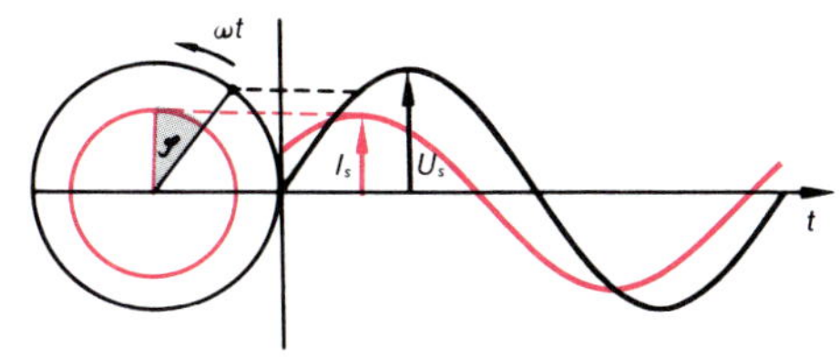

Im allgemeinen weisen Strom und Spannung bei Wechselstrom eine Phasenverschiebung φ auf.

Die Phasenverschiebung wird auf dem Typenschild eines Motors angegeben.

In der Praxis enthält der Stromkreis zumeist sowohl ohmsche Widerstände als auch Induktivitäten und Kapazitäten. Dann gilt

$$R_\omega = \sqrt{R^2 + (\omega L - 1/\omega C)^2}, \qquad \tan\varphi = \frac{\omega L - 1/\omega C}{R}.$$

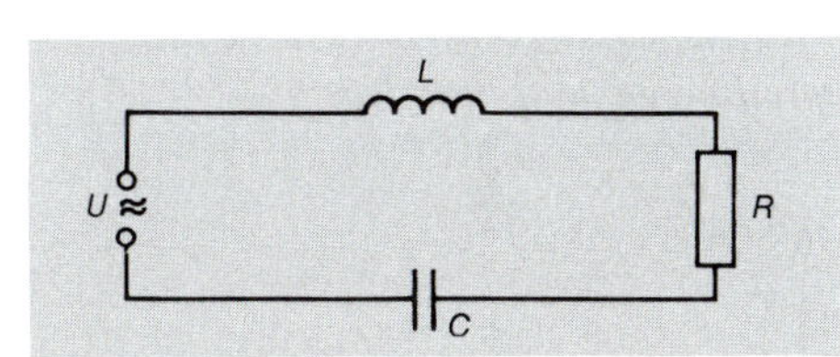

Im allgemeinen weist ein Wechselstromkreis sowohl ohmsche Widerstände als auch Spulen und Kondensatoren auf.

Dieses Ergebnis enthält die betrachteten Spezialfälle und wird folgendermaßen bewiesen. Fließt der Strom I_{eff} im Leiterkreis, so treten drei Spannungen auf. Die Spannung $R I_{eff}$ am ohmschen Widerstand ist in Phase mit dem Strom. Die Spannung $(1/\omega C) I_{eff}$ am Kondensator eilt dem Strom um eine Viertelperiode nach, die Spannung $(\omega L) I_{eff}$ an der Spule eilt dem Strom um eine Viertelperiode vor. Die Abbildung zeigt, wie sich diese Spannungen vektoriell zu einer Gesamtspannung

$$U_{eff} = \sqrt{R^2 + (\omega L - 1/\omega C)^2}\, I_{eff} = R_\omega I_{eff}$$

addieren. R_ω heißt Wechselstromwiderstand oder *Impedanz*.

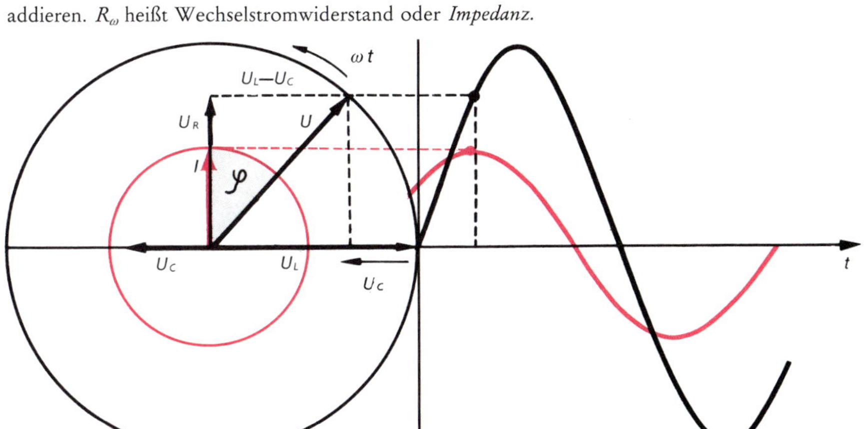

Die Gesamtspannung setzt sich dann aus drei Teilspannungen zusammen, die sich vektoriell addieren.

d) Die Leistung des Wechselstromes

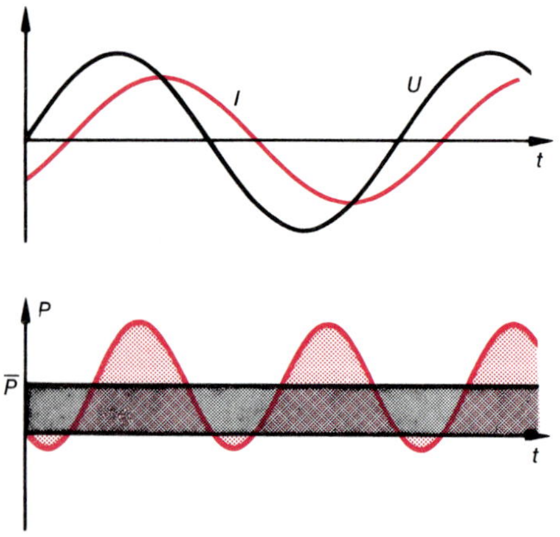

Das Produkt aus Strom und Spannung ergibt die momentane Leistung P eines Wechselstromkreises. Nur die mittlere Leistung ist praktisch wichtig.

Für die Praxis ist die Energieübertragung die wichtigste Eigenschaft eines Stromkreises. Für die Leistung gilt allgemein

$$P(t) = I(t) \cdot U(t).$$

Setzen wir Strom und angelegte Generatorspannung ein, so ergibt eine einfache trigonometrische Umformung

$$P(t) = [I_s \sin(\omega t - \varphi)] \cdot [U_s \sin \omega t] = I_s\, U_s \sin(\omega t - \varphi) \sin \omega t =$$

$$= \frac{1}{2} I_s\, U_s [\cos \varphi - \cos(2\,\omega t - \varphi)].$$

Für den Verbraucher ist der zeitliche Mittelwert $\overline{P}$ der Leistung ausschlaggebend. Wegen $\overline{\cos(2\,\omega\, t - \varphi)} = 0$ beträgt er

$$\overline{P} = \frac{I_s\, U_s}{2} \cos \varphi = I_{\text{eff}}\, U_{\text{eff}} \cos \varphi.$$

Man bezeichnet $\overline{P}$ als *Wirkleistung* und $\cos \varphi$ als *Leistungsfaktor.*

> Die Wirkleistung des Wechselstromes beträgt
>
> $$\overline{P} = I_{\text{eff}}\, U_{\text{eff}} \cos \varphi.$$
>
> $\cos \varphi$ heißt Leistungsfaktor.

Bei praktischen Anwendungen soll der Leistungsfaktor eines Wechselstromkreises nahe bei eins liegen. Andernfalls belasten starke Blindströme das Leitungsnetz, übertragen aber keine Leistung.

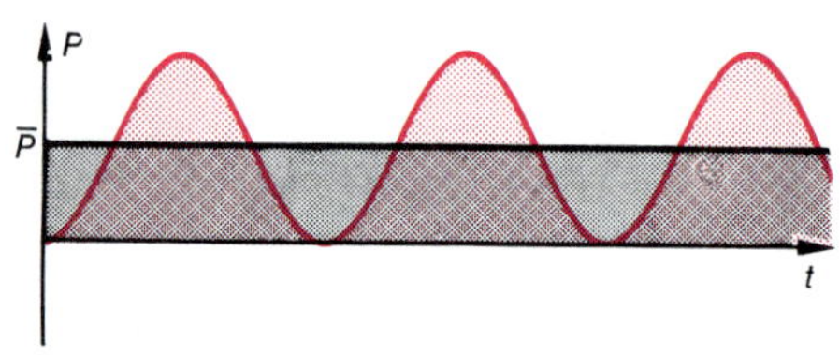

Beim ohmschen Widerstand sind Strom und Spannung nicht phasenverschoben. Die mittlere Leistung wird im Widerstand in innere Energie umgewandelt.

1. Beispiel: Der ohmsche Widerstand im Wechselstromkreis ($\varphi = 0$)

In diesem Fall ist $\cos \varphi = 1$, und die Wirkleistung beträgt $\overline{P} = I_{\text{eff}}\, U_{\text{eff}}$. Diese Leistung wird vom Generator geliefert und im Widerstand in innere Energie umgewandelt.

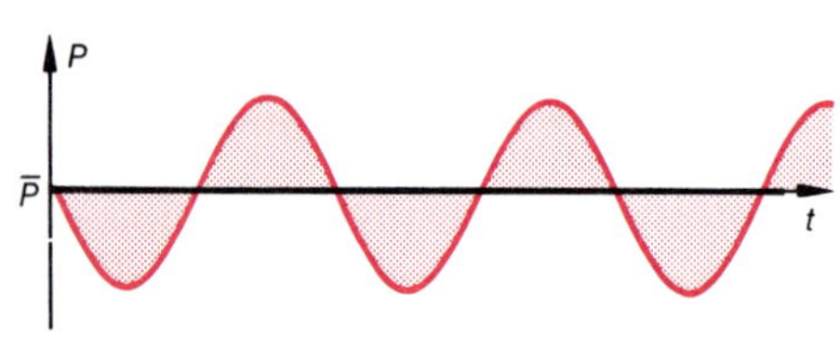

Bei der Spule im Wechselstromkreis pendelt die Energie zwischen dem Generator und dem Magnetfeld der Spule hin und her. Die mittlere Leistung ist Null.

2. Beispiel: Der induktive Widerstand im Wechselstromkreis ($\varphi = + \pi/2$)

In diesem Fall ist der Leistungsfaktor $\cos \varphi = 0$, und daher gilt auch $\overline{P} = 0$.

Die Wirkleistung verschwindet, während die momentane Leistung des Generators abwechselnd positiv und negativ ist. Bei positiver Leistung pumpt der Generator Strom durch die Spule. Das magnetische Feld wird aufgebaut, und der Generator dadurch gebremst. Bei negativer Leistung verschiebt das zusammenbrechende magnetische Feld der Spule Ladungen gegen die Generatorspannung und treibt den Generator an. Die Energie pendelt zwischen Generator und Spule hin und her. Die mittlere Generatorleistung ist Null.

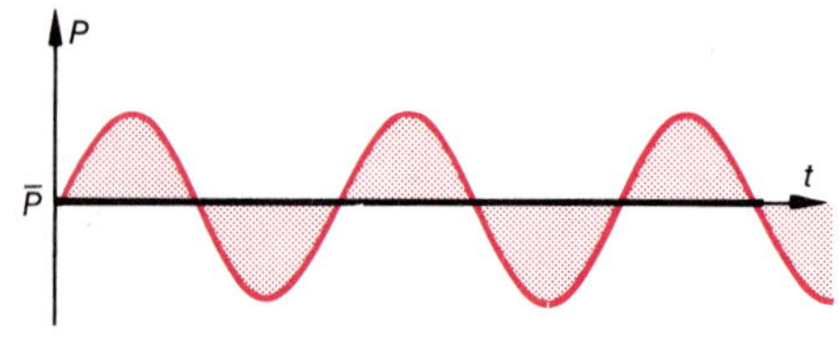

Bei dem Kondensator im Wechselstromkreis pendelt die Energie zwischen dem Generator und dem elektrischen Feld des Kondensators hin und her. Die mittlere Leistung ist Null.

3. Beispiel: Der kapazitive Widerstand im Wechselstromkreis ($\varphi = - \pi/2$)

Auch in diesem Fall ist $\cos \varphi = 0$ und die Wirkleistung verschwindet. Die momentane Leistung des Generators ist abwechselnd positiv und negativ. Bei positiver Leistung pumpt der Generator Ladung auf den Kondensator. Das elektrische Feld wird aufgebaut und der Generator dadurch gebremst. Bei negativer Leistung verschiebt das zusammenbrechende elektrische Feld des Kondensators Ladungen gegen die Generatorspannung und treibt den Generator dadurch an. Die Energie pendelt daher zwischen Generator und Kondensator hin und her. Die mittlere Generatorleistung ist Null.

3. Der Transformator

Ein Transformator besteht aus einem geschlossenen Weicheisenkern, auf dem sich die *Primärspule* mit N_1 Windungen und die *Sekundärspule* mit N_2 Windungen befinden. Fließt ein Wechselstrom durch die Primärspule, so ruft dieser Strom einen zeitlich variablen magnetischen Fluß hervor, der fast völlig im Eisenkern verläuft. Dadurch ändert sich auch der magnetische Fluß in der Sekundärspule, und eine Spannung wird dort induziert.

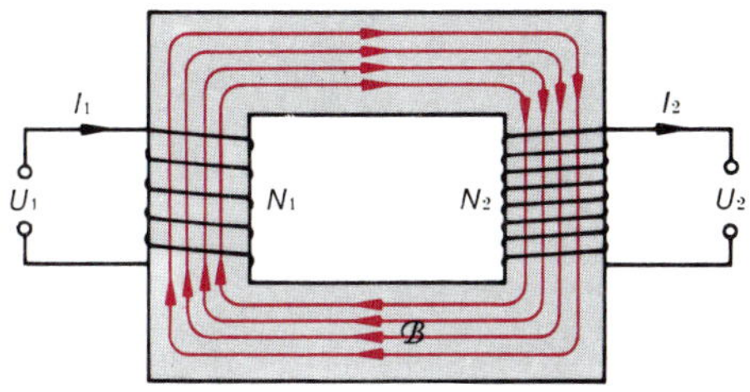

Der Transformator besteht stets aus einer Primärspule mit N_1 Windungen und einer Sekundärspule mit N_2 Windungen. Der magnetische Fluß verläuft fast völlig im Eisenkern, der zur Vermeidung von Wirbelströmen aus Einzelblechen aufgebaut werden muß.

a) Der unbelastete Transformator

Bei offenen Klemmen der Sekundärspule ist der Wechselstromwiderstand $R_\omega = \omega L$ der Primärspule ausschlaggebend. Ist er viel höher als ihr ohmscher Widerstand, dann wird der Leistungsfaktor $\cos \varphi = 0$ und die mittlere Leistung, die von der Primärspule aufgenommen wird, verschwindet. Es entstehen in diesem Fall keine Stromkosten.

Um die in der Sekundärspule induzierte Spannung zu berechnen, gehen wir davon aus, daß die induzierte Spannung in der Primärspule der angelegten Spannung entgegengerichtet ist $U_{1,\mathrm{ind}} = -U_1$. Auf jede Windung der Primärspule entfällt deshalb die Induktionsspannung $-U_1/N_1$. Weil die Änderung des magnetischen Flusses in beiden Spulen gleich groß ist, wird dieselbe Spannung auch in jeder Windung der Sekundärspule induziert. In den N_2 Windungen dieser Spule ergibt sich deshalb insgesamt die Sekundärspannung

$$U_2 = N_2 \left(-\frac{U_1}{N_1}\right) = -\frac{N_2}{N_1} U_1 .$$

Das Minuszeichen zeigt dabei an, daß die beiden Spannungen um eine halbe Periode phasenverschoben sind, wenn beide Spulen im gleichen Windungssinn um den gemeinsamen Eisenkern gewickelt sind.

Wir erhalten damit das wichtige Ergebnis:

> Die Spannungen an den Transformatorspulen verhalten sich wie die Windungszahlen.

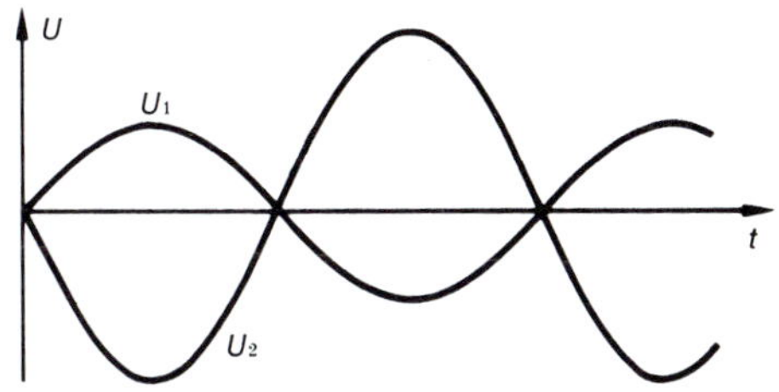

Das Verhältnis der Spannungen in den beiden Spulen des Transformators ist durch die Windungszahlen bestimmt. Die beiden Spannungen sind um eine halbe Periode phasenverschoben.

Mit Transformatoren kann daher die Spannung in einem Wechselstromnetz in weiten Bereichen fast verlustfrei verändert werden.

b) Der belastete Transformator

Bei geschlossenem Stromkreis fließt auch in der Sekundärspule Strom. Dieser Strom liefert einen Beitrag zum magnetischen Fluß im Eisenkern und induziert dadurch eine Spannung in der Primärspule. Infolgedessen ändert sich dort die Phasenverschiebung zwischen Strom und Spannung, und die von der Primärspule aufgenommene mittlere Leistung ist nicht mehr Null, sondern wird positiv.

Es ist nicht ganz einfach, das Wechselspiel der Ströme in den beiden Spulen zu berechnen. Wir können jedoch vom Energiesatz ausgehen, der eine einfache Bilanzgleichung für den gesamten Transformator liefert. Er lautet:

> Die primärseitig aufgenommene Leistung muß stets gleich der sekundärseitig abgegebenen Leistung sein.
>
> $$\bar{P}_1 = \frac{1}{2} I_{1s} U_{1s} \cos \varphi_1 = \frac{1}{2} I_{2s} U_{2s} \cos \varphi_2 = \bar{P}_2$$

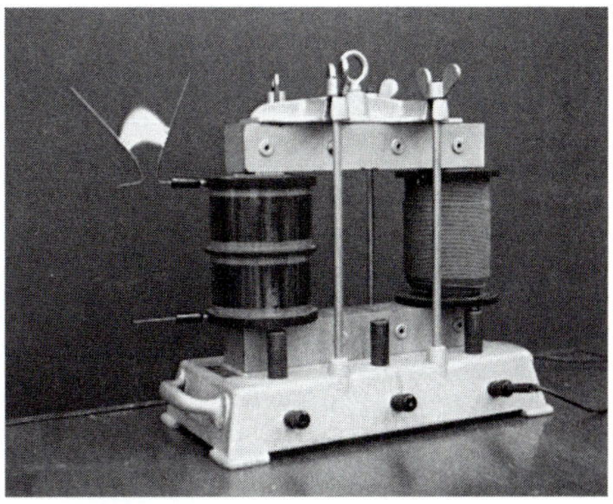

Die Windungszahlen bei diesem Transformator sind 550 und 25 000. Schaltet man an die Primärspule eine Wechselspannung von 220 V, so liegen an der Sekundärspule 10 kV Hochspannung. Sie führt zum Funkenüberschlag.

Das Verhältnis der Windungszahlen beträgt hier 75 : 1. Schaltet man an die Primärspule eine Wechselspannung von 220 V, so liegen an der Sekundärspule nur 3 V. Auch hier ist im verlustfreien Fall die primärseitig aufgenommene Leistung gleich groß wie die sekundärseitig abgegebene Leistung.

Dabei haben wir angenommen, daß der Transformator verlustfrei arbeitet. In der Praxis treten stets Verluste auf, die vor allem durch Wirbelströme im Weicheisenkern des Transformators zustandekommen. Um sie zu verringern, baut man den Kern aus einzelnen isolierten Blechschichten auf. In guten Transformatoren können so die Verluste auf etwa 2% gesenkt werden.

Weitergehende Überlegungen zeigen, daß die Leistungsfaktoren in den beiden Spulen des Transformators stets annähernd übereinstimmen, $\cos\varphi_1 \approx \cos\varphi_2$. Damit folgt aus dem Energiesatz

$$I_{1s}U_{1s} = I_{2s}U_{2s} \quad \text{oder} \quad \frac{I_{1s}}{I_{2s}} = \frac{U_{2s}}{U_{1s}}.$$

Die Stromstärken in den Transformatorspulen verhalten sich umgekehrt wie die Spannungen.

Hat also beispielsweise die Sekundärspule eine wesentlich geringere Windungszahl als die Primärspule, so tritt dort eine geringe Spannung, aber eine hohe Stromstärke auf.

4. Die elektrische Energieübertragung

Ein Großtransformator des Umspannwerkes Neusiedl. Ein eigenes Spezialfahrzeug war für den Transport des 180 Tonnen schweren Transformators erforderlich.

Für den Siegeszug der Elektrotechnik war vor allem die Möglichkeit ausschlaggebend, Energie in *einfacher Weise* übertragen zu können. Dadurch war es beispielsweise nicht mehr notwendig, Fabriken an Flüssen zu errichten, um die Wasserkraft auszunützen. Für den Siegeszug des Wechselstromes wiederum war die Möglichkeit ausschlaggebend, Energie *ohne hohe Verluste* in große Entfernungen übertragen zu können. Dazu dienen Hochspannungsleitungen.

a) Energieübertragung mit Hochspannungsleitungen

Weist die Fernleitung vom Kraftwerk zu einem Verbraucher einen Widerstand R auf, so beträgt der in der Leitung auftretende Leistungsverlust $P_L = I^2 R$. Diese Leistung wird in der Leitung in Wärme verwandelt.

Das Verhältnis des Leistungsverlustes P_L zur übertragenen Gesamtleistung $P = I\,U$ beträgt

$$\frac{P_L}{P} = \frac{I^2 R}{I U} = \frac{I R}{U} = \frac{I U R}{U^2} = \frac{P R}{U^2}.$$

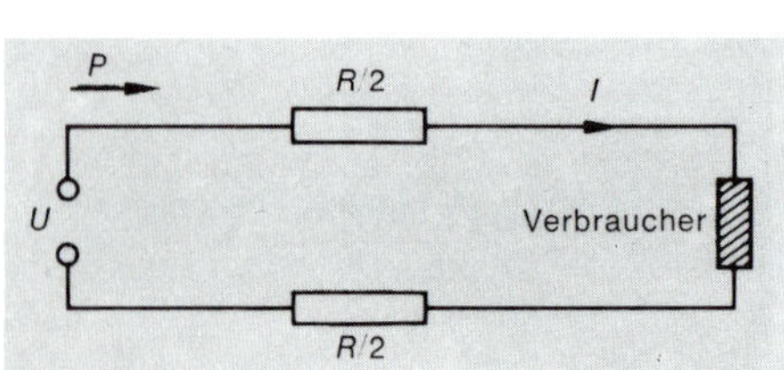

Wegen des Widerstandes der Fernleitung erreicht nicht die volle Generatorleistung P den Verbraucher.

Bei der Übertragung der Leistung P in einer Fernleitung mit dem Widerstand R beträgt der relative Übertragungsverlust

$$\frac{P_L}{P} = \frac{P R}{U^2}.$$

Der relative Leistungsverlust ist also umgekehrt proportional zum Quadrat der Übertragungsspannung. Betrachten wir ein Kraftwerk mittlerer Leistung, $P = 100$ MW. Die Energieübertragung soll auf eine Entfernung von 150 km mit einer Aluminiumleitung vom Querschnitt $A = 3$ cm² erfolgen. Aus der Gesamtlänge der Hin- und Rückleitung, $l = 300$ km, und dem spezifischen Widerstand von Aluminium, $\varrho = 3 \cdot 10^{-8}$ Ωm, errechnet sich der

Leitungswiderstand der betrachteten Fernleitung zu

$$R=\frac{\rho l}{A}=\frac{3\cdot 10^{-8}\,\Omega\text{m}\cdot 3\cdot 10^{5}\,\text{m}}{3\cdot 10^{-4}\,\text{m}^2}=30\,\Omega.$$

Wählt man die Spannung der Fernleitung zu $U = 110$ kV, so ergibt sich ein relativer Leistungsverlust in der Fernleitung

$$\frac{P_L}{P}=\frac{PR}{U^2}=\frac{10^8\,\text{W}\cdot 30\,\Omega}{(1{,}1\cdot 10^5\,\text{V})^2}=0{,}25.$$

25% der erzeugten Energie gehen also in der Leitung verloren. Steigert man die Übertragungsspannung auf $U = 380$ kV, so verringert sich der relative Leitungsverlust auf 2,1%.

Nur durch Wahl hoher Übertragungsspannungen lassen sich die Energieverluste auf ein vertretbares Maß reduzieren. Weil die Stromerzeugung mit höchstem Wirkungsgrad in Großkraftwerken mit Leistungen von ungefähr 10^6 kW = 1 GW erfolgt, kommt der Forschung auf dem Gebiet der Fernleitungen besondere Bedeutung zu. Die Großkraftwerke müssen nämlich durch ein Verbundnetz europaweit zusammengeschlossen werden, damit Leistungsspitzen und der Ausfall einzelner Kraftwerke bewältigt werden können. Man experimentiert heute mit Übertragungsspannungen von 1 Mio. Volt und sogar mit supraleitenden Kabeln.

Die Transformierbarkeit des Wechselstromes erlaubt es dabei, die gewünschten Spannungen zu erzielen. Da Transformatoren fast verlustfrei und wartungsfrei arbeiten, wurden schon bald alle öffentlichen Versorgungsnetze auf Wechselstrom umgestellt.

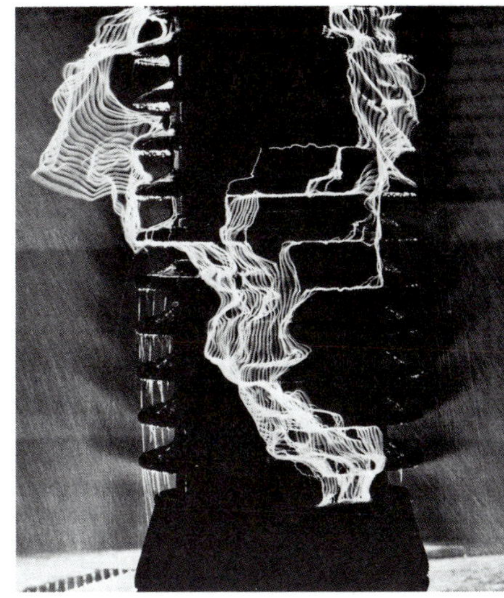

Auch bei Regen, Schnee und Eis müssen Hochspannungsleitungen sicher isoliert sein. Hier kommt es an einem Isolator zu einem Funkenüberschlag.

b) Energieübertragung mit Drehstrom

Weitere Einsparungen bei der Energieübertragung lassen sich erzielen, wenn man anstelle eines Wechselstromkreises drei gleiche, um je $2\pi/3$ phasenverschobene Wechselströme verwendet. Sie werden durch drei getrennte Leitungen dem Verbraucher zugeführt. Eine gemeinsame Rückleitung, der Nulleiter, schließt den Stromkreis. Aus dem Diagramm liest man ab, daß für die drei Wechselspannungen U_R, U_S, U_T, zu jedem beliebigen Zeitpunkt folgende Beziehung erfüllt ist:

$$U_R + U_S + U_T = 0.$$

Liegt an allen Stromkreisen jeweils der gleiche Widerstand, so folgt

$$I = I_R + I_S + I_T = 0.$$

Der durch den Nulleiter zum Kraftwerk zurückzuleitende Strom I verschwindet in diesem Fall. In der Praxis wird sich die völlig gleiche Belastung der drei Wechselstromkreise nur näherungsweise erzielen lassen, so daß die Stromstärke im Nulleiter nicht völlig verschwindet. Doch kann die gemeinsame Rückleitung sehr dünn gehalten werden, wodurch sich gegenüber einfachen Wechselstromkreisen eine Einsparung an Leitungsmaterial von fast 50% ergibt.

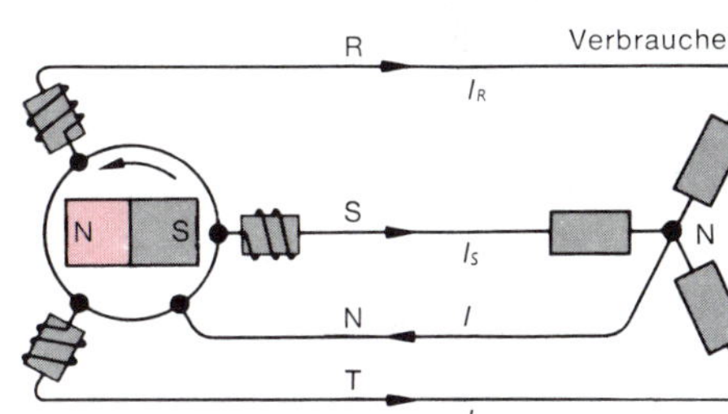

Die drei Phasen des Drehstromes werden in einem Drehstromgenerator erzeugt und drei Verbrauchern zugeführt. Die gemeinsame Rückleitung, der Nulleiter N, ist bei drei gleichen Verbrauchern stromfrei.

> Bei annähernd gleicher Belastung der drei »Phasen des Drehstroms« kann die gemeinsame Rückleitung dünn gehalten werden. Dadurch ergeben sich Einsparungen an Leitungsmaterial.

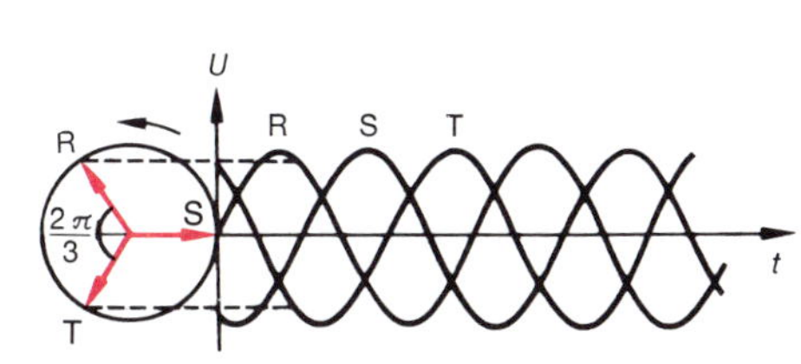

Die drei Wechselspannungen des Drehstromes addieren sich in jedem Augenblick zur Gesamtspannung Null.

Aus dem genannten Grund wird für Fernleitungen fast ausschließlich Drehstrom verwendet. Er wird für den Verbraucher so heruntertransformiert, daß zwischen jeder der drei Phasen und dem Nulleiter eine Spannung von

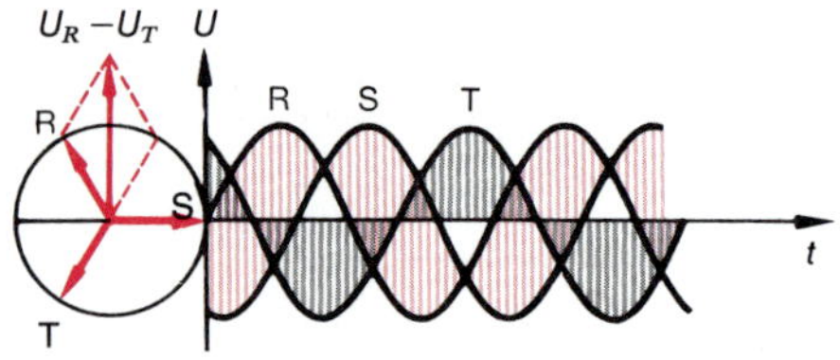

Die Spannungsdifferenz zwischen zwei Phasen des Drehstromes (rosa Flächen) ist größer als zwischen einer Phase und dem Nulleiter (graue Flächen).

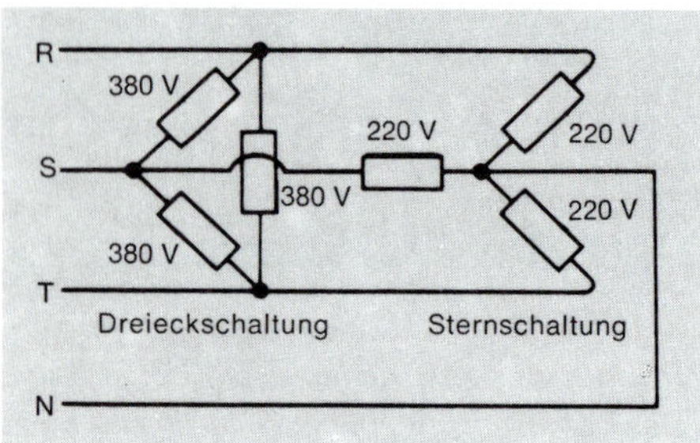

Zwischen zwei Phasen des Drehstromes liegt eine Spannung von 380 V, zwischen Phase und Nulleiter 220 V.

Modell eines Drehstrommotors. Der Kurzschlußläufer rotiert etwas langsamer als das Drehfeld. Es ist keine Stromzuführung zu den rotierenden Teilen erforderlich.

220 V liegt. Der Anschluß der einzelnen Geräte wird dann so durchgeführt, daß eine möglichst gleichmäßige Belastung der drei Phasen erreicht wird.

Für den Betrieb leistungsstarker Elektrogeräte weist Drehstrom noch einen weiteren Vorteil auf. Anstelle der bisher besprochenen *Sternschaltung* verwendet man für Großgeräte eine *Dreieckschaltung*, bei der die Spannung jeweils zwischen zwei Phasenleitern abgegriffen wird. Die effektive Spannung beträgt dabei

$$U_{ST\,eff} = U_{S\,eff} \cos 30° + U_{T\,eff} \cos 30° =$$
$$= 2 \cdot 220\ \text{V} \cdot \cos 30° \approx 380\ \text{V}.$$

Zwischen Phase und Nulleiter des Drehstromes liegt die Spannung $U_{eff} = 220$ V. Zwischen zwei Phasen des Drehstromes liegt die Spannung $U_{eff} = 380$ V.

Drehstrom weist noch einen dritten Vorteil auf. Der Aufbau von Drehstrommotoren ist einfach und robust. Bringen wir nämlich eine Leiterschleife in das Feld eines rotierenden Magneten, so beginnt die Schleife mitzurotieren, wobei sie gegenüber dem Magneten etwas zurückbleibt. Der Grund dafür ist folgender. Durch das veränderliche Magnetfeld wird in der Leiterschleife eine Spannung induziert und dadurch ein Strom hervorgerufen. Nach der Lenzschen Regel wirkt dieser Strom seiner Ursache, der Relativbewegung zwischen Schleife und Magneten, entgegen. Die Schleife dreht sich daher in der gleichen Richtung wie der Magnet. Dabei bleibt sie etwas zurück, da andernfalls die Veränderung des magnetischen Flusses wegfallen, in der Spule also keine Spannung mehr induziert werden würde. Die Abbildungen zeigen, daß sich ein derartiges rotierendes Magnetfeld mit Hilfe des Drehstromes auf einfache Weise herstellen läßt.

Drehstrommotoren benötigen keine Stromzufuhr zu den rotierenden Teilen. Ihr Läufer besteht lediglich aus einem Metallkäfig, der aus massivem Kupfer oder Aluminiumstäben hergestellt wird (»Kurzschlußläufer«).

Die drei Vorteile des Drehstromes
Die Rückleitung wird weitgehend eingespart.
Zwei verschiedene Spannungen stehen zur Verfügung.
Drehstrommotoren sind einfach zu bauen.

Drehstrom-Versuchstriebwagen. Im Jahre 1903 stellte dieser Wagen mit 210 km/h einen Weltrekord auf. Die drei Leitungen der Drehstromversorgung führten eine Gesamtleistung von 2 200 kW zu.

5. Probleme der Energieversorgung

Die Deckung des Energiebedarfes ist für die gesamte industrialisierte Welt ein schwer zu lösendes Problem. Der Import von Energieträgern führt oft zu wirtschaftlichen Schwierigkeiten, die sich in der Zahlungsbilanz eines Landes auswirken. Vor allem werden aber die heute wesentlichsten »Primärenergien«, Erdöl und Erdgas, in wenigen Jahrzehnten erschöpft sein. Die Erschließung neuer Energiequellen ist daher ein vordringliches Problem. Eine der Möglichkeiten liegt dabei in der weitgehenden Nutzung der Kohlenvorräte, die vermutlich noch für einige Jahrhunderte reichen. Schwieriger Abbau, Fragen der Abgasreinigung und andere Umweltschutzprobleme stehen aber heute noch einer weitgehenden Verwendung der Kohle im Wege.

Der weitere Zuwachs des Energieverbrauches muß vor allem mit Hilfe von Wärmekraftwerken oder anderen Methoden der Energieerzeugung gedeckt werden. Eine Bedarfssättigung ist auf dem Gebiet der Elektroenergie in den nächsten Jahren noch nicht abzusehen. Besonders starke Zuwachsraten weisen derzeit die Haushalte auf.

Die Energielücke kann für die nächsten Jahrzehnte mit Kernenergie geschlossen werden. Dank der gewaltigen Forschungsmittel, die hierfür aufgewendet wurden, ist diese neue Energieform heute reif für technische Anwendungen. Dagegen sind Sonnenenergie, Wind- und Gezeitenkraftwerke sowie geothermische Kraftwerke und auch die Kernfusion weit weniger im Mittelpunkt der Forschung gestanden. Diese Versäumnisse lassen sich nicht in kurzer Zeit wettmachen, so daß die Kernenergie als wichtige Reserve für die nächsten Jahrzehnte eingesetzt werden muß.

Planung und Bau eines neuen Kraftwerkes erfordern mehr als 10 Jahre. Deshalb sind langfristige Prognosen für die Bedarfsentwicklung und entsprechende Verträge für die Versorgung mit Primärenergie erforderlich. Konjunkturschwankungen und unvorhersehbare Entwicklungen der internationalen Politik können starke Einflüsse auf die Energieversorgung ausüben und machen eine vorausschauende Energiepolitik zu einer ebenso schwierigen wie wesentlichen Aufgabe.

Tatsächlich mußten Energieprognosen immer wieder stark revidiert werden. Im Jahre 1974 ging man bei internationalen Studien von einer jährlichen Zunahme des Energiebedarfs um 4,5% aus. Nur drei Jahre später wurde eine jährliche Steigerungsrate von 3,5% prognostiziert. Nach einem Maximalwert 1979 nahm dann aber bis 1982 der Energiebedarf sogar ab, steigt jetzt allerdings wieder an. Mit einem Fehler von nur 1% in der jährlichen Zuwachsrate, aufgerechnet auf die 10 Jahre zwischen Planung und Inbetriebnahme, können Kraftwerke bei der Fertigstellung noch jahrelang überflüssig sein, oder das Land muß auf Jahre hinaus Elektrizität importieren.

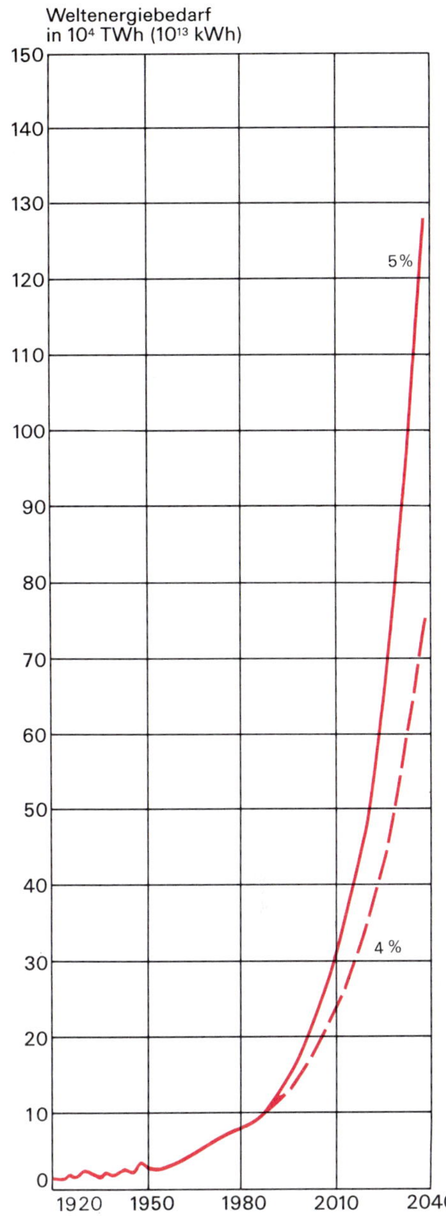

Die Prognosen für die zukünftige Steigerung des Weltenergiebedarfes liegen zwischen 4% und 5%. Kann der Bedarf gedeckt werden?

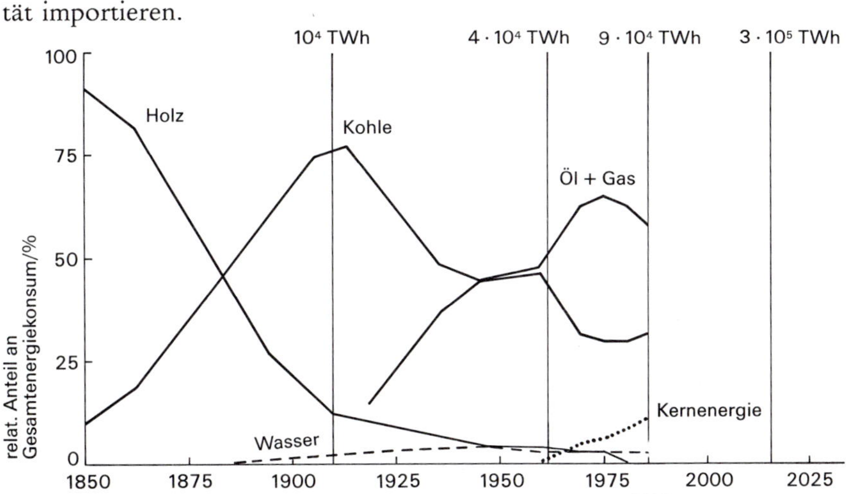

Der relative Anteil verschiedener Primärenergieträger am Weltenergiekonsum hat sich im Laufe der Geschichte verschoben. Die weitere Sicherung des Weltenergiebedarfs und seine Verteilung auf verschiedene Energiequellen wird sorgfältiger Planung bedürfen.

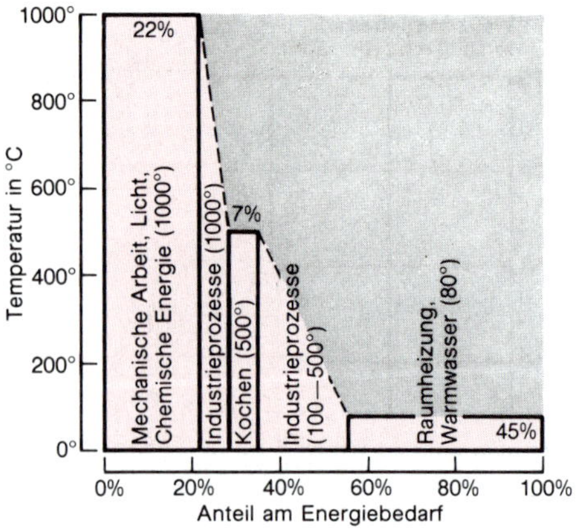

Energie wird derzeit zu 98% in Form von Öl, Gas und Elektrizität angeboten. Diese hochwertigen Energieträger werden aber nur schlecht ausgenützt, da rund 50% der Energienutzung im Niedertemperaturbereich erfolgt. Die graue Fläche zeigt, wie groß der Anteil zu hochwertigen Energieformen derzeit ist.

Mittlerer Jahresbedarf verschiedener Elektrogeräte	
Gerät	kWh/Jahr
Durchlauferhitzer	4 000
Gefriertruhe	1 500
Elektroherd	1 200
Wäschetrockner	1 000
Farbfernseher	400
Geschirrspüler	400
Waschmaschine	200
Staubsauger	50
Rasierapparat	20
Zahnbürste	5

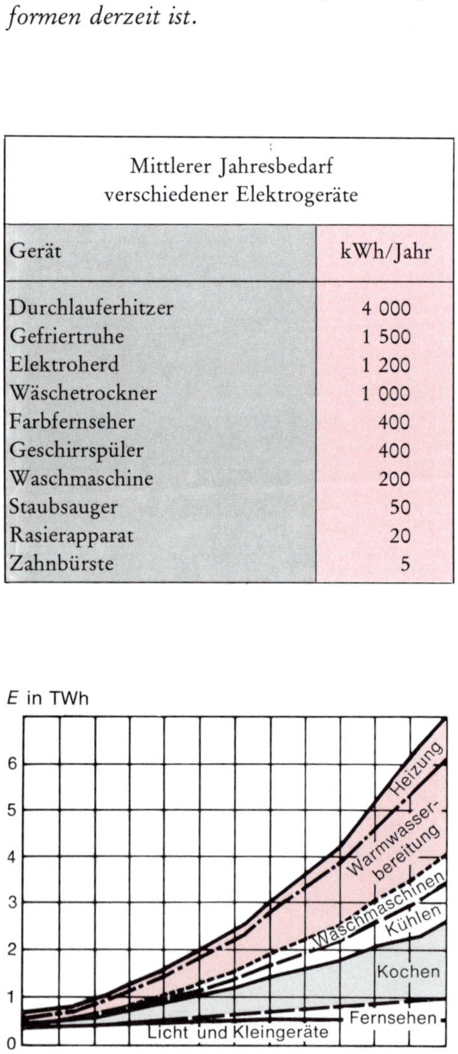

Der Bedarf der Haushalte an Elektroenergie ist rasch angestiegen (Beispiel Österreich). Die benötigte Niedertemperaturwärme (rosa Fläche) könnte in Zukunft teilweise aus Abwärme oder Sonnenenergie gewonnen werden. Auch für Kochzwecke (grau) könnten andere Energiequellen verwendet werden.

a) Die Energieversorgung der Bundesrepublik

Der gesamte Energiebedarf der Bundesrepublik betrug im Jahr 1984

$$3\,060\,\text{TWh} = 3{,}06 \cdot 10^{12}\,\text{kWh} = 1{,}10 \cdot 10^{19}\,\text{J}.$$

Dies entspricht einem Energiebedarf von rund 140 kWh pro Person und Tag. Die Verluste bei der Umwandlung in andere Energieformen und bei der Energieverteilung betragen in der Bundesrepublik rund 50%.
Die Wasserkraft spielt in der Bundesrepublik keine bedeutende Rolle. Sie deckt nur knapp 2% des gesamten Energieaufkommens. Etwa 63% der Gesamtenergie müssen importiert werden, insbesondere das Rohöl aus dem Nahen Osten und aus Nordafrika.

Der Primärenergiebedarf stieg von 1950 bis 1979 mit einer durchschnittlichen jährlichen Zuwachsrate von 4%, sank bis 1982 um über 10% und ist seither im Zuge der konjunkturellen Erholung wieder mit durchschnittlich 4% jährlich im Ansteigen.

Im Zeitraum 1950–1986 stieg der Strombedarf jedes Jahr um durchschnittlich über 5%. Diese Strommenge wurde im Jahr 1986 zu 4% aus Wasserkraft, zu 25% aus Braunkohle, zu 30% aus Steinkohle, zu 4% aus Erdgas und zu 34% aus Kernenergie gewonnen. Vom gesamten Primärenergiebedarf werden 29% zur Erzeugung elektrischer Energie verwendet.

b) Die Energieversorgung der Schweiz

Um die Bedeutung der Elektrizität innerhalb der Energiewirtschaft der Schweiz kennenzulernen, betrachten wir zunächst die gesamte Energieversorgung des Landes. Im Jahr 1985 betrug der Primärenergiebedarf

$$266\,\text{TWh} = 2{,}66 \cdot 10^{11}\,\text{kWh} = 9{,}57 \cdot 10^{17}\,\text{J}.$$

Dieser Energiebedarf hat sich seit dem Jahr 1910 auf das Neunfache erhöht. Heute entfallen in der Schweiz rund 110 kWh »Primärenergie« pro Tag auf jede Person. Die Verluste bei der Umwandlung der Primärenergie in andere Energieformen (z. B. Elektroenergie) und bei der Energieverteilung betragen mehr als die Hälfte, sogar mit zunehmender Tendenz: den Verlusten von 47% im Jahr 1960 stehen Verluste von 57% im Jahr 1985 gegenüber. Aber auch die Nutzenergie wird schließlich größtenteils in Abwärme umgewandelt. So erwärmt die Fahrt eines Autos oder die Heizung eines Hauses letztlich die Umgebung. Mehr als 80% der Primärenergie enden als Abwärme, und nur ein geringer Teil findet sich in der inneren Energie von Produkten wieder.

Die Wasserkraft spielt in der Schweiz eine bedeutende Rolle: Sie deckt 60% der Elektrizitätserzeugung. 38% des Stromes werden in Kernkraftwerken erzeugt.

In der Schweiz werden pro Person und Tag rund 20 kWh Strom verbraucht. Ein Viertel dieses Bedarfs entfällt auf die privaten Haushalte, je ein Drittel auf Industrie und Gewerbe.

c) Möglichkeiten des Energiesparens

Neben der Erschließung neuer Energiequellen ist die sinnvollere Nutzung der vorhandenen Energie eines der wesentlichsten Anliegen.

Vor allem bei Heizungen und Klimaanlagen sind große Einsparungen möglich. Dazu kann eine allgemeine Senkung der Raumtemperatur auf 20° C ebenso beitragen, wie eine bessere Wärmeisolation der Gebäude. Durch bauliche Maßnahmen, wie wärmedämmende Baustoffe, gut isolierende Fenster und Türen, lassen sich Einsparungen bis zu 50% erzielen.

Auch eine bessere Nutzung der Abwärme, die bei Kraftwerken und bei vielen industriellen Prozessen auftritt, kann bedeutende Einsparungen bringen. Heute verwendet man meist Erdgas mit einer Verbrennungstemperatur von 1600° C oder Elektroenergie, um Warmwasser mit einer Temperatur von 60° C im Haushalt zu erzeugen. Diese hochwertigen Energieformen könnten nutzbringender eingesetzt werden, wenn ein Verteilungsnetz für Fernwärme den Bedarf an Niedertemperaturwärme deckt. Dabei ist allerdings zu bedenken, daß auch der Aufbau eines derartigen Netzes Energie erfordert. Die Durchrechnung des Nutzens verschiedener Investitionen auf dem Energiesektor von einem gesamtwirtschaftlichen Standpunkt ist schwierig und vielfach erst in den letzten Jahren durchgeführt worden.

Auch auf dem Gebiet des Transportwesens sind Verbesserungen möglich. Die Tabelle gibt die zur Beförderung einer Person benötigte Energiemenge für verschiedene Verkehrsmittel an.

Eine weitere Möglichkeit zur Energieeinsparung liegt in der Erzeugung langlebiger Wirtschaftsgüter. Der Bau eines einzigen Personenkraftwagens mittlerer Größe erfordert 30 000 kWh! Die Erhöhung der Lebensdauer und die Verwendung wiederverwertbarer Materialien wären hier wünschenswert.

Die Wärmeverluste eines Hauses werden mit einer Spezialkamera photographiert. Helle Stellen weisen auf Isolationsfehler hin.

Transportart	Energiebedarf pro Person in kJ/km
Radfahren	60
Gehen	200
Autobus	800
Eisenbahn	800
Straßenbahn	800
Motorrad	1 100
Diesel-Pkw	1 700
Benzin-Pkw	3 000
Flugzeug	4 000
Concorde	9 000
Hubschrauber	16 000

6. Elektrizität im Haushalt

In Europa werden rund 25% der elektrischen Energie in Haushalten verwendet. Ihr Bedarf ist in den letzten Jahren stark gestiegen und beträgt derzeit 3000 kWh pro Haushalt und Jahr.

Die Stromverteilung erfolgt in größeren Städten durch ein unterirdisches Drehstromnetz mit einer Spannung von etwa 5 kV. In lokalen Transformatorstationen wird diese Spannung auf 220 V heruntertransformiert.

Größere Haushalte sind mit allen drei Phasen des Drehstromes verbunden. Zwischen jeder Phase und dem Nulleiter wird ein Drittel der Haushaltsgeräte angeschlossen. Damit es zu keiner Überlastung des Leitungsnetzes kommt, wird die Stromstärke durch Sicherungen begrenzt. Im Leitungsnetz einer Wohnung liegt die höchste zulässige Stromstärke zumeist zwischen 6 A und 16 A. Jeder Versuch diese Stromstärke durch »Flicken« oder andere Manipulationen an den Sicherungen eigenmächtig hinaufzusetzen, bringt die Gefahr von Wohnungsbränden mit sich. Beim Kauf von Elektrogeräten ist darauf zu achten, daß ihr Leistungsbedarf durch das vorhandene Stromnetz auch gedeckt werden kann. Andernfalls sind umfangreiche Umbauten an den Steigleitungen des Hauses oder dem Leitungsnetz der Wohnung erforderlich.

Weitere Sicherheitsmaßnahmen bei der Verwendung von Elektroenergie im Haushalt sind notwendig, weil der menschliche Körper durch hohe Stromstärken geschädigt wird. Ströme von mehr als 20 mA führen zu Störungen der elektrochemischen Vorgänge im Körper, wobei besonders Veränderungen des Herzrhythmus gefährlich sind. Noch höhere Stromstärken führen außerdem zu Verbrennungen.

Die Elektrizitätsversorgung eines Haushaltes erfordert jährlich:
1 000 kg *Kohle* *oder*
700 kg *Erdöl* *oder*
70 g *Natururan* *oder*
3,6 Mio. *Liter Wasser mit einer Fallhöhe von* 365 m *(Kaprun)*

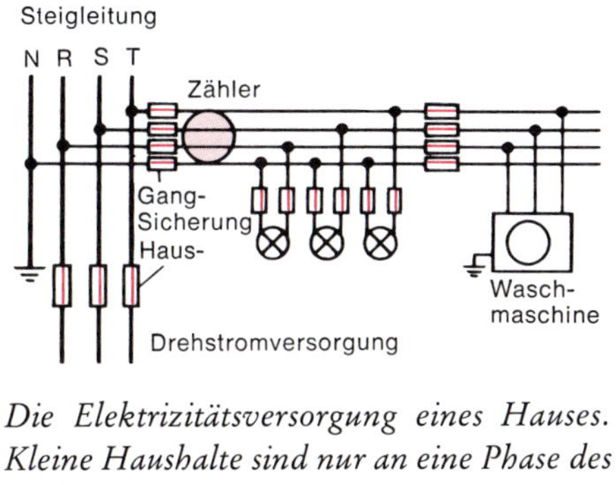

Die Elektrizitätsversorgung eines Hauses. Kleine Haushalte sind nur an eine Phase des Drehstromes angeschlossen.

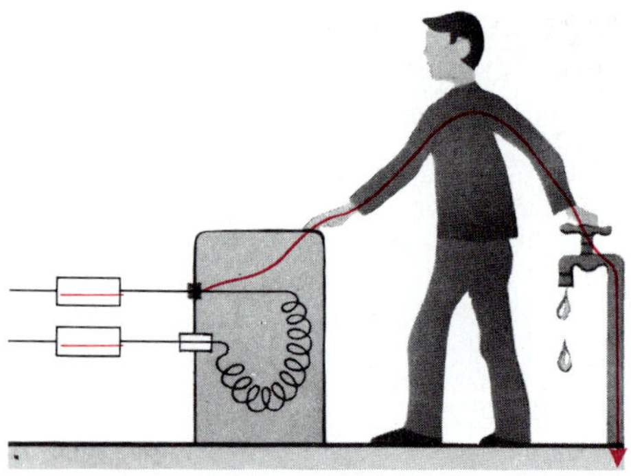

Tritt ein Isolationsfehler auf, so kann der Strom durch den Körper zur Erde fließen. Jährlich kommt es dadurch zu zahlreichen tödlichen Unfällen.

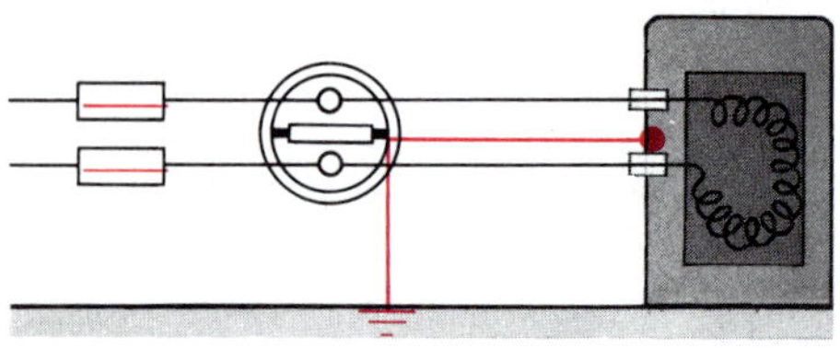

Bei Geräten mit Schukostecker ist das Metallgehäuse geerdet. Es kann deshalb keine Spannung gegen Erde aufweisen. Tritt hier ein Isolationsfehler auf, so unterbricht die Sicherung den Stromkreis.

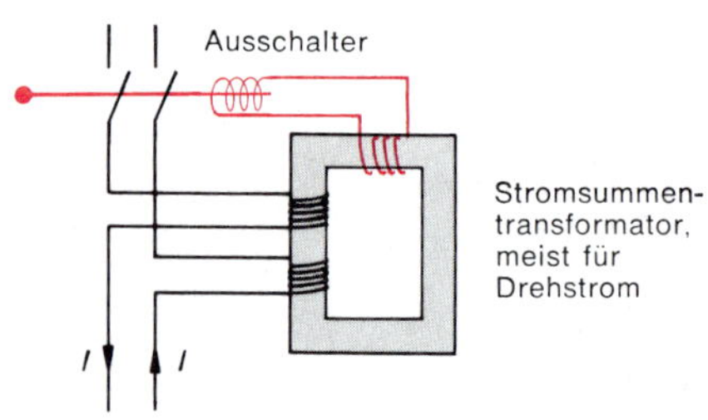

Der Fehlerstromschutzschalter besteht aus einem kleinen Transformator, über den beide Leitungen geführt werden. Sind die Ströme in den Leitungen durch einen Isolationsfehler ungleich groß, so unterbricht ein Schalter den Stromkreis.

Die häufigste Unfallursache im Haushalt ist der Kontakt eines der Phasenleiter mit dem Metallgehäuse eines Elektrogerätes. Berührt man das Gerät, so wird die Spannung nicht bemerkt, solange man auf einem isolierenden Boden steht. In diesem Fall kann kein Strom durch den Körper abfließen. Berührt man aber zugleich ein geerdetes Objekt, wie z. B. eine Wasserleitung, so fließt der Strom durch den Körper zur Erde.

Geräte mit Metallgehäuse müssen deshalb mit einem *Schukostecker* (Schutzkontaktstecker) versehen sein, durch den das Gehäuse geerdet wird. Kommt es hier zu einem Isolationsfehler, so fließt der Strom vom Phasenleiter über das Gehäuse durch die Erdung ab. Der Strom ist meist so stark, daß dieser »Kurzschluß« zum Abschalten des Stromes durch die Sicherungen führt.Dadurch wird der Defekt sofort bemerkt.

Beim *Fehlerstromschutzschalter* (FI-Schalter) wird Hin- und Rückleitung jedes Stromkreises über die Primärspule eines kleinen Transformators geführt. Bei intakter Leitung heben sich die Magnetfelder der beiden entgegengesetzten Ströme genau auf, und in der Sekundärspule wird keine Spannung induziert. Tritt ein Isolationsfehler auf, so sind die Ströme in Hin- und Rückleitung nicht mehr gleich. Es entsteht eine Spannung in der Sekundärspule, und der Stromkreis wird durch einen Schalter unterbrochen.

Kommt es zu einem Unfall, so muß der Verunglückte möglichst schnell aus dem Stromkreis gebracht werden. Er darf nur von einem isoliert stehenden Helfer berührt werden, da der Helfer sonst selbst in den Stromkreis gerät. Falls die nötige Isolation nicht völlig sichergestellt ist, muß die Stromversorgung so schnell wie möglich unterbrochen werden. Ist der Verunglückte bewußtlos, so ist künstliche Beatmung durchzuführen und die Rettung zu verständigen.

Testfragen:

1. Welches Grundgesetz liegt den Generatoren zugrunde?
2. Welches Grundgesetz liegt den Elektromotoren zugrunde?
3. Wie ist ein Wechselstromgenerator aufgebaut, und wie arbeitet er?
4. Wie arbeitet der Synchronmotor, und welche Nachteile hat er?
5. Wodurch unterscheidet sich der Gleichstromgenerator vom Wechselstromgenerator?
6. Was versteht man unter dem dynamo-elektrischen Prinzip?
7. Wie ist ein Hauptschlußmotor aufgebaut, und welche Vorteile hat er?
8. Wie kommt das Magnetfeld der Erde zustande?
9. Wie hängen beim Wechselstrom die Effektivwerte mit den Spitzenwerten zusammen?
10. Werden in der Praxis die Spitzenwerte oder die Effektivwerte angegeben?
11. Welchen Stromverlauf beobachtet man an einer Spule
    a) beim Anlegen einer Gleichspannung, b) beim Anlegen einer Wechselspannung?
12. Was versteht man unter dem induktiven Widerstand einer Spule?
13. Welchen Stromverlauf beobachtet man an einem Kondensator
    a) beim Anlegen einer Gleichspannung, b) beim Anlegen einer Wechselspannung?
14. Was versteht man unter dem kapazitiven Widerstand eines Kondensators?
15. Wie berechnet man bei einem Wechselstromkreis
    a) den Wechselstromwiderstand (Impedanz),b) die Phasenverschiebung des Stromes?
16. Was versteht man unter der Wirkleistung, und was unter dem Leistungsfaktor?
17. Wie groß sind Leistungsfaktor und Wirkleistung
    a) bei rein ohmschen Widerstand,
    b) bei rein induktiven Widerstand,
    c) bei rein kapazitiven Widerstand?
18. Wie ist ein Transformator aufgebaut, und welche Aufgabe hat er?
19. In welchem Verhältnis stehen die Spannungen am unbelasteten Transformator?
20. In welchem Verhältnis stehen die Stromstärken am belasteten Transformator?
21. Welchen Vorteil haben Hochspannungsleitungen?
22. Welche Vorteile bietet der Drehstrom?
23. Welche Probleme treten bei der deutschen und schweizerischen Energieversorgung auf?
24. Wo lassen sich am leichtesten Energie-Einsparungen vornehmen?
25. Wie funktioniert
    a) ein Schukostecker, b) ein FI-Schalter?

C. Elektromagnetische Wellen

I. Allgemeine Grundlagen

Die elektrischen und magnetischen Felder, die wir bisher kennengelernt haben, waren mit Ladungen und Strömen eng verbunden. Wenn sich eine Ladung bewegt, so bewegt sich ihr elektrisches Feld mit.

Können die Felder auch ein Eigenleben entwickeln und sich unabhängig von den Ladungen bewegen? Bereits Faraday vermutete die Existenz von *Schwingungen der Feldlinien,* die sich in Wellenform im gesamten Raum ausbreiten sollten. Die mathematische Formulierung der Faradayschen Ideen gelang dem englischen Physiker James Clerk Maxwell. Er stellte die Grundgleichungen für elektrische und magnetische Felder auf.

Aus den *Maxwellschen Gleichungen* folgt, daß beschleunigte elektrische Ladungen Wellen im elektrischen und im magnetischen Feld hervorrufen. Diese *elektromagnetischen Wellen* lösen sich von der Ladung los und wandern mit der Geschwindigkeit

$$c = \frac{1}{\sqrt{\varepsilon_0 \mu_0}} = \frac{1}{\sqrt{8{,}85 \cdot 10^{-12} \cdot 1{,}26 \cdot 10^{-6}}} \text{ m/s} = 3 \cdot 10^8 \text{ m/s}$$

durch den Raum. Die aus der elektrischen und der magnetischen Feldkonstante berechnete Ausbreitungsgeschwindigkeit stimmt mit der Lichtgeschwindigkeit überein.

Die experimentelle Überprüfung dieser Vorhersage der Maxwellschen Theorie erwies sich als schwierig. Erst im Jahre 1880 gelang es Heinrich Hertz, Ladungen im Labor so rasch zu beschleunigen, daß die abgestrahlten elektromagnetischen Wellen experimentell entdeckt werden konnten.

Die Ergebnisse von Maxwell und Hertz legen die Hypothese nahe, daß auch Licht eine elektromagnetische Welle ist. Diese *elektromagnetische Lichttheorie* wurde in der Folge durch zahlreiche Experimente bestätigt und führte zur Vereinigung von Elektrizitätslehre und Optik.

Die Ergebnisse von Maxwell und Hertz bildeten auch die Basis des modernen Nachrichtenwesens. Bereits 1899 vermochte Giulielmo Marconi aufgrund der Hertzschen Entdeckungen den Kanal zwischen England und Frankreich mit Funksignalen zu überbrücken, und zwei Jahre später, am 12. Dezember 1901, fand die erste Nachrichtenübertragung über den Atlantik statt. Damit begann der stürmische Siegeszug der drahtlosen Telegraphie, des Radios und des Fernsehens.

Zur Erzeugung elektrischer Wellen sind elektronische Bauelemente nötig, die Ströme fast augenblicklich ein- bzw. ausschalten können und die kleine Spannungsschwankungen verstärken. Die einfachsten derartigen Bauelemente sind Elektronenröhren. Wir beginnen daher dieses Kapitel mit der Besprechung der Diode und der Triode.

James Clerk Maxwell (1831–1879) studierte in seiner Heimatstadt Edinburgh und in Cambridge Mathematik und Physik. Im Alter von 25 Jahren stellte er die Grundgleichungen des Elektromagnetismus auf, wobei er Ideen Faradays mathematisch ausarbeitete und erweiterte.

Heinrich Hertz (1857–1894) studierte Physik bei Hermann von Helmholtz in Berlin. Im Jahre 1886 wurde Hertz Professor an der Universität Karlsruhe. Noch im gleichen Jahr gelang ihm der experimentelle Nachweis der von Maxwell vorhergesagten elektromagnetischen Wellen.

1. Diode und Triode

Die Verstärkung von Spannungen durch Elektronenröhren ist leicht verständlich. Wir wollen sie daher an den Anfang unserer Überlegungen stellen, obwohl Röhren heute weitgehend durch Halbleiter-Bauelemente ersetzt wurden.

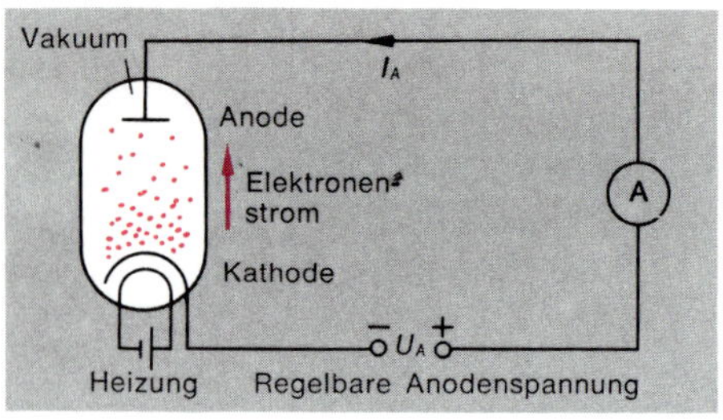

Die geheizte Kathode der Vakuumdiode sendet Elektronen aus. Sie werden von der Anode angezogen, und ein Anodenstrom fließt. Bei geringer Anodenspannung bilden die Elektronen eine negative Ladungswolke rund um die Kathode. In diesem Fall fließt nur ein geringer Anodenstrom.

a) Die Diode

Eine Diode besteht aus einer Vakuumröhre, in der eine geheizte Kathode und eine kalte Anode gegenüberstehen. Die Kathode sendet infolge ihrer hohen Temperatur Elektronen aus. Legt man den positiven Pol einer Stromquelle an die Anode und den negativen Pol an die Kathode, so fließt ein elektrischer Strom durch die Diode, weil die Elektronen von der Anode angezogen werden. Der Strom steigt mit wachsender *Anodenspannung*. Er erreicht einen Sättigungswert, wenn alle von der Kathode sekundlich ausgesandten Elektronen die Anode erreichen.

Polt man die Stromquelle um, so daß der negative Pol an der Anode liegt, so werden die Elektronen abgestoßen. Es fließt kein Strom.

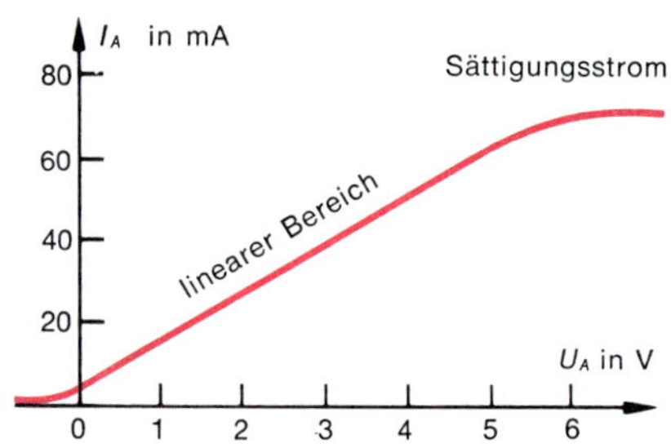

Bei negativer Anodenspannung fließt kein Strom durch die Diode. Bei positiver Spannung ist der Strom zunächst proportional zur Spannung und erreicht einen Sättigungswert, wenn alle von der Kathode ausgehenden Elektronen von der Anode abgesaugt werden.

> In der Diode kann der Elektronenstrom nur von der Kathode zur Anode fließen. Sie wirkt als elektrisches Ventil.

Die Diode kann daher zur Gleichrichtung von Wechselströmen verwendet werden. Baut man eine Diode in einen Wechselstromkreis ein, so läßt sie den Strom nur in einer Richtung hindurchtreten. Es entsteht ein pulsierender Gleichstrom. Der Einbau eines Kondensators erlaubt es, den Strom zu glätten. Während der Spannungsspitzen wird der Kondensator aufgeladen. Während die Diode den Strom über den Transformator sperrt, entlädt sich der Kondensator über den parallel geschalteten Verbraucher.

Das Schaltzeichen für die Diode gibt die technische Stromrichtung an.

b) Die Triode

Kurz nach der Erfindung der Diode durch J. A. Fleming im Jahre 1904 bauten Robert von Lieben und Lee D. Forest ein Gitter zwischen Anode und Kathode ein. Damit war die Triode geschaffen. Sie erlaubt es, starke Ströme mit geringem Leistungsaufwand zu steuern, und blieb für mehr als fünfzig Jahre wichtigstes Bauelement der neu entstehenden »Elektronik«.

Um die Eigenschaften der Triode zu untersuchen, legen wir zwischen Anode und Kathode eine konstante Anodenspannung, wodurch ein *Anodenstrom* zu fließen beginnt. Wir legen nun an das Gitter eine negative Spannung von einigen Volt gegenüber der Kathode. Das negativ geladene Gitter stößt die Elektronen ab. Sie werden zur Kathode zurückgedrängt, und der Anodenstrom verringert sich. Durch Veränderung der *Gitterspannung* können wir den Anodenstrom steuern. Diese Steuerung durch das elektrostatische Feld des Gitters erfolgt praktisch ohne Verzögerung, da das Feld stets der momentanen Elektronenverteilung am Gitter entspricht.

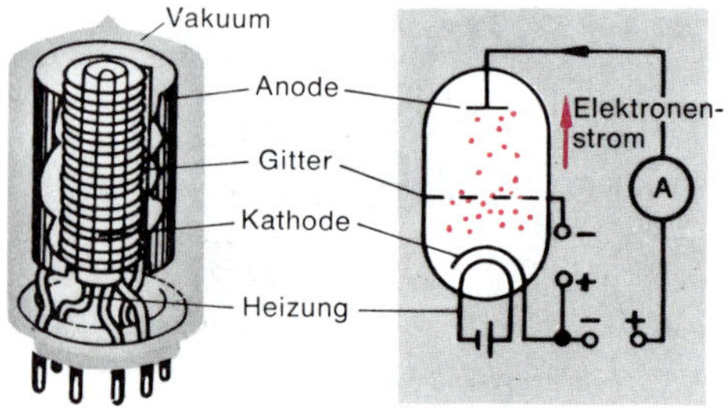

Der Aufbau der Triode.
In der Triode liegt ein Gitter zwischen Anode und Kathode. Durch Veränderung der Gitterspannung kann man den Anodenstrom verzögerungsfrei steuern.

> Ändert sich die Gitterspannung an der Triode, so wird der Anodenstrom verzögerungsfrei gesteuert.

Die Steuerung des Anodenstroms erfordert fast keine Leistung. Nur wenige Elektronen müssen dem Gitter zu- oder abgeführt werden, um die Gitterspannung zu verändern. Das ist der Hauptvorteil »elektronischer« Bauelemente. Nicht schwere und langsame Schalter, sondern fast trägheitslos reagierende Elektronen regeln den Strom mit geringstem Energieaufwand.

Zur Steuerung des Anodenstromes ist fast keine Leistung erforderlich.

Dies gilt allerdings nur, solange die Spannung des Gitters gegenüber der Kathode negativ ist. Bei positiver Gitterspannung fließt ein Teil der von der Kathode ausgehenden Elektronen über das Gitter ab. Die Leistung des entstehenden Gitterstromes kann dann nicht mehr vernachlässigt werden.

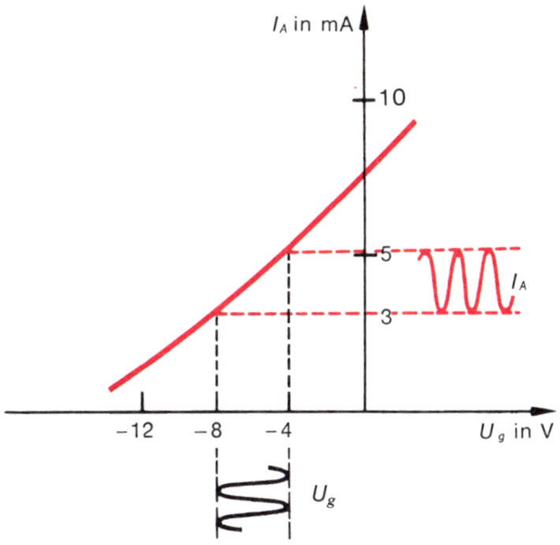

Der Anodenstrom hängt von der Gitterspannung ab.

c) Die Verstärkung von Spannungen und Leistungen

Auf der leistungslosen Steuerung starker Ströme beruht der Einsatz von Elektronenröhren in *Verstärkern*. Geringe Spannungen, z. B. einer Antenne, können mit Trioden verstärkt werden, wie das folgende Beispiel zeigt. Wir schalten in den Anodenstromkreis einer Triode den Widerstand $R = 20\ \text{k}\Omega$. Bei der Gitterspannung $U_g = -4$ V fließe dann der Anodenstrom $I_A = 5$ mA. Die Spannung am Widerstand beträgt:

$$U_R = I_A R = 5\ \text{mA} \cdot 20\ \text{k}\Omega = 100\ \text{V} \quad (\text{Gitterspannung } U_g = -4\ \text{V}).$$

Eine Veränderung der Gitterspannung auf $U_g = -8$ V senke den Anodenstrom auf $I_A = 3$ mA. Dadurch sinkt die Spannung am Widerstand auf:

$$U_R = I_A R = 3\ \text{mA} \cdot 20\ \text{k}\Omega = 60\ \text{V} \quad (\text{Gitterspannung } U_g = -8\ \text{V}).$$

Ein Absenken der Gitterspannung um 4 V hat demnach eine Veränderung der Spannung am Widerstand R um 40 V zur Folge. *Die betrachtete Triode verstärkt Spannungsschwankungen auf das Zehnfache.*

Auch die Leistung im Anodenstromkreis ändert sich wesentlich. Sie beträgt in den beiden betrachteten Fällen:

$$P_1 = I_A U_R = 5\ \text{mA} \cdot 100\ \text{V} = 500\ \text{mW} \quad (\text{Gitterspannung } U_g = -4\ \text{V}),$$

$$P_2 = I_A U_R = 3\ \text{mA} \cdot 60\ \text{V} = 180\ \text{mW} \quad (\text{Gitterspannung } U_g = -8\ \text{V}).$$

Das ist ein Vielfaches der minimalen Leistung, die zur Änderung der Gitterspannung benötigt wird. *Trioden können also auch zur Leistungsverstärkung verwendet werden.*

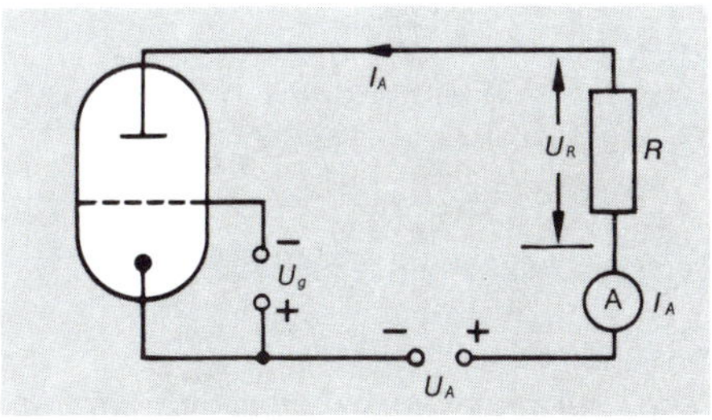

Die Gitterspannung regelt den Strom durch den Arbeitswiderstand. Weil ein Teil der Spannung an R abfällt, sind die Anodenspannung und der Anodenstrom hier etwas geringer als im oberen Diagramm.

Ein Radioapparat aus dem Jahre 1925. Die Leistung der drei Röhren reichte nur zum Betrieb eines Kopfhörers aus.

2. Der Schwingkreis

a) Der Schwingkreis als Ladungsschaukel

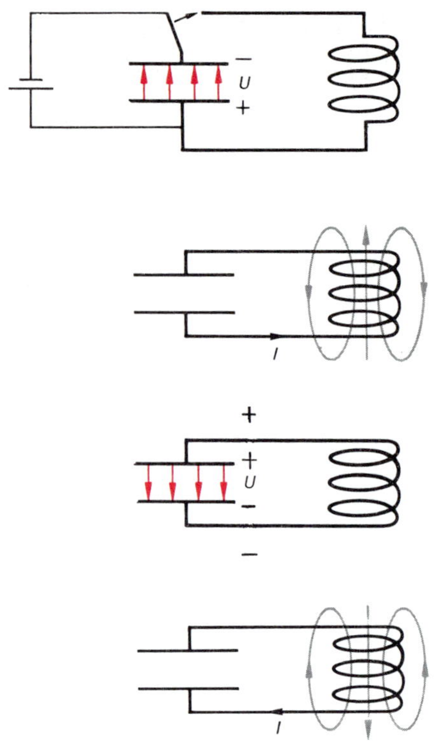

Der Kondensator des Schwingkreises wird zunächst aufgeladen und dann der Schwingkreis geschlossen. Die Ladung pendelt zwischen den beiden Kondensatorplatten hin und her.

Ein Schwingkreis besteht aus einem Kondensator mit der Kapazität C und einer Spule mit der Induktivität L. In diesem System können Elektronen hin und her schwingen.

Nehmen wir an, der Kondensator sei anfänglich geladen. Die an den Kondensatorplatten liegende Spannung $U = Q/C$ führt zu einem Strom durch die Spule. Der Kondensator entlädt sich allmählich, und das elektrische Feld im Kondensator sinkt. Die im Feld gespeicherte elektrische Energie geht dabei nicht verloren, sondern findet sich im Magnetfeld der Spule wieder. Nach dem Energiesatz muß die Summe

$$E = E_e + E_m = \frac{CU^2}{2} + \frac{LI^2}{2}$$

während der Entladung des Kondensators konstant sein. Ist die Ladung des Kondensators auf Null gesunken, so erreicht der Strom sein Maximum. Die gesamte Energie E ist dann im Magnetfeld der Spule gespeichert.

Der Strom kann nun nicht plötzlich zum Erliegen kommen, sondern fließt noch eine Zeitlang in der gleichen Richtung weiter, wobei das zusammenbrechende Magnetfeld eine Induktionsspannung

$$U_{ind} = -L \frac{dI}{dt}$$

erzeugt, welche den Strom weiterhin antreibt. Der Induktionsstrom lädt nun den Kondensator in umgekehrter Weise wieder auf. Allmählich wird die gesamte Energie wieder im elektrischen Feld gespeichert, und das Magnetfeld sinkt auf Null ab. Danach entlädt sich der erneut aufgeladene Kondensator in umgekehrter Richtung, usw.

Die Vorgänge im Schwingkreis und am Federpendel entsprechen einander.

Die Abbildung zeigt die Analogie zwischen dem Schwingkreis und der Bewegung des Federpendels, die wir in der Mechanik kennengelernt haben. Dabei übernehmen die Elektronen im Schwingkreis die Rolle des Pendelkörpers. Sie schwingen zwischen den Kondensatorplatten hin und her.

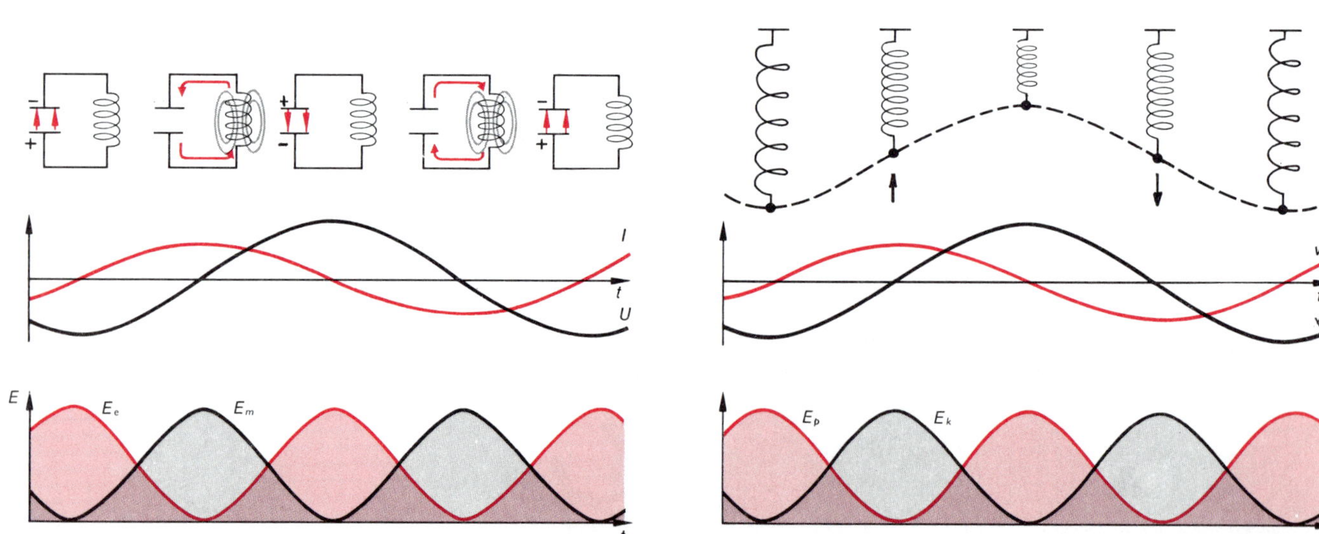

Im Schwingkreis pendelt die Energie zwischen der elektrischen Energie des Kondensators und der magnetischen Energie der Spule hin und her.	Beim Federpendel pendelt die Energie zwischen der potentiellen Energie der Masse und der kinetischen Energie der Masse hin und her.

Die Schwingungsdauer der Elektronen ist leicht zu berechnen. An der Spule und an dem Kondensator liegt die gleiche Spannung und es fließt auch der gleiche Wechselstrom hindurch. Den Zusammenhang zwischen Strom und Spannungen haben wir früher berechnet.

$$\text{Kondensator:}\quad U_{\text{eff}} = \frac{1}{\omega C}\, I_{\text{eff}}$$

$$\text{Spule:}\quad U_{\text{eff}} = \omega L\; I_{\text{eff}}$$

Gleichsetzen der beiden Spannungen ergibt die *Thomsonsche Formel*

$$\frac{1}{\omega C} = \omega L \quad \text{oder} \quad \omega = 2\pi f = \frac{1}{\sqrt{LC}}.$$

Die Frequenz der Ladungsschwingungen in einem Schwingkreis ist durch die Thomsonsche Formel gegeben

$$f = \frac{1}{2\pi}\,\frac{1}{\sqrt{LC}}.$$

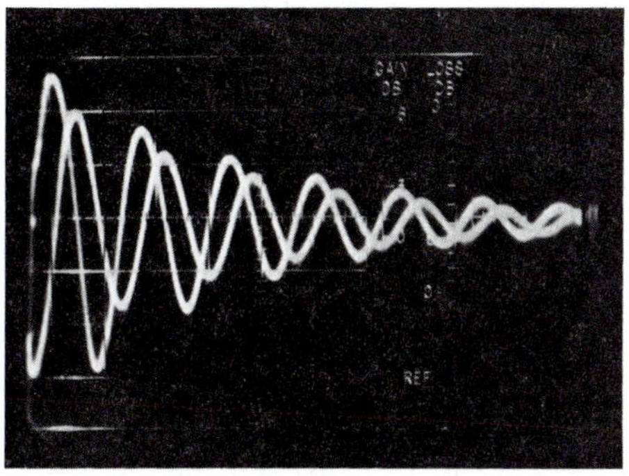

Strom und Spannung im Schwingkreis sind gegeneinander phasenverschoben. Bei maximalem Strom ist das Magnetfeld der Spule aufgebaut, bei maximaler Spannung das elektrische Feld des Kondensators. Wegen des ohmschen Widerstandes kommt die Ladungsschwingung allmählich zur Ruhe.

b) Die Anregung des Schwingkreises

Der ohmsche Widerstand der Spule läßt die Ladungsbewegung im Schwingkreis allmählich zur Ruhe kommen. Dabei wandelt sich die elektrische bzw. magnetische Energie in ohmsche Wärme um. Zur Erzeugung ungedämpfter Schwingungen muß dem Schwingkreis ständig Energie von außen zugeführt werden. Dies kann auf mehrere Arten geschehen. Wir betrachten zwei Beispiele.

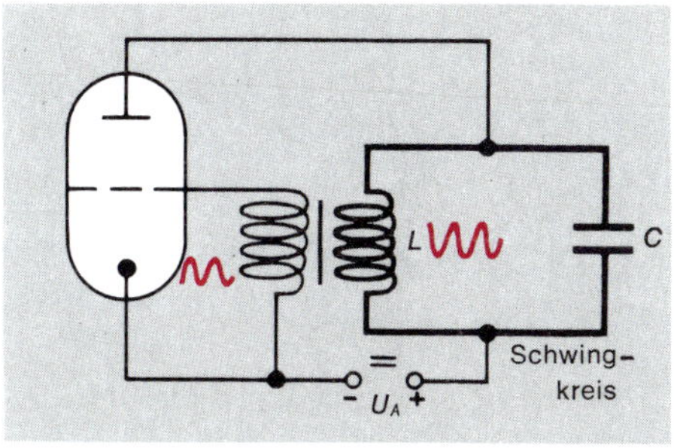

Rückkopplungsschaltung nach Meissner. Der Strom in der Spule des Schwingkreises regelt über den kleinen Transformator die Gitterspannung der Triode. Der Anodenstrom wird dadurch jeweils im richtigen Moment so eingeschaltet, daß er den Strom in der Spule des Schwingkreises verstärkt.

1. Beispiel: Anregung durch Rückkopplung

Um die Schwingungen aufrecht zu erhalten, können wir dem Schwingkreis jeweils im Moment des Stromdurchganges durch die Spule einen gleichgerichteten Strom von außen zuführen, der das Magnetfeld verstärkt und dadurch die magnetische Energie erhöht. Dazu ist eine Vorrichtung erforderlich, die dafür sorgt, daß die nötige Energie stets im richtigen Moment zufließt. Eine geeignete Schaltung für diese Rückkopplung wurde im Jahre 1913 von Alexander Meissner erfunden. Man legt parallel zur Spule des Schwingkreises eine zweite Spule, sodaß beide zusammen einen Transformator bilden. In der zweiten Spule wird ein Strom mit der gleichen Frequenz wie im Schwingkreis induziert. Dieser Strom wird durch eine Triode verstärkt und dem Schwingkreis zugeführt. Die in der Abbildung gezeigte Schaltung wird in Rundfunksendern verwendet. Sie ist dem Rückkopplungsmechanismus einer Pendeluhr ähnlich, den wir früher kennengelernt haben.

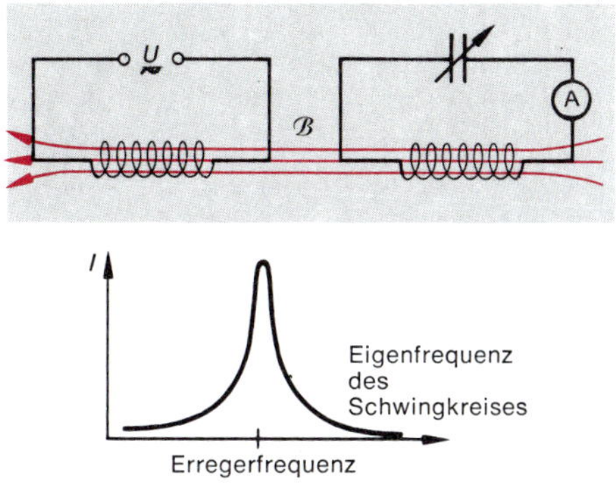

Das Magnetfeld des Wechselstromkreises induziert einen Wechselstrom im Schwingkreis. Seine Stromstärke ist besonders groß, wenn die Eigenfrequenz des Schwingkreises mit der Frequenz des Wechselstromes übereinstimmt. Diese »Resonanzbedingung« wird durch Veränderung der Kapazität des Kondensators erreicht.

2. Beispiel: Anregung durch Resonanz

Bringen wir in die Nähe des Schwingkreises eine Spule, durch die ein Wechselstrom fließt, so werden Ströme im Schwingkreis induziert. Die Ladungen im Schwingkreis beginnen mit der Frequenz des äußeren Wechselstromes zu schwingen. Diese Schwingungen sind am stärksten, wenn die Frequenz des wechselstromdurchflossenen Erregerkreises gleich der Eigenfrequenz des Schwingkreises ist.

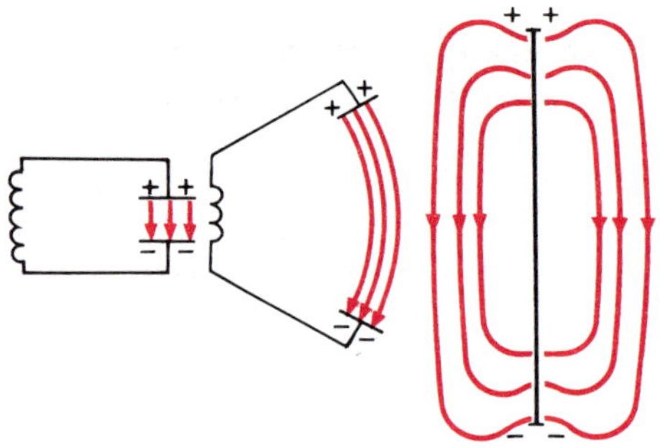

Biegen wir den Kondensator des Schwingkreises auf, so treten die elektrischen Feldlinien weit in den Raum hinaus. Verringern wir zugleich die Größe der Kondensatorplatten und die Windungszahl der Spule, so erhalten wir eine Dipolantenne. Darin treten besonders hochfrequente Ladungsschwingungen auf.

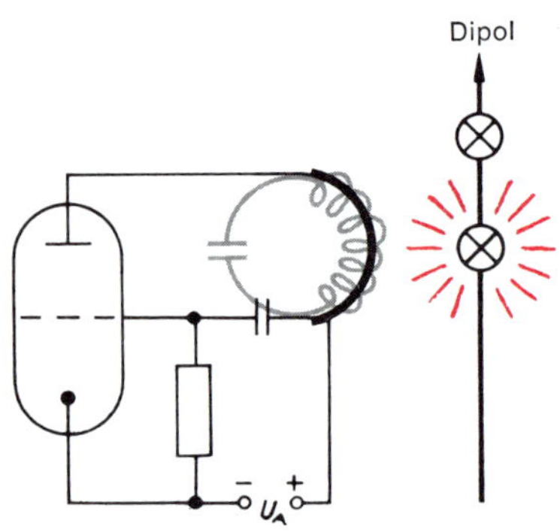

Die Ladungsschwingungen im Dipol werden durch einen rückgekoppelten Schwingkreis angeregt. Um einen Schwingkreis sehr hoher Frequenz zu erhalten, verwendet man nur eine halbe Windung anstelle einer Spule und läßt auch die Kondensatorplatten immer weiter auseinandertreten und kleiner werden, bis sie schließlich verschwinden.

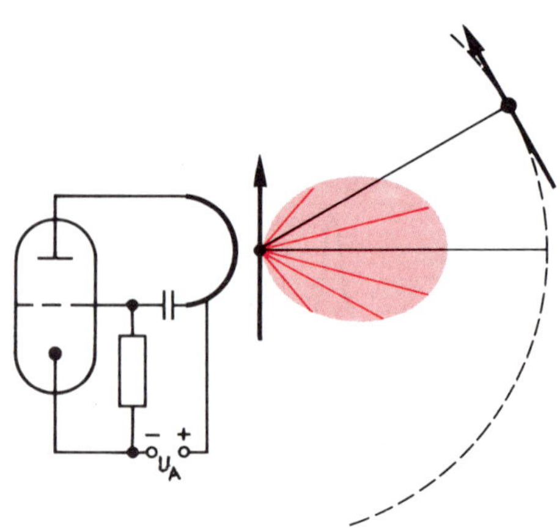

Die Richtungsverteilung der Felder in der Umgebung des Sendedipols kann mit dem Empfangsdipol ausgemessen werden. Die stärksten Felder treten parallel zur Dipolachse auf.

c) Der offene Schwingkreis

In Gedanken biegen wir nun den Kondensator des Schwingkreises auf. Die elektrischen Feldlinien, die zunächst im Kondensator konzentriert sind, greifen dadurch weit in den Raum hinaus. Um hochfrequente Schwingungen zu erhalten, biegen wir den Schwingkreis völlig auf und senken seine Kapazität C und die Induktivität L. Dazu lassen wir die Kondensatorplatten bis zu Punkten zusammenschrumpfen und geben der Spule immer weniger Windungen, bis sie schließlich gar keine mehr hat. Das Magnetfeld der Spule ist dann durch das Magnetfeld eines stromdurchflossenen Drahtes ersetzt. Damit haben wir einen *offenen Schwingkreis* erhalten. Man bezeichnet ihn auch als *Dipolantenne* oder einfach als *Dipol*. In dieser Antenne schwingen Ladungen von einem Ende zum anderen, und es fließt ein hochfrequenter Wechselstrom.

Um die Ladungsschwingungen aufrecht zu erhalten, müssen wir ständig Energie zuführen. Stellen wir also die Antenne neben einen geschlossenen Schwingkreis mit etwa der gleichen Eigenfrequenz! Durch Induktion entstehen in der Antenne Ladungsschwingungen, und eine Lampe in der Antennenmitte zeigt die dementsprechenden Ströme an. Verschieben wir die Lampe gegen die Antennenenden, so erlischt sie allmählich. Die Stromstärke ist also in der Antennenmitte am größten und verschwindet am Ende, da die Elektronen nicht aus dem Draht treten können.

Diese Stromverteilung unterscheidet sich grundlegend von allen früher betrachteten Beispielen. Bisher war der Strom $I(t)$ nur eine Funktion der Zeit, hatte aber an allen Stellen des Leiterkreises die gleiche Stärke. Nunmehr hängt die Stromstärke auch von der Antennenstelle ab, an der wir den Strom messen. Die Form der Stromverteilung gleicht den stehenden Wellen, die wir in der Mechanik am Beispiel der Saitenschwingungen kennengelernt haben. An den beiden Enden der Antenne ist jeweils ein Schwingungsknoten des Stromes vorhanden und in der Mitte ein Schwingungsbauch. Die Wellenlänge λ ist also gleich der doppelten Länge der Antenne. Sie wird deshalb auch als $\lambda/2$-Dipol bezeichnet.

Wir können uns nun auch die Ladungs- und Spannungsverteilung längs der Antenne überlegen. Zur Zeit $t = 0$ habe der Elektronenmangel in der oberen Hälfte und der Elektronenüberschuß in der unteren Hälfte sein Maximum erreicht. In diesem Moment fließt kein Strom. Die Spannung am »Kondensator« erreicht dagegen ihren größten Wert. Die obere Antennenhälfte weist gegenüber der Mitte eine positive, die untere eine negative Spannung auf, die an den Enden den maximalen Wert erreicht. In der Umgebung der Antenne treten elektrische Felder auf.

Der Strom beginnt zu fließen, und Ladungsausgleich tritt ein. Das elektrische Feld in der Antennenumgebung bricht zusammen, und ein Magnetfeld tritt auf, das in der Antennenmitte am stärksten ist, da dort der Strom seinen größten Wert erreicht.

Der Strom fließt weiter und kehrt die Ladungsverteilung allmählich um. Die obere Hälfte der Antenne ist nun negativ, die untere Hälfte positiv geladen. An der Antenne liegt nun wieder eine hohe Spannung, und in ihrer Umgebung tritt ein elektrisches Feld auf. Nun beginnt ein Strom in umgekehrter Richtung zu fließen, usw.

Ladungsschwingungen im $\lambda/2$-Dipol.
An den Enden des $\lambda/2$-Dipols
liegt stets ein Stromknoten und ein Spannungsbauch.
Die Antennenlänge ist gleich der halben Wellenlänge
der stehenden Welle, die sich im Dipol ausbildet.

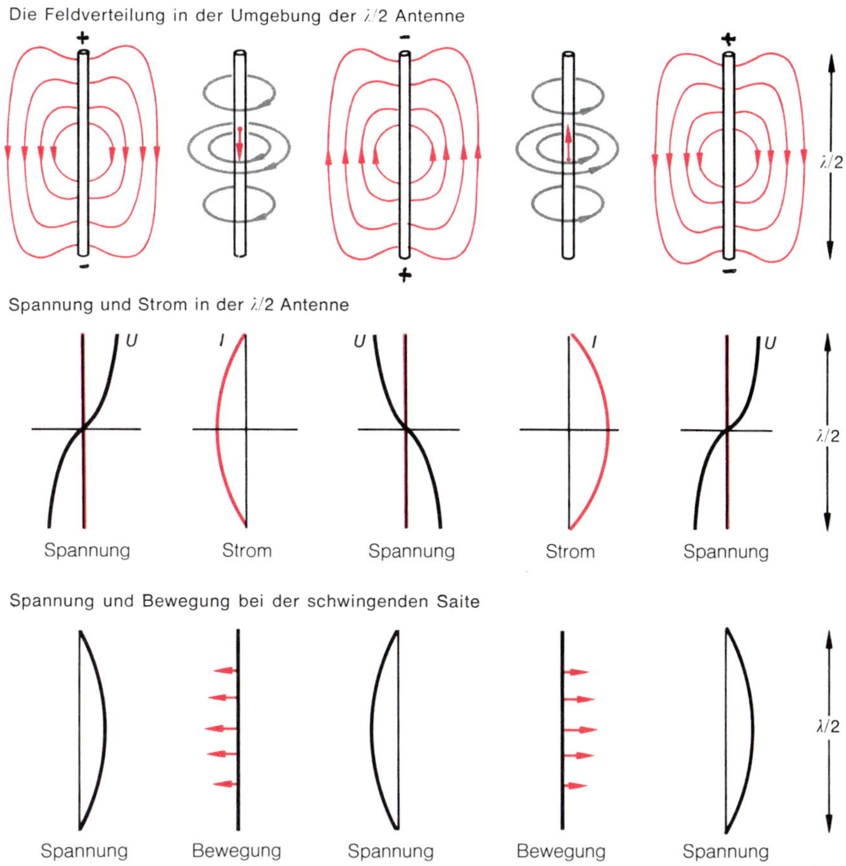

Elektrische und magnetische Felder in der Nähe der λ/2-Antenne treten abwechselnd auf. Ebenso wechseln Spannung und Strom in der Antenne ab. Analoge Verhältnisse treten bei der schwingenden Saite auf, wo Spannung und Bewegung alternieren.

Die Schwingungsvorgänge in der Antenne entsprechen den Saitenschwingungen, die wir in der Mechanik kennengelernt haben. Bei der schwingenden Saite wechseln Spannungszustand und Bewegungszustand ab. Die potentielle Energie der ausgelenkten Saite geht in kinetische Energie über. Die Saite bewegt sich mit großer Geschwindigkeit durch die Ruhelage und wird in die Gegenrichtung ausgelenkt. Dort bauen sich wieder Spannungen in der Saite auf, die Saite kommt zur Ruhe und schwingt dann zurück. Dabei gilt:

An den Enden der Saite liegt stets ein Geschwindigkeitsknoten und ein Spannungsbauch. Die Saitenlänge ist gleich der halben Wellenlänge der stehenden Welle, die sich auf der Saite ausbildet.

Die Ladungsschwingungen im Sendedipol führen zu elektrischen Feldern, welche Ladungsschwingungen in einem Empfangsdipol auslösen.

d) Sendung und Empfang

Wir gehen von der oben beschriebenen Versuchsanordnung aus und erzeugen Ladungsschwingungen in einem λ/2-Dipol, indem wir ihn knapp neben einen rückgekoppelten Schwingkreis stellen. In der Umgebung dieses *Sendedipols* treten die früher betrachteten elektrischen und magnetischen Felder auf.

Um sie nachzuweisen, stellen wir einen zweiten, gleichgebauten *Empfangsdipol* in einiger Entfernung auf. Ein Meßinstrument oder ein Lämpchen zeigt an, daß auch im Empfangsdipol Ladungsschwingungen auftreten. Sie werden durch das elektrische Wechselfeld des Sendedipols verursacht. Es beschleunigt die Ladungen im Empfangsdipol, die dadurch ebenfalls zu schwingen beginnen.

Diese Deutung unserer Beobachtungen überprüfen wir durch ein weiteres Experiment. Wir verdrehen den Empfangsdipol, sodaß er nicht mehr parallel zum Sendedipol steht. Die vom Meßinstrument angezeigten Ladungs-

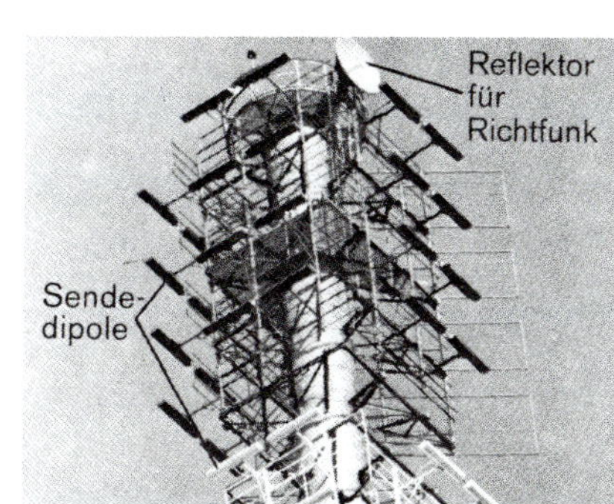

Die Antennenanlage eines Fernsehsenders zeigt deutlich die Sendedipole.

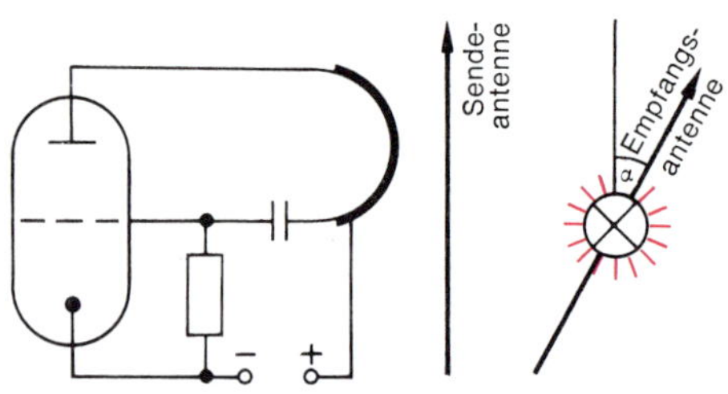

Verdreht man den Empfangsdipol, so leuchtet die Lampe schwächer, weil die elektrische Feldstärke dann nicht mehr parallel zur Dipolachse steht.

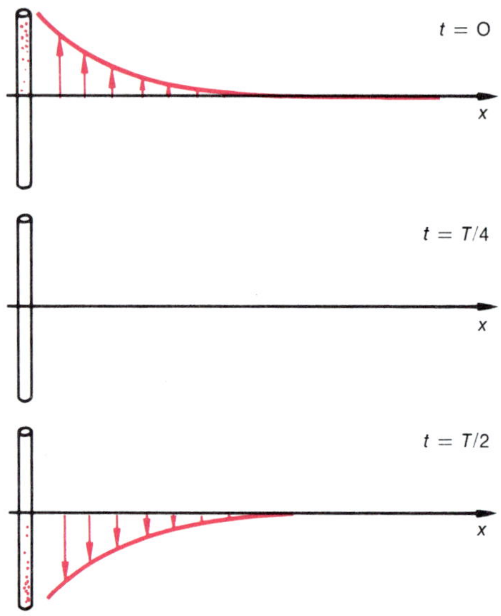

Wir erwarten eine elektrische Feldverteilung, die überall gleichphasig mit der Ladungsverteilung schwingt und mit der Entfernung vom Dipol stark abfällt. Die Messungen führen auf ein anderes Ergebnis!

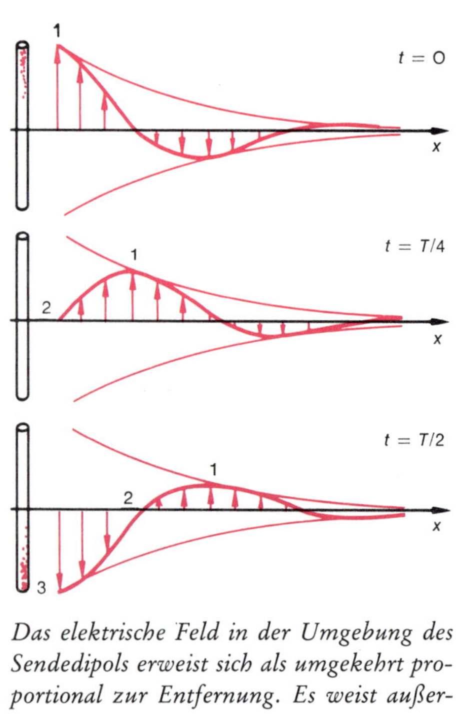

Das elektrische Feld in der Umgebung des Sendedipols erweist sich als umgekehrt proportional zur Entfernung. Es weist außerdem eine Wellenstruktur auf.

schwingungen werden schwächer und erlöschen, wenn die beiden Dipole im rechten Winkel zueinander stehen. Der elektrische Feldvektor steht dann senkrecht zur Empfangsantenne und vermag die Elektronen in diesem Draht nicht mehr zu beschleunigen.

> Das elektrische Feld in der Umgebung eines $\lambda/2$-Dipols führt linear polarisierte Schwingungen aus.
> Die Schwingungsebene ist eine durch den Dipol gelegte Ebene.
> Die Schwingungen des elektrischen Feldes können Ladungsschwingungen in einer Empfangsantenne auslösen.

Wir bringen den Empfangsdipol in seine ursprüngliche Lage zurück und stellen den Sendedipol in einiger Entfernung vom Sender auf. Obwohl im geschlossenen Schwingkreis des Senders weiterhin Ladungen schwingen, leuchtet das Lämpchen der Empfangsantenne nicht mehr auf. Das elektrische Feld des geschlossenen Schwingkreises ist auf den Bereich des Kondensators beschränkt und beeinflußt den in einiger Entfernung stehenden Empfangsdipol nicht. Nur der offene Schwingkreis läßt die Ausbreitung des elektrischen Feldes zu.

Die Erklärung der bisherigen Ergebnisse scheint einfach: Das elektrische Feld der schwingenden Ladungen in der Sendeantenne löst Schwingungen in der Empfangsantenne aus. Eine weitere Beobachtung zeigt aber, daß diese Erklärung nicht ausreichend ist.

Verdoppeln wir die Entfernung des Empfangsdipols vom Sendedipol, so beobachten wir am Ausschlag des Meßinstrumentes einen Rückgang der elektrischen Feldstärke auf den halben Wert.

> Das elektrische Feld ist
> umgekehrt proportional zur Entfernung vom Sendedipol.

Das Coulombsche Gesetz sagt aber eine Abnahme der Feldstärke mit dem Quadrat der Entfernung voraus. Diese Diskrepanz weist darauf hin, daß wir kein elektrisches Wechselfeld beobachtet haben, sondern etwas völlig Neuartiges, *elektromagnetische Wellen* nämlich, die sich mit Lichtgeschwindigkeit ausbreiten. Mit ihren Eigenschaften wollen wir uns im folgenden beschäftigen.

3. Elektromagnetische Wellen

Wie können wir nachweisen, daß es sich bei den beobachteten Vorgängen um elektromagnetische *Wellen* handelt? Für Wellen ist charakteristisch, daß das elektrische Feld der Ladungsverteilung nicht augenblicklich folgt, sondern mit einer Zeitverzögerung t, die proportional zum Abstand r des betrachteten Punktes von der Ladung ist. Es gilt also $r = ct$. Dabei ist c die Ausbreitungsgeschwindigkeit der Wellen. Den Nachweis, daß der schwingende Dipol elektromagnetische Wellen aussendet, hat Heinrich Hertz in einer Reihe glänzender Versuche in den Jahren 1887 bis 1891 geliefert. In einem großen Hörsaal baute er eine Sendeanlage auf und zeigte, daß die davon ausgehenden Wellen diejenigen Erscheinungen aufweisen, die für Wellen charakteristisch sind: Interferenz und Beugung.

Heute können wir die Hertzschen Experimente mit einem kleinen Sender wiederholen, bei dem ein $\lambda/2$-Dipol mit einer Länge von 1,5 cm Wellen aussendet. Diese Wellen können mit einem entsprechenden Empfangsteil registriert werden.

1. Experiment: Stehende Wellen

Wird eine Welle an einer Wand reflektiert, so überlagern sich einfallende und reflektierte Welle. Eine stehende Welle bildet sich aus. Sie weist Schwingungsknoten auf, deren Abstand jeweils eine halbe Wellenlänge beträgt. Damit kann man den Wellencharakter eines Feldes direkt nachweisen und auch die Wellenlänge bestimmen.

Wir stellen dem Sendedipol einen Metallschirm gegenüber. Die Elektronen im Metallschirm folgen dem elektrischen Feld des Senders. Wegen ihrer Trägheit schwingen sie jedoch im Gegentakt und senden dabei ihrerseits eine elektromagnetische Welle aus. Diese Welle löscht im Metall die einfallende Welle gerade aus. In entgegengesetzter Richtung überlagert sie sich mit der einfallenden Welle zu einer stehenden Welle, die am Metallschirm einen Schwingungsknoten der elektrischen Feldstärke hat. Eine elektromagnetische Welle wird also an einem Metallschirm reflektiert.

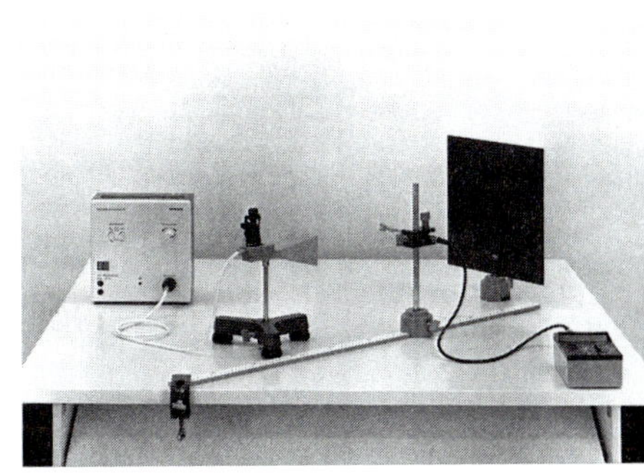

Die Wellen, die von einer Dipolantenne ausgehen, werden durch den Sendetrichter in Richtung auf die reflektierende Metallwand konzentriert. Mit dem Empfangsdipol können wir deutliche Minima und Maxima des Feldes feststellen, die durch die Interferenz von einfallender und reflektierter Welle verursacht werden.

Wir bringen nun den Empfangsdipol zwischen Schirm und Sender. Das Meßinstrument zeigt Schwingungsknoten in einem Abstand von 1,5 cm an. Der $\lambda/2$-Dipol sendet also tatsächlich Wellen aus, deren Wellenlänge $\lambda = 3$ cm beträgt. Aus der bekannten Frequenz $f = 10^{10}$ Hz und der soeben bestimmten Wellenlänge können wir die Ausbreitungsgeschwindigkeit der Wellen berechnen:

$$c = f \cdot \lambda = (10^{10}\ \text{Hz}) \cdot (0{,}03\ \text{m}) = 3 \cdot 10^8\ \text{m/s}.$$

Diese Geschwindigkeit stimmt mit der Lichtgeschwindigkeit überein.

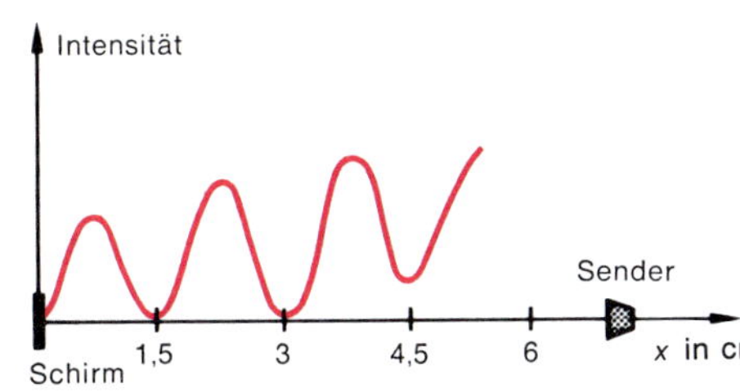

Aus den Abständen der Minima können wir die Wellenlänge bestimmen.

2. Experiment: Die Beugung

Mit zwei Metallschirmen bilden wir einen Spalt von etwa 2 cm Breite und stellen den Sendedipol davor auf. Mit dem Empfangsdipol können wir hinter dem Spalt eine Reihe von Beugungsmaxima feststellen. Ihre Verteilung entspricht den aus der Optik bekannten Gesetzmäßigkeiten. Mit drei Metallschirmen läßt sich ein Doppelspalt aufbauen, wobei man auch hier die erwarteten Beugungsmaxima beobachtet. Ist der Spaltabstand d, so liegen sie in den Richtungen

$$\sin\varphi = k\frac{\lambda}{d} < 1 \quad (k = 0, 1, 2, 3 \ldots).$$

Daraus kann wiederum die Wellenlänge bestimmt werden. Es folgt:

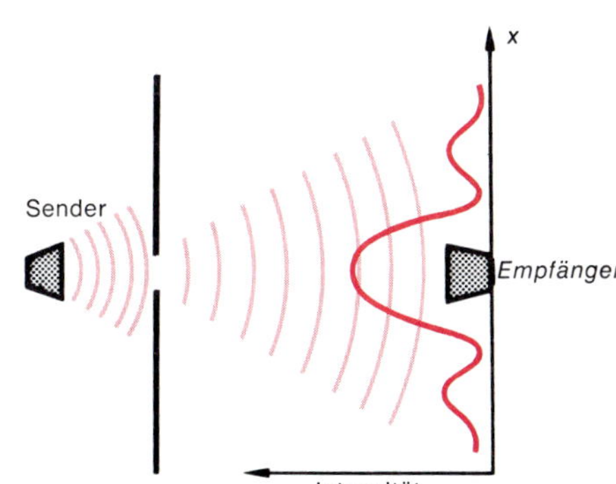

Baut man mit Metallschirmen einen Spalt oder Doppelspalt auf, so beobachtet man dahinter die aus der Optik bekannten Beugungserscheinungen.

> Ein $\lambda/2$-Dipol sendet elektromagnetische Wellen mit der Wellenlänge λ aus, die sich mit Lichtgeschwindigkeit ausbreiten.

Wir haben damit gezeigt, daß ein $\lambda/2$-Dipol Wellen aussendet, die sich mit Lichtgeschwindigkeit ausbreiten und auch andere Eigenschaften aufweisen, die wir von Lichtwellen kennen: Interferenz, Beugung und Polarisation. Die Übereinstimmung der Eigenschaften elektromagnetischer Wellen mit denjenigen des Lichtes legt die Vermutung nahe:

> Licht ist eine elektromagnetische Welle.

Diese Vermutung wird durch zahlreiche Ergebnisse der Atomphysik weiter bestätigt. Sie erlaubt es, die Erzeugung von Lichtwellen durch die im Atom bewegten Elektronen im Detail zu berechnen. Die Resultate von Maxwell und Hertz ermöglichen somit die Aufstellung einer »elektromagnetischen Lichttheorie«, welche zwei zuvor völlig getrennt erscheinende Gebiete der

Physik, Elektrizitätslehre und Optik, vereint. Alle optischen Erscheinungen lassen sich aus den Grundgesetzen der Elektrizitätslehre, den Maxwellschen Feldgesetzen, erklären.

Mit verschiedenen Senderarten kann man heute elektromagnetische Wellen in einem großen Frequenz- und Wellenlängenbereich erzeugen. Die folgende Tabelle gibt einen Überblick über den bisher erforschten Bereich des elektromagnetischen Spektrums.

Das Spektrum elektromagnetischer Wellen

E in W/m²	T in K	hf in eV	f in Hz	λ in m	Bezeichnung	Quelle	Anwendung
		10^{-11}	10^{3}	10^{5}	Niederfrequenz ↑	Generatoren Mikrophone	
		10^{-10}	10^{4}	10^{4}	Längstwellen		Telegraphie
		10^{-9}	10^{5}	10^{3}	Langwellen (LW)		
	10^{-5}		10^{6}		Mittelwellen (MW)	Schwingkreis	Rundfunk
	10^{-4}	10^{-8}, 10^{-7}	10^{7}	10^{2}	Kurzwellen (KW)		
	10^{-3}	10^{-6}	10^{8}	10^{1}	Ultrakurzwellen (UKW)		
	10^{-2}	10^{-5}	10^{9}	10^{0}, 10^{-1}	Dezimeterwellen		Fernsehen, Richtfunk
	10^{-1}	10^{-4}	10^{10}		Zentimeterwellen		Radar
	10^{0}	10^{-3}	10^{11}	10^{-2}	Millimeterwellen	Klystron	
	10^{1}	10^{-2}	10^{12}	10^{-3}, 10^{-4}	Mikrowellen		Energie-übertragung
10^{0}, 10^{4}	10^{2}, 10^{3}	10^{-1}, 10^{0}	10^{13}, 10^{14}	10^{-5}, 10^{-6}	Infrarot	Temperatur-strahlung	Medizin
10^{8}	10^{4}		10^{15}		Licht		
10^{12}, 10^{16}	10^{5}, 10^{6}	10^{1}, 10^{2}	10^{16}, 10^{17}	10^{-7}, 10^{-8}	Ultraviolett	Synchrotron-strahlung	Medizin
10^{20}	10^{7}	10^{3}, 10^{4}	10^{18}	10^{-9}, 10^{-10}	Röntgenstrahlung	Röntgenröhre	Röntgen-diagnostik
	10^{8}, 10^{9}, 10^{10}	10^{5}, 10^{6}, 10^{7}, 10^{8}	10^{19}, 10^{20}, 10^{21}, 10^{22}	10^{-11}, 10^{-12}, 10^{-13}	γ-Strahlung ↓	Atomkerne, Hochenergie-physik	Material-prüfung

Die 1. Spalte gibt das Emissionsvermögen eines Schwarzen Körpers bei der in der 2. Spalte angegebenen Temperatur an (S. 193). Die Temperatur ist mit der Wellenlänge über das Wiensche Verschiebungsgesetz verknüpft (S. 195). Die 3. Spalte wird in Band 3 benötigt.

4. Die Maxwellschen Feldgleichungen

Die Erklärung für das Auftreten elektromagnetischer Wellen verdanken wir James Clerk Maxwell. Er hat ihre Existenz im Jahre 1856 theoretisch vorhergesagt und in seinem berühmten Buch »A Treatise on Electricity and Magnetism« die Grundgesetze des elektromagnetischen Feldes aufgestellt. Die *Maxwellsche Theorie* steht auf dem Standpunkt Faradays, der in den elektrischen und magnetischen Feldern Grundelemente der Naturbeschreibung sieht. Die *Maxwellschen Feldgleichungen* sind die Gesetze für die Veränderungen dieser Felder, also ihre Bewegungsgleichungen. Sie treten gleichberechtigt neben die Grundgesetze der Mechanik.

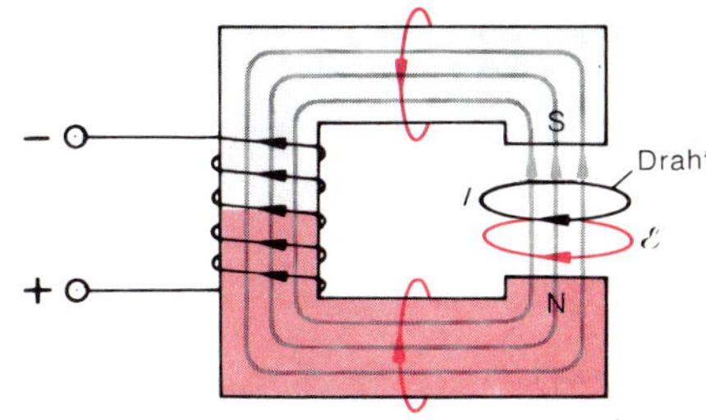

Ändert sich der magnetische Fluß, so wird eine elektrische Spannung in einer Drahtschleife rund um den Eisenkern induziert. Es muß dort also geschlossene elektrische Feldlinien geben, welche die Ladungen im Draht entsprechend beschleunigen.

a) Das erste Feldgesetz

Das Auftreten von Kräften zwischen Ladungen wurde von Faraday in die Sprache der Felder übersetzt: Ladungen rufen in ihrer Umgebung elektrische Felder hervor, die auf andere Ladungen wirken. Dadurch war Faraday in der Lage, die geheimnisvolle Fernwirkung aus der Physik zu eliminieren. Maxwell deutete das Faradaysche Induktionsgesetz in analoger Weise. Ändert sich der magnetische Fluß innerhalb einer Drahtschleife, so wird eine Spannung induziert. Im Auftreten dieser Spannung sah Maxwell einen Hinweis auf ein ringförmiges elektrisches Feld, welches das sich ändernde Magnetfeld umgibt. Dieses Feld weist geschlossene Feldlinien auf. Dadurch unterscheidet es sich grundlegend vom elektrostatischen Feld. Die Formulierung des Induktionsgesetzes in der Sprache der Felder ist das *erste Maxwellsche Feldgesetz*.

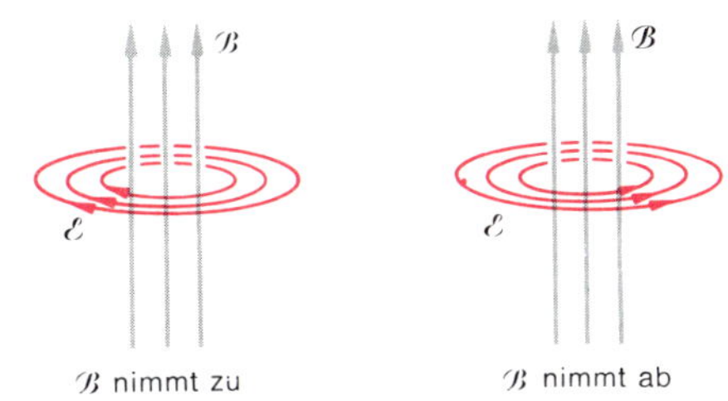

Die elektrischen Feldlinien rund um ein sich änderndes Magnetfeld.

> Während sich ein Magnetfeld ändert, ist es von ringförmig geschlossenen elektrischen Feldlinien umgeben.

b) Das zweite Feldgesetz

Der erste Zusammenhang zwischen Elektrizität und Magnetismus war Oersteds Entdeckung, daß jeder elektrische Strom von geschlossenen magnetischen Feldlinien umgeben ist. Auch in einem Schwingkreis gibt es diese Feldlinien. Nur an einer Stelle des Schwingkreises scheinen sie zu fehlen, nämlich rund um den Kondensator, in dem das elektrische Feld allmählich zusammenbricht.

Maxwell postulierte, daß auch rund um das veränderliche elektrische Feld des Kondensators die gleichen Feldlinien auftreten wie um den Strom. Das veränderliche elektrische Feld des Kondensators sollte also von magnetischen Feldlinien umgeben sein. Dies ist das *zweite Maxwellsche Feldgesetz*.

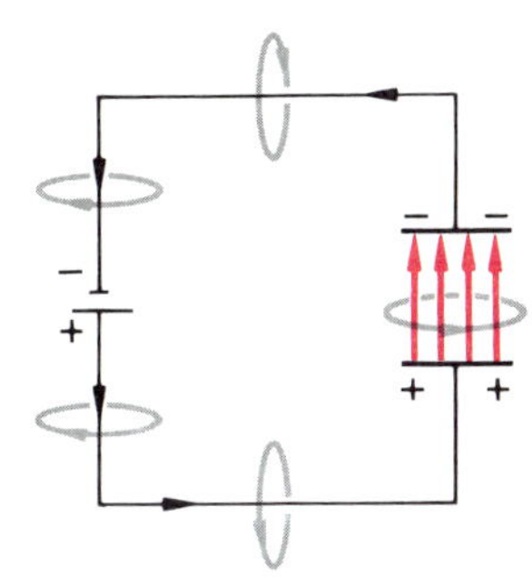

Während der Kondensator geladen wird, treten ringförmig geschlossene magnetische Feldlinien auf, welche den Strom umgeben. Maxwell vermutete, daß diese Feldlinien auch rund um das veränderliche elektrische Feld im Kondensator existieren.

> Während sich ein elektrisches Feld ändert, ist es von ringförmig geschlossenen magnetischen Feldlinien umgeben.

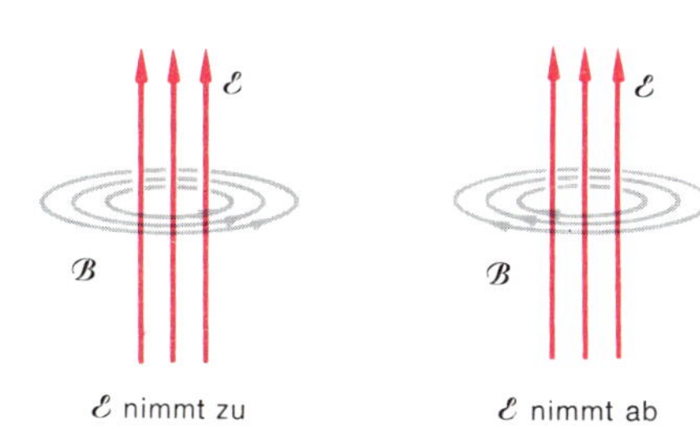

Die magnetischen Feldlinien rund um ein sich änderndes elektrisches Feld.

Damit ist völlige Symmetrie zwischen elektrischem und magnetischem Feld hergestellt. In kürzester Form können wir sagen:

Veränderliche elektrische Felder erzeugen magnetische Wirbelfelder.	Veränderliche Magnetfelder erzeugen elektrische Wirbelfelder.

c) Die Entstehung elektromagnetischer Wellen

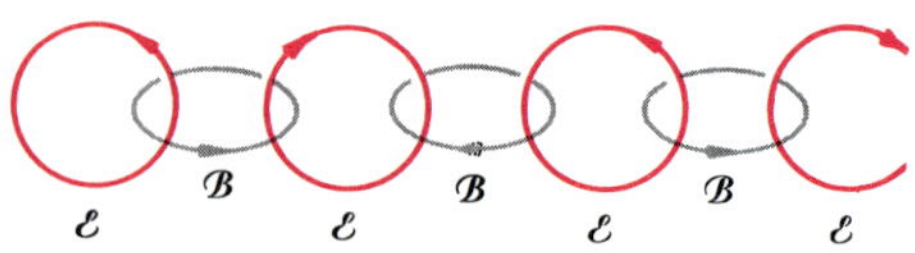

Elektromagnetische Wellen bestehen aus einer Kette elektrischer und magnetischer Felder, die sich wechselseitig erzeugen.

Aus den Feldgesetzen konnte Maxwell die Existenz elektromagnetischer Wellen vorhersagen. Diese Wellen kommen zustande, da

ein veränderliches $\mathcal{B}$-Feld ein veränderliches $\mathcal{E}$-Feld erzeugt und

ein veränderliches $\mathcal{E}$-Feld ein veränderliches $\mathcal{B}$-Feld erzeugt . . .

Es ergibt sich also eine Kette von Veränderungen des elektrischen und des magnetischen Feldes, von der Maxwell zeigen konnte, daß sie sich als selbständiges Gebilde mit Lichtgeschwindigkeit im Raum ausbreitet.

Das neue an dieser Situation können wir folgendermaßen beschreiben. Wir sind bisher von zwei Sätzen ausgegangen:

Ladungen erzeugen elektrische Felder $Q \rightarrow \mathcal{E}$

$\updownarrow$

Ströme erzeugen Magnetfelder $I \rightarrow \mathcal{B}$.

In beiden Fällen ist das Feld jeweils an seine Ursache, die Ladung oder den Strom, gekoppelt und kann sich nicht davon lösen.

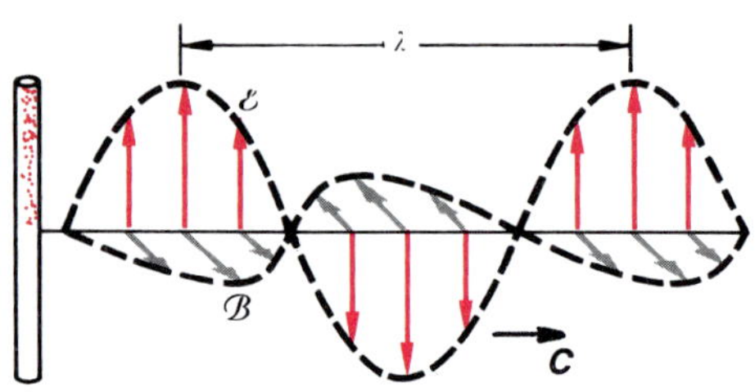

Schwingende Elektronen in einer Sendeantenne rufen eine elektromagnetische Welle hervor. Hier sind die beiden Felder nicht durch Feldlinien dargestellt, sondern durch Pfeile, welche die Feldstärke in verschiedenen Punkten angeben.

Das Induktionsgesetz erweitert diesen Zusammenhang und zeigt, daß auch veränderliche Magnetfelder die Quelle elektrischer Felder sein können. Dies können wir kurz zusammenfassen

$$\begin{array}{l} Q \rightarrow \mathcal{E} \\ \updownarrow \\ I \rightarrow \mathcal{B} \rightarrow \mathcal{E}. \end{array}$$

Noch immer bleiben die Felder an Ladungen und Ströme gekoppelt. Das zweite Feldgesetz erweitert das Netzwerk von Zusammenhängen nun zu einer beliebig langen Kette:

$$\begin{array}{l} Q \rightarrow \mathcal{E} \rightarrow \mathcal{B} \rightarrow \mathcal{E} \rightarrow \mathcal{B} \rightarrow \mathcal{E} \rightarrow \ldots \\ \updownarrow \\ I \rightarrow \mathcal{B} \rightarrow \mathcal{E} \rightarrow \mathcal{B} \rightarrow \mathcal{E} \rightarrow \mathcal{B} \rightarrow \ldots \end{array}$$

Diese Kette elektrischer und magnetischer Felder kann sich von den Ladungen und Strömen lösen und im Raum ausbreiten. Sie ist auch dann noch vorhanden, wenn der Sender schon lange abgeschaltet wurde. Die selbständig gewordenen Felder können nun allein auch ohne Ladungen und Ströme existieren. Aus den Maxwellschen Gleichungen geht ferner hervor:

Elektromagnetische Wellen sind stets Transversalwellen. Es gibt keine longitudinalen elektromagnetischen Wellen.

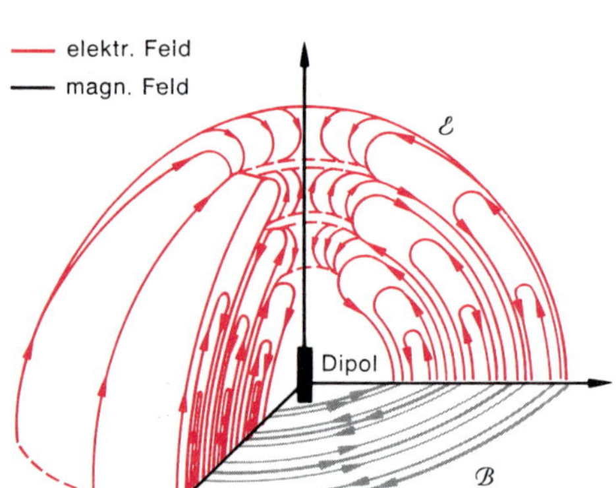

Das elektrische und das magnetische Feld in der Umgebung einer Sendeantenne. Alle Feldlinien sind geschlossen und durchsetzen einander wechselseitig.

In der elektromagnetischen Welle sind elektrisches und magnetisches Feld gleichberechtigt. Auf jedes der Felder entfällt die gleiche Energie, wie aus den Maxwellschen Feldgesetzen folgt.

Für die *Auswirkungen* elektromagnetischer Wellen ist das elektrische Feld meist wichtiger als das Magnetfeld, das nur auf bewegte Ladungen wirkt. Man kann zeigen, daß die Wirkung des Magnetfeldes der Welle vernachlässigt werden darf, wenn sich die Ladungen im Bereich der Welle mit Geschwindigkeiten bewegen, die klein gegen die Lichtgeschwindigkeit sind. Dies war z. B. beim Nachweis der Welle durch den Empfangsdipol der Fall. Wir werden uns daher vor allem mit dem elektrischen Feld der Welle beschäftigen.

d) Beschleunigte Ladungen strahlen

Bisher haben wir einen $\lambda/2$-Dipol als Quelle elektromagnetischer Wellen verwendet. Um unsere Ergebnisse zu verallgemeinern, müssen wir feststellen, welche Ladungsanordnungen elektromagnetische Wellen aussenden. Wir werden dabei den grundlegenden Satz beweisen:

> Beschleunigte Ladungen erzeugen elektromagnetische Wellen.

Zum Beweis betrachten wir eine Ladung, die sich zunächst gleichförmig bewegt. Wird die Ladung bis zum Stillstand abgebremst, so muß auch das Feld der bewegten Ladung in das Feld einer ruhenden Ladung übergehen. Dieser Übergang erfolgt nicht augenblicklich, da das elektrische Feld der Ladung weit in den Raum hinausreicht. Die Nachricht vom Stillstand der Ladung breitet sich aber nur mit der Lichtgeschwindigkeit c aus.

Betrachten wir die Situation t Sekunden nach dem Stillstand der Ladung! Innerhalb des Radius $r = ct$ hat sich das elektrische Feld bereits der neuen Situation angepaßt und entspricht dem Feld einer ruhenden Ladung. In größerer Entfernung ist das elektrische Feld aber noch dasjenige einer bewegten Ladung. Weil das Feld innen zur Ruhe gekommen ist, außen aber noch mit seiner ursprünglichen Geschwindigkeit weiterläuft, kommt es zu einer starken Verzerrung der Feldlinien, wie die Abbildung zeigt. Es breitet sich gewissermaßen eine »Schockwelle« mit Lichtgeschwindigkeit aus. Im Bereich der Schockwelle ist die Dichte der Feldlinien besonders hoch, was auf eine erhöhte elektrische Feldstärke hindeutet. Damit haben wir den Grund für die Abnahme der Feldstärke der elektromagnetischen Wellen mit $1/r$ gefunden. Das elektrische Feld nimmt zwar mit $1/r^2$ ab, seine Verzerrung wird aber im Lauf der Zeit immer größer und genügt deshalb einem $1/r$-Gesetz.

> Das elektrische Feld einer beschleunigten Ladung weist einen Anteil auf, der umgekehrt proportional zur Entfernung von der Ladung ist.

Im Bereich der Schockwelle steht der elektrische Feldvektor senkrecht zur Ausbreitungsrichtung der Welle. Sie ist daher eine *Transversalwelle*.

Wir betrachten nun die Richtungsabhängigkeit der ausgesendeten Wellen. Die Abbildung zeigt, daß die elektrischen Feldlinien am dichtesten in der Richtung senkrecht zur Beschleunigung liegen. Die elektrische Feldstärke in der Schockwelle ist in dieser Richtung am größten.

> Die von einer beschleunigten Ladung ausgehenden elektromagnetischen Wellen sind Transversalwellen. Sie werden vorwiegend senkrecht zur Beschleunigungsrichtung ausgesendet.

Damit können wir erklären, warum Dipole vorwiegend senkrecht zur Dipolachse abstrahlen.

Das mit Lichtgeschwindigkeit nach außen laufende veränderliche elektrische Feld ist nach dem zweiten Maxwellschen Feldgesetz von veränderlichen magnetischen Feldlinien umgeben. Sie stehen senkrecht zum elektrischen Feld und zur Ausbreitungsrichtung.

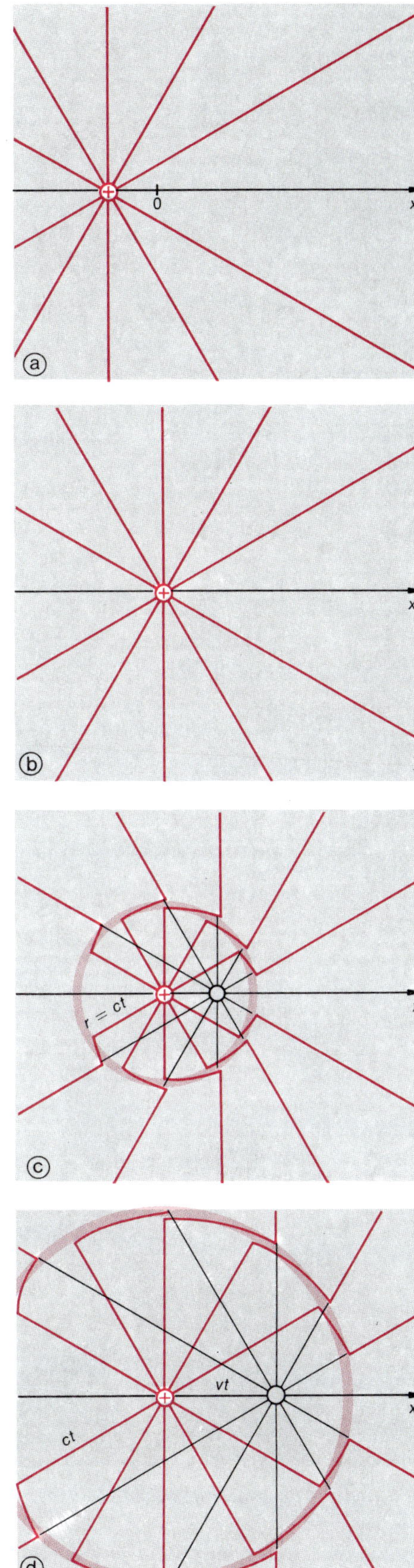

Eine gleichförmig bewegte Ladung wird in $x = 0$ plötzlich abgebremst (Bilder a,b). Die Nachricht vom Stillstand der Ladung breitet sich im elektrischen Feld mit Lichtgeschwindigkeit durch eine Schockwelle aus (Bilder c, d).

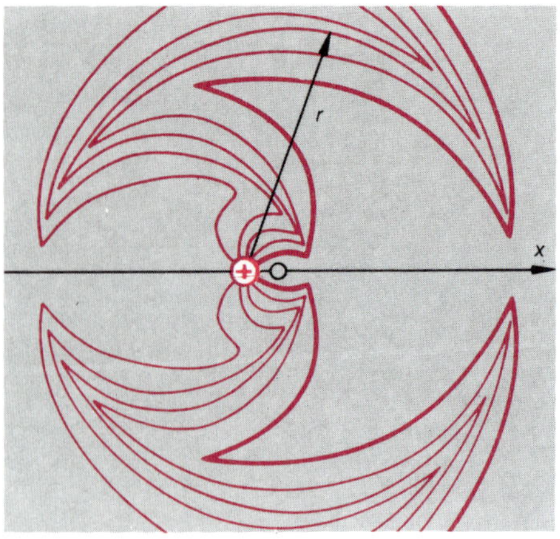

Wird die Ladung wiederholt beschleunigt, so tritt ein Wellenfeld auf.

Die Maxwellschen Feldgleichungen erlauben die Berechnung der Energie, die bei der Abbremsung der Ladung ausgestrahlt wird.

> Erfährt eine elektrische Ladung q die Beschleunigung a, so strahlt sie elektromagnetische Wellen ab.
> Die pro Sekunde abgestrahlte Energie beträgt dabei
>
> $$P = \frac{2}{3}\,\frac{q^2}{4\pi\varepsilon_0 c^3}\,a^2.$$

Am offenen Schwingkreis ist also die darin auftretende Beschleunigung von Ladungen wesentlich. Auch im geschlossenen Schwingkreis werden Ladungen beschleunigt. Die von ihnen ausgehenden Wellen heben sich jedoch durch Interferenz auf, so daß es zu keiner Abstrahlung kommt.

5. Strahlungsquellen

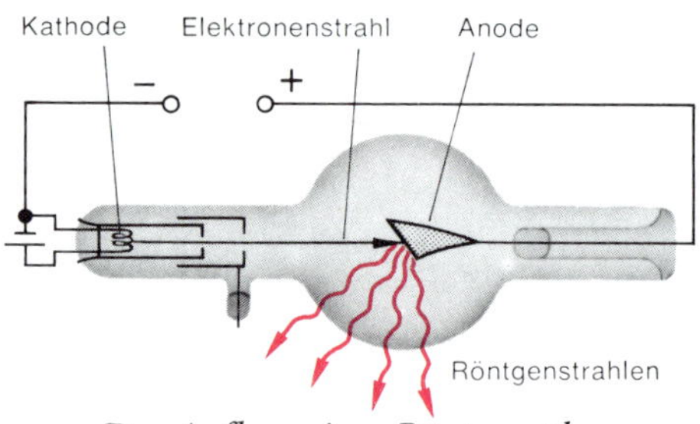

Der Aufbau einer Röntgenröhre.

Wir kennen nun die Vorgänge bei der Aussendung elektromagnetischer Wellen und können die verschiedenen Strahlungsquellen besprechen.

a) Röntgenstrahlen

In der Röntgenröhre nützt man die beim Abbremsen geladener Teilchen auftretende Strahlung direkt aus. Eine Glühkathode emittiert Elektronen, die durch einen negativ geladenen *Wehnelt-Zylinder* gebündelt werden. Die Spannung zwischen der Kathode und der gegenüberliegenden Anode beträgt etwa 30 000 V. Dadurch werden die Elektronen auf rund 100 000 km/s beschleunigt und beim Auftreffen auf die Anode plötzlich abgebremst. Die dabei auftretende »Bremsstrahlung« ist senkrecht zur Beschleunigung gerichtet, tritt also seitlich aus der Röhre heraus.

> Röntgenstrahlen entstehen beim Aufprall von Elektronen auf eine Anode. Dabei wird Bremsstrahlung ausgesendet.

Wilhelm Conrad Röntgen (1845–1923). Wegen eines Lausbubenstreiches von der Schule verwiesen wurde Röntgen zunächst Maschineningenieur. Später wandte er sich der Physik zu und wurde als Professor an die Universitäten von Gießen und München berufen. Am 8. November 1895 gelang ihm die Entdeckung der Röntgenstrahlen. Er erhielt im Jahre 1901 als erster Physiker den Nobelpreis.

Die Wellenlängen der Röntgenstrahlen reichen von 10^{-14} m bis 10^{-9} m. Die Erzeugung sehr kurzwelliger Röntgenstrahlen erfordert Anodenspannungen von einigen Millionen Volt. Wir besprechen nun Anwendungen von Röntgenstrahlen in Forschung und Medizin.

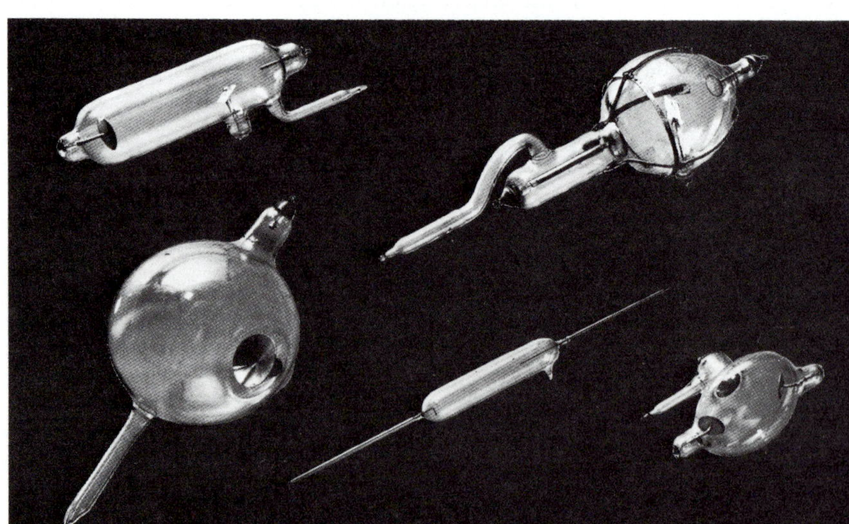

Die ersten Röntgenröhren.

1. Anwendung: Strukturforschung

Am 8. November 1895 hatte Röntgen durch Zufall die neuen Strahlen entdeckt, die später nach ihm benannt wurden. Bald fand er auch das große Durchdringungsvermögen der Strahlung. Doch ihre Natur vermochte er nicht zu klären. Gingen Wellen oder Teilchen von der Röhre aus?

Die Wellennatur der Röntgenstrahlen wurde erstmals 1912 durch Max von Laue in einem der berühmtesten Experimente in der Geschichte der Physik erwiesen. Laue mußte dazu Interferenz- oder Beugungsexperimente mit Röntgenstrahlen durchführen. Mit mechanischen Mitteln waren aber keine geeigneten Beugungsgitter herzustellen. Laue erkannte, daß sich dünne Kristallplättchen als natürliche Beugungsgitter eignen würden, da die Abstände zwischen den Atomen von der gleichen Größenordnung wie die von ihm vermutete Wellenlänge der Röntgenstrahlen waren.

Bereits das erste Experiment führte zu den gesuchten Beugungserscheinungen. Die Durchstrahlung eines Kupfersulfatkristalles lieferte regelmäßig angeordnete Schwärzungspunkte auf einer photographischen Platte. Man nennt dies heute *Laue-Diagramm.* Damit war sowohl die Wellennatur der Röntgenstrahlen als auch der atomare Aufbau der Kristalle nachgewiesen.

Das Laue-Verfahren ist heute eines der wichtigsten Mittel zur Bestimmung der Anordnung von Atomen in Festkörpern. Aus dem Beugungsmuster, das sich bei der Durchstrahlung ergibt, kann man mit einigem Rechenaufwand die Lage der Atome auch in sehr komplizierten Kristallen bestimmen. Wir werden später noch an einigen Beispielen die überragende Bedeutung der Röntgen-Strukturanalyse für Physik, Chemie und vor allem für die Biologie kennenlernen.

Max von Laue (1879–1960).
Im Jahre 1912 hatte Laue die Idee, Röntgenstrahlen an Kristallgittern zu beugen. Kurze Zeit später konnten seine Mitarbeiter Walther Friedrich und Paul Knipping die vermuteten Beugungsmuster nachweisen.

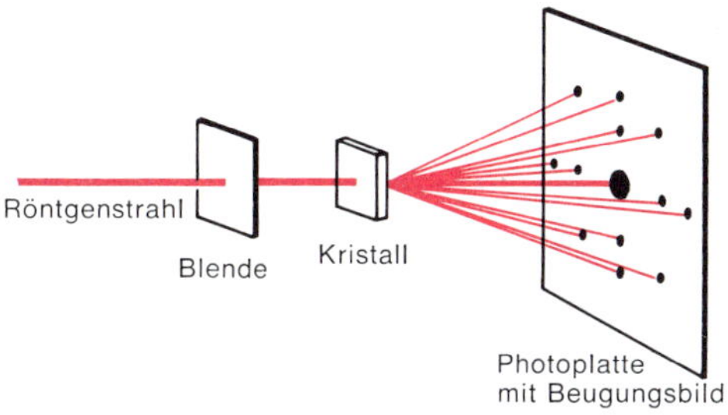

Röntgenstrahlen werden an den regelmäßig angeordneten Gitterebenen eines Kristalls gebeugt.

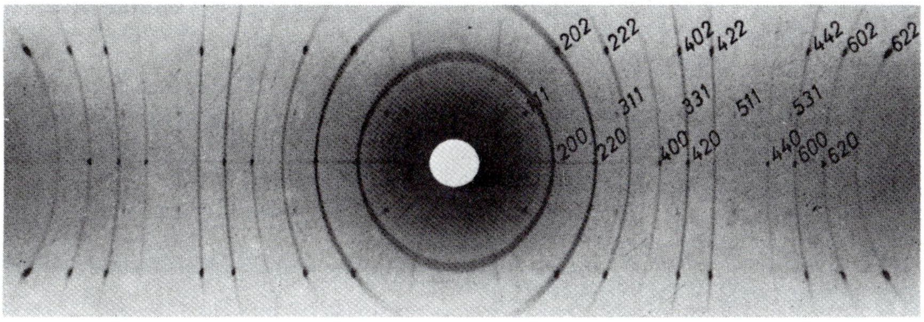

Aus der Verteilung der Linien im Laue-Diagramm kann man die Anordnung der Atome im Kristall bestimmen. Das Bild zeigt die Beugung von Röntgenstrahlen an einem Steinsalzkristall.

2. Anwendung: Röntgenaufnahmen

Eine der wichtigsten Eigenschaften der Röntgenstrahlen ist ihr hohes Durchdringungsvermögen. Sie durchqueren viele Stoffe, wie Papier, Holz oder Fleisch fast ungeschwächt und werden vor allem von Materialien absorbiert, die chemische Elemente mit hoher Ordnungszahl enthalten. Dies ist z. B. für Knochen der Fall, in denen Kalzium (Ordnungszahl 20) Röntgenstrahlen absorbiert. Daher erscheint in einem Röntgenbild das Knochengerüst als Schattenriß.

Aber auch andere Organe, wie Magen oder Darm, können in Röntgenbildern sichtbar gemacht werden. Dazu werden sie mit einem Kontrastmittel gefüllt, das schwere Elemente enthält.

Die Röntgendiagnostik ist ein wichtiges und unentbehrliches Hilfsmittel der Medizin. Sie ist aber nicht ungefährlich, da durch die energiereiche Strahlung Schäden in Zellen auftreten können. Viele Pioniere der Röntgenforschung starben an diesen Strahlungsschäden. Im Strahlenschutzgesetz wird daher geregelt, welche Strahlenbelastungen zulässig sind. Röntgenaufnahmen sollten möglichst sparsam eingesetzt werden, wobei vor allem eine Bestrahlung der Fortpflanzungsorgane zu vermeiden ist, um Erbschäden zu verhindern. Bei manchen medizinischen Anwendungen kann die Ultraschalldiagnose Röntgenaufnahmen ersetzen.

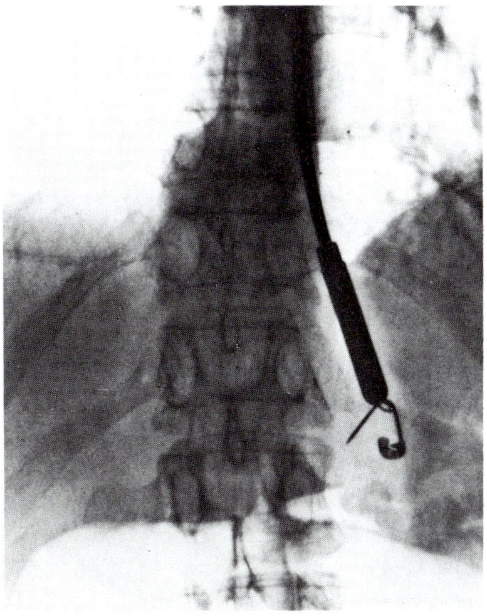

Eine verschluckte Sicherheitsnadel wird mit einem Magneten entfernt. Die Röntgenaufnahme erlaubt es, den Vorgang laufend zu beobachten.

Bei völliger Dunkelheit können Menschen mit einer Infrarotkamera im Licht der von ihnen ausgesandten Wärmestrahlung photographiert werden.

b) Die Temperaturstrahlung

Jeder Körper sendet ständig elektromagnetische Wellen aus. Diese Temperaturstrahlung wird durch die unregelmäßige Bewegung der Atomkerne und Elektronen in seinem Inneren bewirkt, die als Folge der thermischen Bewegung auftritt.

Erwärmt man einen Körper auf Temperaturen unter 500° C, so wird die Temperaturstrahlung als Wärme empfunden. Bei höheren Temperaturen sendet der Körper auch sichtbares Licht aus. Die Strahlung der Sonne, aber auch die Strahlung der Glühlampen sind Beispiele dafür.

Die Strahlungsleistung P der Temperaturstrahlung ist die pro Sekunde emittierte Energie. Sie ist proportional zur Oberfläche A des strahlenden Körpers, wobei man den Proportionalitätsfaktor als *Emissionsvermögen* bezeichnet.

> Jeder Körper sendet Temperaturstrahlung aus.
> Die Strahlungsleistung P ist durch das Produkt aus Oberfläche A und Emissionsvermögen E des Körpers gegeben.

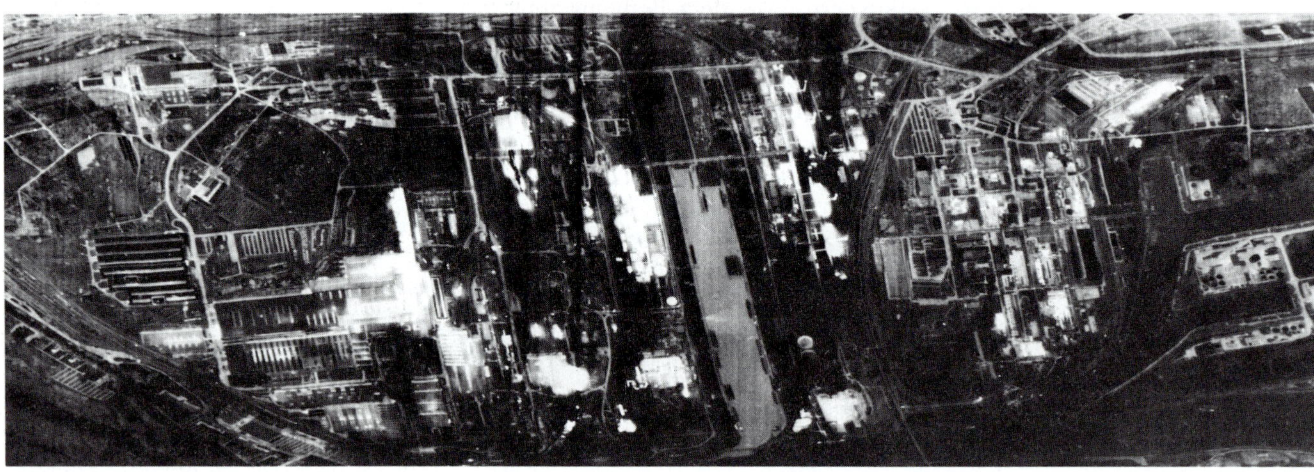

Infrarotaufnahme einer Industrieanlage. Helle Bildstellen deuten auf hohe Temperaturen hin.

Das Emissionsvermögen eines Körpers hängt nicht nur von der Temperatur, sondern auch von der Art der Oberfläche ab. Dunkle Flächen emittieren bei gleicher Temperatur mehr Strahlung als helle Flächen. Das Emissionsvermögen steigt auch mit der Rauhigkeit der Oberfläche, weil hohe Rauhigkeit eine Vergrößerung der tatsächlich strahlenden Fläche bewirkt.

Wenn jeder Körper Temperaturstrahlung aussendet, so könnte man vermuten, daß er dadurch im Laufe der Zeit immer mehr Energie abgibt und auskühlt. Der Körper empfängt jedoch auch Temperaturstrahlung, die von den Körpern in seiner Umgebung ausgeht. Wir müssen sie bei der Energiebilanz berücksichtigen. Ein Teil der auftreffenden Strahlung wird also vom Körper absorbiert. Man definiert:

> Das Absorptionsvermögen eines Körpers gibt an, welcher Bruchteil der auftreffenden Temperaturstrahlung vom Körper absorbiert wird.

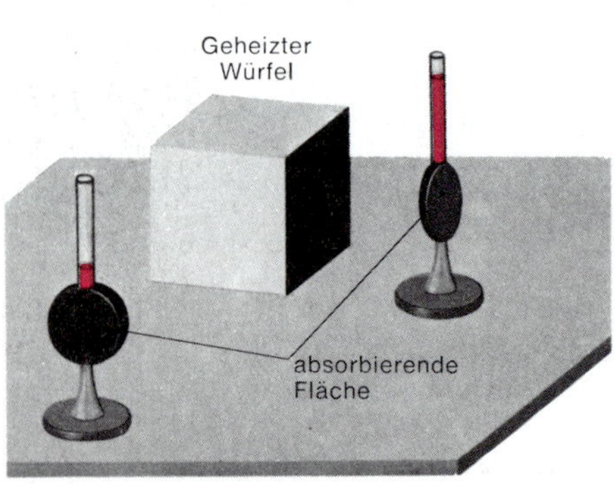

Die beiden Thermometer zeigen an, daß die schwarze Seite des erhitzten Würfels stärker strahlt als die weiße Seite. Auch strahlen rauhe Flächen stärker als glatte.

Das Absorptionsvermögen heller und glänzender Körper ist gering. Sie reflektieren den größten Teil der auftreffenden Strahlung. Auch das Absorptionsvermögen durchsichtiger Körper ist gering. Sie lassen den größten Teil der Strahlung hindurchtreten. Dagegen liegt das Absorptionsvermögen von Körpern mit sehr dunkler Oberfläche nahe bei 1, da sie fast die gesamte auftreffende Strahlung absorbieren.

Weist ein Körper die gleiche Temperatur auf wie seine Umgebung, so wird er weder wärmer noch kälter. Die von ihm absorbierte Strahlungsleistung muß in diesem Fall gleich der emittierten Strahlungsleistung sein. Ein dunkler Körper absorbiert besonders viel Strahlung. Er muß daher auch besonders viel emittieren. Ein heller oder ein durchsichtiger Körper absorbiert die auftreffende Wärmestrahlung fast nicht. Damit er im Temperaturgleichgewicht bleibt, muß auch sein Emissionsvermögen gering sein. Je größer also das Absorptionsvermögen eines Körpers ist, desto größer ist auch sein Emissionsvermögen.

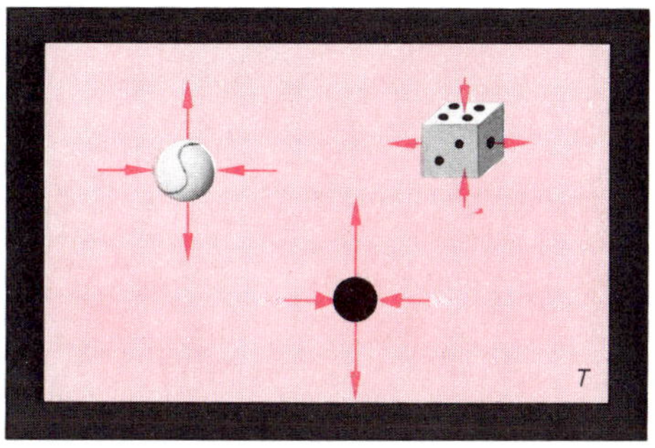

In einem Raum mit konstanter Temperatur müssen alle Körper genausoviel Strahlung aussenden, wie sie empfangen. Weil dunkle Körper Strahlung gut absorbieren, müssen sie auch viel Strahlung aussenden.

Kirchhoffsches Strahlungsgesetz
Das Emissionsvermögen eines Körpers ist dem Absorptionsvermögen proportional.

Dieses Gesetz muß für jeden einzelnen Wellenbereich der Strahlung gelten. Bringen wir nämlich zwischen zwei Körpern ein Filter an, das nur Strahlung einer Wellenlänge durchläßt, so muß auch hier ein Gleichgewicht von empfangener und ausgesandter Temperaturstrahlung bestehen, falls beide Körper die gleiche Temperatur aufweisen.

Sowohl das Absorptionsvermögen als auch das Emissionsvermögen hängen im allgemeinen von der Temperatur ab. Während aber das Emissionsvermögen die Leistung pro Quadratmeter angibt, ist das Absorptionsvermögen eine dimensionslose Zahl.

Ist ein Körper heißer als seine Umgebung, so sendet er mehr Temperaturstrahlung aus, als er empfängt. Dadurch kühlt er allmählich ab, falls ihm nicht ständig Energie zugeführt wird. Dies kann man mit einem instruktiven Experiment nachweisen. Wir stellen zwei Parabolspiegel einander gegenüber. In den Brennpunkt des einen Spiegels bringen wir ein Thermometer. Es zeigt die Raumtemperatur an. Legen wir in den Brennpunkt des anderen Spiegels ein Stück Eis, so sinkt die Anzeige des Thermometers ab. Dieser Effekt ist nicht etwa auf »Kältestrahlen« zurückzuführen, die vom Eis ausgehen. Vielmehr gibt das Thermometer nun mehr Temperaturstrahlung ab, als es empfängt.

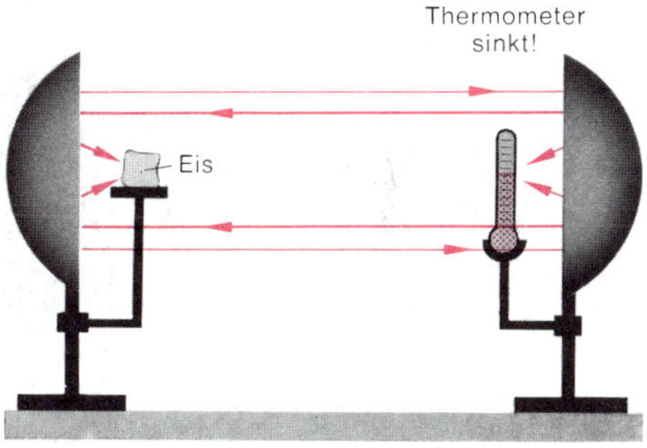

Der Eiswürfel im Brennpunkt des Parabolspiegels läßt die Temperatur des gegenüberliegenden Thermometers absinken. Weist dies auf Kältestrahlen hin?

Einen Körper, der jede auftreffende Strahlung vollkommen absorbiert, nennt man einen (idealen) *Schwarzen Körper* . Eine berußte Oberfläche ist annähernd ein Schwarzer Körper. Eine noch weit bessere Näherung an einen Schwarzen Körper ist ein innen geschwärzter Hohlraum mit einem kleinen Loch. Fällt Strahlung durch das Loch ein, so wird sie im Hohlraum mehrmals reflektiert und dabei jedesmal geschwächt, so daß die Strahlung praktisch völlig absorbiert wird. Die Öffnung des Hohlraumes ist also ein fast idealer Schwarzer Körper. Sie weist wegen des Kirchhoffschen Strahlungsgesetzes das größtmögliche Emissionsvermögen auf.

Das Emissionsvermögen des so konstruierten Schwarzen Körpers ist völlig unabhängig von der Beschaffenheit seiner Wände. Jeder Hohlraum kann benützt werden, wenn er nur eine hinreichend kleine Öffnung aufweist.

Schwarze Körper absorbieren jede auftreffende Strahlung.
Sie können durch einen Hohlraum mit kleiner Öffnung näherungsweise realisiert werden.
Schwarze Körper weisen größtmögliches Emissionsvermögen auf.
Die von ihnen ausgehende Strahlung heißt Schwarze Strahlung.

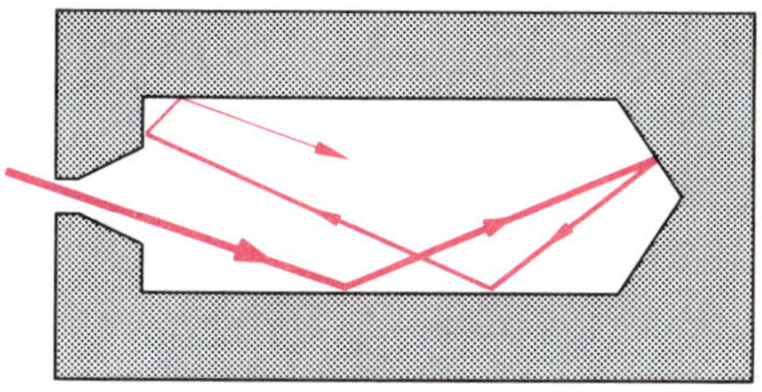

Die Öffnung eines Hohlraumes ist ein fast idealer Schwarzer Körper, da sie alle auftreffenden Strahlen absorbiert.

Sie dürfen die *»Schwarze Strahlung«* nicht mit dem Begriff »Schwarz« der Alltagssprache in Verbindung bringen. Ein kühler Schwarzer Körper sieht tatsächlich schwarz aus, da er die gesamte auftreffende Strahlung absorbiert und nur wenig emittiert. Ein Schwarzer Körper mit einer Temperatur von einigen tausend Grad ist in Weißglut. Die von ihm ausgehende Schwarze Strahlung ist blendend helles Licht! Dennoch ist der Körper ein »Schwarzer Körper«, da er jede auftreffende Strahlung absorbiert. »Schwarz« ist hier ein physikalischer Fachausdruck.

Die Eigenschaften der Schwarzen Strahlung wurden von dem österreichischen Physiker Ludwig Boltzmann theoretisch vorhergesagt und von seinem Kollegen Josef Stefan durch eine Reihe sorgfältiger Experimente bestätigt. Sie fanden:

Stefan-Boltzmannsches Gesetz
Das Emissionsvermögen eines Schwarzen Körpers nimmt mit der vierten Potenz der absoluten Temperatur zu.

$E = \sigma T^4 \qquad (\sigma = 5{,}67 \cdot 10^{-8}\ \mathrm{W/m^2\,K^4})$

Die Strahlungsleistung P eines Schwarzen Körpers mit der Oberfläche A ist also $P = A\ \sigma\ T^4$. Die Strahlungsleistung realer Körper ist geringer.

Neben dem Auge der Grubenotter liegt ihr Infrarotsensor in einem kleinen Grübchen. Er spricht auf Wärmestrahlung mit einer Wellenlänge von rund 10 μm *an, die von anderen Tieren ausgeht. Bereits Temperaturunterschiede von* 0,005 °C *reichen zur Ortung der Beute aus.*

1. Beispiel: Strahlung bei Zimmertemperatur

Bei Zimmertemperatur, $T \approx 300$ K, beträgt das Emissionsvermögen eines Schwarzen Körpers:

$$E = 5{,}67 \cdot 10^{-8} \cdot (300)^4\ \mathrm{W/m^2} = 460\ \mathrm{W/m^2}.$$

Jede dunkle Oberfläche in unserer Umgebung strahlt und empfängt diese Leistung. Erhitzt man die Oberfläche auf 100 °C = 373 K, so beträgt das Emissionsvermögen $E = 1100\ \mathrm{W/m^2}$. Die Fläche wirkt als Heizkörper und strahlt mehr Energie aus, als sie empfängt, wobei der Überschuß 640 $\mathrm{W/m^2}$ beträgt.

Die durch Strahlung übertragene Energie bewirkt oft eine sehr einseitige Erhitzung von Körpern. Sie macht sich z. B. bei einem offenen Kaminfeuer deutlich bemerkbar.

2. Beispiel: Leuchtkraft und Temperatur der Sonne

Der auf der Erde eintreffenden Sonnenstrahlung entspricht ein Energiestrom von 1400 $\mathrm{W/m^2}$. Multiplizieren wir diese Solarkonstante mit der Oberfläche $4\pi r^2$ einer Kugel, die den Radius der Erdbahn hat, $r = 1{,}5 \cdot 10^{11}$ m, so erhalten wir die gesamte, von der Sonne ausgesandte Strahlungsleistung:

$$P = 4\pi\,(1{,}5 \cdot 10^{11}\ \mathrm{m})^2 \cdot 1400\ \mathrm{W/m^2} = 4 \cdot 10^{26}\ \mathrm{W}.$$

Man bezeichnet sie als *Leuchtkraft* $L_\odot$ der Sonne.

Die Leuchtkraft der Sonne beträgt $L_\odot = 4 \cdot 10^{26}$ W.

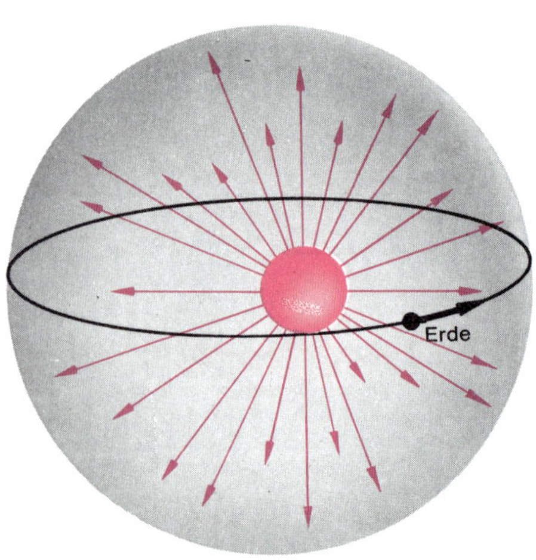

Aus dem Wert der Solarkonstante können wir die Temperatur und Leuchtkraft der Sonne berechnen.

Daraus können wir die Temperatur der Sonne berechnen, wenn wir annehmen, daß die Sonne näherungsweise die Eigenschaften eines Schwarzen Körpers hat, also jede auftreffende Strahlung absorbiert. Ihre Leuchtkraft ist dann das Produkt aus Sonnenoberfläche $A = 6{,}2 \cdot 10^{18}\ \mathrm{m^2}$ und Emissionsvermögen:

$$4 \cdot 10^{26}\ \mathrm{W} = A \cdot \sigma\, T^4 = (6{,}2 \cdot 10^{18}\ \mathrm{m^2})\,(5{,}7 \cdot 10^{-8}\ \mathrm{W/m^2\,K^4})\, T^4.$$

Für die Temperatur T der Sonnenoberfläche folgt daraus:

$$T^4 = \frac{4 \cdot 10^{26}}{6{,}2 \cdot 10^{18} \cdot 5{,}7 \cdot 10^{-8}}\ \mathrm{K^4} = 1{,}2 \cdot 10^{15}\ \mathrm{K^4} \quad \text{oder} \quad T = 5800\ \mathrm{K}.$$

Die Temperatur der Sonnenoberfläche beträgt 5800 K.

3. Beispiel: Die Temperatur der Erde

Die einfallende Sonnenstrahlung wird von der Erde zum Großteil absorbiert. Dadurch heizt sich die Erde auf, bis die von ihr ausgehende Temperaturstrahlung der einfallenden Sonnenstrahlung gleichkommt. Die dann erreichte Temperatur können wir aus dem Strahlungsgleichgewicht errechnen. Dabei müssen wir beachten, daß die gesamte Erdoberfläche $4\pi R_E^2$ Temperaturstrahlung abstrahlt, wogegen die einfallende Sonnenstrahlung nur im Querschnitt πR_E^2 auftrifft. Es gilt daher:

$$4\pi R_E^2 \cdot \sigma T_E^4 = \pi R_E^2 \cdot 1400 \text{ W/m}^2.$$

Daraus berechnen wir die mittlere Erdtemperatur:

$$4\sigma T_E^4 = 1400 \text{ W/m}^2 \quad \text{oder} \quad T_E = 280 \text{ K} = 7\,°\text{C}.$$

In analoger Weise kann man die Temperaturen auf den anderen Planeten des Sonnensystems berechnen.

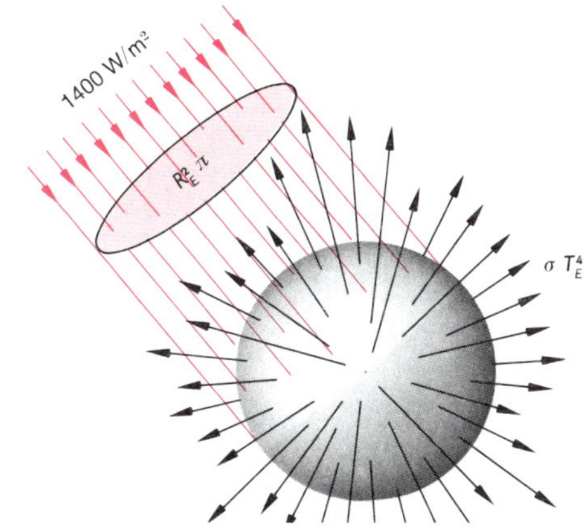

Die von der Sonne stammende Strahlungsenergie wird von der Erde in Form von Temperaturstrahlung in den Weltraum zurückgestrahlt. Die Temperatur der Erde ist durch das Strahlungsgleichgewicht festgelegt.

Das Wiensche Verschiebungsgesetz

Wir betrachten abschließend das Emissionsvermögen eines Schwarzen Körpers in Abhängigkeit von Temperatur und *Wellenlänge.* Dazu zerlegen wir die ausgesendete Strahlung mit Hilfe eines Beugungsgitters in Anteile verschiedener Wellenlänge und messen die Energieverteilung. Die Abbildung gibt das Ergebnis für verschiedene Temperaturen an. Die Spektralverteilung der Strahlung hat ein deutlich ausgeprägtes Maximum. Die Wellenlänge maximaler Strahlung, λ_{max}, verschiebt sich bei zunehmender Temperatur in den Bereich kürzerer Wellenlängen und genügt einem einfachen Gesetz:

> *Wiensches Verschiebungsgesetz*
> Das Produkt aus der absoluten Temperatur eines Schwarzen Körpers und der Wellenlänge maximaler Strahlung ist konstant.
>
> $$\lambda_{max} \cdot T = b \qquad (b = 2{,}9 \cdot 10^{-3} \text{ m·K}).$$

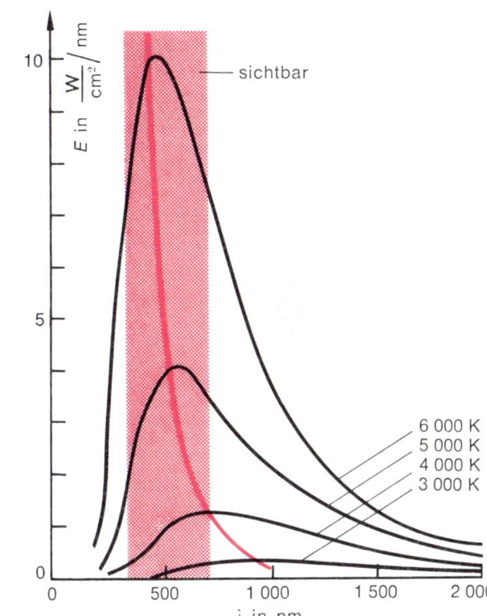

Die Strahlung eines Schwarzen Körpers. Das Diagramm gibt die Strahlungsleistung an, die von 1 cm² der Oberfläche eines Schwarzen Körpers in einem Wellenlängenbereich von 1 nm ausgesendet wird. Bei steigender Temperatur verschiebt sich das Maximum der Spektralverteilung in den Bereich kurzer Wellenlängen.

Bei Temperaturen zwischen 4000 K und 7000 K liegt das Maximum der Strahlung im Bereich des sichtbaren Lichtes.

Das Sonnenspektrum entspricht allerdings nur näherungsweise demjenigen eines Schwarzen Körpers. Es läßt erkennen, daß das Maximum der Strahlung bei $\lambda_{max} = 500$ nm liegt. Mit dem Wienschen Verschiebungsgesetz können wir daraus die Sonnentemperatur bestimmen:

$$T = \frac{b}{\lambda_{max}} = \frac{2{,}9 \cdot 10^{-3}}{5 \cdot 10^{-7}} \text{ K} = 5800 \text{ K}.$$

Das Resultat stimmt mit unserem früheren Ergebnis überein. Auch die Temperaturen anderer Sterne kann man so bestimmen. Kühle Sterne mit Temperaturen um 2000 K senden vorwiegend rotes Licht aus, dagegen leuchten sehr heiße Sterne mit Temperaturen um 20 000 K bläulich.

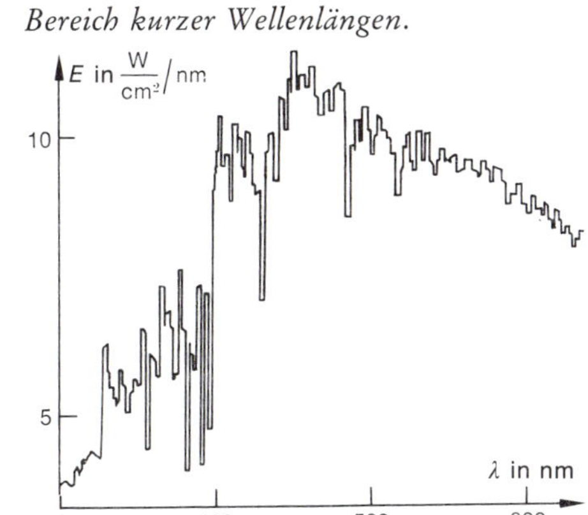

Das Sonnenspektrum gleicht näherungsweise der Spektralverteilung eines Schwarzen Körpers mit einer Temperatur von 5800 K.

Die Aussagen des Wienschen Verschiebungsgesetzes sind in der Tabelle auf S. 186 dargestellt. In der zweiten Spalte ist die Temperatur angegeben, bei der die elektromagnetischen Wellen mit der jeweils betrachteten Wellenlänge maximal ausgestrahlt werden. Die erste Spalte gibt das Emissionsvermögen eines Schwarzen Körpers bei dieser Temperatur an.

Die Tabelle zeigt, daß elektromagnetische Strahlung im Radiowellenbereich nicht durch Temperaturstrahlung entstehen kann, weil das Emissionsvermögen zu gering ist. Dagegen kühlen Körper mit sehr hoher Oberflächentemperatur durch Abstrahlung elektromagnetischer Wellen rasch ab.

c) Synchrotronstrahlung

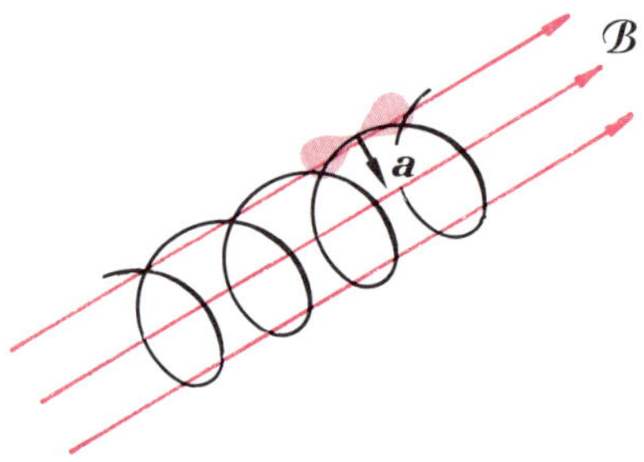

Ein geladenes Teilchen beschreibt im homogenen Magnetfeld eine Spiralbahn. Bei dieser beschleunigten Bewegung strahlt das Teilchen Synchrotronstrahlung ab.

Geladene Teilchen kreisen in Magnetfeldern auf Schraubenbahnen um die Feldlinien. Bei dieser beschleunigten Bewegung senden die Teilchen elektromagnetische Wellen aus, die man *Synchrotronstrahlung* nennt.

Eine Quelle von Synchrotronstrahlung sind Teilchenbeschleuniger wie das Zyklotron oder das ähnlich aufgebaute Synchrotron. Die von den darin kreisenden Teilchen ausgehende Strahlung macht eine Abschirmung der Beschleuniger notwendig. Sie werden deshalb unterirdisch angelegt.

Synchrotronstrahlung wird für viele Messungen herangezogen, da ihre Frequenz und Intensität durch Regelung der Teilchengeschwindigkeit und des Magnetfeldes genau festgelegt werden kann.

Auch in der Astrophysik ist Synchrotronstrahlung von Bedeutung. Sie wird von Elektronen oder Protonen ausgesendet, die im Magnetfeld von Sternen kreisen. Weil die Synchrotronstrahlung polarisiert ist, kann sie leicht von Temperaturstrahlung unterschieden werden.

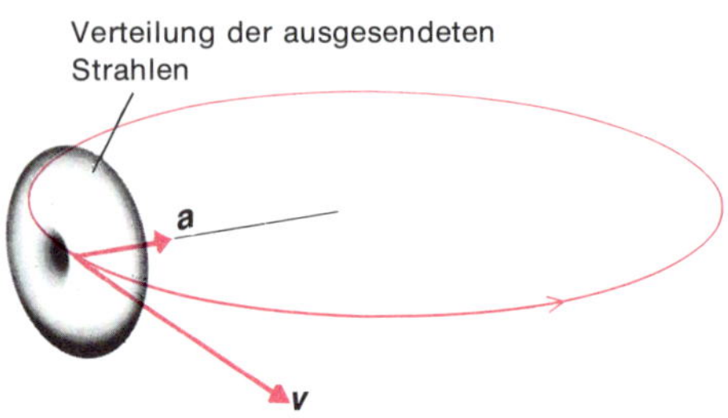

In Beschleunigern kreisende Teilchen senden Synchrotronstrahlung aus. Sie wurde zunächst als störender Nebeneffekt betrachtet, wird aber heute zu zahlreichen technischen Anwendungen herangezogen, da Wellenlänge und Intensität sehr genau geregelt werden können.

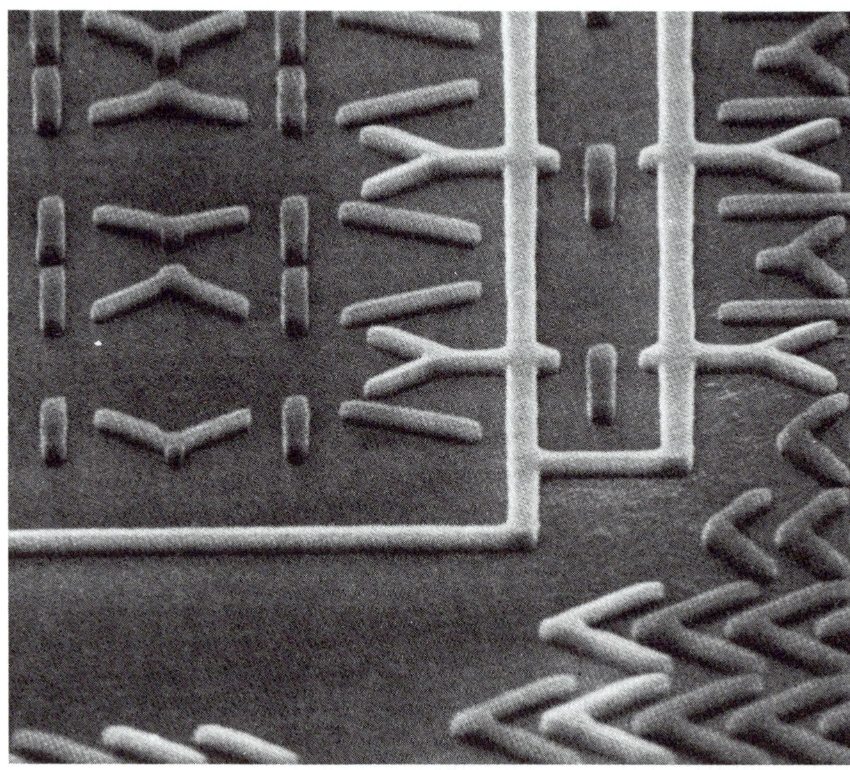

Mit kurzwelliger Synchrotronstrahlung lassen sich kleinste Schaltbilder für die Mikroelektronik ätzen. Das Bild zeigt einen Teil eines Computers, mit dem magnetisierte Speicherbereiche umgeordnet werden. Die dünnsten Linien sind hier rund 100 Atomdurchmesser dick.

d) Die Krise der klassischen Physik

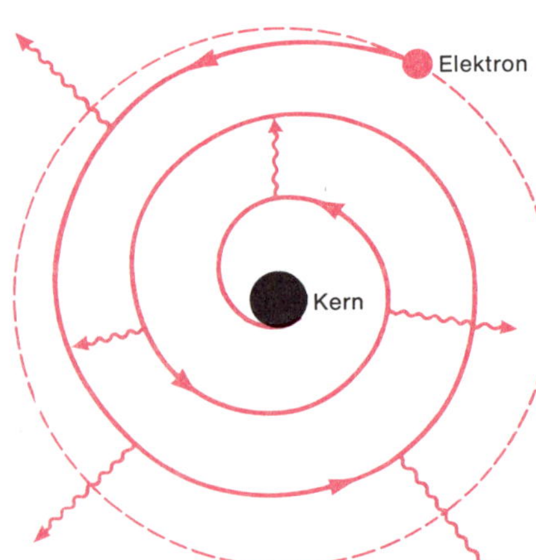

Im Rutherfordschen Atommodell sollte das Elektron um den Kern kreisen. Nach den Gesetzen der klassischen Physik müßte das Elektron dabei ständig Strahlung aussenden und infolge des Energieverlustes innerhalb einer milliardstel Sekunde in den Kern stürzen.

Auch unter dem Einfluß elektrischer Felder können sich Ladungen auf Kreisbahnen bewegen. Nach den Vorstellungen der klassischen Physik, die wir bisher kennengelernt haben, kreisen die Elektronen im Atom unter der Wirkung der Coulombschen Kraft um den Atomkern. Bei dieser beschleunigten Bewegung sollten die Elektronen Strahlung aussenden und dadurch Energie verlieren. Mit abnehmender Energie würden die Elektronen dem Atomkern immer näher kommen und nach etwa einer milliardstel Sekunde in den Kern stürzen. Alle Materie würde zusammenbrechen.

Der Sturz der Elektronen in den Kern stellte für die klassische Physik ein unlösbares Problem dar. Erst die Quantenphysik vermochte dieses Problem zu lösen und zu zeigen, warum die Elektronen im Atom zumeist keine Strahlung aussenden. Strahlung tritt nur auf, wenn die Elektronen durch äußere Felder oder andere Ursachen (z. B. Stöße) gestört werden.

6. Elektrizitätslehre und Optik

Eines der wichtigsten Ergebnisse der Maxwellschen Theorie war die Erkenntnis, daß Licht eine elektromagnetische Welle ist. Wir können damit die Erscheinungen der Optik auf die Grundgesetze von Elektrizität und Magnetismus zurückführen. Wir betrachten einige Beispiele.

1. Beispiel: Der Metallglanz

Fällt Licht auf eine Metalloberfläche, so setzt die elektrische Feldstärke der Lichtwelle die frei beweglichen Metallelektronen in Bewegung. Wegen ihrer Trägheit schwingen die Elektronen im Gegentakt und senden dabei ihrerseits eine elektromagnetische Welle aus. Das Metall spiegelt daher und zeigt den typischen Metallglanz.

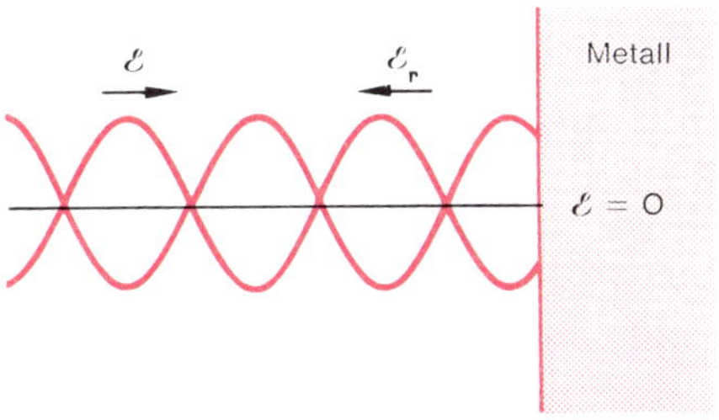

Eine Metalloberfläche wirkt für die einfallende Lichtwelle als festes Ende, an der die Welle reflektiert wird.

2. Beispiel: Die Lichtgeschwindigkeit in Isolatoren

In Isolatoren sind die Elektronen an die Atome gebunden. Sie können sich nicht frei bewegen, sondern nur um ihre Ruhelage schwingen. Das elektrische Feld einer Lichtwelle kann diese Schwingungen anregen. Stimmt die Frequenz des Lichtes dabei mit einer der Eigenfrequenzen der Elektronen überein, so treten besonders intensive Schwingungen auf, die sich durch Stöße auf die Atome übertragen. Dadurch wird die Energie des einfallenden Lichtes in innere Energie umgewandelt. Das Licht wird absorbiert.

Stimmt die Lichtfrequenz nicht mit einer der Eigenfrequenzen der Elektronen überein, so treten nur Schwingungen geringer Amplitude auf. Nur ein kleiner Bruchteil der einfallenden Lichtenergie wird in innere Energie umgewandelt. Der Isolator ist durchsichtig. Jedes Elektron sendet während seiner Schwingung eine Welle aus, welche die gleiche Frequenz wie die einfallende Lichtwelle hat und sich dieser überlagert. Weil die Schwingung des Elektrons der einfallenden Welle etwas nacheilt, läuft die resultierende Welle hinter der einfallenden Welle her. Dieser Vorgang wiederholt sich bei jedem Elektron, sodaß die resultierende Welle immer mehr zurückbleibt. Ihre Fortpflanzungsgeschwindigkeit ist daher geringer als die Lichtgeschwindigkeit im Vakuum.

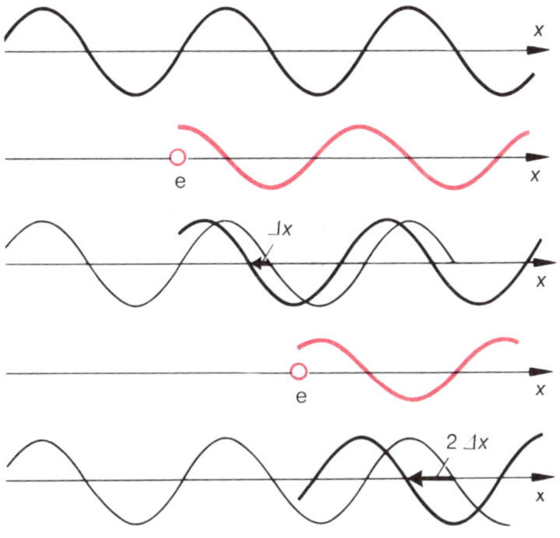

Fällt Licht auf einen Isolator ein, so versetzt es die Elektronen in Schwingungen. Die von ihnen ausgehenden elektromagnetischen Wellen überlagern sich der einfallenden Lichtwelle. Dadurch verringert sich die Lichtgeschwindigkeit im Körper.

3. Beispiel: Das Brewstersche Gesetz

Wird Licht von einem durchsichtigen Körper reflektiert, so ist die reflektierte Welle teilweise polarisiert. Bei einem besonderen Winkel, dem *Polarisationswinkel*, tritt sogar vollständige Polarisation ein.

> Stehen reflektierter und gebrochener Strahl aufeinander senkrecht, so ist der reflektierte Strahl linear polarisiert und schwingt senkrecht zur Reflexionsebene.

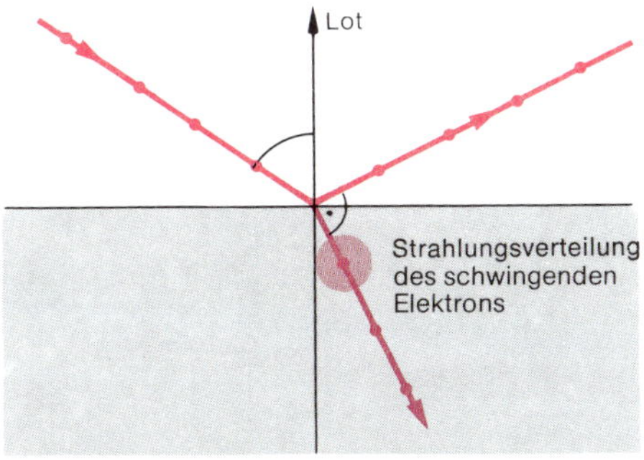

Das einfallende Licht bringt die Elektronen im Inneren des durchsichtigen Körpers zum Mitschwingen. Die von diesen Elektronen ausgesendete Strahlung setzt sich zum reflektierten Strahl zusammen. Schwingt das elektrische Feld der Lichtwelle senkrecht zur Einfallsebene, so kommt stets ein reflektierter Strahl zustande.

Zunächst müssen wir klären, welche Vorgänge bei der Reflexion und der Brechung des Lichtes an einem Isolator auftreten. Das auftreffende Licht dringt in den Körper ein und bringt die Elektronen zum Mitschwingen. Wegen des Nacheilens der Elektronen ist die Lichtgeschwindigkeit im Körper geringer als im Vakuum, wodurch sich die Lichtbrechung erklärt.

Auch der an der Oberfläche reflektierte Lichtstrahl kommt dadurch zustande, daß die schwingenden Elektronen Wellen aussenden, deren Überlage-

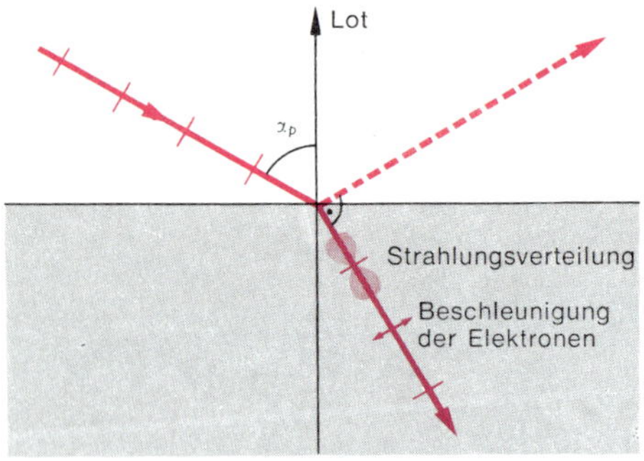

Schwingt das elektrische Feld der Lichtwelle parallel zur Einfallsebene, so wird kein Licht reflektiert, wenn der gebrochene Strahl senkrecht zum reflektierten Strahl steht, denn die schwingenden Elektronen können in dieser Richtung kein Licht aussenden.

rung den reflektierten Strahl ergibt. Die Elektronen können dabei keine Wellen in der »Antennenrichtung« abstrahlen, also in der Richtung ihrer eigenen Schwingungen.

Steht der reflektierte Strahl senkrecht auf dem gebrochenen Strahl, so wird kein Licht reflektiert, dessen elektrisches Feld parallel zur Einfallsebene schwingt. Die Richtung des reflektierten Strahles liegt ja in diesem Fall parallel zur Schwingungsrichtung der Elektronen im Körper. Es wird also nur Licht reflektiert, dessen elektrisches Feld senkrecht zur Einfallsebene schwingt. Dadurch ist das reflektierte Licht vollständig polarisiert. Ein Vergleich mit der Optik zeigt, daß wir die Schwingungsrichtung des elektrischen Feldstärkevektors dort als Schwingungsebene des Lichtes definiert haben.

> Die Schwingungsebene des Lichtes ist
> die Schwingungsebene der elektrischen Feldstärke.

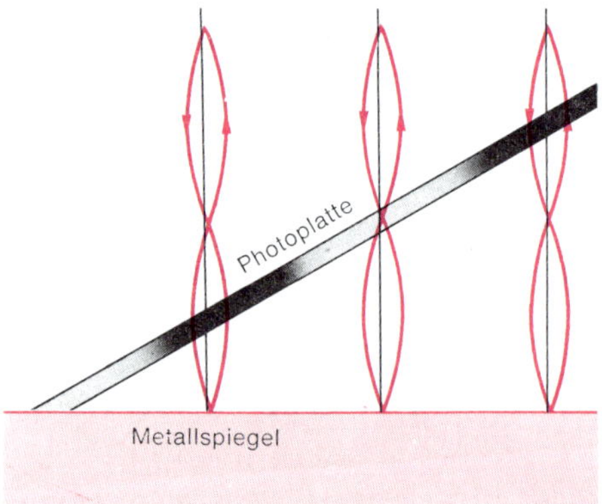

Wird eine Lichtwelle an einem Metallspiegel reflektiert, so bilden sich Schwingungsknoten und Schwingungsbäuche der elektrischen Feldstärke aus. Die Schwärzung der photographischen Schicht erfolgt nur in den Schwingungsbäuchen.

Testfragen:

1. Wie ist eine Diode aufgebaut, und wie arbeitet sie?
2. Wie ist eine Triode aufgebaut, und wie arbeitet sie?
3. Wie kann man mit einer Triode Spannungsschwankungen verstärken?
4. Wie kann man mit einer Triode Leistungsschwankungen verstärken?
5. Wie arbeitet ein Schwingkreis?
6. Welche Analogie besteht zwischen einem Schwingkreis und einem Federpendel?
7. Mit welcher Frequenz bewegen sich die Ladungen in einem Schwingkreis?
8. Wie kann man einen Schwingkreis zu ungedämpften Schwingungen anregen?
9. Welche Strom- und Spannungsverteilung tritt am offenen Schwingkreis auf?
10. Welche Analogie besteht zwischen dem offenen Schwingkreis und der Saite?
11. Welche Felder treten in der Umgebung eines offenen Schwingkreises auf?
12. Welche Welleneigenschaften lassen sich im Feld einer Dipolantenne nachweisen?
13. Wie bestimmte Heinrich Hertz die Wellenlänge der elektromagnetischen Wellen?
14. Wie bestimmte Hertz die Ausbreitungsgeschwindigkeit der elektromagnetischen Wellen?
15. Welcher Zusammenhang besteht zwischen der Wellenlänge und der Dipollänge?
16. Wie lautet das erste Maxwellsche Feldgesetz?
17. Wie lautet das zweite Maxwellsche Feldgesetz?
18. Wie läßt sich mit Hilfe der Feldgesetze die Existenz elektromagnetischer Wellen erklären?
19. Welche der im folgenden angeführten Ladungen senden elektromagnetische Wellen aus?
    a) Ruhende elektrische Ladungen,
    b) Unbeschleunigt bewegte elektrische Ladungen,
    c) Beschleunigt bewegte elektrische Ladungen.
20. Wie schwingt das elektrische Feld und wie das magnetische Feld relativ zur Ausbreitungsrichtung einer elektromagnetischen Welle?
21. Wie ist eine Röntgenröhre aufgebaut, und wie arbeitet sie?
22. Was sind Laue-Diagramme, und weshalb sind sie in der Strukturforschung so wichtig?
23. Wovon hängt die Strahlungsleistung der Temperaturstrahlung eines Körpers ab?
24. Was versteht man unter einem „Schwarzen Körper"?
25. Wie lautet das Kirchhoffsche Strahlungsgesetz?
26. Wie lautet das Stefan-Boltzmannsche Gesetz?
27. Wie lautet das Wiensche Verschiebungsgesetz?
28. Wie bestimmt man die Leuchtkraft und die Oberflächentemperatur der Sonne?
29. Wie bestimmt man die mittlere Oberflächentemperatur der Erde?
30. Wie kommt die Synchrotronstrahlung zustande?
31. Wie kommt nach der Maxwellschen Lichttheorie der Metallglanz zustande?
32. Für welche Frequenzen ist ein Isolator undurchsichtig?
33. Warum ist die Lichtgeschwindigkeit in Isolatoren kleiner als im Vakuum?
34. Wie erklärt die Maxwellsche Lichttheorie das Brewstersche Gesetz?
35. Wie hängt die Schwingungsebene des Lichtes mit den Eigenschaften der elektromagnetischen Welle zusammen?

IV. Elektrische Informationsübertragung

Bis zur Mitte des 19. Jahrhunderts wurden eilige Nachrichten zumeist von berittenen Boten überbracht. Als um 1840 die Telegraphie praktisch eingesetzt werden konnte, bedeutete sie eine Revolution auf dem Gebiet der Nachrichtenübertragung. Ihre Grundidee ist sehr einfach. Man schaltet an einem Ende eines Stromkreises den Strom ein und aus und liest diese Nachricht am anderen Ende an einem Meßgerät ab. Vor allem für das damals in Entwicklung begriffene Eisenbahnwesen war die Telegraphie von unschätzbarer Bedeutung. Damit war es möglich, Signale über das Abgehen von Zügen mit einer Geschwindigkeit zu übermitteln, welche die Fahrgeschwindigkeit des Zuges übertraf. Bereits um 1850 gab es große Telegraphennetze auf dem europäischen Kontinent und in den USA, die wenig später durch die Verlegung des ersten Seekabels verbunden wurden.

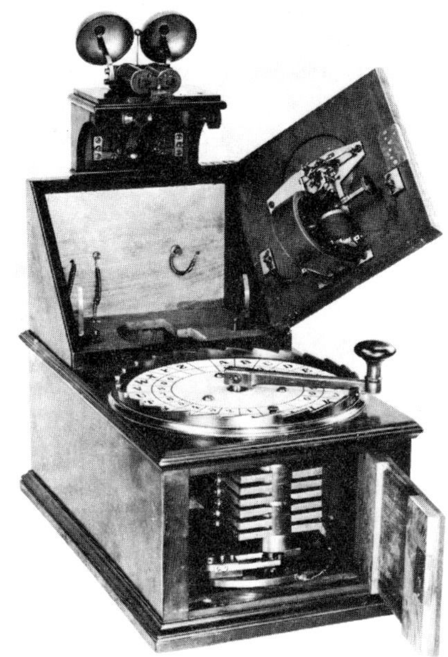

Bahntelegraph aus dem Jahre 1856.

Vor der Einführung elektrischer Telegraphen wurden Nachrichten von berittenen Boten überbracht oder mit den Signalarmen optischer Telegraphen von Station zu Station übermittelt. Zur Zeit Napoleons war Paris durch ein System derartiger Telegraphen mit ganz Europa verbunden.

Telephonapparat um 1900.

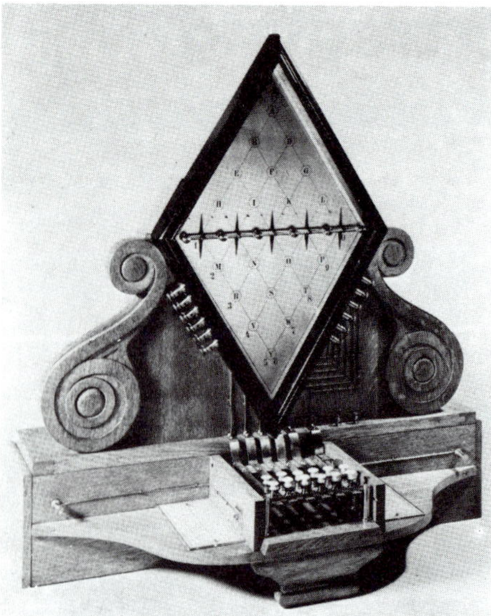

Der Nadeltelegraph von Wheatstone. An der Stellung der Nadeln kann man die einzelnen Buchstaben ablesen. Die fünf Nadeln entsprechen den fünf bit an Information, die ein Buchstabe enthält.

1. Die Telegraphie

Um Nachrichten zu übertragen, müssen sie zunächst in einfache Grundelemente zerlegt werden. In der Schrift erfolgt diese Zerlegung in Buchstaben, aus denen beliebige Nachrichten aufgebaut werden können. In der Nachrichtentechnik müssen wir eine »Schrift« verwenden, die sich zur Übertragung durch elektrische Ströme oder durch elektromagnetische Wellen eignet.

Dazu wird jede Nachricht in ihre Informationselemente zerlegt. Das Grundelement der Information, das Bit, haben wir bereits in der Wärmelehre kennengelernt. Es entspricht der Antwort auf die Frage: Ja oder nein?, Null oder eins?, Oben oder unten? und kann durch Einschalten und Ausschalten eines Stromes dargestellt werden.

Zur Nachrichtenübertragung müssen die Buchstaben des Alphabetes und einige andere Symbole übermittelt werden, insgesamt rund 32 verschiedene Zeichen. Jedes dieser Zeichen enthält 5 bit an Information, denn es kann durch eine fünfstellige Binärzahl dargestellt werden:

Buchstabe	A	B	C	...	Z
Binärzahl	00001	00010	00011	...	11010 .

(Jeder Ziffer entspricht 1 bit an Information.)

Jeder Buchstabe enthält 5 bit an Information.

e	·	t	–
i	· ·	m	– –
s	· · ·	o	– – –
h	· · · ·	ch	– – – –
u	· · –	g	– – ·
ü	· · – –	z	– – · ·
c	– · – ·	ä	· – · –
x	– · · –	p	· – – ·
k	– · –	r	· – ·
a	· –	n	– ·
w	· – –	d	– · ·
j	· – – –	b	– · · ·
ö	– – – ·	v	· · · –
f	· · – ·	q	– – · –
y	– · – –	l	· – · ·

Samuel Morse erfand um 1840 das Morsealphabet, das bis zur Erfindung des Telephones die Welt der Nachrichtenübertragung beherrschte.

Die Nachricht kann nun durch entsprechendes Ein- und Ausschalten des Stromes übermittelt werden. Falls der Telegraphist etwa 1/20 Sekunde für einen Schaltvorgang benötigt, können ungefähr 20 bit pro Sekunde übertragen werden, also 4 Buchstaben pro Sekunde. Der Informationsfluß ist also relativ gering.

Mit einem Telegraphen können etwa 20 bit/s an Information übertragen werden.

Um den Informationsfluß zu steigern, ist es notwendig, die Frequenz der Schaltvorgänge stark zu erhöhen. Dies war eine der Hauptaufgaben in der Geschichte der Nachrichtentechnik, die deshalb mit der Entwicklung der *Hochfrequenztechnik* eng verbunden ist. Erst die *Elektronik* ermöglichte den Bau von Schaltern, bei denen zur Steuerung des Stromes nicht große träge Massen bewegt werden müssen. Sie bildet daher die Grundlage unseres modernen Nachrichtenwesens.

Die großen Kabeldampfer »Great Eastern« und »Faraday« verlegten ab 1866 zahlreiche Transatlantikkabel für die überseeische Telegraphie. Das Interesse an den neuen Kommunikationsmöglichkeiten war so groß, daß der Konkurrenzkampf zwischen den amerikanischen und den europäischen Telegraphengesellschaften sogar zu Gewaltakten führte.

2. Das Telephon

Eine wesentliche Verbesserung auf dem Gebiet der Nachrichtenübertragung stellt das Telephon dar, das um 1880 in Amerika eingeführt wurde. Schallschwingungen müssen zunächst durch das Mikrophon in elektrische Ströme umgewandelt werden. Im Tauchspulenmikrophon setzt die Schallschwingung eine Membran in Bewegung, an der eine Spule befestigt ist. Bewegt sich die Spule im Feld eines Permanentmagneten, so werden Wechselströme induziert, welche die Frequenz der auftreffenden Schallschwingungen haben. Diese Wechselströme werden durch Telephonleitungen übertragen und einem Lautsprecher zugeführt. Der elektrodynamische Lautsprecher ist in gleicher Weise aufgebaut wie das Tauchspulenmikrophon. Fließt Wechselstrom durch die Spule, so werden Kräfte auf die Spule ausgeübt, und die Membran des Lautsprechers beginnt zu schwingen. Dadurch werden Schallwellen abgestrahlt.

Allerdings reicht die geringe Stromstärke des Mikrophons nicht aus, um einen Lautsprecher zu betreiben. Die Ströme müssen daher verstärkt werden. Die Grundlagen der Verstärkertechnik haben wir bereits kennengelernt.

Welche Information kann mit Hilfe eines Telephons übertragen werden? Die höchste Frequenz, die ein Telephonapparat überträgt, liegt bei etwa $f \approx 4\,000$ Hz. Da jede Schwingung aus zwei Halbschwingungen besteht, die entgegengesetzte Richtung haben, wird der Strom gewissermaßen in jeder Sekunde 8 000 mal eingeschaltet. Mit dem Telephon können daher maximal 8 000 bit/s übertragen werden. Vom Standpunkt der Informationsübertragung ist das Telephon also dem Telegraphen weit überlegen.

Mit einem Telephon können etwa 8 000 bit/s an Information übertragen werden.

Bei der Verbindung von Computern durch Telephonleitungen reicht die Übertragungskapazität der Telephonleitungen dennoch oft nicht aus, um die von den Computern gelieferten Datenmengen zu bewältigen!

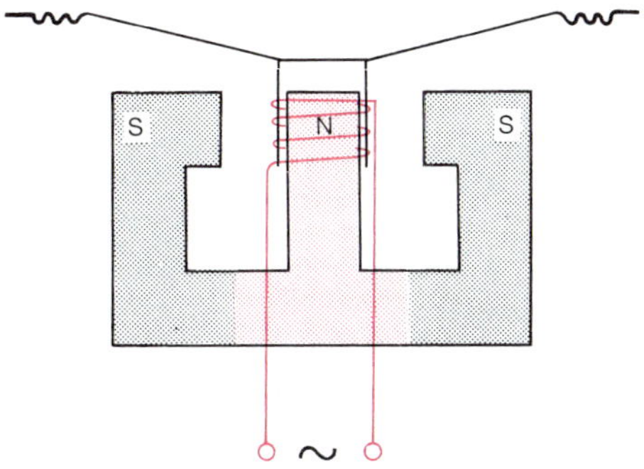

Mikrophon und Lautsprecher eines modernen Telephons sind gleich aufgebaut. Beim Mikrophon wird die Spule durch die auftreffenden Luftschwingungen im Feld des Magneten bewegt, und ein Induktionsstrom beginnt im Takt der Schallschwingungen zu fließen. Wird dieser Wechselstrom dem Lautsprecher zugeführt, so schwingt dort die Spule und damit auch die Membran infolge der auftretenden Lorentzkraft mit. Das Mikrophon ist ein Generator, der Lautsprecher ein Motor.

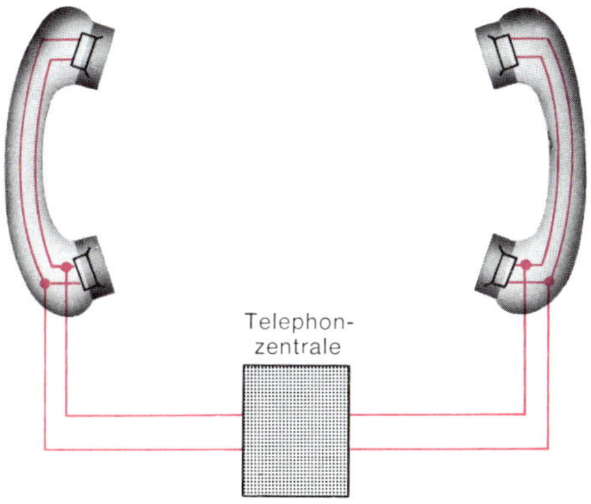

Die Telephone sind über eine Zentrale verbunden. Dort werden die Verbindungen der Teilnehmer hergestellt und die Signale verstärkt.

Eine Telephonzentrale um 1900. Zahlreiche »Fräuleins vom Amt« mußten die notwendigen Verbindungen mit langen Kabeln herstellen, wobei es öfter »falsch verbunden« hieß. Heute sorgen vollautomatische Telephonzentralen für weltweite Telephonverbindungen.

Guglielmo Marconi (1874–1937) konnte bereits 1896 elektromagnetische Wellen auf eine Entfernung von einigen Kilometern übertragen und schuf damit die Grundlagen des modernen Nachrichtenwesens. Sein Empfänger bestand aus einer mit Metallpulver gefüllten Röhre. Ihr Widerstand änderte sich beim Auftreffen elektromagnetischer Wellen.

3. Der Rundfunk

Die drahtlose Übermittlung von Information wurde schließlich durch die Entdeckung der elektromagnetischen Wellen ermöglicht. Kurz nach den grundlegenden Experimenten von Heinrich Hertz patentierte Guglielmo Marconi den ersten drahtlosen Telegraphen, mit dem es ihm 1895 gelang, Signale über eine Entfernung von 1,6 km zu übermitteln. Die weitere Entwicklung der neuen Technik verlief sehr rasch. Schon 1901 sendete Marconi Radiosignale von England nach Amerika, und fünf Jahre später fanden die ersten Rundfunksendungen in den Vereinigten Staaten statt. 1920 begann dort die erste Rundfunkstation ein regelmäßiges Programm auszustrahlen.

Für Rundfunkzwecke verwendet man üblicherweise elektromagnetische Wellen mit einer Frequenz, die im Bereich zwischen 10^5 Hz und 10^8 Hz liegt. Ein Hochfrequenzgenerator erzeugt diese Schwingungen, die dann einer auf Resonanz abgestimmten Sendeantenne zugeführt werden und dort die Elektronen in beschleunigte Bewegung versetzen. Der Sender strahlt dann elektromagnetische Wellen der Wellenlänge $\lambda = c/f$ ab.

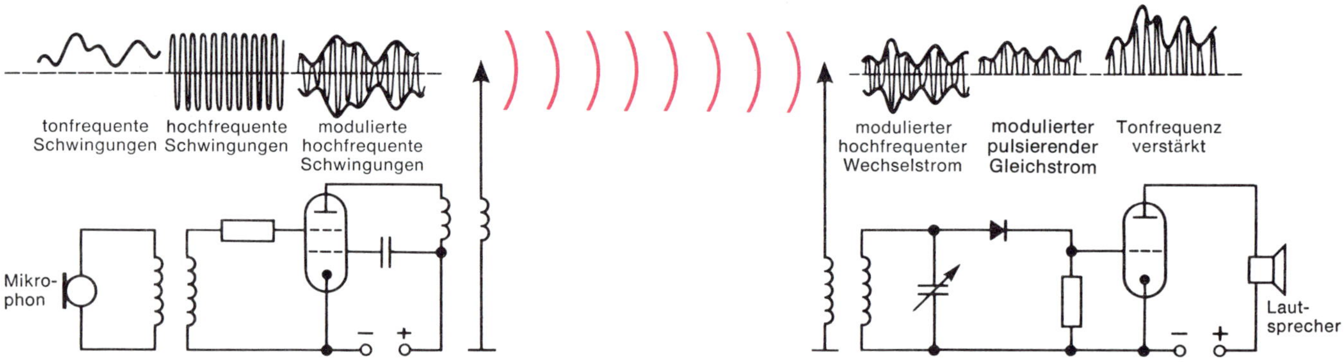

Radiosender und Empfänger. Die Signale des Mikrophonkreises werden einem Gitter der Senderöhre zugeführt. Dadurch wird die hochfrequente Schwingung des Schwingkreises moduliert. Im Empfänger wählt ein abstimmbarer Schwingkreis zunächst die gewünschte Sendung aus. Das Signal wird gleichgerichtet und verstärkt dem Lautsprecher zugeführt.

Zur Übertragung von Information mit einem Rundfunksender ist es notwendig, die gleichmäßige, hochfrequente Schwingung zu beeinflußen, die der Sender abstrahlt. Dabei kann man entweder die Amplitude der Welle verändern (Amplitudenmodulation = AM), oder die Frequenz des Senders regeln (Frequenzmodulation = FM). Wir wollen hier das erste Verfahren besprechen, das im Lang-, Mittel- und Kurzwellenbereich gebräuchlich ist.

Ein Schwingkreis erzeugt die hochfrequente Trägerwelle des Senders, deren Amplitude und Frequenz konstant gehalten wird. Diese Welle wird dem Gitter einer Zweigitterröhre zugeführt, wodurch der Anodenstrom im Rhythmus der Hochfrequenzschwingungen gesteuert wird. Außerdem werden Schallwellen durch ein Mikrophon in Wechselspannungen umgewandelt und dem zweiten Gitter der Röhre zugeleitet. Dadurch verändert sich die Amplitude der Hochfrequenzschwingungen im Rhythmus der Tonsignale. Diese »amplitudenmodulierte Schwingung« wird nach entsprechender Verstärkung der Sendeantenne zugeführt und ausgestrahlt.

In der Antenne des Empfängers bringt die einfallende elektromagnetische Welle Ladungen zum Schwingen, wobei die Programme vieler Rundfunksender zu diesen Schwingungen beitragen. Erst ein Schwingkreis wählt aus dem Gemisch die Hochfrequenzschwingung der gewünschten Sendung aus. Dazu wird die Frequenz des Schwingkreises mit Hilfe einer einstellbaren Kapazität geeignet festgelegt. Das Signal wird anschließend gleichgerichtet, verstärkt und einem Lautsprecher zugeführt.

Der erste Röhrensender für elektromagnetische Wellen wurde von Alexander Meissner (1883–1958) im Jahre 1913 entwickelt.

Ist die Sendeantenne lotrecht ausgerichtet, wie dies bei Lang-, Mittel- und Kurzwellen der Fall ist, so muß auch die entsprechende Empfangsantenne lotrecht stehen, damit die Elektronen durch die elektrische Feldstärke des Strahlungsfeldes in Schwingungen versetzt werden können. Beim Fernseh- und UKW-Empfang sind dagegen waagrecht liegende $\lambda/2$-Dipole gebräuchlich, sodaß auch die Empfangsantennen entsprechend auszurichten sind.

Die Ausbreitungseigenschaften der Radiowellen in der Erdatmosphäre werden stark von der Ionosphäre beeinflußt. Die Ladungen in dieser elektrisch leitenden Luftschicht, die sich in über 100 km Höhe befindet, können nämlich durch elektromagnetische Wellen geeigneter Frequenz zum Mitschwingen gebracht werden. Dadurch wird die Welle absorbiert oder bei sehr flachem Auftreffen auf die Ionosphäre wieder zur Erde reflektiert. So kann es geschehen, daß ein benachbarter Sender schlechter zu hören ist, als einer in über 100 km Entfernung.

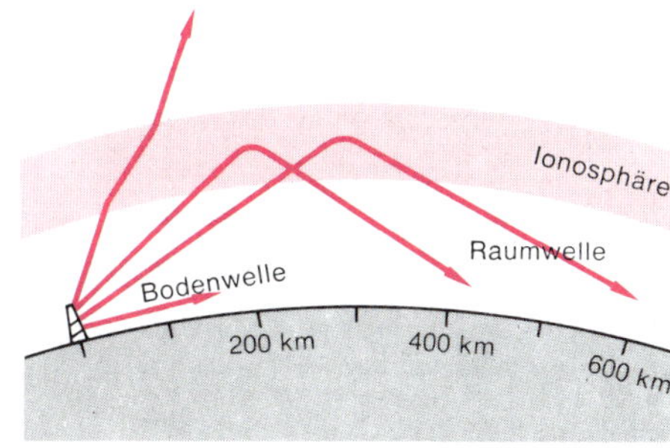

Die Ausbreitung von Radiowellen wird durch die elektrischen Eigenschaften des Erdbodens und der Luft beeinflußt. Mittels der an der Ionosphäre reflektierten Raumwelle kann der Sender noch in großer Entfernung empfangen werden.

Wir betrachten den Rundfunk abschließend vom Standpunkt der Informationsübertragung. Die hochfrequente Trägerschwingung wird durch die niederfrequente Schallschwingung »moduliert«. Dabei wird die Amplitude des Trägersignals $U_h = U_0 \sin \omega_0 t$ durch die niederfrequente Spannung $U_n = U_1 \sin \omega_1 t$ des Mikrophonkreises folgendermaßen überlagert:

$$U = (U_0 + U_1 \sin \omega_1 t) \sin \omega_0 t.$$

Diese modulierte Schwingung können wir auch so schreiben:

$$U = U_0 \sin \omega_0 t + U_1 \sin \omega_1 t \sin \omega_0 t =$$

$$= U_0 \sin \omega_0 t + \frac{U_1}{2} [\cos(\omega_0 - \omega_1) t - \cos(\omega_0 + \omega_1) t].$$

Das gesamte Signal, das von der Senderantenne ausgestrahlt wird, hat daher einen Anteil, der die Trägerfrequenz $f_0 = \omega_0/2\pi$ aufweist. Daneben gibt es aber auch noch »Seitenbänder«, deren Frequenzen durch $f_0 \pm f_1$ gegeben sind. Dabei ist $f_1 = \omega_1/2\pi$ die Frequenz des zu übertragenden Signals. Soll der Sender Tonfrequenzen bis zu einer Höchstfrequenz f_m ausstrahlen, so weist das Sendesignal keine einheitliche Frequenz mehr auf, sondern erfüllt ein »Frequenzband«, dessen Breite durch

$$f_0 - f_m \leq f \leq f_0 + f_m$$

gegeben ist. Um dieses Frequenzband nicht zu breit zu machen, übertragen Mittelwellensender nur Frequenzen bis zu $f_m = 4\,500$ Hz. Alle hohen Töne müssen also bei einer Mittelwellenübertragung entfallen. Hochwertige Musikübertragungen erfordern aber Frequenzen bis zu 20 000 Hz und sind daher mit Mittelwellensendern nicht möglich.

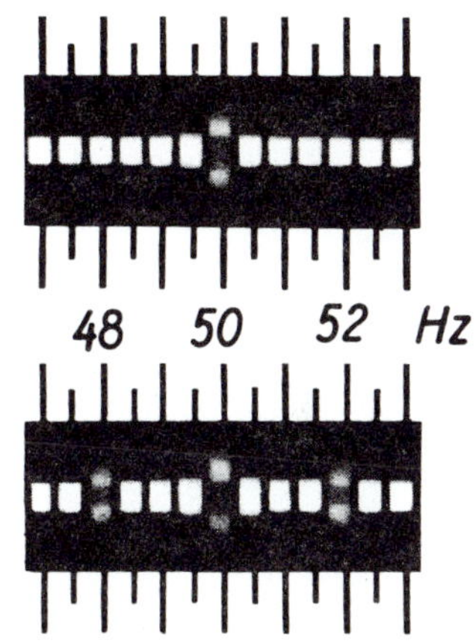

Moduliert man einen Wechselstrom, der eine Frequenz von 50 Hz aufweist, mit einer Niederfrequenz von 2 Hz, so treten Seitenbänder auf. Die Bandbreite beträgt 4 Hz. Sie wird von einem Zungenfrequenzmesser angezeigt.

Der Grund für die Einschränkung der Bandbreite ist die beschränkte Möglichkeit der Informationsübertragung im Mittelwellenbereich (500 kHz $\leq f_0 \leq$ 1 500 kHz). Nur bei Beschränkung der Bandbreite eines Mittelwellensenders auf 2 mal 4 500 Hz, d. h. 9 kHz, können im Mittelwellenbereich etwa 120 Sender untergebracht werden. Da Empfänger für diesen Bereich am einfachsten und billigsten zu bauen sind und die entsprechenden Sender große Reichweiten aufweisen, sind schwierige Verhandlungen über die Zuweisung von Frequenzbereichen an einzelne Länder erforderlich.

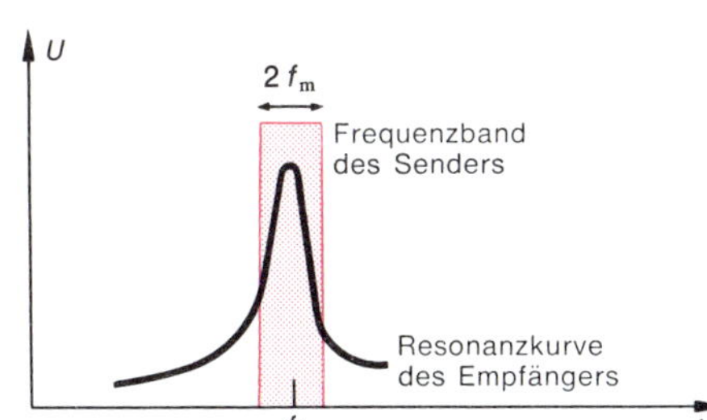

Die Resonanzkurve des Empfängers muß der Bandbreite des Senders angepaßt sein. Ist die Bandbreite zu klein, so werden hohe Frequenzen unterdrückt und der Ton klingt dumpf. Bei zu großer Bandbreite werden benachbarte Sender mit empfangen.

> Mit einem Mittelwellen-Radiosender können etwa 9 000 bit/s an Information übertragen werden.

Im UKW-Bereich ist die Einschränkung der Bandbreite nicht erforderlich, da schon zwischen 90 MHz und 100 MHz ein Frequenzbereich von

$$10 \text{ MHz} = 10\,000 \text{ kHz} = 250 \times 40 \text{ kHz}$$

zur Verfügung steht, in dem 250 UKW-Sender mit je 40 kHz Bandbreite untergebracht werden können.

Wir besprechen abschließend zwei besondere Anwendungen hochfrequenter elektromagnetischer Wellen.

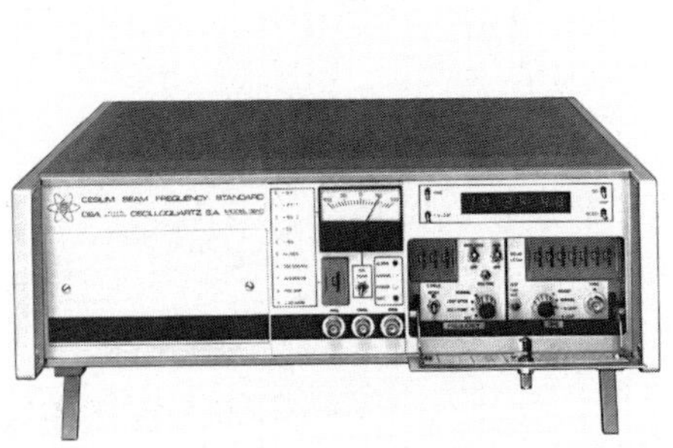

Atomuhren werden heute für zahlreiche technische Anwendungen benötigt. Sie können leicht transportiert werden, da sie gegen Erschütterungen unempfindlich sind. Lediglich starke Magnetfelder, wie sie z. B. in der Nähe von Überlandleitungen auftreten, stören den Gang.

1. Anwendung: Die Atomuhr

Atomuhren werden seit dem Jahre 1956 industriell für Anwendungen in Elektrizitätswerken, Rundfunkstationen und Laboratorien hergestellt. Sie gestatten es, die Definition der Sekunde praktisch zu realisieren.

In jeder Uhr sorgt ein schwingungsfähiges System (Pendel, Unruh usw.) für die Einteilung der Zeit in kleine, regelmäßige Abstände. In Atomuhren verwendet man dazu Atome. Sie werden durch elektromagnetische Wellen zu Schwingungen angeregt, die nur dann von merklicher Stärke sind, wenn die Erregerfrequenz mit einer Eigenfrequenz des Atoms übereinstimmt.

Diesen Effekt benützt man zur Konstruktion von Atomuhren. Man richtet einen Radiosender auf einen Behälter mit Cäsiumatomen. Beträgt die Sendefrequenz genau 9 192 631 770 Hz, so werden die Atome zu Schwingungen angeregt. Das Radiosignal kann nicht durch das Cäsiumgas hindurchtreten, da es seine Energie an die Atome abgibt. Bei einer geringfügigen Änderung der Sendefrequenz schwingen die Atome nicht mit, und das Radiosignal erreicht einen Empfänger, der hinter dem Gasbehälter angebracht ist. Die Sendefrequenz wird dann sofort korrigiert und dadurch sichergestellt, daß stets die korrekte Frequenz 9 192 631 770 Hz eingehalten wird. Die Ladungsschwingungen im Sender können nun als Uhr dienen.

Um die Genauigkeit zu ermitteln, stellt man einige Atomuhren nebeneinander. Nach einem Jahr weisen die heute gebräuchlichen Uhren höchstens Abweichungen von 0,6 µs voneinander auf. Diese Genauigkeit ist so groß, daß sich die gesetzliche Sekundendefinition seit 1967 auf Atomuhren stützt.

Im Alltag richtet man sich allerdings nicht nach der internationalen Atomzeit »TAI«, die mit Atomuhren bestimmt wird, sondern nach der »Universal Coordinated Time UTC«, die durch die Erddrehung festgelegt wird. Weil sich die Erde nicht ganz regelmäßig dreht, weichen die beiden Zeitskalen voneinander ab. Der Unterschied beträgt derzeit 14 s. Bei Bedarf werden weitere »Schaltsekunden« eingeführt, um die auf Atomuhren beruhende Sekundendefinition an die Unregelmäßigkeiten der Erddrehung anzugleichen. Die UTC-Uhren stehen dann eine Sekunde lang still.

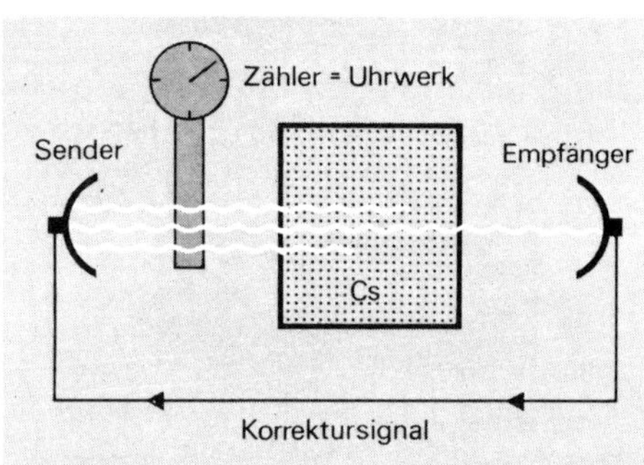

Das Herz jeder Atomuhr ist ein Behälter mit Caesiumgas, auf den ein Radiosender gerichtet ist. Ist die Sendefrequenz korrekt eingestellt, so wird die Radiowelle vom Caesiumgas absorbiert. Weicht der Sender dagegen von der vorgesehenen Frequenz ab, so durchdringt die Welle das Gas und trifft beim Empfänger ein. Daraufhin erfolgt eine Korrektur der Sendefrequenz.

Die Uhren der physikalisch-technischen Bundesanstalt in Braunschweig zeigen sowohl die mitteleuropäische Zeit als auch die Atomzeit an. Der Unterschied von einer Stunde ist durch eine Zeitzone bedingt. Die weitere Differenz von 14 s rührt von der Verlangsamung der Erddrehung her.

2. Anwendung: Das Radar

Radar ist eine Abkürzung für »Radio Detecting and Ranging«. Es dient zur Bestimmung der Entfernung, Richtung und Geschwindigkeit elektrisch leitender Objekte.

Zentimeterwellen werden von einem kleinen Sender emittiert und durch einen parabolischen Metallspiegel zu einem Strahl gebündelt. Der Sender strahlt etwa 0,01 s lang und setzt dann kurz aus. Die ausgesendeten Wellen werden an einem Flugzeug, Auto oder einem anderen leitenden Objekt reflektiert. Die Laufzeit bis zur Rückkehr des Signals wird gemessen, und daraus die Entfernung des Objektes berechnet.

Erfolgt die Reflexion des Radarsignals an einem bewegten Körper, so tritt ein Doppler-Effekt auf. Bewegt sich der Körper auf den Sender zu, so werden die ausgesendeten Wellen wegen der stetig abnehmenden Entfernung in rascherer Reihenfolge reflektiert, als sie ausgesendet werden. Die Frequenzen des reflektierten und des Sendesignals stimmen nicht überein. Es kommt zu Schwebungen, aus denen die Geschwindigkeit des Körpers in Richtung auf den Sender bestimmt werden kann.

Die Laufzeitmessung elektromagnetischer Wellen wird heute in vielen Bereichen zur Entfernungs- und Geschwindigkeitsmessung eingesetzt. Radargeräte dienen zur Überwachung des Flugverkehrs und zur Kontrolle von Geschwindigkeitsbegrenzungen auf der Straße, aber auch zur Messung der Entfernung von Planeten.

Beim Einsatz des Radars in der *Flugsicherung* und für militärische Zwecke ist neben der Entfernungsmessung die Richtungsbestimmung entscheidend. Hierfür muß die Wellenlänge des Radarstrahles viel kleiner als der Antennendurchmesser sein. Andernfalls würde der Strahl durch Beugungserscheinungen aufgefächert, und man könnte nicht entscheiden, in welcher Richtung das Objekt liegt, das den Strahl reflektierte.

Um die nötigen hochfrequenten Wellen mit hinreichender Energie zu erzeugen, war die Entwicklung eines neuen Sendegerätes, des *Magnetrons,* erforderlich. Es wurde im Jahre 1939 in England erfunden. Sein Einsatz war für die Abwehr der deutschen Luftangriffe entscheidend.

Die Flugleitzentrale eines großen Flugplatzes muß täglich mehr als 600 Starts und Landungen überwachen.

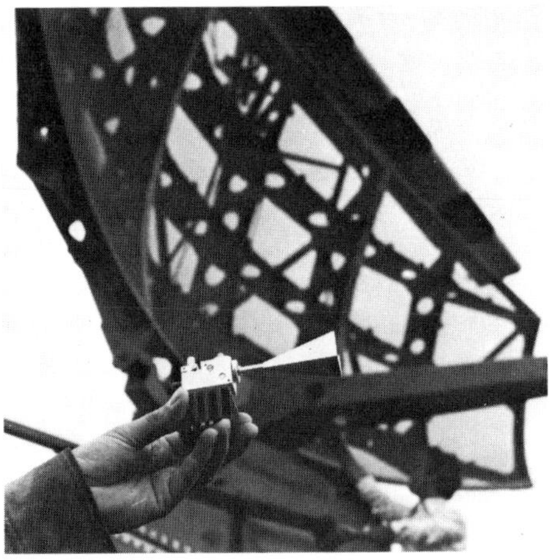

Je kürzer die Wellenlänge der Radargeräte ist, desto schärfer läßt sich die Strahlung schon mit kleinen Sendern bündeln. Das Bild zeigt den Größenvergleich einer Flughafen-Radarantenne, die mit einer Frequenz von 1,3 GHz arbeitet, mit einer 86-GHz-Antenne, die zur Kontrolle von Bewegungsvorgängen bei einer Walzstraße verwendet wird.

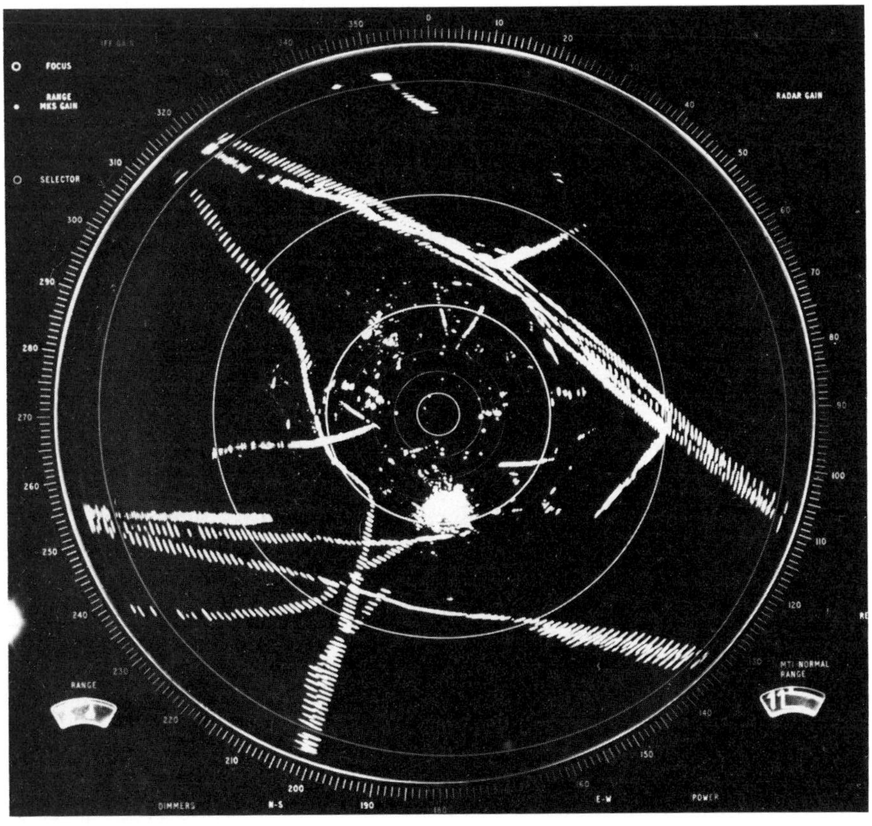

Radaranlagen dienen zur Kontrolle des Luftverkehrs. Der auf dem Bildschirm dargestellte Bereich hat einen Radius von 140 km. Weil sich die Antenne 5mal pro Minute dreht, erscheinen die Bahnen der Flugzeuge zerhackt. Aus dem Abstand der Striche kann man die Geschwindigkeit des Flugzeuges bestimmen.

4. Das Fernsehen

Das Fernsehen stellt die größten Ansprüche an die zu übertragende Informationsmenge. Es ist daher die vorläufig letzte Stufe der Entwicklung elektrischer Nachrichtentechnik. Wichtigstes Bauelement in den Geräten zur Aufnahme und Wiedergabe von Fernsehbildern ist die Braunsche Röhre, die wir einleitend besprechen.

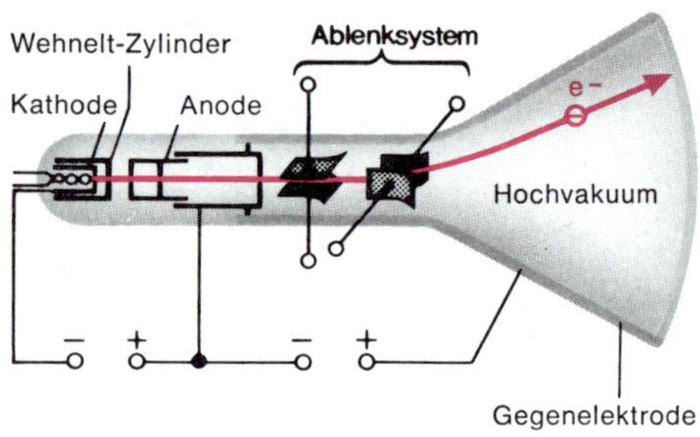

Grundbaustein des Fernsehempfängers ist die Braunsche Röhre. Die von der Glühkathode ausgehenden Elektronen werden durch die Hochspannung von rund 20 000 V beschleunigt, die an der Anode liegt. Zwischen Anode und Kathode liegt der Wehnelt-Zylinder. Seine Funktion entspricht dem Gitter bei der Triode.

a) Die Braunsche Röhre

Die Braunsche Röhre dient zur Erzeugung eines steuerbaren Elektronenstrahls, der auf einem Bildschirm einen Lichtpunkt hervorrufen kann. In einer luftleeren Glasröhre befindet sich eine geheizte Kathode, die Elektronen aussendet. Durch eine positiv geladene ringförmige Anode werden die Elektronen auf große Geschwindigkeit beschleunigt und prallen auf einen Leuchtschirm. Zur Regelung der Intensität dieses Leuchtpunktes ist die Kathode von einem *Wehnelt-Zylinder* umgeben. Durch ein kleines Loch an seiner Stirnfläche kann ein feiner Elektronenstrahl austreten. Seine Intensität wird durch Anlegen einer Steuerspannung an den Wehnelt-Zylinder geregelt. Ist diese Spannung negativ, so treten nur wenige Elektronen aus, und der Bildpunkt am Leuchtschirm erlischt.

Um den Elektronenstrahl an eine beliebige Stelle des Bildschirmes zu lenken, sind zwei Paare von Ablenkplatten erforderlich. Legt man beispielsweise an die horizontalen Platten eine Spannung, so lädt sich eine der Platten positiv, die andere negativ auf. Der Elektronenstrahl wird in Richtung der positiven Platte abgelenkt, wodurch sich der Bildpunkt am Schirm entsprechend verschiebt.

Legt man eine Kippschwingung an das horizontale Paar der Ablenkplatten, so überstreicht der Elektronenstrahl den Bildschirm immer wieder von links nach rechts. Steigert man dabei allmählich die Spannung an den vertikalen Ablenkplatten, so überstreicht der Strahl den gesamten Bildschirm.

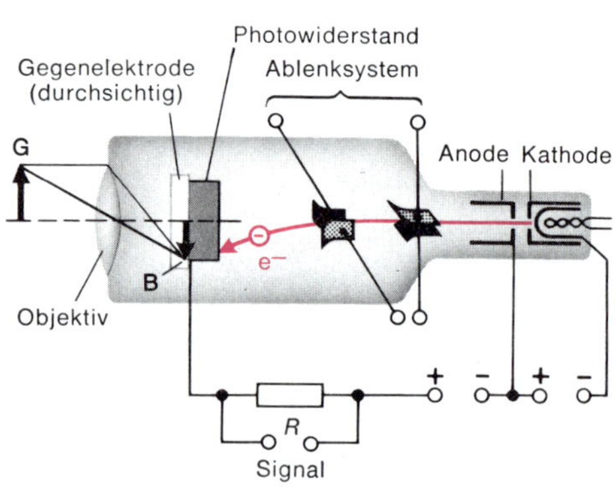

Der Aufbau des Vidikons.
Bei dieser Braunschen Röhre ist der Bildschirm durch das Objektiv einer Kamera ersetzt. Fällt Licht auf den Photowiderstand, so wird er elektrisch leitend. Die Elektronen können dann an diesen Stellen zur Gegenelektrode gelangen und fließen durch den Widerstand R ab. Dabei entsteht am Widerstand eine Spannung, die zur Modulation des Fernsehsenders dient.

b) Die Fernsehkamera und der Fernsehempfänger

In der Fernsehkamera werden Bilder in Spannungsschwankungen umgesetzt. Beim Vidikon verwendet man dazu eine Braunsche Röhre, deren Bildschirm durch ein Objektiv ersetzt ist. Der Gegenstand wird auf eine durchsichtige, elektrisch leitende Elektrode abgebildet. Auf die Rückseite der Elektrode ist ein »Photowiderstand« aufgedampft, der an belichteten Stellen elektrisch leitend wird. Tastet man den Photowiderstand mit einem Elektronenstrahl ab, so können die Elektronen nur an den leitenden Stellen zur Elektrode fließen. Je heller der abgetastete Bildpunkt ist, desto größer ist die Stromstärke an der Elektrode. Nach geeigneter Verstärkung kann dieses Signal zur Steuerung eines Fernsehsenders dienen.

Im Fernsehempfänger wird das elektrische Signal wieder in ein Bild umgesetzt. Ein Elektronenstrahl durchläuft 25mal pro Sekunde die gesamte Oberfläche des Bildschirmes. Infolge der Trägheit des Auges erscheint der gesamte Bildschirm hell, obwohl in jedem Moment nur eine einzige Stelle tatsächlich aufleuchtet.

Um ein Bild zu erzeugen, verändert man die Spannung am Wehnelt-Zylinder, während der Elektronenstrahl den Bildschirm überstreicht. Dadurch ändert sich die Intensität des Strahles, sodaß helle und dunkle Bildstellen entstehen.

Jedes Fernsehbild besteht aus 500 000 Bildpunkten, die in 625 Zeilen zu 800 Punkten angeordnet sind. Da jeder dieser Punkte hell oder dunkel sein kann (wenn wir von Zwischentönen absehen), entspricht jedem Bildpunkt ein bit an Information.

Ein Fernsehbild enthält 500 000 bit Information.

Diese Information wird durch Modulation der Schwingungen eines Hochfrequenzsenders übertragen. Volle Amplitude der Senderschwingung bedeutet einen weißen Bildpunkt, während eine Reduktion der Amplitude auf 30% einen schwarzen Bildpunkt signalisiert. Unterbrechungen des Sendesignals geben den Beginn eines neuen Bildes an.

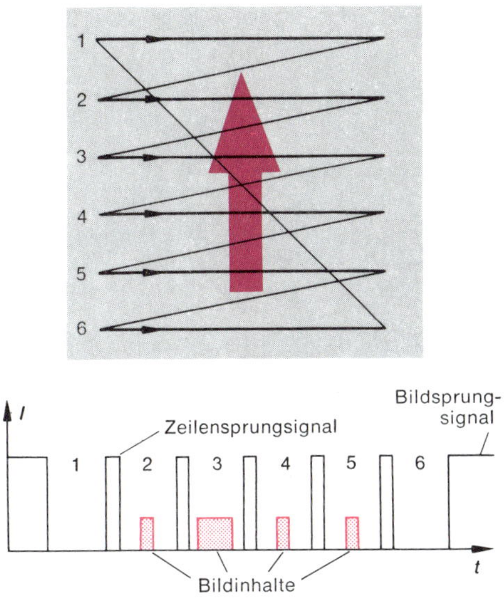

Die Abtastung des Fernsehbildes erfolgt Zeile für Zeile.

c) Informationsgehalt und Wellenlänge

Vergleichen wir den Informationsgehalt eines Fernsehbildes, 500 000 bit, mit einem geschriebenen Text! Weil ein Buchstabe 5 bit an Information enthält, entspricht ein Fernsehbild ungefähr 100 000 Buchstaben, also etwa 20 000 Wörtern. Hier bewahrheitet sich das Sprichwort »Ein Bild sagt mehr als 1 000 Worte«.

Pro Sekunde müssen 25 Bilder übertragen werden, der Informationsfluß beträgt also

$$25 \cdot 500\,000 \text{ bit/s} = 1{,}25 \cdot 10^7 \text{ bit/s}.$$

Da die Übertragung eines bit zumindest eine halbe Schwingung erfordert, benötigt man eine Modulationsfrequenz von

$$\frac{1}{2} \cdot 1{,}25 \cdot 10^7 \text{ Schwingungen/Sekunde} \simeq 6 \text{ MHz}.$$

Die Frequenz der Trägerschwingung, die durch das Signal moduliert werden soll, muß zumindest das zehnfache, 60 MHz, betragen. Die entsprechende Wellenlänge errechnet sich daher zu

$$\lambda = \frac{c}{f} = \frac{3 \cdot 10^8 \text{ m/s}}{60 \cdot 10^6 \text{ Hz}} = 5 \text{ m}.$$

Wir kommen also zu folgendem Ergebnis:

Der hohe Informationsgehalt von Fernsehbildern läßt die Übertragung von Fernsehsendungen nur im UKW-Bereich zu.

In einem Nachrichtenstudio des Fernsehens arbeiten rund 50 Personen bei der Produktion der täglichen Nachrichtensendungen mit.

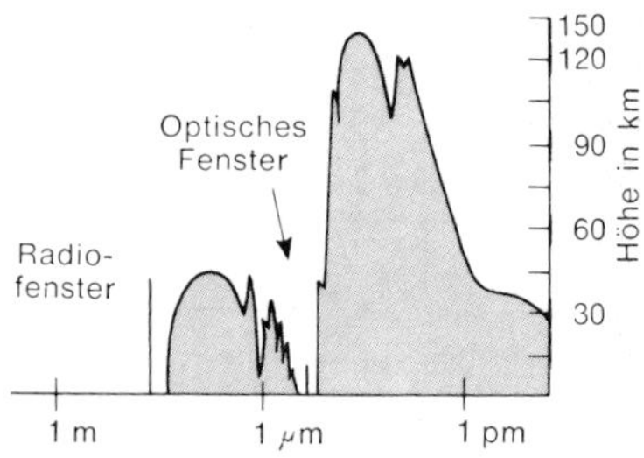

Die Durchlässigkeit der Erdatmosphäre für elektromagnetische Strahlung hängt von der Wellenlänge ab. Das Diagramm gibt an, in welcher Höhe einfallende Strahlung von der Erdatmosphäre zur Hälfte absorbiert wird.

5. Radioastronomie

Im Jahre 1928 wurde der amerikanische Techniker Karl Janski von der »Bell Telephone Company« beauftragt, die Quelle von Störsignalen zu finden, die den drahtlosen Telephonverkehr beeinflussen. Nach dreijähriger Arbeit konnte Janski zeigen, daß nicht nur irdische Quellen, sondern auch astronomische Objekte Radiowellen aussenden und dadurch den Telephonverkehr stören. Das war die Geburtsstunde der Radioastronomie.

Die Bedeutung der Radioastronomie können wir am besten erkennen, wenn wir die Durchlässigkeit der Erdatmosphäre für elektromagnetische Wellen verschiedener Wellenlänge betrachten. Wie die Abbildung zeigt, umfaßt das »optische Fenster« nur einen schmalen Wellenlängenbereich. Dagegen können Radiowellen von einigen Zentimetern bis zu 30 m Wellenlänge die Erdatmosphäre durchdringen. In diesem Bereich ist der Empfang außerirdischer Signale möglich. Bei größeren Wellenlängen beginnt die Ionosphäre mitzuschwingen, während Radiowellen unterhalb von einigen Zentimetern Wellenlänge vom Wasserdampf der Erdatmosphäre absorbiert werden.

Die Abbildung zeigt auch deutlich die Bereiche der Röntgen-Astronomie, der Ultraviolett- und der Infrarot-Astronomie. In diesen Bereichen sind astronomische Beobachtungen nur mit Hilfe von Ballonen, Raketen oder Satelliten möglich. Hier ist die Weltraumfahrt von entscheidender wissenschaftlicher Bedeutung.

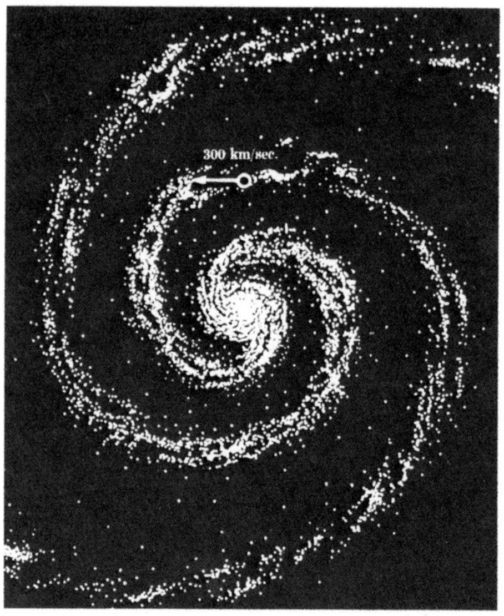

Die Rotation der Milchstraße. Der kleine Kreis gibt den Ort der Sonne an. Die Sonne bewegt sich in ca. 200 Millionen Jahren einmal rund um das Zentrum der Milchstraße.

In der Folge erwies sich die Milchstraße als intensive Radioquelle, in deren Spektrum man auch eine Spektrallinie des Wasserstoffs nachweisen konnte, deren Wellenlänge 21 cm beträgt. Die Doppler-Verschiebung dieser Linie erlaubt es, die Bewegung der Gasmassen innerhalb der Milchstraße zu ermitteln. Die Messungen zeigen, daß die Milchstraße um ihr Zentrum rotiert, wobei die Sonne und ihre Umgebung für einen Umlauf 200 Millionen Jahre benötigt.

Aber auch die Sonne erwies sich als Radioquelle. Synchrotronstrahlung von Elektronen, die im Magnetfeld der Sonne kreisen, ist die Ursache dieser Radiowellen.

Bei der Erforschung von Radioquellen außerhalb der Milchstraße ist die Richtungsbestimmung von grundlegender Bedeutung. Nur wenn die Richtung, aus der die Strahlung empfangen wird, mit hoher Genauigkeit bekannt ist, kann man z. B. den Durchmesser einer Radioquelle bestimmen und sie mit Sternen oder Galaxien in Beziehung setzen.

Die Antennenanordnung des großen Radioteleskopes von Socorro, New Mexico. 27 Radioteleskope können auf 61 km *Eisenbahnschienen in einem Gebiet von einigen Quadratkilometern in verschiedenen Anordnungen aufgestellt werden.*

Den Zusammenhang zwischen der Wellenlänge λ, der Öffnung D eines Fernrohres und dem kleinsten auflösbaren Sehwinkel $\hat{\sigma}_m$ haben wir in der Optik berechnet. Er lautet:

$$\hat{\sigma}_m = \frac{\lambda}{D}$$

Um bei einer Wellenlänge $\lambda = 20$ cm eine Auflösung $\hat{\sigma}_m = 2 \cdot 10^{-4}$ rad zu erzielen (dies entspricht dem Auflösungsvermögen des menschlichen Auges), ist ein Radioteleskop mit einem Durchmesser von

$$D = \frac{\lambda}{\hat{\sigma}_m} = 1000 \text{ m}$$

erforderlich. Weil derart große Teleskope kaum zu realisieren sind, benützt man heute zur Richtungsbestimmung den Gangunterschied im Auftreffen der Radiosignale bei zahlreichen, gleichjustierten Antennen. Dadurch haben mehrere Radioteleskope, die über Kontinente verteilt sein können, zusammen die gleiche Wirkung wie ein riesiges Radioteleskop.

Das Radioteleskop von Arecibo ist mit einem Durchmesser von 305 m das größte Einzelteleskop der Welt.

> Zahlreiche astronomische Objekte senden Radiowellen aus.
> Der Mechanismus der Radioemission
> ist in vielen Fällen Synchrotronstrahlung.

Die Antennenanordnung im Brennpunkt des Radioteleskops von Arecibo.

Testfragen:

1. Was ist ein Bit?
2. Wie viele Bit müssen einem Buchstaben zugeordnet werden?
3. Wie viele Bit lassen sich pro Sekunde mit einem Telegraphen übertragen?
4. Wie funktioniert ein Telephon?
5. Wie viele Bit lassen sich pro Sekunde mit einem Telephon übertragen?
6. Wie arbeitet der Rundfunksender?
7. Wie arbeitet der Rundfunkempfänger?
8. Durch welchen mathematischen Ausdruck wird im Falle der Amplitudenmodulation die modulierte Schwingung beschrieben?
9. Wodurch wird die Bandbreite eines Senders festgelegt, und welche Bedeutung hat sie für für die Nachrichtenübertragung?
10. Wie viele Bit lassen sich pro Sekunde mit einem Rundfunksender im Mittelwellenbereich übertragen?
11. Wie funktioniert eine Atomuhr?
12. Wie funktioniert eine Radar-Anlage?
13. Wie ist eine Braunsche Röhre aufgebaut, und wozu dient sie?
14. Wie arbeitet die Fernsehkamera (Vidikon)?
15. Wie arbeitet ein Fernsehempfänger?
16. Wie viele Bit müssen pro Sekunde mit einer Fernsehkamera übertragen werden?
17. Weshalb sind für Fernsehübertragungen sehr hochfrequente Wellen erforderlich?
18. Für welche Wellenlängen-Bereiche ist die Erdatmosphäre durchlässig?
19. Wie schätzte man mittels der Radioastronomie die Umlaufdauer unserer Milchstraße ab?
20. Welche Vorteile bringt die Verwendung einer interkontinentalen Antennen-Anordnung für die Radioastronomie?

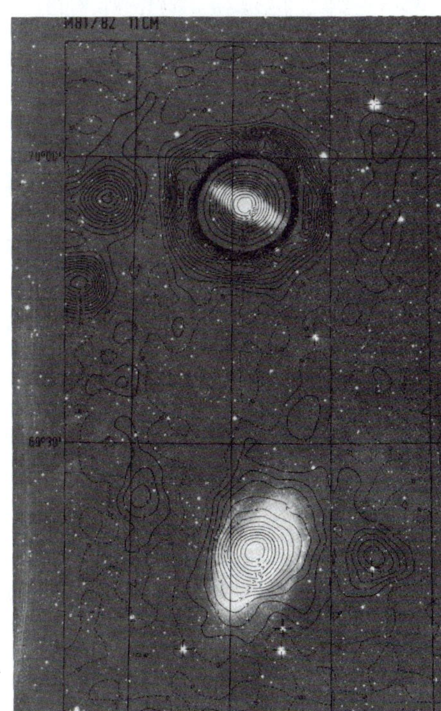

Vergleich der Radioemission der beiden Galaxien M 81 und M 82 mit der Lichtemission. Die Linien geben die Intensität des Radiosignals an. Es ist auffällig, wie sehr die Radioemission der oberen Galaxie über das Gebiet sichtbarer Sterne hinausgeht.

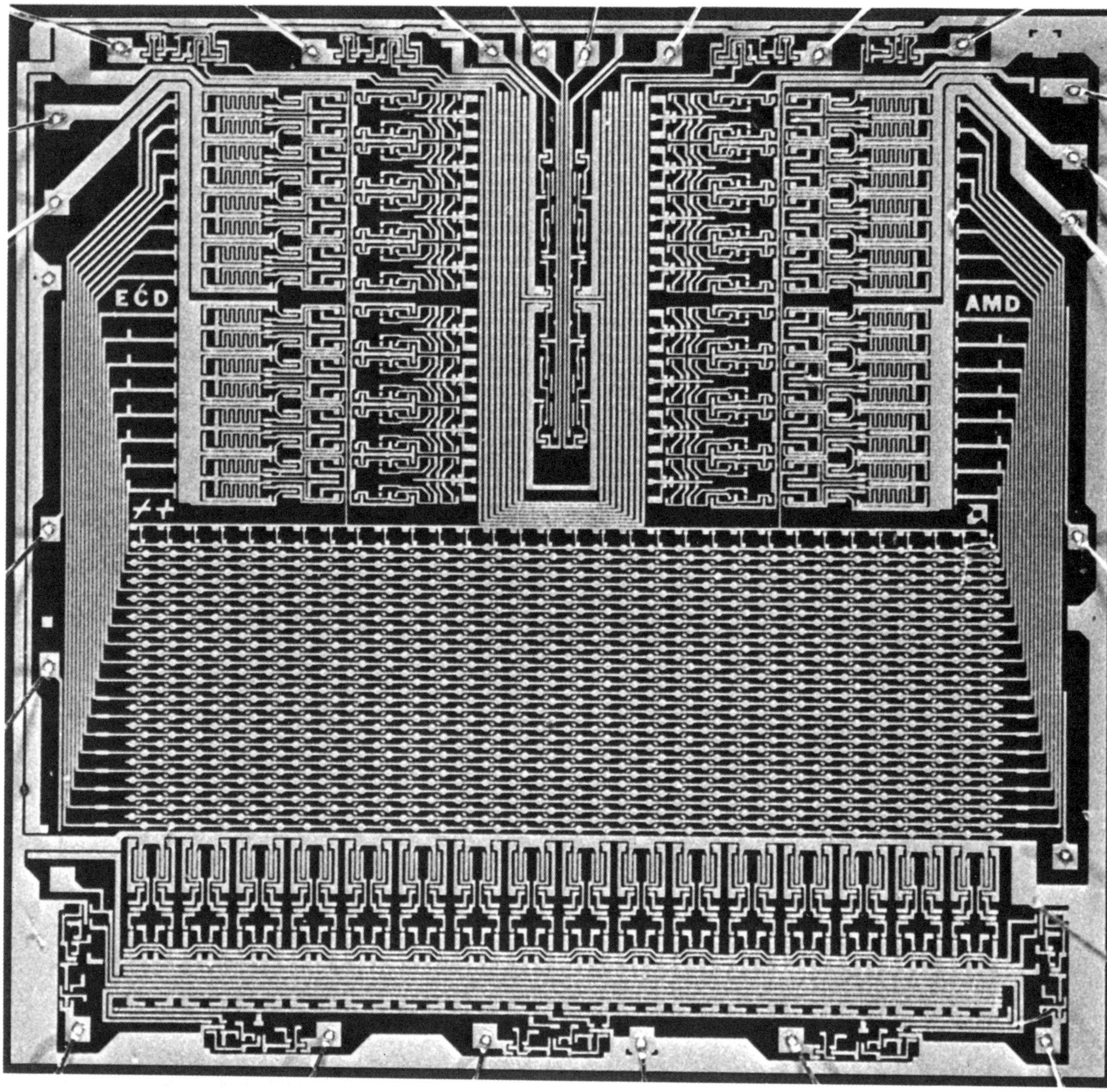

Dieser Speicher eines kleinen Computers kann 1024 bit an Information aufnehmen und mit den Schaltkreisen in der oberen Bildhälfte auch verarbeiten. Er ist auf einem Siliziumblättchen mit einer Seitenlänge von 5,6 mm untergebracht.

III. Halbleiter

Zu Beginn unseres Jahrhunderts brachte die Elektronenröhre den entscheidenden technologischen Durchbruch auf dem Gebiet des Nachrichtenwesens. Bis 1950 war die gesamte Nachrichtentechnik durch den Einsatz der Elektronenröhre gekennzeichnet. Allmählich aber machten sich die Unzulänglichkeiten der Röhre störend bemerkbar. Abgesehen von ihrer Empfindlichkeit gegen Stöße waren Größe und hoher Energiebedarf ihre Hauptmängel. Die kleinsten Röhren hatten einen Raumbedarf von einigen Kubikzentimetern und benötigten mehr als 1 Watt für die Kathodenheizung. Bei dichter Packung dieser Elemente ergab sich eine Heizleistung von etwa 0,1 Watt pro Kubikzentimeter, die für die eigentliche Steuerfunktion nutzlos blieb. Diese Leistungsdichte entspricht etwa der eines Elektro-Ofens, die entstehende hohe Temperatur verminderte die Lebensdauer der elektronischen Anordnungen wesentlich.

Sind zur Steuerung von Signalleistungen im Mikrowattbereich wirklich Elektronenröhren mit einer Betriebsleistung von etwa 1 Watt erforderlich? Eine ähnliche Relation von Aufwand und Nutzen ergäbe sich, wenn man ein Kilogramm irgendeines Materials mit einem Eisenbahnzug transportieren würde, der mehr als 50 Waggons umfaßt. So unwirtschaftlich arbeitet die Elektronenröhre, wenn es auf Informationsverarbeitung (Computer) und nicht auf hohe Ausgangsleistungen (Senderöhren) ankommt.

Die Physiker forschten daher bald nach einem kompakten Bauteil mit Steuerungs- und Verstärkerfunktionen, die jenen der Elektronenröhre ähnlich sind. Zunächst galt es ein hierfür geeignetes Festkörpermaterial zu finden. Gute Leiter und Isolatoren schieden aus, da die Leitungsvorgänge in diesen Körpern durch äußere Einflüsse wie elektrische Felder, Druck oder Temperatur kaum gesteuert werden können.

Schließlich wandte sich die Aufmerksamkeit den Elementen Silizium, Germanium und Selen zu. In diesen festen Stoffen erfolgt der Elektrizitätstransport zwar ebenso wie in der Diode oder Triode durch Elektronen. Diese Stoffe nehmen jedoch eine Zwischenstellung zwischen Metallen und Isolatoren ein. Man nennt sie daher *»Halbleiter«*.

Die Entwicklung von immer kleineren Halbleiter-Bauelementen war eine der entscheidenden technologischen Errungenschaften der letzten Jahrzehnte. Dadurch wurde die Regelung jener komplizierten Schaltvorgänge möglich, die heute die Technik vom Taschencomputer bis zum Raumflug beherrschen. Auch in der Industrie werden elektronische Bauelemente in zunehmendem Maße zur Steuerung von Produktionsvorgängen eingesetzt. Dies bringt die Gefahr des Verlustes von Arbeitsplätzen mit sich, ermöglicht es aber andererseits, menschliche Arbeit abwechslungsreicher und damit humaner zu gestalten.

Die zweite Hälfte unseres Jahrhunderts
wird ganz wesentlich durch den Einsatz von Halbleitern geprägt.
Ihre Leitungseigenschaften eignen sich besonders
für den Bau von elektronischen Steuerungselementen.

Ein hochentwickelter Röhrenempfänger. Er enthält zwölf kleine Elektronenröhren. Die starke Wärmeproduktion, verursacht durch die hohe Heizleistung, setzte aber der weiteren Entwicklung eine Grenze.

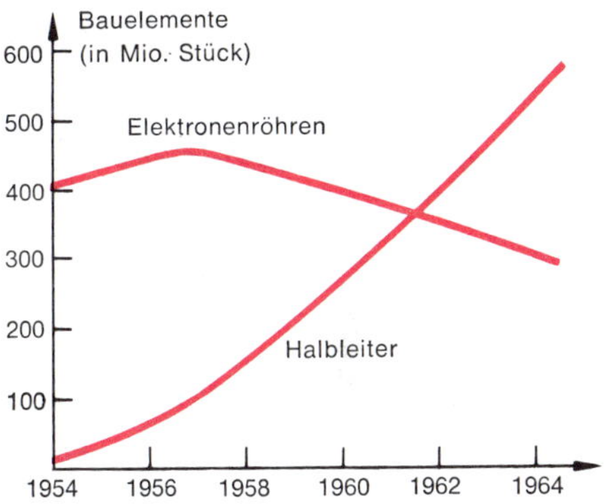

Zugleich mit dem Anstieg der Halbleiterproduktion kam es ab 1957 zu einem starken Rückgang der Röhrenproduktion.

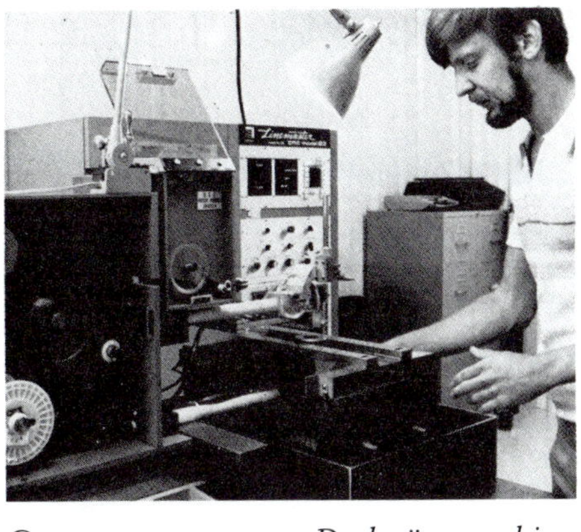

Computergesteuerte Drahtsägemaschine. Sie kann leicht auf verschiedenartige Produktionsaufgaben umgestellt werden.

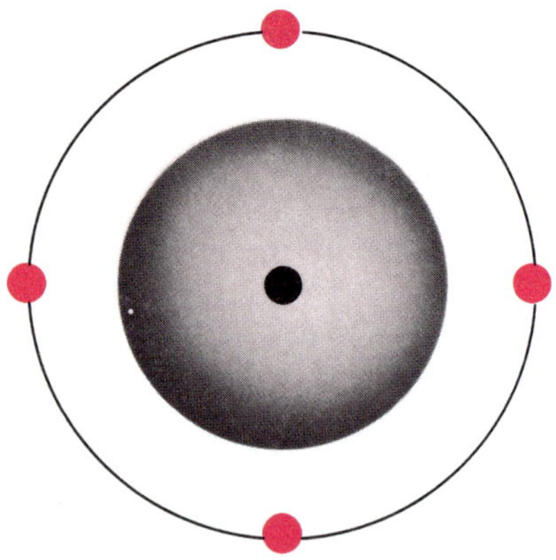

In der äußersten Elektronenschale von Kohlenstoff- und Germaniumatomen befinden sich jeweils vier Elektronen.

1. Der reine Halbleiter

Unter einem *Halbleiter* verstehen wir einen Festkörper, dessen Leitfähigkeit zwischen jener von Isolatoren und jener von Leitern liegt und in dem der Ladungstransport durch Elektronenbewegung erfolgt. In der folgenden Tabelle ist die *elektrische Leitfähigkeit* einiger wichtiger Materialien angegeben. (Die Leitfähigkeit ist als Kehrwert des spezifischen Widerstandes ϱ definiert.)

Leitfähigkeit in $(\Omega m)^{-1}$	Material	
10^{-16}	Hartgummi	Isolatoren
10^{-14}	Mica	
10^{-12}	Alas	
10^{-7}	Elfenbein	
10^{-2}	Reines Silizium	Halbleiter
10^{0}	Reines Germanium	
10^{+4}	Dotiertes Germanium	
10^{+7}	Platin	Leiter
10^{+8}	Silber	

Material	*Bindungsenergie*
Diamant	*6,0 eV*
Kupferoxid	*2,0 eV*
Silizium	*1,1 eV*
Germanium	*0,7 eV*
Indiumarsenit	*0,3 eV*

Zur Loslösung von Elektronen aus dem Atom muß die Bindungsenergie aufgebracht werden.

Im »Halbleiter«-Bereich liegen etwa die Elemente Germanium und Silizium. Die Leitfähigkeit von kristallinen Proben dieser Elemente kann bei geeigneter Vorbehandlung durch bestimmte äußere Einflüsse innerhalb weiter Grenzen variiert werden.

Die Kristallstruktur des Germaniums gleicht der des Diamanten. Die Bindung zwischen den einzelnen Atomen erfolgt durch gemeinsame äußere Elektronenpaare. Im Diamantgitter sind diese Paare so fest an die Gitteratome gebunden, daß sie auch durch starke elektrische Felder nicht von ihrem Platz entfernt werden können. Zur Loslösung eines Elektrons wird dort nämlich eine Energie von etwa 6 eV benötigt. So kommt es auch, daß der Diamant ein guter Isolator ist.

Im Germaniumkristall sind die Elektronen zwar ebenfalls paarweise an die Gitteratome gebunden. Allerdings ist zur Loslösung eines äußeren Elektrons nur eine Energie von etwa 0,7 eV erforderlich. Dies ist ein kleiner Bruchteil jener Energie, die zum Aufbrechen einer Diamantbindung notwendig ist.

Nun wissen wir bereits aus der Wärmelehre, daß auch im Kristallgitter die Atome thermische Schwingungen um ihre Ruhelage ausführen. Wir konnten diese thermische Bewegung ja sogar im Feldelektronenmikroskop sichtbar machen. Bei Zimmertemperatur liegt die mittlere Energie der Gitterschwingung eines Atoms bei 0,025 eV, einzelne Atome können eine noch beträchtlich höhere Schwingungsenergie besitzen. So kann es immer wieder geschehen, daß im Germaniumkristall schon bei Zimmertemperatur Elektronen aus ihrem Gitterplatz herausgeschlagen werden. Diese *Elektronen* können sich dann innerhalb des Kristalls *relativ frei* bewegen und einem elektrischen Feld folgen. Der Germaniumkristall leitet daher bei Zimmertemperatur.

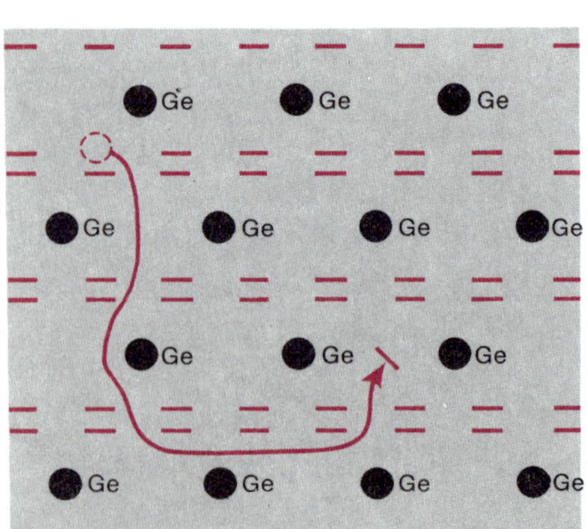

Löst sich eine Elektron im Germaniumkristall von seinem Gitterplatz, so entsteht an dieser Stelle ein Elektronenloch.

Allerdings wird im Halbleiter immer nur ein kleiner Bruchteil der äußeren Elektronen von ihrem Gitteratom losgelöst sein. Hier liegt auch der wesentliche Unterschied zwischen metallischem Leiter und Halbleiter. Im Metall steht pro Atom etwa ein freies Leitungselektron zur Verfügung. Dies ergibt ungefähr 10^{22} Elektronen pro cm^3. In einem reinen Siliziumkristall hingegen sind bei 50 °C etwa 10^{10} Elektronen pro cm^3 durch thermische Stöße aus ihrem Gitterplatz herausgeschlagen. Die Leitfähigkeit des Siliziums ist daher wesentlich geringer als die eines Metalls.

Die Leitfähigkeit eines Halbleiters steigt mit der Temperatur, da stärkere thermische Bewegung eine größere Anzahl freigesetzter Elektronen zur Folge hat. Im Gegensatz dazu nimmt die Leitfähigkeit der Metalle mit wachsender Temperatur ab. Die freien Elektronen des Metalls werden nämlich durch die thermischen Schwingungen der Gitteratome in ihrer Bewegung behindert.
Eine wichtige Rolle spielen beim Ladungstransport in Halbleitern schließlich jene Ionen, die nach Freisetzung eines Elektrons ortsfest an ihren Gitterplatz gebunden bleiben. Ihnen fehlt ein äußeres Elektron, man spricht von einem *»Elektronenloch«* oder *»Defektelektron«*. Jedes dieser Ionen kann einem benachbarten Gitteratom ein Elektron »wegfangen«. Durch diesen Vorgang wird das Ion neutralisiert und in der Nachbarschaft entsteht ein neues Elektronenloch: Das Defektelektron wandert. Seine Bewegung ist der Bewegung des eingefangenen Elektrons entgegengerichtet. Aus diesem Grunde verhalten sich die Defektelektronen in einem äußeren Feld auch wie positive Ladungen. Sie nehmen genauso wie die freien Elektronen am Ladungstransport im Halbleiter teil. Nicht immer sind es die Elektronen benachbarter Atome, die in ein Elektronenloch fallen. Immer wieder werden auch freie Elektronen durch ein Elektronenloch eingefangen.

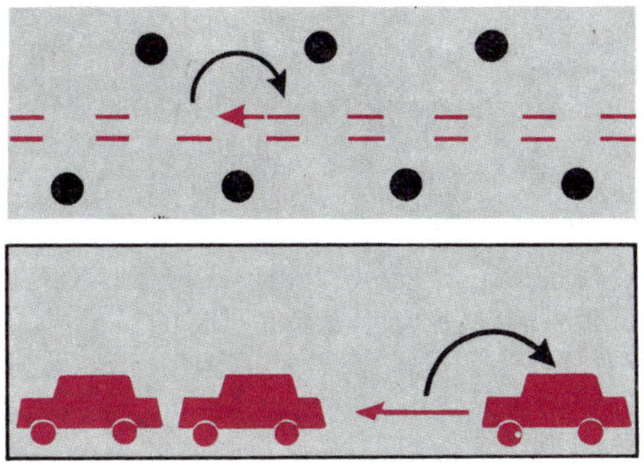

Auch die Elektronenlöcher können im Kristall wandern. Ihre Bewegung ist der Bewegung der Elektronen ebenso entgegengesetzt, wie die »Bewegung« eines freien Garagenplatzes der Bewegung der abgestellten Autos.

Aber nicht nur durch thermische Stöße sondern auch durch andere Formen der Energiezufuhr können Elektronen aus ihrem Gitterplatz herausgeschlagen werden, etwa wenn Strahlung auf den Halbleiterkristall einfällt. Hierbei wird die Zahl der erzeugten freien Ladungsträger und damit der Widerstand der Halbleiterprobe von der Intensität der einfallenden Strahlung abhängen. Dieser Vorgang heißt *innerer photoelektrischer Effekt*.

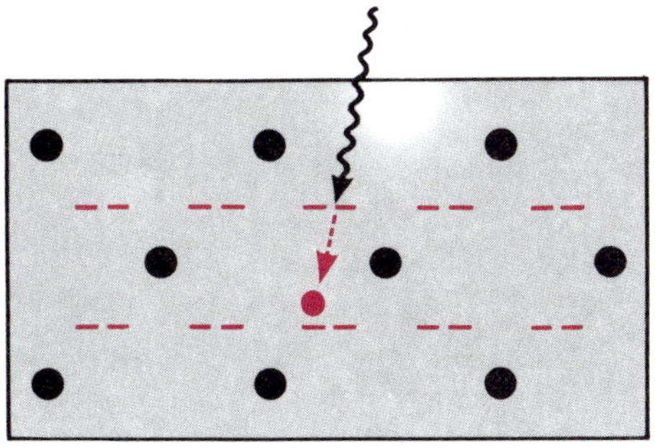

Durch Bestrahlung eines Halbleiters mit elektromagnetischen Wellen können ebenfalls Elektronen von ihren Gitterplätzen gelöst werden.

> Das Leitvermögen des Halbleiterkristalls nimmt mit wachsender Temperatur stark zu.
> Es beruht auf der Bildung von freien Elektronen und freien Defektelektronen.
> Die Defektelektronen verhalten sich wie frei bewegliche positive Ladungsträger.

2. Der dotierte Halbleiter

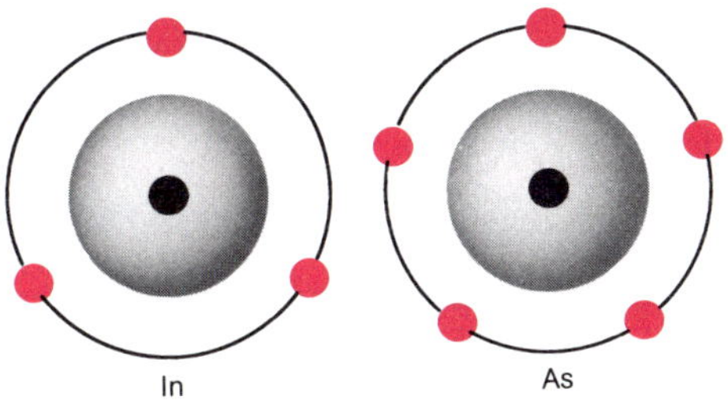

Die äußersten Elektronenschalen von Indium und von Arsen enthalten drei bzw. fünf Elektronen.

Im reinen Halbleiterkristall finden wir immer gleichviel Elektronen und Defektelektronen vor. Die Zahl der freien Ladungsträger und damit die Leitfähigkeit eines reinen Halbleiters können nun durch die Zugabe bestimmter Verunreinigungen verändert werden. Man spricht dann von einem *dotierten Halbleiter*.

a) Elektronenüberschußleiter.

Bauen wir etwa in ein Germaniumgitter fünfwertige Arsenatome ein! Von den fünf Valenzelektronen dieser Atome können jeweils nur vier zur Bindung an die benachbarten Germaniumatome herangezogen werden. Das fünfte Elektron ist nicht in das Gitter eingebunden und kann deshalb sehr leicht von seinem zugehörigen Arsenatom abgetrennt werden. Dieses Atom ist dann positiv geladen, bleibt an seinen Gitterplatz gebunden und wird *»Donator«* genannt.

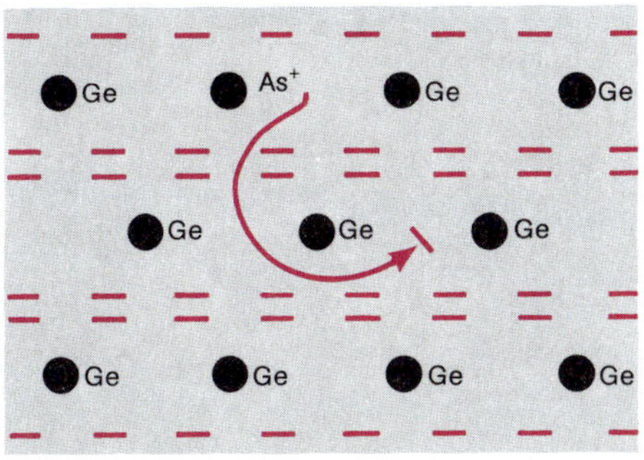

Das Arsenatom bindet sich mit vier Elektronen in das Germaniumgitter ein. Das fünfte Elektron kann leicht abgetrennt werden. Das Arsenatom verbleibt dann als positiv geladenes Ion.

Die für diesen Vorgang erforderliche Energie beträgt im Germaniumkristall etwa 0,013 eV und ist wesentlich geringer als jene Energie von 0,7 eV, die zur Erzeugung eines Elektron-Defektelektron-Paares im Germanium auf-

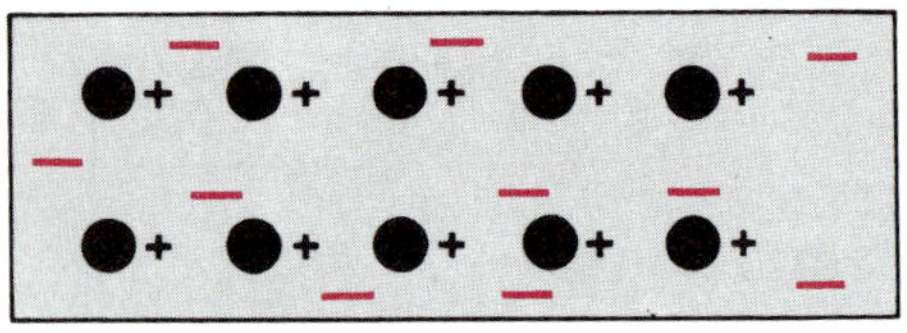

n-Leiter enthalten ortsfeste Donator-Ionen und eine gleiche Anzahl frei beweglicher Elektronen. Um größere Übersichtlichkeit zu erzielen, sind die Donatoratome hier regelmäßig angeordnet und die Germaniumatome weggelassen worden.

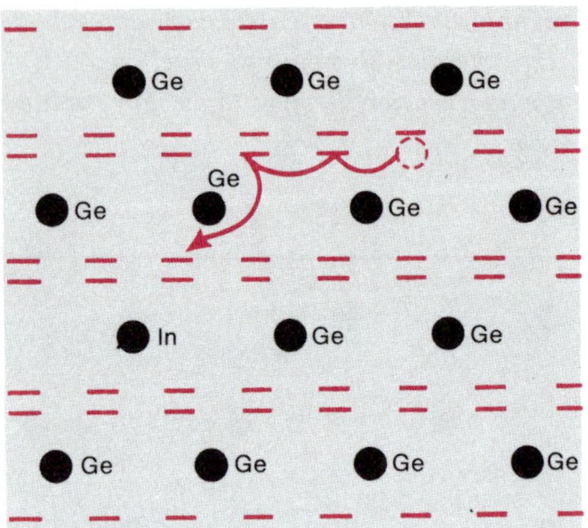

Das Indiumatom fängt ein Elektron von einem benachbarten Germaniumatom ein. Dadurch entsteht ein Elektronenloch. Das Indiumatom wird dabei zum negativ geladenen Ion, das mit vier Elektronen in das Germaniumgitter eingebunden ist.

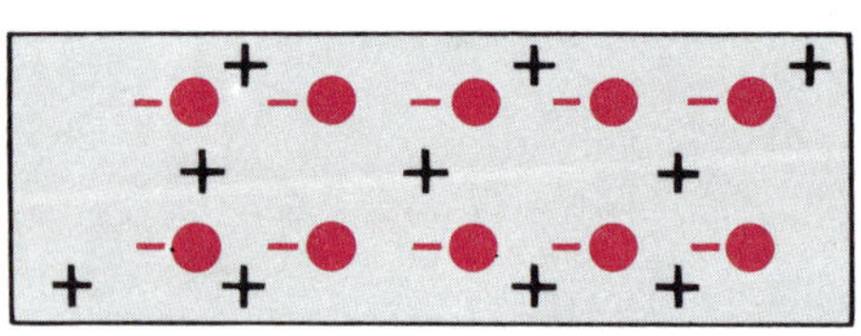

p-Leiter enthalten ortsfeste Akzeptor-Ionen und eine gleiche Anzahl frei beweglicher Elektronenlöcher. Um größere Übersichtlichkeit zu erzielen, sind die Akzeptoratome hier regelmäßig angeordnet und die Germaniumatome weggelassen worden.

zuwenden war. Schon bei Zimmertemperatur verlieren fast alle Arsenatome ihr fünftes Elektron durch thermische Stöße, denn die Energie der Wärmebewegung ist mit 0,025 eV größer als die Bindungsenergie von 0,013 eV.

Die Dichte der auf diese Weise freigesetzten Elektronen ist somit gleichgroß wie die Dichte der eingefügten Arsenatome und kann daher durch die Konzentration der Arsendotierung reguliert werden. Auch der dotierte Halbleiter weist eine geringe Anzahl von freien Elektron-Defektelektron-Paaren auf. Sie werden wie im reinen Halbleiter durch thermische Stöße von den Atomen des reinen Materials abgetrennt und verursachen die sogenannte *Eigenleitfähigkeit*.

Bei Dotierung mit fünfwertigen Atomen wird also die Leitung im Halbleiterkristall vorwiegend durch Elektronen erfolgen. Man spricht von einem *Elektronenüberschußleiter* oder *n-Leiter*.

Die Dichte der an der Eigenleitung teilnehmenden Elektronen und Defektelektronen beträgt nämlich im reinen Germanium bei 100 °C etwa 10^{13} pro cm^3. Dotiert man nun das Germanium mit 10^{16} Arsenatomen pro cm^3, so steigt die Dichte der freien Elektronen auf 10^{16} pro cm^3, also um den Faktor 1000, und die Leitfähigkeit des dotierten Materials wächst entsprechend.

b) Elektronenmangelleiter

Baut man statt der fünfwertigen Arsenatome nun dreiwertige Indiumatome in das reine Germanium ein, so fehlt diesen jeweils ein äußeres Elektron für den Einbau ins Gitter. Es entsteht ein künstliches Elektronenloch, in das Elektronen benachbarter Germaniumatome »fallen«.

Die Indiumatome, die ein Elektron eingefangen haben, heißen *»Akzeptoren«*. Sie sind negativ geladen und an ihre Gitterplätze gebunden. Die Elektronenlöcher hingegen sind beweglich und stehen für den Ladungstransport im dotierten Halbleitermaterial zur Verfügung. Ihre Konzentration übertrifft die der Eigenleitungselektronen bei weitem. Man spricht aus diesem Grunde von *Elektronenmangelleitern* oder *p-Leitern*.

> Die Leitfähigkeit von Halbleiterkristallen
> wird durch Dotierung mit Fremdatomen stark erhöht.
> Durch den Einbau von fünfwertigen Fremdatomen (Donatoren)
> erhält man Elektronenüberschuß- oder n-Leiter.
> Durch den Einbau von dreiwertigen Fremdatomen (Akzeptoren)
> erhält man Elektronenmangel- oder p-Leiter.
> Die Leitfähigkeit hängt von der Konzentration der Fremdatome ab.

Integrierte Schaltkreise werden anhand von Schaltbildern hergestellt, die später auf photographischem Wege verkleinert werden.

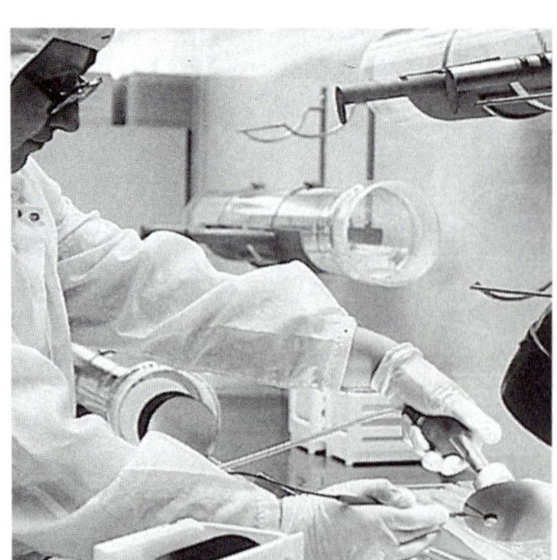

Zustände wie im Operationssaal – Fertigungsplätze im keimfreien Labor, vollklimatisiert und abgeschirmt.

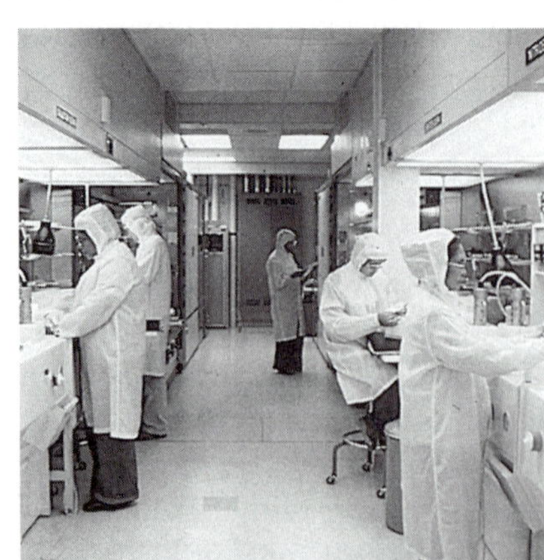

Hunderte von Schaltkreisen sind auf Einzelscheiben angebracht. Nach der Reinigung der Scheiben erfolgt die Prüfung der einzelnen Computerelemente.

3. Die Halbleiterdiode

Wir fügen nun Halbleitermaterialien mit verschiedener Dotierung zusammen. Zunächst untersuchen wir die Verhältnisse an einem Übergang zwischen einem p-Leiter und einem n-Leiter. Im n-Leiter befinden sich viele freie Elektronen, wenige freie Defektelektronen und eine entsprechende Anzahl positiver ortsfester Ionen, die den Kristall neutralisieren. Der p-Leiter enthält viele freie Defektelektronen, wenige freie Elektronen und eine entsprechende Anzahl negativer ortsfester Ionen, die wiederum den Kristall neutralisieren.

Am Übergang diffundieren freie Elektronen vom n-Leiter in den p-Leiter und rekombinieren mit den Defektelektronen in der Grenzschicht. Dadurch kommt es in dieser Schicht des p-Leiters zu einer Verarmung an freien Ladungsträgern.

Die freien Elektronen des n-Leiters werden von der negativen Ionenschicht im p-Leiter abgestoßen. Ebenso werden die freien Defektelektronen des p-Leiters von der positiven Ionenschicht des n-Leiters zurückgestoßen. Die Rekombination kommt zum Stillstand und es entsteht ein Gleichgewicht.

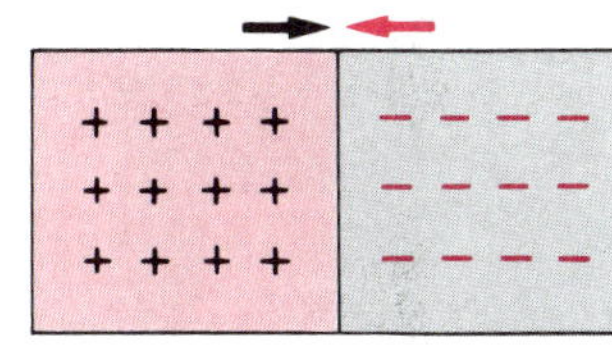

Fügt man einen p-Leiter und einen n-Leiter aneinander, so werden die jeweiligen freien Ladungsträger über die Trennschicht diffundieren und miteinander rekombinieren.

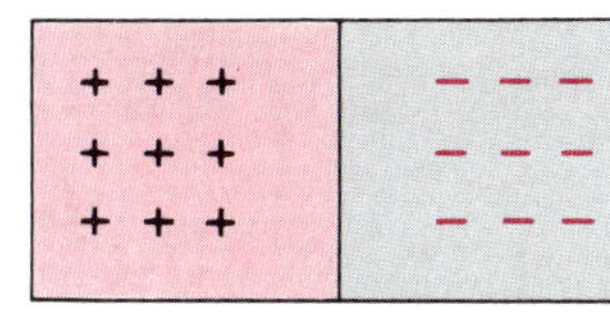

Dadurch kommt es in der Grenzschicht zu einer Verarmung an freien Ladungsträgern.

a) Der pn-Übergang in Sperrichtung

Nun legen wir an den pn-Übergang eine äußere Spannung, und zwar zunächst den Minuspol an den p-Leiter und den Pluspol an den n-Leiter. Der Pluspol wird die freien Elektronen des n-Leiters, der Minuspol die freien Löcher des p-Leiters zu sich ziehen. Die Übergangszone wird größer, das Verarmungsgebiet der freien Ladungsträger breitet sich aus. So erfolgt kein wesentlicher Ladungstransport durch den Übergang.

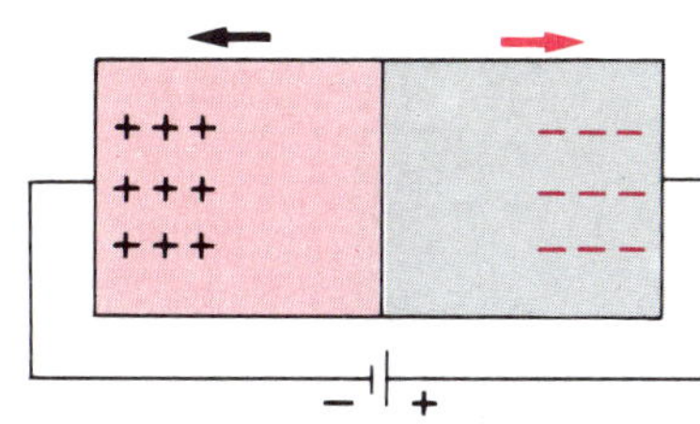

Legt man an den p-Leiter den Minuspol und an den n-Leiter den Pluspol einer Spannungsquelle, so werden die jeweiligen Ladungsträger aus der Sperrschicht weggezogen und diese vergrößert sich.

b) Der pn-Übergang in Durchlaßrichtung

Legen wir den Minuspol an den n-Leiter, den Pluspol an den p-Leiter, so werden die freien Elektronen bzw. Defektelektronen in die Grenzschicht gedrängt. Diese verkleinert sich. Überschreitet schließlich die äußere Spannung einen bestimmten Wert, so können die freien Ladungen die abstoßenden Kräfte der in der Grenzschicht befindlichen Ionen überwinden. Durch die Grenzschicht fließt ein Strom, der mit weiter wachsender äußerer Spannung stark ansteigt. Das Halbleiterelement ist für den Stromfluß geöffnet. Der Strom durch das pn-Element kann in Abhängigkeit von der angelegten äußeren Spannung dargestellt werden. Diese Darstellung nennt man die *Kennlinie* des Elementes.

Die Eigenschaften des pn-Überganges entsprechen weitgehend denjenigen der früher besprochenen Röhrendiode. Der pn-Übergang wird daher auch *Halbleiterdiode* genannt.

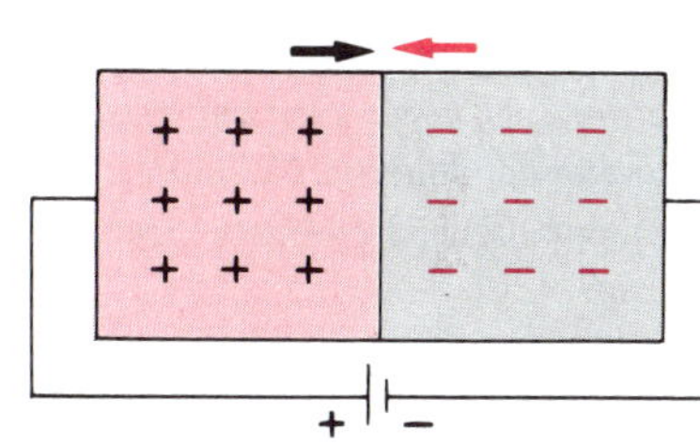

Legt man nun an den p-Leiter den Pluspol und an den n-Leiter den Minuspol einer Spannungsquelle, so werden die Ladungsträger in die Sperrschicht getrieben, wo sie rekombinieren. Es fließt ein Strom.

> Ein pn-Übergang erlaubt den Stromfluß in Richtung vom p-Leiter zum n-Leiter.

Die Halbleiterdiode hat wegen ihrer Stabilität, ihren geringen Abmessungen, sowie infolge des Wegfallens der Kathodenheizung die Röhrendiode in vielen Bereichen verdrängt und dient heute in vielen elektronischen Geräten als Gleichrichterelement.

Der in der frühen Radiotechnik als Gleichrichter eingesetzte Detektor beruht ebenfalls auf der lokalen Ausbildung von pn-Übergängen, die allerdings jeweils mit einem Kontaktstift gesucht werden mußten, um die gewünschte Gleichrichterwirkung zu erzielen.

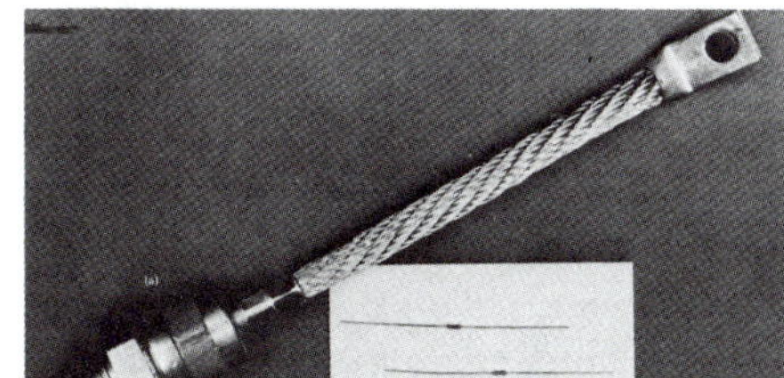

Eine Hochleistungsdiode kann Ströme bis zu 250 A gleichrichten. Eine kleine Diode arbeitet bis zu einem Strom von 1 A.

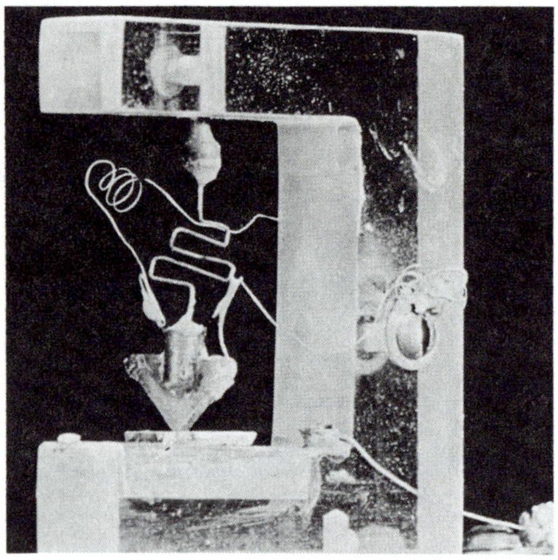

Der erste Transistor entstand 1947. Ein dreieckiger Isolator hält zwei eng benachbarte spitze Goldkontakte in Berührung mit einem Germaniumplättchen. »Transistor« bedeutet »transfer resistor«.

4. Der Transistor

Bereits in den späten dreißiger Jahren begann sich ein junger Physiker der amerikanischen Bell Laboratories, William Shockely, für die Entwicklung einer elektronischen Schalteinheit zu interessieren, mit der die elektromechanischen Schalter herkömmlicher Telephonzentralen ersetzt werden sollten. Elektronenröhren erwiesen sich für diesen Zweck als wenig brauchbar. So wendete sich Shockely der Halbleiterphysik zu. Seine Untersuchungen wurden durch die Kriegsereignisse unterbrochen. Erst nach dem Ende des zweiten Weltkrieges setzte Shockely mit John Bardeen und Walter Brattain seine Forschungen fort. Im Jahre 1947 schließlich gelang mit der Entwicklung des Spitzentransistors der entscheidende Durchbruch. 1948 erfolgte die Erfindung des zuverlässigeren Flächentransistors. Von nun an nahm die Transistortechnologie einen stürmischen Aufschwung. Shockely, Bardeen und Brattain hatten mit der Erfindung des Transistors, für die sie den Nobelpreis erhielten, die Schwelle ins Zeitalter der Mikroelektronik überschritten.

a) Der Aufbau des pnp-Transistors

Die ersten elektronischen Rechenmaschinen arbeiten noch mit Elektronenröhren. Die Anordnung links im Bild konnte ein Bit an Information speichern. Der auf Halbleiterbasis arbeitende moderne Computerspeicher (rechts) weist die 262 144fache Speicherkapazität auf.

In der Elektronenröhre wird der Strom durch die Gitterladung gesteuert. Im Flächentransistor erfolgt die Steuerung des Stromes z. B. durch eine dünne flächenhafte Schicht n-leitenden Materials, die zwischen zwei Schichten von p-Leitern eingebettet ist. Eine Beheizung des Halbleitermaterials ist nicht erforderlich, da infolge geeigneter Dotierung bereits bei Zimmertemperatur eine hinreichende Zahl von Ladungsträgern vorhanden ist. Aus historischen Gründen heißt die dünne Mittelschicht *Basis*, die beiden anderen Schichten werden als *Emitter* bzw. *Kollektor* bezeichnet.

Was geschieht, wenn wir an das pnp-Element eine äußere Spannung legen? Der pnp-Transistor entspricht zwei aneinandergefügten Dioden. Unter dem Einfluß der äußeren Spannung ist die rechte Diode in Flußrichtung, die linke Diode in Sperrichtung gepolt. So ist das pnp-Element unter den gegebenen Umständen insgesamt gesperrt. Es fließt kein Strom.

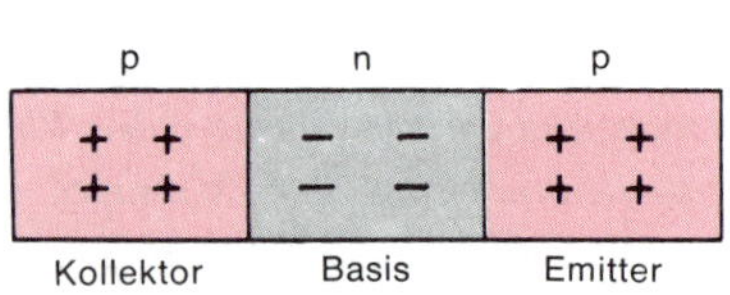

Der Aufbau des Flächentransistors. Die Dicke der Basis beträgt nur ein tausendstel Millimeter.

Wird nun in Flußrichtung an die rechte Diode eine Hilfsspannung gelegt, so fließt durch diese Diode ein Strom von Löchern in die n-Schicht. Da die n-Schicht sehr dünn ist, diffundiert ein großer Teil dieser Löcher bis zur linken Diode, die immer noch in Sperrichtung gepolt ist. Die Spannung an dieser Sperrschicht ist gerade für die Elektronenlöcher durchlässig. So wird ein starker Strom von Löchern durch die linke Diode in den linken Stromkreis abfließen. Das Einschalten der Hilfsspannung an der rechten Diode bewirkt also insgesamt einen Stromfluß durch das pnp-Element. Voraussetzung hierfür war allerdings, daß die Löcher aus der rechten Diode nicht an deren Spannungsquelle abfließen, sondern – wenigstens zum größten Teil – durch die n-Schicht bis zur linken Diode diffundieren. Dies kann erreicht werden, wenn die n-Schicht außerordentlich dünn – etwa 10^{-3} mm – und die Dotierung der ersten p-Schicht sehr stark ist. Die Zeichnung zeigt das Verhalten der Ladungsträger unter dem Einfluß der angelegten Spannung.

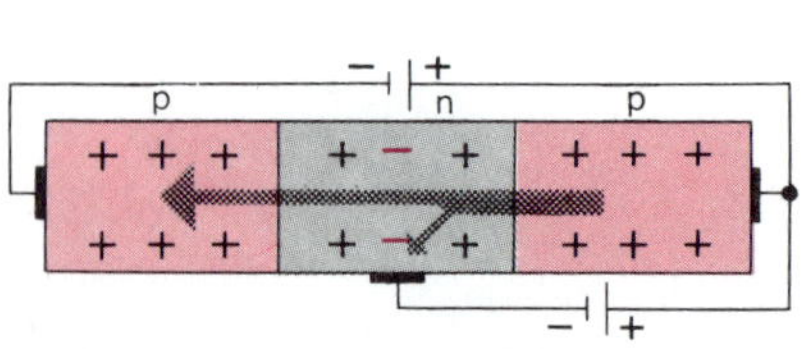

Legt man an die Basis des Transistors eine negative Spannung, so fließt ein Strom von Elektronenlöchern in die Basis. Die meisten dieser Löcher diffundieren zum Kollektor. Der Kollektorstrom ist wesentlich stärker als der Basisstrom.

Die Steuerspannung regelt den Strom durch den pnp-Transistor.

Zur Herstellung von Transistoren mit möglichst dünner Basis wurden verschiedene technische Verfahren entwickelt. Ihre Verbesserung führte schließlich zur Konstruktion kleinster Schaltelemente und integrierter Schaltungen.

b) Der Transistor als Verstärker

Wie wir gesehen haben, macht bei der eben diskutierten Schaltung des Transistors der Strom durch die Basis nur etwa 1% des Kollektorstromes aus. Wie wirken nun Veränderungen des Basisstromes auf den viel größeren Kollektorstrom?

Verringern wir etwa den Zufluß von Elektronen in die Basis, so wird die Rekombination von Löchern und Elektronen in der Basis sinken. Bei gleichbleibendem Strom von Löchern durch den Emitter und die Basis muß dies zu einer Steigerung der Löcherzahl in der Basis führen. Die Basis wird sich also gewissermaßen mit Löchern aufladen. Dies wiederum hat zur Folge, daß jene Löcher abgestoßen werden, die aus dem Emitter in die Basis zufließen. Der Löcherstrom wird dadurch in der Basis gedrosselt, bis sich ein neuer Gleichgewichtszustand einstellt: Der Basisstrom steuert den viel stärkeren Gesamtstrom. Die Schwankungen des Basisstromes übertragen sich im verstärkten Maß auf den Kollektorstrom.

Die Abhängigkeit des Kollektorstromes vom Basisstrom läßt sich in der Stromsteuerkennlinie zusammenfassen. Hierbei erreicht der Basisstrom zumeist einige Mikroampere, der Kollektorstrom einige Milliampere. Wir erhalten etwa im linearen Teil der Stromsteuerkennlinie z. B. eine 300fache Stromverstärkung.

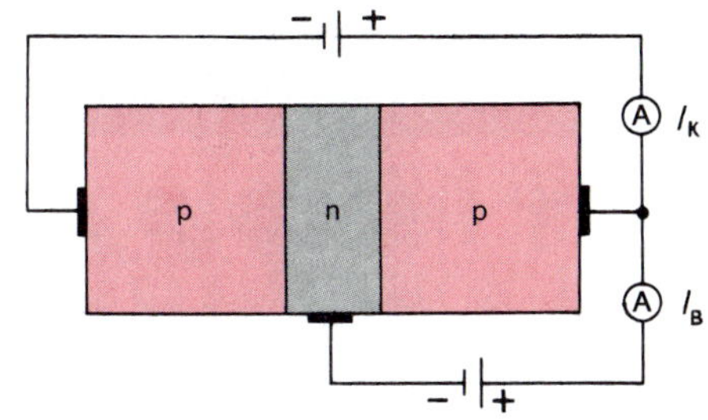

Bei der Emitter-Schaltung ist der Emitter der gemeinsame Anschlußpunkt der Spannungsquellen.

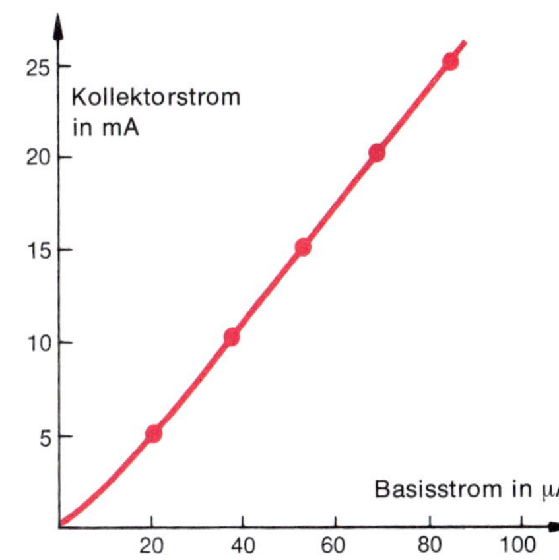

Die Stromsteuerkennlinie eines Transistors gibt die Abhängigkeit des Kollektorstroms vom Basisstrom an.

c) Der Transistor als Schalter

Schalter gibt es in allen elektronischen Einrichtungen. Ihre prinzipielle Aufgabe ist es, Stromkreise zu öffnen und zu schließen. Im geschlossenen Zustand soll der Schalter einen möglichst kleinen Widerstand besitzen, sein Widerstand sollte am besten Null sein. Im geöffneten Zustand hingegen sollte der Schalter den Stromdurchfluß möglichst verhindern, sein Widerstand sollte also im idealen Fall unendlich groß sein. Worin liegt nun der wesentliche Vorteil elektronischer Schalter?

Halbleiterelemente benötigen nur einen Bruchteil jenes Raumes, der für einen mechanischen Schalter erforderlich ist. Die Schaltgeschwindigkeit typischer elektronischer Elemente liegt in der Größenordnung von Nanosekunden. Mechanische Anordnungen benötigen zumindest Millisekunden.

Die Arbeitsweise eines Transistorschalters ist leicht zu verstehen. Wir haben etwa gesehen, daß erst beim Anlegen einer Basisemitterspannung ein Kollektorstrom auftritt. Der Transistor schaltet also den Kollektorstrom ein oder aus, je nachdem ob eine Spannung zwischen Emitter und Basis liegt oder nicht.

Die praktische Bedeutung elektronischer Schaltelemente wird im Zusammenhang mit der Miniaturisierungstechnik noch deutlicher werden.

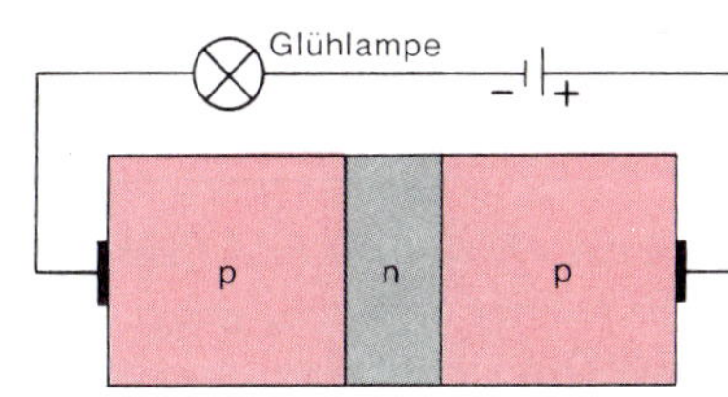

Ein pnp-Transistor als gesperrter und . . .

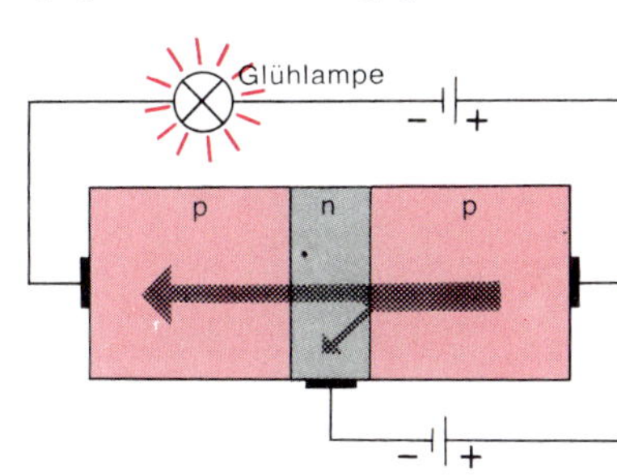

. . . als geöffneter Schalter.

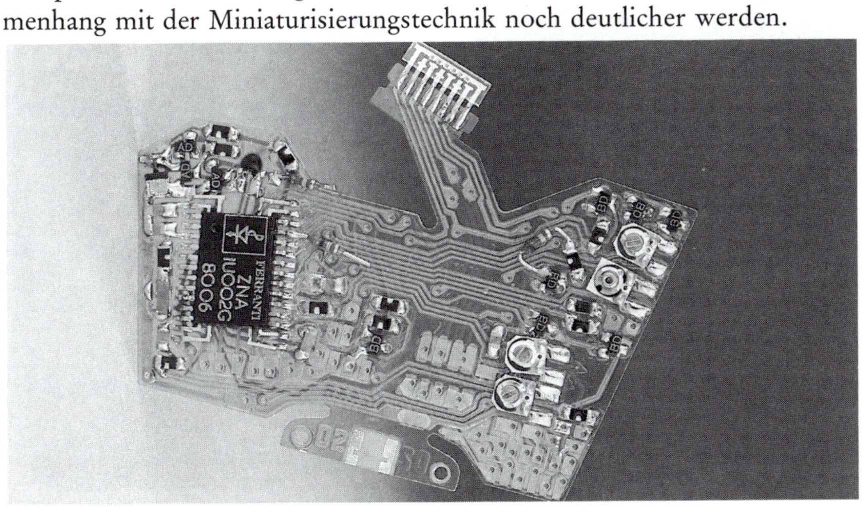

Elektronische Speicherung in einer Spiegelreflexkamera. Die flexibel gedruckte Schaltung wird zusammengefaltet über dem Pentaprisma eingebaut.

5. Mikroelektronik und integrierte Schaltungen

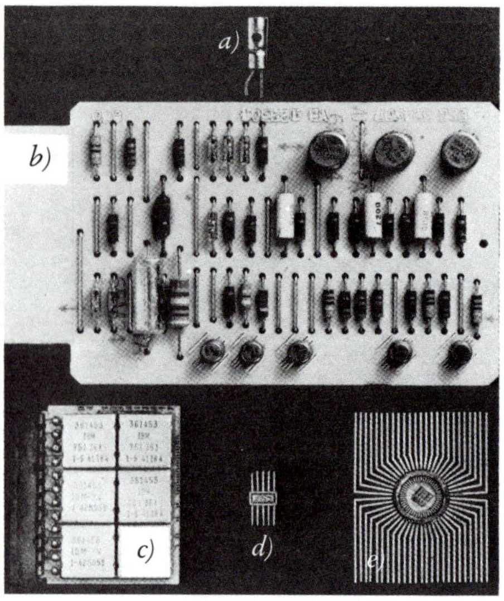

Die Entwicklung der Mikroelektronik:
a) Transistor (1952).
b) Schaltplatte mit 45 Elementen (1960).
c) Vereinigung von 6 Schaltblöcken mit 100 Elementen (1965).
d) erste integrierte Schaltung.
e) Integrierte Schaltung mit mehr als 1000 Elementen (1970).

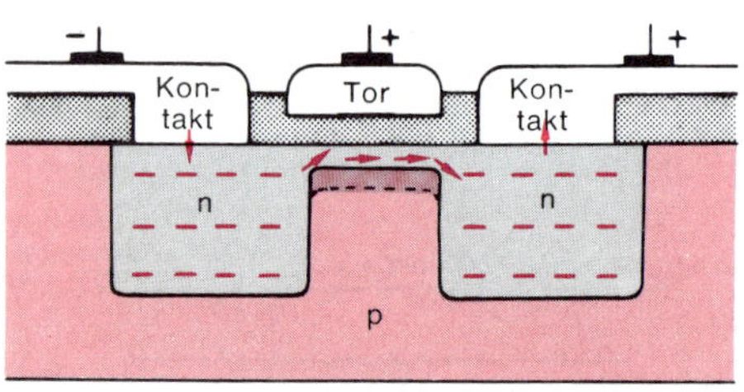

Wird an das »Tor« eines Feldeffekt-Transistors eine positive Spannung gelegt, so werden die Defektelektronen weggedrängt. Zwischen Quelle und Kollektor kann dann ein Strom fließen, dessen Größe durch die Spannung am Tor gesteuert wird.

Durch die Erfindung des Transistors verringerte sich der Raumbedarf elektronischer Anordnungen auf ein Hundertstel. Seither konnten elektronische Anordnungen etwa alle fünf Jahre auf ein Zehntel verkleinert werden. Zwischen 1950 und 1970 stieg die maximal erreichbare Dichte von elektronischen Schaltelementen auf das Hunderttausendfache. Man spricht daher von *Mikroelektronik*.

Die Abbildung zeigt elektronische Einheiten in natürlicher Größe. Zunächst werden Einzeltransistoren (a) mit anderen Schaltelementen zu Schaltblöcken zusammengefaßt. Solche Schaltblöcke (b) wurden um 1960 in Großcomputern verwendet und umfaßten bis zu 100 Elemente. Für die nächste Computergeneration konnten solche Blöcke bereits beträchtlich verkleinert werden (c). Der entscheidende Schritt gelang um 1965, als es möglich wurde, *integrierte Schaltungen* von etwa 100 Elementen auf einen einzigen Siliziumkristall aufzubringen (d). Heute vereinigen integrierte Einheiten tausende von Transistoren, Dioden und anderen Elementen (e). Diese *Miniaturisierung* elektronischer Anordnungen erforderte die Entwicklung gänzlich neuer Verfahren, die schließlich zur Technik *integrierter Halbleiter* führten.

Wesentliche Grundlagen der Miniaturisierung von Transistoren ist der *Feldeffekt-Transistor*, dessen Leitfähigkeit – ähnlich der Elektronenröhre – durch ein seitlich angelegtes elektrisches Feld gesteuert wird.

Durch den Ausbau der *Metalloxid-Technik* wurde es möglich, auf einem einzigen Halbleiter viele Feldeffekt-Transistoren gemeinsam mit anderen Elementen aufzubringen und zusammenzuschalten. Die Metalloxidtechnik gestattet es, durch vielfache Oxidations-, Diffusions- und Ätzvorgänge eine Dichte von vielen tausend Schaltelementen pro cm^2 Halbleiteroberfläche zu erreichen. Derart komplexe integrierte Schaltungen können ihrerseits wieder nur mittels eigens hierfür entwickelter Computerprogramme aufgebaut werden.

Hand in Hand mit der Verdichtung der Schaltelemente ging eine Senkung der Produktionskosten pro Element. Dadurch wurde es in den letzten zehn

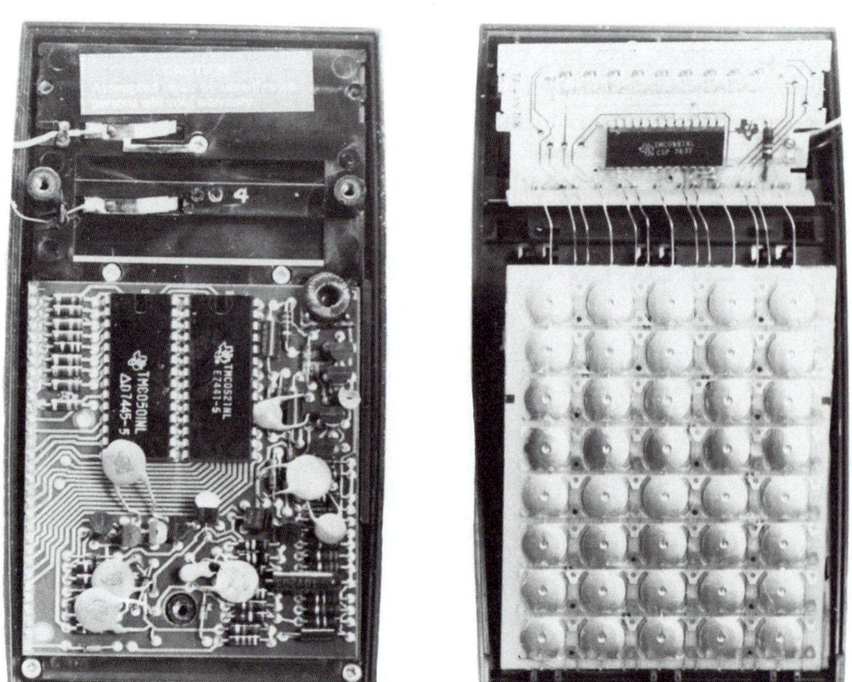

Alte und neue Generation von Elektronenrechnern.
Das ältere Gerät (links) enthält noch zahlreiche Widerstände und Kondensatoren, das neuentwickelte Geräte (rechts) verfügt nur noch über einen einzigen integrierten Schaltkreis. Den größten Teil des Raumes beansprucht die Tastatur.

Jahren möglich, den Preis von Taschenrechnern auf ein Zehntel herabzusetzen. Diesem Umstand ist deren heutige Verbreitung zu verdanken.

Das Herz eines elektronischen Taschenrechners ist ein quadratisches *Halbleiterchip* mit einer Seitenlänge von etwa einem halben Zentimeter. Die Oberfläche dieses Elements trägt tausend Transistoren, Dioden und Widerstände.

Noch einmal wollen wir uns den Fortschritt vor Augen halten, den die integrierten Schaltungen gebracht haben. Wollte man die vielen tausend Transistorelemente, die das Halbleiterchip eines Taschenrechners auf einer Fläche von weniger als 1 cm^2 trägt, durch Elektronenröhren ersetzen, so würde man hierzu eine Fläche von mehreren Quadratmetern benötigen. Schätzt man die Betriebsleistung einer Elektronenröhre auf 1 Watt, so würde der Rechner eine Abwärme von mehreren Kilowatt an die Umgebung abgeben. Dies entspräche der Heizleistung eines Elektro-Ofens, mit dem ein mittleres Zimmer geheizt werden kann. Im Gegensatz dazu wird unser Taschenrechner viele Stunden hindurch von einer kleinen Batterie betrieben.

Die mikroelektronischen Schaltungen werden jedoch vom menschlichen Gehirn noch weit in den Schatten gestellt. Dieses enthält auf engstem Raum etwa 10^{10} Schaltelemente. Mit der Technik der integrierten Schaltungen würde die Unterbringung dieser 10^{10} Elemente die Bodenfläche eines Zimmers erfordern. Ein ähnlich komplexes System von Elektronenröhren würde einen Wolkenkratzer als Gehäuse, die Leistung der Niagarafälle für den Betrieb und das Wasser der Niagarafälle zur Kühlung benötigen.

Integrierte Schaltungen erreichen eine Dichte
von vielen tausenden Transistoren, Dioden und Widerständen
pro Quadratzentimeter.
Hochintegrierte Halbleiterchips bilden das Kernstück
großer elektronischer Rechenanlagen
und leistungsfähiger Taschenrechner.

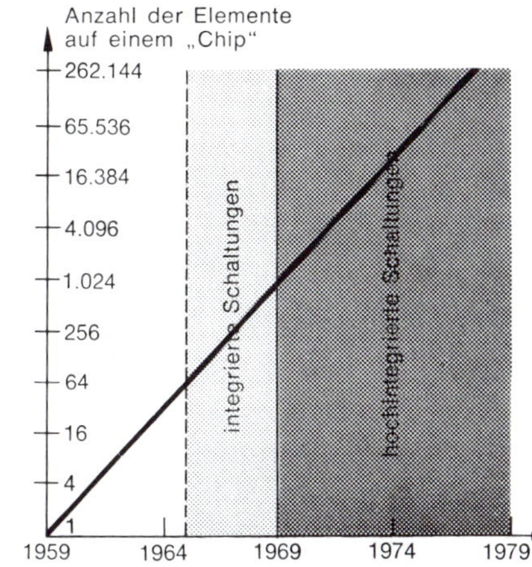

Die Höchstzahl von Bauelementen einer integrierten Schaltung hat sich seit 1959 jährlich verdoppelt.

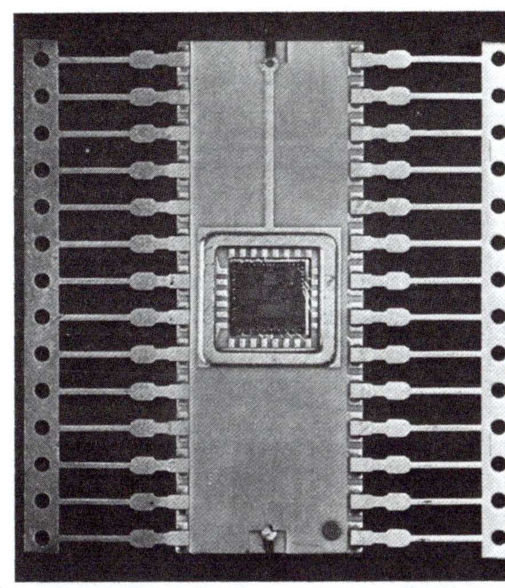

Eine integrierte Schalteinheit kann hunderttausende elektronische Elemente enthalten. Den meisten Raum beanspruchen die Anschlußkontakte.

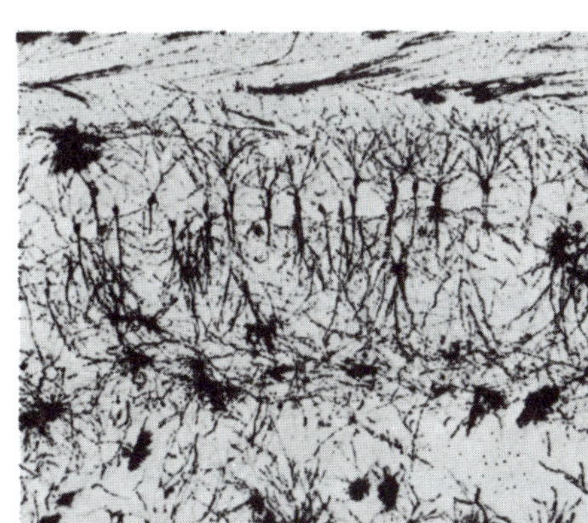

Integrierte Schaltungen enthalten bis zu hunderttausend Schaltelemente pro Kubikzentimeter. Die Dichte der Schaltelemente des menschlichen Gehirns ist noch hundertmal höher.

Testfragen:

1. Welche Nachteile hat die Elektronenröhre?
2. Wodurch ist ein Halbleiter gekennzeichnet?
3. Weshalb nimmt die Leitfähigkeit eines Metalls mit steigender Temperatur ab?
4. Weshalb nimmt die Leitfähigkeit eines Halbleiters mit steigender Temperatur zu?
5. Was ist ein „Defektelektron“, und wie verhält es sich in einem elektrischen Feld?
6. Was versteht man unter dem inneren photoelektrischen Effekt?
7. Was ist ein dotierter Halbleiter?
8. Welcher Halbleiter liegt vor, wenn Germanium mit fünfwertigem Arsen dotiert wird?
9. Welcher Halbleiter liegt vor, wenn Germanium mit dreiwertigem Indium dotiert wird?
10. Wovon hängt die Leitfähigkeit eines dotierten Halbleiters ab?
11. Wie ist eine Halbleiterdiode aufgebaut?
12. Wie kommt am pn-Übergang die Gleichrichterwirkung zustande?
13. Wodurch zeichnet sich die Halbleiterdiode vor einer Röhrendiode aus?
14. Wie ist ein pnp-Transistor aufgebaut?
15. Wie kommt die Verstärkerwirkung im Transistor zustande?
16. Weshalb läßt sich ein Transistor auch als Schalter verwenden?
17. Wo liegen die Hauptvorteile des Transistors?
18. Weshalb ist in den letzten Jahren die Mikroelektronik so wichtig geworden?
19. Was ist eine integrierte Schaltung?
20. Was ist ein Halbleiterchip, und welche Vorteile hat er?

Die Akademie der Wissenschaften und der Schönen Künste
(Stich von Sebastian Le Clerc, 1698)

Die Situation in der damaligen Zeit war ähnlich wie heute. Die Naturwissenschaften hatten eine Fülle von Erkenntnissen gebracht, die geordnet und in ein übersichtliches System gebracht werden mußten. Die „Theoretische Physik", von Newton begründet, beschäftigt sich damit auf physikalischem Gebiet. Sie hat gegenwärtig einen hohen Stand erreicht.

A. Die elektrische Ladung

In jedem neutralen Körper gleicht die positive Ladung der Atomkerne die negative Ladung der Elektronenhüllen gerade aus. Entfernt man Elektronen, so wird der Körper positiv geladen. Führt man Elektronen zu, so wird der Körper negativ geladen.

Die Kraft zwischen zwei punktförmigen, geladenen Körpern ist durch das Coulombsche Gesetz gegeben:

> Die Kraft $\boldsymbol{F}$ zwischen zwei punktförmigen Ladungen Q_1 und Q_2 hat den Betrag
>
> $$F = \frac{1}{4\pi\varepsilon_0}\frac{|Q_1 Q_2|}{r^2} \qquad (\varepsilon_0 = 8{,}85 \cdot 10^{-12}\ \mathrm{C^2/Nm^2})$$
>
> r bedeutet den Abstand der beiden Ladungen.
>
> Gleichnamige Ladungen stoßen einander ab.
> Ungleichnamige Ladungen ziehen einander an.

Die Einheit der Ladung ist das Coulomb (C).
Es gilt: 1 C = 1 As.

> Elektrische Kräfte beeinflussen sich gegenseitig nicht, sondern überlagern sich ungestört.
> (Satz vom Kräfteparallelogramm!)

Zur Beschreibung dieser Kräfte führte Faraday den Feldbegriff ein. Man definiert:

> Die elektrische Feldstärke $\mathcal{E}$ in einem Punkt P ist gegeben durch $\mathcal{E} = \boldsymbol{F}/q$.
> ($\boldsymbol{F}$ ist die auf eine kleine, positive Testladung q wirkende Kraft.)

Die Einheit der elektrischen Feldstärke ist 1 N/C = 1 V/m.

> Das elektrische Feld ist die Gesamtheit der Feldstärkevektoren in einem Raumbereich.
> Elektrische Felder werden durch Feldlinien dargestellt.
> Die Richtung der Feldlinien gibt die Richtung von $\mathcal{E}$ an.
> Die Dichte der Feldlinien mißt den Betrag von $\mathcal{E}$.

Im elektrostatischen Feld hängt die zur Verschiebung einer Ladung notwendige Arbeit nicht von der Form des Weges, sondern nur von seinem Anfangs- und Endpunkt ab. Diese Tatsache erlaubt es, die elektrische Spannung zwischen zwei Punkten zu definieren.

> Die elektrische Spannung U zwischen zwei Punkten gibt die Arbeit an, die zur Verschiebung der Einheitsladung zwischen diesen Punkten erforderlich ist.

Die Einheit der Spannung ist das Volt (V).
Es gilt: 1 V = 1 J/C = 1 W/A.

> Die potentielle Energie zweier Ladungen Q und q beträgt
>
> $$E_\mathrm{p} = \frac{1}{4\pi\varepsilon_0}\frac{Qq}{r},$$
>
> r bedeutet den Abstand der beiden Ladungen.
> Die potentielle Energie gleichnamiger Ladungen ist positiv.
> Die potentielle Energie ungleichnamiger Ladungen ist negativ.

B. Der elektrische Strom

Fließende elektrische Ladung bezeichnet man als elektrischen Strom. Weil ein Draht der fließenden Ladung einen Widerstand entgegensetzt, kann ein Strom im allgemeinen nur fließen, wenn eine Spannungsquelle (Batterie) eingeschaltet ist.

Die technische Stromrichtung verläuft vom Pluspol zum Minuspol. Sie ist der Elektronenbewegung entgegengerichtet.

> Die elektrische Stromstärke I ist gegeben durch
>
> $$I = Q/t$$
>
> Dabei ist Q die Ladungsmenge, die in der Zeit t durch den Leiterquerschnitt fließt.

Die Einheit der Stromstärke ist das Ampere (A).
Es gilt: 1 A = 1 C/s.

Spannung, Stromstärke und Widerstand verbindet das Ohmsche Gesetz.

> Die Stromstärke I in einem Leiter ist proportional zur angelegten Spannung U.
>
> $$I = U/R$$
>
> Die material- und temperaturabhängige Größe R heißt ohmscher Widerstand des Leiters.

Die Einheit des Widerstandes ist 1 Ω = 1 V/A.
An Verzweigungen gelten die Kirchhoffschen Gesetze.

> 1. Kirchhoffsches Gesetz
> Die Gesamtstromstärke ist bei einer Verzweigung gleich der Summe der Einzelstromstärken.

> 2. Kirchhoffsches Gesetz
> Zwischen zwei Verzweigungspunkten liegt an allen Widerständen die gleiche Spannung.

Mittels dieser Gesetze läßt sich der Gesamtwiderstand einer Verzweigung berechnen. Es gelten folgende Regeln:

> Bei *Serienschaltung* ist der Gesamtwiderstand gegeben durch
>
> $$R = R_1 + R_2 + R_3 + \ldots$$
>
> Er ist größer als jeder Einzelwiderstand.
> Bei *Parallelschaltung* ist der Gesamtwiderstand gegeben durch
>
> $$\frac{1}{R} = \frac{1}{R_1} + \frac{1}{R_2} + \frac{1}{R_3} + \ldots$$
>
> Er ist kleiner als jeder Einzelwiderstand.

Für Arbeit und Leistung des Gleichstromes gilt:

> Eine Gleichspannungsquelle der Quellenspannung U, die während der Zeit t den Strom I liefert, gibt an die Umgebung die elektrische Energie ab:
>
> $$W = I \cdot U \cdot t$$
>
> Ihre Leistung beträgt daher:
>
> $$P = \frac{W}{t} = I \cdot U$$

Die Klemmenspannung U_{KL} ist wegen des inneren Widerstandes R_i stets kleiner als die Quellenspannung U. Es gilt nämlich:

$$U_{\mathrm{KL}} = U - I \cdot R_\mathrm{i} \quad \text{und} \quad I = \frac{U}{R_\mathrm{i} + R}$$

C. Das elektrische Feld

Dieses Feld wird erzeugt von ruhenden oder bewegten Ladungen. (Als Bezugssystem liegt stets ein Inertialsystem zugrunde!)

1. Das Feld einer Punktladung:

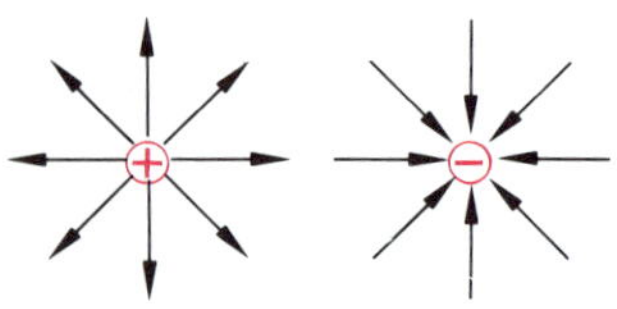

$$\mathcal{E} = \frac{1}{4\pi\varepsilon_0}\frac{Q}{r^2} \ \text{[V/m]}$$

$(\varepsilon_0 = 8{,}85 \cdot 10^{-12}\,\text{As/Vm})$

2. Das Feld mehrerer Punktladungen:

Die Einzelfelder überlagern sich ungestört.

2 gleichnamige Punktladungen

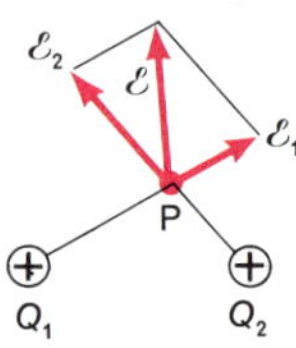

$\mathcal{E} = \mathcal{E}_1 + \mathcal{E}_2$

2 ungleichnamige Punktladungen

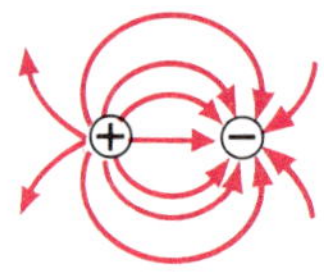

(Dipol)

Plattenkondensator

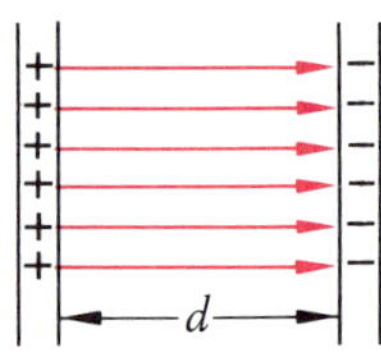

$$\mathcal{E} = \frac{1}{\varepsilon_0}\frac{Q}{A} = \frac{U}{d}$$

Bei ruhenden Ladungen gibt es keine geschlossenen Feldlinien!

3. Das resultierende Feld $\mathcal{E}$ greift an:

an ruhenden oder bewegten Ladungen q

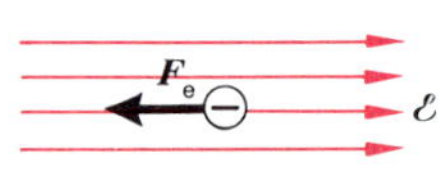

Kraftgleichung: $\boldsymbol{F}_e = q\mathcal{E}$

und erteilt ihnen eine Beschleunigung $\boldsymbol{a}$

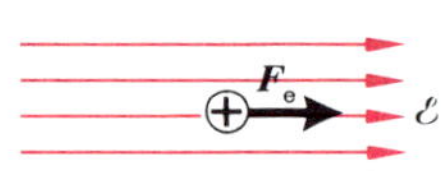

Bewegungsgleichung: $m\boldsymbol{a} = q\mathcal{E}$

Gleichnamige Ladungen stoßen einander ab.
Ungleichnamige Ladungen ziehen einander an.

4. Die Feldenergie:

Kondensator

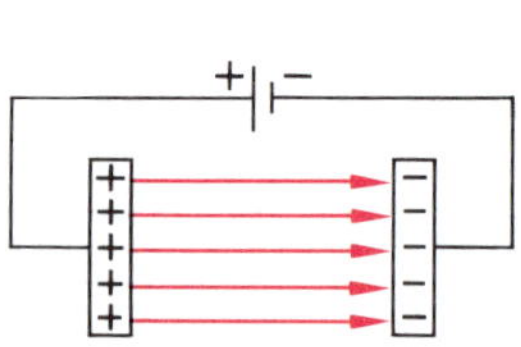

$$E_e = \frac{1}{2} C U^2 \quad ^{*)}$$

Elektrisches Feld

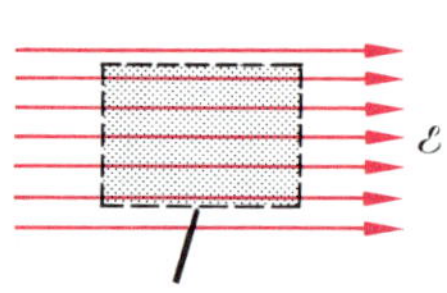

Volumen V

$$E_e = \frac{1}{2}\varepsilon_0 \mathcal{E}^2 V$$

Energiedichte: $w_e = \frac{1}{2}\varepsilon_0 \mathcal{E}^2$

Die potentielle Energie zwischen ruhenden Ladungen läßt sich als elektrische Feldenergie deuten!

*) Kapazität des Plattenkondensators: $C = \varepsilon\varepsilon_0 \frac{A}{d}$
(A = Plattenfläche, d = Plattenabstand.)

D. Das magnetische Feld

Dieses Feld wird erzeugt von bewegten Ladungen.
(Als Bezugssystem liegt stets ein Inertialsystem zugrunde!)

1. Das Feld eines Stromes:

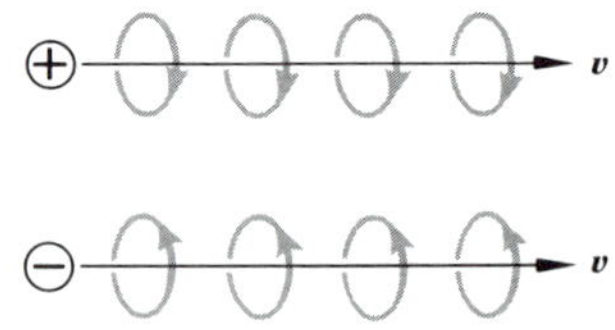

$$\mathcal{B} = \frac{\mu_0}{2\pi}\frac{I}{r} \ \text{[T]}$$

$(\mu_0 = 4\pi \cdot 10^{-7}\,\text{Vs/Am})$

2. Das Feld mehrerer Ströme:

Die Einzelfelder überlagern sich ungestört.

2 parallele Ströme

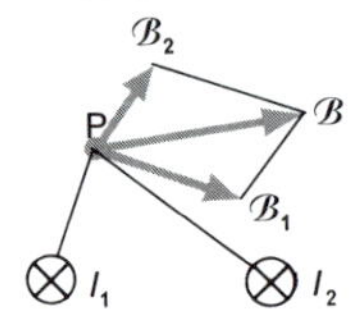

$\mathcal{B} = \mathcal{B}_1 + \mathcal{B}_2$

2 antiparallele Ströme

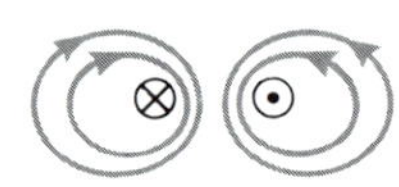

(Kreisstrom!)

lange Spule

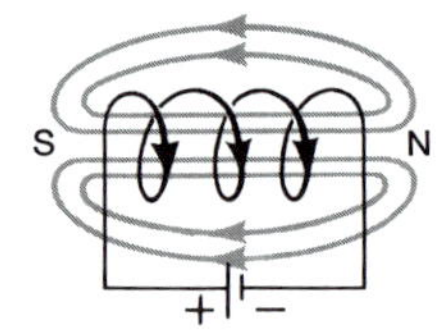

$$\mathcal{B} = \mu_0 \frac{NI}{l}$$

Es gibt nur geschlossene Feldlinien!

3. Das resultierende Feld $\mathcal{B}$ greift an:

nur an bewegten Ladungen q

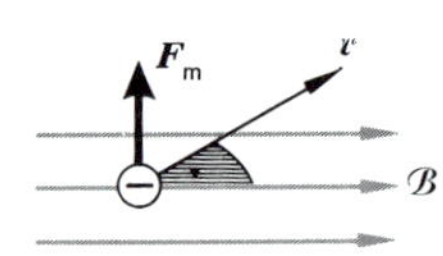

Kraftgleichung: $\boldsymbol{F}_m = q(\boldsymbol{v} \times \mathcal{B})$

und erteilt ihnen eine Beschleunigung $\boldsymbol{a}$

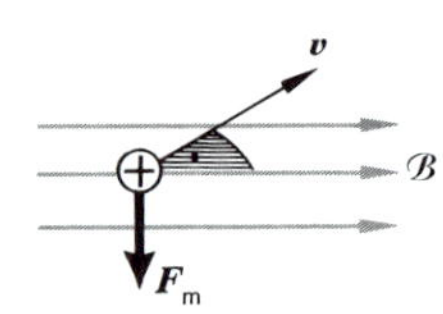

Bewegungsgleichung: $m\boldsymbol{a} = q(\boldsymbol{v} \times \mathcal{B})$

Parallele Ströme ziehen einander an.
Antiparallele Ströme stoßen einander ab.

4. Die Feldenergie:

Spule

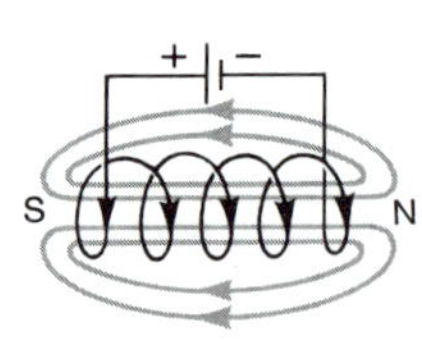

$$E_m = \frac{1}{2} L I^2 \quad ^{*)}$$

Magnetisches Feld

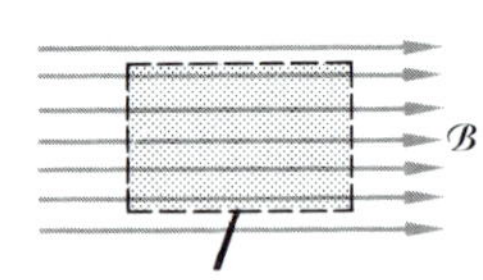

Volumen V

$$E_m = \frac{1}{2\mu_0}\mathcal{B}^2 V$$

Energiedichte: $w_m = \frac{1}{2\mu_0}\mathcal{B}^2$

Die potentielle Energie zwischen Strömen läßt sich als magnetische Feldenergie deuten!

*) Induktivität einer langen Spule: $L = \mu\mu_0 \frac{N^2 A}{l}$
(A = Spulenquerschnitt, l = Spulenlänge.)

5. Das Maxwellsche Feldgesetz:

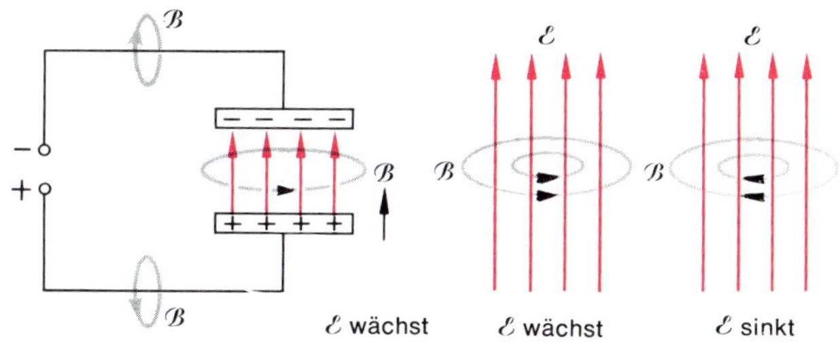

Ein sich veränderndes elektrisches Feld erzeugt ein »ringförmiges« magnetisches Feld.

(Das Analogon zum Faradayschen Induktionsgesetz spielt in der Technik eine geringe Rolle. Es wurde daher nicht behandelt.)

5. Das Maxwellsche Feldgesetz:

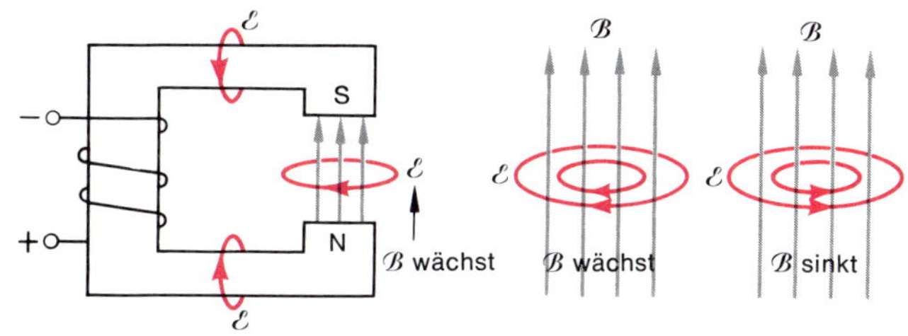

Ein sich veränderndes magnetisches Feld erzeugt ein »ringförmiges« elektrisches Feld.

Spezialfall: Faradaysches Induktionsgesetz:

Ein sich verändernder magnetischer Fluß $\phi = \mathcal{B} \cdot A \cos \alpha$ ruft in einer Drahtschleife eine »Ringspannung« hervor.

$$U_{\text{ind}} = -N \frac{\mathrm{d}\Phi}{\mathrm{d}t} \quad \text{bzw.} \quad U_{\text{ind}} = -L \frac{\mathrm{d}I}{\mathrm{d}t}$$

Der Induktionsstrom ist stets so gerichtet, daß er mit seinem Feld seiner Ursachen entgegenwirkt (Lenzsche Regel!).

E. Der Wechselstrom

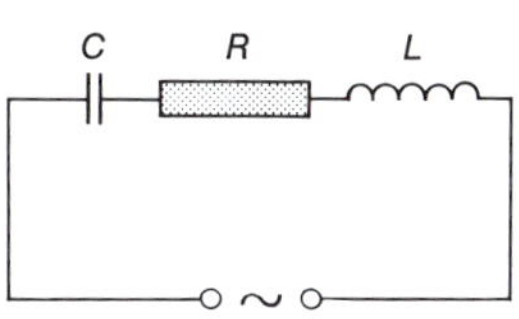

Weil durch den Wechselstrom in der Spule eine Gegenspannung induziert wird und durch die Ladung am Kondensator ebenfalls eine Spannung hervorgerufen wird, ist der Wechselstrom zwar mit der resultierenden, nicht aber mit der angelegten Spannung in Phase. Es gilt vielmehr:

$U(t) = U_s \sin \omega t$ und $I(t) = I_s \sin(\omega t - \varphi)$

$I_s = \dfrac{U_s}{\sqrt{R^2 + (\omega L - 1/\omega C)^2}}$ und $\tan \varphi = \dfrac{\omega L - 1/\omega C}{R}$

R = ohmscher Widerstand

ωL = induktiver Widerstand

$\dfrac{1}{\omega C}$ = kapazitiver Widerstand

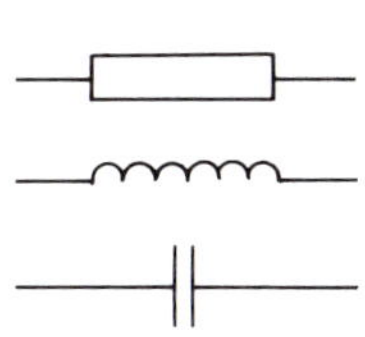

Wirkleistung des Wechselstromes:

$$\bar{P} = \frac{1}{2} I_s U_s \cos \varphi = I_{\text{eff}} U_{\text{eff}} \cos \varphi = I_{\text{eff}}^2 R$$

Effektive Spannung:

$$U_{\text{eff}} = \frac{1}{\sqrt{2}} U_s$$

Effektive Stromstärke:

$$I_{\text{eff}} = \frac{1}{\sqrt{2}} I_s$$

F. Elektromagnetische Wellen

Elektromagnetische Wellen werden von beschleunigt bewegten Ladungen abgestrahlt:

$$\text{Strahlungsleistung: } P = \frac{2}{3} \frac{q^2}{4 \pi \varepsilon_0} \left(\frac{a^2}{c^3} \right)$$

Struktur einer harmonischen elektromagnetischen Welle:

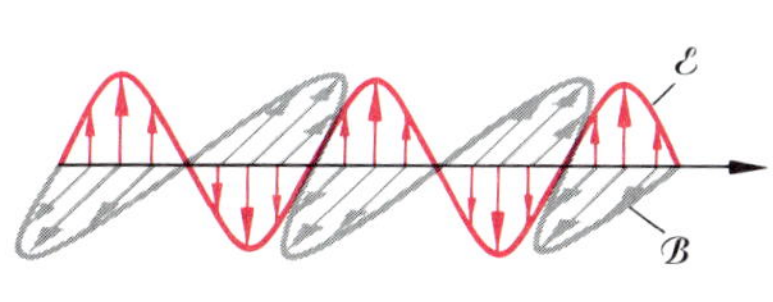

$$c = \frac{1}{\sqrt{\varepsilon_0 \mu_0}} = 3 \cdot 10^8 \text{ m/s}$$

Weil auch das Licht eine elektromagnetische Welle ist, wird das Verhalten dieser Wellen durch die Gesetze der Optik beschrieben.

»Schwarze Körper« sind wichtige Strahlungsquellen.
Für ihre Temperaturstrahlung gelten folgende Gesetze.

Stefan-Boltzmannsches Gesetz: $E = \sigma T^4$

(E = Emissionsvermögen, $\sigma = 5{,}67 \cdot 10^{-8}$ W/m²K⁴).

Wiensches Verschiebungsgesetz: $\lambda_{\max} \cdot T = 2{,}9 \cdot 10^{-3}$ mK

($\lambda_{\max}$ = Wellenlänge maximaler Strahlung).

Übungsbeispiele*

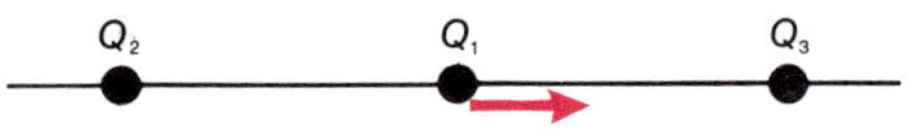

Zu Aufgabe 3

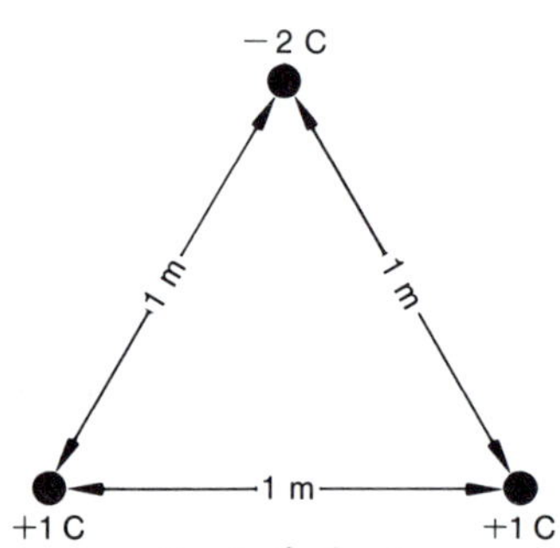

Zu Aufgabe 4

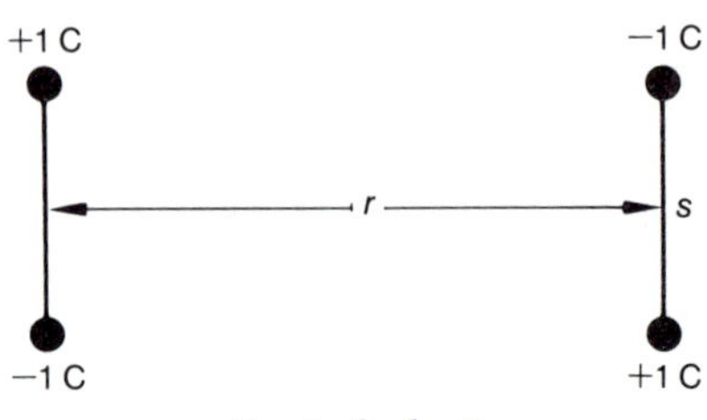

Zu Aufgabe 7

Die elektrische Ladung

1. Zwei gleich große Ladungen stoßen einander in einem Abstand $r = 0{,}1$ m mit der Kraft $F = 10^{-2}$ N ab. Wie groß sind die Ladungen?
   Anmerkung: Diese Größenordnung ist typisch für Ladungen, wie sie im elektrostatischen Schulexperiment auftreten.
2. Eine Ladung $Q_1 = 1$ C hat den Abstand $r = 1$ m von der Ladung $Q_2 = 10^{-10}$ C.
   a) Wie groß ist die Kraft auf die Ladung Q_1?
   b) Wie groß ist die Kraft auf die Ladung Q_2?
3. Eine Ladung Q_1 liegt zwischen zwei gleich großen Ladungen Q_2 und Q_3.
   a) Wirkt eine Kraft auf Q_1, wenn sich diese Ladung genau in der Mitte zwischen Q_2 und Q_3 befindet?
   b) Welche Richtung hat die Kraft auf Q_1, wenn man diese Ladung ein Stück in Richtung auf Q_3 verschiebt?
4. Welche Kräfte wirken auf die drei abgebildeten Ladungen? Zeichnen Sie Betrag und Richtung näherungsweise ein!

\+ 5. Erklären Sie die Festigkeit eines Ionenkristalls und eines Metalls mit Hilfe des Coulombschen Gesetzes.

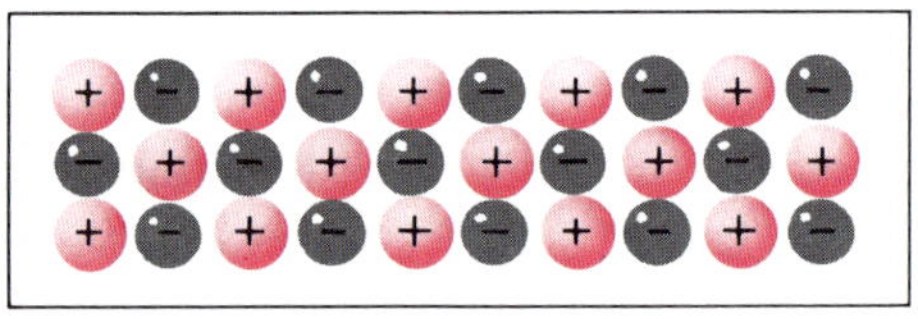

Ionenkristall

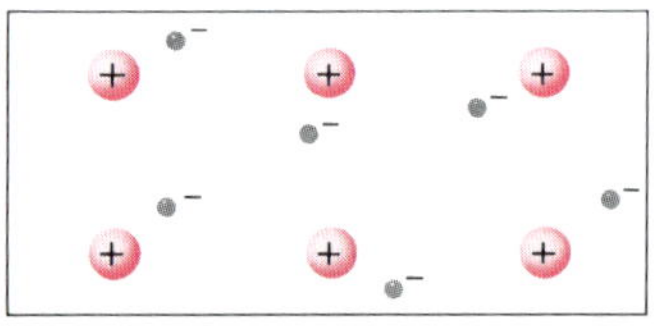

Metall

6. Das Wassermolekül ist winkelförmig aufgebaut. Einem geringen negativen Ladungsüberschuß beim Sauerstoffatom steht ein positiver Ladungsüberschuß beim Wasserstoffatom gegenüber. In welcher der skizzierten Anordnungen werden zwei Wassermoleküle einander anziehen?

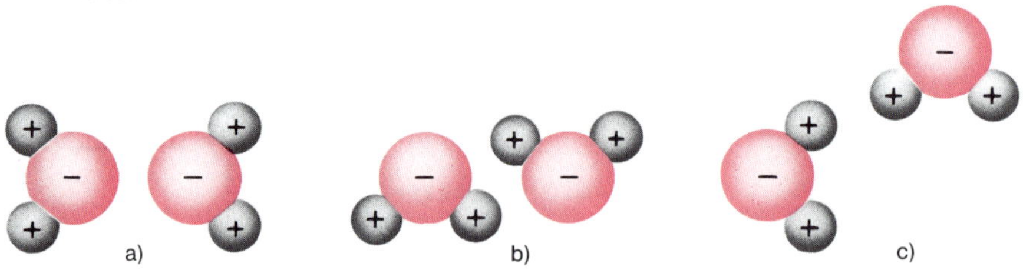

Zu Aufgabe 6

7. Zwei Dipole liegen in der skizzierten Anordnung nebeneinander.
   a) Ziehen diese Dipole einander an?
   b) In welcher Beziehung stehen sie zu den Wassermolekülen der Aufgabe 6?

\+ 8. Die Entfernung zweier Dipole betrage $r = 1$ m. Der Abstand der beiden Ladungen sei in jedem der beiden Dipole durch $s = 1$ cm festgelegt. Die Größe der Ladungen und die räumliche Orientierung sei die gleiche wie in Aufgabe 7.
   a) Welche Kraft wirkt zwischen den Dipolen?
   b) Ist diese Kraft kleiner oder größer als diejenige zwischen einer positiven und einer negativen Ladung von 1 C in 1 m Entfernung?

9. Die Entfernung der beiden Dipole der vorhergehenden Aufgabe wird auf $r = 10$ m bzw. auf $r = 100$ m gesteigert.
   a) Berechnen Sie die Kraft zwischen den beiden Dipolen.
   b) Können Sie erraten, nach welchem Gesetz die Kraft abnimmt?
   c) Warum bezeichnet man eine derartige Kraft als kurzreichweitig?

---

*) Umfangreiche oder schwierigere Aufgaben sind mit + gekennzeichnet.

10. Im Wasserstoffatom beträgt der Abstand zwischen Atomkern und Elektron rund 10^{-10} m. Der Atomkern trägt die Ladung $q = 1{,}6 \cdot 10^{-19}$ C. Das Elektron hat eine gleich große negative Ladung.
   a) Wie groß ist die elektrische Anziehungskraft zwischen Atomkern und Elektron?
   b) Wie groß ist die Gravitationsanziehung zwischen Atomkern und Elektron, wenn deren Massen $m_K = 1{,}7 \cdot 10^{-27}$ kg und $m_e = 9 \cdot 10^{-31}$ kg betragen?
   c) In welchem Verhältnis stehen die beiden Kräfte?

Zu Aufgabe 11

Das elektrische Feld

11. Skizzieren Sie die Feldlinien der abgebildeten Ladungsanordnung!
12. Was können Sie aus dem Feldlinienbild über die Ladungsanordnung entnehmen?
13. Kann das skizzierte Feldlinienbild einem elektrostatischen Feld entsprechen? Begründen Sie Ihre Antwort!
14. Zwei positiv geladene Platten stehen einander gegenüber. Berechnen Sie die Feldstärke mit Hilfe des Unabhängigkeitsgesetzes.
   a) Welches Feld ergibt sich, wenn beide Platten die gleiche Ladung tragen?
   b) Welches Feld ergibt sich, wenn eine Platte doppelt so stark geladen ist wie die andere?
15. Bei elektrostatischen Experimenten treten Ladungen auf, die etwa $Q = 10^{-8}$ C betragen.
   a) Welche Kraft wirkt auf eine derartige Ladung im erdelektrischen Feld?
   b) Kann man diese Kraft leicht messen?
16. In Aufgabe 10 sind die Daten eines Wasserstoffatoms angeführt.
   a) Welche Beschleunigung erfährt das Elektron?
   b) Welche Beschleunigung erfährt der Atomkern?
17. Welche Spannung liegt zwischen den Punkten A und B, den Punkten A und C und den Punkten B und C im abgebildeten Feld der Feldstärke 1 000 N/C?
18. Der Abstand zweier Punkte im erdelektrischen Feld betrage 1 m. Welche Spannung liegt zwischen diesen beiden Punkten – gemessen mit einer Einheitsladung –,
   a) wenn sie lotrecht untereinander liegen,
   b) wenn sie in einer waagrechten Ebene liegen?
19. Ein Elektron ($m_e = 9 \cdot 10^{-31}$ kg) durchläuft die Spannung $U = 220$ V. Welche Energie und welche Geschwindigkeit hat es, wenn es anfänglich in Ruhe war?
20. Ein Plattenkondensator hat die Fläche $A = 10$ m² und den Plattenabstand $s = 10^{-6}$ m. Zwischen den Platten befindet sich Vakuum.
   a) Berechnen Sie die Kapazität dieses Kondensators.
   b) Welche Spannung liegt am Kondensator, wenn er die Ladung $Q = 10^{-4}$ C bzw. $Q = 1$ C trägt?
21. Ein Plattenkondensator der Kapazität $C = 100$ pF ist fest mit einer Spannung von 220 V verbunden. Wieviel Ladung fließt ab, wenn der Plattenabstand verdoppelt wird?

+22. Zwei verschiedene Kondensatoren C_1 und C_2 sind in Serie geschaltet. An die freien Enden ist eine Spannung U angelegt.
   a) Wie verteilt sich die Gesamtladung auf C_1 und C_2?
   b) Wie verteilt sich die Spannung auf C_1 und C_2?
   c) Wie groß ist die Gesamtkapazität der Anordnung?

23. Welche anziehende Kraft wirkt zwischen den Platten des in Aufgabe 20 beschriebenen Kondensators,
   a) wenn der Kondensator die Ladung $Q = 1$ C trägt,
   b) wenn am Kondensator die Spannung $U = 220$ V liegt?
24. Welche Energie wird in dem in Aufgabe 20 beschriebenen Kondensator gespeichert,
   a) wenn der Kondensator die Ladung $Q = 1$ C trägt,
   b) wenn am Kondensator die Spannung $U = 220$ V liegt?

+25. Wir wollen annehmen, daß das elektrische Feld der Erde bis zur Höhe h = 10 km reicht.
   a) Wie groß ist die Energiedichte des Feldes?
   b) Wie groß ist die elektrische Gesamtenergie des Feldes?
   c) Spielt diese Energie im Energiehaushalt der Erde eine wesentliche Rolle?

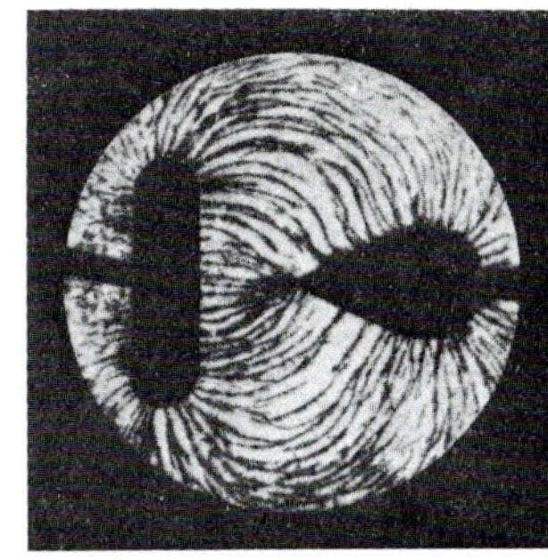

Zu Aufgabe 12

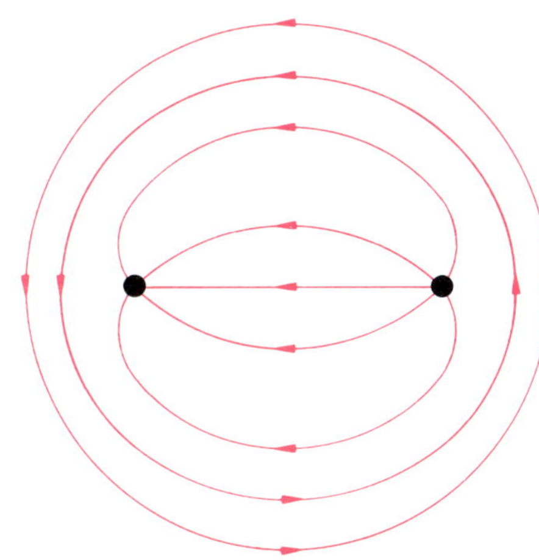

Zu Aufgabe 13

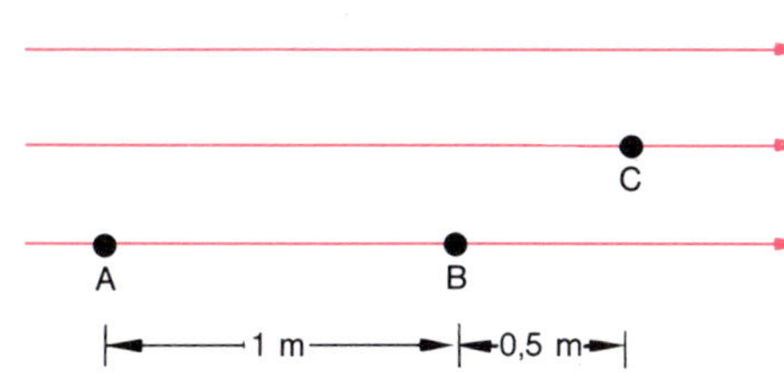

Zu Aufgabe 17

Materie im elektrischen Feld

26. Ein leitender Würfel wird in den beiden abgebildeten Stellungen in ein elektrisches Feld gebracht. Wie verschieben sich die elektrischen Ladungen auf dem Würfel, und welche Feldverteilung entsteht?
27. Eine positive Ladung steht einer neutralen Metallfläche gegenüber.
   a) Wie verschieben sich die Ladungen in der Metallfläche?
   b) Wirkt eine Kraft zwischen der neutralen Metallfläche und der positiven Ladung?

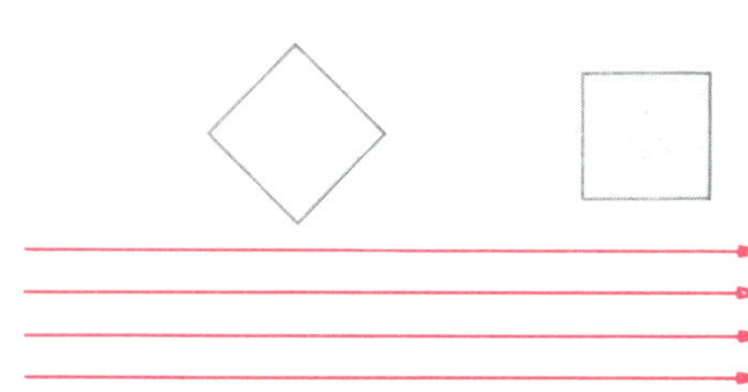

Zu Aufgabe 26

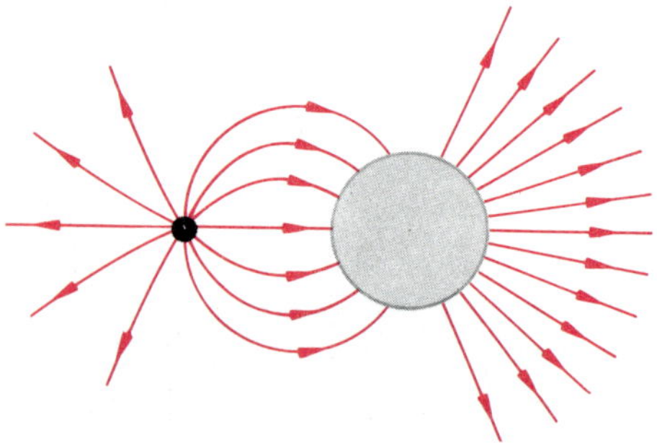

Zu Aufgabe 28

28. Erklären Sie an Hand der Abbildung, warum eine positive Punktladung und eine schwach positiv geladene Metallkugel einander anziehen können.

+29. Eine Kugel hat den Radius $r = 1$ cm. Auf sie wird $Q = 10^{-8}$ C aufgebracht.
   a) Welche Spannung hat diese Kugel gegenüber dem Experimentiertisch?
   b) Welche Spannung hat diese Kugel gegenüber einer zweiten Kugel, welche die Ladung $Q = -10^{-8}$ C trägt?

+30. Die Dielektrizitätskonstante ε_r der Luft hängt vom Druck p ab, wie die Tabelle zeigt.
   a) Welche Formel beschreibt den Zusammenhang zwischen ε_r und p?
   b) Wie kann man dieses Ergebnis erklären?

p in bar	ε_r
0,1	1,00006
0,5	1,00030
1,0	1,00059
2,0	1,00119

Zu Aufgabe 30

Der Gleichstrom

31. Eine Batterie liefert eine Stunde lang einen Strom von 1 A.
   a) Wie viele Elektronen fließen dabei durch die Batterie?
   b) Ändert sich die elektrische Ladung der Batterie dabei?
   c) Wie ist der Ausdruck »die Batterie wird entladen« zu verstehen?

32. Die Tabelle gibt den Strom durch einen Draht in Abhängigkeit von der Spannung an.
   a) Welchen Widerstand hat der Draht?
   b) Wie genau ist dieses Ergebnis etwa?

33. Das Diagramm zeigt den Strom durch einen Draht in Abhängigkeit von der Spannung. Welchen Widerstand hat der Draht?

34. Welcher Strom fließt durch einen Lautsprecher vom Widerstand $R = 8\ \Omega$ bei einer Spannung 1 V, 2 V, 3 V, 4 V? Stellen Sie das Ergebnis graphisch dar!

35. Zwei Widerstände $R_1 = 1\ \Omega$ und $R_2 = 2\ \Omega$ werden parallel geschaltet.
   a) Wie groß ist der Gesamtwiderstand?
   b) Welcher Strom fließt durch jeden der beiden Widerstände, wenn eine Spannung $U = 220$ V angelegt wird?

36. Berechnen Sie den Gesamtwiderstand der abgebildeten Anordnung. Welche Ströme fließen, wenn 220 V angelegt werden?

37. Berechnen Sie den Gesamtwiderstand der abgebildeten Anordnung. Welche Ströme fließen, wenn 220 V angelegt werden?

38. Der spezifische Widerstand von Eisen beträgt $\varrho = 10^{-5}\ \Omega$ cm. Wie lang muß ein Eisendraht vom Querschnitt $A = 1\ \text{mm}^2$ sein, um einen Widerstand $R = 1\ \Omega$ aufzuweisen?

39. Eine Spule besteht aus 1 000 Windungen eines Kupferdrahtes mit dem Querschnitt $A = 0{,}2\ \text{mm}^2$. Der Durchmesser der Spule beträgt 3 cm. Wie hoch ist der Widerstand der Spule?

40. Eine Batterie hat eine Quellenspannung $U = 1{,}5$ V. Ihr Kurzschlußstrom beträgt 1 A.
   a) Wie hoch ist ihr Innenwiderstand?
   b) Welche Klemmenspannung steht zur Verfügung und welcher Strom fließt, wenn an die Batterie ein Verbraucher von $R = 15\ \Omega$ angeschlossen wird?
   c) Welche Klemmenspannung steht zur Verfügung und welcher Strom fließt, wenn an die Batterie ein Verbraucher von $R = 1\ \Omega$ angeschlossen wird?
   d) Welche Klemmenspannung steht zur Verfügung und welcher Strom fließt durch diesen Verbraucher, wenn drei derartige Batterien in Serie geschaltet werden?
   e) Welche Klemmenspannung steht zur Verfügung und welcher Strom fließt durch diesen Verbraucher, wenn drei derartige Batterien parallel geschaltet werden?

U in V	I in A
1	0,51
2	1,01
3	1,48
4	1,99
5	2,52

Zu Aufgabe 32

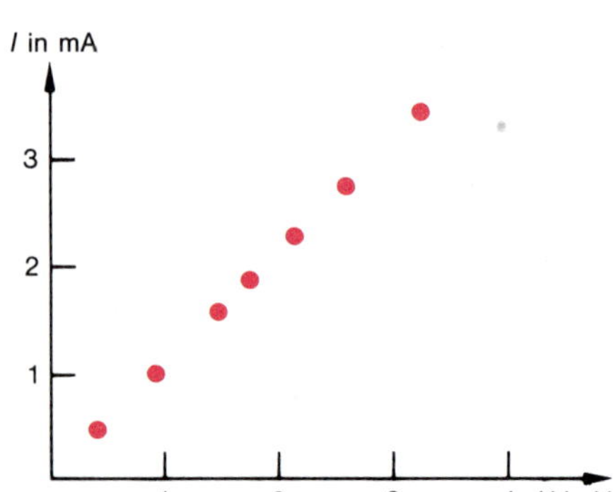

Zu Aufgabe 33

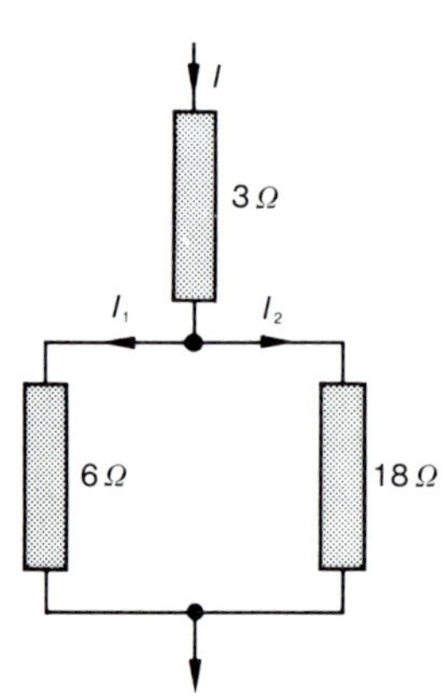

Zu Aufgabe 36

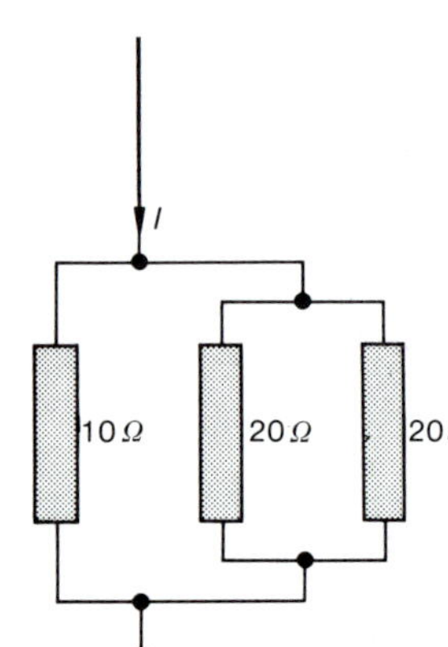

Zu Aufgabe 37

41. Eine 12-V-Autobatterie liefert $I = 3$ A zum Betrieb eines Scheinwerfers.
   a) Wie hoch ist die Leistung der Batterie?
   b) Welche Energie gibt die Batterie in einer Stunde ab?

+42. Stellen Sie die Leistung einiger elektrischer Haushaltsgeräte (Fernseher, Radio, Staubsauger, Bügeleisen . . .) fest.
   a) Welche Stromstärke fließt, wenn die Spannung $U = 220$ V beträgt?
   b) Welchen Innenwiderstand haben diese Geräte?
   c) Was kostet der Betrieb jedes dieser Geräte stündlich?
   d) Welche Kosten erwachsen monatlich etwa?

+43. Eine Taschenlampenbatterie versorgt eine Lampe mit der Spannung $U = 3$ V, wobei die Stromstärke $I = 0{,}2$ A beträgt.
   a) Welchen Widerstand hat das Lämpchen?
   b) Welche Leistung gibt es ab?
   c) Was kostet eine Kilowattstunde, wenn die Lampe 5 Stunden lang betrieben werden kann und die Batterie S 20,– bzw. DM 3,– kostet? Vergleichen Sie dies mit dem Preis anderer Energieformen.

   Anmerkung: In der Wärmelehre finden Sie die Heizwerte einiger Brennstoffe und den Nährwert einiger Nahrungsmittel. Beziehen Sie auch diese Energieformen in Ihren Vergleich ein! Ein Mensch leistet bei angestrengter Arbeit rund 100 W, ein Pferd etwa 500 W. Wie würden Sie den Wert einer Tagesarbeit ansetzen?

+44. Ein Lautsprecher hat einen Widerstand $R = 8\ \Omega$. Er soll mit der Leistung $P = 50$ W betrieben werden und ist über eine 10 m lange Zuleitung mit einer HiFi-Anlage verbunden.
   a) Welchen Widerstand darf diese Leitung haben, damit die Leitungsverluste nur 5% der Verstärkerleistung betragen?
   b) Welchen Querschnitt muß der Draht haben, wenn er aus Kupfer besteht?

Oersted demonstriert die Ablenkung der Magnetnadel durch den elektrischen Strom.

Ströme im Magnetfeld

45. Die Feldlinien eines Magnetfeldes laufen in die Papierebene hinein. Senkrecht zu den Feldlinien ist ein Draht gespannt (siehe Abbildung). In welcher Richtung wirkt die Kraft, wenn durch den Draht ein Strom von links nach rechts fließt?

46. Das Magnetfeld der Erde beträgt $\mathcal{B} = 6 \cdot 10^{-5}$ T. Durch eine Gleichstromleitung fließen 1500 A. Welche magnetische Kraft wirkt pro Kilometer auf die Leitung,
   a) wenn sie längs des Äquators in West-Ost-Richtung verläuft,
   b) wenn sie mit der magnetischen Nord-Süd-Richtung einen Winkel von 30° einschließt, und der Strom nach NO fließt?

47. Das Magnetfeld im Luftspalt eines dynamischen Lautsprechers beträgt 0,1 T. Im Luftspalt ist eine Spule mit einer Drahtlänge von 10 m beweglich aufgehängt und mit der Lautsprechermembran fest verbunden. Durch die besondere Bauart steht das Magnetfeld überall senkrecht zum Draht der Spule. Welche Kraft wirkt auf diese »Schwingspule«, wenn sie von 0,5 A durchflossen wird?

Zu Aufgabe 45

Drehspulinstrument und Meßbereich-Erweiterung

48. Das Magnetfeld in einem Drehspulinstrument beträgt 0,1 T. Die Spule ist 24 mm lang, hat 12 mm Durchmesser und besitzt 320 Windungen. Welches Drehmoment wirkt auf die Spule, wenn sie von 0,1 mA durchflossen wird?

49. Ein Strommeßgerät kann auch als Spannungsmesser verwendet werden.
   a) Weshalb muß der Innenwiderstand eines Amperemeters möglichst klein sein?
   b) Weshalb muß der Innenwiderstand eines Voltmeters möglichst groß sein?
   c) Wie gewinnt man mittels der Amperemeter-Skala die Skala des Voltmeters?

+50. Ein Drehspulmeßgerät hat 20 Ohm Widerstand. Das Gerät zeigt Vollausschlag bei 5 mA.
   a) Wie groß ist der Spannungsmeßbereich des Gerätes ohne Zusatzwiderstand?
   b) Welcher Zusatzwiderstand ist nötig für einen Strommeßbereich bis 1 A, und wie muß er geschaltet werden?
   c) Welcher Zusatzwiderstand ist nötig für einen Spannungsmeßbereich bis 10 V, und wie muß er geschaltet werden?

Teilchen im Magnetfeld

51. Die Feldstärke eines homogenen Magnetfeldes beträgt $\mathcal{B} = 5 \cdot 10^{-2}$ T.
   a) Ein Elektron ($m = 9 \cdot 10^{-31}$ kg) bewegt sich mit der Geschwindigkeit $v = 10^7$ m/s senkrecht zu den Feldlinien. Wie groß ist der Radius der Bahn?
   b) Welchen Radius hätte die Bahn eines Alpha-Teilchens gleicher Energie? (Masse: $6 \cdot 10^{-27}$ kg, Ladung: $3{,}2 \cdot 10^{-19}$ C)

Durch Einbau eines Verstärkers in ein Drehspul-Meßgerät können Ströme bis zu 10^{-7} A gemessen werden.

+52. Senkrecht zu einem homogenen Magnetfeld werden gleiche geladene Teilchen mit verschiedener kinetischer Energie eingeschossen. Zeigen Sie, daß alle Teilchen ihre Kreisbahn in der gleichen Zeit durchlaufen, unabhängig von Energie und Bahnradius. Inwiefern spielt dieser Satz beim Zyklotron eine wichtige Rolle?

+53. Ein homogenes elektrisches Feld ($\mathcal{E} = 10^3$ V/m) und ein homogenes magnetisches Feld ($\mathcal{B} = 2 \cdot 10^{-2}$ T) stehen aufeinander senkrecht. Ein Strom einfach geladener Ionen wird senkrecht zu den Feldlinien eingeschossen (siehe Abbildung).
   a) Wie groß ist die Geschwindigkeit jener Ionen, die nicht abgelenkt werden?
   b) Diese Ionen – es handle sich um Neonionen der Atommassen 20 und 22 – treten durch einen Schlitz in ein homogenes magnetisches Feld ($\mathcal{B}_0$ = 0,09 T), das senkrecht zur Bewegungsrichtung liegt. In welchem Abstand voneinander werden beide Ionenarten auf eine Photoplatte treffen, wenn sie einen Halbkreis durchlaufen haben?
   c) Kann ein Massenspektrograph besser die Isotope leichter oder schwerer Elemente trennen?

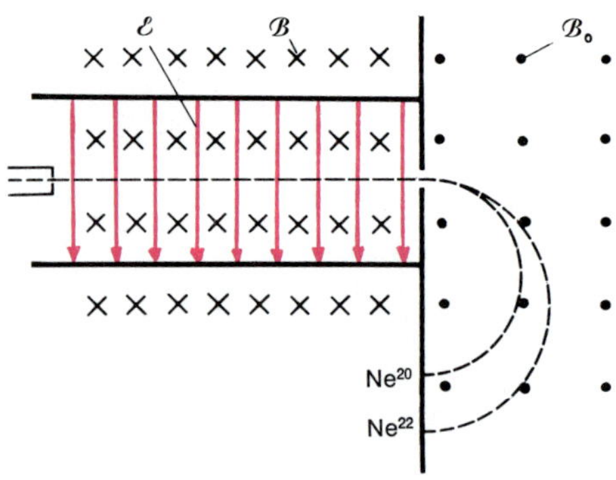

Zu Aufgabe 53

Kräfte zwischen stromführenden Drähten

54. Weshalb stoßen einander zwei in paralleler Richtung dahinfliegende »Elektronenketten« ab, während einander zwei in gleicher Richtung durch parallele Drähte fließende Ströme anziehen?
55. Zwei in paralleler Richtung ausgespannte Drähte haben einen Abstand von 10 cm. Durch den einen Draht fließt der Strom I_1 = 10 A, durch den anderen Draht der Strom I_2 = 20 A. Welche magnetische Kraft wirkt pro Meter auf jeden Draht,
   a) wenn die Ströme in gleicher Richtung fließen,
   b) wenn die Ströme in entgegengesetzter Richtung fließen?
56. Ein Ende eines gewindeartigen federnden Drahtes ist in ein Stativ eingeklemmt. Das andere Ende taucht in eine Schale mit Quecksilber (siehe Abbildung). Fließt Strom, so verkürzt sich der Draht und öffnet den Stromkreis. Dadurch verlängert er sich wieder und schließt den Stromkreis usw. Wie ist dies zu erklären? (Kräfte in einer Spule!)

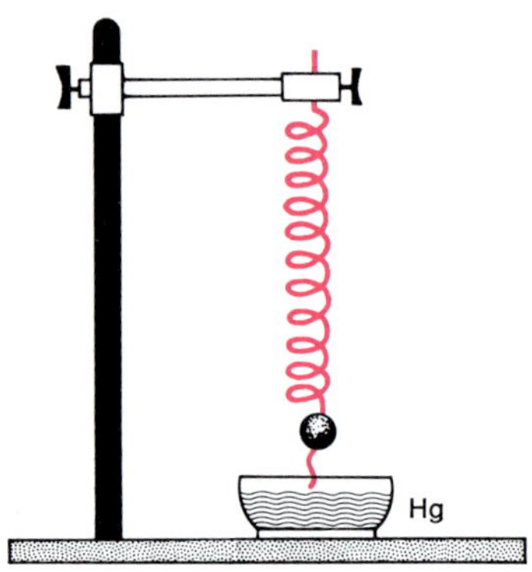

Zu Aufgabe 56

Die Erzeugung magnetischer Felder

57. In welcher Richtung muß der Strom durch den waagrechten Draht fließen, damit sich die Magnetnadel mit dem Südpol zum Beobachter dreht (siehe Abbildung)?
58. Bestimmen Sie in den Abbildungen zu dieser Aufgabe
   a) die Magnetpole der Spule, b) die Pole der Spannungsquelle.
59. Zwei in paralleler Richtung ausgespannte Drähte haben einen Abstand von 10 cm. Durch den einen Draht fließt der Strom I_1 = 10 A, durch den anderen Draht der Strom I_2 = 20 A. Wie groß ist der Betrag von $\mathcal{B}$ in den Punkten P, Q, R (siehe Abbildung), und wie ist $\mathcal{B}$ in diesen Punkten gerichtet,
   a) wenn die Ströme in gleicher Richtung fließen,
   b) wenn die Ströme in entgegengesetzter Richtung fließen?
60. Eine Zylinderspule hat 40 cm Länge und trägt 1000 Windungen. Sie wird von 0,1 A durchflossen. Die Permeabilität des Eisenkerns beträgt μ = 1200.
   a) Wie groß ist die Feldstärke $\mathcal{B}$ im Innern der luftgefüllten Spule?
   b) Wie groß ist die Feldstärke $\mathcal{B}$ im Innern der eisengefüllten Spule?
61. Über einer Spule hängt an einer Feder ein Eisenstück. Was geschieht,
   a) wenn durch die Spule Gleichstrom fließt,
   b) wenn die Stromstärke vergrößert wird,
   c) wenn die Stromrichtung geändert wird?

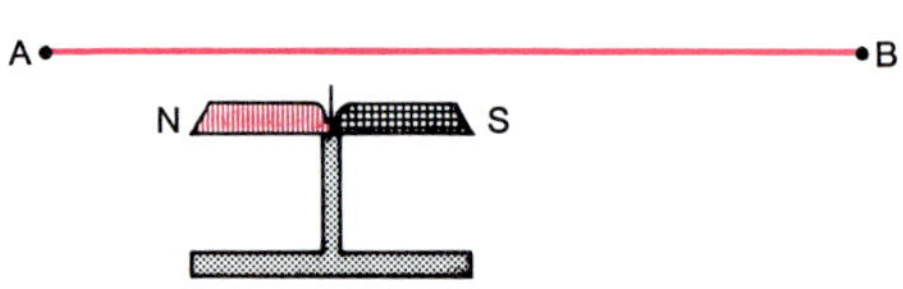

Zu Aufgabe 57

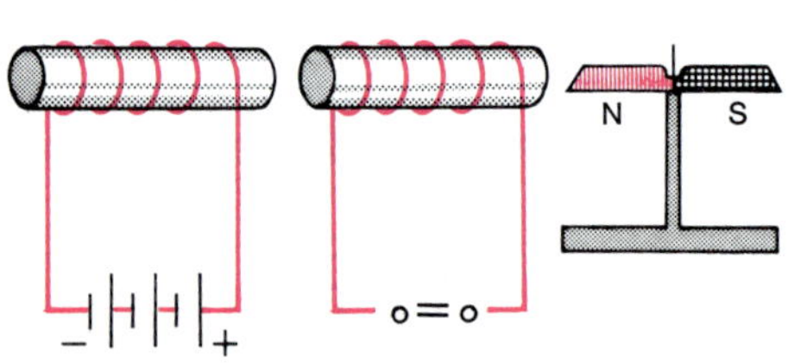

Zu Aufgabe 58

Induktion

62. In einem homogenen Magnetfeld ($\mathcal{B}$ = 0,1 T) wird ein 20 cm langer gerader Draht mit der Geschwindigkeit v = 5 m/s so bewegt, daß die Richtung des Drahtes, seine Bewegungsrichtung und die Richtung der Feldlinien jeweils paarweise aufeinander senkrecht stehen.
   a) Wie groß ist die Induktionsspannung längs des Drahtes?
   b) Wie groß ist der Induktionsstrom, wenn der Draht zusammen mit dem angeschlossenen Stromkreis 0,15 Ohm Widerstand hat?
   c) Welche elektrische Energie entsteht dabei in 10 Sekunden?
   d) Welche mechanische Energie muß während dieser 10 Sekunden zur Bewegung des Drahtes aufgewendet werden?

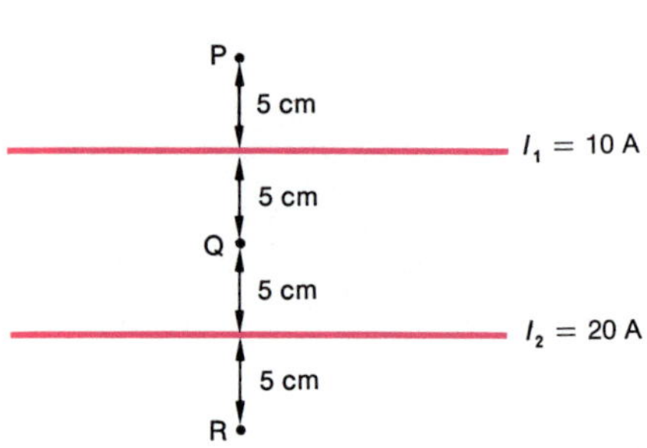

Zu Aufgabe 59

+ 63. Eine waagrecht liegende Leiterschleife wird aus einem lotrechten magnetischen Feld herausgezogen.
  a) Wird die Schleife bei vergrößertem elektrischen Widerstand leichter zu ziehen sein?
  b) Ist bei großer oder kleiner Geschwindigkeit mehr Arbeit erforderlich?

64. Eine stromdurchflossene Spule wird in axialer Richtung auf eine Spule gleicher Bauart zubewegt. Dabei wird in der zweiten Spule eine Spannung induziert.
  a) Fließt der Induktionsstrom in der zweiten Spule in gleicher oder entgegengesetzter Richtung wie der Strom in der ersten Spule?
  b) In welcher Richtung fließt der Strom, wenn die erste Spule von der zweiten fortbewegt wird?

65. Ein Stabmagnet fällt durch eine waagrechte Leiterschleife hindurch.
  a) Wie ändert sich dabei der in der Schleife induzierte Strom?
  b) Wie wirkt sich der Induktionsstrom auf die Beschleunigung des Stabmagneten aus?

66. Auf einen lotrechten Eisenstab ist eine Spule geschoben. Über ihr liegt ein Kupferring, der den Stab ebenfalls umschließt. Wenn man eine Gleichspannung an die Spule legt, fliegt der Ring nach oben weg. Wie ist das zu erklären?

Selbstinduktion

67. Eine Spule (Länge 25 cm, Querschnitt 10 cm^2) hat 800 Windungen. Sie wird von 2 A durchflossen.
  a) Wie groß ist die Induktivität der Spule?
  b) Wie groß ist der magnetische Fluß in der Spule?
  c) Welche Induktionsspannung tritt an den Enden der Spule auf, wenn der Strom pro Sekunde um 1 A erhöht wird?

68. Welche Gefahr besteht, wenn ein großer, mit Gleichstrom betriebener Elektromagnet plötzlich abgeschaltet wird?

69. In der Abbildung ist der Widerstand des Zweiges abc gleich groß wie der Widerstand des Zweiges adc. Was läßt sich über die Ausschläge der Amperemeter 1 und 2 in dem Augenblick aussagen, in dem der Stromkreis über den Schalter S geschlossen wird?

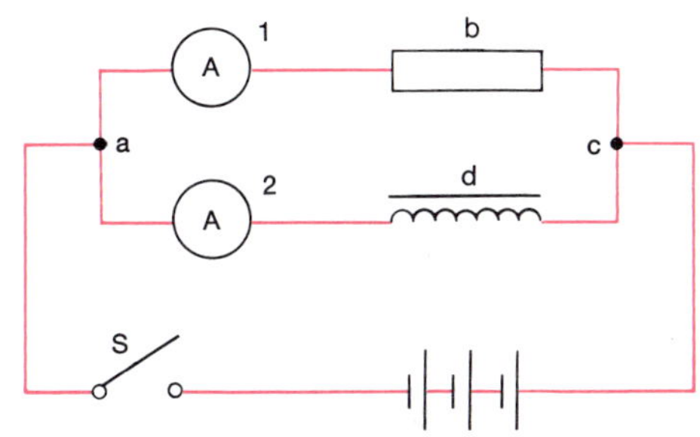

Zu Aufgabe 69

Energie und Energiedichte

70. Eine luftgefüllte Spule (Länge 100 cm, Querschnitt 50 cm^2) hat 1100 Windungen und wird von 10 A durchflossen.
  a) Welche Induktivität hat die Spule?
  b) Wie groß ist die magnetische Energie?
  c) Wie groß ist die Energiedichte im Innern der Spule?

71. Durch eine Spule (L = 2 H) fließen 3 A.
  a) Wieviel Energie enthält das Magnetfeld der Spule?
  b) Wie lange könnte der Strom nach Abschalten der Spannung in gleicher Stärke weiter fließen, wenn die Spule einen Widerstand von 10 Ohm hat?

+ 72. In Luft kann man elektrische Feldstärken bis zu 10^7 V/m, magnetische Feldstärken bis zu 2,5 T erzeugen.
  a) Wie groß ist die Energiedichte in diesen Feldern?
  b) Wie groß ist die Energiedichte in Anthrazit (Dichte 1500 kg/m^3, Heizwert 35 000 kJ/kg)?
  c) Wie groß ist die Energiedichte in einer Taschenlampenbatterie, die bei 4 V acht Stunden lang 0,2 A fließen läßt und 70 cm^3 Volumen hat?

Generator und Motor

73. Ein kleiner Drahtrahmen mit einer Fläche von 100 cm^2 dreht sich in einem homogenen Magnetfeld ($\mathcal{B}$ = 0,05 T) mit 50 Umdrehungen pro Sekunde um die Achse PQ (siehe Abbildung).
  a) Wie groß ist für die Stellung 0°, 45°, 90°, 135°, 180° des Rahmens relativ zum Feld die induzierte Spannung?
  b) Wieviele Windungen muß man auf den Rahmen wickeln, damit die maximale Spannung 10 V beträgt?

74. Ein Generator im Hauptschluß speist 50 Lampen zu je 100 W Leistung. Die Klemmenspannung des Generators beträgt 220 V. Die Ankerwicklung hat 0,2 Ohm und die Erregerwicklung 2,3 Ohm Widerstand. Wie groß ist die Induktionsspannung?

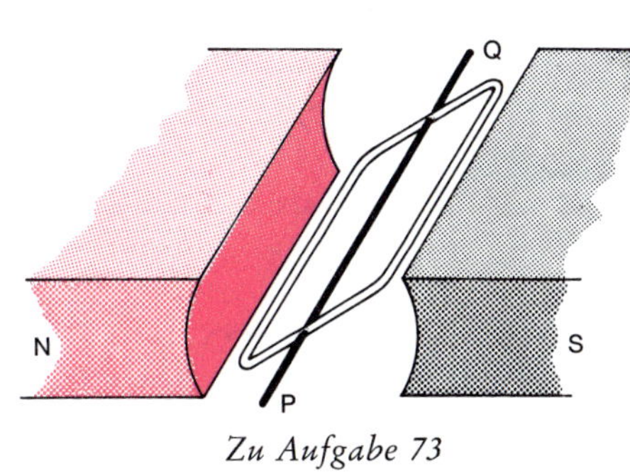

Zu Aufgabe 73

+ 75. Entnimmt ein Elektromotor bei langsamer oder bei schneller Umdrehung des Ankers mehr Energie aus dem Netz? Weshalb wird ein Anlaßwiderstand mit dem Motor in Reihe geschaltet?

76. Ein Motor soll eine Aufzugskabine mit 600 kg in 10 s 20 m hoch ziehen. Wieviel Strom nimmt er bei einer Spannung von 380 V auf, wenn der Wirkungsgrad 75% beträgt?

77. Die Rotorblätter eines Hubschraubers sind 5 m lang und drehen sich mit 8 Umdrehungen pro Sekunde um eine lotrechte Achse. Die lotrechte Komponente des magnetischen Erdfeldes beträgt an dieser Stelle $6 \cdot 10^{-5}$ T. Welche Spannung liegt an einem Rotorblatt?

78. Ein zylinderförmiger Stabmagnet wird um seine Achse gedreht (siehe Abbildung). Der eingezeichnete Spannungsmesser nimmt an der Rotation nicht teil, sondern steht über Schleifkontakte mit der Achse bzw. mit dem Magnetstab in Verbindung. Was ist zu erwarten?

79. Beim magnetohydrodynamischen Generator wird ein heißer, stark ionisierter Gasstrom senkrecht durch ein Magnetfeld geleitet. An den eingezeichneten Auffangblechen (siehe Abbildung) kann dann die Generatorspannung abgegriffen werden. Welches Blech lädt sich positiv, welches negativ auf?

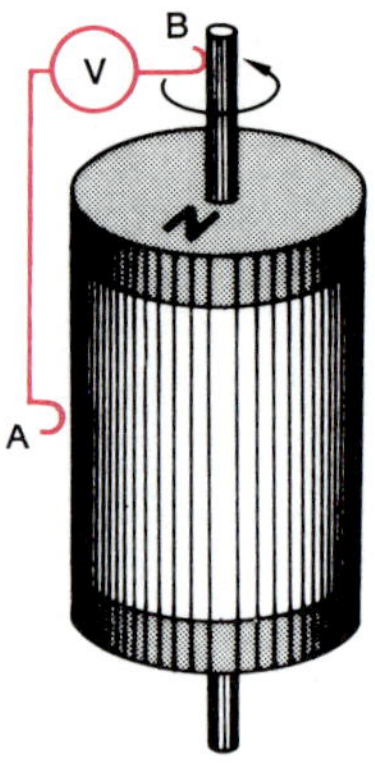

Zu Aufgabe 78

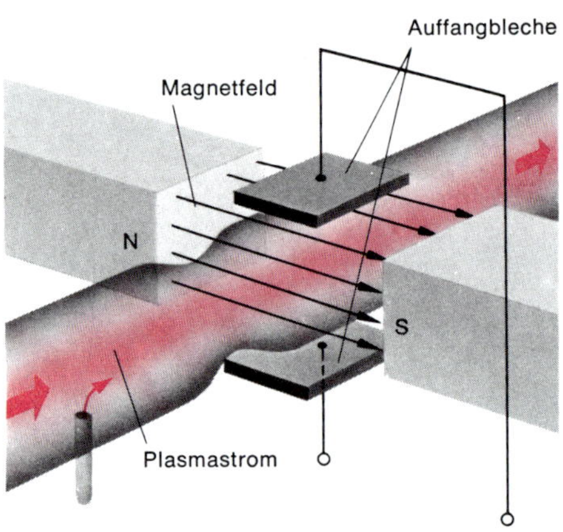

Zu Aufgabe 79

Wechselstromwiderstände

80. Zeigen Sie, daß ωL und $1/\omega C$ tatsächlich die Maßbezeichnung Ohm haben.

81. Wie groß ist der kapazitive Widerstand eines Kondensators der Kapazität 1 μF für
a) Gleichstrom, b) 50 Hz, c) 100 kHz, d) 100 MHz?
Zeichnen Sie schematisch in ein Diagramm mit der Frequenz als Abszisse den kapazitiven Widerstand eines Kondensators ein.

82. Wie groß ist der induktive Widerstand einer Spule der Induktivität 1 mH für
a) Gleichstrom, b) 50 Hz, c) 100 kHz, d) 100 MHz?
Zeichnen Sie schematisch in ein Diagramm mit der Frequenz als Abszisse den induktiven Widerstand einer Spule ein.

83. An einen Kondensator legt man eine technische Wechselspannung von 20 V an und mißt einen Strom von 100 mA. Wie groß ist die Kapazität?

84. An eine Spule legt man zunächst eine Gleichspannung von 4 V an und mißt einen Strom von 0,1 A. Dann legt man eine technische Wechselspannung von 12 V an und mißt einen Strom von 30 mA.
a) Wie groß ist der ohmsche Widerstand der Spule?
b) Wie groß ist die Induktivität der Spule?

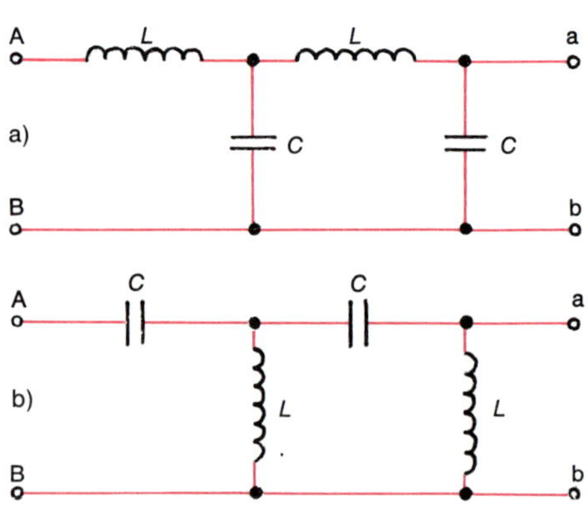

Zu Aufgabe 85

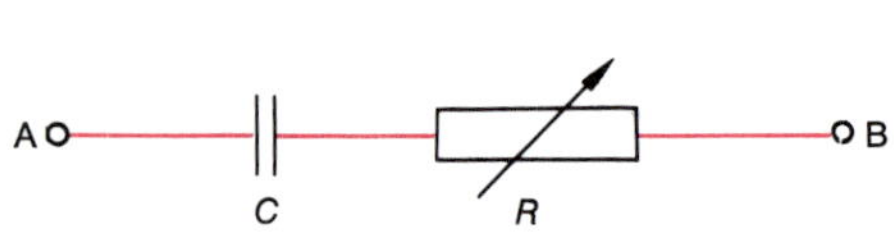

Zu Aufgabe 86

Zu Aufgabe 87

Einfache Schaltanordnungen

85. Die Abbildung zeigt ein Hochpaß-Filter und ein Tiefpaß-Filter. Von einem Frequenzgemisch läßt das Hochpaß-Filter vorwiegend die hohen Frequenzen, das Tiefpaß-Filter dagegen die niederen Frequenzen durch. Welche Schaltanordnung stellt das Hochpaß-Filter, welche das Tiefpaß-Filter dar? (Begründung!)

86. Die Abbildung zeigt einen Phasenschieber. Die Kapazität des Kondensators beträgt 5 μF. Der ohmsche Widerstand ist variabel zwischen 0 und 2000 Ohm. Berechnen Sie für technischen Wechselstrom die Phasenverschiebung für einige ohmsche Widerstände und tragen Sie die Resultate in ein Diagramm ein.

87. Die Abbildung zeigt eine Siebkette. Sie ist aus einem Kondensator (1 μF) und einer Spule (1 H) aufgebaut. Der ohmsche Widerstand kann vernachlässigt werden.
a) Zeichnen Sie schematisch in ein Diagramm mit der Frequenz als Abszisse den Widerstand der Siebkette ein.
b) Berechnen Sie die Resonanzfrequenz der Siebkette.

+ 88. Die Abbildung zeigt einen Sperrkreis. Er ist aus einem Kondensator (1 μF) und einer Spule (1 H) aufgebaut. Der ohmsche Widerstand kann vernachlässigt werden.
a) Zeichnen Sie schematisch in ein Diagramm mit der Frequenz als Abszisse den Widerstand des Sperrkreises ein.
b) Berechnen Sie die Resonanzfrequenz des Sperrkreises.

+ 89. Die Abbildung zeigt einen Serienresonanzkreis. Er besteht aus einem ohmschen Widerstand $R = 200\ \Omega$, einer Kapazität $C = 6{,}75\ \mu$F und einer veränderbaren Induktivität L, die in Reihe geschaltet sind. An die Anordnung wird Netzspannung gelegt und der Induktivität der Reihe nach die Werte 0, 1, 2, 3 H gegeben.
a) Welcher Strom fließt durch die Anordnung?
b) Welche Phasenverschiebung besteht zwischen Strom und Spannung?
c) Welche Teilspannungen liegen an R, C und L?
d) Für welchen Wert von L tritt Resonanz ein, und wie groß ist dann die Stromstärke?

Leistung und Leistungsfaktor

90. Zeigen Sie, daß sich die Wirkleistung auch berechnen läßt durch $P = I^2_{\text{eff}} \cdot R$.

+91. Die Abbildung zeigt ein Wattmeter. Es ist ähnlich gebaut wie ein Drehspulinstrument. Das Magnetfeld wird jedoch nicht von einem Permanentmagneten, sondern in einer festen Spule von einem Strom erzeugt, welcher der anliegenden Spannung proportional ist.
a) Zeigen Sie, daß der Ausschlag der Wirkleistung proportional ist.
b) Weshalb schlägt das Wattmeter nicht aus, wenn $\varphi = \pm 90°$ ist?

92. Eine Kapazität (10 μF) und ein ohmscher Widerstand (100 Ω) sind in Reihe geschaltet und an 220 V Netzspannung gelegt.
a) Wie groß sind Stromstärke und Phasenverschiebung?
b) Welche Leistung zeigt ein Wattmeter an?

93. Eine Spule mit Eisenkern liegt an 220 V Netzspannung und wird von 1 A durchflossen. Ein Wattmeter zeigt 50 Watt an.
a) Wie groß ist der ohmsche Widerstand?
b) Wie groß ist die Impedanz?
c) Wie groß ist die Phasenverschiebung?

+94. Durch Zuschalten von Kondensatoren wird der durchschnittliche Leistungsfaktor eines Industriewerkes von 0,75 auf 0,92 verbessert. Die Wirkleistung bleibt die gleiche.
a) Um welchen Faktor vermindern sich die Stromwärmeverluste in der Zuleitung?
b) Warum darf man keinen Verbraucher an das öffentliche Wechselstromnetz anschließen, der eine große Phasenverschiebung verursacht?

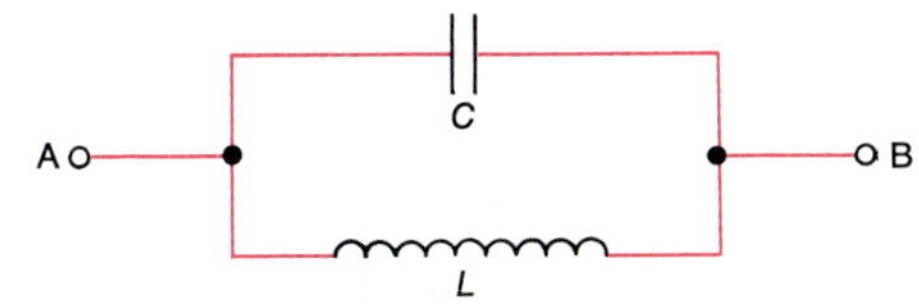

Zu Aufgabe 88

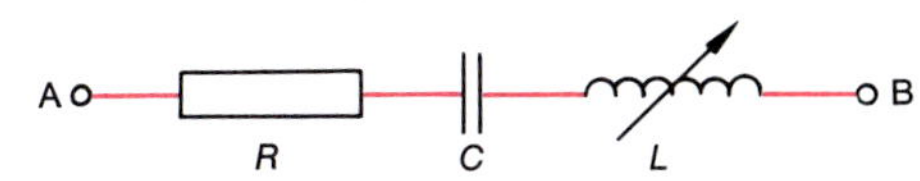

Zu Aufgabe 89

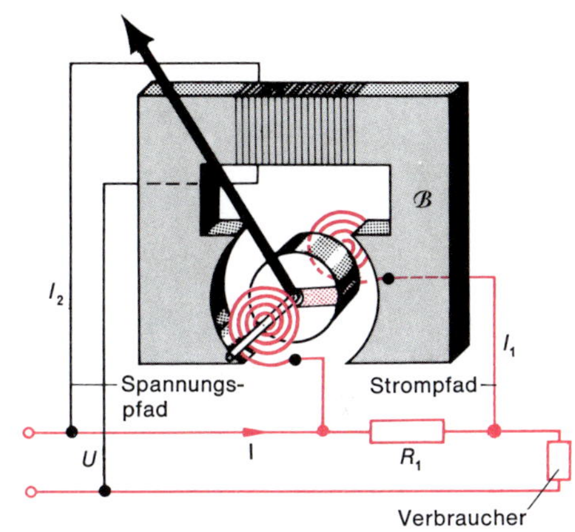

Zu Aufgabe 91

Transformatoren

95. Ein Transformator wird sekundärseitig nicht belastet. Fließt in der Primärspule ein Strom?

96. Die Primärspule eines Transformators hat einen ohmschen Widerstand $R = 80\ \Omega$ und eine Induktivität $L = 1{,}1$ H. Sie ist für höchstens 1 A ausgelegt.
a) Welcher Strom fließt durch die Primärspule, wenn sie an Netzspannung angelegt wird und man den Transformator sekundärseitig nicht belastet?
b) Wie groß ist in diesem Fall die Wirkleistung?
c) Was würde geschehen, wenn man den Transformator primärseitig an 220 V Gleichspannung anschließen würde?

97. Wie verändert sich die Stromstärke im Primär- und im Sekundärkreis eines eingeschalteten Transformators, wenn man den Eisenkern öffnet?

98. Welchen Strom kann man einem Transformator sekundärseitig maximal entnehmen, wenn die Primärwicklung maximal 1 A aufnehmen kann und die Spannung von 220 V auf 2000 V hochtransformiert wird? (Verluste vernachlässigen!)

99. Die Primärspule eines Transformators hat 250 Windungen. Es sollen 220 V auf 6,3 V herabtransformiert werden, wobei mit 10 Prozent Leistungsverlust gerechnet werden muß. Wieviel Windungen muß man auf die Sekundärseite des Transformators wickeln?

Elektrische Energieübertragung

100. a) Wie verhält sich der Querschnitt einer Aluminiumleitung zu dem einer Kupferleitung mit gleicher Leitfähigkeit?
b) Wie verhalten sich dann die Gewichte pro Meter Leiterlänge?
c) Wie verhalten sich die Materialkosten pro Meter Leiterlänge?

	Dichte	spez. Widerstand	Preis
Aluminium	2700 kg/m³	$2{,}9 \cdot 10^{-8}\ \Omega$m	3 DM/kg
Kupfer	8900 kg/m³	$1{,}7 \cdot 10^{-8}\ \Omega$m	5 DM/kg

101. Ein Kraftwerk speist bei 220 kV eine Leistung von 440 MW in eine Fernleitung ein.
a) Welchen Widerstand darf die Leitung haben, wenn noch 400 MW zum Verbraucher (Industriegebiet) gelangen sollen?
b) Wie groß ist der Spannungsabfall längs der Leitung?

+102. Die Abbildung zeigt das elektrische Feld in der Umgebung einer 220-kV-Leitung. Die Feldstärke beträgt einige 1000 V/m.
a) Geben Sie eine Erklärung für die Größenordnung dieser elektrischen Feldstärke.
b) Warum spürt man von dieser Feldstärke nichts am Boden?
c) Was begrenzt eine Steigerung der Spannung für Fernleitungen?
d) Warum gleicht man die Leitungsverluste nicht durch dickeren Querschnitt aus?

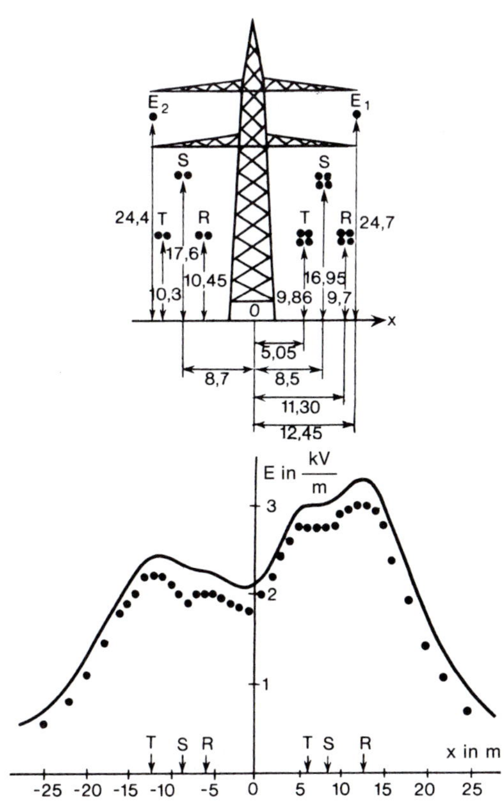

Zu Aufgabe 102

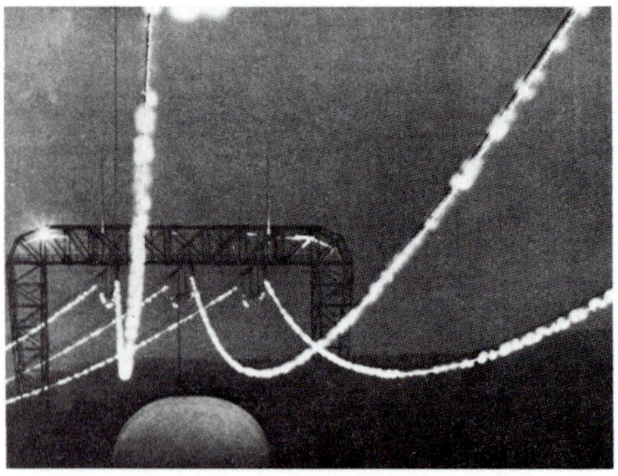

Eine 460-kV-Leitung wird für Testzwecke mit 750 kV betrieben. Es kommt dabei zu Koronaentladungen.

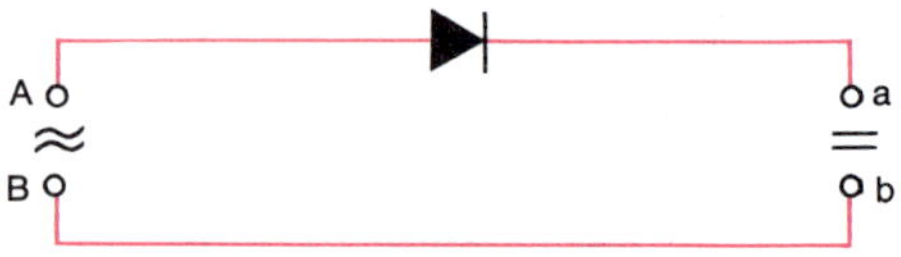

Zu Aufgabe 108

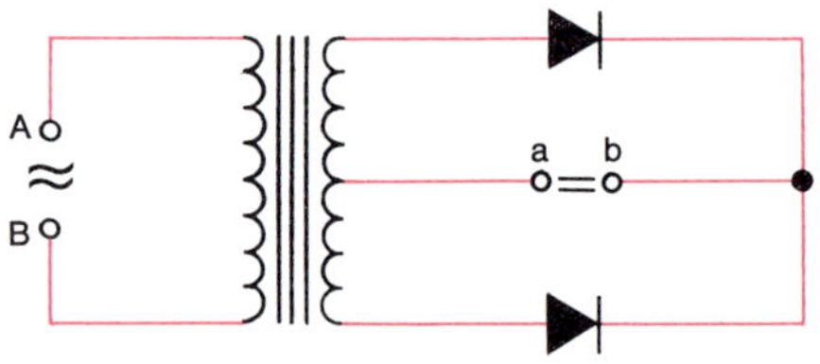

Zu Aufgabe 109

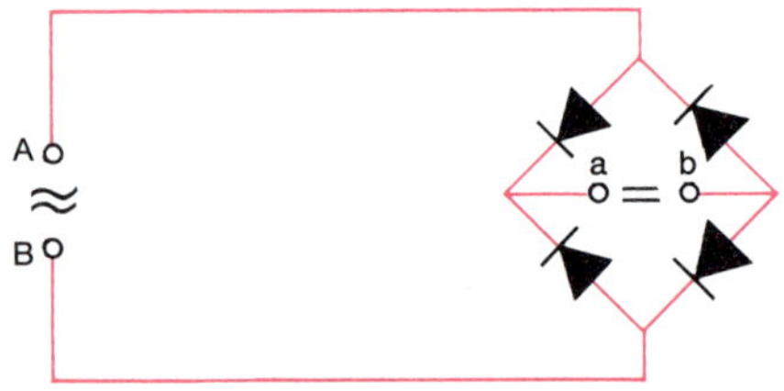

Zu Aufgabe 110

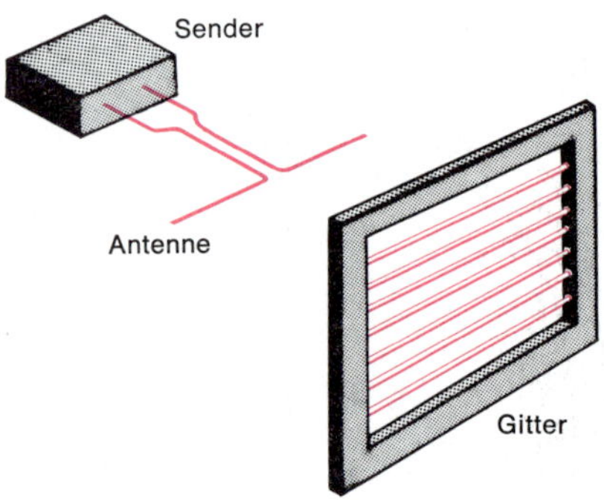

Zu Aufgabe 115

Energiewirtschaft

103. Der Weltenergiebedarf wird in Zukunft nur schwer zu decken sein. Wieviel Energie würde pro Tag benötigt,
   a) wenn allen heute lebenden Menschen 90 kWh pro Person und Tag zukommen soll (Durchschnittsverbrauch in Mitteleuropa!),
   b) wenn allen heute lebenden Menschen 250 kWh pro Person und Tag zukommen soll (Durchschnittsverbrauch in den USA!),
   c) wenn bei b) die Zunahme der Erdbevölkerung auf 8 Milliarden Menschen mitberücksichtigt wird?
104. Falls der Energiebedarf der Welt auf den heutigen Stand eingefroren würde, wieviel Energie dürfte dann jeder der heute lebenden Menschen bei gleichmäßiger Verteilung beanspruchen?
105. Überprüfen Sie die Angaben auf S. 174 über den mittleren jährlichen Energiebedarf einiger Elektrogeräte und geben Sie an, wieviel Wasser mit den Energiemengen pro Tag um 30° C erwärmt werden könnten.
106. Die Tabelle auf S. 175 gibt den Energiebedarf bei verschiedenen Transportmitteln an. Sie läßt aber den Energiebedarf beim Bau des jeweiligen Transportmittels unberücksichtigt. Würden sich die Zahlen stark verändern, wenn man diesen Energiebedarf mitrechnet? Überprüfen Sie dies am Beispiel eines Personenkraftwagens, für dessen Bau rund 30 000 kWh erforderlich sind. Nehmen Sie eine Laufstrecke von 100 000 km an und eine durchschnittliche Besetzung mit zwei Personen.
107. Überprüfen Sie die Angaben auf S. 175 über den Rohstoffbedarf zur Elektrizitätsversorgung eines mittleren Haushalts und geben Sie den Wirkungsgrad an, der bei der Verbrennung von Steinkohle zugrunde gelegt wurde und der einem Wasserkraftwerk zuzuordnen ist.

Gleichrichterschaltungen

108. Die Abbildung zeigt einen Einweggleichrichter für technischen Wechselstrom.
   a) Erklären Sie die Wirkungsweise der Schaltung.
   b) Tragen Sie in ein Diagramm mit der Zeit als Abszisse den zeitlichen Verlauf des durchgelassenen Stromes ein.
109. Die Abbildung zeigt einen Zweiweggleichrichter für technischen Wechselstrom.
   a) Erklären Sie die Wirkungsweise der Schaltung.
   b) Tragen Sie in ein Diagramm mit der Zeit als Abszisse den zeitlichen Verlauf des durchgelassenen Stromes ein.
110. Die Abbildung zeigt die sogenannte Graetz-Schaltung.
   a) Erklären Sie ihre Wirkungsweise.
   b) Welche Vorteile hat diese Schaltung?

Schwingkreise

111. Ein Schwingkreis besteht aus einer Spule ($L = 10^{-4}$ H) und aus einem Kondensator ($C = 400$ pF). Der ohmsche Widerstand kann vernachlässigt werden.
   a) Wie groß ist die Resonanzfrequenz?
   b) Wie ändert sich die Resonanzfrequenz, wenn durch einen Drehkondensator die Kapazität verändert wird?
112. Die Resonanzfrequenz eines Schwingkreises beträgt $f_1 = 1{,}2$ kHz. Wie groß wird die Resonanzfrequenz, wenn in die Spule ein Eisenkern eingeschoben wird, der bei der vorherrschenden Feldstärke die Permeabilität $\mu = 80$ hat?
113. Bei einem Rundfunkgerät kann die Kapazität des Drehkondensators zwischen 55 pF und 550 pF verändert werden. Mit dem Gerät wird die Frequenz 500 kHz empfangen, wenn es auf den größten Wert der Kapazität eingestellt ist.
   a) Welchen Wert hat die Induktivität des Schwingkreises?
   b) Welcher Frequenzbereich kann mit dem Gerät empfangen werden?

Elektromagnetische Wellen

+114. Die beiden Sendeantennen einer Rundfunkstation haben einen Abstand von 100 m und schwingen in gleicher Phase mit 1500 kHz.
   a) Weshalb wirkt diese Antennenanordnung wie eine Richtantenne?
   b) In welchen Richtungen ist die Station am besten zu empfangen?
   c) Wie ließe sich das Analogon zu einem »Beugungsgitter« konstruieren?
115. Ein Sender strahlt über eine waagrechte Dipolantenne eine elektromagnetische Welle der Frequenz 10^9 Hz ab. Die Welle ist naturgemäß linear polarisiert. Vor dem Sender steht ein Holzrahmen, in dem gitterartig Kupferdrähte eingespannt sind (siehe Abbildung).
   a) Wie muß der Rahmen orientiert sein, damit die Welle ungehindert durchtreten kann?
   b) Was geschieht, wenn der Rahmen um 90° gedreht wird?
   c) Vergleichen Sie diese Anordnung mit dem Polarisationsfilter der Optik.

Synchrotronstrahlung

116. In einer Röntgenröhre treffen die Elektronen mit der Geschwindigkeit $v = 7 \cdot 10^7$ m/s auf die Anode und werden auf einer Strecke von etwa 10^{-10} m (Atomdurchmesser) abgebremst.
   a) Wie groß ist die »Bremsdauer«?
   b) Schätzen Sie die Frequenz und die Wellenlänge der freiwerdenden Strahlung ab. Anmerkung: Der Kehrwert der Bremsdauer ist ein Maß für die Frequenz.

\+ 117. Im Genfer Protonen-Synchrotron kreise ein Proton mit einer Energie von 28 GeV. Der Radius der Kreisbahn beträgt 100 m. Als Protonen-Masse setze man $1{,}6 \cdot 10^{-27}$ kg.
   a) Mit welcher Geschwindigkeit läuft das Proton um?
   b) Welche Energie wird pro Sekunde abgestrahlt?

\+ 118. Nach dem Bohrschen Atommodell umläuft im Wasserstoff-Atom das Elektron den Kern im Abstand $0{,}5 \cdot 10^{-10}$ m mit einer Geschwindigkeit von $v = (1/137)\,c$. Welche Energie müßte nach der klassischen Physik pro Sekunde abgestrahlt werden?

Telephone um 1880 und 1900.

Temperaturstrahlung

119. Der Metallfaden (0,02 cm Durchmesser, 10 cm Länge) in einer Glühlampe ist vom elektrischen Strom auf 3000 K erhitzt worden. Er strahle im Vakuum wie ein Schwarzer Körper. Wie groß ist die abgestrahlte Leistung?

\+ 120. Der Radius der Erdbahn beträgt 1 AE = $1{,}5 \cdot 10^{11}$ m, die Solarkonstante 1400 W/m². Der Radius der Merkurbahn beträgt 0,39 AE, der Merkurradius 2440 km. Der Radius der Neptunbahn beträgt 30,06 AE, der Neptunradius 21 850 km.
   Berechnen Sie unter der Annahme, daß diese Planeten wie Schwarze Körper strahlen, die mittlere Oberflächentemperatur.

121. Ein Schwarzer Körper wird erhitzt. Auf welche Wellenlänge fällt das Maximum der emittierten Strahlungsenergie,
   a) wenn die Temperatur des Körpers 10^3 K beträgt,
   b) wenn die Temperatur des Körpers 10^6 K beträgt?

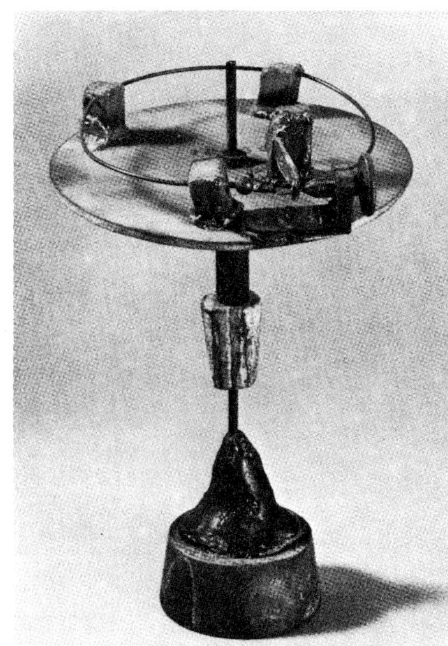

Der Hertzsche Resonator aus dem Jahre 1886 war der erste Empfänger für elektromagnetische Wellen.

Elektrische Informationsübertragung

\+ 122. Beim Magnetophon wird die Tonschwingung über den »Tonkopf« auf das vorbeilaufende Magnetband aufgezeichnet. Die Spaltbreite des Tonkopfes beträgt $2 \cdot 10^{-6}$ m, die Bandgeschwindigkeit 19 cm/s, 9,5 cm/s bzw. 4,75 cm/s.
   a) Welche Höchstfrequenz läßt sich bei den einzelnen Geschwindigkeiten speichern?
   b) Wieviel Bit können daher pro Sekunde übertragen werden?

\+ 123. Ein Widerstand $R = 10\ \Omega$, eine Induktivität $L = 2 \cdot 10^{-4}$ H und eine veränderbare Kapazität C sind in Reihe geschaltet.
   a) Auf welchen Wert ist C einzustellen, um den Sender »Österreich 1« mit $f = 520$ kHz maximal durchzulassen?
   b) Wie groß ist dann der Gesamtwiderstand $R_\omega\ (f)$ des Serienresonanzkreises?
   c) Wie groß ist bei unveränderter Einstellung der Widerstand $R_\omega\ (f_1)$ für eine um 10 kHz von f abweichende Frequenz f_1?
   d) Wie kann man den Durchlaßbereich dieses »Filters« möglichst schmal machen?

\+ 124. Ein Radargerät sendet eine elektromagnetische Welle mit einer Leistung von 1 kW aus. Die Welle breitet sich gleichmäßig innerhalb eines Kreiskegels von $\widehat{\varphi} = 2 \cdot 10^{-2}$ rad Öffnungswinkel aus.
   a) Welche Leistung trifft auf 1 m² Fläche eines Flugzeuges in 10 km Abstand, wenn das betrachtete Flächenstück senkrecht zur Strahlrichtung steht?
   b) Wieviel von der reflektierten Leistung wird von dem 3 m² großen Radarschirm im günstigsten Fall bei ebener Reflexion wieder aufgefangen?
   c) Weshalb wird beim Radar die elektromagnetische Welle nicht ununterbrochen, sondern in Form von kurzen Wellenzügen ausgestrahlt?

\+ 125. a) In einer Fernsehröhre werden die Elektronen mit 15 000 V beschleunigt. Mit welcher Geschwindigkeit erreichen sie den Bildschirm, wenn die thermische Anfangsgeschwindigkeit vernachlässigt werden kann.
   b) Wie viele Elektronen treffen in der Sekunde den Bildschirm bei 10^{-3} A?
   c) Der Ablenkkondensator hat einen Plattenabstand von 5 mm und ist 3 cm lang. Welche Spannung muß an ihn angelegt werden, um eine Ablenkung um 55° (halbe Bildhöhe) zu erreichen?

Heimfernseher um 1935.

Lösungen der Übungsbeispiele

Gefaltete Gesteinsschichte
Wirken auf einen Körper ständig Kräfte ein, so kommt es zum plastischen Fließen. Dadurch können selbst harte Gesteine allmählich ihre Form verändern.

Schwingungen und Wellen

1. b) Die Geschwindigkeit ist am größten beim Durchgang durch die Gleichgewichtslage. Die Beschleunigung hat ihren größten Wert in den Umkehrpunkten.

2. $y = 0{,}095$ m, $v_y = 3{,}883$ m/s, $a_y = -1\,501{,}759$ m/s^2.

3. Wegen des veränderlichen Querschnittes ist der Auftrieb der Kugel nicht proportional zur Eintauchtiefe. Ein Quader führt harmonische Schwingungen aus.

4. a) $T = 2\pi\sqrt{m/k} \to k = 98{,}70$ N/m. b) $T \to T/2$ für $m \to m/4$.

5. a) $k = F/x = 150\,000$ N/m. b) $T_0 = 0{,}89$ s, $T_v = 1{,}09$ s.

6. $E_K = \frac{1}{2} m v_y^2 = \frac{1}{2} k r^2 \cos^2 \sqrt{k/m} \cdot t$, $E_P = \frac{1}{2} k y^2 = \frac{1}{2} k r^2 \sin^2 \sqrt{k/m} \cdot t$.

7. $T = 2\pi\sqrt{l/g} \to l = g\,T^2/4\pi^2 = 0{,}25$ m.

8. $f_1 : f_2 = 1 : 2 \to l_1 : l_2 = 4 : 1$.

9. $T = 2\pi = 6{,}28$ s, $E = 2\,500$ J.

13. a) Die Wellenlänge geht auf die Hälfte zurück.
 b) Die Wellenlänge wird doppelt so groß.

14. $c = \lambda/T = 20$ m/s.

15. $f = c/\lambda = 10$ Hz.

16. Weil die longitudinale Schallwelle schneller läuft als die transversale Schallwelle, hört man am Ende der Eisenschiene zwei Schläge. Hinzu kommt noch der Schall durch die Luft.

17. $c \approx \frac{1}{3}$ km/s $\to$ Entfernung in km = Zahl der Sekunden dividiert durch drei.

18. $\left.\begin{matrix} c_L \cdot t_L = c_W \cdot t_W \\ t_L - t_W = \Delta t \end{matrix}\right\} \to \left\{\begin{matrix} t_L = c_W \cdot \Delta t/(c_W - c_L) = 15{,}56\text{ s}, \\ t_W = c_L \cdot \Delta t/(c_W - c_L) = 3{,}56\text{ s}, \end{matrix}\right.$ $s = \frac{c_W \cdot c_L}{c_W - c_L} \cdot \Delta t \approx 5\,300$ m.

19.

	50 Hz	440 Hz	5 000 Hz
λ (Luft)	6,8 m	0,73 m	0,068 m = 6,8 cm
λ (Wasser)	29,6 m	3,36 m	0,296 m = 29,6 cm

20. $f_1 = 360$ Hz, $f_2 = 450$ Hz, $f_3 = 540$ Hz,
 $f_2/f_1 = 5/4$ (Terz), $f_3/f_1 = 3/2$ (Quint).
 Die Töne bilden einen Dur-Dreiklang.

21. $1{,}26\text{ W} = 4\pi R^2\text{ m}^2 \cdot 10^{-11}\text{ W/m}^2 \to R = 100$ km.

22. Ruhende Quelle – bewegter Beobachter: $2f_Q = f_Q \cdot (1 + v_B/c) \to v_B = c$.
 Ruhender Beobachter – bewegte Quelle: $2f_Q = f_Q/(1 - v_Q/c) \to v_Q = c/2$.

23. $\left.\begin{matrix} \text{Annäherung: } f_B' = f_Q/(1 - v_Q/c) \\ \text{Entfernung: } f_B'' = f_Q/(1 + v_Q/c) \end{matrix}\right\}$ $f_B'/f_B'' = 2 \to v_Q = c/3$.

24. Annäherung: $f_B' = f_Q/(1 - \omega r/c) = 456{,}9$ Hz,
 Entfernung: $f_B'' = f_Q/(1 + \omega r/c) = 424{,}3$ Hz.

25.

	Direkter Ton	Echo
Annäherung	$f_B' = f_Q/(1 - v_Q/c) = 531{,}25$ Hz	$\bar{f}_B' = f_Q/(1 - v_Q/c) = 531{,}25$ Hz
Entfernung	$f_B'' = f_Q/(1 + v_Q/c) = 472{,}22$ Hz	$\bar{f}_B'' = f_Q/(1 - v_Q/c) = 531{,}25$ Hz

Echo für den Reisenden: $\bar{f} = f_Q \frac{1 + v_B/c}{1 - v_B/c} = 562{,}50$ Hz.

26. Weg pro Sekunde: $s = 2\pi \cdot 5 \cdot 33/60 = 5{,}5\,\pi$ cm.
 $\lambda_1 = s/20 = 0{,}8639$ cm, $\lambda_2 = s/16\,000 = 0{,}0011$ cm.

28. $r = \sqrt{r_1^2 + 2\,r_1\,r_2 \cos\frac{2\pi}{\lambda}(d_1 - d_2) + r_2^2}$,

$\cos\frac{2\pi}{\lambda}d = \frac{r_1}{r}\cos\frac{2\pi}{\lambda}d_1 + \frac{r_2}{r}\cos\frac{2\pi}{\lambda}d_2$, $\quad \sin\frac{2\pi}{\lambda}d = \frac{r_1}{r}\sin\frac{2\pi}{\lambda}d_1 + \frac{r_2}{r}\sin\frac{2\pi}{\lambda}d_2$.

29. $r = 5$, $\quad \cos\delta = (4\sqrt{3} - 3)/10$, $\quad \sin\delta = (4 + 3\sqrt{3})/10$, $\quad \delta = 66{,}9°$.

30. $h = c_W \cdot \Delta t/2 = 2\,960$ m.

31. $s = c_L \cdot \Delta t/2 = 17$ m.

32. $E_K = 1{,}85 \cdot 10^6$ J, $\quad v_A = v_W\sqrt{m_W/m_A} \approx 64$ m/s ≈ 230 km/h.
Der Blauwal benötigt wegen seiner hohen kinetischen Energie und der geringen Sichtweite noch eine andere Orientierungshilfe. Wie sich zeigte, vermag er Ultraschallwellen hervorzubringen und orientiert sich ähnlich wie die Fledermäuse mit dem Echoverfahren.

33. a) $\lambda = 2 \cdot 1{,}6 = 3{,}2$ m. $\quad$ b) $c = \lambda \cdot f = 12{,}8$ m/s.

34.

$f = n\frac{c}{2L}$	$n = 1$	$n = 2$	$n = 3$	$n = 4$	$n = 5$	$n = 6$
$L = a$	72,34	144,68	217,02	289,36	361,70	434,04
$L = b$	109,68	219,35	329,03	438,71	548,39	658,06
$L = c$	65,38	130,77	196,15	261,54	326,92	392,31

(Alle Frequenzen sind in Hz angegeben.)

36. $f_0 = \frac{c}{2L} = 3\,000$ Hz, $\quad f_1 = 2 \cdot \frac{c}{2L} = 6\,000$ Hz.

37. a) Es fehlen alle Obertöne der Frequenz $f = 2n \cdot \frac{c}{2L}$ $\quad (n = 1, 2, 3, \ldots)$,
denn jene Eigenschwingungen haben in der Mitte der Saite einen Knoten.
b) $f = c/\lambda = 5 \cdot c/2L = 5 \cdot 440$ Hz $= 2\,200$ Hz.

38. $c = \lambda \cdot f = 2L \cdot f = 440$ m/s, $\quad f' = c/2L' \rightarrow L' = 40$ cm.

39. Offene Pfeife: $f = c/2L \rightarrow L = 6{,}80$ m.
Gedeckte Pfeife: $f = c/4L \rightarrow L = 3{,}40$ m.

40. Luft: $f_0 = c_L/4L \rightarrow L = 0{,}193$ m.
Kohlenstoffdioxid: $f_1 = c_1/4L \approx 330$ Hz, $\quad$ Leuchtgas: $f_2 = c_2/4L \approx 571$ Hz.

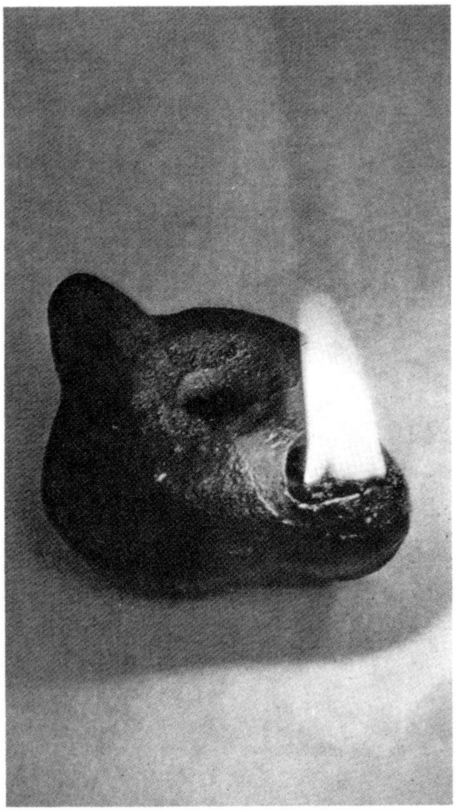

Öllampen, wie sie von den Römern verwendet wurden, rauchen stark und geben ein schwaches, unruhiges Licht.

Optik

1. a) Das Glas befindet sich unterhalb der Grenzfläche.
b) 3 = einfallender Strahl, 1 = reflektierter Strahl, 2 = gebrochener Strahl.
c) β = Einfallswinkel, $\quad \gamma$ = Reflexionswinkel, $\quad \psi$ = Brechungswinkel.
2. Dies ist möglich, weil das Licht den Weg in beiden Richtungen durchlaufen kann.
3. Der Lichtzeiger dreht sich um 2α. (Steigerung der Meßgenauigkeit!)
4. a) $\delta = 90°$, $\quad$ b) $d = 2 \cdot 15$ cm $\cdot \tan\beta \approx 19$ cm.
5. Der Effekt wird durch die Brechung des Lichtes verursacht.
6. Der Fisch kann alles außerhalb und innerhalb des Wassers sehen. Außerdem sieht er jenen Bereich im Wasser, der über eine Totalreflexion an der Wasseroberfläche zu erreichen ist, als Spiegelbild außerhalb des Wassers.
7. Das Licht erleidet an der Grenzfläche Glas-Luft eine Totalreflexion. Diese verschwindet, wenn man in das Proberöhrchen Wasser gießt. Hätte das Proberöhrchen den gleichen Brechungsquotienten wie das Wasser, so wäre es völlig unsichtbar!
8. a) $\sin\alpha : \sin\beta = c_1 : c_2 \rightarrow c_1 : c_2 = \sqrt{2} : \sqrt{3}$,
b) $f = c_1/\lambda_1 = c_2/\lambda_2 \quad \rightarrow \lambda_1 : \lambda_2 = \sqrt{2} : \sqrt{3}$.
9. a) $\sin\alpha/\sin\beta = c_W/c_G = n_G/n_W = 9/8$.
b) $\sin\alpha/\sin\beta = c_G/c_W = n_W/n_G = 8/9$.
c) $\sin\alpha_G/\sin 90° = 8/9 \rightarrow \alpha_G = 62°\,44'$.
10. $\sin\beta = \sin\alpha/n$, $\quad l = d \cdot (\tan\alpha - \tan\beta)$,
$x = l \cdot \cos\alpha \approx 2{,}6$ cm.
11. a) $\sin\alpha_1 = n \cdot \sin\beta_1$, $\beta_1 = \beta_2 = \gamma/2 = 30°$, $\alpha_1 = 58°\,13'$, $\delta = 56°\,25'$
b) $\sin\beta_2 = 1/n \rightarrow \beta_2 = 36°\,02'$,
$\sin\alpha_1 = n \cdot \sin\beta_1 \rightarrow \alpha_1 = 43°\,41'$, $(\beta_1 = \gamma - \beta_2 = 23°\,58')$
Für $\alpha_1 < 43°\,41'$ wird der Strahl an der zweiten Prismenfläche total reflektiert.
12. $c = 667$ m/s, $d = \sqrt{c^2\,(1{,}8\text{ s})^2 - (1\,000\text{ m})^2} = 663$ m.
13. Die Beleuchtung muß mit weißem Licht erfolgen.
14. A sieht grün aus, und B wirkt schwarz.
15. Der Körper sieht im durchscheinenden Licht gelb aus, wenn er vom auffallenden weißen Licht nur die gelbe Spektralfarbe oder aber den roten und den grünen Bereich des Spektrums durchtreten läßt.

Wachskerzen wurden bis ins 19. Jahrhundert zur Beleuchtung verwendet. Die hohen Kosten, die Hitze der brennenden Kerzen und der starke Sauerstoffverbrauch waren unangenehme Begleiterscheinungen.

Petroleumlampen . . .

. . . und später die Gasbeleuchtung lösten die Wachskerzen als Leuchtquellen ab.

16. Die Lichtquelle enthält Quecksilber.
17. a) gelb, b) blau-grün, c) purpur.
18. a) blau, b) rot, c) grün.
19. Gelbes Licht + blaues Licht = weißes Licht.
20. Das Gelbfilter absorbiert die violetten und blauen Strahlen. Dadurch fällt der blaue Himmel auf der Schwarzweißphotographie dunkler aus. Der Kontrast wird stärker.
21. $c = 2L/t = 4LNZ = 313\,274\,305$ m/s.
22. Der Spiegel benötigt für eine Umdrehung $T = 8\,s/c = 8 \cdot 70/300\,000$ s. Er führt daher $1/T = 536$ Umdrehungen pro Sekunde aus.
23. Alle Spektralfarben laufen im Vakuum mit der gleichen Geschwindigkeit.
24. a) $n = c/c_m \rightarrow c_r = 186\,624$ km/s und $c_b = 183\,303$ km/s.
    b) $\sin\alpha_1/\sin\beta_1 = n \rightarrow \beta_1 = \ldots \rightarrow \alpha_2$ (rot) $= 63°\,35'$,
    $\sin\alpha_2/\sin\beta_2 = n \rightarrow \beta_2 = \ldots \rightarrow \alpha_2$ (blau) $= 67°\,28'$. (Da $\beta_1 + \beta_2 = \gamma$)
25. a) $f = c/\lambda = 1\,000$ Hz.
    b) $\lambda \ll d$: Die Abstrahlung erfolgt senkrecht zur Wand.
    $\lambda \gg d$: Die Abstrahlung erfolgt in Halbkugelwellen, denn die Membran kann als »punktförmige« Schallquelle angesehen werden.
    c) Man hört seitwärts die tiefen Töne besser.
26. $\lambda = d \cdot \sin\varphi \approx d \cdot \tan\varphi = d \cdot s/D = 650 \cdot 10^{-9}$ m $= 650$ nm.
27. a) Rotes Licht: $\varphi_1 \approx \sin\varphi_1 = \lambda_1/d = 7 \cdot 10^{-2}$ rad $\approx 4°$.
    Violettes Licht: $\varphi_2 \approx \sin\varphi_1 = \lambda_2/d = 4 \cdot 10^{-2}$ rad $\approx 2°\,18'$.
    b) Spektrum 1. Ordnung: 0,04 rad $\leqq \widehat{\varphi} \leqq$ 0,07 rad,
    Spektrum 2. Ordnung: 0,08 rad $\leqq \widehat{\varphi} \leqq$ 0,14 rad.
28. $2\lambda = d \cdot \sin\varphi \approx d \cdot \tan\varphi = d \cdot s/D \rightarrow d = 0{,}01$ mm.
29. a)

λ (nm)	Rot	Gelb	Grün	Violett
in Wasser	525	450	375	300
in Glas	467	400	333	267

    b) Dicke der Luftschicht: $2d = 2k \cdot \lambda/2 \rightarrow d = \lambda/2 = 300$ nm.
    Dicke der Glasschicht: $2d = 2k \cdot \lambda_G/2 \rightarrow d = \lambda_G/2 = 200$ nm.
    (Für $k = 0$ ergibt sich $d = 0$. Dieser Fall wird ausgeschlossen.)
30. Dicke der Seifenlamelle: $d = \lambda_W/4 = \lambda/4n = 100$ nm.
31. a) $\lambda = r^2/k \cdot R = 666$ nm, b) $r = \sqrt{\lambda \cdot k \cdot R/n} = 8{,}66$ mm.
32. a) $2d = 2k \cdot \lambda/2 \rightarrow d = 5{,}89 \cdot 10^{-6}$ m.
    b) $2d = 2k \cdot \lambda/2 \rightarrow k = 24$ Streifen.
    c) Am Ende des Luftkeils liegt ein dunkler Streifen.
33. $f_B = f_Q\left(1 + \frac{v_B}{c}\right) \rightarrow \frac{v_B}{c} = \frac{f_B - f_Q}{f_Q} = \frac{\lambda_Q - \lambda_B}{\lambda_B} = \frac{650 - 550}{550} = 0{,}18$.
    Es wären 18% der Lichtgeschwindigkeit nötig!
34. $f_B = f_Q/\left(1 + \frac{v_Q}{c}\right) \rightarrow \frac{v_Q}{c} = \frac{f_Q - f_B}{f_B} = \frac{\lambda_B - \lambda_Q}{\lambda_Q} = \frac{736 - 589}{589} = 0{,}25$.
    Der Spiralnebel bewegt sich mit etwa 75 000 km/s von uns weg.
35. Die Linienspektren der beiden Sterne verschieben sich periodisch. Zeigt das Spektrum des ersten Sternes eine Blauverschiebung, so ist das Spektrum des zweiten Sternes nach Rot verschoben und umgekehrt.
36. Hohe Temperaturen bedeuten schnelle thermische Bewegung der Moleküle. Gasmoleküle, die sich auf den Beobachter zubewegen, erzeugen ein blauverschobenes Spektrum. Gasmoleküle, die sich vom Beobachter wegbewegen, liefern ein rotverschobenes Spektrum. Weil wegen der unterschiedlichen Bewegungsrichtungen auch alle Zwischenwerte vorkommen, führt die thermische Bewegung zu einer Verbreiterung der Spektrallinien.
37. Das linear polarisierte Licht des ersten Polarisationsfilters wird im zweiten (mittleren) Polarisationsfilter in zwei linear polarisierte Komponenten aufgespaltet, von denen die eine absorbiert wird. Die durchfallende Komponente wird im dritten Polarisationsfilter wiederum in zwei linear polarisierte Komponenten aufgespaltet. Die eine Komponente wird absorbiert, die andere tritt durch. Die Aufhellung ist dann am stärksten, wenn das eingeschobene Filter um 45° gegen die anderen gedreht ist.
38. $n = \frac{\sin\alpha_p}{\sin\beta} = \frac{\sin\alpha_p}{\sin(180° - \alpha_p - 90°)} = \frac{\sin\alpha_p}{\cos\alpha_p} = \tan\alpha_p$.
    a) Wasser: $\alpha_p = 53°\,04'$, b) Diamant: $\alpha_p = 67°\,33'$,
    c) Diamant im Wasser: $\tan\alpha_p = c_W/c_D = n_D/n_W \rightarrow \alpha_p = 61°\,12'$.
39. Wenn die Durchlaßrichtung der Brille senkrecht zur Wasseroberfläche steht, werden die am Wasser reflektierten Strahlen zum größten Teil in der Brille absorbiert. Die Strahlen aus dem Wasser dagegen dringen fast ungehindert hindurch.

40. Weil das Sonnenlicht an den Fenstern reflektiert wurde, war es vorwiegend linear polarisiert. Es wurde durch den Kristall in zwei linear polarisierte Komponenten aufgespalten, deren Schwingungsrichtungen aufeinander senkrecht standen. Diese Komponenten durchliefen als ordentlicher und als außerordentlicher Strahl den Kristall. Die Amplituden der Strahlen – und damit auch die Helligkeit der Bilder – veränderten sich mit der Stellung des Kristalls.

41. a) $\frac{B}{G} = \frac{b}{g} \to g = b \cdot \frac{G}{B} = 0{,}216$ m, $\quad \frac{1}{g} + \frac{1}{b} = \frac{1}{f} \to f = 0{,}214$ m.

b) $\sigma_1 = 0{,}250$ rad $\approx 14°$, $\quad \sigma_2 = 0{,}125$ rad $\approx 7°$.

42. a) Verschiebung des Objektives: 0,25 mm; 2,63 mm; 5,56 mm.
b) Vergrößerungsverhältnis: $5{,}025 \cdot 10^{-3}$; $5{,}263 \cdot 10^{-2}$; 0,1111.

43. a) $B = \sigma \cdot f = 0{,}44$ mm, b) $f = B/\sigma = 57$ cm, c) $B = \sigma \cdot f = 1{,}31$ mm.

44. a) Winkelgeschwindigkeit des Strahles: $\omega = v/g = 2{,}78$ rad/s,
Maximale Belichtungszeit: $t = s/\omega f = 1{,}4 \cdot 10^{-3}$ s.
b) Kurze Belichtungszeit → Blende offen.

45. a) $f = 22$ mm, b) $f = 18$ mm.

46. Mit Brille: $\frac{1}{s} + \frac{1}{b} = \frac{1}{f_A} + \frac{1}{f_B}$
Ohne Brille: $\frac{1}{g} + \frac{1}{b} = \frac{1}{f_A}$
$\Bigg\} \quad \frac{1}{s} - \frac{1}{g} = \frac{1}{f_B} \to g = 80$ cm.

47. a) Fernrohrlänge $= f_1 + f_2 = 65$ cm, $\quad \sigma_m = \frac{f_1}{f_2} \cdot \sigma_o = 6°$,

denn: $\sigma_m/\sigma_o \approx \tan\sigma_m/\tan\sigma_o = \frac{B}{f_2} \Big/ \frac{B}{f_1} = f_1/f_2$.

48. a) $B = \bar{\sigma}_o \cdot f \approx 14$ cm, b) $(D/2)^2\pi : (d/2)^2\pi = 10^6$.

49. $\bar{\sigma}_m = \lambda/D \to D = 500 \cdot 10^{-9}/(5 \cdot 10^4/5 \cdot 10^9)$ m $= 0{,}05$ m $= 5$ cm.

50. a) $(D/2)^2\pi : (d/2)^2\pi = 4 \cdot 10^4$, b) $\bar{\sigma}_m = \lambda/D = 5 \cdot 10^{-7}$ rad $\approx 0{,}1''$

c) Das Auflösungsvermögen wird besser.

Schließlich leitete um die Jahrhundertwende Edisons Glühlampe die elektrische Beleuchtung ein.

Elektrizitätslehre

1. $Q \approx 10^{-7}$ C.

2. Nach dem allgemeinen Wechselwirkungsgesetz müssen die Kräfte gleich groß sein. Sie betragen 0,9 N.

3. a) In der Mittellage wirkt keine Kraft.
b) Verschiebt man Q_1 aus dieser Gleichgewichtslage, so wirkt eine rücktreibende Kraft, falls alle 3 Ladungen gleichnamig sind.

5. In beiden Fällen sind ungleichnamige Ladungen einander näher als gleichnamige. Die Anziehung überwiegt daher, so daß der Kristall zusammenhält.

6. In den Fällen b) und c) ziehen die Moleküle einander an.

7. a) Die Dipole ziehen einander an.
b) Sie entsprechen den Wassermolekülen, wobei das O-Atom das negative, die beiden H-Atome das positive Ende des Dipols bilden.

8. a) $F = 2{,}7 \cdot 10^6$ N.
b) Diese Kraft ist um den Faktor 3333 kleiner als die Anziehung zwischen zwei Ladungen von je 1 C in 1 m Abstand.

9. a) Die Kraft sinkt auf $F = 270$ N bzw. $F = 0{,}027$ N ab.
b) Die Kraft ist proportional zu r^{-4}.
c) Wegen ihrer starken Abnahme mit der Entfernung.

10. a) $F = 2{,}3 \cdot 10^{-8}$ N,
b) $F = 1{,}0 \cdot 10^{-47}$ N.
c) Die Gravitationsanziehung ist also rund 39 Zehnerpotenzen schwächer als die elektrische Anziehung.

11. Das Feldlinienbild ist der Abbildung zu entnehmen.

12. Eine Spitze steht einer entgegengesetzt geladenen Fläche gegenüber.

13. Nein, da es geschlossene Feldlinien enthält.

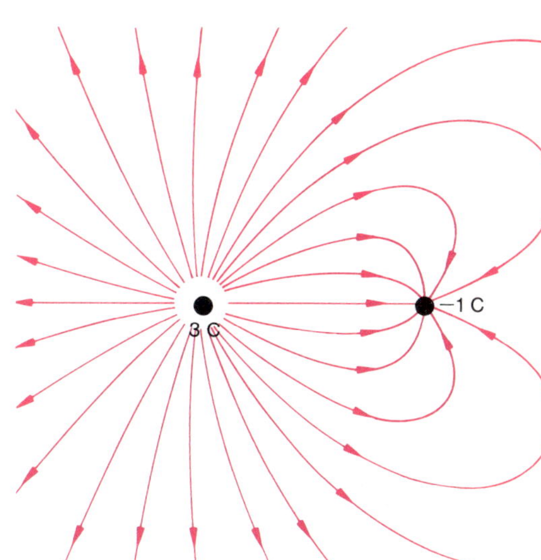

Zu Aufgabe 11

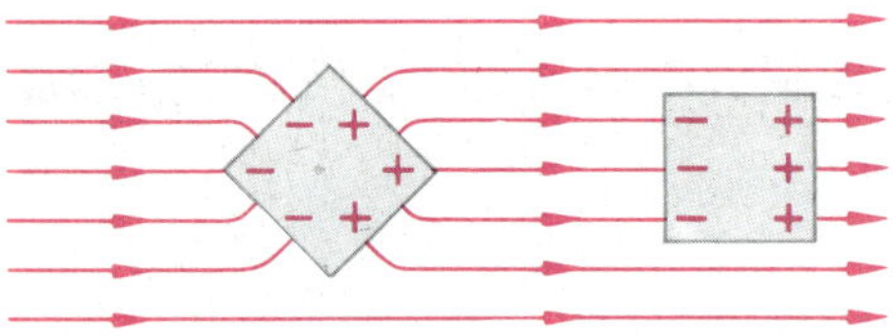

Zu Aufgabe 26

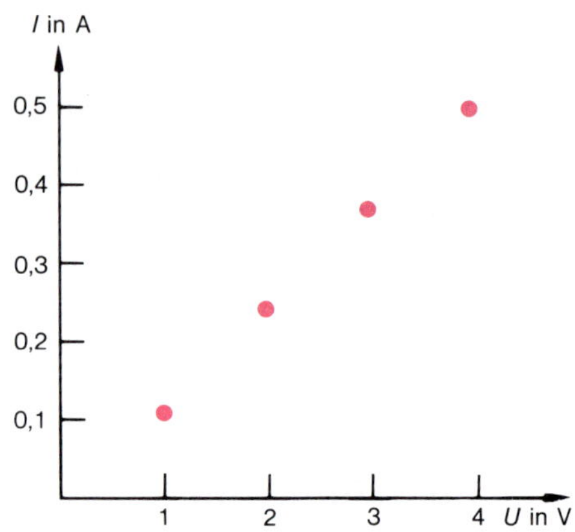

Zu Aufgabe 34

Preßluftbetriebene Hochspannungsschalter in einem Umspannwerk.

14. a) Der Raum zwischen den Platten ist feldfrei.

    Das Feld im Außenraum beträgt $\mathcal{E} = \frac{1}{\varepsilon_0} \frac{Q}{A}$.

    b) Zwischen den Platten beträgt das Feld $\mathcal{E} = \frac{1}{2\,\varepsilon_0} \frac{Q}{A}$.

    Im Außenraum ist $\mathcal{E} = \frac{3}{2\,\varepsilon_0} \frac{Q}{A}$.

15. a) $F \approx 2 \cdot 10^{-6}$ N, b) Diese Kraft entspricht dem Gewicht der Masse 0,2 mg!
16. a) $a_e = 2{,}5 \cdot 10^{22}$ m/s², b) $a_K = 1{,}35 \cdot 10^{19}$ m/s².
17. $U_{AB} = 1\,000$ V, $U_{AC} = 1\,500$ V, $U_{BC} = 500$ V.
18. a) $U = 200$ V.
    b) Zwischen diesen Punkten liegt keine Spannung.
19. $E = 220$ eV, $v = 9 \cdot 10^6$ m/s.
20. a) $C = 88{,}5$ μF, b) $U = 1{,}1$ V bzw. 11 kV.
21. $Q = 1{,}1 \cdot 10^{-8}$ C.
22. a) $Q_1 = Q_2 = Q$. Die Ladung auf beiden Kondensatoren ist gleich.
    b) $U_1 = Q/C_1$, $U_2 = Q/C_2$, c) $1/C = 1/C_1 + 1/C_2$.
23. a) $F = 5{,}6 \cdot 10^9$ N, b) $F = 2{,}14 \cdot 10^6$ N.
24. a) $E = 5{,}6$ kJ, b) $E = 2{,}14$ J.
25. a) $1{,}8 \cdot 10^{-7}$ J/m³, b) $9 \cdot 10^{11}$ J $\approx 2{,}5 \cdot 10^5$ kWh.
    c) Diese Energie ist zu gering, um den globalen Energiehaushalt der Erde zu beeinflussen.
26. Die Ladungs- und Feldverteilung folgt aus der Abbildung.
27. a) Auf der Metallfläche sammeln sich gegenüber der positiven Ladung negative Ladungen an.
    b) Zwischen der Ladung und der Metallfläche wirkt eine anziehende Kraft.
28. Die Ladungen auf der Metallkugel verschieben sich so, daß der Punktladung negative Ladungen gegenüberstehen.
29. a) $U = 9\,000$ V, b) $U = 18\,000$ V.
30. a) $\varepsilon_r = 1 + 0{,}00059\,(p/\text{bar})$.
    b) Bei steigendem Druck erhöht sich die Dichte der Moleküle, deren Elektronenwolken sich verschieben können.
31. a) $2{,}25 \cdot 10^{22}$ Elektronen.
    b) Die Gesamtladung der Batterie bleibt unverändert gleich Null.
    c) Die entladene Batterie vermag den Kreislauf der Elektronen nicht aufrechtzuerhalten.
32. Der Widerstand beträgt $R = 2\ \Omega$.
33. Der Widerstand beträgt $R = 1\,000\ \Omega$.
34. Die Abbildung zeigt den Strom in Abhängigkeit von der Spannung.
35. a) $R = {}^2/_3\ \Omega$, b) $I_1 = 220$ A, $I_2 = 110$ A.
36. a) $R = 7{,}5\ \Omega$, b) $I_1 = 22$ A, $I_2 = 7{,}3$ A.
37. a) $R = 5\ \Omega$, b) $I = 44$ A.
38. $L = 10$ m.
39. $R = 8\ \Omega$,
40. a) $R_i = U/I = 1{,}5\ \Omega$,
    b) $I = U/(R_i + R) = 0{,}09$ A, $U_{Kl} = I \cdot R = 1{,}36$ V.
    c) $I = U/(R_i + R) = 0{,}6$ A, $U_{Kl} = I \cdot R = 0{,}6$ V.
    d) $I = 3\,U/(3\,R_i + R) = 0{,}82$ A, $U_{Kl} = I \cdot R = 0{,}82$ V.
    e) $I = U/\left(\frac{R_i}{3} + R\right) = 1$ A, $U_{Kl} = I \cdot R = 1$ V.
41. a) Die Leistung beträgt 36 W, b) 36 Wh = 0,036 kWh.
43. a) $R = 15\ \Omega$, b) $P = 0{,}6$ W.
    c) Der Preis einer Kilowattstunde beträgt S 6 600,– bzw. DM 1 000,–.
44. a) 0,4 Ω, b) 0,85 mm²
45. Die Kraft wirkt nach oben.
46. a) $F = I \cdot s \cdot \mathcal{B} = 90$ N, b) $F = I \cdot s \cdot \mathcal{B} \cdot \sin(s, \mathcal{B}) = 45$ N.
47. $F = I \cdot s \cdot \mathcal{B} = 0{,}5$ N.
48. $M = (d/2) \cdot I \cdot N \cdot s \cdot \mathcal{B} = 4{,}6 \cdot 10^{-7}$ Nm.
49. a) Der Innenwiderstand des Amperemeters muß möglichst klein sein, damit durch das Einschalten des Meßgerätes der Strom möglichst wenig verändert wird.
    b) Der Innenwiderstand des Voltmeters muß möglichst groß sein, damit durch das Einschalten des Meßgerätes die Spannung zwischen den Meßpunkten möglichst wenig verändert wird.
    c) Die Spannung am Voltmeter ist $U = I \cdot R_i$, wobei der Strom I an der Amperemeter-Skala abgelesen werden kann.
50. a) $U_{max} = I_{max} \cdot R = 0{,}1$ V.
    b) $R_p = (20/199)\ \Omega$ muß parallel geschaltet werden.
    c) $R_s = 1980\ \Omega$ muß in Reihe geschaltet werden.
51. a) $r = mv/q\mathcal{B} = 1{,}1$ mm, b) $r = 4{,}59$ cm.

Der erste Drehstrommotor.

52. Die Umlaufszeit $t = 2\pi\, r/v = 2\,\pi\, m/q\mathcal{B}$ hängt nicht von der Geschwindigkeit der Teilchen ab. Daher ist die Frequenz der Beschleunigungsspannung beim Zyklotron konstant und braucht während des Beschleunigungsvorganges nicht verändert werden.
53. a) $q\,\mathcal{E} = F_e = F_m = qv\mathcal{B} \rightarrow \mathcal{E} = v\mathcal{B} \rightarrow v = 5 \cdot 10^4$ m/s,
    b) $r = mv/q\mathcal{B} \rightarrow \Delta r = \Delta m \cdot v/q\mathcal{B} \rightarrow d = 2\,\Delta r = 2$ cm.
54. Bei den Elektronenketten wird die anziehende magnetische Kraft durch die abstoßende elektrische Kraft überkompensiert.
55. $F/s = \mu_0 \cdot I_1 \cdot I_2/2\,\pi\, r = 4 \cdot 10^{-4}$ N. a) anziehend, b) abstoßend.
56. Die vom Strom durchflossenen Spulenwindungen ziehen einander an.
57. Der Strom muß von A nach B fließen.
58. a) Der Nordpol liegt links. b) Der positive Pol liegt links.
59. a) P: $+ (5/75) \cdot 10^{-3}$ T, Q: $+ (3/75) \cdot 10^{-3}$ T, R: $- (7/75) \cdot 10^{-3}$ T,
    b) P: $+ (1/75) \cdot 10^{-3}$ T, Q: $- (9/75) \cdot 10^{-3}$ T, R: $+ (5/75) \cdot 10^{-3}$ T.
60. a) $\mathcal{B} = \mu_0 \cdot N \cdot I/l = 0{,}31 \cdot 10^{-3}$ T, b) $\mathcal{B} = \mu\, \mu_0 \cdot N \cdot I/l = 0{,}38$ T.
61. a) Das Eisenstück wird angezogen. b) Die Anziehungskraft vergrößert sich.
    c) Die Anziehungskraft bleibt unverändert.
62. a) $U = v \cdot \mathcal{B} \cdot s = 0{,}1$ V, b) $I = U/R = 0{,}67$ A,
    c) $E = I^2 \cdot R \cdot t = 0{,}67$ J, d) $W = F\,(vt) = Is\mathcal{B}\,(vt) = 0{,}67$ J.
63. a) Ja, denn die Kraft ist dem Strom in der Schleife proportional.
    b) Die Arbeit bleibt in beiden Fällen die gleiche.
64. a) Der Induktionsstrom fließt in entgegengesetzter Richtung.
    b) Der Induktionsstrom fließt in der gleichen Richtung.
65. a) Der Induktionsstrom wächst zunächst an, sinkt dann auf null, wechselt die Richtung, wächst neuerlich an und sinkt wiederum auf null ab.
    b) Die Beschleunigung des Stabmagneten wird verringert.
66. Im Kupferring wird beim Anschalten an die Spannung ein Induktionsstrom induziert, der in entgegengesetzter Richtung wie der Spulenstrom fließt. Spule und Ring stoßen daher einander ab.

Das Kraftwerk Wien Simmering 1910.

67. a) $L = \mu_0\, N^2 A/l = 3{,}2$ mH,
    b) $\Phi = \mathcal{B} \cdot A = \mu_0\, NIA/l = 8 \cdot 10^{-6}$ Tm² $= 8 \cdot 10^{-6}$Vs,
    c) $U = -\,L\,(\mathrm{d}I/\mathrm{d}t) = -\,3{,}2$ mV. (Das Minus bedeutet »Gegenspannung«.)
68. Es tritt eine hohe Induktionsspannung auf, die zum Funkenüberschlag führen kann.
69. Der Ausschlag des Amperemeters 1 wird größer sein als der des Amperemeters 2, weil in der Spule eine Spannung induziert wird, die der angelegten Spannung entgegenwirkt.
70. a) $L = \mu_0\, N^2 A/l = 7{,}6$ mH, b) $E_m = LI^2/2 = 0{,}38$ J, c) $w_m = E_m/V = 76$ J/m³.
71. a) $E_m = LI^2/2 = 9$ J, b) $I^2 Rt = LI^2/2 \rightarrow t = L/2r = 0{,}1$ s.
72. a) $w_e = \varepsilon_0\, \mathcal{E}^2/2 = 442$ J/m, $w_m = \mathcal{B}^2/2\mu_0 = 2{,}5 \cdot 10^6$ J/m³,
    b) $w = (35\,000$ kJ/kg$) \cdot (1500$ kg/m³$) = 5{,}25 \cdot 10^{10}$ J/m³,
    c) $w = I \cdot U \cdot t/V = 3{,}3 \cdot 10^8$ J/m³.
73. a) $U_{ind} = -\,(\mathrm{d}\Phi/\mathrm{d}t) = \mathcal{B} \cdot A \cdot \omega \cdot \sin \omega\, t$.

t	0°	45°	90°	135°	180°
U_{ind}	0	0,11 V	0,16 V	0,11 V	0

    b) $N \cdot 0{,}16$ V $= 10$ V $\rightarrow N = 62$ Windungen.
74. Die Stromstärke beträgt $I = 5000/220 \simeq 23$ A.
    An den Wicklungen fällt die Spannung ab: $U = I \cdot R = 57$ V.
    Die induzierte Spannung beträgt daher: $U_{ind} = 277$ V.
75. Der Elektromotor entnimmt bei langsamer Umdrehung mehr Energie aus dem Netz, weil im Anker nur eine geringe Gegenspannung induziert wird. Der Anlaßwiderstand verhindert ein Durchbrennen der Ankerwicklungen im Moment des Einschaltens.

Generatorensatz des Kernkraftwerks Gösgen-Däniken.

76. $m \cdot g \cdot H = 0{,}75 \cdot I \cdot U \cdot t \rightarrow I = 42$ A.
77. $U_{ind} = -\,(\mathrm{d}\Phi/\mathrm{d}t) = -\,f \cdot \mathcal{B} \cdot r^2\,\pi = -\,38$ mV.
78. Bei dieser Aufgabe handelt es sich um die Umkehrung der vorhergehenden Aufgabe. Dort dreht sich das Rotorblatt im Magnetfeld der Erde. Hier bleibt der Draht mit dem Voltmeter in Ruhe, während der Magnet rotiert. Das Voltmeter muß daher eine induzierte Spannung anzeigen (Unipolarmaschine!).
79. Das untere Blech lädt sich positiv, das obere negativ auf.
81. a) $R_\omega = \infty$, b) $R_\omega = 3{,}2$ kΩ, c) $R_\omega = 1{,}6$ Ω, d) $R_\omega = 1{,}6$ mΩ.
82. a) $R_\omega = 0$, b) $R_\omega = 0{,}3$ Ω, c) $R_\omega = 628$ Ω, d) $R_\omega = 628$ kΩ.
83. $U/I = R_\omega = 1/\omega\, C \rightarrow C = 16$ µF.
84. a) $U/I = R_\omega = 40$ Ω, b) $U/I = R_\omega = 400$ Ω, $R_\omega = \sqrt{R^2 + (\omega\, L)^2} \rightarrow L = 1{,}3$ H.
85. Die Spulen in Abbildung a) blockieren die hohen Frequenzen. Die Kondensatoren in Abbildung b) blockieren die tiefen Frequenzen. Abbildung a) stellt daher das Tiefpaßfilter, Abbildung b) das Hochpaßfilter dar.
86. $\tan \varphi = -\,1/\omega\, CR = -\,636/R$ (Ohm).

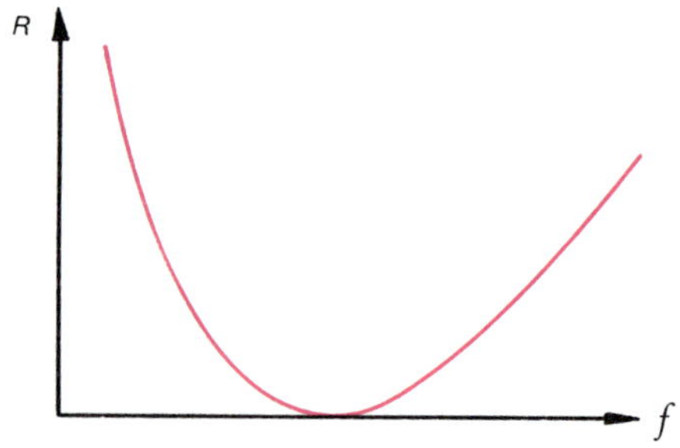

Zu Aufgabe 87

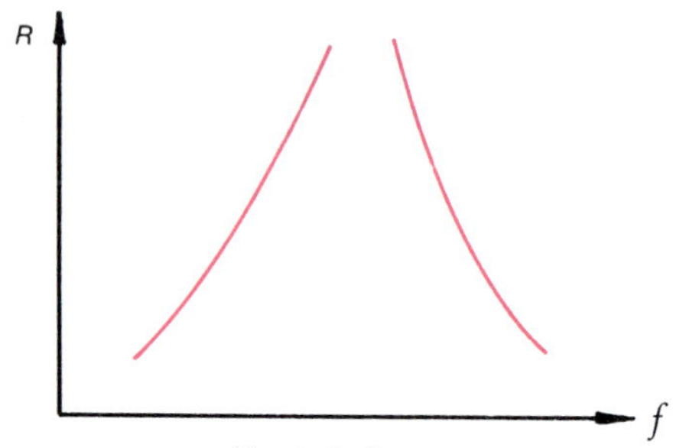

Zu Aufgabe 88

87. a) Siehe Abbildung, b) $\omega = 1/\sqrt{LC} = 10^3$ Hz.
88. a) Siehe Abbildung, b) $\omega = 1/\sqrt{LC} = 10^3$ Hz.
89. a) $I = U/\sqrt{R^2 + (\omega L - 1/\omega C)^2}$, b) $\tan \varphi = (\omega L - 1/\omega C)/R$,
c) $U_R = I \cdot R$, $U_C = I/\omega C$, $U_L = I \cdot \omega L$, d) $\omega L - 1/\omega C = 0 \rightarrow L = 1{,}5$ H.

L (H)	R_ω (Ω)	I (A)	$\varphi°$	U_R (V)	U_C (V)	U_L (V)
0	512	0,43	− 67°	94	202	0
1	255	0,86	− 38°	190	408	271
1,5	200	1,10	0°	242	518	518
2	255	0,86	+ 38°	190	408	544
3	512	0,43	+ 67°	94	202	405

(Beachten Sie die hohen Teilspannungen an R, C und L!)

90. $$P = I_{eff} \cdot U_{eff} \cdot \cos \varphi = I_{eff} \cdot U_{eff} \cdot \frac{1}{\sqrt{1 + \tan^2 \varphi}} =$$
$$= I_{eff} \cdot U_{eff} \cdot \frac{R}{\sqrt{R^2 + (\omega L - 1/\omega C)^2}} = I_{eff}^2 \cdot R.$$

91. a) Das Magnetfeld $\mathcal{B}(t)$ ist proportional zu $U(t)$, die Kraft auf die Spule proportioniert zu $\mathcal{B}(t) \cdot I(t)$, also proportional zu $U(t) \cdot I(t) = I_{eff} \cdot U_{eff} \cdot \cos \varphi$.
b) Wenn $\varphi = \pm 90°$ ist, so verschwindet $\mathcal{B}(t)$ zu den Zeitpunkten, in denen Strom fließt. Es kommt daher zu keinem Ausschlag.
92. a) $I = U/\sqrt{R^2 + (1/\omega C)^2} = 0{,}66$ A, $\tan \varphi = -1/\omega CR \rightarrow \varphi = -73°$.
b) $P = I_{eff} \cdot U_{eff} \cdot \cos \varphi = 42$ W.
93. a) $P = I_{eff}^2 \cdot R \rightarrow R = 50\,\Omega$, b) $I_{eff} = U_{eff}/R_\omega \rightarrow R_\omega = 220\,\Omega$,
c) $\cos \varphi = R/R_\omega = 5/22 \rightarrow \varphi = 77°$.
94. a) $I_{eff} \cdot U_{eff} \cdot \cos \varphi = P$ und U_{eff} bleiben konstant. Die effektive Stromstärke sinkt daher auf $0{,}75/0{,}92 = 0{,}82$ ihres früheren Wertes. Die ohmsche Wärme ist proportional zu I_{eff}^2 und sinkt deshalb auf $(0{,}82)^2 = 0{,}66$ ihres früheren Wertes.
b) Die Leitungen würden sich stark erwärmen.
95. Weil die angelegte Spannung im Idealfall durch die induzierte Gegenspannung aufgehoben wird, fließt in der Primärspule kein Strom. Es entstehen daher keine Stromkosten!
96. a) $I_{eff} = U/\sqrt{R^2 + (\omega L)^2} = 0{,}62$ A, b) $P = I_{eff}^2 \cdot R = 31$ W,
c) $I = U/R = 2{,}75$ A. (Die Primärspule brennt durch!)
97. Im Primärkreis steigt die Stromstärke, weil R_ω sinkt. Im Sekundärkreis wird die Stromstärke kleiner, weil nur mehr ein Teil des magnetischen Flusses durch die Sekundärspule hindurchtritt.
98. $I_1 \cdot U_1 = I_2 \cdot U_2 \rightarrow I_2 = I_1 \cdot U_1/U_2 = 0{,}11$ A.
99. $U_1/U_2 = N_1/N_2 \rightarrow N_2 = N_1 \cdot U_2/U_1 \approx 8$ Windungen.
Die Leistungsverluste beeinflussen nur die Ströme.
100. a) Querschnitt der Al-Leitung/Querschnitt der Cu-Leitung = 1,7.
b) Die Cu-Leitung ist fast doppelt so schwer.
c) Die Cu-Leitung ist ca. dreimal so teuer.
101. a) $P = I_{eff} \cdot U_{eff} \rightarrow I_{eff} = 2000$ A, $P_L = I_{eff}^2 \cdot R \rightarrow R = 10\,\Omega$,
b) $U = I_{eff} \cdot R = 20$ kV.
102. a) Nimmt man $d = 10$ m Abstand zwischen Leitung und Boden an, so würde für ein homogenes Feld gelten: $\mathcal{E} = U/d = 22$ kV/m.
b) Tatsächlich ist die Feldstärke in der Nähe der Leitung noch wesentlich größer. Die Feldstärke in Bodennähe ist deshalb geringer und nimmt die angegebenen Werte an.
c) Die Feldstärke wird in der Umgebung der Leitung so hoch, daß es zu Sprühverlusten kommt.
d) Es ist günstiger, mehrere Leitungen nebeneinander aufzuhängen. Sie wirken zusammen wie eine dicke Leitung.
103. a) 437 TWh/Tag = 160 000 TWh/Jahr (Verdoppelung des heutigen Energiebedarfs!)
b) 1213 TWh/Tag = 443 000 TWh/Jahr (Verfünffachung des heutigen Energiebedarfs!)
c) 2000 TWh/Tag = 730 000 TWh/Jahr (Verneunfachung des heutigen Energiebedarfs!)
104. 40 kWh pro Person und Tag. Dies entspricht etwa dem mitteleuropäischen Energiestandard des Jahres 1966.
105. Mit 4000 kWh pro Jahr können 300 Liter Wasser pro Tag um 30° C erwärmt werden.
106. Beim Auto sind 540 kJ pro km hinzuzufügen.
107. Wirkungsgrad bei der Verbrennung von Steinkohle: 38%
Wirkungsgrad eines Wasserkraftwerkes: 84%
108. b) Siehe Abbildung
109. b) Siehe Abbildung
110. Man benötigt hier zur Zweiweggleichrichtung zwar vier Gleichrichterelemente, doch fällt die Mittelanzapfung der Spule fort.
111. a) $f = 1/2\pi\sqrt{LC} = 796$ kHz,
b) Die Resonanzfrequenz wächst, wenn die Kapazität verkleinert wird.

Pferdetramway um 1870.

Die Dampftramway wurde bald . . .

. . . durch die elektrische Straßenbahn abgelöst.

112. Die Resonanzfrequenz sinkt auf $f_2 = f_1/\sqrt{80} = 0{,}13$ kHz.

113. a) $f = 1/2\pi\sqrt{LC} \rightarrow L = 0{,}18$ mH. b) Frequenzbereich: 500 kHz $\leqq f \leqq$ 1600 kHz.

114. a) Die beiden Sendeantennen sind gerade eine halbe Wellenlänge voneinander entfernt. Die Wellen interferieren.

b) In Richtung der beiden Sendeantennen herrscht destruktive Interferenz, senkrecht zu dieser Richtung verstärken die Wellen einander. In dieser Richtung ist der Empfang am besten.

c) Weil jeder Spalt des Beugungsgitters als kleine Sendeantenne aufgefaßt werden kann, sind in einer Richtung viele Sendeantennen in gleichem Abstand aufzustellen und gleichphasig zu betreiben.

115. a) Die Kupferdrähte müssen senkrecht zur Dipolantenne liegen.

b) Die Welle bringt die Elektronen in den Drähten zum mitschwingen. Die Welle wird daher teils absorbiert, teils reflektiert.

c) Der Drahtrahmen hat die gleiche Wirkung wie ein Polarisationsfilter.

116. a) Bremsdauer $= 3 \cdot 10^{-18}$ s, b) $f = 3 \cdot 10^{17}$ Hz bzw. $\lambda = 10^{-9}$ m.

117. a) Geschwindigkeit $v = c$, Beschleunigung $a = c^2/r$,

b) $P = \frac{2}{3} \cdot \frac{e^2}{4\pi\varepsilon_0 c^3} \cdot a^2 = \frac{2}{3} \cdot \frac{e^2}{4\pi\varepsilon_0} \cdot \frac{c}{r^2} = 2{,}9 \cdot 10^{-5}$ eV/s.

118. Beschleunigung: $a = v^2/r = (\frac{1}{137}c)^2/r$, $P = \frac{2}{3} \cdot \frac{e^2}{4\pi\varepsilon_0 c^3} \cdot a^2 = 3{,}3 \cdot 10^{11}$ eV/s.

119. $P = A \cdot \sigma \cdot T^4 = 289$ W.

120. Merkur: $4r^2\pi \cdot \sigma T^4 = r^2\pi \cdot 9400\ \text{W/m}^2 \rightarrow T = 449\ \text{K} = 176°$ C,
Neptun: $4r^2\pi \cdot \sigma T^4 = r^2\pi \cdot 1{,}56\ \text{W/m}^2 \rightarrow T = 51\ \text{K} = -222°$ C.

121. a) $\lambda_{max} \cdot T = 2{,}9 \cdot 10^{-3}\ \text{mK} \rightarrow \lambda_{max} = 2{,}9 \cdot 10^{-6}$ m,
b) $\lambda_{max} \cdot T = 2{,}9 \cdot 10^{-3}\ \text{mK} \rightarrow \lambda_{max} = 2{,}9 \cdot 10^{-9}$ m.

122. a) Während sich das Tonband um die Spaltbreite d weiterbewegt, kann eine Halbwelle aufgezeichnet werden. Es gilt daher: $(2f_{max}) \cdot d = v \rightarrow f_{max} = 48$ kHz bzw. 24 kHz bzw. 12 kHz.

b) Jede Halbwelle enthält 1 Bit. Pro Sekunde lassen sich daher speichern: 96 000 Bit bzw. 48 000 Bit bzw. 24 000 Bit.

123. a) $f = 1/2\pi\sqrt{LC} \rightarrow C = 468$ pF, b) $R_\omega = R = 10\ \Omega$,

c) $R_\omega = \sqrt{R^2 + (\omega L - 1/\omega C)^2} = 26\ \Omega$

d) Der Durchlaßbereich wird kleiner, wenn R sehr klein gewählt wird.

124. a) Querschnitt des Bündels im Abstand $r = 10^4$ m: $A = 3{,}14 \cdot 10^4\ \text{m}^2$. Auf einen Quadratmeter fallen $P = 1/(3{,}14 \cdot 10^4)$ kW $= 0{,}032$ W

b) Bei ebener Reflexion scheint der Auffangschirm in doppelter Entfernung zu stehen. Auf ihn fallen daher: $3P/4 = 0{,}024$ W.

c) Zur Entfernungsmessung sind diskrete Signale nötig. Außerdem können auf diese Weise höhere Signalstärken erzielt werden, weil in den Sendepausen Energie gespeichert wird.

125. a) $eU = mv^2/2 \rightarrow v = 7{,}3 \cdot 10^7$ m/s, b) $I = nte \rightarrow n = 6{,}3 \cdot 10^{15}\ \text{s}^{-1}$

c) $U = \frac{m}{e} \cdot \frac{d}{l} \cdot v^2 \cdot \tan 55° = 7150$ V.

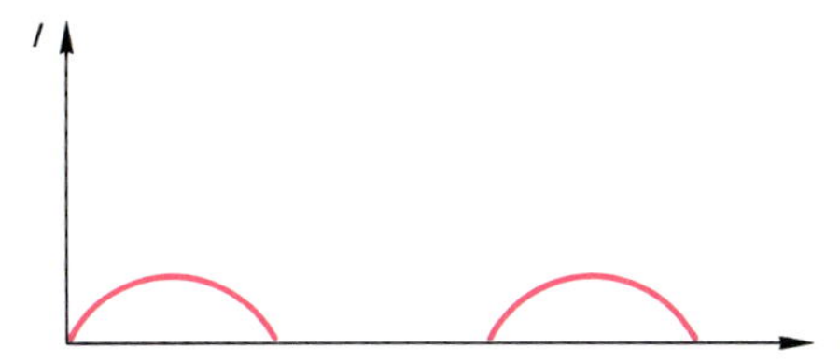

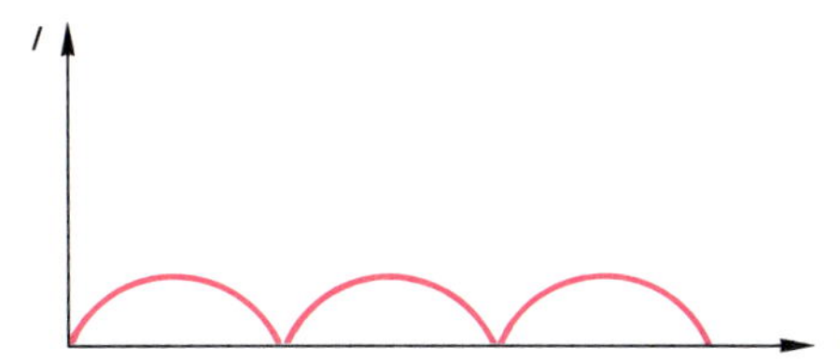

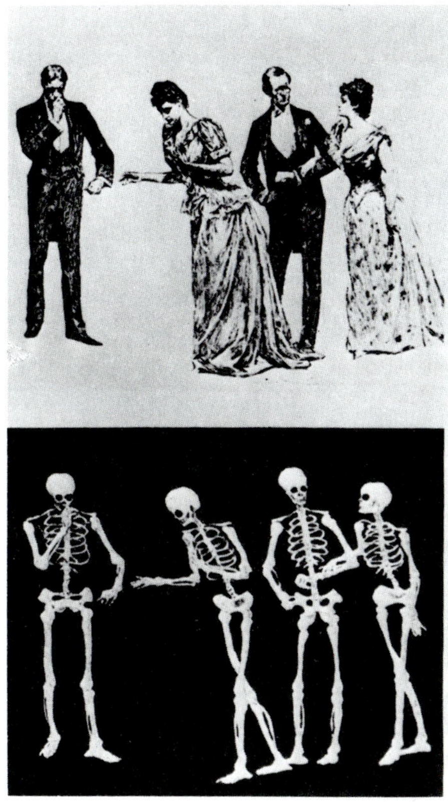

Ein Jahr nach der Entdeckung der Röntgenstrahlen dachte man an eine neue Art der Modephotographie.

Elektrische Kücheneinrichtung um 1903
Der hohe Strompreis machte damals das elektrische Kochen zum exklusiven Hobby. Der Umgang mit ungeschützten Kontakten war nicht ungefährlich.

REGISTER

Bildnachweis

Bildarchiv der Österreichischen Nationalbibliothek (17), Scientific American (12), Verbundgesellschaft Wien (2), aus: Duenbostl/Wandaller, SCHULPHYSIK EXPERIMENTELL (7), Deutsches Museum, München (1), Goerz Electro Ges. m. b. H., Wien (1), Leitz Austria Friedr. v. Rosen & Co. KG (1), Erwin Kaufmann, Wien (3), Carl Zeiss AG (1), aus: Feicht/Graf, Das große Buch der Physik (7), Museum of modern Art, New York (4), Theodor Duenbostl, Wien (2), Presse Photo Votava, Wien (2), Claudia Boesch, Wien (2), Herbert Schiefer, Wien (1), ORF-Lichtbildstelle, Wien (3), Archiv Prof. Sexl (31), Atkins, Physik (2), PSSC, Physik, Vieweg, Wiesbaden (4), Germanisches Nationalmuseum, Nürnberg (1), CERN, Genf (3), Bild der Wissenschaft, DVA, Stuttgart (5), Curt Stenvert (2), Donaukraftwerke AG, Wien (1), Scientific American (29), Adolf Zöchling, Wien (5), Physikalisches Institut der Universität Innsbruck (7), Verbundgesellschaft, Wien (2), Siemens AG, München (15), Harvard Project Physics (5), International Information Agency, München (16), Schäfer-Bergmann, Physik, De Gruyter Verlag, Berlin (6), Dr. Lothar Beckel, Bad Ischl (freigegeben vom BMfLV, Zl. 7763/RAbt. B, 74) (1), Dr. Steinitz, Wien (6), Bundesamt für Zivilluftfahrt, Wien (1), Wiener Stadtwerke: E-Werke (1), Verkehrsbetriebe (2), Historisches Museum der Stadt Wien (3), Leitz Wetzlar (1), Texas Instruments (2), National Semiconductor, Fürstenfeldbruck (3), CHIP – Zeitschrift für Mikrocomputer-Technik, Würzburg (1), Alusuisse, Neuhausen (2), Bernische Kraftwerke (1), Bilderberg – Archiv der Fotografen (2), Kernkraftwerk Gösgen-Däniken (1), IBM Deutschland, Stuttgart (3), Oszilloquarz SA, Neuchâtel (1), Phywe Systeme GmbH (4), Recta SA, Bienne (2), Siemens AG, Erlangen (1), Daniel Schwartz, Zürich (1), Käthi Meyer (1).

987 654 321